기체조
기 출문제
체 크하여
초 기합격

필기

가스 기능사

이론 요약 및 기출문제 해설

➡ 과목별 핵심이론 요약
단기완성 시험공략

➡ 기출문제 및 해설
완벽한 해설로 연관 문제 풀이 능력 향상
최근의 출제경향 파악(20회 수록)

씨마스

가스기능사 필기

2019년 1월 10일 초판 1쇄 인쇄
2019년 1월 20일 초판 1쇄 발행

편 저 자 황근규
발 행 인 이미래

발 행 처 씨마스
등록번호 제301-2011-214호
주   소 서울특별시 중구 서애로 23 통일빌딩 4층
전   화 (02)2274-1590
팩   스 (02)2278-6702
홈페이지 www.cmass21.net
E-mail licence@cmass.co.kr

기   획 정춘교
진   행 이은영
편   집 김경원
마 케 팅 김진주
디 자 인 곽상엽, 박상군

ISBN | 979-11-5672-304-2

Copyright© 황근규 2019, Printed in Seoul, Korea

＊저자와의 협약으로 인지는 생략합니다.
＊잘못된 책은 구입처에서 교환하여 드립니다.
＊이 책의 저작권은 저자에게, 출판권은 씨마스에 있습니다.
＊허락없이 복제하거나 다른 매체에 옮겨 실을 수 없습니다.

정가 22,000원

머리말

국가 경제가 발전할수록 산업 시설의 증가와 더불어 에너지 소요량도 큰 폭으로 증가하고 있다. 우리나라는 막대한 양의 에너지 자원을 외국에서 도입하고 있는 실정이며, 이에 따라 효율적인 에너지 관리가 필요한 게 현실이다. 또한 화석연료의 사용으로 대기오염 및 연소 후 잔재물로 인한 토양오염, 수질오염 등의 문제가 끝없이 제기됨에 따라 LPG, LNG, SNG 등의 청정연료로의 전환이 빠르게 진행되고 있다. 그러나 청정연료가 가지고 있는 장점에도 불구하고, 안전관리에 소홀하거나 부주의하여 도시가스 폭발사고가 일어나는 등 엄청난 재난의 원인이 되기도 한다.

오늘날과 같은 가스 사용의 증가는 국가의 기초산업은 물론 산업시설 등에서 가스기능사의 역할이 날로 증가함을 의미한다. 따라서 가스기능사는 미래의 유망직종으로 성장하리라 여겨지며, 이에 따라 이 분야의 자격증을 취득하려는 여러분들에게 조금이나마 도움이 되었으면 하는 마음에서 이 책을 펴내게 되었다.

이 책을 엮는데 특별히 유의한 점은 다음과 같다.
1. 고압가스기능사가 1999년부터 가스기능사로 변경되어 시행된 것을 고려하여 새로운 출제기준을 적용하였다.
2. 각 단원마다 풍부한 이론 설명으로 예상문제를 과감하게 배제한 대신 기출문제 분석 및 보완에 충실하여 시간의 절약을 기하면서 기출문제 풀이 능력을 기르도록 하였다.
3. 최근 및 과년도 출제문제에 자세한 해설을 달아 반복 학습 및 최종 점검을 하도록 하였다.

아무쪼록 끝까지 이 책을 숙독하여 수험생 모두가 자격시험에 합격하여 가스전문 기능인으로 성장하시길 기원하며, 미비한 점은 충고와 조언으로 꾸준히 보완할 것을 약속드린다.

끝으로 어려운 여건에서도 이 책이 출간될 수 있도록 도움을 주신 씨마스 이미래 대표님과 편집부 직원 여러분에게 진심으로 감사의 말씀을 드린다.

가스기능사 출제 기준 필기

직무 분야	안전관리	중직무 분야	안전관리	자격 종목	가스기능사	적용 기간	

○ **직무 내용:** 가스 제조, 저장 및 공급시설, 용기, 기구 등의 제조 및 수리시설을 시공, 조작, 검사하기 위한 기술적 사항을 관리한다. 또한, 생산 공정에서 가스 생산기계 및 장비를 운전하고 충전하기 위해 예방 조치 점검과 가스 충전 용기의 운반, 관리 및 용기 부속품 교체 등의 업무를 수행한다.

필기 검정 방법	객관식	문제 수	60	시험 시간	1시간

필기 과목명	문제 수	세부 항목	세세 항목
가스안전관리	30	1. 가스의 성질	1. 가연성가스 2. 독성가스 3. 기타 가스
		2. 가스제조 및 충전	1. 일반고압가스 제조시설 2. 특정고압가스 제조시설 3. 고압가스 충전시설 4. 액화석유가스 충전시설 5. 도시가스 제조 및 공급시설 6. 도시가스 충전시설
		3. 가스저장 및 사용시설	1. 고압가스 저장시설 2. 고압가스 사용시설 3. 액화석유가스 저장시설 4. 액화석유가스 사용시설 5. 도시가스 사용시설
		4. 고압가스 특정설비, 가스용품, 냉동기, 용기 등의 제조 및 검사	1. 고압가스 특정설비 제조 및 검사 2. 고압가스 냉동기의 제조 및 검사 3. 고압가스 용기의 제조 및 검사 4. 가스용품 제조 및 검사
		5. 가스판매, 운반, 취급	1. 고압가스, 액화석유가스 판매시설 2. 고압가스, 액화석유가스 운반 3. 고압가스, 액화석유가스 취급
		6. 가스화재 및 폭발예방	1. 폭발범위 2. 폭발의 종류 3. 폭발의 피해 영향 4. 폭발 방지대책 5. 위험성 평가 6. 방폭구조 7. 위험장소

필기 과목명	문제 수	세부 항목	세세 항목
가스장치 및 기기	15	1. 가스장치	1. 기화장치 및 정압기 2. 가스장치 요소 및 배관 3. 가스용기 및 탱크 4. 압축기 및 펌프 5. 가스 장치 재료
		2. 저온장치	1. 가스액화분리장치 2. 저온장치 및 재료
		3. 가스설비	1. 고압가스설비 2. 액화석유가스설비 3. 도시가스설비
		4. 가스계측기	1. 온도계 및 압력계측기 2. 액면 및 유량계측기 3. 가스분석기 4. 가스누출검지기 5. 제어기기
가스일반	15	1.가스의 기초	1. 압력 2. 온도 3. 열량 4. 밀도, 비중 5. 가스의 기초 이론 6. 이상기체의 성질
		2. 가스의 연소	1. 연소현상 2. 연소 특성 3. 가스의 종류 및 특성 4. 가스의 시험 및 분석 5. 연소계산
		3. 가스의 성질, 제조방법 및 용도	1. 고압가스 2. 액화석유가스 3. 도시가스

가스기능사 출제 기준 실기

직무 분야	안전관리	중직무 분야	안전관리	자격 종목	가스기능사	적용 기간	

○**직무 내용:** 가스 제조, 저장 및 공급시설, 용기, 기구 등의 제조 및 수리시설을 시공, 조작, 검사하기 위한 기술적 사항을 관리한다. 또한, 생산 공정에서 가스 생산기계 및 장비를 운전하고 충전하기 위해 예방 조치 점검과 가스 충전 용기의 운반, 관리 및 용기 부속품 교체 등의 업무를 수행한다.

○**수행 준거:** 1. 가스제조에 대한 기초적인 지식 및 기능을 가지고 각종 가스 장치를 운용할 수 있다.
         2. 가스설비, 운전, 저장 및 공급에 대한 취급과 가스장치의 유지·관리를 할 수 있다.
         3. 가스기기 및 설비에 대한 검사업무 및 가스안전관리 업무를 수행할 수 있다.

실기 검정 방법	작업형	시험 시간	3시간 20분 정도

실기 과목명	주요 항목	세부 항목	세세 항목
가스 실무	1. 가스설비	1. 가스장치 운용하기	1. 제조, 저장, 충전장치를 운용할 수 있다. 2. 기화장치를 운용할 수 있다. 3. 저온장치를 운용할 수 있다. 4. 가스용기와 탱크를 관리하고 운용할 수 있다. 5. 펌프 및 압축기를 운용할 수 있다.
		2. 가스설비 작업하기	1. 가스배관 설비작업을 할 수 있다. 2. 가스저장 및 공급설비작업을 할 수 있다. 3. 가스 사용설비 관리 및 운용을 할 수 있다.
		3. 가스계측기기 운용하기	1. 온도계를 유지·보수할 수 있다. 2. 압력계를 유지·보수할 수 있다. 3. 액면계를 유지·보수할 수 있다. 4. 유량계를 유지·보수할 수 있다. 5. 가스검지기기를 운용할 수 있다. 6. 각종 제어기기를 운용할 수 있다.

실기 과목명	주요 항목	세부 항목	세세 항목
	2. 가스안전관리	1. 가스안전 관리하기	1. 가스의 특성을 알 수 있다. 2. 가스 위해 예방 작업을 할 수 있다. 3. 가스장치 고장진단 및 정비를 할 수 있다. 4. 가스 연소기기에 대하여 알 수 있다.
		2. 가스 안전검사 수행하기	1. 가스관련 안전인증대상 기계·기구와 자율안전 확인 대상 기계·기구 등을 구분할 수 있다. 2. 가스관련 의무 안전인증 대상 기계·기구와 자율안전 확인대상 기계·기구 등에 따른 위험성의 세부적인 종류, 규격, 형식의 위험성을 적용할 수 있다. 3. 가스관련 안전인증 대상 기계·기구와 자율안전 대상 기계·기구 등에 따른 기계·기구에 대하여 측정장비를 이용하여 정기적인 시험을 실시할 수 있도록 관리계획을 작성할 수 있다. 4. 가스관련 안전인증 대상 기계·기구와 자율안전 대상 기계·기구 등에 따른 기계·기구 설치방법 및 종류에 의한 장단점을 조사할 수 있다. 5. 공정 진행에 의한 가스관련 안전인증 대상 기계·기구와 자율안전 확인 대상 기계·기구에 맞는 설치, 해체, 변경 계획을 작성할 수 있다.

차례

I
가스안전관리

1 가스의 성질

1. 가스의 분류   12

2. 가연성가스, 독성가스, 기타 가스   17

2 가스제조 및 충전

1. 일반고압가스 제조시설   19

2. 특정고압가스 제조시설   21

3. 고압가스 충전시설   32

4. 액화석유가스 충전시설   34

5. 도시가스 제조 및 공급시설   42

6. 도시가스 충전시설   48

3 가스저장 및 사용시설

1. 고압가스 저장시설   50

2. 고압가스 사용시설   53

3. 액화석유가스 저장시설   54

4. 액화석유가스 사용시설   56

5. 도시가스 사용시설   59

4 고압가스 특정설비, 가스용품, 냉동기, 용기 등의 제조 및 검사

1. 고압가스 특정설비 제조 및 검사   61

2. 고압가스 냉동기의 제조 및 검사   63

3. 고압가스 용기의 제조 및 검사   64

4. 가스용품 제조 및 검사   67

5 가스판매, 운반, 취급

1. 고압가스, 액화석유가스 판매시설   68

2. 고압가스, 액화석유가스 운반   71

3. 고압가스, 액화석유가스 취급   73

6 가스화재 및 폭발예방

1. 폭발범위   75

2. 폭발의 종류   77

3. 폭발의 피해 영향   78

4. 폭발 방지대책   78

5. 위험성평가   79

6. 방폭구조   81

7. 위험장소   82

Ⅱ
가스장치 및 기기

1 가스장치

1. 기화장치 및 정압기   86

2. 가스장치 요소 및 배관   90

3. 가스용기 및 탱크   133

4. 압축기 및 펌프   142

5. 가스 장치 재료   150

2 저온장치

1. 가스액화분리장치   153

2. 저온장치 및 재료   155

3 가스설비

1. 고압가스설비   157

2. 액화석유가스설비   159

3. 도시가스설비   163

4 가스계측기

1. 온도계 및 압력계측기   167

2. 액면 및 유량계측기   175

3. 가스분석기   181

4. 가스누출검지기   185

5. 제어기기   187

Ⅲ
가스일반

1 가스의 기초

1. 압력   194

2. 온도   196

3. 열량   197

4. 밀도, 비중   200

5. 가스의 기초 이론   201

6. 이상기체의 성질   205

2 가스의 연소

1. 연소현상   209

2. 연소 특성   210

3. 가스의 종류 및 특성   221

4. 가스의 시험 및 분석   242

5. 연소계산   243

3 가스의 성질, 제조방법 및 용도

1. 고압가스   256

2. 액화석유가스   258

3. 도시가스   261

국가기술자격 기출문제   268

I

가스안전관리

1 가스의 성질

2 가스제조 및 충전

3 가스저장 및 사용시설

4 고압가스 특정설비, 가스용품, 냉동기, 용기 등의 제조 및 검사

5 가스판매, 운반, 취급

6 가스화재 및 폭발예방

1 가스의 성질

1 가스의 분류

1) 가스의 개념

① 가스란 각종 연료로 사용되는 기체를 총칭하여 이르는 말이다.
② 일반적으로 석탄가스나 가솔린 가스가 대부분이다.

2) 용어의 정의

① 가스의 구분에 따른 정의

    가. 가연성가스: 폭발한계(공기와 혼합된 경우 연소를 일으킬 수 있는 공기 중의 가스의 농도 한계)의 하한이 10% 이하인 것과 폭발한계 상한과 하한의 차가 20% 이상인 것을 말한다.

    나. 독성가스: 허용농도(해당 가스를 대기 중에서 성숙한 흰쥐 집단에게 1시간 동안 계속하여 노출시킨 경우 14일 이내에 흰쥐의 2분의 1 이상이 죽게 되는 가스의 농도)가 100만분의 5,000(5,000ppm) 이하인 것을 말한다.

    다. 액화가스: 가압과 냉각에 의하여 액체 상태로 된 것으로, 대기압에서의 비점(끓는 점)이 40℃ 이하 또는 상용 온도 이하인 것을 말한다.

> **하나 더**
>
> • 산업통상자원부령으로 정하는 일정량: 액화가스 5톤을 말한다. 다만, 독성가스인 액화가스의 경우에는 1톤(허용농도가 100만분의 200 이하인 독성가스인 경우에는 100kg)이다.

    라. 압축가스: 상온에서 압력을 가해도 액화되지 않는 가스로, 일정한 압력에 의하여 압축되어 있는 것을 말한다.

> **하나 더**
>
> • 산업통상자원부령으로 정하는 일정량: 압축가스 500m³를 말한다. 다만, 독성가스인 압축가스의 경우에는 100m³(허용농도가 100만분의 200 이하인 독성가스인 경우에는 10m³)이다.

마. 특수고압가스: 압축모노실란, 압축디보레인, 액화알진, 포스핀, 세렌화수소, 게르만, 디실란, 오불화비소, 오불화인, 삼불화인, 삼불화질소, 삼불화붕소, 사불화유황, 사불화규소 그 밖에 반도체의 제정 등 산업통상자원부장관이 인정하는 특수한 용도에 사용되는 고압가스를 말한다.

② **설비 · 능력의 구분에 따른 정의**

가. 저장설비: 고압가스를 충전 · 저장하기 위한 설비로, 저장탱크 및 충전용기 보관설비를 말한다.

나. 가스설비: 고압가스의 제조, 저장설비(제조, 저장설비에 부착된 배관을 포함하며, 사업소 외에 있는 배관은 제외) 중 가스(당해 제조하고 저장하는 고압가스, 제조공정 중에 있는 고압가스가 아닌 상태의 가스 및 당해 고압가스 제조의 원료가 되는 가스)가 통하는 부분을 말한다.

다. 고압가스설비: 가스설비 중 고압가스가 통하는 부분을 말한다.

라. 처리설비: 압축, 액화 그 밖의 방법으로 가스를 처리할 수 있는 설비 중 고압가스 제조(충전 포함)에 필요한 설비와 저장탱크에 부속된 펌프, 압축기 및 기화장치를 말한다.

마. 감압설비: 고압가스의 압력을 낮추는 설비를 말한다.

바. 저장능력: 저장설비에 저장할 수 있는 고압가스의 양으로, 압축가스의 저장탱크 및 용기, 액화가스의 저장탱크, 액화가스의 용기 및 차량에 고정된 탱크에 따라 산정된 것을 말한다.

　　㉠ 압축가스의 저장탱크 및 용기: $Q=(10P+1)V_1$에서,

　　　　Q: 저장능력(m^3)

　　　　P: 35℃(아세틸렌가스의 경우에는 15℃)에서의 최고충전압력(MPa)

　　　　V_1: 내용적(m^3)

　　㉡ 액화가스의 저장탱크: $W=0.9dV_2$(단, 소형저장탱크의 경우: $W=0.85dV2$)에서,

　　　　W: 저장능력(kg)

　　　　d: 상용온도에서의 액화가스 비중(kg/l)

　　　　V_2: 내용적(l)

　　㉢ 액화가스의 용기 및 차량에 고정된 탱크: $W=V_2/C$에서,

　　　　C: 용기 및 탱크의 상용온도 중 최고 온도에서의 가스의 비중(kg/l) 수치에 10분의 9를 곱한 수치의 역수, 그 밖의 가스 종류에 따르는 정수에 의하여 산정된 것을 말한다.

하나 더

- **액화프로판**: 2.35, 액화부탄: 2.05이다.
- 액화가스와 압축가스가 섞여 있는 경우에는 액화가스 10kg을 압축가스 1m³로 본다.

사. 처리능력: 처리설비 또는 감압설비에 의하여 압축, 액화 그 밖의 방법으로 1일에 처리할 수 있는 가스의 양(온도 0℃, 게이지압력 0파스칼의 상태를 기준으로 함)을 말한다.

아. 충전설비: 용기 또는 차량에 고정된 탱크에 고압가스를 충전하기 위한 설비로, 충전기와 저장탱크에 딸린 펌프, 압축기를 말한다.

③ **탱크의 구분에 따른 정의**

가. 저장탱크: 고압가스를 충전·저장하기 위하여 지상 또는 지하에 고정 설치된 탱크를 말한다.

나. 초저온저장탱크: -50℃ 이하의 액화가스를 저장하기 위한 저장탱크이다. 단열재로 피복하거나 냉동설비로 냉각하는 등의 방법으로 저장탱크 내의 가스온도가 상용의 온도를 초과하지 않도록 한 것을 말한다.

다. 저온저장탱크: 액화가스를 저장하기 위한 저장탱크이다. 단열재로 피복하거나 냉동설비로 냉각하는 등의 방법으로 저장탱크 내의 가스온도가 상용의 온도를 초과하지 않도록 한 것 중 초저온탱크, 가연성가스 저온저장탱크를 제외한 것을 말한다.

라. 가연성가스 저온저장탱크: 대기압에서의 비점이 0℃ 이하인 가연성가스를 0℃ 이하인 액체 또는 당해 가스 기상부의 상용압력이 0.1메가파스칼(MPa) 이하인 액체 상태로 저장하기 위한 저장탱크이다. 단열재로 피복하거나 냉동설비로 냉각하는 등의 방법으로 저장탱크 내의 가스온도가 상용온도를 초과하지 않도록 한 것을 말한다.

마. 차량에 고정된 탱크: 고압가스의 수송·운반을 위하여 차량에 고정 설치된 탱크를 말한다.

④ **용기의 구분에 따른 정의**

가. 초저온용기: -50℃ 이하의 액화가스를 충전하기 위한 용기이다. 단열재로 피복하거나 냉동설비로 냉각하는 등의 방법으로 용기 내의 가스온도가 상용의 온도를 초과하지 않도록 한 것을 말한다.

나. 저온용기: 액화가스를 충전하기 위한 용기이다. 단열재로 피복하거나 냉동설비로 냉각하는 등의 방법으로 용기 내의 가스온도가 상용의 온도를 초과하지 않도록 한 것 중 초저온용기 외의 것을 말한다.

다. 충전용기: 고압가스의 충전 질량 또는 충전 압력의 1/2 이상이 충전되어 있는 상태의 용기를 말한다.

라. 잔가스용기: 고압가스의 충전 질량 또는 충전 압력의 1/2 미만이 충전되어 있는 상태의 용기를 말한다.

마. 용접용기: 동판 및 경판을 각각 성형하고 용접으로 접합하여 제조한 용기를 말한다.

바. 접합 또는 납 붙임용기: 동판 및 경판을 각각 성형하여 심(Seam)용접이나 그 밖의 방법으로 접합하거나 납 붙임 하여 만든 내용적 1 l 이하인 일회용 용기를 말한다.

> **하나 더**
>
> • **1회용**: 에어졸 제조(살충제 및 도료의 분사제), 라이터 충전용, 연료용 가스, 절단 또는 용접용으로 제조한 것을 말한다.

사. 이음매 없는 용기(Seamless cylinder): 동판 및 경판을 일체로 성형하여 이음매가 없이 제조한 용기를 말한다.

> **하나 더**
>
> • 상온에서 이산화탄소(CO_2) 등의 높은 증기압을 갖는 액화가스를 충전하거나 천연가스, 산소, 수소, 질소, 아르곤 등의 압력이 높은 압축가스를 저장하는 경우에 사용되는 용기이다.

⑤ **방호벽**: 높이 2m 이상, 두께 12cm 이상의 철근콘크리트 또는 이와 동등 이상의 강도를 가지는 구조의 벽을 말한다.

⑥ **안전거리**: 저장설비 및 처리설비의 외면으로부터 제1종 보호시설 또는 제2종 보호시설까지의 사이에 유지해야 하는 거리를 말한다.

⑦ **배관의 구분에 따른 정의**

가. 배관: 본관, 공급관 및 내관 등을 말한다.

나. 본관: 도시가스제조사업소(액화천연가스의 인수기지 포함)의 부지 경계에서 정압기까지의 배관을 말한다.

다. 공급관: 정압기에서 가스 사용자가 소유하거나 점유하고 있는 토지의 경계(공동주택의 경우에는 가스 사용자가 구분하여 소유하거나 점유하는 건축물의 외벽)까지의 배관을 말한다. 다만, 가스도매사업의 경우에는 정압기에서 일반 도시가스 사업자의 가스공급시설이나 대량수요자의 가스사용 시설까지에 이르는 배관을 말한다.

라. 내관: 가스 사용자가 소유하거나 점유하고 있는 토지의 경계(공동주택의 경우에는 가스 사용자가 구분하여 소유하거나 점유하는 건축물의 외벽)에서 연소기까지에 이르는 배관을 말한다.

마. 사용자 공급관: 가스사용자가 소유하거나 점유하고 있는 토지의 경계에서 가스사용자가 구분하여 소유하거나 점유하는 건축물의 외벽에 설치된 계량기의 전단 밸브까지에 이르는 배관을 말한다.

⑧ 압력의 구분에 따른 정의

가. 고압: $1cm^2$당 10kg(1MPa) 이상의 압력(게이지 압력)을 말한다. 다만, 액화가스의 경우에는 상용의 온도 또는 35℃의 온도에서 $1cm^2$당 2kg(0.2MPa) 이상의 압력을 말한다.

나. 중압: $1cm^2$당 1kg(0.1MPa) 이상 10kg(1MPa) 미만의 압력을 말한다. 다만, 액화석유가스가 기화되고 다른 물질과 혼합되지 아니한 경우에는 $1cm^2$당 0.1kg(0.01MPa) 이상 2kg(0.2MPa) 미만의 압력을 말한다.

다. 저압: $1cm^2$당 1kg(0.1MPa) 미만의 압력을 말한다. 다만, 액화석유가스가 기화되고 다른 물질과 혼합되지 아니한 경우에는 $1cm^2$당 0.1kg(0.01MPa) 미만의 압력을 말한다.

⑨ 불연재료: 건축법 시행령에 따른 불연재료(不燃材料)를 말한다.

⑩ 고압가스 안전관리법

가. 저장소: 산업통상자원부령으로 정하는 일정량 이상의 고압가스를 용기나 저장탱크로 저장하는 일정한 장소를 말한다.

나. 용기: 고압가스를 충전하기 위한 것(부속품 포함)으로, 이동할 수 있는 것을 말한다.

다. 냉동기: 고압가스를 사용하여 냉동을 하기 위한 기기로, 산업통상자원부령으로 정하는 냉동능력 이상인 것을 말한다.

라. 안전설비: 고압가스의 제조, 저장, 판매, 운반 또는 사용시설에서 설치·사용하는 가스검지기 등의 안전기기와 밸브 등의 부품으로, 산업통상자원부령으로 정하는 것(특정설비 제외)을 말한다.

마. 특정설비: 저장탱크와 산업통상자원부령으로 정하는 고압가스 관련 설비를 말한다.

바. 정밀안전검진: 대형(大型) 가스 사고를 방지하기 위하여 오래되어 낡은 고압가스 제조시설의 가동을 중지한 상태에서 가스안전관리 전문기관이 정기적으로 첨단장비와 기술을 이용하여 잠재된 위험요소와 원인을 찾아내고 그 제거 방법을 제시하는 것을 말한다.

2 가연성가스, 독성가스, 기타 가스

1) 가연성가스

아크릴로니트릴, 아크릴알데히드, 아세트알데히드, 아세틸렌, 암모니아, 수소, 황화수소, 시안화수소, 일산화탄소, 이황화탄소, 메탄, 염화메탄, 브롬화메탄, 에탄, 염화에탄, 염화비닐, 에틸렌, 산화에틸렌, 프로판, 시클로프로판, 프로필렌, 산화프로필렌, 부탄, 부타디엔, 부틸렌, 메틸에테르, 모노메틸아민, 디메틸아민, 트리메틸아민, 에틸아민, 벤젠, 에틸벤젠 및 그 밖에 공기 중에서 연소하는 가스이다.

2) 독성가스

아크릴로니트릴, 아크릴알데히드, 아황산가스, 암모니아, 일산화탄소, 이황화탄소, 불소, 염소, 브롬화메탄, 염화프렌, 산화에틸렌, 시안화수소, 황화수소, 모노메틸아민, 디메틸아민, 트리메틸아민, 벤젠, 포스겐, 요오드화수소, 브롬화수소, 염화수소, 불화수소, 겨자가스, 알진, 모노실란, 디실란, 디보레인, 세렌화수소, 포스핀, 모노게르만 및 그 밖에 공기 중에 일정량 이상 존재하는 경우 인체에 유해한 독성을 가진 가스이다.

3) 기타 가스

① 가연성가스와 독성가스 외에 불연성가스, 조연성가스 등이 있다.

② **고압가스 안전관리법의 적용을 받는 고압가스의 종류 및 범위**

　가. 상용의 온도에서 압력(게이지압력)이 메가파스칼(MPa) 이상이 되는 압축가스로서 실제로 그 압력이 1메가파스칼(MPa) 이상이 되는 것 또는 35℃의 온도에서 1메가파스칼(MPa) 이상이 되는 압축가스(아세틸렌가스는 제외)

　나. 15℃의 온도에서 압력이 0파스칼(Pa)을 초과하는 아세틸렌가스

　다. 상용의 온도에서 압력이 0.2메가파스칼(MPa) 이상이 되는 액화가스로서 실제로 그 압력이 0.2메가파스칼(MPa) 이상이 되는 것 또는 압력이 0.2메가파스칼(MPa)이 되는 경우의 온도가 35℃ 이하인 액화가스

　라. 35℃의 온도에서 압력이 0파스칼을 초과하는 액화가스 중 액화시안화수소, 액화브롬화메탄 및 액화산화에틸렌가스

③ **고압가스의 적용범위에서 제외되는 가스**

　가. 에너지이용 합리화법의 적용을 받는 보일러 안과 그 도관 안의 고압증기

　나. 철도차량의 에어콘디셔너 안의 고압가스

다. 선박안전법의 적용을 받는 선박 안의 고압가스

라. 광산안전법의 적용을 받는 광산에 소재하는 광업을 위한 설비 안의 고압가스

마. 항공법의 적용을 받는 항공기 안의 고압가스

바. 전기사업법에 따른 전기설비 안의 고압가스

사. 원자력안전법의 적용을 받는 원자로 및 그 부속설비 안의 고압가스

아. 내연기관의 시동 등 토목공사에 사용되는 압축장치 안의 고압가스

자. 오토크레이브 안의 고압가스(수소와 아세틸렌 및 염화비닐은 제외)

차. 액화브롬화메탄 제조설비 외에 있는 액화브롬화메탄

카. 등화용의 아세틸렌가스

타. 청량음료수, 과실주 또는 발포성 주류에 혼합된 고압가스

파. 냉동능력이 3톤 미만인 냉동설비 안의 고압가스

하. 내용적 1ℓ 이하의 소화기용 용기 또는 소화기에 내장되는 용기 안에 있는 고압가스

갸. 고압가스 연료용 차량 안의 고압가스

냐. 총포에 충전하는 고압공기 또는 고압가스

댜. 35℃의 온도에서 게이지압력이 4.9메가파스칼(MPa) 이하인 유니트형 공기압 측정장치(압축기, 공기탱크, 배관, 유수분리기 등의 설비가 동일한 프레임 위에 일체로 조립된 것. 다만, 공기액화분리 장치는 제외) 안의 압축공기

랴. 표준가스를 충전하기 위한 정밀충전 설비 안의 고압가스

먀. 무기체계에 사용되는 용기 등 안의 고압가스

뱌. 그 밖에 산업통상자원부장관이 위해 발생의 우려가 없다고 인정하는 고압가스

2 가스제조 및 충전

1 일반고압가스 제조시설

1) 가스안전관리에 관한 기본계획의 수립

① 산업통상자원부장관은 가스로 인한 위해 방지 및 체계적인 가스안전관리를 위하여 5년마다 가스안전관리에 관한 기본계획을 수립·시행해야 한다.

② **기본계획에 포함되어야 할 사항**

　가. 고압가스, 액화석유가스 및 도시가스에 대한 중·장기 안전관리 정책에 관한 사항

　나. 고압가스 등 안전관리 제도의 개선에 관한 사항

　다. 고압가스 등으로 인한 사고를 예방하기 위한 교육·홍보 및 검사·진단에 관한 사항

　라. 고압가스 등의 안전관리를 위한 정책 및 기술 등의 연구·개발에 관한 사항

　마. 그 밖에 고압가스 등의 안전관리를 위하여 필요한 사항

2) 산업통상자원부령으로 정하는 고압가스 관련 설비

① 안전밸브, 긴급차단장치, 역화방지장치

② 기화장치

③ 압력용기

④ 자동차용 가스 자동주입기

⑤ 독성가스배관용 밸브

⑥ 냉동설비(일체형 냉동기는 제외)를 구성하는 압축기, 응축기, 증발기 또는 압력 용기

⑦ 특정 고압가스용 실린더캐비닛

⑧ 자동차용 압축천연가스 완속 충전설비(처리능력이 시간당 $18.5m^3$ 미만인 충전설비)

⑨ 액화석유가스용 용기 잔류 가스 회수장치

⑩ 차량에 고정된 탱크

3) 보호시설

① 제1종 보호시설

가. 학교, 유치원, 어린이집, 놀이방, 어린이 놀이터, 학원, 병원(의원 포함), 도서관, 청소년 수련시설, 경로당, 시장, 공중목욕탕, 호텔, 여관, 극장, 교회 및 공회당

나. 사람을 수용하는 건축물(가설 건축물은 제외)로, 사실상 독립된 부분의 연면적이 1,000m² 이상인 것

다. 예식장, 장례식장 및 전시장, 그 밖에 이와 유사한 시설로서 300명 이상 수용할 수 있는 건축물

라. 아동복지시설 또는 장애인복지시설로서 20명 이상 수용할 수 있는 건축물

마. 문화재보호법에 따라 지정문화재로 지정된 건축물

② 제2종 보호시설

가. 주택

나. 사람을 수용하는 건축물(가설건축물은 제외)로, 사실상 독립된 부분의 연면적이 100m² 이상 1,000m² 미만인 것

4) 일반제조

① 시설 기준

가. 고압가스 처리설비 및 저장설비는 사업소 경계(사업소 경계가 바다, 호수, 하천 또는 도로 등과 접한 경우에는 그 반대편 끝을 경계로 함) 안쪽에 위치하되, 처리설비 등의 외면에서부터 사업소 경계까지는 사업소 경계 밖의 제1종 보호시설과의 거리에서 정한 거리를 말한다.

나. 저장설비를 지하에 설치하는 경우에는 제1종 보호시설과의 거리에 1/2을 곱한 거리 이상을 유지해야 한다. 이 경우 제1종 보호시설과의 거리가 20m를 초과하는 경우에는 20m로 할 수 있다.

다. 완성검사를 받은 후의 제1종 보호시설과의 거리 기준에 부적합하게 된 시설

　　㉠ 시설 변경 전과 후의 안전도에 관하여 한국가스안전공사의 평가를 받아야 한다.

　　㉡ 평가 결과에 맞게 시설을 보완할 것에 따라 조치를 모두 한 경우에는 해당 기준에 적합한 것으로 본다.

라. 그 외의 시설기준은 고압가스 제조(특정제조)의 시설기준을 따른다.

② 기술 기준

가. 고압가스 일반제조의 기술기준은 고압가스 제조(특정제조)의 기술기준을 따른다.

나. 고압가스 제조(특정제조)의 점검기준 중 그 밖의 압력계는 3개월에 1회 이상 표준이 되는 압력계로 그 기능을 검사한다.

2 특정고압가스 제조시설

1) 고압가스 특정제조허가의 대상

① 석유정제업자의 석유정제시설 또는 그 부대시설에서 고압가스를 제조하는 것으로서 그 저장능력이 100톤 이상인 것

② 석유화학 공업자(석유화학공업 관련사업자 포함)의 석유화학공업시설(석유화학 관련시설 포함) 또는 그 부대시설에서 고압가스를 제조하는 것으로서 저장능력이 100톤 이상이거나 처리능력이 10,000m³ 이상인 것

③ 철강공업자의 철강공업시설 또는 그 부대시설에서 고압가스를 제조하는 것으로서 처리능력이 100,000m³ 이상인 것

④ 비료생산업자의 비료제조시설 또는 그 부대시설에서 고압가스를 제조하는 것으로서 처리능력이 100톤 이상이거나 처리능력이 100,000m³ 이상인 것

⑤ 그 밖에 산업통상자원부장관이 정하는 시설에서 고압가스를 제조하는 것으로서 저장능력 또는 처리능력이 산업통상자원부장관이 정하는 규모 이상인 것

2) 고압가스제조(특정제조)의 시설기준

① 배치 기준

가. 고압가스의 처리설비 및 저장설비는 그 외면으로부터 보호시설(사업소에 있는 보호시설 및 전용공업지역에 있는 보호시설은 제외)까지 보호시설 구분에 따른 거리(저장설비를 지하에 설치하는 경우에는 보호시설과의 거리에 1/2을 곱한 거리, 시장·군수 또는 구청장이 필요하다고 인정하는 지역은 보호시설과의 거리에 일정 거리를 더한 거리) 이상을 유지해야 한다.

㉠ 산소의 처리설비 및 저장설비

처리능력 및 저장능력	제1종 보호시설	제2종 보호시설
1만 이하	12m	8m
1만 초과 2만 이하	14m	9m
2만 초과 3만 이하	16m	11m
3만 초과 4만 이하	18m	13m
4만 초과	20m	14m

ⓛ 독성가스 또는 가연성 가스의 처리설비 및 저장설비

처리능력 및 저장능력	제1종 보호시설	제2종 보호시설
1만 이하	17m	12m
1만 초과 2만 이하	21m	14m
2만 초과 3만 이하	24m	16m
3만 초과 4만 이하	27m	18m
4만 초과 5만 이하	30m	20m
5만 초과 99만 이하	30m 가연성가스 저온저장탱크는 $(3/25) \cdot \sqrt{X+10,000}$m	20m 가연성가스 저온저장탱크는 $(2/25) \cdot \sqrt{X+10,000}$m
99만 초과	30m 가연성가스 저온저장탱크는 120m	20m 가연성가스 저온저장탱크는 80m

ⓒ 그 밖의 가스 처리설비 및 저장설비

처리능력 및 저장능력	제1종 보호시설	제2종 보호시설
1만 이하	8m	5m
1만 초과 2만 이하	9m	7m
2만 초과 3만 이하	11m	8m
3만 초과 4만 이하	13m	9m
4만 초과	14m	10m

비고

1. 위 표들 중 각 처리능력 및 저장능력 란의 단위 및 X는 1일간의 처리능력 또는 저장능력으로서 압축가스의 경우에는 m³, 액화가스의 경우에는 kg으로 한다.
2. 한 사업소에 2개 이상의 처리설비 또는 저장설비가 있는 경우에는 그 처리능력별 또는 저장능력별로 각각 안전거리를 유지해야 한다.

나. 가스설비 또는 저장설비

   ⓐ 그 외면으로부터 화기(그 설비 안의 것은 제외한다)를 취급하는 장소까지 2m(가연성가스, 산소의 가스설비, 저장설비는 8m) 이상의 우회거리를 유지해야 한다.

   ⓑ 가스설비와 화기를 취급하는 장소 사이에는 그 가스설비로부터 누출된 가스가 유동하는 것을 방지하기 위한 적절한 조치를 해야 한다.

다. 가연성가스 제조시설의 고압가스설비

   ⓐ 고압가스설비(저장탱크 및 배관은 제외)는 그 외면으로부터 다른 가연성가스 제조시설의 고압가스설비와 5m 이상, 산소 제조시설의 고압가스설비와 10m 이상의 거리를 유지해야 한다.

　　　ⓛ 하나의 고압가스설비에서 발생한 위해요소가 다른 고압가스설비로 전이되지 않도록 필요한 조치를 해야 한다.

라. 고압가스 제조시설에서 재해가 발생할 경우 그 재해의 확대를 방지하기 위하여 가연성가스설비 또는 독성가스설비는 통로·공지 등으로 구분된 안전구역에 설치하는 등 필요한 조치를 마련해야 한다.

② **기초 기준**

가. 고압가스설비의 기초는 그 설비에 유해한 영향을 끼치지 않도록 필요한 조치를 해야 한다.

나. 이 경우 저장탱크(저장능력이 100m^3 또는 1톤 이상인 것만을 말함)의 받침대는 동일한 기초 위에 설치해야 한다.

③ **저장설비 기준**

가. 저장탱크(가스홀드 포함)의 구조

　　ⓧ 저장탱크를 보호하고 저장탱크로부터 가스가 누출되는 것을 방지하기 위하여 저장탱크에 저장하는 가스의 종류, 온도, 압력 및 저장탱크의 환경에 따라 적절한 것으로 해야 한다.

　　ⓛ 저장능력 5톤(가연성가스 또는 독성가스가 아닌 경우에는 10톤) 또는 500m^3(가연성가스 또는 독성가스가 아닌 경우에는 1,000m^3) 이상인 저장탱크와 압력용기(반응, 분리, 정제, 증류를 위한 탑류로서 높이 5m 이상인 것만을 말함)에는 지진 발생시 저장탱크와 압력용기를 보호하기 위하여 내진 성능 확보를 위한 조치 등을 해야 한다.

　　ⓔ 5m^3 이상의 가스를 저장하는 것에는 가스방출장치를 설치해야 한다.

나. 가연성가스 저장탱크

　　ⓧ 저장능력이 300m^3 또는 3톤 이상인 탱크와 다른 가연성가스 저장탱크 또는 산소저장탱크 사이에는 두 저장탱크 최대 지름을 더한 길이의 1/4 이상의 거리를 유지하는 등 하나의 저장탱크에서 발생한 위해요소가 다른 저장탱크로 전이되지 않도록 한다.

　　ⓛ 저장탱크를 지하 또는 실내에 설치하는 경우에는 저장탱크 설치실 안에서의 가스폭발을 방지하기 위하여 필요한 조치를 해야 한다.

다. 저장실, 저장탱크

　　ⓧ 저장실은 저장실에서 고압가스가 누출되는 경우 재해 확대를 방지할 수 있도록 설치해야 한다.

　　ⓛ 저장탱크에는 저장탱크를 보호하기 위하여 부압파괴 방지 조치, 과충전 방지 조치 등을 해야 한다.

④ 가스설비 기준

　가. 가스설비의 재료는 해당 고압가스를 취급하기에 적합한 기계적 성질 및 화학적 성분을 가지는 것이어야 한다.

　나. 가스설비의 구조는 고압가스를 안전하게 취급할 수 있는 적절한 것이어야 한다.

　다. 가스설비의 강도 및 두께는 고압가스를 안전하게 취급할 수 있는 적절한 것이어야 한다.

　라. 고압가스 제조시설에는 고압가스시설의 안전을 확보하기 위하여 충전용 교체밸브, 원료 공기 흡입구, 피트, 여과기, 에어졸 자동충전기, 에어졸 충전용기 누출시험시설, 과충전방지장치 등 필요한 설비를 설치해야 한다.

　마. 가스설비의 성능은 고압가스를 안전하게 취급할 수 있는 적절한 것이어야 한다.

⑤ 배관설비 기준

　가. 배관의 재료는 고압가스를 취급하기에 적합한 기계적 성질 및 화학적 성분을 가지는 것이어야 한다.

　나. 배관의 구조는 고압가스를 안전하게 수송할 수 있는 적절한 것이어야 한다.

　다. 배관의 강도 및 두께는 고압가스를 안전하게 취급할 수 있는 적절한 것이어야 한다.

　라. 배관의 접합은 고압가스의 누출을 방지할 수 있도록 확실한 방법으로 하고, 이를 확인하기 위하여 필요한 경우에는 비파괴시험을 해야 한다.

　마. 배관은 신축 등으로 고압가스가 누출되는 것을 방지하기 위하여 필요한 조치를 해야 한다.

　바. 배관은 수송하는 가스의 특성 및 설치 환경조건을 고려하여 위해의 우려가 없도록 설치하고, 배관의 안전한 유지·관리를 위하여 필요한 설비를 설치하거나 필요한 조치를 해야 한다.

⑥ 사고예방설비 기준

　가. 고압가스설비에는 설비 안의 압력이 상용압력을 초과하는 경우 즉시 그 압력을 상용압력 이하로 되돌릴 수 있는 안전장치를 설치하는 등 필요한 조치를 해야 한다.

　나. 독성가스 및 공기보다 무거운 가연성가스의 제조시설에는 가스가 누출될 경우 이를 신속히 검지하여 효과적으로 대응할 수 있도록 하기 위한 조치를 해야 한다.

　다. 가연성가스 또는 독성가스의 고압가스설비 중 내용적이 5,000 *l* 이상인 액화가스저장탱크, 특수반응설비와 그 밖의 고압가스설비로서 그 고압가스설비에서 발생한 사고가 다른 가스설비에 영향을 미칠 우려가 있는 것에는 위급할 때 가스를 효과적으로 차단할 수 있는 조치를 하고, 필요한 곳에는 역류방지밸브 및 역화방지장치 등 필요한 설비를 설치해야 한다.

라. 가연성가스(암모니아, 브롬화메탄 및 공기 중에서 자기 발화하는 가스는 제외)의 가스설비 중 전기설비는 설치 장소 및 가스의 종류에 따라 적절한 방폭성능을 가지는 것이어야 한다.

마. 가연성가스의 가스설비실 및 저장설비실에는 누출된 고압가스가 머물지 않도록 환기구를 갖추는 등 필요한 조치를 해야 한다.

바. 저장탱크 및 배관에는 그 저장탱크 및 배관이 부식되는 것을 방지하기 위하여 필요한 조치를 해야 한다.

사. 가연성가스 제조설비에는 설비에서 발생한 정전기가 점화원이 되는 것을 방지하기 위하여 필요한 조치를 해야 한다.

아. 폭발 등의 위해가 발생할 가능성이 큰 특수반응설비(암모니아 2차 개질로, 에틸렌 제조시설의 아세틸렌수첨탑, 산화에틸렌 제조시설의 에틸렌과 산소 또는 공기와의 반응기, 싸이크로헥산 제조시설의 벤젠수첨반응기, 석유정제 시의 중유직접수첨탈황반응기 및 소소화분해반응기, 저밀도 폴리에틸렌중합기 또는 메탄올합성반응탑을 말함)에는 그 위해의 발생을 방지하기 위하여 내부반응 감시설비 및 위험 사태 발생 방지설비의 설치 등 필요한 조치를 해야 한다.

자. 가연성가스 또는 독성가스의 제조설비 또는 이들 제조설비와 관련 있는 계장회로에는 제조하는 고압가스의 종류, 온도, 압력과 제조설비의 상황에 따라 안전확보를 위한 주요 부문에 설비가 잘못 조작되거나 정상적인 제조를 할 수 없는 경우에 자동으로 원재료의 공급을 차단시키는 등 제조설비 안의 제조를 제어할 수 있는 장치를 설치해야 한다.

⑦ **피해저감설비 기준**

가. 가연성가스, 독성가스 또는 산소의 액화가스 저장탱크 주위에는 액상의 가스가 누출된 경우에 그 유출을 방지하기 위한 조치를 해야 한다.

나. 압축기와 충전소 사이, 압축기와 가스충전용기 보관 장소 사이, 충전장소와 가스충전용기 보관 장소 사이 및 충전장소와 충전용 주관밸브 조작밸브 사이에는 가스폭발에 따른 충격에 견딜 수 있는 방호벽을 설치하고, 그 한쪽에서 발생하는 위해요소가 다른 쪽으로 전이되는 것을 방지하기 위하여 필요한 조치를 해야 한다.

다. 독성가스 제조시설에는 그 시설로부터 독성가스가 누출될 경우 독성가스로 인한 피해를 방지하기 위하여 필요한 조치를 해야 한다.

라. 고압가스 제조시설에는 시설에서 이상사태가 발행하는 경우 확대를 방지하기 위하여 긴급이송설비, 벤트스택, 플레어스택 등 필요한 설비를 설치해야 한다.

마. 고압가스, 독성가스 또는 산소 제조설비는 제조설비의 재해발생을 방지하기 위

하여 제조설비가 위험한 상태가 되었을 경우에 응급조치를 하기에 충분한 양 및 압력의 질소와 그 밖에 불활성가스 또는 스팀을 보유할 수 있는 설비를 갖추어야 한다. 다만, 응급조치를 하기에 충분한 양 및 압력의 질소와 그 밖에 불활성가스 또는 스팀을 확실히 공급받기 위한 다른 조치를 한 경우에는 그러하지 아니하다.

바. 저장탱크 또는 배관에는 저장탱크 또는 배관을 보호하기 위하여 온도상승 방지조치 등 필요한 조치를 해야 한다.

⑧ **부대설비 기준과 표시 기준**

가. 고압가스제조시설에는 이상사태가 발생하는 것을 방지하고 이상사태 발생 시 확대를 방지하기 위하여 통신시설, 압력계, 비상전력설비 등 필요한 설비를 설치해야 한다.

나. 고압가스제조시설의 안전을 확보하기 위하여 필요한 곳에는 고압가스를 취급하는 시설 또는 일반인의 출입을 제한하는 시설이라는 것을 명확하게 알아볼 수 있도록 경계표시, 식별표시 및 위험표시 등 적절한 표시를 하고, 외부인의 출입을 통제할 수 있도록 적절한 경계책을 설치해야 한다.

⑨ **그 밖의 기준**

가. 고압가스 특정제조시설 안에 액화석유가스 충전시설이 함께 설치되어 있는 경우의 적합기준

　　㉠ 지상에 설치된 저장탱크와 가스충전장소 사이에는 방호벽을 설치해야 한다. 다만, 방호벽의 설치로 인하여 조업이 불가능할 정도로 특별한 사정이 있다고 시·도지사가 인정하거나, 저장탱크와 가스충전장소 사이에 20m 이상의 거리를 유지한 경우에는 방호벽을 설치하지 않을 수 있다.

　　㉡ 액화석유가스를 용기 또는 차량에 고정된 탱크에 충전하는 경우에는 연간 1만톤 이상의 범위에서 시·도지사가 정하는 액화석유가스 물량을 처리할 수 있는 규모이어야 한다. 다만, 내용적 1ℓ 미만의 용기와 용기내장형 가스난방기용 용기에 충전하는 시설의 경우에는 그러하지 아니하다.

　　㉢ 액화석유가스를 차량에 고정된 탱크 또는 용기에 충전할 경우 공기 중의 혼합비율 용량이 1/1,000인 상태에서 감지할 수 있도록 냄새가 나는 물질을 섞어 충전할 수 있는 설비(부취제 혼합설비)를 설치해야 한다. 다만, 공업용으로 사용하는 액화석유가스의 충전시설은 그러하지 아니하다.

　　㉣ 액화석유가스를 용기 또는 차량의 고정된 탱크에 충전할 때에는 용기 또는 차량에 고정된 탱크의 저장능력을 초과하지 않도록 충전해야 한다.

　　㉤ 액화석유가스가 과충전된 경우 초과량을 회수할 수 있는 가스회수장치를 설

치해야 한다.

ⓑ 충전설비에는 충전기, 잔량측정기 및 자동계량기를 갖추어야 한다.

ⓢ 용기충전시설에는 용기 보수를 위하여 필요한 잔가스 제거장치, 용기질량측
정기, 밸브탈착기 및 도색설비를 갖추어야 한다. 다만, 시·도지사의 인정을
받아 용기재검사기관의 설비를 이용하는 경우에는 그러하지 아니하다.

나. 고압가스 제조시설에 설치하거나 사용하는 용기 등이 법에 따라 검사를 받아야
하는 것인 경우에는 검사에 합격한 것이어야 한다.

3) 고압가스제조(특정제조)의 기술기준

① 안전유지 기준

가. 아세틸렌, 천연메탄 또는 물의 전기분해에 의한 산소 및 수소의 제조시설 중 압
축기 운전실에는 운전실에서 항상 저장탱크의 용량을 알 수 있도록 해야 한다.

나. 용기 보관 장소 또는 용기의 적합기준

ⓐ 충전용기와 잔가스 용기는 각각 구분하여 용기 보관 장소에 놓을 것

ⓑ 가연성가스, 독성가스 및 산소의 용기는 구분하여 용기 보관 장소에 놓을 것

ⓒ 용기 보관 장소에는 계량기 등 작업에 필요한 물건 외에는 두지 않을 것

ⓓ 용기 보관 장소의 주위 2m 이내에는 화기 또는 인화성 물질이나 발화성 물질
을 두지 않을 것

ⓔ 충전용기는 항상 40℃ 이하의 온도를 유지하고, 직사광선을 받지 않도록 조
치할 것

ⓕ 충전용기(내용적이 5l 이하인 것은 제외)에는 넘어짐 등에 의한 충격 및 밸
브의 손상을 방지하는 등의 조치를 하고 난폭한 취급을 하지 않을 것

ⓖ 가연성가스 용기 보관 장소에는 방폭형 휴대용 손전등 외의 등화를 지니고
들어가지 않을 것

다. 밸브가 돌출한 용기(내용적이 5l 이하인 것은 제외)에는 고압가스를 충전한 후
용기의 넘어짐 및 밸브의 손상을 방지하는 조치를 해야 한다.

라. 고압가스설비 중 진동이 심한 곳에는 진동을 최소한으로 줄일 수 있는 조치를
해야 한다.

마. 고압가스설비를 이음쇠로 접속할 때에는 이음쇠와 접속되는 부분에 잔류응력이
남지 않도록 조립하고, 이음쇠 밸브류를 나사로 조일 때에는 무리한 하중이 걸리
지 않도록 해야 한다. 또한, 상용압력이 19.6MPa 이상이 되는 곳의 나사는 나사
게이지로 검사한 것이어야 한다.

바. 제조설비에 설치한 밸브 또는 콕(조작스위치로 밸브 또는 콕을 개폐하는 경우에

는 밸브 등의 조작스위치를 말한다)에는 다음의 기준에 따라 종업원이 밸브 등을 적절히 조작할 수 있도록 조치해야 한다.

　㉠ 밸브 등에는 개폐방향(조작스위치에 의하여 밸브 등이 설치된 제조설비에 안전상 중대한 영향을 미치는 밸브 등에는 그 밸브 등의 개폐상태를 포함한다)이 표시되도록 할 것

　㉡ 밸브 등(조작스위치로 개폐하는 것은 제외)이 설치된 배관에는 밸브 등의 가까운 부분에 쉽게 알아볼 수 있는 방법으로 배관 내의 가스와 그 밖의 유체 종류 및 방향이 표시되도록 할 것

　㉢ 조작함으로써 밸브 등이 설치된 제조설비에 안전상 중대한 영향을 미치는 밸브 등 중에서 항상 사용하지 않는 것(긴급 시에 사용하는 것은 제외)에는 자물쇠 채움 또는 봉인 등의 조치를 해 둘 것

　㉣ 밸브 등을 조작하는 장소에는 밸브 등의 기능 및 사용 빈도에 따라 밸브 등을 확실히 조작하는 데에 필요한 발판과 조명도를 확보할 것

사. 안전밸브 또는 방출밸브에 설치된 스톱밸브는 밸브의 수리 등을 위하여 특별히 필요한 때를 제외하고는 항상 완전히 열어 놓아야 한다.

아. 화기를 취급하는 곳이나 인화성 물질 또는 발화성 물질이 있는 곳 및 그 부근에서는 가연성가스를 용기에 충전하지 않아야 한다.

자. 산소 외의 고압가스 제조설비의 기밀시험이나 시운전을 할 때에는 산소 외의 고압가스를 사용하고, 공기를 사용할 때에는 미리 설비 안에 있는 가연성가스를 방출시킨 후에 해야 하며, 온도는 그 설비에 사용하는 윤활유의 인화점 이하로 유지해야 한다.

차. 가연성가스 또는 산소의 가스설비 부근에는 작업에 필요한 양 이상의 연소하기 쉬운 물질을 두지 않아야 한다.

카. 석유류, 유지류 또는 글리세린은 산소압축기의 내부윤활제로 사용하지 않고, 공기 압축기의 내부윤활유는 재생유가 아닌 것으로서 사용 조건에 안전성이 있는 것이어야 한다.

타. 가연성가스 또는 독성가스의 저장탱크 긴급차단장치에 딸린 밸브 외에 설치한 밸브 중 저장탱크의 가장 가까운 부근에 설치한 밸브는 가스를 송출 또는 이입하는 때 외에는 잠가 두어야 한다.

파. 차량에 고정된 탱크(내용적이 2,000ℓ 이상인 것만을 말함)에 고압가스를 충전하거나 그로부터 가스를 이입 받을 때에는 차량 정지목을 설치하는 등 그 차량이 고정되도록 해야 한다.

하. 차량에 고정된 탱크 및 용기에는 안전밸브 등 필요한 부속품이 장치되어 있어야

하며, 부속품은 다음 기준에 적합해야 한다.

  ㉠ 가연성가스 또는 독성가스를 충전하는 차량에 고정된 탱크 및 용기(시안화수소의 용기 또는 24.5MPa 이상의 압력으로 내압시험에 합격한 소방설비 또는 항공기에 두는 탄산가스용기는 제외)에는 안전밸브가 부착되어 있고, 성능이 탱크 또는 용기의 내압시험압력의 8/10 이하의 압력에서 작동할 수 있어야 할 것

  ㉡ 긴급차단장치는 성능이 원격조작에 의하여 작동되고, 차량에 고정된 탱크 또는 이에 접속하는 배관 외면의 온도가 110℃일 때에 자동적으로 작동할 수 있어야 할 것

  ㉢ 차량에 고정된 탱크에 부착되는 밸브, 안전밸브, 부속배관 및 긴급차단장치는 그 내압성능 및 기밀성능이 탱크의 내압시험압력 및 기밀시험압력 이상의 압력으로 하는 내압시험 및 기밀시험에 합격될 수 있어야 할 것

② **제조 및 충전 기준**

  가. 압축가스(아세틸렌은 제외) 및 액화가스(액화암모니아, 액화탄산가스 및 액화염소만을 말함)를 이음매 없는 용기에 충전할 때에는 용기에 대하여 음향검사를 실시하고, 음향이 불량한 용기는 내부조명검사를 해야 한다. 만약, 내부에 부식, 이물질 등이 있을 때에는 그 용기를 사용하지 않아야 한다.

  나. 고압가스를 용기에 충전하기 위하여 밸브 또는 충전용 지관을 가열할 때에는 열습포 또는 40℃ 이하의 물을 사용해야 하다.

  다. 에어졸을 제조하거나 시안화수소, 아세틸렌, 산화에틸렌, 산소 또는 천연메탄을 충전할 때에는 안전 확보에 필요한 수칙을 준수하고, 안전 유지에 필요한 조치를 해야 한다.

  라. 고압가스를 제조하는 경우 다음의 가스는 압축하지 않아야 한다.

    ㉠ 가연성가스(아세틸렌, 에틸렌 및 수소는 제외) 중 산소용량이 전체 용량의 4% 이상인 것

    ㉡ 산소 중의 가연성가스 용량이 전체 용량의 4% 이상인 것

    ㉢ 아세틸렌, 에틸렌 또는 수소 중의 산소용량이 전체 용량의 2% 이상인 것

    ㉣ 산소 중의 아세틸렌, 에틸렌 및 수소의 용량 합계가 전체 용량의 2% 이상인 것

  마. 가연성가스 또는 산소(물을 전기분해하여 제조하는 것만을 말함)를 제조(용기에 충전하는 것은 제외)할 때에는 발생장치, 정제장치 및 저장탱크의 출구에서 1일 1회 이상 그 가스를 채취하여 지체 없이 분석하고, 공기액화분리기(1시간의 공기 압축량이 1,000m^3 이하인 것은 제외) 안에 설치된 액화산소통 안의 액화산소는 1일 1회 이상 분석해야 한다.

바. 공기액화분리기(1시간의 공기압축량이 1,000m³ 이하인 것은 제외)에 설치된 액화산소통 안의 액화산소 5ℓ 중 아세틸렌의 질량이 5mg 또는 탄화수소의 탄소 질량이 500mg을 넘을 때에는 공기액화분리기의 운전을 중지하고 액화산소를 방출시켜야 한다.

사. 산소, 아세틸렌 및 수소를 제조하는 자는 일정한 순도 이상의 품질 유지를 위하여 1일 1회 이상 적절한 방법으로 품질검사를 하여 순도가 산소의 경우에는 99.5%, 아세틸렌의 경우에는 98%, 수소의 경우에는 98.5% 이상이어야 하고, 검사결과를 기록해야 한다.

아. 고압가스를 용기에 충전할 때에는 다음 기준에 적합해야 한다.

㉠ 용기에 새겨진 압축가스의 최고충전압력 또는 액화산소의 질량을 초과하지 않도록 충전하고, 충전량은 일정한 저장능력 이하로 할 것

㉡ 용기에 새겨진 충전가스명칭에 맞는 가스를 충전할 것

③ 점검 기준

가. 고압가스 제조설비의 사용개시 전과 사용종료 후에는 반드시 그 제조설비에 속하는 제조시설의 이상 유무를 점검하는 것 외에 1일 1회 이상 제조설비의 작동상황에 대하여 점검·확인을 하고, 이상이 있을 때에는 설비의 보수 등 필요한 조치를 해야 한다.

나. 충전용 주관의 압력계는 매월 1회 이상, 그 밖의 압력계는 1년에 1회 이상 표준이 되는 압력계로 기능을 검사해야 한다.

다. 안전밸브(액화산소저장탱크의 경우에는 안전장치를 말하며, 액체의 열팽창으로 인한 배관의 파열방지용 안전밸브는 제외) 중 압축기의 최종단에 설치된 것은 1년에 1회 이상, 그 밖의 안전밸브는 2년에 1회 이상 조정을 하여 고압가스설비가 파손되지 않도록 적절한 압력 이하에서 작동 되도록 해야 하다. 다만, 법에 따라 고압가스특정제조허가를 받은 시설에 설치된 안전밸브의 조정주기는 4년(압력용기에 설치된 안전밸브는 압력용기의 내부에 대한 재검사 주기)의 범위에서 연장할 수 있다.

4) 특정고압가스 사용신고

① 사용신고

가. 수소, 산소, 액화암모니아, 아세틸렌, 액화염소, 천연가스, 압축모노실란, 압축디보레인, 액화알진 그 밖에 대통령령으로 정하는 고압가스(특정고압가스)를 사용하려는 자로서 일정규모 이상의 저장능력을 가진 자 등 산업통상자원부령으로 정하는 자는 특정고압가스를 사용하기 전에 미리 시장·군수 또는 구청에게 신

고해야 한다.

나. 다만, 다음 각 호의 어느 하나에 해당하는 자로서 허가받은 내용이나 등록한 내용에 특정고압가스의 사용에 관한 사항이 포함되어 있으면 특정고압가스 사용의 신고를 한 것으로 본다.

ㄱ 고압가스의 제조허가를 받은 자 또는 고압가스저장자

ㄴ 용기 등의 제조등록을 한 자

ㄷ 자동차관리법에 따라 자동차등록을 한 자

다. 그 밖에 대통령령으로 정하는 고압가스(특정고압가스)

ㄱ 포스핀	ㄴ 셀렌화수소	ㄷ 게르만	ㄹ 디실란
ㅁ 오불화비소	ㅂ 오불화인	ㅅ 삼불화인	ㅇ 삼불화질소
ㅈ 삼불화붕소	ㅋ 사불화유황	ㅌ 사불화규소	

라. 신고를 받은 시장·군수 또는 구청장은 7일 이내에 신고사항을 관할 소방서장에게 알려야 한다.

② **특정고압가스 사용신고를 해야 하는 자**

가. 저장능력 250kg 이상인 액화가스저장설비를 갖추고 특정고압가스를 사용하려는 자

나. 저장능력 50m³ 이상인 압축가스저장설비를 갖추고 특정고압가스를 사용하려는 자

다. 배관으로 특정고압가스(천연가스는 제외한다)를 공급받아 사용하려는 자

라. 압축모노실란, 압축디보레인, 액화알진 그 밖에 대통령령으로 정하는 고압가스(특정고압가스), 액화염소 또는 액화암모니아를 사용하려는 자. 다만, 시험용(해당 고압가스를 직접 시험하는 경우만 해당)으로 사용하려 하거나 시장·군수 또는 구청장이 지정하는 지역에서 사료용으로 볏짚 등을 발효하기 위하여 액화암모니아를 사용하려는 경우는 제외한다.

마. 자동차 연료용으로 특정고압가스를 공급받아 사용하려는 자

③ **특정고압가스 사용신고를 하려는 자**: 사용개시 7일 전까지 특정고압가스 사용신고를 시장·군수 또는 구청장에게 제출해야 한다.

5) 재검사대상에서 제외하는 특정설비

① 평저형 및 이중각 진공단열형 저온저장탱크

② 역화방지장치

③ 독성가스배관용 밸브

④ 자동차용가스 자동주입기

⑤ 냉동용 특정설비

⑥ 대기식 기화장치

⑦ 저장탱크 또는 차량에 고정된 탱크에 부착되지 않은 안전밸브 및 긴급차단장치

⑧ 저장탱크 및 압력용기 중 초저온 저장탱크, 초저온 압력용기, 분리할 수 없는 이중관식 열교환기 그 밖에 산업통상자원부장관이 재검사를 실시하는 것이 현저히 곤란하다고 인정하는 저장탱크 또는 압력용기

⑨ 특정고압가스용 실린더 캐비닛

⑩ 자동차용 압축천연가스 완속충전설비

⑪ 액화석유가스용 용기잔류가스회수장치

3 고압가스 충전시설

1) 용기 및 차량에 고정된 탱크 충전

① **시설 기준**

　가. 용기 및 차량에 고정된 탱크 충전의 시설기준은 고압가스 제조(특정제조)의 시설기준을 따라야 한다.

　나. 다만, 공기를 충전하는 시설 중 처리능력이 $30m^3$ 이하인 경우에는 시설기준을 적용하지 않는다.

② **기술 기준**

　가. 용기 및 차량에 고정된 탱크 충전의 사업자가 고압가스를 저장하는 경우에는 고압가스의 저장설비(지하에 설치된 것은 제외)는 그 외면으로부터 보호시설(사업소 안에 있는 보호시설 및 전용공업지역 안에 있는 보호시설은 제외)까지 저장설비의 구분 및 저장능력과 제1종 및 제2종 보호시설에서 정한 거리(시장·군수 또는 구청장이 필요하다고 인정하는 지역은 보호시설과의 거리에 일정 거리를 더한 거리) 이상을 유지해야 한다.

　나. 그 밖에 용기 및 차량에 고정된 탱크 충전의 기술기준은 고압가스 제조(특정제조)의 기술기준을 따라야 한다.

③ **검사 기준**

　가. 중간검사, 완성검사, 정기검사 및 수시검사의 검사항목은 시설이 적합하게 설치 또는 유지·관리되고 있는지 확인하기 위하여 구분에 따른 항목을 검사한다.

나. 중간검사, 완성검사, 정기검사 및 수시검사는 시설이 검사항목에 적합한지 여부를 명확하게 판정할 수 있는 방법으로 한다.

2) 고압가스자동차 충전

① 시설 기준

가. 처리설비 및 저장설비는 그 외면으로부터 보호시설에 따른 거리 이상을 유지해야 한다.

나. 충전시설의 고압가스설비는 그 외면으로부터 다른 가연성가스 제조시설의 고압가스설비와 5m 이상, 산소 제조시설의 고압가스설비와 10m 이상의 거리를 유지하는 등 하나의 고압가스설비에서 발생한 위해요소가 다른 고압가스설비로 전이되지 않도록 필요한 조치를 해야 한다.

다. 충전설비는 도로법에 따른 도로 경계까지 5m 이상의 거리를 유지해야 한다.

라. 저장설비, 처리설비, 압축가스설비 및 충전설비는 철도까지 30m 이상의 거리를 유지해야 한다.

② 기술 기준

가. 용기보관장소 또는 용기의 적합기준

ㄱ 충전용기와 잔가스용기는 각각 구분하여 용기보관장소에 놓을 것

ㄴ 가연성가스, 독성가스 및 산소의 용기는 각각 구분하여 용기보관장소에 놓을 것

ㄷ 용기보관장소에는 계량기 등 작업에 필요한 물건 외에는 두지 않을 것

ㄹ 용기보관장소의 주위 2m 이내에는 화기 또는 인화성 물질이나 발화성 물질을 두지 않을 것

ㅁ 충전용기는 항상 40℃ 이하의 온도를 유지하고, 직사광선을 받지 아니하도록 조치할 것

ㅂ 충전용기(내용적이 5l 이하인 것은 제외)에는 넘어짐 등에 의한 충격 및 밸브의 손상을 방지하는 등의 조치를 하고 난폭한 취급을 하지 않을 것

ㅅ 가연성가스 용기보관장소에는 방폭형 휴대용 손전등 외의 등화를 지니고 들어가지 아니할 것

나. 제조 및 충전기준

ㄱ 자동차에 수소가스를 충전할 때에는 엔진을 정지시키고, 자동차의 수동브레이크를 채울 것

ㄴ 수소자동차의 용기는 통상 온도에서 최고 충전압력 이상으로 충전하지 않으며, 용기의 사용압력에 적합하게 충전할 것

ⓒ 충전을 마친 후 충전설비를 분리할 경우에는 충전호스 안의 가스를 제거할 것

ⓔ 수소가스를 제조할 때에는 정제장치 및 압축가스설비의 출구에서 주요성분에 대해서는 1일 1회 이상 가스를 채취하여 지체 없이 분석할 것

4 액화석유가스 충전시설

1) 용기(소형용기 및 가스난방기용기 포함) 충전 시설기준

① 배치 기준

가. 저장설비와 가스설비는 그 바깥 면으로부터 화기(설비 안의 것은 제외)를 취급하는 장소까지 8m 이상의 우회거리를 두어야 하며, 저장설비·가스설비와의 화기를 취급하는 장소 사이에는 그 설비로부터 누출된 가스가 유동하는 것을 방지하기 위한 적절한 조치를 해야 한다.

나. 저장설비는 그 바깥 면으로부터 사업소 경계까지의 거리를 저장능력에 따른 거리(저장설비를 지하에 설치하거나 지하에 설치된 저장설비 안의 액중펌프를 설치하는 경우에는 저장능력별 사업소 경계와의 거리에 0.7을 곱한 거리) 이상으로 유지해야 한다.

저장 능력	사업소 경계와의 거리
10톤 이하	24m
10톤 초과 20톤 이하	27m
20톤 초과 30톤 이하	30m
30톤 초과 40톤 이하	33m
40톤 초과 200톤 이하	36m
200톤 초과	39m

비고

1. 이 표의 저장 능력 산정은 다음의 계산식에 따른다.

   W=0.9dV 다만, 소형저장탱크의 경우에는 W=0.85dV
   - W: 저장탱크 또는 소형저장탱크의 저장능력(kg)
   - d: 상용온도에서의 액화석유가스 비중(kg/ℓ)
   - V: 저장탱크 또는 소형저장탱크의 내용적(ℓ)

2. 동일한 사업소에 2개 이상의 저장설비가 있는 경우에는 각 저장설비별로 안전거리를 유지해야 한다.

참고

1. 저장탱크: 액화석유가스를 저장하기 위하여 지상 또는 지하에 고정 설치된 탱크로서 저장능력이 3톤 이상인 탱크를 말한다.
2. 소형저장탱크: 액화석유가스를 저장하기 위하여 지상 또는 지하에 고정 설치된 탱크로서 저장능력이 3톤 미만인 탱크를 말한다.

다. 충전설비(가스라이터용 충전기 제외)는 다음 요건을 모두 갖추어야 한다.

　㉠ 충전설비는 그 바깥 면으로부터 사업소 경계까지 24m 이상을 유지할 것

　㉡ 충전기는 사업소 경계가 도로에 접한 경우에는 충전기 바깥 면으로부터 가장 가까운 도로 경계선까지 4m 이상을 유지할 것

라. 자동차에 고정된 탱크 이입·충전 장소에는 정차위치를 지면에 표시하되 다음의 요건을 모두 갖추어야 한다.

　㉠ 지면에 표시된 정차위치의 중심으로부터 사업소 경계까지 24m 이상을 유지할 것

　㉡ 사업소 경계가 도로에 접한 경우에는 지면에 표시된 정차위치의 바깥 면으로부터 가장 가까운 도로 경계선까지 2.5m 이상을 유지할 것

마. 저장설비와 충전설비(전용공업지역에 있는 저장설비와 충전설비는 제외)는 그 바깥 면으로부터 사업소 경계까지의 거리를 다음의 기준에서 정한 거리 이상으로 유지해야 한다. 다만, 지하에 저장설비를 설치하는 경우에는 다음 기준에서 정한 사업소 경계와의 거리의 1/2 이상을 유지할 수 있으며, 저장설비가 지상에 설치된 저장능력 30톤을 초과하는 용기충전시설의 충전설비는 사업소 경계까지 24m 이상의 안전거리를 유지할 수 있다.

저장 능력	사업소 경계와의 거리
10톤 이하	17m
10톤 초과 20톤 이하	21m
20톤 초과 30톤 이하	24m
30톤 초과 40톤 이하	27m
40톤 초과	30m

바. 사업소의 부지는 한 면이 폭 8m 이상의 도로에 접해야 한다.

② **기초 기준**

가. 저장설비와 가스설비의 기초는 지반 침하로 설비에 유해한 영향을 끼치지 않도록 필요한 조치를 해야 한다.

나. 이 경우 저장탱크(저장능력이 3톤 미만의 저장설비는 제외)의 받침대(받침대가 없는 저장탱크에는 그 아랫부분)는 같은 기초 위에 설치해야 한다.

③ 저장설비 기준

가. 지상에 설치하는 저장탱크(소형저장탱크는 제외), 그 받침대 및 부속설비는 화재로부터 보호하기 위하여 열에 견딜 수 있는 적절한 구조로 하고, 온도 상승을 방지할 수 있는 적절한 조치를 해야 한다.

나. 저장탱크(저장능력이 3톤 이상인 저장탱크)의 지지구조물과 기초는 지진에 견딜 수 있도록 설계하고 지진의 영향으로부터 안전한 구조여야 한다.

다. 저장탱크와 다른 저장탱크 사이에는 두 저장탱크의 최대지름을 더한 길이의 1/4 이상에 해당하는 거리를 유지하는 등 하나의 저장탱크에서 발생한 위해요소가 다른 저장탱크로 전이되지 않도록 하기 위하여 필요한 조치를 해야 한다.

라. 시장 · 군수 · 구청장이 위해방지를 위하여 필요하다고 지정하는 지역의 저장탱크는 그 저장탱크 설치실 안에서의 가스 폭발을 방지하기 위하여 필요한 조치를 하여 지하에 묻어야 한다. 다만, 소형저장탱크의 경우에는 그렇지 아니하다.

마. 처리능력은 연간 1만톤 이상의 범위에서 시장 · 군수 · 구청장이 정하는 액화석유가스 물량을 처리할 수 있는 능력 이상이어야 한다.

바. 소형저장탱크의 보호와 탱크를 사용하는 시설의 안전을 위하여 같은 장소에 설치하는 소형저장탱크의 수는 6기 이하로 하고, 충전 질량의 합계는 5,000kg 미만이 되도록 하는 등 위해의 우려가 없도록 적절하게 설치해야 한다.

사. 저장탱크에는 안전을 위하여 필요한 과충전 경보 또는 방지장치, 폭발방지장치 등의 설비를 설치하고, 부압파괴방지 조치 및 방호조치 등 필요한 조치를 해야 한다. 다만, 다음 중 어느 하나를 설치한 경우에는 폭발방지장치를 설치한 것으로 본다.

ⓐ 물분무장치(살수장치를 포함)나 소화전으로 설치한 저장탱크

ⓑ 저온저장탱크(이중각 단열구조)로서 단열재의 두께가 저장탱크 주변의 화재를 고려하여 설계 시공된 저장탱크

ⓒ 지하에 매몰하여 설치한 저장탱크

④ 가스설비 기준

가. 가스설비의 재료는 액화석유가스의 취급에 적합한 기계적 성질과 화학적 성분이 있는 것이어야 한다.

나. 가스설비의 강도, 두께 및 성능은 액화석유가스를 안전하게 취급할 수 있는 적절한 것이어야 한다.

다. 충전시설에는 시설의 안전과 원활한 충전작업을 위하여 충전기, 잔량측정기, 자동계량기로 구성된 충전설비와 로딩암 등 필요한 설비를 설치하고 적절한 조치를 해야 한다.

⑤ **배관설비 기준**

　가. 배관(관 이음매와 밸브 포함) 안전을 위하여 액화석유가스의 압력, 사용하는 온도 및 환경에 적절한 기계적 성질과 화학적 성분이 있는 재료로 되어 있어야 한다.

　나. 배관의 강도, 두께 및 성능은 액화석유가스를 안전하게 취급할 수 있는 적절한 것이어야 한다.

　다. 배관의 접합은 액화석유가스의 누출을 방지할 수 있도록 확실한 방법으로 하고, 이를 확인하기 위하여 필요한 경우에는 비파괴시험을 해야 한다.

　라. 배관은 신축 등으로 인하여 액화석유가스가 누출하는 것을 방지하기 위하여 필요한 조치를 해야 한다.

　마. 배관은 수송하는 액화석유가스의 특성과 설치 환경조건을 고려하여 위해의 우려가 없도록 설치하고, 배관의 안전한 유지 · 관리를 위하여 필요한 설비를 설치하거나 필요한 조치를 해야 한다.

　바. 배관의 안전을 위하여 배관 외부에는 액화석유가스를 사용하는 배관임을 명확하게 알아볼 수 있도록 도색하고 표시해야 한다.

⑥ **피해저감설비 기준**

　가. 저장탱크를 지상에 설치하는 경우 저장능력(2개 이상의 탱크가 설치된 경우에는 이들의 저장능력을 합한 것을 말함)이 1천톤 이상의 저장탱크 주위에는 액체상태의 액화석유가스가 누출된 경우에 그 유출을 방지하기 위한 조치를 해야 한다.

　나. 지상에 설치된 저장탱크와 가스충전소 사이에는 가스 폭발에 따른 충격에 견딜 수 있는 방호벽을 설치하거나, 한 쪽에서 발생하는 위해요소가 다른 쪽으로 전이되는 것을 방지하기 위하여 필요한 조치를 해야 한다.

　다. 저장탱크(지하에 매설하는 경우는 제외), 가스설비 및 자동차에 고정된 탱크의 이입과 충전장소에는 소화를 위하여 살수장치, 물분무장치 또는 이와 같은 수준 이상의 소화능력이 있는 설비를 설치해야 한다.

　라. 배관에는 온도상승 방지조치 등 필요한 보호조치를 해야 한다.

⑦ **부대설비 기준**

　가. 충전시설에는 이상사태가 발생하는 것을 방지하고 이상사태 발생 시 사태확대를 방지하기 위하여 계측설비, 비상전력설비, 통신설비 등 필요한 설비를 설치하거나 조치해야 한다.

　나. 충전능력에 맞는 수량의 용기 전용 운반자동차는 허가받은 사업소의 대표자명의(법인의 경우에는 법인명의)로 확보해야 하며, 용기 전용 운반자동차에는 사업소의 상호와 전화번호를 가로 · 세로 5cm 이상 크기의 글자로 도색하여 표시해야 한다.

다. 소형저장탱크에 액화석유가스를 공급하는 경우에는 다음의 요건을 모두 갖추어야 한다.

   ㉠ 벌크로리를 허가받은 사업소의 대표자 명의(법인의 경우에는 법인 명의)로 확보해야 하며, 벌크로리에는 사업소의 상호와 전화번호를 가로·세로 5cm 이상 크기의 글자로 도색하여 표시할 것

   ㉡ 벌크로리의 원활한 통행을 위하여 충분한 부지를 확보할 것

   ㉢ 누출된 가스가 화기를 취급하는 장소로 유동하는 것을 방지하고, 벌크로리의 안전을 위한 유동방지시설을 설치해야 한다. 다만, 벌크로리의 주차위치 중심으로부터 보호시설(사업소 안에 있는 보호시설과 전용공업지역에 있는 보호시설은 제외)까지 다음 표에 따른 안전거리를 유지하는 경우에는 예외로 하되, 이 경우 벌크로리의 저장능력은 다음 식에 따라 계산한다.

     $G = V/C$에서,

     G: 액화석유가스의 질량(kg), V: 벌크로리의 내용적(l)

     C: 프로판은 2.35, 부탄은 2.05의 수치이다.

저장 능력	제1종 보호시설	제2종 보호시설
10톤 이하	17m	12m
10톤 초과 20톤 이하	21m	14m
20톤 초과 30톤 이하	24m	16m
30톤 초과 40톤 이하	27m	18m
40톤 초과	30m	20m

   ㉣ 벌크로리를 2대 이상 확보한 경우에는 각 벌크로리별로 ㉢의 기준에 적합해야 하고, ㉢의 단서에 따라 벌크로리 주차위치 중심 설정 시 벌크로리 간에는 1m 이상 거리를 두고 각각 벌크로리의 주차위치 중심을 설정할 것

⑧ **표시 기준 및 그 밖의 기준**

가. 충전시설의 안전을 위하여 필요한 곳에는 액화석유가스를 취급하는 시설 또는 일반인의 출입을 제한하는 시설이라는 것을 명확하게 알아볼 수 있도록 경계표시, 식별표시 및 위험표시 등 적절한 표시를 하고, 외부인의 출입을 통제할 수 있도록 적절한 경계 울타리를 설치해야 한다.

나. 태양광 발전설비를 설치하는 경우의 적합기준

   ㉠ 전기사업법에 따라 사용검사에 합격한 설비일 것

   ㉡ 집광판 및 그 부속설비는 캐피노의 상부, 건축물의 옥상 등 충전소의 운영에 지장을 주지 않는 장소에 설치할 것

ⓒ 집광판, 접속반, 인버터, 분전반 등 태양광 발전설비 관련 전기설비는 방폭성능을 갖거나 폭발위험장소(0종 장소, 1종 및 2종 장소)가 아닌 곳에 설치할 것

2) 용기(소형용기 및 가스난방기용기 포함) 충전 기술기준

① 안전유지 기준

가. 저장탱크의 안전을 위하여 1년에 1회 이상 정기적으로 적절한 방법으로 침하 상태를 측정하고, 침하 상태에 따라 적절한 안전조치를 해야 한다.

나. 저장탱크는 항상 40℃ 이하의 온도를 유지해야 한다.

다. 저장설비실 안으로 등화를 휴대하고 출입할 때에는 방폭형 등화를 휴대해야 한다.

라. 가스누출검지기와 휴대용 손전등은 방폭형이어야 한다.

마. 저장설비와 가스설비의 바깥 면으로부터 8m 이내에서는 화기(담뱃불 포함)를 취급하지 않아야 한다.

바. 소형저장탱크 주위 5m 이내에서는 화기의 사용을 금지하고, 인화성 물질이나 발화성 물질을 많이 쌓아 두지 않아야 한다.

사. 소형저장탱크 주위에 있는 밸브류의 조작은 원칙적으로 수동조작으로 해야 한다.

아. 소형저장탱크의 세이프티 커플링의 주밸브는 액봉 방지를 위하여 항상 열어 둔다. 다만, 커플링으로부터의 가스누출이나 긴급 시의 대책을 위하여 필요한 경우에는 닫아 두어야 한다.

자. 소형저장탱크의 가스를 공급하는 가스공급자가 시설의 안전유지를 위해 요청하는 사항은 반드시 지켜야 한다.

② 제조 및 충전 기준

가. 저장탱크에 가스를 충전하려면 가스의 용량이 상용 온도에서 저장탱크 내용적의 90%(소형저장탱크의 경우는 85%)를 넘지 않도록 충전해야 한다.

나. 자동차에 고정된 탱크는 저장탱크의 바깥 면으로부터 3m 이상 떨어져 정지해야 한다. 다만, 저장탱크와 자동차에 고정된 탱크 사이에 방호 울타리 등을 설치한 경우에는 그렇지 아니하다.

다. 가스를 충전하려면 충전설비에서 발생하는 정전기를 제거하는 조치를 해야 한다.

라. 액화석유가스가 공기 중에 1/1,000의 비율로 혼합되었을 때 그 사실을 알 수 있도록 냄새가 나는 물질(공업용의 경우는 제외)을 섞어 용기에 충전해야 한다.

마. 액화석유가스는 다음의 기준에 따라 안전에 지장이 없는 상태에서 충전한다.

ⓐ 안전밸브 또는 방출밸브에 설치된 스톱밸브는 항상 열어 둘 것. 다만, 안전밸브 또는 방출밸브의 수리·청소를 위하여 특히 필요한 경우에는 그렇지 아니하다.

ⓛ 자동차에 고정된 탱크(내용적이 5,000 *l* 이상인 것)로부터 가스를 이입 받을 때에는 자동차가 고정되도록 자동차 정지목 등을 설치할 것

ⓒ 액화석유가스를 자동차에 고정된 탱크로부터 이입할 때에는 배관 접속 부분의 가스누출 여부를 확인하고, 이입한 후에는 배관 안의 가스로 인한 위해가 발생하지 않도록 조치할 것

ⓔ 자동차에 고정된 탱크로부터 저장탱크에 액화석유가스를 이입 받을 때에는 5시간 이상 연속하여 자동차에 고정된 탱크를 저장탱크에 접속하지 않을 것

바. 충전설비에서 가스충전작업을 하려면 외부에서 눈에 띄기 쉬운 곳에 충전작업 중임을 알리는 표시를 해야 한다.

사. 가스를 용기에 충전하려면 다음의 계산식에 따라 산정된 충전량을 초과하지 않도록 충전해야 한다.

$G = V/C$에서,

G: 액화석유가스의 질량(kg), V: 용기의 내용적(*l*)

C: 프로판은 2.35, 부탄은 2.05의 수치이다.

아. 가스를 용기에 충전하기 위하여 밸브 또는 충전용 지관을 가열할 필요가 있으면 열습포나 40℃ 이하의 물을 사용한다.

자. 충전하는 가스의 압력과 성분

ⓖ 접합 또는 납붙임용기와 이동식부탄연소기용 용접용기

→ 가스의 압력: 40℃에서 0.52MPa 이하

가스의 성분: 프로판+프로필렌은 10moL% 이하, 부탄+부틸렌은 90moL% 이상

ⓛ 이동식 프로판연소기용 용접용기

→ 가스의 압력: 40℃에서 1.53MPa 이하

가스의 성분: 프로판+프로필렌은 90moL% 이상

차. 액화석유가스를 충전한 후 과충전 된 것은 가스회수장치로 보내 초과량을 회수하고 부족한 양은 재충전한다.

카. 액화저장탱크에 액화가스를 충전할 때에는 벌크로리 등에서 발생하는 정전기를 제거하고, "화기엄금" 등의 표지판을 설치하는 등 안전에 필요한 수칙을 준수하고, 안전유지에 필요한 조치를 해야 한다.

타. 자동차에 고정된 탱크로 수요자의 소형저장탱크에 액화석유가스를 충전할 때에는 다음 기준에 따른다.

ⓖ 액화석유가스를 충전하려면 소형저장탱크 안의 잔량을 확인한 후 충전할 것

ⓛ 충전작업은 수요자가 채용한 안전관리자가 지켜보는 가운데에 할 것

ⓒ 충전 중에는 액면계의 움직임, 펌프 등의 작동을 주의·감시하여 과충전방지 등 작업 중의 위해 방지를 위한 조치를 할 것

ⓡ 충전작업이 완료되면 세이프티 커플링으로부터의 가스누출이 없는지 확인할 것

③ **점검 기준**

가. 충전시설 중 액화석유가스의 안전을 위하여 필요한 시설 또는 설비에 대해서는 작동 상황을 주기적(충전설비의 경우에는 1일 1회 이상)으로 점검하고, 이상이 있을 경우에는 시설 또는 설비가 정상적으로 작동될 수 있도록 필요한 조치를 한다.

나. 충전용기(소형용기는 제외) 중 외관이 불량한 용기에 대해서는 수조식 장치 등에 따른 시설로 누출시험을 실시하고, 그 밖의 용기에 대해서는 비눗물을 이용하여 누출시험을 한다.

다. 액화석유가스가 충전된 이동식 부탄연소기용 용접용기 및 이동식 프로판연소기용 용접용기는 연속공정에 의하여 55±2℃의 온수조에 60초 이상 통과시키는 누출검사를 모든 용기에 실시하고, 불합격된 용기는 파기한다.

라. 안전밸브(액체의 열팽창으로 인한 배관의 파열방지용 안전밸브는 제외) 중 압축기의 맨 끝부분에 설치한 것은 1년에 1회 이상, 그 밖의 안전밸브는 2년에 1회 이상 허용압력 이하로 되돌릴 수 있는 안전장치에 따라 설치 시 설정되는 압력 이하의 압력에서 작동하도록 조정한다.

마. 가스시설에 설치된 긴급차단장치에 대해서는 1년에 1회 이상 밸브 시트의 누출검사 및 작동검사를 하여 누출량이 안전에 지장이 없는 양 이하이고, 작동이 원활하며 확실하게 개폐될 수 있는 작동 기능을 가졌음을 확인한다.

바. 정전기 제거 설비를 정상 상태로 유지하기 위하여 지상에서의 접지저항치, 지상에서의 접속부의 접속 상태, 지상에서의 절선 부분이나 그 밖의 손상 부분의 유무 기준에 따라 검사를 하여 기능을 확인한다.

사. 물분무장치, 살수장치와 소화전은 매월 1회 이상 작동상황을 점검하여 원활하고 확실하게 작동하는지 확인하고, 점검 기록을 작성하고 유지한다. 다만, 얼어붙을 우려가 있는 경우에는 펌프 구동만으로 통수시험을 갈음할 수 있다.

아. 슬립 튜브식 액면계의 패킹을 주기적으로 점검하고 이상이 있을 때에는 교체한다.

자. 충전용주관의 압력계는 매월 1회 이상, 그 밖의 압력계는 1년에 1회 이상 국가표준기본법에 따른 교정을 받은 압력계로 기능을 검사한다.

차. 비상전력은 정기적으로 점검하여 사용에 지장이 없도록 한다.

5 도시가스 제조 및 공급시설

1) 가스도매사업의 제조소 및 공급소 시설기준

① 배치 기준

가. 액화석유가스의 저장설비와 처리설비는 그 외면으로부터 보호시설까지 30m 이상의 거리를 유지해야 한다.

나. 제조소 및 공급소에 설치하는 도시가스가 통하는 가스공급시설은 그 외면으로부터 화기를 취급하는 장소까지 8m 이상의 우회거리를 유지하고, 가스공급시설과 화기를 취급하는 장소와의 사이에는 가스공급시설에서 누출된 도시가스가 유동하는 것을 방지하기 위한 시설을 설치해야 한다.

다. 액화천연가스(기화된 천연가스 포함)의 저장설비와 처리설비(1일 처리능력이 5만2천 500m³ 이하인 펌프, 압축기, 응축기, 기화장치는 제외)는 그 외면으로부터 사업소 경계까지 다음 계산식에 따라 얻은 거리(거리가 50m 미만인 경우에는 50m) 이상을 유지해야 한다.

$L = C \times \sqrt[3]{143,000W}$에서,

L: 유지해야 하는 거리(m)

C: 저압 지하식 탱크는 0.240, 그 밖의 가스저장설비와 처리설비는 0.576

W: 저장탱크는 저장능력(톤)의 제곱근, 그 밖의 것은 시설 안의 액화천연가스의 질량(톤)이다.

라. 고압의 가스공급시설은 안전구획 안에 설치하고, 안전구역의 면적은 2만m² 미만이어야 한다. 다만, 공정상 밀접한 관련을 가지는 가스공급시설로서 두 개 이상의 안전구역을 구분함에 따라 가스공급시설의 운영에 지장을 줄 우려가 있는 경우에는 그러하지 아니하다.

마. 안전구역 안의 고압인 가스공급시설은 그 외면으로부터 다른 안전구역 안에 있는 고압인 가스공급시설의 외면까지 30m 이상의 거리를 유지해야 한다.

바. 두 개 이상의 제조소가 인접하여 있는 가스공급시설은 그 외면으로부터 다른 제조소의 경계까지 20m 이상의 거리를 유지해야 한다.

사. 액화천연가스의 저장탱크는 그 외면으로부터 처리능력이 20만m³ 이상인 압축기까지 30m 이상의 거리를 유지해야 한다.

아. 제조소 및 공급소에는 안전조업에 필요한 공지를 확보해야 하며, 가스공급시설은 안전조업에 지장이 없도록 배치해야 한다.

② **기초 기준**

　가. 저장탱크, 가스홀드, 압축기, 펌프, 기화기, 열교환기, 냉동설비의 지지구조물과 기초는 지진에 견딜 수 있도록 설계하고, 지진의 영향으로부터 안전한 구조이어야 한다.

　나. 다만, 다음의 어느 하나에 해당하는 시설은 내진 설계 대상에서 제외한다.

　　㉠ 건축법령에 따라 내진 설계를 해야 하는 것으로서 같은 법령이 정하는 바에 따라 내진설계를 한 시설

　　㉡ 저장능력이 3톤(압축가스의 경우에는 300m³) 미만인 저장탱크 또는 가스홀드

　　㉢ 지하에 설치되는 시설

③ **저장설비 기준**

　가. 저장탱크와 다른 저장탱크 또는 가스홀드와의 사이에는 두 저장탱크의 최대지름을 더한 길이의 1/4 이상에 해당하는 거리(두 저장탱크의 최대지름을 더한 길이의 1/4이 1m 미만인 경우에는 1m 이상의 거리)를 유지해야 한다.

　나. 저장탱크에는 폭발방지장치, 액면계, 물분무장치, 방류둑, 긴급차단장치 등 저장탱크의 안전을 확보하기 위하여 필요한 설비를 설치하고, 압력저하 방지조치 등 저장능력의 안전을 확보하기 위하여 필요한 조치를 마련해야 한다.

　다. 다만, 다음 중 하나를 설치한 경우에는 폭발방지장치를 설치한 것으로 볼 수 있다.

　　㉠ 물분무장치(살수장치 포함)와 소화전을 설치한 저장탱크

　　㉡ 저온저장탱크(2중각 단열구조의 것을 말함)로서 단열재의 두께가 해당 저장탱크 주변의 화재를 고려하여 설계·시공된 저장탱크

　　㉢ 지하에 매몰하여 설치하는 저장탱크

④ **피해저감설비 기준 및 부대설비 기준**

　가. 액화가스 저장탱크의 저장능력이 500톤 이상(서로 인접하여 설치된 것은 그 저장능력의 합계)인 것의 주위에는 액상의 도시가스가 누출될 경우에 유출을 방지하기 위한 조치를 마련해야 한다.

　나. 제조소 및 공급소에는 이상사태가 발생하는 것을 방지하고 이상사태가 발생할 때 확대를 방지하기 위하여 액면계, 비상전력, 통신시설, 안전용 불활성가스 설비, 계기실, 열량조정장치, 플레어스택, 벤트스택 및 조명설비 등 필요한 설비를 설치해야 한다.

　다. 가스공급시설이 손상되거나 재해발생으로 인해 비상공급시설을 설치하는 경우에는 다음 기준에 따라 설치해야 한다.

　　㉠ 비상공급시설의 주위는 인화성 물질이나 발화성 물질을 저장·취급하는 장소가 아닐 것

ⓛ 비상공급시설에는 접근을 금지하는 내용의 경계표시를 할 것

ⓒ 고압이나 중압의 비상공급시설은 내압성능을 가지도록 할 것

ⓔ 비상공급시설 중 도시가스가 통하는 부분은 기밀성능을 가지도록 할 것

ⓜ 비상공급시설은 그 외면으로부터 제1종 보호시설까지의 거리가 15m 이상, 제2종 보호시설까지의 거리가 10m 이상이 되도록 할 것

ⓗ 비상공급시설의 원동기에는 불씨가 방출되지 않도록 하는 조치를 할 것

ⓢ 비상공급시설에는 설비에서 발생하는 정전기를 제거하는 조치를 할 것

ⓞ 비상공급시설에는 소화설비와 재해발생방지를 위한 응급조치에 필요한 자재 및 용구 등을 비치할 것

ⓩ 이동식 비상공급시설은 엔진을 정지시킨 후 주차제동장치를 걸어 놓고, 자동차 바퀴를 고정목 등으로 고정시킬 것

2) 가스도매사업의 가스공급시설 제조소 및 공급소 기술기준

① 도시가스를 안전하게 제조·공급하기 위하여 저장탱크의 기초(침하상태)를 정기적으로 점검해야 한다.

② 물분무장치 등은 매월 1회 이상 확실하게 작동하는지를 확인하고, 그 기록을 유지해야 한다.

③ 긴급차단장치는 1년에 1회 이상 밸브 몸체의 누출검사와 작동검사를 실시하여 누출양이 안전 확보에 지장이 없는 양 이하이고, 원활하며 확실하게 개폐될 수 있는 작동기능을 가졌음을 확인해야 한다.

④ 비상전력은 기능을 정기적으로 검사하여 사용하는데 지장이 없도록 해야 한다.

⑤ 냄새가 나는 물질을 첨가할 때에는 그 특성을 고려하여 적정한 농도로 주입해야 한다.

⑥ 제조소 및 공급소에 설치된 가스누출경보기는 1주일에 1회 이상 작동상황을 점검하고, 작동이 불량할 때는 즉시 교체하거나 수리하여 항상 정상적인 작동이 되도록 해야 한다.

⑦ 제조소 및 공급소에 설치하는 냉동설비의 설치, 운영 및 검사에 관한 사항은 고압가스 안전관리법에 따른 냉동제조시설의 기술기준에 따라야 한다.

3) 제조소 및 공급소 밖의 배관설비 기준

① 배관을 매설할 때에는 설치환경에 따른 적절한 매설 깊이나 설치 간격을 유지해야 한다.

　가. 배관을 지하에 매설하는 경우에는 지표면으로부터 배관 외면까지의 매설 깊이는 산이나 들에서는 1m 이상, 그 밖의 지역에서는 1.2m 이상이다. 다만, 방호구조물

안에 설치하는 경우에는 그러하지 아니하다.

나. 배관의 외면으로부터 도로의 경계까지 수평거리 1m 이상, 도로 밑의 다른 시설물과는 0.3m 이상이다.

다. 배관을 시가지의 도로 노면 밑에 매설하는 경우에는 노면으로부터 배관의 외면까지 1.5m 이상이다. 다만, 방호구조물 안에 설치하는 경우에는 노면으로부터 그 방호구조물의 외면까지 1.2m 이상이다.

라. 배관을 시가지 외의 도로 노면 밑에 매설하는 경우에는 노면으로부터 배관의 외면까지 1.2m 이상이다.

마. 배관을 포장되어 있는 차도에 매설하는 경우에는 포장부분의 노반(차단층이 있는 경우에는 그 차단층을 말함)의 밑에 매설하고, 배관의 외면과 노반의 최하부와의 거리는 0.5m 이상이다.

바. 배관을 인도, 보도 등 노면 외의 도로 밑에 매설하는 경우에는 지표면으로부터 배관의 외면까지 1.2m 이상이다. 다만, 방호구조물 안에 설치하는 경우에는 방호구조물의 외면까지 0.6m(시가지의 노면 외 도로 밑에 매설하는 경우에는 0.9m) 이상이다.

사. 배관을 철도부지에 매설하는 경우에는 배관의 외면으로부터 궤도 중심까지 4m 이상이다, 철도부지 경계까지는 1m 이상의 거리를 유지하고, 지표면으로부터 배관 외면까지의 깊이를 1.2m 이상 유지해야 한다.

아. 하천구역을 횡단하여 매설하는 경우 배관의 외면과 계획하상높이와의 거리는 원칙적으로 4m 이상이다, 소하천, 수로를 횡단하여 배관을 매설하는 경우에는 배관의 외면과 계획하상높이와의 거리는 원칙적으로 2.5m 이상이다, 그 밖의 좁은 수로를 횡단하여 배관을 매설하는 경우에는 배관의 외면과 계획하상높이의 거리는 원칙적으로 1.2m 이상이다.

② 하상을 제외한 하천구역에 하천과 병행하여 배관을 설치하는 경우에는 다음의 기준에 적합해야 한다.

가. 정비가 완료된 하천으로서 산업통상자원부장관 또는 시장·군수·구청장이 하천구역 외에는 배관을 설치할 장소가 없다고 인정해야 한다.

나. 배관은 견고하고 내구력을 갖는 방호구조물 안에 설치해야 한다.

다. 배관의 외면으로부터 2.5m 이상의 매설심도를 유지해야 한다.

라. 배관손상으로 인한 도시가스 누출 등 위급한 상황이 발생한 때에 그 배관에 유입되는 도시가스를 신속히 차단할 수 있는 장치를 설치해야 한다. 다만, 고압배관으로서 매설된 배관이 포함된 구간의 도시가스를 30분 이내에 화기 등이 없는 안전한 장소로 방출할 수 있는 장치를 설치한 경우에는 그러하지 아니하다.

4) 일반도시가스사업의 제조소 및 공급소 시설기준

① 배치 기준

가. 가스혼합기, 가스정제설비, 배송기, 압송기 그 밖에 가스공급시설의 부대설비(배관은 제외)는 그 외면으로부터 사업장 경계까지의 거리를 3m 이상 유지해야 한다. 다만, 최고사용압력이 고압인 것은 그 외면으로부터 사업장 경계까지의 거리를 20m 이상, 제1종 보호시설까지의 거리를 30m 이상으로 해야 한다.

나. 가스발생기와 가스홀더는 그 외면으로부터 사업장 경계까지 최고사용압력이 고압인 것은 20m 이상, 최고사용압력이 중압인 것은 10m 이상, 최고사용압력이 저압인 것은 5m 이상의 거리를 각각 유지해야 한다.

② 예비시설 기준

가. 예비시설이란 천연가스를 가스도매사업자의 배관으로부터 공급받지 않는 도시가스사업자가 공급중단 등 비상사태에 대응하여 이미 공급 중인 도시가스 성상과 상호 호환성이 있는 도시가스를 안정적으로 공급할 수 있는 시설을 말한다.

나. 예비시설의 종류와 범위
   ㉠ 가스제조설비: 액화석유가스와 공기의 혼합(LPG/Air)시설, 납사분해시설, 액화천연가스(LNG)제조시설
   ㉡ 가스저장설비: 가스홀더

다. 가스제조설비로 도시가스를 공급하는 도시가스사업자는 해당 연도 연 최대수요를 공급할 수 있는 가스제조설비 능력의 20% 이상을 예비시설로 보유해야 한다. 이 경우 해당 연도 연 최대수요를 공급할 수 있는 가스제조설비 능력의 산출은 다음 방식으로 한다.

- 해당 연도 최대수요 월의 일 평균수요
 =(전년도 일 최대수요/전년도 최대수요 월의 일 평균수요)-가스저장설비의 이용능력

5) 제조소 및 공급소 밖의 배관 시설기준

① 가스설비 기준

가. 압력조정기(구역압력조정기) 설치의 적합 기준
   ㉠ 시장·군수·구청장이 정압기의 설치가 어렵다고 인정하는 구역일 것
   ㉡ 구역압력조정기의 입구 및 출구에는 가스차단밸브를 설치할 것
   ㉢ 도기가스압력이 비정상적으로 상승할 경우 안전을 확보하기 위한 긴급차단

장치와 안전밸브 및 가스 방출관을 설치하고, 구역압력조정기 외함에는 가스
누설경보기를 설치할 것

ⓔ 구역압력조정기는 설치 후 3년에 1회 이상 분해점검을 실시하고, 3개월에 1회
이상 작동상황을 점검하며, 필터는 가스공급개시 후 1개월 이내 및 가스공급
개시 후 매년 1회 이상 점검을 실시할 것

나. 배관설비 기준

㉠ 배관의 최고사용압력은 중압 이하일 것

㉡ 중압 이하의 배관과 고압배관을 매설하는 경우 서로간의 거리를 2m 이상으
로 할 것. 다만, 기존에 설치된 배관의 지반침하, 손상 등을 방지하기 위하여
철근콘크리트 방호구조물 안에 설치하는 경우에는 1m 이상으로, 중압 이하
의 배관과 고압배관의 관리주체가 같은 경우에는 0.3m 이상으로 할 수 있다.

㉢ 입상관이 화기가 있을 가능성이 있는 주위를 통과할 경우에는 불연성재료로
차단조치를 하고, 입상관의 밸브는 바닥으로부터 1.6m 이상 2m 이내에 설치
할 것

㉣ 배관의 이음매(용접이음매는 제외)와 전기계량기 및 전기개폐기와의 거리는
60cm 이상, 전기점멸기 및 전기접속기와의 거리는 30cm 이상, 절연전선과의
거리는 10cm 이상, 절연조치를 하지 않은 전선 및 단열조치를 하지 않은 굴
뚝(배기통 포함)과의 거리는 15cm 이상의 거리를 유지할 것

㉤ 배관을 매설하는 경우에는 설치 환경에 따라 공동주택 등의 부지 안에서는
0.6m 이상, 폭 8m 이상의 도로에서는 1.2m 이상(다만, 도로에 매설된 최고사
용압력이 저압인 배관에서 횡으로 분기하여 수요가에게 직접 연결되는 배관
의 경우에는 1m 이상), 폭 4m 이상 8m 미만인 도로에서는 1m 이상(다만, 호
칭지름이 300mm 이하로서 최고사용압력이 저압인 배관이나 도로에 매설된
최고사용압력이 저압인 배관에서 횡으로 분기하여 수요가에게 직접 연결되
는 배관의 어느 하나에 해당하는 경우에는 0.8m 이상)으로 할 수 있다.

② 기술 기준

가. 도시가스사업자는 가스공급시설을 효율적으로 관리하기 위하여 배관, 정압기 등
의 설치도면, 시방서, 시공자, 시공연월일 등을 전산화해야 한다.

나. 도시가스공급시설에 설치된 압력조정기는 매 6개월에 1회 이상(필터나 스트레이
너의 청소는 매 2년에 1회 이상) 압력조정기의 유지·관리에 적합한 방법으로 안
전점검을 실시해야 한다.

6 도시가스 충전시설

1) 도시가스충전사업의 가스충전시설 시설기준

① 배치 기준

가. 처리설비 및 압축가스설비로부터 30m 이내에 보호시설이 있을 경우에는 처리설비 및 압축가스설비의 주위에 도시가스폭발에 따른 충격을 견딜 수 있는 철근콘크리트제 방호벽을 설치해야 한다. 다만, 처리설비 주위에 방류둑 설치 등 액확산방지 조치를 한 경우에는 그러하지 아니하다.

나. 저장설비는 그 외면으로부터 보호시설까지 저장능력에 따른 거리 이상을 유지해야 한다.

ㄱ 압축가스저장능력($Q:m^3$)=(10P+1)×V에서,

P: 35℃에서의 최고충전압력(MPa), V: 내용적(m^3) 이다.

ㄴ 액화도시가스저장능력(W:kg)=$0.9d×V_1$에서,

d: 상용온도에서의 액화도시가스의 비중(kg/l), V_1: 내용적(l)이다.

다. 저장설비, 처리설비, 압축가스설비 및 충전설비는 그 외면으로부터 사업소 경계까지 10m 이상의 안전거리를 유지해야 한다. 처리설비 및 압축가스설비의 주위에 철근콘크리트제 방호벽을 설치하는 경우에는 5m 이상의 안전거리를 유지할 수 있다.

라. 충전설비는 도로법에 따른 도로경계까지 5m 이상의 거리를 유지해야 한다.

마. 저장설비, 처리설비, 압축가스설비 및 충전설비는 철도까지 30m 이상의 거리를 유지해야 한다.

② 가스설비 기준

가. 처리설비, 압축가스설비 및 충전설비는 원칙적으로 지상에 설치해야 한다.

나. 가스설비의 성능은 도시가스를 안전하게 취급할 수 있는 적절한 것이어야 한다.

③ 배관설비 기준

가. 배관은 안전율이 4 이상이 되도록 설계해야 한다.

나. 배관의 성능은 도시가스를 안전하게 수송할 수 있는 적절한 것이어야 한다.

2) 도시가스충전사업의 가스충전시설 기술기준

① 안전유지 기준

가. 도시가스를 이음쇠로 접속할 때에는 그 이음쇠와 접속되는 부분에 잔류응력이 남지 아니하도록 조립한다.

나. 이음쇠밸브류를 나사로 조일 때에는 무리한 하중이 걸리지 않도록 해야 한다.

다. 상용압력이 19.6MPa 이상이 되는 곳의 나사는 나사게이지로 검사한 것이어야 한다.

라. 사업소에는 휴대용 가스누출검지기를 갖추어야 한다.

② 충전 기준 및 점검 기준

가. 자동차에 압축도시가스를 충전할 때에는 엔진을 정지시켜야 하고, 자동차의 수동브레이크를 채워야 한다.

나. 이동충전차량의 용기 및 압축도시가스 자동차의 용기는 통상온도에서 설계압력 이상으로 충전하지 않으며, 용기의 사용압력에 적합하게 충전해야 한다.

다. 충전을 마친 후 충전설비를 분리할 경우에는 충전호스 안의 도시가스를 제거해야 한다.

라. 충전시설의 사용개시 전과 사용종료 후에는 반드시 충전시설에 속하는 설비의 이상 유무를 점검하는 것 외에 1일 1회 이상 충전설비의 작동상황에 대하여 점검·확인을 하고 이상이 있을 때에는 설비의 보수 등 필요한 조치를 해야 한다.

3 가스저장 및 사용시설

1 고압가스 저장시설

1) 고압가스 저장 시설기준

① 배치 기준

가. 고압가스 저장설비는 그 저장설비의 외면에서부터 사업소 경계까지는 사업소 경계 밖의 제1종 보호시설과의 거리가 20m를 초과하는 경우에는 20m로 할 수 있다.

나. 완성검사를 받은 후 기준에 부적합하게 된 시설에 대하여 시설 변경 전과 후의 안전도에 관하여 한국가스안전공사의 평가를 받을 것과 평가 결과에 맞게 시설을 보완할 것의 조치를 모두 한 경우에는 해당 기준에 적합한 것으로 본다.

② 기초 기준

가. 고압가스설비의 기초는 설비에 유해한 영향을 끼치지 않도록 필요한 조치를 마련해야 한다.

나. 이 경우 저장탱크(저장능력 100m³ 또는 1톤 이상의 것만을 말함)의 받침대는 동일한 기초 위에 설치해야 한다.

③ 저장설비 기준

가. 저장탱크의 구조는 저장탱크를 보호하고, 저장탱크로부터 가스누출을 방지하기 위하여 저장탱크에 저장하는 가스의 종류, 온도, 압력 및 저장탱크의 사용 환경에 따라 적절한 것으로 한다.

나. 저장능력 5톤(가연성 또는 독성의 가스가 아닌 경우에는 10톤) 또는 500m³(가연성 또는 독성의 가스가 아닌 경우에는 1,000m³) 이상인 저장탱크 및 압력용기(반응, 분리, 정제, 증류를 위한 탑류로서 높이 5m 이상인 것만을 말함)에는 지진발생 시 저장탱크를 보호하기 위하여 내진성능 확보를 위한 조치 등 필요한 조치를 마련한다.

다. 5m³ 이상의 가스를 저장하는 것에는 가스방출장치를 설치해야 한다.

라. 자연성가스 저장탱크(저장능력 300m³ 또는 3톤 이상인 탱크만을 말함)와 다른 가연성가스 저장탱크 또는 산소저장탱크 사이에는 두 저장탱크 최대지름을 더

한 길이의 1/4 이상의 거리를 유지하는 등 하나의 저장탱크에서 발생한 위해요소가 다른 저장탱크로 전이되지 않도록 해야 한다.

마. 저장실은 저장실에서 고압가스가 누출되는 경우 재해 확대를 방지할 수 있도록 설치해야 한다.

바. 저장탱크에는 저장탱크를 보호하기 위하여 부압파괴방지 조치, 과충전방지 조치 등 필요한 조치를 마련해야 한다.

④ **피해저감설비 기준**

가. 가연성가스: 독성가스 또는 산소의 액화가스 저장탱크(가연성가스 또는 산소의 액화가스 저장탱크는 저장능력 1천톤 이상, 독성가스의 액화가스 저장탱크는 저장능력 5톤 이상)의 주위에는 액상의 가스가 누출한 경우에 그 유출을 방지하기 위한 조치를 해야 한다.

나. 저장설비와 사업소 안 보호시설과의 사이에는 가스폭발에 따른 충격에 견딜 수 있는 방호벽을 설치해야 한다.

다. 독성가스를 저장하는 시설에는 그 시설로부터 독성가스가 누출될 경우 독성가스로 인한 중독을 방지하기 위하여 필요한 조치를 해야 한다.

라. 저장탱크 또는 배관에는 저장탱크 또는 배관을 보호하기 위하여 온도상승방지 조치 등 필요한 조치를 해야 한다.

2) 고압가스 저장 기술기준

① **안전유지 기준**

가. 밸브가 돌출한 용기(내용적이 5ℓ 미만인 용기는 제외)에는 용기의 넘어짐 및 밸브의 손상을 방지하는 조치를 해야 한다.

나. 저장설비에 설치한 밸브 또는 콕크(밸브 등)에는 다음의 기준에 따라 종업원이 밸브 등을 적절히 조작할 수 있도록 조치해야 한다.

ㄱ 밸브 등에는 밸브 등의 개폐방향이 표시되도록 할 것

ㄴ 밸브 등(조작스위치로 개폐하는 것은 제외)이 설치된 배관에는 밸브 등의 가까운 부분에 쉽게 알아볼 수 있는 방법으로 배관내의 가스, 그 밖의 유체 종류 및 방향이 표시되도록 할 것

ㄷ 조작함으로써 밸브 등이 설치된 저장설비에 안전상 중대한 영향을 미치는 밸브 등 중에서 항상 사용하지 않는 것에는 자물쇠를 채우거나 봉인하는 등의 조치를 할 것

ㄹ 밸브 등을 조작하는 장소에는 밸브 등의 기능 및 사용빈도에 따라 밸브 등을 확실히 조작하는데 필요한 발판과 조명도를 확보할 것

다. 차량에 고정된 탱크(내용적이 2,000 l 이상인 것만을 말함)에 고압가스를 충전하거나 그로부터 가스를 이입 받을 때에는 차량정지목을 설치하는 등 차량이 고정되도록 한다.

라. 차량에 고정된 탱크 및 용기에는 안전밸브 등 필요한 부속품이 장치되어 있어야 하며, 부속품은 다음 기준에 적합해야 한다.

　㉠ 가연성가스 또는 독성가스를 충전하는 차량에 고정된 탱크 및 용기(시안화수소의 용기 또는 24.5MPa 이상의 압력으로 행한 내압시험에 합격한 소방설비 또는 항공기에 비치하는 탄산가스용기는 제외)에는 안전밸브가 부착되어 있고, 성능이 탱크 또는 용기의 내압시험압력의 8/10 이하의 압력에서 작동할 수 있어야 할 것

　㉡ 긴급차단장치는 성능이 원격조작에 의하여 작동되고, 차량에 고정된 탱크 또는 이에 접속하는 배관 외면의 온도가 110℃일 때에 자동적으로 작동할 수 있어야 할 것

　㉢ 차량에 고정된 탱크에 부착되는 밸브, 안전밸브, 부속배관 및 긴급차단장치는 내압성능 및 기밀성능이 탱크의 내압시험압력 및 기밀시험압력 이상의 압력으로 행하는 내압시험 및 기밀시험에 합격될 수 있는 것일 것

② **점검 기준**

가. 고압가스 저장설비의 사용개시 전 및 사용종료 후에는 반드시 저장설비에 속하는 저장시설의 이상 유무를 점검하는 것 외에 1일 1회 이상 저장설비의 작동 상황에 대하여 점검 · 확인을 하고, 이상이 있을 때에는 설비의 보수 등 필요한 조치를 해야 한다.

나. 압력계는 3개월에 1회 이상 표준이 되는 압력계로 기능을 검사해야 한다.

다. 안전밸브 중 압축기의 최종단에 설치한 것은 1년에 1회 이상, 그 밖의 안전밸브는 2년에 1회 이상 조정을 하여 고압가스설비가 파손되지 않도록 적절한 압력 이하에서 작동되도록 해야 한다.

라. 가연성가스, 독성가스 또는 산소가 통하는 설비를 수리, 청소 및 철거할 때에는 작업의 안전 확보를 위하여 필요한 안전수칙을 준수하고, 작업 후에는 설비의 성능유지와 작동성 확인 등 안전 확보를 위하여 조치를 마련해야 한다.

2 고압가스 사용시설

1) 특정고압가스 사용 시설기준

① 배치 기준

가. 가연성가스의 가스설비 또는 저장설비는 그 외면으로부터 화기를 취급하는 장소까지 8m의 우회거리를 두어야 한다.

나. 산소의 저장설비 주위 5m 이내에는 화기를 취급해서는 안 된다.

다. 저장능력이 500kg 이상인 액화염소사용시설의 저장설비(기화장치 포함)는 그 외면으로부터 보호시설까지 제1종 보호시설은 17m 이상, 제2종 보호시설은 12m 이상의 거리를 유지해야 한다.

라. 사용시설 중 압축모노실란, 압축디보레인, 액화알진, 포스핀, 셀렌화수소, 게르만, 디실란, 오불화비소, 오불화인, 삼불화인, 삼불화질소, 삼불화붕소, 사불화유황, 사불화규소의 저장설비 및 감압설비는 그 외면으로부터 보호시설에서 규정하는 안전거리를 유지해야 한다.

② 피해저감설비 기준

가. 고압가스의 저장량이 300kg(압축가스의 경우에는 $1m^3$를 5kg으로 본다) 이상인 용기보관실의 벽은 방호벽으로 해야 한다.

구분	제1종 보호시설	제2종 보호시설
산소저장설비	12m	8m
독성(가연성)가스 저장설비	17m	12m
그 밖의 가스 저장설비	8m	5m

비고
한 사업소 안에 2개 이상의 저장설비가 있는 경우에는 각각 안전거리를 유지한다.

나. 독성가스를 저장하는 시설에는 시설로부터 독성가스가 누출될 경우 독성가스로 인한 중독을 방지하기 위하여 필요한 조치를 마련해야 한다.

다. 배관에는 배관을 보호하기 위하여 온도상승방지조치 등 필요한 조치를 마련해야 한다.

2) 특정고압가스 사용 기술기준

① 안전유지 기준

가. 충전용기를 이동하면서 사용할 때에는 손수레에 단단하게 묶어 사용해야 하며,

사용 종료 후에는 용기보관실에 저장해 두어야 한다.

나. 고압가스의 충전용기는 항상 40℃ 이하를 유지해야 한다.

다. 고압가스의 충전용기밸브를 서서히 개폐하고 밸브 또는 배관을 가열할 때에는 열습포나 40℃ 이하의 더운 물을 사용해야 한다.

라. 고압가스의 충전용기는 넘어짐 등으로 인한 충격을 방지하는 조치를 해야 하며, 사용한 후에는 밸브를 닫아야 한다.

마. 산소를 사용할 때에는 밸브 및 사용 기구에 부착된 석유류, 유지류 그 밖의 가연성물질을 제거한 후 사용해야 한다.

② **점검 기준**

가. 사용시설은 소비설비의 사용개시 및 사용종료 시에 소비설비의 이상 유무를 점검하는 것 외에 1일 1회 이상 소비하는 가스의 종류 및 소비설비의 구조에 따라 수시로 소비설비의 작동상황을 점검해야 하며, 이상이 있을 때에는 이를 보수한 후 사용해야 한다.

나. 가연성가스, 독성가스 또는 산소가 통하는 설비를 수리, 청소 및 철거할 때에는 작업의 안전 확보를 위하여 필요한 안전수칙을 준수하고, 작업 후에는 설비의 성능유지와 작동성 확인 등 안전 확보를 위하여 필요한 조치를 마련해야 한다.

3 액화석유가스 저장시설

1) 액화석유가스 저장탱크에 의한 저장소

① **시설 기준**

가. 저장탱크에 의한 저장소의 시설기준은 집단공급시의 시설기준에 따른다.

나. 둘 이상의 저장설비가 있는 경우 저장소 허가대상 저장능력 판정 시 다음에 해당하는 경우에는 각각의 저장능력을 합산한다.

　　㉠ 저장탱크(소형저장탱크 포함)가 배관으로 연결된 경우

　　㉡ ㉠을 제외한 경우로서 저장탱크 사이의 중심거리가 30m 이하인 경우 또는 같은 구축물에 설치되어 있는 경우

② **기술 기준**

가. 저장설비에 등화를 휴대하고 출입할 때에는 방폭형 등화를 휴대한다.

나. 저장탱크에 가스를 충전하려면 가스의 용량이 상용온도에서 저장탱크 내용적

90%를 넘지 않도록 충전한다.

다. 안전밸브 또는 방출밸브에 설치된 스톱밸브는 항상 열어 둔다.

라. 안전밸브 중 압축기의 맨 끝 부분에 설치한 것은 1년에 1회 이상, 그 밖의 안전밸브
는 2년에 1회 이상을 설치 시 설정되는 압력 이하의 압력에서 작동하도록 조정한다.

2) 액화석유가스 용기에 의한 저장소의 시설기준

① 저장설비 기준

가. 용기보관실은 용기보관실의 안전을 확보하고 용기보관실에서 가스가 누출되는
경우 재해 확대를 방지하기 위하여 불연 재료를 사용하는 등 안전하게 설치하고
필요한 조치를 해야 한다.

나. 실외저장소의 안전을 확보하고 가스누출로 인한 재해 확대를 방지하기 위하여
실외저장소의 충전용기와 잔가스용기 보관 장소는 1.5m 이상의 간격을 두어 구
분하는 등 안전하게 설치하고 필요한 조치를 해야 한다.

다. 실외저장소 안의 용기군(容器群) 사이의 통로는 다음 기준에 맞추어야 한다.

　㉠ 용기의 단위 집적량은 30톤을 초과하지 않을 것

　㉡ 팰릿(pallet)에 넣어 집적된 용기군 사이의 통로는 너비가 2.5m 이상일 것

　㉢ 팰릿에 넣지 않은 집적된 용기군 사이의 통로는 너비가 1.5m 이상일 것

라. 실외저장소 안의 집적된 용기의 높이는 다음 기준에 맞추어야 한다.

　㉠ 팰릿에 넣어 집적된 용기의 높이는 5m 이하일 것

　㉡ 팰릿에 넣지 않은 용기는 2단 이하로 쌓을 것

마. 둘 이상의 저장설비가 있는 경우 저장소 허가대상 저장능력 판정시 다음에 해당
하는 경우에는 각각의 저장능력을 합산한다.

　㉠ 저장탱크(소형저장탱크 포함)가 배관으로 연결된 경우

　㉡ ㉠을 제외한 경우로서 저장탱크 사이의 중심거리가 30m 이하인 경우 또는
같은 구축물에 설치되어 있는 경우

② 부대설비 기준

가. 저장소시설에는 이상사태가 발생하는 것을 방지하고 이상사태 발생 시 사태 확
대를 방지하기 위하여 통신시설, 비상전력설비 등 필요한 설비를 설치하거나 조
치해야 한다.

나. 용기보관실을 설치하는 경우 사무실은 용기보관실과 구분하여 동일한 부지에
설치해야 한다.

다. 사무실 등 건축물의 창유리는 망입유리나 안전유리로 하는 등 안전한 구조로 해
야 한다.

라. 용기보관실을 설치하는 경우에는 용기운반 자동차의 원활한 통행과 용기의 원
활한 하역작업을 위하여 용기보관실 주위에 필요한 부지를 확보해야 한다.

3) 액화석유가스 용기에 의한 저장소의 기술기준

① 안전유지 기준

가. 용기보관실의 안전유지를 위하여 용기는 2단 이상으로 쌓지 않는다. 다만, 내용
적 30 *l* 미만의 용기는 2단으로 쌓을 수 있다.

나. 실외장소에서 용기를 보관할 경우의 기준

㉠ 용기 보관 장소의 경계 안에서 용기를 보관할 것

㉡ 용기는 세워서 보관할 것

㉢ 충전용기는 항상 40℃ 이하를 유지해야 하고, 눈·비를 피할 수 있도록 할 것

② 점검 기준

가. 충전용기는 가스누출 여부, 검사기간의 경과 여부 및 도색의 불량 여부를 확인하
고, 적합하지 않은 불량충전용기는 그 용기를 공급한 업소에 반송한다.

나. 물분무장치, 살수장치와 소화전은 매월 1회 이상 작동 상황을 점검하여 원활하
고 확실하게 작동하는지 확인하고, 점검 기록을 작성·유지한다. 다만, 얼어붙을
우려가 있는 경우에는 펌프 구동만으로 통수시험을 대신할 수 있다.

다. 비상전력은 기능을 정기적으로 검사하여 사용에 지장이 없도록 한다.

4 액화석유가스 사용시설

1) 액화석유가스 집단공급 시설기준

① 저장설비 기준

가. 소형저장탱크의 설치거리

소형저장탱크의 충전질량 (kg)	가스충전구로부터 토지경계선에 대한 수평거리(m)	탱크간 거리(m)	가스충전구로부터 건축물 개구부까지의 거리(m)
1,000 미만	0.5 이상	0.3 이상	0.5 이상
1,000 이상 2,000 미만	3.0 이상	0.5 이상	3.0 이상
2,000 이상	5.5 이상	0.5 이상	3.5 이상

나. 토지경계선이 바다, 호수, 하천, 도로 등과 접하는 경우에는 그 반대편 끝을 토지경계선으로 보며, 이 경우 탱크 바깥 면과 토지경계선 사이에는 최소 0.5m 이상의 거리를 유지해야 한다.

다. 충전 질량이 1,000kg 이상인 소형저장탱크에 대하여 소형저장탱크의 가스충전구와 토지경계선 및 건축물 개구부 사이에 방호벽을 설치하는 경우에는 소형저장탱크의 가스충전구와 토지경계선 및 건축물 개구부 사이에 가.에 따른 거리의 1/2 이상의 직선거리를 유지하고, 가.에 따른 거리 이상의 우회거리를 유지해야 한다. 이 경우 방호벽의 높이는 소형저장탱크 정상부보다 50cm 이상 높게 해야 한다.

라. 소형저장탱크의 보호와 그 탱크를 사용하는 시설의 안전을 위하여 같은 장소에 설치하는 소형저장탱크의 수는 6기 이하로 하고 충전질량의 합계는 5,000kg 미만이 되도록 하는 등 위해의 우려가 없도록 적절하게 설치해야 한다.

② **부대설비 기준 및 표시 기준**

가. 집단공급시설에는 이상사태가 발생하는 것을 방지하고, 이상사태 발생 시 사태 확대를 방지하기 위하여 계측설비, 비상전력설비, 통신설비 등 필요한 설비를 설치하거나 조치해야 한다.

나. 집단공급시설에 안전을 위하여 가스설비 설치실을 설치하는 경우에는 불연재료(지붕은 가벼운 불연재료)를 사용하는 등 안전한 구조로 해야 한다.

다. 집단공급시설의 안전을 위하여 필요한 곳에는 액화석유가스를 취급하는 시설 또는 일반인의 출입을 제한하는 시설이라는 것을 명확하게 알아볼 수 있도록 경계표지, 식별표지 및 위험표지 등 적절한 표지를 하고, 외부인의 출입을 통제할 수 있도록 적절한 경계 울타리를 설치해야 한다.

2) 액화석유가스 집단공급 기술기준

① **안전유지 기준**

가. 저장탱크의 안전을 위하여 1년에 1회 이상 정기적으로 적정한 방법으로 침하상태를 측정하고, 침하상태에 따라 적절한 안전조치를 해야 한다.

나. 저장설비와 가스설비의 바깥 면으로부터 8m 이내에는 화기(담뱃불 포함)를 취급하지 않아야 한다.

다. 소형저장탱크와 기화장치의 주위 5m 이내에서는 화기의 사용을 금지하고, 인화성 물질이나 발화성 물질을 많이 쌓아 두지 않아야 한다.

라. 소형저장탱크 주위에 있는 밸브류의 조작은 원칙적으로 수동조작으로 한다.

마. 가스설비의 기밀시험이나 시운전을 할 때에는 불활성가스를 사용해야 한다.

② **이입 및 충전 기준**

　가. 자동차에 고정된 탱크로부터 액화석유가스를 저장탱크 또는 소형저장탱크에 송출하거나 이입할 때에는 "가스충전 중"이라 표시하고, 자동차가 고정되도록 자동차 정지목 등을 설치해야 한다.

　나. 저장탱크에 가스를 충전하려면 정전기를 제거한 후 저장탱크 내용적의 90%(소형저장탱크의 경우 85%)를 넘지 않도록 충전해야 한다.

　다. 자동차에 고정된 탱크는 저장탱크의 바깥 면으로부터 3m 이상 떨어져 정지해야 한다.

　라. 가스를 충전하려면 충전설비에서 발생하는 정전기를 제거하는 조치를 해야 한다.

　마. 액화석유가스의 충전은 안전밸브 또는 방출밸브에 설치된 스톱밸브를 항상 열어 두어야 한다.

　바. 소형저장탱크에 액화석유가스를 충전할 때에는 벌크로리 등에서 발생하는 정전기를 제거하고, "화기엄금" 등의 표지판을 설치하는 등 안전에 필요한 수칙을 준수하고, 안전유지에 필요한 조치를 해야 한다.

③ **점검 기준**

　가. 집단공급시설 중 액화석유가스의 안전을 위하여 필요한 시설 또는 설비에 대해서는 작동 상황을 주기적(충전설비의 경우에는 1일 1회 이상)으로 점검한다.

　나. 가스설비에 설치된 긴급차단장치에 대해서는 1년에 1회 이상 밸브 시트의 누출 검사 및 작동검사를 하여 누출량이 안전에 지장이 없는 양 이하이고 작동이 원활하며, 확실하게 개폐될 수 있는 작동 기능을 가졌음을 확인한다.

　다. 정전기 제거설비를 정상 상태로 유지하기 위하여 다음을 확인한다.

　　㉠ 지상에서의 접지저항치

　　㉡ 지상에서의 접속부 접속 상태

　　㉢ 지상에서의 절선 부분이나 그 밖의 손상 부분의 유무 기준에 따른 검사

　라. 물분무장치, 살수장치, 소화전은 매월 1회 이상 작동 상황을 점검하여 원활하고 확실하게 작동하는지 확인하고, 점검 기록을 작성·유지한다.

　마. 충전용 주관의 압력계는 매월 1회 이상, 그 밖의 압력계는 1년에 1회 이상 국가표준기본법에 따른 교정을 받은 압력계로 그 기능을 검사한다.

5 도시가스 사용시설

1) 도시가스 사용시설 배관 및 배관설비 시설기준

① 배치 기준

가. 가스계량기와 화기 사이에 유지해야 하는 거리는 2m 이상으로 한다.

나. 가스계량기($30m^3/hr$ 미만의 경우만을 말함)의 설치높이는 바닥으로부터 1.6m 이상 2m 이내에 수직·수평으로 설치하고, 밴드·보호대 등 고정 장치로 고정시켜야 한다.

다. 가스계량기와 전기계량기 및 전기개폐기와의 거리는 60cm 이상, 굴뚝(단열조치를 하지 않은 경우만 말함), 전기점멸기 및 전기접속기와의 거리는 30cm 이상, 절연조치를 하지 않은 전선과의 거리는 15cm 이상의 거리를 유지해야 한다.

라. 입상관과 화기 사이에 유지해야 하는 거리는 우회거리 2m 이상으로 하고, 환기가 양호한 장소에 설치해야 하며, 입상관의 밸브는 바닥으로부터 1.6m 이상 2m 이내에 설치해야 한다.

② 가스설비 기준

가. 가스사용시설에는 가스사용시설의 안전 확보와 정상작동을 위하여 지하공급 차단밸브, 압력조정기, 가스계량기, 중간밸브, 호스 등 필요한 설비와 장치를 적절하게 설치해야 한다.

나. 가스사용시설은 안전을 확보하기 위하여 기밀성능을 가지도록 해야 한다.

③ 사고예방설비 기준

가. 특정가스사용시설·식품위생법에 따른 식품접객업소로서 영업장의 면적이 $100m^2$ 이상인 가스사용시설이나 지하에 있는 가스사용시설(가정용 가스사용시설은 제외)의 경우에는 가스누출경보차단장치나 가스누출자동차단기를 설치해야 하며, 차단부는 건축물의 벽에서 가장 가까운 내부의 배관부분에 설치해야 한다. 다만, 다음 중 어느 하나에 해당하는 경우에는 가스누출경보차단장치나 가스누출자동차단기를 설치하지 아니할 수 있다.

　㉠ 월 사용예정량 $2,000m^3$ 미만으로서 연소기가 연결된 각 배관에 퓨즈콕, 상자콕 또는 이와 같은 수준 이상의 성능을 가지는 안전장치가 설치되어 있고, 각 연소기에 소화안전장치가 부착되어 있는 경우

　㉡ 도시가스의 공급이 불시에 차단될 경우 재해와 손실이 막대하게 발생될 우려가 있는 도시가스사용시설

　㉢ 가스누출경보기 연동차단기능의 다기능 가스안전계량기를 설치하는 경우

나. 지하에 매설하는 강관에는 부식을 방지하기 위하여 필요한 설비를 설치해야 한다.

2) 도시가스 사용시설 배관 및 배관설비 기술기준

① 가스사용자는 가스사용시설의 안전을 확보하기 위하여 설비의 작동상황을 주기적으로 점검하고, 이상이 있을 때에는 지체 없이 보수 등 필요한 조치를 해야 한다.

② 가스사용시설에 설치된 압력조정기는 매 1년에 1회 이상(필터나 스트레이너의 청소는 설치 후 3년까지는 1회 이상, 그 이후에는 4년에 1회 이상) 압력조정기의 유지·관리에 적합한 방법으로 안전점검을 실시해야 한다.

③ 폴리에틸렌관은 폴리에틸렌융착원 양성교육을 이수한 사람이 시공해야 한다.

④ 안전관리자의 선임, 해임, 퇴직 신고를 해야 하는 자는 안전관리 책임자로 한다.

4 고압가스 특정설비, 가스용품, 냉동기, 용기 등의 제조 및 검사

1 고압가스 특정설비 제조 및 검사

1) 특정설비 제조 및 제조시설 완성검사 기준

① 특정설비를 제조하려는 자는 고압가스 특정설비 제조의 시설·기술기준에 따라 특정설비를 제조하기 위하여 필요한 제조설비를 갖추어야 한다.

② 제조시설 완성검사는 고압가스 특정설비 제조의 시설·기술기준에 따라 제조설비 및 검사설비를 갖추었는지 확인하기 위하여 필요한 항목에 대하여 적절한 방법으로 해야 한다.

2) 특정설비 신규검사 기준

① 저장탱크(액화천연가스 저장탱크는 제외) 및 차량에 고정된 탱크·압력용기(복합재료 압력용기는 제외)

　　가. 특정설비의 신규검사는 기술기준에의 적합 여부에 대하여 생산단계검사를 해야 한다.

　　나. 특정설비의 생산단계검사는 특정설비가 안전하게 제조되었는지 명확하게 판정할 수 있도록 기술기준을 포함하여 다음의 항목 중 적절한 방법으로 실시한다.

　　　　㉠ 재료의 기계적·화학적 성능

　　　　㉡ 용접부의 기계적 성능

　　　　㉢ 내압성능

　　　　㉣ 기밀성능

　　　　㉤ 그 밖에 특정설비의 안전 확보에 필요한 성능 중 필요한 항목

　　다. 자체검사능력 및 품질관리능력에 따라 구분된 다음의 검사 중 특정설비의 제조 또는 수입자가 선택한 하나의 검사를 실시한다.

종류	대상	구성 항목	주기
제품확인검사	생산공정검사 또는 종합공정검사대상 외의 품목	전항목검사	신청 시마다
생산공정검사	제조공정·자체검사공정에 대한 품질시스템의 적합성을 충족할 수 있는 품목	공정확인검사	6개월에 1회
		부분항목검사	신청 시마다
종합공정검사	공정전체(설계, 제조, 자체검사)에 대한 품질 시스템의 적합성을 충족할 수 있는 품목	종합품질관리체계심사	1년에 1회
		중요항목검사	신청 시마다

라. 생산공정검사 및 종합공정검사 대상 여부를 판정하기 위한 심사는 전문성, 객관성 및 투명성이 확보될 수 있는 방법으로 해야 한다.

마. 생산공정검사 또는 종합공정검사를 받고 있는 자가 검사대상 품목의 생산을 6개월 이상 휴지하거나 검사의 종류를 변경하려는 경우에는 한국가스안전공사에 신고하고 합격통지서를 반납해야 한다.

바. 생산공정검사 또는 종합공정검사를 받고 있는 자가 다음 항목 중 하나라도 해당하는 경우에는 생산공정검사 또는 종합공정검사 대상 여부를 판정하기 위한 심사를 다시 받아야 한다.

　㉠ 사업소의 위치를 변경하는 경우

　㉡ 특정설비의 종류를 추가하는 경우(추가한 특정설비로 한정)

　㉢ 생산공정검사 또는 종합공정검사 대상 여부를 판정하기 위한 심사에 합격한 날부터 3년이 지난 경우

② **긴급차단장치, 역화방지장치, 기화장치, 특정고압가스용 실린더캐비닛, 액화석유가스용 용기잔류가스회수장치, 액화천연가스저장탱크, 냉동용 특정설비**

가. 특정설비의 신규검사는 기술기준과 검사기준의 적합 여부에 대하여 생산단계검사를 해야 한다.

나. 특정설비의 생산단계검사는 특정설비가 안전하게 제조되었는지를 명확하게 판정할 수 있도록 기술기준과 재료의 기계적·화학적 성능, 용접부의 기계적 성능, 내압성능, 기밀성능, 그 밖에 특정설비의 안전 확보에 필요한 성능 중 필요한 항목에 대하여 적절한 방법으로 실시한다.

③ **독성가스 매관용 밸브, 자동차용 압축천연가스 완속충전설비, 자동차용 가스자동주입기(압축천연가스 자동차용에 한정) 및 복합재료 압력용기**

가. 특정설비의 신규검사는 기술기준 및 검사기준의 적합 여부에 대하여 설계단계검사와 생산단계검사로 구분하여 해야 한다.

나. 설계단계검사는 특정설비가 다음 항목 중 어느 하나 이상에 해당할 경우 실시한다.

　㉠ 해당 제조소가 처음으로 특정설비를 제조하거나 수입하는 경우

     ⓒ 설계단계검사를 받은 특정설비의 구조, 모양, 주요 부분의 재료 등을 변경하는 경우

다. 생산단계검사는 설계단계검사에 합격한 특정설비에 대하여 실시해야 한다.

④ **안전밸브, 자동차용 가스자동주입기(액화석유가스 자동차용에 한정)**

  가. 특정설비의 신규검사는 기술기준 및 검사기준의 적합 여부에 대하여 생산단계검사를 실시해야 한다.

  나. 생산단계검사는 자체검사능력 및 품질관리능력에 따라 구분된 다음 표의 검사종류 중 특정설비의 제조자 또는 수입자가 선택한 어느 하나의 검사를 실시해야 한다.

검사의 종류	대상	구성 항목	주기
제품확인 검사	생산공정검사 또는 종합공정검사대상 외의 품목	상시품질검사	신청 시마다
생산공정 검사	제조공정 · 자체검사공정에 대한 품질시스템의 적합성을 충족할 수 있는 품목	정기품질검사	3개월에 1회
		공정확인심사	3개월에 1회
		수시품질검사	1년에 2회 이상
종합공정 검사	공정전체(설계, 제조, 자체검사)에 대한 품질시스템의 적합성을 충족할 수 있는 품목	종합품질관리체계심사	6개월에 1회
		수시품질검사	1년에 1회 이상

2 고압가스 냉동기의 제조 및 검사

1) 고압가스 냉동기의 제조

① **시설 기준**

  가. 냉동기를 제조하려는 자는 기술기준에 따라 냉동기를 제조하기 위하여 필요한 제조설비를 갖추어야 한다.

  나. 냉동기를 제조하려는 자는 검사기준에 따라 냉동기를 검사하기 위하여 필요한 검사설비를 갖추어야 하다.

② **기술 기준 및 제조시설 완성검사 기준**

  가. 냉동기의 설계는 냉동기의 안전성을 확보하기 위하여 사용하는 고압가스의 종류, 압력, 온도 및 사용 환경에 적절한 것이어야 한다.

나. 제조시설 완성검사는 시설기준에 따라 제조설비 및 검사설비를 갖추었는지 확인하기 위하여 필요한 항목에 대하여 적절한 방법으로 실시해야 한다.

2) 고압가스 냉동기 검사 기준

① 냉동기 중 액화석유가스 또는 도시가스를 연료로 하는 엔진으로 증기압축식 냉동사이클 압축기를 구동하는 히트펌프식 냉·난방기의 신규검사는 설계단계검사와 생산단계검사로 구분해야 한다.

② 설계단계검사는 가스히터펌프 냉·난방기의 엔진 등이 안전하게 설계되었는지를 명확하게 판정할 수 있도록 기술기준과 구조성능, 재료성능, 안전장치 작동성능, 절연저항성능, 그 밖에 엔진 등의 안전 확보에 필요한 성능 중 필요한 항목에 대하여 적절한 방법으로 해야 한다.

③ 생산단계검사는 가스히트펌프 냉·난방기가 안전하게 제조되었는지를 명확하게 판정할 수 있도록 기술기준과 재료의 기계적·화학적 성능, 용접부의 기계적 성능, 내압성능, 기밀성능, 구조성능, 안전장치 작동성능, 절연저항성능, 그 밖에 가스히트펌프 냉·난방기의 안전 확보에 필요한 성능 중 필요한 항목에 대하여 적절한 방법으로 해야 한다.

3 고압가스 용기의 제조 및 검사

1) 고압가스 용기의 제조

① 시설 기준

가. 용기를 제조하려는 자는 기술기준에 따라 용기를 제조하기 위하여 필요한 제조설비를 갖추어야 한다.

나. 용기를 제조하려는 자는 검사기준에 따라 용기를 검사하기 위하여 필요한 검사설비를 갖추어야 한다.

② 기술 기준

가. 용기의 재료는 용기의 안전성을 확보하기 위하여 충전하는 고압가스의 종류, 압력, 온도 및 사용 환경에 적절한 것이어야 한다.

나. 복합재료용기는 용기의 안전을 확보하기 위하여 용기에 충전하는 고압가스의

종류 및 압력이 다음과 같아야 한다.

 ㉠ 충전하는 고압가스는 가연성인 액화가스가 아닐 것

 ㉡ 최고충전압력은 35MPa(산소용은 20MPa) 이하일 것

다. 아세틸렌충전용 용기는 용기의 안전을 확보하기 위하여 용기에 충전하는 다공질물 및 용해제는 아세틸렌의 분해폭발을 방지할 수 있도록 적절한 품질과 충전량 및 다공도를 지녀야 한다.

라. 재충전 금지용기는 용기의 안전을 확보하기 위하여 다음의 기준에 적합해야 한다.

 ㉠ 용기의 부속품을 분리할 수 없는 구조일 것

 ㉡ 최고충전압력(MPa)의 수치와 내용적(l)의 수치를 곱한 값이 100 이하일 것

 ㉢ 최고충전압력이 22.5MPa 이하이고, 내용적이 25l 이하일 것

 ㉣ 최고충전압력이 3.5MPa 이상인 경우에는 내용적이 5l 이하일 것

 ㉤ 가연성가스 및 독성가스를 충전하는 것이 아닐 것

2) 고압가스 용기 검사 기준

① 제조시설 검사 기준 및 용기 신규검사 기준

가. 제조시설 검사는 시설기준에 따라 제조설비 및 검사설비를 갖추었는지 확인하기 위하여 필요한 항목에 대하여 적절한 방법으로 해야 한다.

나. 용기의 신규검사는 기술기준과 검사기준의 적합 여부에 대하여 설계단계검사를 하고, 설계단계검사에 합격한 용기에 대하여 생산단계검사를 해야 한다.

② 설계단계검사

가. 다음 중 어느 하나에 해당하는 경우 설계단계검사를 실시해야 한다.

 ㉠ 용기제조자가 제조소에서 일정 형식의 용기를 처음 제조하는 경우

 ㉡ 수입업자가 일정형식의 용기를 처음 수입하는 경우

 ㉢ 설계단계검사를 받은 형식의 용기 구조, 모양 또는 주요 부분의 재료를 변경하는 경우

 ㉣ 용기제조소의 위치를 변경하는 경우

 ㉤ 액화석유가스용 용기(내용적 30l 이상 125l 미만의 용기로 한정)로서 설계단계검사를 받은 날부터 매 3년이 지난 경우

나. 설계단계검사는 용기가 안전하게 설계되었는지를 명확하게 판정할 수 있도록 기술기준과 재료의 기계적·화학적 성능, 용접부의 기계적 성능, 단열성능, 내압성능, 기밀성능, 그밖에 용기의 안전 확보에 필요한 성능 중 필요한 항목에 대하여 적절한 방법으로 실시해야 한다.

③ 생산단계검사

가. 생산단계검사는 자체검사능력 및 품질관리능력에 따라 구분된 다음 표의 검사 종류 중 용기의 제조자 또는 수입자가 선택한 어느 하나의 검사를 실시해야 한다.

검사의 종류	대상	구성 항목	주기
제품확인검사	생산공정검사 또는 종합공정검사 대상 외의 품목	상시품질검사	신청 시마다
생산공정검사	제조공정 · 자체검사공정에 대한 품질시스템의 적합성을 충족할 수 있는 품목	정기품질검사	3개월에 1회
		공정확인검사	3개월에 1회
		수시품질검사	1년에 2회 이상
종합공정검사	공정전체(설계, 제조, 자체검사)에 대한 품질시스템의 적합성을 충족할 수 있는 품목	종합품질관리체계검사	6개월에 1회
		수시품질검사	1년에 1회 이상

나. 생산단계검사는 용기가 안전하게 제조되었는지 명확하게 판정할 수 있도록 기술기준과 재료의 기계적 · 화학적 성능, 용접부의 기계적 성능, 단열성능, 내압성능, 기밀성능, 그 밖에 용기의 안전 확보에 필요한 성능 중 필요한 항목에 대하여 적절한 방법으로 실시해야 한다.

다. 생산공정검사 및 종합공정검사는 대상 여부를 판정하기 위해 전문성, 객관성 및 투명성이 확보될 수 있는 방법으로 심사해야 한다.

라. 생산공정검사 또는 종합공정검사를 받고 있는 자가 검사 대상 품목의 생산을 6개월 이상 휴지하거나 검사의 종류를 변경할 경우에는 한국가스안전공사에 신고하고 합격통지서를 반납해야 한다.

마. 생산공정검사 또는 종합공정검사를 받고 있는 자가 다음 중 어느 하나에 해당하는 경우에는 생산공정검사 또는 종합공정검사 대상 여부를 판정하기 위한 심사를 다시 받아야 한다.

ⓐ 사업소의 위치를 변경하는 경우

ⓑ 용기의 종류를 추가하는 경우(추가하는 용기로 한정)

ⓒ 생산공정검사 또는 종합공정검사 대상 여부를 판정하기 위한 심사에 합격한 날부터 3년이 지난 경우(다만, 추가한 용기는 기존 용기의 기간을 따름)

4 가스 용품 제조 및 검사

1) 기술 기준

① 내용적 30 *l* 이상 50 *l* 이하의 액화석유가스용 용기에 부착하는 밸브는 과류차단형 또는 차단기능형으로 한다.

② 용기밸브에는 밸브의 개폐를 표시하는 문자와 개폐방향을 표시(핸들로 개폐하는 액화석유가스용 용기밸브의 경우에는 "열림↔닫힘"으로 표시)해야 한다.

2) 검사 기준

① 설계단계검사는 용기부속품이 다음 어느 하나 이상에 해당하는 경우에 실시한다.

　가. 용기부속품 제조사업자가 제조소에서 일정 형식의 용기부속품을 처음 제조하는 경우

　나. 수입업자가 일정형식의 용기부속품을 처음 수입하는 경우

　다. 설계단계검사를 받은 형식의 용기부속품의 구조, 모양 또는 주요 부분의 재료 등을 변경하는 경우

　라. 용기부속품 제조사업소의 위치를 변경하는 경우

② 생산단계검사는 설계단계검사에 합격한 용기부속품에 대하여 실시한다.

5 가스판매, 운반, 취급

1 고압가스, 액화석유가스 판매시설

1) 용기에 의한 고압가스 판매

① 시설배치 기준

　가. 사업소 부지는 한 면이 폭 4m 이상의 도로에 접해야 한다.

　나. 고압가스의 저장설비 중 보관할 수 있는 고압가스의 용적이 300m³(액화가스는 3톤)을 넘는 저장설비는 그 외면에서 보호시설까지 안전거리를 유지해야 한다.

　다. 저장설비는 그 외면으로부터 화기를 취급하는 장소까지 2m 이상의 우회거리를 유지해야 한다.

② 저장설비 기준

　가. 용기보관실 및 사무실은 한 부지 안에 구분하여 설치해야 한다.

　나. 가연성가스, 산소 및 독성가스의 용기보관실은 각각 구분하여 설치하고, 각각의 면적은 10m² 이상이어야 한다.

③ 부대설비 기준

　가. 판매시설에는 압력계 및 계량기를 갖추어야 한다.

　나. 판매사업소에는 용기운반자동차의 원활한 통행과 용기의 원활한 하역작업을 위하여 용기보관실 주위에 11.5m² 이상의 부지를 확보해야 한다.

　다. 사무실의 면적은 9m² 이상이어야 한다.

2) 용기에 의한 고압가스 판매 기술기준

① 공급자의무 기준

　가. 고압가스는 계량에 관한 법률에 따른 법정단위로 계량한 용적 또는 질량으로 판매해야 한다.

　나. 특정고압가스를 판매할 때에는 인수자의 시설이 특정고압가스 사용신고 대상인지 확인하고, 시설이 특정고압가스 사용신고 대상시설에 해당하는 경우에는 신고 및 검사 여부를 확인한 후 특정고압가스를 인도하거나 사용시설에 접속해야 한다. 신고를 하지 않거나 검사를 받지 않은 시설에는 가스공급을 하지 않는다.

다. 고압가스를 공급할 때에는 수요자시설의 안전을 확보하기 위하여 필요한 안전
  점검인원 및 점검장비 등을 갖추고 적절한 방법으로 점검해야 한다.

② **검사기준**

가. 중간검사, 완성검사, 정기검사 및 수시검사는 시설이 검사항목에 적합한지를 명
  확하게 판정할 수 있는 방법으로 실시한다.

나. 수시검사는 시설별 정기검사 항목 중 다음을 검사한다.

　㉠ 독성가스 제해설비

　㉡ 가스누출 검지경보장치

　㉢ 강제 환기시설

　㉣ 안전용 접지기기, 방폭전기기기

　그 밖에 안전관리상 필요한 사항에 열거한 안전장치의 유지·관리 상태 중 필요
  한 사항과 안전관리규정 이행 실태를 검사해야 한다.

3) 배관에 의한 고압가스 판매

① **저장설비 기준**

가. 저장능력 5톤(가연성 또는 독성가스가 아닌 경우에는 10톤) 또는 500m³(가연성
  또는 독성의 가스가 아닌 경우에는 1,000m³) 이상인 저장탱크 및 압력용기(반응,
  분리, 정제, 증류를 위한 탑류로서 높이 5m 이상인 것만을 말함)에는 지진발생
  시 저장탱크를 보호하기 위하여 내진성능 확보를 위한 조치 등 필요한 조치를
  마련하며, 5m³ 이상의 가스를 저장하는 것에는 가스방출장치를 설치해야 한다.

나. 가연성가스 저장탱크(저장능력이 300m³ 또는 3톤 이상인 탱크만을 말함)와 다
  른 가연성가스 저장탱크 또는 산소저장탱크 사이에는 두 저장탱크 최대지름을
  더한 길이의 1/4 이상의 거리를 유지하는 등 하나의 저장탱크에서 발생한 위해
  요소가 다른 저장탱크로 전이되지 않도록 해야 한다.

② **피해저감설비 기준**

가. 가연성가스, 독성가스 또는 산소의 액화가스 저장탱크(가연성가스 또는 산소의
  액화가스 저장탱크는 저장능력 5,000 l 이상, 독성가스의 액화가스 저장탱크는
  저장능력 5톤 이상)의 주위에는 액상의 가스가 누출된 경우에 그 유출을 방지하
  기 위한 조치를 마련해야 한다.

나. 저장탱크 또는 배관에는 저장탱크 또는 배관을 보호하기 위하여 온도상승방지
  조치 등 필요한 조치를 마련해야 한다.

③ **점검 기준**

가. 고압가스 판매시설의 사용개시 전과 종료 후에는 반드시 판매시설에 속하는 시

설의 이상 유무를 점검하며, 1일 1회 이상 판매시설의 작동상황을 점검·확인한다. 이상이 있을 때에는 설비의 보수 등 필요한 조치를 해야 한다.

나. 안전밸브 중 압축기의 최종단에 설치한 것은 1년에 1회 이상, 그 밖의 안전밸브는 2년에 1회 이상 조정하여 적절한 압력 이하에서 작동되도록 하여 고압가스설비가 파손되지 않게 한다.

④ **검사 기준**

가. 중간검사, 완성검사, 정기검사 및 수시검사는 시설이 검사항목에 적합한지의 여부를 명확하게 판정할 수 있는 방법으로 실시해야 한다.

나. 수시검사는 시설별 정기검사 항목 중 다음을 검사한다.

    ㉠ 안전밸브

    ㉡ 긴급차단장치

    ㉢ 독성가스 제해설비

    ㉣ 가스누출 검지경보장치

    ㉤ 물분무장치(살수장치포함) 및 소화전

    ㉥ 긴급이송설비

    ㉦ 강제 환기시설

    ㉧ 안전제어장치

    ㉨ 운영상태 감시장치

    ㉩ 안전용 접지기기, 방폭전기기기

그 밖에 안전관리에 필요한 사항에 열거한 안전장치의 유지·관리 상태 중 필요한 사항과 안전관리규정 이행 실태를 검사해야 한다.

4) 액화석유가스의 판매시설

① **액화석유가스 판매 시설기준**

가. 저장설비 시설기준으로 용기보관실의 면적은 19m² 이상으로 해야 한다.

나. 부대설비 시설기준으로 판매업소의 용기전용 운반자동차 및 벌크로리에는 사업소의 상호와 전화번호를 가로·세로 5cm 이상 크기의 글자로 도색하여 표시해야 한다.

다. 벌크로리의 저장능력: 액화석유가스의 질량(G:kg)=V/C에서,

    V: 벌크로리의 내용적(l), C: 프로판은 2.35, 부탄은 2.05의 수치이다.

라. 저장능력 10톤 이하: 제1종 보호시설은 17m, 제2종 보호시설은 12m의 안전거리를 유지해야 한다.

마. 판매시설의 시설기준으로 용기보관실의 면적은 12m² 이상이어야 한다.

② 액화석유가스 판매 기술기준

　가. 충전용기는 항상 40℃ 이하를 유지해야 한다.

　나. 용기보관실 주위의 2m(우회거리) 이내에는 화기취급을 하거나 인화성 물질과 가연성 물질을 두지 않아야 한다.

　다. 소형저장탱크에 가스를 충전하려면 정전기를 제거한 후 소형저장탱크 내용적의 85%를 넘지 않도록 충전해야 한다.

2　고압가스, 액화석유가스 운반

1) 고압가스 운반차량의 시설기준

① 독성가스 용기 운반차량 시설기준

　가. 독성가스를 운반하는 차량은 용기를 안전하게 취급하고, 용기에서 가스가 누출될 경우 외부에 피해를 끼치지 않도록 하기 위하여 적재함, 리프트 등 적절한 구조의 설비를 갖추어야 한다.

　나. 허용농도가 200/1,000,000 이하인 독성가스 용기 중 내용적이 1,000 l 미만인 충전 용기를 운반하는 차량의 적재함은 밀폐된 구조여야 한다.

　다. 독성가스를 운반하는 차량에는 차량에 적재된 독성가스로 인한 위해를 예방하기 위하여 일반인이 쉽게 알아볼 수 있도록 차량 앞뒤의 보기 쉬운 곳에 각각 붉은 글씨로 "위험 고압가스" 및 "독성가스"라는 경계표시와 위험을 알리는 도형 및 상호와 사업자의 전화번호를 표시해야 한다.

　라. 독성가스를 운반하는 차량에는 운반기준 위반행위를 신고할 수 있도록 등록관청의 전화번호 등이 표시된 안내문을 부착해야 한다.

② 독성가스 외 용기 운반차량 시설기준

　가. 가연성가스(액화석유가스 제외) 및 산소탱크의 내용적이 18,000 l, 독성가스(액화암모니아 제외)의 탱크 내용적은 12,000 l 를 초과하지 않아야 한다.

　나. 차량에 고정된 저장탱크에는 차량에 적재된 가스로 인한 위해를 예방하기 위하여 일반인이 쉽게 알아볼 수 있도록 각각 붉은 글씨로 "위험 고압가스"라는 경계표지를 해야 한다.

2) 고압가스 운반차량의 기술기준

① 독성가스 용기 운반차량 기술기준

가. 200km 이상의 거리를 운행하는 경우에는 중간에 충분한 휴식을 취한 후 운행해야 한다.

나. 기준 이상의 독성가스 용기를 차량에 적재하여 운반하는 경우 운전자 외에 한국가스안전공사에서 실시하는 운반에 관한 소정의 교육을 이수한 자, 안전관리책임자 또는 안전관리원 자격을 가진 자를 동승시켜 운반에 대한 감독 또는 지원을 하도록 해야 한다. 다만, 운전자가 운반책임자의 자격을 가진 경우에는 운반책임자의 자격이 없는 자를 동승시킬 수 있다.

다. 운반책임자 동승기준

가스 종류	허용 농도	기준
압축가스	허용농도가 100만분의 200 초과, 100만분의 5,000 이하	100m³ 이상
	허용농도가 100만분의 200 이하	10m³ 이상
액화가스	허용농도가 100만분의 200 초과, 100만분의 5,000 이하	1,000kg 이상
	허용농도가 100만분의 200 이하	100kg 이상

② 독성가스 외 용기 운반차량 기술기준

가. 충전용기는 이륜차에 적재하여 운반하지 않으며, 다음의 경우에는 액화석유가스 충전용기를 이륜차(자전거 제외)에 적재하여 운반할 수 있다.

ⓐ 차량이 통행하기 곤란한 지역의 경우

ⓑ 시·도지사가 이륜차에 의한 운반이 가능하다고 지정하는 경우

ⓒ 이륜차가 넘어져도 용기에 손상이 가지 않도록 제작된 용기운반 전용적재함을 장착한 경우

ⓓ 적재하는 충전용기의 충전질량이 20kg 이하이고, 적재하는 충전용기의 수가 2개 이하인 경우(모두 해당해야 함)

나. 운반책임자 동승 기준

가스 종류	가스 구분	기준
압축가스	가연성가스	300m³ 이상
	조연성가스	600m³ 이상
액화가스	가연성가스	3,000kg 이상
	조연성가스	6,000kg 이상

③ 차량에 고정된 탱크 운반차량 기술기준

가. 기준 이상의 고압가스를 200km를 초과하는 거리까지 운반할 때에는 운반책임

자를 동승시켜 운반에 대한 감독 또는 지원을 하도록 해야 한다. 다만, 액화석유가스용 차량에 고정된 탱크에 폭발방지장치를 설치하고 운반하는 경우 및 소형 저장탱크에 액화석유가스를 공급하기 위한 차량에 고정된 탱크로서 액화석유가스의 충전능력이 5톤 이하인 차량에 고정된 탱크로 운반하는 경우에는 그러지 아니하다.

나. 운반책임자 동승 기준

가스 종류	가스 구분	기준
압축가스	가연성가스	300m³ 이상
	독성가스	100m³ 이상
	조연성가스	600m³ 이상
액화가스	가연성가스	3,000kg 이상
	독성가스	1,000kg 이상
	조연성가스	6,000kg 이상

3 고압가스, 액화석유가스 취급

1) 용기의 취급

① 충전용기를 운반하는 때에는 넘어짐 등으로 인한 충격을 방지하기 위하여 충전용기를 와이어 또는 로프 등으로 단단하게 묶어야 한다.
② 충전용기를 차에 싣거나 차에서 내릴 때에는 주의·취급해야 한다.
③ 충격을 최소한으로 방지하기 위하여 고무판 또는 가마니 등을 사용하고, 이를 차량 등에 항시 갖추고 있어야 한다.
④ 운반 중의 충전용기는 항상 40℃ 이하를 유지해야 한다.

2) 보호 장비

① 가연성가스 또는 산소를 운반하는 차량에는 소화설비 및 재해발생 방지를 위한 응급처치에 필요한 자재 및 공구 등을 휴대해야 한다.
② 독성가스를 차량에 적재하여 운반하는 때에는 해당 독성가스의 종류에 따른 방독면, 고무장갑, 고무장화, 그 밖의 보호구 및 재해발생방지를 위한 응급조치에 필요한 자재, 제독제 및 공구 등을 휴대해야 한다.

3) 혼합적재금지

① 염소와 아세틸렌, 암모니아 또는 수소는 동일차량에 적재하여 운반하지 않아야 한다.

② 가연성가스와 산소를 동일차량에 적재하여 운반하는 때에는 그 충전용기의 밸브가 서로 마주보지 아니하도록 적재해야 한다.

③ 충전용기와 소방법이 정하는 위험물과는 동일차량에 적재하여 운반하지 않아야 한다.

6 가스화재 및 폭발예방

1 폭발범위

1) 폭발범위의 개념

① 가연성가스나 분진, 인화성 액체가 산소나 공기와 혼합할 경우 혼합가스 조성의 비율이 일정 농도 범위 내에 있을 때 착화하면 화염은 빠르게 혼합가스 속으로 전파되어 폭발을 일으키는데, 이 농도의 범위를 폭발범위라고 한다.

② 폭발범위(폭발한계, 연소범위)의 측정: 보통 내경 5cm, 길이 150cm의 유리 파이프에 상온·상압의 일정농도 혼합가스를 넣고 전기불꽃으로 한쪽 끝에서 점화하여 맞은 편까지 전달되는가의 여부로 폭발범위를 알아낸다.

③ 폭발온도(연소온도): 단열상태에서 폭발이나 연소로 생성된 열량(Q)을 전 생성물의 평균비열(Cv)로 나눈 값을 말한다. 즉, t(폭발; 연소온도)=Q/Cv이다.

④ 폭발이 예민한 물질: 폭발성이 예민하여 마찰이나 충격으로 급격히 폭발하고, 특히 아세틸렌은 구리아세틸라이드의 발생으로 구리합금 62% 미만의 것을 사용해야 한다. 아세틸렌구리, 아세틸렌은, 아질화은, 질화수은, 황호수소, 염화질소 등이 있다.

⑤ 폭발이란 급격한 연소의 한 형태로, 압력의 발생과 해방으로 격렬한 음향과 파열에 의해서 팽창하는 현상을 말한다.

⑥ 주요가스의 공기 및 산소 중의 폭발범위

가스종류	공기 중(%)	산소 중(%)
수소	4.0～75	4.0～94
아세틸렌	2.5～81	2.5～94
메탄	5.0～15	5.1～61
에탄	3.0～12.4	3.0～66
에틸렌	2.7～36	2.7～80
프로필렌	2.4～11	2.1～53
시클로프로판	2.4～10.4	2.4～60
암모니아	15～28	15～79
일산화탄소	12.5～74	12.5～94
에테르(에틸)	1.9～48	2.0～80

2) 폭발한계

① 폭발범위의 최저농도를 하한계, 최고농도를 상한계라 하며, 이들의 한계값을 폭발한계라 한다.

② 폭발한계란 하한계는 가연물 부족이고, 상한계는 산소나 공기량 부족에 의해서 연소할 수 없는 한계치를 말한다.

③ 하한계와 상한계는 가연성가스나 분진(증기)의 혼합가스에 대한 체적(%)으로 표시한다.

④ 폭발한계가 넓은 것일수록 폭발의 위험성이 높다.

⑤ 고온이나 고압일수록 폭발범위는 넓어진다.

⑥ 일산화탄소(CO)는 고압일수록 폭발범위가 좁아진다.

⑦ 수소(H_2)는 10atm까지는 폭발범위가 좁아지고, 그 이상부터는 다시 넓어진다.

3) 폭굉(detonation)의 개념

① 폭굉(detonation): 특히 격렬한 폭발을 말한다. 폭굉은 가스 중의 음속보다도 화염전파속도가 큰 경우로서 파면선단에 충격파라고 하는 압력파가 발생하여 격렬한 파괴 작용을 일으키는 현상을 말한다.

② 폭굉유도거리: 폭발성가스의 존재 하에 최초의 완만한 연소가 격렬한 폭굉으로 발전할 때까지의 거리를 말한다.

③ 가연성가스는 폭굉유도거리가 짧을수록 위험성이 큰 가스이다.

④ 가스의 정상 연소속도는 0.03~10m/s 정도이나, 폭속(폭굉속도)은 1,000~3,500m/s 이다.

⑤ 폭굉시는 정상 연소시보다 압력은 2배 정도, 온도는 10~20% 정도 높아진다.

⑥ 폭굉유도거리가 짧게 되는 조건

　가. 정상 연소속도가 큰 혼합가스일수록 짧아진다.

　나. 관경이 작거나 관속에 방해물이 있을 경우에 짧아진다.

　다. 압력이 높고 연소 열량이 클 경우에 짧아진다.

　라. 점화원의 에너지가 클 경우에 짧아진다.

⑦ 혼합가스의 폭굉 범위

혼합가스	하한계(%)	상한계(%)	혼합가스	하한계(%)	상한계(%)
H_2+공기	18.3	59	C_2H_2+공기	4.2	50
H_2+O_2	15	90	$C_2H_2+O_2$	3.5	92
$CO+O_2$	38	90	C_3H+O_2	2.5	42.5

CO+공기	15	70	에틸에테르+공기	2.8	4.5
NH$_3$+O$_2$	25.4	75	에테르+O$_2$	2.6	40
CH$_4$+O$_2$	6.3	53	노말부탄+O$_2$	2.1	38
CH$_4$+공기	6.5	12	이소부탄+O$_2$	2.8	31

2 폭발의 종류

1) 폭발의 종류에 따른 개념

① 물리적 폭발: 기체나 액체의 팽창, 상변화 등의 물리현상이 압력발생의 원인이 되어 일어나는 폭발을 말한다. 즉, 화산이나 보일러의 폭발처럼 화학변화 없이 단순한 압력의 해방 등에 의한 폭발을 말한다.

② 화학적 폭발: 물질의 분해, 연소 등 화학반응으로 압력이 상승하여 일어나는 폭발을 말한다. 즉, 연소와 같은 화학변화에 의해서 일어나는 폭발을 말한다.

③ 화학적 폭발은 프로판 등의 가스폭발, 화약 등의 액체나 고체 폭발, 석탄이나 알루미늄 분진이 공기 중에 부유된 상태에서 일어나는 분진폭발 등이 대표적인 예이다.

④ 화학적 폭발의 원인

　가. 가연성 기체나 분진이 공기와 혼합되어 폭발범위(가연범위)의 조성을 이루는 경우

　나. 액체나 고체 등 가연물과 산화제가 적당한 비율로 혼합되었을 경우

　다. 분자 내에 산소를 가지는 산소함유물질 등에서 일어난다.

2) 물리적 폭발의 종류

① 화산 폭발, 보일러 폭발, 압력용기 파열 등이 있다.

② 풍선, 백열등, 형광등, 용기의 파괴 등이 있다.

3) 화학적 폭발의 종류

① 산화폭발: 폭발성 혼합가스의 점화 시 일어나는 폭발로서 화약의 폭발 등을 말한다.

② 분해폭발: 단일가스가 분해하여 폭발하는 것으로 가압에 의한 아세틸렌가스와 산화에틸렌이 있고, 조건에 따른 분해폭발로는 히드라진, 오존, 과산화물 등이 있다.

③ 중합폭발: 중합열(발열반응)에 의해서 일어나는 시안화수소의 폭발이 있다.

④ 촉매폭발: 혼합가스인 수소와 염소에 직사광선이 작용할 때 일어나는 폭발을 말한다.

　　* 염소폭명기: $H_2 + Cl_2 \rightarrow 2HCl$

⑤ 산소와 600℃ 이상에서 2:1로 반응하여 폭발을 일으킨다.

　　* 수소폭명기: $2H_2 + O_2 \rightarrow 2H_2O$

⑥ 불소(F_2)와 상온에서 반응하여 격렬한 폭발을 일으킨다.

　　* 불소폭명기: $H_2 + F \rightarrow 2HF + 128kcal$

3 폭발의 피해 영향

1) 폭발의 피해 현상

① 주로 폭풍에 의해서 발생된다.

② 폭풍이란 폭발로 인해 공기 압력이 급격히 상승하고 그것이 충격파의 펄스로서 공기분자의 이동을 수반하면서 전파되는 것을 말한다.

③ 압력은 대기압에 상승되는 과압(過壓)으로 나타난다.

2) 폭발의 피해영향

① 화산의 폭발은 인명피해, 대기오염, 주변의 식물에도 심각한 피해를 미친다.

② 가스의 폭발은 심각한 재산적 피해, 인명의 살상, 주변 거주자의 심적 불안감 등의 피해를 끼친다.

4 폭발 방지대책

1) 가연성가스의 폭발방지 방법

① 폭발을 일으키는 점화원을 제거한다.

② 폭발을 일으킬 수 있는 혼합가스를 만들지 않는다.

③ 폭발화염의 확대 및 폭발의 압력 효과를 감소시킨다.

2) 안전수칙에 따른 폭발방지대책

① 항상 점검과 확인을 하고, 교육을 통해 경각심을 높인다.
② 고압가스의 제조, 운반, 취급 및 사용 시 안전수칙을 철저하게 지킨다.

5 위험성평가

1) 위험성의 개념

① 위험(danger): 위해나 손실 등이 생길 우려가 있는 경우 또는 안전하지 못한 상태를 말한다.
② 위험성: 위험해질 가능성 또는 위험한 성질이 있는 것을 말한다.
③ 위험성평가: 사업장 또는 작업장 내에 존재하는 위험에 대하여 그 위험성을 평가하는 것을 말한다.
④ 위험성평가는 정성적 또는 정량적 등의 방법에 의한다.

2) 위험성평가의 종류

① 정성적 평가: 체크리스트기법, 사고예상 질문분석기법, 작업자 실수 분석기법, 상대위험순위결정기법, 위험성 운전분석기법, 이상 위험도 분석 등이 있다.
　가. 체크리스트(Check List)기법: 목록화(공정의 오류, 위험 상황, 결함상태 등)하여 작성한 형식과 경험을 비교함으로써 위험성을 분석하는 안전성 평가기법이다.
　나. 사고예상 질문분석(What If Analysis)기법: 예상 질문을 통하여 사고에 대해 사전에 확인함으로써 위험을 감소시키는 방법을 제시하는 안전성 평가기법이다.
　다. 작업자 실수 분석(human error analysis)기법: 실수의 원인을 파악하고 작업에 영향을 줄 수 있는 요소(설비의 운전 및 보수 기술자 등)를 평가하여 실수의 상대적 순위를 결정하는 안전성 평가기법이다.
　라. 상대위험순위결정(Dow and Mond Indices)기법: 설비 내에 있는 위험에 대하여 상대위험순위를 숫자적으로 표준화하여 그 피해정도에 의해서 상대적 위험순위를 나타내는 안전성 평가기법이다.

마. 위험성 운전분석(HAZOP)기법: 공정에 존재하는 위험요소와 비록 위험하지는 않더라도 공정의 효율을 떨어뜨릴 수 있는 운전상의 문제를 파악하기 위한 안전성 평가기법이다.

바. 이상 위험도 분석(FMECA): 공정과 설비의 고장형태 및 영향, 고장형태별 위험도 순위 등을 결정하는 안전성 평가기법이다.

② 정량적 평가: 원인결과 분석(Cause-Consequence Analysis)기법, 사건 수 분석(ETA)기법, 결함 수 분석(FTA)기법 등이 있다.

가. 원인결과 분석(Cause-Consequence Analysis)기법: 사고의 근본적인 원인을 찾아내고, 잠재되어 있는 사고의 결과와 원인과의 상호관계를 예측하고 평가하는 정량적 안전성 평가기법이다.

나. 사건 수 분석(ETA)기법: 특정한 장치의 이상이나 기술자 및 운전자의 실수로부터 발생되어 최초의 사건으로 알려져 있는 잠재적인 사고결과를 평가하는 정량적 안전성 평가기법이다.

다. 결함 수 분석(FTA)기법: 특정한 장치의 이상이나 기술자 및 운전자의 실수로부터 발생되어 사고를 일으키는 것을 조합하여 연역적으로 분석하는 정량적 안전성 평가기법이다.

3) 위험도 및 안전 공간

① 위험도(H)

가. 위험도는 폭발범위의 상한계에서 하한계를 뺀 다음 하한계로 나눈 값을 말하며, H로 표시하고, H의 값이 클수록 위험성이 크다.

나. $H = \dfrac{(U-L)}{L}$ 에서,

U: 폭발상한치(%), L: 폭발하한치(%)를 나타낸다.

> **예제**
>
> 다음 가스들의 위험도를 각각 구하시오.
> ㉠ 에틸렌 ㉡ 메탄 ㉢ 시안화수소 ㉣ 일산화탄소 ㉤ 아세틸렌 ㉥ 프로판 ㉦ 부탄
>
> **풀이**
>
> 위험도 $(H) = \dfrac{(U-L)}{L} = \dfrac{(상한 - 하한)}{하한}$ 이므로,
>
> ㉠ $C_2H_4 = \dfrac{(36-2.7)}{2.7} = 12.3$ ㉡ $CH_4 = \dfrac{(15-5)}{5} = 2$
>
> ㉢ $HCN = \dfrac{(41-6)}{6} = 5.8$ ㉣ $CO = \dfrac{(74-12.5)}{12.5} = 4.9$
>
> ㉤ $C_2H_2 = \dfrac{(81-2.5)}{2.5} = 31.4$ ㉥ $C_3H_8 = \dfrac{(9.5-2.1)}{2.1} = 3.52$

$\textcircled{\text{답}}\ C_4H_{10} = \dfrac{(8.4 - 2.8)}{2.8} = 3.47$

② 안전 공간

    가. 안전 공간은 액화가스 충전용기 및 탱크에서 온도상승에 따른 가스의 팽창을 고려한 공간으로, 제적(%)을 말한다.

    나. 안전공간(%) $= \left(\dfrac{V_1}{V}\right)$ 에서,

        V_1: 기체상태의 체적(전체부피-액체부피), V: 전체 체적이다.

> **예제**
>
> 내용적 47ℓ에 프로판이 20kg 충전되어 있을 때, 안전 공간은 몇 %인가?(단, C_2H_2의 액밀도는 0.5kg/ℓ이다.)
>
> **풀이**
>
> 안전공간(%) $= \left(\dfrac{V_1}{V}\right) \times 100$
>
> 안전공간(%) $= \left(\dfrac{V_1}{V}\right) \times 100 = \left\{\dfrac{47 - \left(\dfrac{20}{0.5}\right)}{7}\right\} \times 100 = 14.89\%$

6 방폭구조

1) 방폭구조의 개념

    ① 방폭구조는 방폭성능을 가진 전기기기(방폭전기기기)를 말하며, 그 구조에 따라 내압, 유입, 압력, 안전증, 본질안전, 특수 방폭구조로 분류된다.

    ② 암모니아, 브롬화메탄은 가연성가스 제조설비 중 전기설비의 방폭구조가 제외되는 가스이다.

2) 방폭구조에 따른 분류

    ① 내압방폭구조: 방폭전기기기의 용기 내부에서 가연성가스가 폭발했을 경우 그 압력에 견디고 또한 내부의 폭발화염이 외부의 가연성가스로 전해지지 않도록 한 구조를 말한다.

② 유입방폭구조: 전기기기의 불꽃 또는 아크가 발생하는 부분을 절연유에 격납함으로써 가연성가스에 점화되지 않도록 한 구조를 말한다.

③ 압력방폭구조: 용기 내부에 공기 또는 질소 등의 보호기체를 압입하여 내압을 갖도록 하여 가연성가스가 침입하지 못하도록 한 구조를 말한다.

④ 안전증방폭구조: 운전 중에 불꽃, 아크 또는 과열이 발생하면 안 되는 부분에 이들이 발생하지 않도록 구조상 또는 온도상승에 대하여 특히 안전성을 높인 구조를 말한다.

⑤ 본질안전방폭구조: 운전 중 및 사고 시(단락, 지락, 단선 등)에 발생하는 불꽃, 아크 또는 열에 의하여 가연성가스에 점화될 우려가 없음이 점화시험, 기타 방법에 의하여 확인된 구조를 말한다.

⑥ 특수방폭구조: 위에 열거한 구조 이외의 방폭구조로서 가연성가스에 점화를 방지할 수 있는 것이 시험, 기타 방법에 의하여 확인된 구조를 말한다.

3) 방폭구조에 따른 분류와 표시방법

방폭구조에 따른 분류	표시 방법
내압방폭구조	d
유입방폭구조	o
압력방폭구조	p
안전증방폭구조	e
본질안전방폭구조	ia 또는 ib
특수방폭구조	s

7 위험장소

1) 위험장소의 개념

① 위험장소란 가연성가스가 폭발할 위험이 있는 농도에 도달할 우려가 있는 장소를 말한다.

② 위험장소의 분류에 따른 방폭구조

　　가. 0종 장소: 본질안전방폭구조

　　나. 1종 장소: 내압, 유입, 압력 방폭구조

다. 2종 장소: 안전증방폭구조

2) 위험장소의 분류

① 0종 장소

가. 상용의 상태에서 가연성가스의 농도가 연속해서 폭발하한계 이상으로 되는 장소이다.

나. 폭발상한계를 넘는 경우에는 폭발한계 내로 들어갈 우려가 있는 경우 포함한다.

② 1종 장소

가. 상용상태에서 가연성가스가 체류하여 위험하게 될 우려가 있는 장소이다.

나. 정비보수 또는 누설 등으로 인하여 종종 가연성가스가 체류하여 위험하게 될 우려가 있는 장소이다.

③ 2종 장소

가. 밀폐된 용기 또는 설비 내에 밀봉된 가연성가스가 그 용기 또는 설비의 사고로 인하여 파손되거나 오조작의 경우에만 누설할 위험이 있는 장소이다.

나. 환기장치에 이상이나 사고가 발생한 경우 가연성가스가 체류하여 위험하게 될 우려가 있는 장소이다.

다. 1종 장소 주변 또는 인접한 실내에서 위험한 농도의 가연성가스가 종종 침입할 우려가 있는 장소이다.

II

가스장치 및 기기

1 가스장치

2 저온장치

3 가스설비

4 가스계측기

1 가스장치

1 기화장치 및 정압기

1) 기화장치

① 개념

기화장치란 LPG를 다량으로 사용할 경우 자연증발로는 한계가 있으므로 전열기나 온수에 의해 액상 LPG를 기화시키는 장치를 말한다.

② 기화기의 종류

가. 작동원리에 따른 분류

　㉠ 가온감압방식: 유입증발식으로 액상 LPG를 열교환기에 흘려보내 열을 가해서 기화된 가스를 조정기에 의해 감압시켜 공급하는 것으로 일반적으로 많이 사용되는 방식이다.

　㉡ 감압가온방식: 순간증발식으로 조정기나 감압밸브를 통해 액상 LPG를 감압시켜 열교환기에 보내어 대기온도나 온수 등으로 가열하여 기화시키는 방식이다.

나. 가열방식에 따른 분류

　㉠ 대기온도 이용방식

　㉡ 온수 열매체 이용방식: 전기 가열식, 증기 가열식, 가스 가열식

다. 구성형식에 따른 분류: 장치에 따라 다음과 같이 분류한다.

　㉠ 단관식

　㉡ 다관식

　㉢ 사관식

　㉣ 열판식

라. 증발형식에 따른 분류

　㉠ 순간증발식

　㉡ 유입증발식

③ 기화기의 구성

가. 기화기는 기화장치(열교환기), 제어장치, 조압장치로 구성되어 있다.

나. 기화장치: 열교환기로 액상의 LPG를 가스화 시키는 부분이다.

다. 제어장치

　　㉠ 액면제어장치: 열교환기 밖으로 액상의 LPG가 유출되는 것을 방지한다.

　　㉡ 온도제어장치: 열매체 온도를 일정한 범위로 유지하기 위한 장치이다.

　　㉢ 과열방지장치: 열매체가 일정범위 이상으로 과열될 경우 열매체의 입열을 정지시키는 장치이다.

　　㉣ 안전밸브: 기화장치 내압의 이상 상승시 장치 내의 가스를 외부로 방출시킨다.

라. 조압장치: 압력조절기로서 기화부에서 나온 가스를 사용용도에 맞게 일정한 압력으로 조정하는 부분이다.

④ **기화기의 사용기준**

가. 부식, 갈라짐 등의 장치에 결함이 없어야 한다.

나. 내압시험압력 $26kg/cm^2$ 이상으로 합격한 것이어야 한다.

다. 직접 가열방식이 아니어야 하며, 온수부의 동결방지조치를 취해야 한다.

라. 액상 LPG의 유출을 방지하는 조치를 취해야 한다.

⑤ **기화기를 사용할 때의 이점**

가. 공급가스의 조성이 일정하며, 다량으로 소비할 때에도 연속적인 공급이 가능하다.

나. C_3H_8, C_4H_{10}등의 가스 종류에 관계없이 한냉시에도 기화가 가능하다.

다. 기화량을 가감하여 조절할 수 있고, 설치면적이 작아도 된다.

라. 설비비 및 인건비가 절감된다.

2) 정압기(Governer)

① **개념**

가. 사용기구에 알맞은 압력을 공급하기 위한 것으로, 관의 적당한 위치에 설치하여 1차 압력에 관계없이 2차 압력을 일정압력으로 유지시킨다.

나. 가스의 흐름이 없을 경우에는 밸브를 완전하게 폐쇄하여 압력상승을 방지하는 기능을 한다.

② **정압기의 종류 및 특징**

가. 여러 종류 중에서 피셔식(Fisher type), 레이놀드(Reynolds)식, 엑셀 플로우(Axial-flow)식 정압기가 가장 일반적으로 사용된다.

나. 피셔식 정압기의 특징

　　㉠ Loading형식이다.

　　㉡ 정특성, 동특성이 양호하다.

　　㉢ 비교적 콤팩트(CoMPact)하다.

② 사용압력은 고압 → 중압A, 중압A → 중압A 또는 중압B, 중압A → 중압B 또는 저압이다.

⑩ 작동원리

• 가스사용압력이 증가할 경우: 2차 압력저하 → 파일럿 다이어프램이 올라감 → 공급밸브 열리고, 배출밸브 닫힘 → 구동압력 상승 → 주밸브가 열리게 된다.

• 가스사용압력이 감소할 경우: 파일럿 다이어프램이 내려감 → 공급밸브 닫히고, 배출밸브 열림 → 구동압력 저하 → 주밸브가 닫히게 된다.

다. 레이놀드식 정압기의 특징

㉠ Unloading형식이다.

㉡ 정특성이 매우 양호하나 안정성이 떨어진다.

㉢ 다른 형식과 비교하여 크기가 크다.

㉣ 상부에 다이어프램이 있으며, 본체는 복좌밸브로 되어 있다.

㉤ 사용압력은 중압B → 저압, 저압 → 저압이다.

㉥ 작동원리

• 가스사용량이 증가할 경우: 2차 압력저하 → 저압보조 정압기의 열림 증대 → 중간압력저하 → 보조압력 내의 다이어프램을 밀어 올리는 힘은 약해짐 → 보조압력 내의 다이어프램의 위치와 조봉, 레버, 주밸브의 위치는 내려감 → 주밸브의 열림 정도는 증대하게 된다.

• 가스사용량이 감소할 경우: 사용량 증가시의 경우와 반대로 작동상황이 진행된다.

라. 엑셀 플로우식 정압기의 특징

㉠ 변칙 Unloading형식이다.

㉡ 정특성, 동특성이 양호하다.

㉢ 고차압이 될수록 특성이 양호하다.

㉣ 극히 콤팩트(CoMPact)하다.

㉤ 사용압력은 고압 → 중압A, 중압A → 중압A 또는 중압B, 중압A → 중압B 또는 저압이다.

㉥ 작동원리

• 가스사용량이 증가할 경우: 2차 압력저하 → 파일럿 밸브의 열림증대 → 구동압력저하 → 고무슬리브의 열림이 증대한다.

• 가스사용량이 감소할 경우: 사용량 증가시의 경우와 반대로 작동상황이 진행된다.

③ **정압기의 특성**

가. 정특성: 정상상태에 있어서의 유량과 2차 압력의 관계를 말한다.

나. 동특성: 부하변화가 큰 곳에 사용되는 정압기에 대한 중요한 특성으로 부하변동에 대한 응답의 신속성과 안정성이 요구되는 관계를 말한다.

다. 유량특성: 직선형, 평방근형과 같이 주(메인)밸브의 열림(스트로크-리프트)과 유량의 관계를 말한다.

라. 사용 최대차압: 주(메인)밸브에는 1차 압력과 2차 압력의 차압이 작용하여 정압성능에 영향을 주지만, 이것이 실용적으로 사용할 수 있는 범위에서 최대로 되었을 때의 차압을 말한다.

마. 작동 최소압력: 파일럿 정압기에서 1차 압력과 2차 압력의 차압이 어느 정도 이상이 없으면 정압기는 작동할 수 없게 되는 1차와 2차 압력 차압의 최솟값을 말한다.

④ **정압기의 부속설비**

가. 가스차단장치: 입구 및 출구에 설치한다.

나. 불순물제거장치: 1차 측 배관에 여과기를 설치하여 배관내의 불순물(먼지, 녹, 흙 등)을 제거한다.

다. 이상 압력상승방지장치: 2차 측 배관의 압력상승으로 배관누설, 가스미터 파손, 연소불량 등의 사고를 사전(예방, 미연)에 방지하는 장치이다.

⑤ **정압기의 이상감압 및 승압방지 조치**

가. 저압 배관의 루프(loop)화

나. 2차 측 압력감시 장치

다. 정압기 2계열(직렬 및 병렬) 설치

라. 승압방지 조치의 경우 저압 홀드(holder)의 되돌림

⑥ **정압기를 지하에 설치할 때의 유의점**

가. 침수방지 조치

나. 방호 조치

다. 대기 동일압력(균압) 조치

라. 동결방지 조치

마. 내지(耐震) 조치

⑦ **정압기실의 설치기준**

가. 정압기의 기밀시험: 입구 측은 최고사용압력의 1.1배, 출구 측은 최고사용압력의 1.1배 또는 8.4kpa 중 높은 압력으로 한다.

나. 정압기의 점검: 분해점검은 설치 후 2년에 1회 이상, 작동상황점검은 1주일에 1

회 이상, 필터 분해점검은 가스공급 개시 후 1개월 이내 및 가스공급개시 후 매년 1회 이상 점검한다.

다. 가스누설경보장치: 바닥면 둘레 20m에 대하여 1개 이상 설치하고, 폭발하한계의 1/4 이하에서 60초 이내에 경보가 작동해야 한다.

라. 가스방출관의 방출구: 지면으로부터 5m 이상 높이에 설치한다.

마. 경보장치: 가스압력이 이상 상승할 경우 통보할 수 있도록 정압기 출구배관에 설치한다.

바. 정압기의 조명: 150lux 이상이어야 한다.

사. 경계책(울타리): 높이 1.5m의 철재 또는 철망으로 설치한다.

아. 기계 환기설비: 통풍능력은 바닥면적 $1m^2$마다 $0.5m^3/min$(분) 이상, 통풍구조는 2방향 이상 환기구 분산설치, 흡기와 배기구의 관경은 100mm 이상, 배기구는 천정면으로부터 30cm 이내에 설치한다.

자. 기타: 가스차단장치, 통풍장치, 입구에 수분 및 불순물 제거장치, 출구에 압력측정 및 기록장치, 전기설비의 방폭구조, 침수방지조치(지하 설치의 경우), 예비 정압기 설치 등이 있다.

2 가스장치 요소 및 배관

1) 가스장치 요소

① 고압조인트

가. 분해 유무에 따른 뚜껑의 분류

㉠ 영구덮개

㉡ 분해 가능한 덮개: 플랜지식, 스크류식, 자긴식

나. 개스킷의 유무: 개스킷 조인트형, 직조인트형

다. 배관용 조인트

㉠ 영구이음: 누설의 염려가 없는 용접, 납땜 등이 있다.

㉡ 분해이음: 보수나 교체가 가능한 플랜지, 유니언, 스크류 등의 접속을 말한다.

㉢ 다방향이음: 분기나 합류시 사용되는 T, Y, 크로스(+) 등의 접속을 말한다.

㉣ 신축이음

• 루프형(만곡관형): 곡률반경은 6배 이상으로 옥외의 고온·고압용에 사용된다.

- 슬리브형: 나사식은 50A 이하, 플랜지식은 65A 이상으로 8kg/cm^2 이하의 유체수송관에 사용된다.
- 벨로스형: 냉 · 난방용으로 주로 저압에 사용된다.
- 스위블형: 일반적으로 직관부는 30m마다 만곡부는 1.5m가 필요하며, 엘보 2개 이상을 사용하여 신축을 흡수하는 이음을 말한다.
- 상온스프링: 자유팽창량을 먼저 계산하여 자유팽창량의 1/2만큼 짧게 시공하는 이음을 말한다.
- 허용길이가 큰 순서: 루프형 〉 슬리브형 〉 벨로스형 〉 스위블형

라. 열팽창량 및 열응력

  ㉠ 열팽창량: $\lambda=L\alpha\Delta t$에서, λ: 변화된 길이(mm), L: 전체 길이(mm), α: 열팽창율(선팽창계수), Δt: 온도차(℃)이다.

  ㉡ 열응력: $\sigma=E\alpha\Delta t$에서, σ: 열응력(kg/mm^2), E: 영율(세로탄성계수: kg/mm^2), α: 열팽창율(선팽창계수), Δt: 온도차(℃)이다.

  ㉢ 열팽창량이 큰 금속: Al(알루미늄) 〉 황동 〉 연강 〉 구리

  ㉣ 열팽창량이 큰 금속일수록, 길이가 길수록, 온도차가 클수록 신축량이 커진다.

> **예제**
>
> 선팽창계수가 0.000012인 배관의 길이가 5m일 때 온도는 22℃에서 72℃로 상승하였다면 열팽창량(변화된 길이)은 몇 mm인가?
>
> **풀이** $\lambda=L\cdot\alpha\cdot t$이므로, $\lambda=0.000012\times(5\times1,000)\times(72-22)=3$mm

② **고압밸브**

가. 고압밸브의 특징

  ㉠ 주조품보다 단조품을 깎아서 만든다.

  ㉡ 밸브 시트는 내식성과 경도가 높은 재료를 사용하고 교체 가능한 구조이다.

  ㉢ 스핀들에 패킹을 사용하여 기밀유지를 한다.

나. 고압밸브의 종류

  ㉠ 스톱밸브

- 밸브나 스핀들이 동체로 되어 있고, 슬루스와 글로브 밸브 및 콕 등이 있다.
- 대형 30~60mm 정도의 밸브는 시트와 밸브체의 교체가 가능하다.
- 소형 3~10mm 정도의 밸브는 압력계, 시료 채취구 등에 많이 사용된다.

  ㉡ 감압밸브

- 고압을 저압으로 감압하는데 사용된다.
- 고 · 저압을 동시에 사용할 경우와 저압을 항상 일정하게 유지시킨다.
- 미세한 가감이 가능하도록 양끝은 가늘고 길게 되어 있다.

ⓒ 체크밸브
- 유체의 역류방지를 위해서 설치한다.
- 체크밸브는 고압배관 중에 사용된다.
- 유체가 역류하는 것은 중대한 사고를 일으키는 원인이므로 체크밸브의 작동은 신속하고 확실해야 한다.
- 체크밸브는 스윙형과 리프트형의 2가지가 있다. 스윙형은 수평·수직관에 사용되고, 리프트형은 수평배관에만 사용된다.
ⓔ 조절밸브: 온도, 압력, 액면 등의 제어에 사용된다.
ⓜ 안전밸브: 스프링식, 가용전식(용융온도: 60~70℃ 정도), 파열판식, 중추식이 있으나 스프링식이 대부분 사용된다.
ⓗ 밸브의 검사: 외관검사, 재료검사, 구조 및 치수검사, 내압시험, 기밀시험, 작동검사, 내구시험 등이 있다.

다. 차단밸브의 설치기준
ⓐ 장래 확장계획이 있는 곳이나 교량 및 철도 양쪽
ⓑ 배관에서 분기되는 곳이나 운전조작상 필요한 곳(약 1km마다)
ⓒ 가스 사용자가 소유 또는 점유한 토지에 인입한 배관으로서 공급관 호칭 지름이 50A 이상의 섹터 분할선
ⓓ 지하실 등에서 분기하는 장소

라. 밸브의 용도 및 장단점
ⓐ 플러그 밸브
- 용도: 중·고압용에 사용한다.
- 장점: 개폐가 신속하다.
- 단점: 가스관 중의 불순물에 따라 차단효과가 불량하다.
ⓑ 글로브 밸브
- 용도: 중·고압용 등 관계기구 및 장치설비용으로 사용한다.
- 장점: 기밀성 유지가 양호하고, 유량조절이 용이하다.
- 단점: 압력손실이 크다.
ⓒ 볼 밸브
- 용도: 고·중·저압관용 등으로 주로 사용된다.
- 장점: 배관의 안지름과 동일하여 관내 흐름이 양호하고, 압력손실이 적다.
- 단점: 볼과 밸브 몸통 접촉면의 기밀성 유지가 곤란하다.

③ **오토 클래이브**
가. 개념

㉠ 액체를 가열하면 온도의 상승과 함께 증기압도 상승한다.

㉡ 이때 액상을 유지하며 어떤 반응을 일으킬 때 필요한 일종의 고압 반응 가마를 오토 클래이브(auto clave)라 한다.

나. 종류

㉠ 종류: 교반형, 가스 교반형, 진탕형, 회전형이 있다.

㉡ 교반형

- 교반기에 의해 내용물의 혼합을 균일하게 하는 것으로 종형과 횡형 두 가지가 있다.

하나 더

장점
- 기액반응으로 기체를 계속 유통시키는 실험법을 취할 수 있다.
- 교반효과는 특히 횡형교반의 경우가 뛰어나며, 진탕식에 비해 효과가 크다.
- 종형교반에서는 오토 클래이브 내부에 글라스 용기를 넣어 반응시킬 수 있으므로 특수 라이닝을 하지 않아도 된다.

단점
- 교반축의 스타핑 박스에서 가스누설의 가능성이 많다.
- 회전속도를 증가하거나 압력을 높이면 누설되기 쉬우므로 압력과 회전속도에 제한이 있다.
- 교반축의 패킹에 사용한 이물질이 내부에 들어갈 가능성이 있다.

㉢ 가스 교반형

- 가늘고 긴 수직형 반응기로 유체가 순환됨으로서 교반이 행해지는 방식이다.
- 오토 클래이브 기상부에서 반응가스를 채취하고 액상부 최저부에 순환송입하는 방법과 원료가스를 액상부에 송입하여 배출하는 환류응축기를 통하여 방출시키는 두 가지 형식이 있다.
- 공업적으로 대형의 화학공장에 채택되거나 연속실험의 실험실에 사용된다.

㉣ 진탕형

- 횡형 오토 클래이브 전체가 수평, 전후운동을 하므로서 내용물을 교반시키는 형식으로 가장 일반적이다.
- 가스누설의 가능성이 없다.
- 고압력에 사용할 수 있고 반응물의 오손이 없다.
- 장치전체가 진동하므로 압력계는 본체로부터 떨어져 설치해야 한다.
- 뚜껑판에 뚫어진 구멍(가스출입 구멍, 압력계, 안전밸브 등의 연결구)에 촉매가 들어갈 염려가 있다.

　　　　◎ 회전형

　　　　　　• 오토 클래이브 자체가 회전하는 형식이다.

　　　　　　• 고체를 기체나 액체로 처리할 때나 액체에 기체를 작용시키는 경우에 사용
　　　　　　하는 것으로 다른 형식에 비하여 교반효과가 좋지 않다.

　　④ **재료의 강도**

　　　가. 응력의 분류: 인장응력, 압축응력, 전단응력, 비틀림응력이 있다.

　　　　* Pa=G/A에서, Pa: 응력(kg/cm^2), G: 하중(kg), A: 단면적(m^2)이다.

　　　나. 변형률

　　　　㉠ 변형률이란 처음길이에 대해 늘거나 줄어든 길이의 비를 말한다.

　　　　㉡ 변형률=(늘어난 길이 또는 줄어든 길이/처음길이)×100%이다.

　　⑤ **금속재료의 기계적 성질**

　　　가. 경도: 연질의 정도를 말하며, 물체를 재료에 압입할 때의 변형저항이다.

　　　나. 강도: 재료에 외력을 가하면 변형이나 파괴가 일어나는데, 이 경우 외력에 대한
　　　　재료의 단면에 작용하는 최대 저항력을 말한다.

　　　다. 연성: 가는 선의 형태로 늘릴 수 있는 성질이다.

　　　라. 전성: 얇은 판의 형태로 펼 수 있는 성질이다.

　　　마. 인성: 질긴 성질을 말하며, 굽힘 또는 비틀림을 반복하여 가할 때 외력에 저항하
　　　　는 성질이다.

　　　바. 피로: 재료가 반복하중에 의해서 저항력이 저하되는 현상이다.

　　　사. 취성: 메짐성이라고도 하며, 잘 부서지거나 잘 깨어지는 성질이다.

　　　　㉠ 취성의 종류: 상온취성(저온취성), 적열취성, 청열취성이 있다.

　　　　㉡ 상온취성의 특징: 인(p)은 상온취성의 원인이 되며, 결정입자를 조대화시켜
　　　　　강을 여리게 한다.

　　　　㉢ 적열취성: 고온(900℃)에서 황(s)의 함유량이 많을수록 강은 여린 성질이 되
　　　　　어 취성을 일으키는 것이다.

　　　　㉣ 청열취성: 청색의 산화피막을 형성하는 것을 말하며, 강의 강도는 200~300℃
　　　　　에서 크지만 연신율이 매우 작아 취성을 일으키는 것이다.

　　⑥ **금속재료의 열처리**

　　　가. 담금질(Quenching): 강의 강도 및 경도를 증대시키기 위하여 실시하며, 강을 기
　　　　름이나 물 또는 소금물에 급속 냉각시키는 방법이다. 담금질한 강은 경도가 증대
　　　　되지만 취성을 일으킨다.

　　　나. 뜨임(Tempering): 담금질한 강의 내부응력을 제거하여 인성을 증가시키는 방법
　　　　이다.

다. 불림(Normalizing): 내부응력 제거 및 조직의 미세화로 균일한 조직을 얻기 위하여 적당한 온도로 가열한 후 공기 중에서 냉각하는 방법이다.

라. 풀림(Annealing): 불균일하게 된 재료의 내부응력을 제거하여 담금질 효과를 증대시키기 위하여 적당한 온도로 가열하여 서서히 냉각시키는 방법이다.

⑦ **금속재료의 표면 경화법**

가. 물리적 표면 경화법

　㉠ 화염 경화법과 고주파 경화법이 있다.

　㉡ 화염 경화법은 표면을 경화시키기 위하여 산소-아세틸렌가스로 강의 표면을 빨리 가열하고 급속 냉각시키는 방법이다.

나. 화학적 표면 경화법

　㉠ 질화법: 강을 암모니아가스 중에 장시간 가열하면 질소가 흡수되어 표면에 질화물이 형성되어 굳게 되는 것이다.

　㉡ 침탄법

　　• 침탄법은 저탄소강의 표면에 탄소를 침투시켜 고탄소강으로 만든 후 담금질하여 경화하는 방법이다.

　　• 분류: 고체(목탄, 코우크스)침탄법, 액체(시안화칼륨, 시안화나트륨)침탄법, 기체(일산화탄소, 이산화탄소, 메탄 에탄, 프로판)침탄법이 있다.

다. 금속 침투법

　㉠ 보로나이징(B 침투법): 내마모성이 증가한다.

　㉡ 세라다이징(Zn 침투법): 고온 산화에 강하다.

　㉢ 실리코나이징(Si 침투법): 내식성과 내산성이 증가한다.

　㉣ 캘러라이징(Al 침투법): 고온 산화에 견디고, 내스케일성이 증가된다.

　㉤ 크로마이징(Cr 침투법): 내식성, 내마모성, 내열성이 증가한다.

⑧ **탄소강의 특징**

가. 온도에 따른 탄소강의 기계적 성질

　㉠ 인장강도는 $200 \sim 300℃$까지 상승하여 최대가 된다.

　㉡ 온도가 상승함에 따라 연신율, 단면수축률, 탄성계수, 항복점이 감소하고, 인장강도가 최대점에서 연신율은 최소값이 되고 점차적으로 커진다.

　㉢ 온도가 저하(저온)됨에 따라 인장강도, 경도, 탄성계수, 항복점이 증가되고, 단면수축률, 연신율, 충격값은 감소되어 취성이 커진다.

나. 탄소(C)의 함유량에 따른 탄소강의 종류

　㉠ 아공석강: 탄소(C)의 함유량은 $0.025 \sim 0.85\%$이고, 탄소의 함유량이 증가할수록 경도, 인장강도, 항복점이 증가한다.

ⓛ 공석강: 탄소(C)의 함유량은 0.85%이고, 탄소의 함유량이 증가할수록 인장강
도는 최대가 되고, 연신율은 감소한다.

ⓒ 과공석강: 탄소(C)의 함유량은 0.85%~2.0%이고, 탄소의 함유량이 증가할수
록 인장강도는 감소하고, 경도는 증가한다.

다. 성분의 함유에 따른 탄소강(철강의 5대 요소)의 특징

ⓐ 구리(Cu): 내식성, 인장강도, 탄성한도를 증가시킨다.

ⓛ 규소(Si): 연신율과 전성을 감소시키고, 강도와 경도를 증가시킨다.

ⓒ 망간(Mn): 강도, 경도, 인성을 증가시키고, 고온가공 용이 및 담금질 효과가
우수하며, 황(S)과 화합하여 적열취성을 방지시킨다.

ⓔ 인(P): 상온취성의 원인이 되고 강도, 경도를 증가시키며, 연신율을 감소시킨다.

ⓜ 황(S): 적열취성의 원인이 되고 강도, 연신율, 충격값을 저하시키며, 유동성을
해치고 기포가 발생하여 용접성을 나쁘게 만든다.

⑨ **부식 및 방식**

가. 부식의 원인

ⓐ 다른 종류의 금속간의 접촉에 의한 부식

ⓛ 국부전지 및 미주전류에 의한 부식

ⓒ 박테리아 및 농염전지의 작용에 의한 부식

나. 부식의 형태

ⓐ 전면부식, 국부부식, 선택부식, 입계부식, 응력부식 등의 형태가 있다.

ⓛ 일루전: 황산(H_2SO_4)의 이송배관에서 일어나는 부식현상으로 배관이나 밴드
부분 및 펌프의 회전차 등 유속이 큰 부분이 부식성 환경에서 마모가 현저히
일어나는 현상이다.

ⓒ 바나듐어택: 다량의 산소가 금속표면을 산화시켜 일어나는 부식현상으로 연
료유동의 회분 중에 있는 오산화바나듐(V_2O_5)이 고온에서 용융되면서 발생
하는 현상이다.

다. 방식

ⓐ 인히비터(부식억제제)에 의한 방식법

ⓛ 피복에 의한 방식법

ⓒ 부식환경의 처리에 의한 방식법

ⓔ 전기적인 방식법: 유전양극법(희생양극법), 외부전원법, 선택배류법, 강제배
류법

2) 배관

① 배관의 개념

가. 액체 또는 기체 등을 보내거나 빼내기 위하여 파이프를 배치한 것을 말한다.

나. 가스관이나 수도관 등을 설계에 따라 설치하는 일을 말한다.

다. 배관의 재료는 철금속관, 비철금속관, 비금속관이 있다.

② 배관재료의 구조

가. 관내의 가스유통이 원활할 것

나. 내부의 가스압력과 외부의 충격 및 하중에 견디는 강도를 가질 것

다. 토양이나 지하수 등에 대하여 내식성을 가질 것

라. 당해 가스 등으로 인한 화학작용에 의해 약화되지 않을 것

마. 관의 접합이 용이하고 가스누설을 방지할 수 있을 것

바. 절단 가공이 용이할 것

③ 배관재료의 선택조건

가. 유체의 화학적 성질

나. 유체의 내압과 관이 받는 외압

다. 유체의 온도와 압력

라. 관의 외벽에 접하는 환경조건

마. 관의 접합 및 중량과 수송조건

④ 가스배관을 설치할 경우의 4가지 조건

가. 가능한 한 노출할 것

나. 가능한 한 옥외에 설치할 것

다. 굴곡을 적게 할 것

라. 최단거리로 할 것

⑤ 배관의 재질별 분류

가. 철금속관: 탄소강 강관, 주철관

나. 비철금속관: 동관, 알루미늄관, 연관(Pb), 스테인리스관

다. 비금속관: PVC관, 흄관(원심력 철근콘크리트 관), 석면시멘트관, 도관 등

라. 합금강 강관

⑥ 제조상 분류

가. 이음매 있는 관: 단접관, 가스 용접관, 전기저항 용접관, 아크 용접관

나. 이음매 없는 관(seamless pipe): 유체의 압력이 300kg/cm² 이상인 고압에 사용된다.

⑦ 용도상 분류

가. 배관용: 유체의 수송

나. 열교환용: 보일러용의 관

다. 구조용: 기계 및 건축용

⑧ 관의 호칭법

가. 호칭경 및 스케줄 번호에 따르고, 스케줄 번호가 클수록 관 두께가 두껍다.

나. 스케줄 번호(SCh.No)=10×(P/S)에서,

　P: 사용압력(kg/cm^2),

　S: 허용응력(kg/mm^2)=인장강도×(1/4)=인장강도/안전율이다.

> **예제**
>
> 사용압력이 50kg/cm^{2}이고, 허용응력이 5kg/cm^{2}일 때 스케줄 번호는 얼마인가?
>
> **풀이** 스케줄 번호(SCh.No)=10×(P/S)=10×(50/5)=100이다.

3) 강관의 종류

① 강관의 특성

가. 연관 및 주철관에 비하여 가볍고 인장강도가 크다.

나. 내충격성 및 굴요성이 크고 관의 접합이 용이하다.

다. 주철관에 비하여 부식이 쉽고 사용기간이 비교적 짧다.

라. 연관 및 주철관보다 가격이 저렴하다.

② 배관용 탄소강 강관(SPP)

가. 일명 가스관이라고도 하며, 아연(Zn)을 도금한 배관이 있고 도금하지 않은 흑관이 있다.

나. 사용온도 350℃ 이하, 사용압력 10kg/cm^2 이하의 물, 증기, 가스, 기름, 공기 등의 배관에 사용된다.

다. 호칭지름은 6~500A이다.

③ 압력배관용 탄소강 강관(SPPS)

가. 사용온도는 350℃ 이하이며, 사용압력은 10~100kg/cm^2 이하의 증기나 유체의 수압관에 사용된다.

나. 관의 호칭법은 호칭경 6~500A 및 두께(스케줄 번호)에 따른다.

④ 고압배관용 탄소강 강관(SPPH)

가. 사용온도는 350℃ 이하이며, 사용압력은 100kg/cm^2 이상의 고압배관에 사용된다.

나. 제조방법은 킬드강으로 이음매 없이 제조한다.

다. 종류는 1종($35kg/mm^2$), 2종($38kg/mm^2$), 3종($42kg/mm^2$), 4종($49kg/mm^2$)으로 구분된다.

라. 호칭경은 6~500A이다.

⑤ **고온 배관용 탄소강 강관(SPHT)**

가. 사용온도 350℃ 이상의 보일러 과열증기관에 적합하다.

나. 관의 호칭은 호칭지름 6~500A 및 스케줄 번호에 의한다.

⑥ **배관용 아아크 용접 탄소강 강관(SPPY, SPW)**

가. 사용압력이 비교적 낮은 $10kg/cm^2$ 이하의 물, 증기, 가스, 기름, 공기 등의 배관에 사용된다.

나. 일반 수도관은 $15kg/cm^2$ 이하, 가스 수송관은 $10kg/cm^2$ 이하에 사용된다.

다. 호칭경은 350~1,500A까지 17종으로 규정하며, 수압시험은 $21kg/cm^2$ 이상이다.

⑦ **배관용 합금강 강관(SPA)**

가. 주로 고온의 보일러 증기관, 석유정제시의 고온 · 고압배관에 사용된다.

나. 탄소강에 비하여 고온에서 강도가 크다.

다. 호칭지름 6~500A, 두께는 스케줄 번호로 표시한다.

⑧ **배관용 스테인리스 강관(STS×TP)**

가. 내식용과 내열용 및 고온이나 저온 배관에 사용된다.

나. 호칭지름 6~500A, 두께는 스케줄 번호로 표시한다.

⑨ **저온 배관용 강관(SPLT)**

가. 어는점 0℃ 이하 주로 LPG 탱크, 냉동기, 각종 화학공업용의 낮은 온도에 사용된다.

나. 호칭지름은 6~500A이고, 1종은 -50℃, 2종은 -100℃까지 사용된다.

다. 금속재료의 저온에서의 성질: 탄소강은 저온도가 될수록 인장강도, 경도, 탄성계수, 항복점이 증가하고, 단면수축률, 연신율, 충격값은 감소하여 취성이 커진다.

⑩ **수도용 강관**

가. 수도용 아연 도금 강관(SPPW)은 배관용 탄소강 강관에 아연(Zn)을 도금한 것으로 정수두 100m 이하의 급수 배관용에 사용되며, 호칭경은 10~300A, 옥내 배관에 주로 사용하며 매설용에 적합하다.

나. 수도용 도복장 강관(STPW)은 배관용 탄소강 강관 또는 배관용 아아크 용접 탄소강강관에 아스팔트, 콜타르, 에나멜을 도복한 것으로, 호칭경은 80~1,500A이다.

⑪ **열전달용**

가. 보일러 열교환기용 탄소강 강관(STH)

나. 보일러 열교환기용 합금강 강관(STHA)

다. 보일러 열교환기용 스테인리스강 강관(STS×TB)

라. 저온 열교환기용 강관(STLT): 어는점(빙점) 이하의 특히 낮은 온도의 열교환기 및 컨덴서관에 사용된다.

⑫ **구조용**

가. 일반 구조용 탄소강 강관(SPS): 토목, 건축, 철탑, 지주, 기타의 구조물에 사용된다.

나. 기계 구조용 탄소강 강관(STM): 기계, 항공기, 자동차, 자전거, 가구, 기구 등의 기계 부품용으로 사용된다.

다. 구조용 합금강 강관(STA): 항공기, 자동차, 기타의 구조물용으로 사용된다.

⑬ **강관 제조방법의 표시**

가. 제조 표시 -E: 전기저항 용접관

나. 제조 표시 -B: 단접관

다. 제조 표시 -A: 아크 용접관

라. 제조 표시 -S-H: 열간 가공 이음매 없는 관

마. 제조 표시 -E-C: 냉간 가공 전기저항 용접관

바. 제조 표시 -B-C: 냉간 가공 단접관

사. 제조 표시 -A-C: 냉간 가공 아크 용접관

아. 제조 표시 -S-C: 냉간 가공 이음매 없는 관

⑭ **특수 강관**

가. 모르타르 라이닝 강관: 수도용 도금 강관 또는 용접 강관 등의 부식을 방지하기 위해 관 내면에 모르타르를 얇게 라이닝하고, 외면에는 아스팔트 피막을 입힌 강관이다.

나. 플라스틱 라이닝 강관: 부식을 방지하기 위해서 관의 내면에는 플라스틱을 라이닝하여 내식, 내약품성, 내한성을 갖도록 한 것으로 화공분야, 공업용수, 해수, 온천수, 상수에 사용한다.

다. 알루미늄 도금 강관: 배관용 탄소강 강관의 표면에 알루미늄 층을 입힌 것으로 내열성, 내유화성이 강해 열교환기 컨덴서 튜브 등에 사용한다.

4) 주철관

① **특성**

가. 내구력이 크고 부식이 적어 주로 저압의 지하매설용에 적합하다.

나. 압축강도 및 취성이 크다.

다. 급수나 배수, 오수 및 통기, 가스공급이나 화학공업용 등 사용처가 넓고 다양하다.

② 주철관의 분류

　가. 재질상 분류: 일반 보통 주철관, 고급 주철관, 구사흑연(덕 타일) 주철관

　나. 용도별 분류: 수도용, 배수용, 가스용, 광산용

③ 수도용 입형(수직형) 주철관

　가. 이음부의 모양에 따라 소켓관과 플랜지관이 있다.

　나. 최대사용 정수두 75m 이하인 보통압관과 45m 이하인 저압관이 있다.

　다. 관 길이는 3m와 4m가 표준이다.

④ 수도용 원심력 사형 주철관

　가. 사형(주형)관은 입형에 비해 재질이 치밀하고 두께가 균일하며 강도가 커서 두께를 얇게 만들 수 있다.

　나. 고압관은 최대사용정수두 100m 이하이고, 보통압관은 최대사용정수두 75m 이하이며, 저압관은 최대사용정수두 45m 이하이다.

⑤ 수도용 원심력 금형 주철관

　가. 금형에 용융 철을 부어 회전시켜 주조한다.

　나. 고압관은 최대사용수두가 100m 이하이고, 보통압관은 최대사용정수두 75m 이하이다.

　다. 수도용(급수관)은 75mm 이상의 관경을 사용한다.

⑥ 원심 모르타르 라이닝 주철관

　가. 관의 부식을 방지하기 위해 관의 내·외면에 시멘트 모르타르를 라이닝한 관이다.

　나. 취급 시에는 큰 하중과 충격 및 건조에 주의해야 한다.

⑦ 덕 타일(ductile: 구상흑연) 주철관

　가. 높은 강도와 인성을 갖고 있어 고압에도 견딘다.

　나. 내식성이 크고 산·알칼리에 강하다.

　다. 연성이 있어 충격에 잘 견디며 가공성이 우수하다.

　라. 사용정수두는 100m 이하이다.

⑧ 배수용 주철관

　가. 내압이 작용하지 않으므로 관 두께가 얇은 것이 사용된다.

　나. 관 두께에 따라 1종(1종 관 길이는 800mm)과 2종(관 길이 1,600mm)이 있다.

　다. 관경은 50mm 이상을 사용한다.

　라. 관의 표시방법은 1종(⊘), 2종(○), 이형관(○)으로 나타낸다.

5) 동관(구리관)

① 특성

가. 전기 및 열전도율이 좋고 전·연성이 풍부하여 가공이 용이하다.

나. 알칼리에는 강하고 산성에는 침식되나 유체의 마찰저항이 작다.

다. 외부의 충격에 약하고 값이 비싸다.

라. 담수(빗물, 하천 물, 호수 물)에는 내식성이 크고, 연수(염류를 함유하지 않은 물)에는 부식이 된다.

마. 고온에서는 강도가 떨어지므로 $8kg/cm^2$ 이하, 200℃ 이하의 열교환기 등에 사용된다.

바. 호칭지름은 바깥지름×두께로 표시된다.

② 용도

열교환기용관, 급수관, 급유관, 가스관, 냉매관, 압력계관, 급탕관, 기타 화학공업용에 사용된다.

③ 종류

가. 터프 피치관(인성동관: TCuP): 1종과 2종으로 구분된다.

나. 인탈산 동관(DCuP): 동을 인(P)으로 탈산 처리하여 불순물이 없고, 수소취성이 생기지 않아 수소용접이 가능하며, 휨성, 용접성, 열전도성이 좋다.

다. 무산소 동관: 구리가 99.96% 이상으로 순구리라고 할 수 있고, 신장률이 40% 정도로 크며 전기 및 열전도성이 좋으며 용접성·내식성이 양호하다.

라. 황동관(BsST): Cu(구리)+Zn(아연)의 합금으로 1종은 7:3 황동, 2종은 구리 65%와 아연 35%이고, 3종은 6:4 황동이다. 용도는 니켈이나 크롬을 도금하여 난간용이나 봉재료에 사용되며, 황동관이나 동관은 극연수에 침식되므로 도금한 것을 사용한다.

6) 연(납: Pb)관

① 특성

가. 재질이 부드럽고 전·연성이 풍부하다.

나. 산에 강하고 내식성이 우수하며, 알칼리에 약하다.

다. 가소성과 신축성이 좋고, 비중이 11.34 정도로 중량이 크다.

라. 강도가 약하고 가격이 비싸며, 수평 관에서는 휘어 늘어지기 쉽다.

마. 호칭지름은 안지름×두께로 표시된다.

② 종류별 용도

가. 1종은 화학 공업용

나. 2종은 일반용

다. 3종은 가스용에 사용된다.

③ **수도용 연관(PbPW)**

가. 정수두 75m 이하에 사용된다.

나. 안지름 10~50mm의 작은 관에 사용된다.

다. 1종(PbPW1)은 Pb99.8% 이상의 순연관이고, 2종(PbPW2)은 Sb 0.1~0.3%(Cu 0.08% 나머지 Pb)이다.

④ **배수용 연관**

가. 상온에서 구부림과 관 넓히기가 쉽다.

나. 유체의 압력이 낮으므로 두께를 얇게 할 수 있다.

다. 세면기, 소변기 등 위생기기의 접속 관에 많이 사용된다.

7) 알루미늄(aluminium)관

① **특성**

가. 알루미늄(aluminium)은 원광석인 보크사이드로 순수한 알루미늄(Al_2O_3)을 만들고 다시 전기 분해하여 만든 은백색의 금속을 말한다.

나. 경금속은 비중이 작은 금속으로 알루미늄, 마그네슘 및 이들의 합금(alloy)으로 대표적인 두랄루민이 있고, 창호에 많이 쓰이는 것은 알루미늄이 대표적이다.

다. 두랄루민은 염분에 부식이 잘 되는 결점이 있으나 근래에는 건축용 판재로 많이 사용되고 있다.

라. 호칭지름은 바깥지름×두께로 표시된다.

② **장점**

가. 비중은 2.7로서 철의 약 1/3 정도이며 녹슬지 않고 사용 연한이 길다.

나. 구리(Cu) 다음으로 전기 및 열전도율이 좋고 전·연성이 풍부하여 가공성이 좋으며 건축재료 및 화학공업용 재료로 널리 사용된다.

다. 섀시의 경우 공작이 자유롭고 기밀성이 좋으며 여닫음이 경쾌하고 미려하다.

③ **단점**

가. 산, 알칼리에 약하고, 특히 해수, 염산, 황산, 가성소다 등에 약하므로 콘크리트에 접할 때에는 방식 처리를 해야 한다.

나. 내화성이 약하여 100℃ 이상이 되면 연화되어 강도가 떨어진다.

다. 표면과 용접부분은 철보다 약하고 접촉면에는 중성제를 도포하거나 격리재로 차단해야 한다.

라. 이질 금속재와 접속되면 부식되므로 이에 쓰이는 조임 못, 나사못은 동질의 것을 사용한다.

8) 플라스틱관

① 경질 염화비닐관(일반용, 수도용, 배수용)

가. 내산, 내알칼리성 및 해수(염류)에 대해 내식성이 좋다.

나. 비중 1.43으로 가볍고, 인장강도 550~580kg/cm²으로 강인하다.

다. 전기 절연성이 크며, 열전도율은 철의 1/350 정도로 열의 불량도체이다.

라. 관 내면이 매끄러워 마찰저항이 작다.

마. 관 접합이 용이하며 시공이 쉽다.

바. 난연성이며 가격이 저렴하다.

사. 취성온도 -18℃, 저온 및 연화온도 70~80℃로 고온에서 강도가 저하된다.

아. 충격강도가 적고 열팽창률은 7~8배로 크다.

자. 직관 10~20m마다 신축조인트를 설치한다.

② 폴리에틸렌관

가. 염화비닐관보다 화학적, 물리적 성질이 좋다.

나. 염화비닐 2/3 정도의 0.92~0.96으로 비중이 아주 작다.

다. 충격에 강하고 -60℃까지 사용가능한 내한성이 우수하다.

라. 보온성, 내약품성이 우수하다.

마. 인장강도는 염화비닐의 약 1/5 정도이다.

9) 콘크리트관

① 원심력 철근콘크리트관

가. 일명 흄관이라고 하며, 모양에 따라 A형(칼라 이음형), B형(소켓 이음형), C형(삽입 이음형)으로 구분한다.

나. 보통압관은 공공하수도(배수관) 기타 내압이 작용하지 않은 곳에 사용되며, 압력관은 송수관 등 내압이 작용하는 곳에 사용된다.

② 석면시멘트관(이터니트관)

가. 석면과 시멘트를 1:5 정도로 배합하여 제조한다.

나. 금속관에 비해 내식성이 크며, 알칼리에 강하다.

다. 재질이 치밀하여 강도가 좋으며, 고압에도 사용가능하다.

라. 수도용 배수관용, 공업용 수관용에 사용된다.

③ 도관

가. 도관은 점토 등을 주원료로 구워서 만든 것으로 외압이나 진동 등으로 파손되어 샐 우려가 있으므로 배수관 정도에 이용된다. 도관은 길이가 짧아 오수관에는 부적당하고 빗물 배수관에 많이 사용된다.

나. 보통관은 농업용 및 일반 배수용에 사용된다.

다. 후관은 도시 하수관용으로 사용된다.

라. 특후관은 철도 배수관용에 사용된다.

10) 신축이음(expansion joint)

① 개념

가. 신축(expansion)은 늘어나고 줄어듦 또는 늘이고 줄임이고, 신축성(expansion and contraction)은 늘어나고 줄어드는 성질이다.

나. 이음(joining, joint)은 이어 합함을 말한다.

다. 신축이음이란 온도변화에 의한 파이프의 신축에 따라 배관이나 기기류에 손상을 입히는 것을 방지하기 위하여 필요한 개소(곳)에 설비하는 것을 말한다.

라. 신축이음 1개당 배관의 허용길이는 파이프 지름, 증기의 압력 등에 의해 각각 다르다.

마. 철의 선팽창계수는 $0.000012mm/m \cdot ℃$이다. 즉, 철은 온도가 $1℃$ 변화할 때마다 길이 1m에 대하여 0.000012mm가 신축한다.

② 종류

가. 루프형(신축곡관)

나. 슬리브형(미끄럼형)

다. 벨로스(팩레스)형

라. 스위블형이 있다.

③ 루프형(신축곡관)의 특징

가. 고온 · 고압에 잘 견디며, 관의 탄성을 이용한 방법이다.

나. 진동에 대한 완충효과가 크다.

다. 곡률반경은 관 지름의 6배 이상으로 한다.

라. 설치하는데 장소를 넓게 차지한다.

다. 신축을 흡수할 때 응력을 수반한다.

라. 주로 고압증기의 옥외배관에 사용한다.

④ 슬리브형(미끄럼형) 이음의 특징

가. 압력 $8{\sim}10kg/cm^2$ 이하의 비교적 저압에 사용한다.

나. 신축흡수에 응력이 생기지 않는다.

다. 장시간 사용하면 패킹이 마모되어 누설원인이 된다.

라. 관의 지름이 50A 이하는 나사식, 65A 이상은 플랜지형을 사용한다.

⑤ **벨로스(팩레스) 이음의 특징**

가. 청동 또는 스테인리스강을 주름잡아 만든다.

나. 고압에는 부적당하며, 주로 저압에 사용된다.

다. 주름 잡힌 곳에 응축수가 고이면 부식되기 쉬우므로 트랩과 같이 설치한다.

라. 신축으로 인한 응력을 받지 않으며 누설의 우려가 없다.

⑥ **스위블형 이음의 특징**

가. 2개 이상의 엘보를 사용하여 만든다.

나. 나사의 회전력과 관 자체의 탄성력을 이용하여 신축을 흡수한다.

다. 직관은 30m마다 회전 관 1.5cm 정도로 조립한다.

라. 신축량이 큰 곳에 사용하면 나사가 헐거워져 누설의 원인이 된다.

마. 굴곡부에서 압력강화가 생긴다.

바. 설치비가 싸고 조립하여 만들 수 있다.

⑦ **신축량**

가. 신축량이 큰 순서는 루프형(신축곡관) 〉 슬리브형(미끄럼형) 〉 벨로스(팩레스) 〉 스위블형이다.

나. 상온스프링은 열의 영향을 받아 관이 늘어나는 길이(자유팽창길이)를 미리 계산 (관 절단 길이는 자유팽창 길이의 1/2 정도)하여 시공 전에 관의 길이를 짧게 하 여 강제 접합하는 것이다.

⑧ **열팽창과 열응력**

가. 열팽창량은 전체 길이에 열팽창율(재료의 선팽창계수)의 온도차를 곱하여 계산 한다. 즉, 늘어난 길이=관의 길이×선팽창계수×온도차이다.

나. 열팽창이 큰 금속일수록, 길이가 길수록, 온도차가 클수록 신축량(늘어나는 길 이)은 커진다.

다. 열팽창이 큰 순서는 알루미늄(Al) 〉 황동 〉 연강 〉 경강 〉 구리의 순이다.

라. 열응력은 영률(세로탄성계수: kg/mm^2)에 선팽창계수($1/℃$)와 온도차를 곱하여 계산한다. 즉, 열응력=영률(세로탄성계수: kg/mm^2)×선팽창계수($1/℃$)×온도차 ($℃$)이다.

> **예제**
>
> 파이프의 길이가 3m이고, 선팽창계수가 0.0000120이며, 온도는 40℃에서 110℃로 상승하였다면 늘어난 길이는 몇 mm인가?
>
> **풀이** 늘어난 길이=관의 길이×선팽창계수×온도차
> = 3m×1,000mm/m×0.000012×(110−40)=2.52mm이다.

⑨ 관의 길이 산출

　가. 배관중심 간의 길이는 배관의 실제길이에 이음쇠 중심에서 끝 면까지의 길이 빼기 나사가 물리는 최소길이를 한 다음 2곱하기 한 값을 더하여 계산한다.

　나. 즉, 배관의 중심선 길이=배관의 실제길이+2×(이음쇠 중심에서 끝 면까지의 길이−나사가 물리는 최소길이)이다. 또한 실제길이=중심길이−2×(이음쇠 중심에서 끝 면까지의 길이−나사가 물리는 최소길이)이다.

> **예제**
>
> 양쪽 두 개의 엘보를 연결한 관의 지름은 25A이다. 이음 중심 간의 길이를 500mm로 할 때 직관의 길이는 얼마로 하면 되겠는가? (단, 25A의 90°엘보는 중심선에서 단면까지의 거리가 32mm이고, 나사가 물리는 최소길이는 15mm이다.)
>
> **풀이** 실제길이=중심길이−2×(이음쇠 중심에서 끝 면까지의 길이−나사가 물리는 최소길이)이다. 따라서 실제길이=500−2×(32−15)=466mm이다.

11) 관 지지구

① 관이음

　가. 내부 유체의 누설방지 3원칙

　　㉠ 접합부의 조임은 순수하게 누르는 힘만 작용하게 해야 한다.

　　㉡ 접합면의 면적은 가능한 한 적게 해야 한다.

　　㉢ 접합면은 개스킷 유무에 관계없이 매끈하게 가공해야 한다.

　나. 나사이음의 사용목적별 분류

　　㉠ 배관의 방향을 바꿀 때: 엘보, 밴드

　　㉡ 관을 도중에서 분기할 때: 티(T), 와이(Y), 크로스(+)

　　㉢ 같은 지름의 관(동경관)을 직선 연결할 때: 소켓, 유니언, 플랜지, 니플

　　㉣ 서로 다른 지름의 관(이경관)을 연결할 때: 이경 소켓(레듀서), 이경 엘보, 이경 티, 부싱

　　㉤ 관 끝을 막을 때: 플러그, 캡, 맹플랜지

② 이음의 종류 및 특징

　가. 유니언의 특징

    ㉠ 관을 회전시키지 않고 이음할 수 있다.

    ㉡ 관 계통의 중간부분에서 이음할 수 있다.

    ㉢ 사용도중 분기, 증설, 보수 점검이 용이하다.

    ㉣ 지름이 50A 이하의 배관을 이음할 때 사용한다.

나. 강관이음의 종류

    ㉠ 나사이음

    ㉢ 용접이음(전기, 가스)

    ㉣ 플랜지 이음

다. 가스용접의 특징

    ㉠ 두께가 얇은 관에 사용한다.

    ㉡ 가열조절이 자유롭다.

    ㉢ 용접속도가 전기용접보다 느리다.

    ㉣ 용접변형이 크다.

라. 전기용접의 특징

    ㉠ 두께가 두꺼운 관에 사용한다.

    ㉡ 용접속도가 빠르다.

    ㉢ 용접변형이 작다.

마. 용접이음의 장점

    ㉠ 이음부의 강도가 크고, 누설우려가 없다.

    ㉡ 자재절약 및 작업의 공수를 감소한다.

    ㉢ 중량이 감소되고 유지 및 보수비가 절약된다.

    ㉣ 돌기부가 없으므로 피복 공사가 용이하다.

바. 용접이음의 단점

    ㉠ 재질의 변질이 쉽다.

    ㉡ 잔류응력이 생긴다.

    ㉢ 품질검사가 곤란하다.

    ㉣ 모양이 변한다.

    ㉤ 균열 및 기타 용접결합이 발생한다.

사. 용접자세의 종류

    ㉠ 아래보기 자제(F)

    ㉡ 직립(수직) 자세(V)

    ㉢ 수평 자세(H)

    ㉣ 위보기 자세(O)가 있다.

아. 플랜지 이음

    ㉠ 관의 접합면에 패킹을 넣고 볼트로 조인다.

    ㉡ 플랜지를 결합할 때에는 볼트를 대칭으로 균일하게 조인다.

    ㉢ 관의 보수점검 분기를 쉽게 하기 위해 사용한다.

    ㉣ 완전히 조인 후 볼트의 나사산이 1~2산 정도 남게 한다.

    ㉤ 지름이 50A 이상의 배관을 이음할 때 사용한다.

자. 플랜지의 재질에 따른 용도

    ㉠ 청동, 황동 플랜지는 16kg/cm^{2}까지 사용한다.

    ㉡ 주철 플랜지는 20kg/cm^{2}까지 사용한다.

    ㉢ 합금강(몰리브덴, Cr-Mo강)은 30kg/cm^{2}이상에 사용한다.

차. 플랜지면의 모양에 따른 분류

    ㉠ 전면 시트: 호칭압력 16kg/cm^2 이하의 플랜지에 적합(주철제, 구리합금제)하다.

    ㉡ 대평면 시트: 호칭압력 63kg/cm^2 이하에서 부드러운 패킹 사용에 적당하다.

    ㉢ 소평면 시트: 호칭압력 16kg/cm^2 이상에서 경질의 패킹 사용에 적합하다.

    ㉣ 삽입형 시트: 호칭압력 16kg/cm^2 이상에서 소평면 시트보다 더욱 기밀을 요하는 경우에 사용된다.

    ㉤ 홈 시트: 호칭압력 16kg/cm^2 이상에서 위험성이 있는 유체의 배관 또는 기밀을 요하는 경우에 사용한다.

③ 주철관 이음

가. 종류

    ㉠ 소켓 이음

    ㉡ 기계식 이음

    ㉢ 빅토리 이음

    ㉣ 플랜지 이음

    ㉤ 타이톤 이음

나. 소켓 이음의 특징

    ㉠ 관의 소켓부에 납과 야안(마)을 넣어 이음한다.

    ㉡ 삽입구를 소켓에 끼워 넣고 틈새에 야안(마)을 다져넣는다.

    ㉢ 클립을 소켓측면에 밀착시키고 한 번에 납 물을 부어넣는다.

    ㉣ 납이 굳으면 클립을 제거하고 코오킹을 한다.

    ㉤ 코오킹은 날이 얇은 것부터 차례로 한다.

다. 기계식 이음의 특징

⊙ 소켓 이음과 플랜지 이음의 장점을 채택한 것으로 고무링을 압륜으로 조여 볼트로 결합한 것이다.

　　　ⓛ 기밀성이 좋고 고압에 잘 견딘다.

　　　ⓒ 물속에서도 작업이 가능하다.

　　　ⓔ 간단한 공구로 신속히 이음할 수 있고, 숙련을 요하지 않는다.

　　　ⓜ 지진 기타 외압에 대해 굽힘성이 풍부하여 다소 구부러져도 누설이 되지 않는다.

　　라. 빅토리 이음의 특징

　　　⊙ 고무링과 주철제 칼라를 조여서 이음한다.

　　　ⓛ 관속의 압력이 높아지면 고무링이 관 벽에 밀착하여 누수를 막는다.

　　　ⓒ 칼라의 관경이 350mm 이하인 경우는 2개로 분할하여 볼트로 조립한다.

　　　ⓔ 칼라의 관경이 400mm 이상인 경우는 4개로 분할하여 볼트로 조립한다.

　　마. 타이톤 이음의 특징

　　　⊙ 소켓의 내부 홈에 고무링을 고정시키고 삽입구를 끼운다.

　　　ⓛ 필요한 부품은 고무링하나 뿐이며 작업시간이 빠르다.

　　　ⓒ 온도 변화에 따른 신축이 자유롭다.

　　　ⓔ 이음 과정이 간단하여 곧바로 매설할 수 있다.

　④ **동관 이음**

　　가. 종류

　　　⊙ 플레어 이음

　　　ⓛ 용접 이음

　　　ⓒ 납땜 이음

　　　ⓔ 플랜지 이음

　　나. 플레어 이음(압축 이음)의 특징

　　　⊙ 동관을 나팔모양으로 넓이고 압축 이음쇠를 사용한다.

　　　ⓛ 분리나 재결합 등이 쉬워 보수 및 분해 점검이 필요할 때 사용한다.

　　　ⓒ 용접접합이 어렵거나 용접접합을 할 수 없는 경우에 사용된다.

　　　ⓔ 동관의 구경이 20mm 이하에 사용한다.

　　다. 순동용접의 특징

　　　⊙ 용접 벽의 두께가 균일하여 취약부분이 적다.

　　　ⓛ 내식성이 양호하여 부식에 의한 누수의 염려가 없다.

　　　ⓒ 내면이 동일하여 유체의 압력손실이 거의 없다.

　　　ⓔ 콤패트(조밀)한 구조이므로 배관공간이 없어도 작업이 가능하다.

   ◎ 다른 이음과 비교할 경우 가열시간이 짧아 공수 절감 및 공사비용이 절감
    된다.

  라. 납땜 이음의 특징

    ㉠ 관 끝을 확인하여 동관을 슬리브에 끼우고 납땜한다.

    ㉡ 재료는 은납, 황동납을 사용한다.

  마. 동관용 공구

    ㉠ 토치램프는 납땜, 동관접합, 벤딩 등의 작업을 하기 위해 가열용으로 사용하
     는 공구로서 가솔린용, 석유용, 가스용이 있다.

    ㉡ 플레어 링 툴은 동관의 압축 접합용 공구이다.

    ㉢ 사이징 툴은 동관의 끝을 정확하게 원형으로 가공하는 공구이다.

    ㉣ 튜브밴드는 동관을 구부리는 공구이다.

    ㉤ 익스팬더는 동관을 확관(넓이는)하는 공구이다.

    ㉥ 튜브커터는 동관을 절단하는 공구이다.

⑤ **연관 이음**

  가. 종류

    ㉠ 플라스턴 이음

    ㉡ 맞대기 이음

    ㉢ 맨드린 이음

    ㉣ 분기관 이음

    ㉤ 수전소켓 이음 등이 있다.

  나. 이음의 특징

    ㉠ 플라스턴 이음은 주석 40%와 납 60%로 된 플라스턴을 사용한다.

    ㉡ 맞대기 이음은 주관에서 T형 Y형의 지관을 내어 이음한다. 직선이음은 관끝
     을 넓혀 슬리브를 만들고 삽입하여 접합한다.

    ㉢ 분기관 이음은 주관에서 T형 Y형의 지관을 내어 이음한다.

    ㉣ 맨드린 이음은 벽속에 배관된 연관 끝에 수도꼭지를 교체하거나 수전소켓을
     이음하는 경우 관 끝을 90°로 구부리는 이음이다.

    ㉤ 수전소켓 이음은 연관과 급수전 또는 계량기의 소켓이음을 할 때 사용한다.

    ㉥ 살붙이 납땜이음(over cast)은 이음부에 용해된 땜납을 사용하여 이음하며 연
     관이 완전 접속되고 수압에 잘 견디므로 수도관이음에 사용된다.

  다. 연관용 공구

    ㉠ 연관 톱은 연관절단 공구이며, 일반 쇠톱으로 가능하다.

    ㉡ 드레서는 연관표면의 산화피막을 제거하는 공구이다.

ⓒ 봄 볼은 주관에 구멍을 뚫을 때 사용하는 공구이다.

ⓓ 턴 핀은 관 끝을 접합하기 쉽게 관 끝부분에 끼우고 맬릿으로 정형한다.

ⓔ 맬릿은 나무해머이다.

ⓕ 토치램프는 동관과 같이 가열하는데 사용한다.

ⓖ 벤드 벤은 연관의 구부림 작업에 사용한다.

⑥ 플라스틱 관이음

가. 종류

㉠ 염화비닐관이음: 냉간 이음, 열간 이음, 플랜지 이음, 테이프 코어 이음, 용접 이음 등이 있다.

㉡ 폴리에틸렌관이음: 용착슬리브 이음, 테이프 이음, 인서트 이음 등이 있다.

나. 이음의 특징

㉠ 냉간 이음은 고무링 이음과 H식 이음이 있다. 고무링 이음은 고무링의 탄성을 이용한 누설방지용으로 접착제가 불필요하다. H식 이음은 삽입관의 바깥쪽과 이음관의 안쪽을 선삭기로 갈아낸 다음 접착제를 사용하여 이음하는 방법이다.

㉡ 열간 이음은 열가소성이나 복원성 및 융착성을 이용한 방법이다.

㉢ 플랜지 이음은 큰 관을 접합할 때 또는 관을 해체할 필요가 있을 때 사용한다.

㉣ 테이프코어이음은 지름이 50mm 이상의 큰 관에 사용하며 플랜지 이음의 결점을 보완한 것이다.

㉤ 용접이음은 열풍 용접기를 사용하며 용접봉은 연질의 염화비닐로 용접한다.

㉥ 용착슬리브 이음은 가열대를 이용하여 관 끝의 외면과 부속(조인트)의 내면을 동시에 가열하여 접속한다.

㉦ 테이프 이음은 강관의 유니온 접합과 같은 원리이며, 50mm 이하의 수도관용으로 주로 사용한다.

㉧ 인서트 이음은 50mm 이하의 관을 가열하여 인서트에 끼우고 클리퍼로 조인다.

⑦ 시멘트 관이음

가. 종류

㉠ 석면시멘트 관이음: 기어볼트이음, 칼라이음, 심플렉스이음 등이 있다.

㉡ 철근콘크리트 관이음: 칼라이음, 모르타르이음 등이 있다.

나. 이음의 특징

㉠ 기어볼트이음은 2개의 플랜지와 2개의 고무링 및 1개의 슬리브로 되어 있다.

ⓛ 칼라이음은 주철제의 특수 칼라를 사용하고 고무링을 끼워 수밀을 유지한다. 철근콘크리트 관의 칼라이음은 관과 관 사이에 철근콘크리트 칼라를 씌우고 접합한다.

ⓒ 심플렉스이음은 에터니트 칼라와 2개의 고무링으로 접합하여 구부림이 우수하다.

ⓔ 모르타르 이음은 접합부를 모르타르로 접합하는 방법이다.

12) 배관 도시법

① 배관도면

가. 배관도면의 제도

ⓐ 배관도면의 관은 축적으로 그리지 않고 주로 중심선 한 선으로 제도한다.

ⓑ 평면 배관도는 위에서 아래로 보고 그린 그림이다.

ⓒ 입면 배관도는 배관장치를 측면에서 보고 그린 그림으로 3각 법에 의한다.

ⓓ 입체 배관도는 입체 형상을 수평면에서 120°로 선을 그어 그린 그림이다.

ⓔ 부분 조립도는 조립도에 포함되어 있는 배관의 일부분을 작도한 그림이다.

나. 배관의 도시기호

ⓐ 치수표시의 단위는 mm로 나타내되 숫자만 치수선에 기입한다.

ⓑ EL(elevation)표시: 배관의 높이를 관의 중심으로 표시한 것이다.

ⓒ GL(ground level)표시: 지면을 기준으로 하여 높이를 표시하며, 지표면보다 낮을 때는 (-)부호를 붙인다. 예컨대 GL, EL-300으로 표시한다.

ⓓ B.O.P(bottom of pipe)표시: 관의 아랫면까지 높이를 표시한다.

ⓔ T.O.P(top of pipe)표시: 관의 윗면까지 높이를 표시한다.

ⓕ F.L(floor level)표시: 층의 바닥면까지의 높이를 표시한다.

ⓖ C.L(center level)표시: 관, 기타 중심선까지의 높이를 표시한다.

다. 유체의 방향표시

ⓐ 관내 흐름의 방향은 관을 표시하는 선에 붙인 화살표의 방향으로 표시한다.

ⓑ 배관계의 부속품, 특히 기기 내의 흐름방향을 표시할 필요가 있는 경우에는 그 그림기호에 따르는 화살표로 표시한다.

ⓒ 유체의 종류에 따른 도시기호로 공기는 A, 수증기는 S, 가스는 G, 물은 W, 유류는 O, 증기는 V로 표시한다.

ⓓ 파이프의 도색상태에 따른 구분으로 공기는 백색, 수증기는 적색, 가스는 황색, 물은 청색, 유류는 암황적색, 증기는 암적색, 산알칼리는 회자색, 전기는 비황적색으로 표시한다.

라. 관의 파단표시

　　㉠ 관을 파단하여 표시하는 경우는 파단선으로 표시한다.

　　㉡ 관은 원칙적으로 1줄의 실선으로 도시하고, 동일 도면 내에서는 같은 굵기의 선을 사용한다. 다만, 관의 계통, 상태, 목적을 표시하기 위하여 선의 종류를 바꾸어서 도시해도 좋다. 이 경우 각각의 선 종류의 뜻을 도면상의 보기 쉬운 위치에 명기한다.

마. 배관의 표시항목

　　㉠ 관의 호칭지름을 표시한다.

　　㉡ 유체의 종류, 상태 및 배관의 식별을 표시한다.

　　㉢ 배관의 시방(관의 종류, 두께, 배관의 압력구분 등)을 표시한다.

　　㉣ 관의 외면에 실시하는 설비, 재료를 표시한다. 예컨대, 2B-S115-A10-H20의 표시 구분은 2B는 관의 호칭지름, S115는 유체의 종류·상태 및 배관의 식별(배관 번호), A10은 배관의 시방(도면에 붙이는 명세표에 기재한 기호), H20은 관 외면에 실시하는 설비·재료(보온 재료)를 나타낸다.

② **배관공작**

가. 배관의 지지부속

　　㉠ 행거

　　㉡ 서포트

　　㉢ 리스트 레인트

　　㉣ 브레이스 등이 있다.

나. 행거

　　㉠ 행거는 배관의 하중을 위에서 잡아주는 장치이다.

　　㉡ 리지드 행거는 I빔에 턴버클을 이용하여 지지하는 것으로, 상하방향의 변위 없는 곳에 사용한다.

　　㉢ 스프링 행거는 턴버클 대신 스프링을 사용한 것이다.

　　㉣ 컨스턴트 행거는 배관의 상하이동에 관계없이 관지지력이 일정한 것으로 중추식과 스프링식이 있다.

다. 서포트

　　㉠ 서포트는 배관의 하중을 밑에서 떠받쳐 지지해 주는 장치이다.

　　㉡ 파이프 슈는 관에 직접 접속하는 지지구로 수평배관과 수직배관의 연결부에 사용된다.

　　㉢ 리지드 서포트는 H빔이나 I빔으로 받침을 만들어 지지한다.

　　㉣ 스프링 서포트는 스프링의 탄성에 의해 상하이동을 허용한 것이다.

　　　　ⓜ 롤러 스포트는 관의 축 방향의 이동을 허용한 지지구이다.

　　라. 리스트 레인트 및 브레이스

　　　　㉠ 리스트 레인트는 열팽창에 의한 배관의 이동을 구속 또는 제한하는 장치이다.

　　　　㉡ 앵커는 리지드 서포트의 일종으로 관의 이동 및 회전을 방지하기 위해 지지점에 완전히 고정하는 장치이다.

　　　　㉢ 스톱은 배관의 일정한 방향과 회전만 구속하고 다른 방향은 자유롭게 이동하게 하는 장치이다.

　　　　㉣ 가이드는 배관의 곡관부분이나 신축 조인트부분에 설치하는 것으로 회전을 제한하거나 축방향의 이동을 허용하며 직각방향으로 구속하는 장치이다.

　　　　㉤ 브레이스는 펌프, 압축기 등에서 발생하는 진동, 서징, 수격작용 등에 의한 진동, 충격 등을 완화하는 완충기이다.

③ **트랩(trap)**

　　가. 설치목적

　　　　㉠ 트랩은 배수관 속의 악취가 역류되어 실내로 풍겨 나오는 것을 방지하기 위하여 설치한다.

　　　　㉡ 트랩은 배수 계통 중 일부분에 물을 저수함으로써 물은 자유로이 유통시키지만 가스, 벌레, 악취, 미생물 등이 실내로 들어오는 것을 방지한다.

　　나. 구비조건

　　　　㉠ 자체의 유수로 배수로를 세정하고 유수 밸브는 평활하여 오수가 정체하지 않아야 한다.

　　　　㉡ 구조가 간단하면서 봉수가 없어지지 않아야 한다.

　　　　㉢ 관내면의 청소가 용이하고 내식성과 내구성 재료로 만들어져 있어야 한다.

　　　　㉣ 가동부의 작용이나 감추어진 내부 칸막이에 의해 봉수를 유지하는 식이 아니어야 한다.

　　다. 트랩의 봉수

　　　　㉠ 봉수의 깊이는 보통 50~100mm로 하는 것이 이상적이다.

　　　　㉡ 50mm 이하이면 봉수를 완전하게 유지할 수 없기 때문에 트랩의 목적을 달성하지 못한다.

　　　　㉢ 봉수의 파괴 원인은 자기 사이펀 작용, 모세관 현상, 흡출 작용, 분출 작용, 증발 작용, 관성 작용 등이 있다.

　　라. 종류

　　　　㉠ 배수 트랩(관 트랩, 박스 트랩)

　　　　㉡ 증기 트랩

마. 관 트랩(사이펀식 트랩)

　　㉠ 곡관의 일부에 물을 채워 가스의 역류를 방지한다.

　　㉡ P트랩은 세면기, 소변기 등에 사용되며, S트랩보다 봉수가 안전하다.

　　㉢ S트랩은 일반 건물 내에 가장 많이 사용되고 있으며, 세면기, 대변기 등에 주로 사용되나 봉수가 잘 파괴되는 결점이 있고, 3/4 S트랩도 있다.

　　㉣ U트랩은 옥내 배수용 수평배관에 사용되며, 봉수가 잘 파괴되는 결점이 있다.

바. 박스 트랩

　　㉠ 드럼 트랩은 개수 물 배수장에 사용한다.

　　㉡ 벨 트랩은 바닥배수에 사용한다.

　　㉢ 그리스 트랩은 조리대의 배수에 사용되며 지방분이 배수관에 부착되는 것을 방지한다.

　　㉣ 가솔린 트랩은 차고, 주유소 등의 배수에 기름이나 휘발유 등이 혼입되는 것을 방지한다.

사. 증기 트랩

　　㉠ 설치목적은 증기관 속에 응축수 및 공기를 분리 배출하여 수격작용을 방지하고, 증기의 응축열을 최대한 활용하기 위한 장치이다.

　　㉡ 종류로는 역동식 트랩(방열기 트랩), 버킷 트랩, 플로트 트랩, 임펄스 트랩 등이 있다.

　　㉢ 임펄스 트랩은 역압이나 사이펀 작용에 의해 파괴되는 수가 있다.

　　㉣ 증기 트랩의 구비조건은 동작이 확실하고, 내식 및 내마모성이 있어야 하며, 마찰저항이 적고 단순한 구조로 응축수를 연속적으로 배출할 수 있어야 하고, 공기의 배제나 정지 후 응축수 빼기가 가능해야 한다.

13) 방청도료

① **종류**

가. 페인트

나. 광명단

다. 산화철 도료

라. 타르 및 아스팔트

마. 알루미늄 도료

바. 합성수지 도료(프탈산계, 염화비닐, 멜라민, 실리콘 수지) 등이 있다.

② **페인트:** 내열성이 약하다.

③ 광명단

　　가. 연단에 아마인유를 배합하여 만든다.

　　나. 풍화에 강하며, 내수성과 흡수성이 적다.

　　다. 밀착력이 강하여 녹을 방지하기 위해 다른 도료(페인트)의 밑칠용에 사용한다.

④ 산화철 도료: 도장피막이 부드럽고 값이 싸나 방청효과가 적다.

⑤ 타르 및 아스팔트

　　가. 지중매설에서 금속관과 물과의 접촉을 차단한다.

　　나. 노출배관을 할 때에는 온도변화에 의하여 벗겨지거나 균열이 생기기 쉽다.

　　다. 단독으로 사용하는 것보다 규조토와 함께 사용하는 것이 좋다.

⑥ 알루미늄 도료

　　가. 알루미늄 분말을 유성니스에 혼합한 도료이다.

　　나. 수분이나 습기가 통하지 않아 방청효과가 좋고 내구성이 크다.

　　다. 내열범위는 400~500℃ 정도로 양호하다.

　　라. 열을 잘 반사하므로 탱크 및 방열기 표면에 칠하여 열방산 효과로 이용한다.

⑦ 합성수지

　　가. 프탈산계는 상온에서 도장의 피막을 건조시키는 풍건성 도료이며, 내유성이 우수하나 도장피막이 충분하지 못하면 내수성이 불량하다.

　　나. 염화비닐은 상온에서 건조시키는 풍건성 도료이며, 내약품성과 내유 및 내산성이 우수하고 건조가 빠르나 부착력과 내열성은 나쁘다.

　　다. 멜라민은 요소 멜라민이 대표적이며, 내열범위는 150~200℃ 정도에 사용하고 내열성이 양호하다.

　　라. 실리콘 수지는 내열범위가 200~350℃ 정도이고, 내열성이 우수하여 내열도료로 사용한다.

14) 패킹(packing)

① 개념

　　가. 패킹이란 배관 등을 연결할 때 그 이음 부분에서 누설을 방지하여 기기 사용상의 이상이 없도록 하는 물질을 말한다. 즉, 패킹은 기밀성을 유지하기 위해 파이프의 이음새나 용기의 접합면 등에 끼우는 재료이다.

　　나. 개스킷(gasket)이란 가솔린기관의 실린더헤드에 넣는 패킹처럼 두 부분에 상대운동이 없는 곳에 사용하는 경우를 말한다.

② 패킹의 선택조건

　　가. 관내에 흐르는 유체의 온도, 압력, 점도 등 물리적인 사항을 고려한다.

나. 화학성분, 부식성, 용해도, 인화성 등 화학적인 사항을 고려한다.

다. 진동 및 내압과 외압 등 기계적인 사항을 고려한다.

라. 고무, 섬유, 합성수지, 금속 등을 재료로 한다.

③ 패킹의 종류

가. 플랜지 패킹(고무패킹: 천연고무, 네오프렌(합성고무))

나. 섬유제품(식물성, 동물성, 광물성)

다. 합성수지 제품

라. 금속재

마. 나사용 패킹

바. 그랜드 패킹

사. 방청도료 등이 있다.

④ 플랜지 패킹

가. 천연고무, 네오프렌(합성고무)이 있다.

나. 흡수성이 없으며, 탄성과 기미유지가 좋다.

다. 강도를 요할 때는 고무 속에 철망을 넣어 사용한다.

⑤ 천연고무

가. 탄성이 크고 산·알칼리에 강하다.

나. 열과 기름에 극히 약하여 100℃ 이상의 기름 배관에는 사용하지 못한다.

⑥ 네오프렌(합성고무)

가. 천연고무보다 기계적 성질이 우수하다.

나. 기름에 강하고 내산화성이 있다.

다. 증기배관에는 사용이 불가능하며, 내열범위는 −46~121℃이다.

라. 흡수성이 없으며 −55℃에서 경화된다.

⑦ 식물성 섬유제품

가. 오일 시일 패킹은 한지를 여러 겹으로 붙여 일정한 두께로 하여 내유 가공한 것으로 내유성은 있으나 내열성은 적다.

나. 오일 시일 패킹은 일반적으로 펌프나 기어박스 등에 사용된다.

다. 나무 패킹은 적갈색의 얇은 판의 가스켓으로 내유성이 있어 기름배관에 사용된다.

⑧ 동물성 섬유제품

가. 가죽은 강인하고 장기보존에 적합한 장점이 있으나, 관속의 유체가 침투되어 누설되는 경향이 있다.

나. 펠트는 재질이 극히 거칠지만 강인하며 압축성이 풍부하다.

다. 펠트는 산에는 견디나 알칼리에 용해되며, 기름에 강하므로 기름배관에 적합하다.

⑨ 광물성 섬유제품

　가. 석면은 섬유의 질이 섬세하고 강한 광물질로 된 패킹재이다.

　나. 내열범위는 450℃까지의 고온·고압의 증기, 온수, 기름배관 등에 사용한다.

　다. 슈퍼하트 석면은 석면에 천연고무 및 합성고무를 섞어 가공한 것이다.

⑩ 합성수지 제품

　가. 테프론은 가장 대표적인 합성수지이다.

　나. 테프론은 약품이나 기름에 강하며, 내열범위는 -260~260℃ 정도이다.

　다. 테프론은 탄성이 부족하여 고무, 석면, 금속 등과 같이 사용된다.

⑪ 금속재

　가. 구리, 납, 연강, 알루미늄, 크롬 등이 있다.

　나. 탄성이 작아 관의 팽창, 수축, 진동 등으로 누설 우려가 있다.

　다. 고온·고압 배관에는 구리, 크롬강이 사용된다.

　라. 납은 부드러우므로 패킹에 적당한 금속이지만, 고온도에 적당하지 않으며 용융 온도는 327℃이나 보통 200℃ 이하에 사용된다.

　마. 구리는 부드럽고 강하므로 오토클레이브 등의 고온·고압에 적당하다.

⑫ 나사용 패킹

　가. 페인트는 광명단을 섞어 사용하며, 고온 기름배관을 제외한 모든 배관에 사용한다.

　나. 일산화연(납)은 냉매배관에 사용하며 페인트에 소량의 일산화납을 타서 사용한다.

　다. 액상합성수지는 화학약품에 강하고 내유성이 크며, 내열범위는 -30~130℃까지 사용하고, 증기, 기름약품 배관에 사용한다.

⑬ 그랜드 패킹

　가. 석면각형 패킹은 석면사를 각형으로 짜서 흑연과 윤활유를 침투시킨 것으로 내열, 내산성이 좋아 대형의 밸브 그랜드에 사용한다.

　나. 석면 야안 패킹은 석면실을 꼬아 만든 것으로 소형의 밸브 수면계의 콕, 기타 소형 그랜드에 사용한다.

　다. 아마존 패킹은 면포나 내열고무 컴파운드를 가공 성형한 것으로 압축기의 그랜드에 사용한다.

　라. 몰드 패킹은 석면 흑연수지를 배합 성형한 것으로 밸브, 펌프 등의 그랜드에 사용한다.

15) 밸브

① 개념 및 구비조건

　가. 밸브(valve)란 유량을 조절하는 것으로, 밸브 시트에 안착하거나 밸브 시트로부터 떨어지거나 하는 것을 말한다.

　나. 밸브는 유체의 유량을 조절하고 흐름의 단속, 방향전환과 압력을 조절한다.

　다. 밸브는 유체를 차단 또는 제어 및 조절하기 위해 통로를 개폐할 수 있도록 한 가동 기구를 가진 기기 모두를 일컫는다.

　라. 밸브는 유체의 유량이나 압력 등을 제어하는 장치로, 관로의 도중이나 용기에 설치한다.

② 밸브의 구비조건

　가. 사용하는 가스에 침식되지 않는 재료를 선택해야 한다.

　나. 사용압력에 따라 내압과 기밀시험을 충분히 고려한 것이어야 한다.

　다. 일상의 사용조건에서 쉽게 고장이 발생하지 않아야 한다.

　라. 구입 및 보수와 관리가 용이해야 하고, 경제적이어야 한다.

③ 밸브의 종류

　가. 글로브밸브(스톱밸브, 옥형밸브)

　나. 슬루스 밸브(게이트밸브, 사절변)

　다. 체크밸브(역지 밸브)

　라. 콕 밸브

　마. 버터플라이(나비)밸브

　바. 안전밸브

　사. 감압밸브

　아. 온도조절밸브

　자. 전자밸브

　차. 공기밸브

　카. 앵글밸브와 니들밸브 등이 있다.

④ 글로브밸브(스톱밸브, 옥형밸브)

　가. 기밀유지가 확실하며 유량조절용의 대표적인 밸브이다.

　나. 50A 이하는 나사 이음, 65A 이상은 플랜지 이음이다.

　다. 디스크의 형상은 평판형, 원뿔형, 반원형, 부분 반원형이 있다.

　라. 유체의 방향이 갑자기 바뀌어 저항(압력손실)이 크다.

⑤ 슬루스 밸브(게이트밸브, 사절변)

　가. 유체의 흐름을 차단하는 대표적인 밸브이다.

나. 개폐에 시간이 많이 걸린다.

다. 유체의 저항은 적으나, 유량조절에는 부적합하다.

라. 종류로는 웨지 게이트밸브, 패럴렐 슬라이드밸브, 더블 마스크 등이 있다.

⑥ 체크밸브(check valve: 역지 밸브)

가. 유체의 흐름을 한쪽 방향으로만 흐르게 하여 역류를 방지하는 밸브로, 스윙형식과 리프트형식이 있다.

나. 스윙형식은 핀을 축으로 하여 회전시켜 개폐하고, 지름이 50A 이상의 큰 관에 사용되며, 유체의 저항이 리프트형식보다 적고 수평·수직의 어느 배관에도 사용 가능하여 가장 일반적으로 사용된다.

다. 리프트형식은 유체의 압력에 의하여 밸브가 수직으로 작동하면서 제어하는 밸브이며, 수평배관에만 사용이 가능하고, 유체의 저항이 크다.

⑦ 콕(cock) 밸브

가. 개폐시간이 빠르고, 플러그를 $90°$ 또는 1/4회전시켜 개폐한다.

나. 전개할 때 유체의 저항이 적고, 구조가 간단하다.

다. 기밀이 좋지 않으므로 고압 유량이 큰 배관에는 부적합하다.

라. 방향을 2방, 3방, 4방으로 나눌 수 있는 분배밸브로 적합하다.

⑧ 버터플라이(나비)밸브

가. 원통의 몸체 속에서 밸브를 축으로 평판이 회전하면서 개폐된다.

나. 저압에 주로 사용되며 완전개폐에 어려운 점이 있다.

다. 저항(유체의 압력손실)을 많이 받는다.

라. 구조가 간단하며 값이 싸다.

⑨ 안전밸브(safety valve)

가. 용기내의 압력이 일정한도 이상으로 상승했을 때 유체를 방출시켜 장치가 파열되는 것을 방지한다.

나. 종류로는 스프링식, 가용전식, 파열판식, 중추식, 지렛대식 등이 있다.

다. 스프링식은 스프링의 탄성에 의해 분출압력이 조정되며 이동용 고압보일러용이며, 가장 많이 이용되는 안전밸브이다. 형식에 의한 분류는 단식, 복식, 이중식이 있고, 종류는 저양정식, 고양정식, 전양정식, 전양식이 있다.

라. 가용전식은 주석과 납의 합금으로 된 것으로 온도가 일정 이상되면 녹아 유체를 배출함으로써 안전을 도모한다.

마. 파열판식은 압력이 일정 이상일 때 작동하여 판이 파열됨으로써 안전을 도모한다.

바. 중추식은 현재는 사용하지 않는 재래식 안전밸브로, 추의 무게로 작동한다.

사. 지렛대식(레버식)은 추와 레버를 이용하여 추의 위치에 따라 분출압력이 조절되며 고압용에는 부적당하다.

⑩ 감압밸브

가. 가압관과 저압관의 사이에 설치하여 사용압력으로 알맞게 조정하는 밸브이다.

나. 종류로는 작동방법에 따라 피스톤식, 다이어프램식, 벨로스식이 있고, 내부의 구조에 따라 스프링식과 추식이 있다.

다. 고압의 증기를 저압의 증기로 전환하기 위하여 사용한다.

라. 부하 측의 압력을 일정하게 하기 위하여 사용한다.

마. 부하변동에 따른 증기의 소비량을 줄이기 위하여 사용한다.

바. 감압밸브의 출구 측에는 압력계와 안전밸브를 설치한다.

사. 고압의 증기와 저압의 증기를 동시에 사용할 수 있고, 고·저압의 비는 2:1 이내로 하고 이 비율을 초과하면 2단 감압을 하는 것이 바람직하다.

⑪ 온도조절밸브

가. 감온통에 연결된 벨로스(bellows)의 작용에 의하여 유량을 자동적으로 제어하는 밸브이다.

나. 열교환기나 탱크 가열기 및 보일러 등에서 기기속의 온도를 자동적으로 감지하여 조정하는 자동제어방식의 밸브이다.

⑫ 전자밸브(solenoid valve: 솔레노이드 밸브)

가. 코일 속에 철심을 넣은 전자코일을 사용하여 흡인력에 의해 밸브를 개폐하는 안전장치이다.

나. 특히 보일러에서 이상이 발생될 경우 연료를 차단하는 밸브로서 바이패스 배관을 설치하지 못하는 안전장치이다.

⑬ 공기밸브(공기빼기밸브)

가. 배관 또는 탱크 내의 유체 속에 섞인 공기를 밖으로 방출시키는 밸브로서 가장 높은 곳에 설치한다.

나. 온수용 공기빼기밸브는 플로우트식이 있으며, 주로 난방장치에 사용된다.

⑭ 앵글밸브와 니들밸브

가. 앵글밸브는 출구와 입구가 직각으로 되어 있고, 유체의 흐름을 직각으로 바꿀 때 사용한다.

나. 니들밸브는 밸브 디스크 모양이 15~16mm의 원뿔로 극히 유량이 적거나 고압일 때 유량을 정확히 조절할 목적으로 사용된다.

⑮ 볼 탭(ball tap)과 수전

가. 볼 탭은 탱크의 급수부에 부착하여 탱크내의 수면이 상승하거나 하강함에 따라

플루트(볼)의 부력에 의해서 밸브가 자동으로 개폐된다.

나. 수전은 급수나 급탕관의 끝에 설치하여 물의 흐름을 개폐하는 장치이다.

⑯ **여과기(strainer: 스트레이너)**

가. 유체속의 이물질을 제거하기 위하여 설치한다.

나. 크기는 2인치 이하는 포금제 나사 조임 형식으로 제작되고, 2와 1/2인치 이상은 주철제 플랜지형식으로 만들어진다.

다. 형상에 따른 종류로는 Y형, U형, V형 여과기가 있다.

라. Y형은 45° 경사진 본체에 원통형 금속망을 넣어서 사용하며, 유체에 대한 저항을 적게 하기 위하여 유체는 망의 안쪽에서 바깥쪽으로 흐르게 된다.

마. U형은 유체가 직각으로 흐르며, 기름 여과기에 많이 사용되며, Y형에 비하여 유체의 저항이 크다.

바. V형은 Y형이나 U형에 비하여 유속에 대한 저항이 적고, 여과망의 교환이나 점검이 용이하다.

⑰ **점도측정**

가. 절대점도측정: 순수한 물이 흘러내리는 시간과 모세관 속의 일정한 액의 양이 난류를 일으키지 않고 유출하는 데 걸리는 시간을 비교하여 측정한다.

* 절대점도$(kg/m \cdot sec)$=질량(kg)/〔길이(m)×시간(sec)〕

나. 동점도측정: 일정량의 시료를 채취한 모세관 점도계를 시험온도로 유지하고, 시료의 메니스커스가 점도계의 표준시간을 0.1초까지 측정하여 이 값을 동점도로 산출한다.

* 동점도$((cm)^2/sec)$=길이$(cm)^2$/시간(sec)

16) 단열재

① **단열재의 개념**

가. 단열재란 열전도율이 적은 물질을 이용하여 열손실을 차단하는 재료를 말한다.

나. 단열재는 공업 요로에서 발생되는 고온의 손실을 적게 하고, 열의 방사(복사)를 억제하여 열효율을 높이기 위하여 사용하는 재료이다.

다. 열의 이동을 방지(막기)하기 위하여 내화벽돌 다음에 단열벽돌을 사용하고, 화염(불꽃)이 접촉하는 부분은 내화벽돌을 사용한다. 내화재는 열전도율이 적고, 다공질 또는 세포조직을 가져야 한다.

라. 내화물은 KS규격에서 SK26(1580℃) 이상에서 견디는 곳에 사용된다.

마. 내화단열재는 단열효과가 있으면서 내화도가 높은 것으로, 1300℃(SK10 이상) 이상에 견디는 내화물과 단열재의 중간에 속하는 것이다.

② **단열재의 구비조건**

　가. 밀도 및 열전도율이 적어야 하고 변형이 없어야 한다.

　나. 세포의 조직이 다공질로 되어 있어야 하고 함수성이 적어야 한다.

　다. 기공의 크기가 균일해야 하고, 단열조건을 충족시켜야 한다.

　라. 저온 및 열화하여 변화를 일으키지 않는 내구성이 있어야 한다.

　마. 가공 및 시공이 용이하고, 가격이 저렴해야 한다.

③ **단열의 효과**

　가. 축열용량 및 열전도도가 감소한다.

　나. 노 내의 온도가 균일해 지고, 가열시간이 단축된다.

　다. 노 내·외의 온도구배가 완만하여 내화물 보호 및 스폴링 발생을 방지한다.

　라. 내화물의 수명이 길어진다.

④ **단열재의 원료**

　가. 천연 폼 및 천연 유리

　나. 규조토

　다. 석면

　라. 질석(버니큐라이트)

　마. 팽창성 점토(팽창혈암) 등이 있다.

⑤ **단열재의 종류 및 특징**

　가. 저온용 단열벽돌(규조토질 단열벽돌, 적벽돌(보통벽돌)): 800~1,200℃에 사용
　　된다.

　나. 고온용 단열벽돌(점토질 단열벽돌): 1,200~1,500℃에 사용된다.

　다. 기타: 단열 캐스타블 내화물, 세라믹 화이버(Ceramic fiber) 등이 있다.

⑥ **규조토질 단열벽돌의 특징**

　가. 규조토를 분말로 만든 다음 소량의 가소성 점토 및 톱밥 등을 가하여 혼련 성형
　　한 후 800~850℃로 소성시킨 벽돌이다.

　나. 압축강도와 내마모성이 적다.

　다. 스폴링에 대한 저항이 약하고, 재가열할 경우 수축율이 크다.

　라. 비중은 0.45~0.7 정도이고, 압축강도는 5~30kg/cm^{2}이며, 열전도율은 0.12~
　　0.2kcal/m·h·℃ 정도이다.

⑦ **적벽돌(보통벽돌)의 특징**

　가. 점토에 흙이나 모래 등을 배합하고 5% 정도의 산화철을 첨가하여 900~1,000℃
　　에서 기계로 혼련 성형하여 건조소성으로 만든다.

　나. 흡수율은 4~23% 정도이며, 노의 외측 벽에 사용된다.

다. 겉보기비중은 1.6~1.87이고, 압축강도는 100~300kg/cm²이다.

⑧ 점토질 단열벽돌의 특징

가. 점토질 및 고알루미나질에 톱밥이나 발포제를 넣어서 1,200~1,500℃의 고온으로 소성하여 만든다.

나. 내화재와 단열재의 역할을 동시에 한다.

다. 스폴링에 대한 저항이 크고, 중량이 가벼우며 고온용에 적합하다.

라. 가열시간이 25~30% 정도 단축되고, 열전도율은 0.15~0.46kcal/m·h·℃ 정도이다.

⑨ 단열 캐스타블 내화물

가. 단열 캐스타블 내화물은 제법과 시공법이 캐스타블 내화물과 유사하며, 경화요소인 알루미나 시멘트를 다공질의 경량 내화성 입자로 바꾸어 만든 것이다.

나. 열전도율은 350℃ 정도에서 0.13~0.45kcal/m·h·℃이고, 최고사용온도는 500~1700℃이며, 24시간 가열 후 압축강도는 10~120kg/cm²이다.

⑩ 세라믹 화이버(Ceramic fiber)

가. 세라믹 화이버는 카올린을 전기로에서 용융하여 섬유화하며, 알루미노 규산염도 섬유화하고, 알루미노 규산염 섬유 외에 실리카질, 칼슘 티탄네이트질, 지르코니아질, 붕소질 등의 섬유가 만들어진다.

나. 알루미노 규산염 섬유의 사용온도는 1,260~1,500℃이며, 융점은 1,760~1,930℃이다.

다. 용도는 여과제, 흡음재, 밀봉재, 촉매 담체로 쓰인다.

17) 보온재

① 보온(냉)재의 개념

가. 열전도율이 낮고 보온력이 좋아 단열재로 쓰이는 재료 또는 열이 확산되는 것을 방지하는 것이 보온이며, 이 열전달을 막는 재료가 보온재이다.

나. 보온재는 외부로의 열손실을 차단하여 열설비 및 배관 기타 열원에서 발생되는 열의 손실을 줄이기 위해서 사용되는 모든 재료를 말한다.

다. 보냉재란 100℃ 이하의 냉온을 유지하는 단열 재료를 말한다.

라. 보온재는 방수 및 방습성이 요구되며, 저온에서 열의 유입 방지를 목적으로 사용되는 단열재를 총칭하는 것이다.

마. 보온재가 유기질인 것은 100~200℃의 온도에 견디는 곳에 사용되고, 무기질인 것은 200~800℃까지 견디는 곳에 사용된다.

바. 보냉재의 두께는 외기와 실내온도, 관내온도, 보온재의 열전도율, 표면 열전달율 등과 경제성을 고려해야 하고, 단열효과는 두꺼울수록 커진다.

사. 유기화합물이란 탄소를 주성분으로 하는 화합물의 총칭을 말한다.

아. 무기화합물이란 탄소를 포함하고 있지 않은 화합물의 총칭을 말한다.

② **보온재의 구비조건**

가. 열전도율($0.1kcal/m \cdot h \cdot ℃$ 이하)이 작고 보온능력이 커야 한다.

나. 장시간 사용에도 변질되지 말아야 한다.

다. 비중이 작고 가벼워야 한다.

라. 기계적인 강도가 커야 한다.

마. 시공이 용이하고 가격이 저렴해야 한다.

바. 흡습성이 없으며 불연성, 난연성이어야 한다.

③ **보냉재의 구비조건**

가. 재질자체의 모세관 현상 및 흡습성이 없어야 하고, 보냉효율이 커야 한다.

나. 열전도율이 작고, 난연성이거나 불연성이어야 한다.

다. 가벼워야(경량) 하고, 내구성 및 표면 시공성이 좋아야 한다.

라. 물리적 · 화학적 강도가 크고, 방충성이 크며, 재료의 신축성이 적어야 한다.

④ **보온재의 열전도율**

가. 보온재의 가장 중요한 성질은 열전도율($0.1kcal/m \cdot h \cdot ℃$ 이하)이며, 이것은 기포의 분포상태와 층의 크기에 크게 좌우된다.

나. 정지하고 있는 공기의 열전도율은 극히 작으며, 20℃에서 $0.022kcal/m \cdot h \cdot ℃$로서 공기흐름이 없는 기포와 층이 많으면 열전도율이 적다.

다. 열전도율이 증가되는 요소는 온도가 상승할수록, 비중이 클수록, 수분(물의 열전도율은 0℃에서 $0.48kcal/m \cdot h \cdot ℃$)을 함유할수록 증가한다.

⑤ **보온효율과 시공**

가. 보온효율=[(보온면의 복사열량−물체의 복사열량)/보온면의 복사열량]×100(%)이다.

ⓐ 보온효율(η)=(Q/Qo)×100(%)

Q: 나관의 손실열량(kcal/h), Qo: 보온관의 손실열량(kcal/h)

ⓑ 보온효율에 따른 손실열량(Qa)=(1−η)×Qo

나. 보온시공은 물반죽 보온재를 사용할 때는 25mm의 두께로 바르고 어느 정도 건조시킨 후 같은 방법으로 소정의 두께까지 바른다.

다. 판상 보온재를 사용할 때 두께가 75mm 이상일 때는 2층으로 나누어 시공한다.

라. 일반적으로 보온재의 두께는 경제적인 측면에서 80mm로 본다.

⑥ 보냉 시공의 주의사항

　가. 테이프 감는 요령은 배관의 아래쪽에서 위로 감아올린다.

　나. 테이프 감기의 겹침폭은 테이프일 때 15mm 이상, 기타의 경우는 30mm 이상으로 한다.

　다. 철사감기는 일반적인 재료일 때는 한 개에 2개소 이상 두 번 감기 쵬으로 하고, 띠상재에서는 피치를 50mm 나선감기로 한다.

　라. 기기의 문 및 점검구 등을 보온할 필요가 있을 때는 보온과 개폐에 지장이 없게 시공해야 한다.

　마. 보냉재와 보냉재의 겹침부의 이음쇠는 서로 엇갈리게 설치하고, 틈새는 되도록 적게 시공한다.

　바. 바닥을 관통하는 닥트 배관에서는 아연철과 스테인리스강판으로 보온재를 보호할 수 있게 바닥면에서 150mm 높이 정도까지 피복한다.

　사. 비닐테이프와 같이 미끄러질 우려가 있을 때는 접착테이프 등으로 미끄러지지 않게 시공한다.

⑦ 보냉공사

　가. 배관의 보냉

　　㉠ 배관(냉매, 냉수 배관 등)은 열의 침입을 막고 표면의 결로를 방지해야 한다.

　　㉡ 보냉재의 두께가 75mm 이상이 될 때는 2층으로 나누어 시공한다.

　　㉢ 배관을 옥외에 할 때는 보냉 시공표면을 아연도금 철판으로 피복 시공한다.

　　㉣ 배관을 천정 내에 할 때는 면포 대신 알루미늄 은박지나 알루미늄 크로스를 사용하는 것도 무방하다.

　　㉤ 이음매는 서로 엇갈리도록 시공하며, 플랜지나 밸브의 보냉은 그 부분의 보온과 외피는 관의 부분과 연결하지 않고 이음매를 둔다.

　나. 닥트의 보냉

　　㉠ 보냉할 필요가 없는 곳은 통풍이나 배기 및 외기의 일반닥트이다.

　　㉡ 저온공기 닥트는 보냉하여 열의 침입과 결로를 방지해야 한다.

⑧ 유기질 보온재

　가. 펠트

　나. 탄화코르크

　다. 텍스

　라. 폼류(기포성 수지)

⑨ 무기질 보온재

　가. 탄산마그네슘

나. 규조토

다. 석면 보온재(아스베스토스)

라. 암면

마. 유리면

바. 세라믹파이버

사. 규산칼슘

아. 펄라이트 등이 있다.

⑩ 보온(냉)재의 특성

가. 펠트(felt)

㉠ 양모나 우모를 이용하여 펠트상으로 제조한 것이다.

㉡ 관의 곡면부분에도 시공이 용이하나, 습기가 존재할 경우 부식이나 충해를 받는다.

㉢ 아스팔트로 방습 가공한 것은 -60℃ 정도까지의 보냉용으로 사용이 가능하다.

㉣ 비중은 0.1~0.13 정도이며, 열전도율은 0.042~0.05kcal/m·h·℃이다.

㉤ 안전사용온도는 100℃ 이하이다.

나. 탄화코르크

㉠ 코르크입자를 금형으로 압축 충전하고 300℃ 정도로 가열하여 제조한다.

㉡ 방수성을 향상시키기 위해서 아스팔트를 결합한다.

㉢ 액체 및 기체의 침투방지 효과가 크며, 보냉과 보온효과가 크다.

㉣ 냉수 및 냉매배관, 냉각기, 펌프 등의 보냉용에 사용된다.

㉤ 비중은 0.18~0.2 정도이며, 탄력성이 크고 경량이다.

㉥ 열전도율은 0.046~0.049kcal/m·h·℃ 정도이며, 안전사용온도는 130℃ 이다.

㉦ 구부러지는 성질이 없어 곡면에 사용하면 균열이 생기기 쉽다.

다. 텍스

㉠ 톱밥, 목재, 펄프 등을 압축한 판으로 제작한다.

㉡ 열전도율은 0.057~0.058kcal/m·h·℃ 정도이다.

㉢ 실내의 벽, 천정 등의 방음 및 보온에 사용한다.

㉣ 안전사용온도는 120℃ 이하이다.

라. 폼류(기포성 수지)

㉠ 고무나 합성수지(경질폴리우레탄폼, 염화비닐폼 등)를 원료로 하여 발포제를 이용해서 다공질 제품으로 성형한다.

㉡ 경량이며 흡습성이 적어 보온 및 보냉용, 배관 보냉 재료, 냉동 창고용으로 사용된다.

　　ⓒ 열전도율은 0.03kcal/m·h·℃ 이하이고, 안전사용온도는 80℃ 이하이다.

　　ⓔ 안전사용온도는 고무가 -50~50℃, 염화비닐은 -200~60℃, 폴리우레탄은 -200~130℃, 폴리스틸렌이 -50~70℃ 정도이다.

마. 탄산마그네슘

　　⊙ 염기성 탄산마그네슘 85%와 석면 15%를 배합하여 만든다.

　　ⓒ 석면의 혼합비율에 따라 열전도율이 좌우되며, 열전도율은 0.045~0.065kcal/m·h·℃ 정도이다.

　　ⓒ 300℃ 정도에서 열분해하여 탄산분이나 결정수가 없어지며, 안전사용온도는 250℃ 이하이다.

　　ⓔ 비중이 0.22~0.35 정도로 경량이며, 습기가 많은 옥외배관에 적합하고, 배관이나 탱크 및 보온의 벽 등에 사용한다.

바. 규조토

　　⊙ 규조토에 1.5% 이상의 석면섬유 또는 마를 혼합하여 물반죽 시공으로 한다.

　　ⓒ 열전도율이 0.083~0.0977kcal/m·h·℃ 정도로 단열효과가 적다.

　　ⓒ 시공할 때 건조시간이 길지만, 접착성은 좋다.

　　ⓔ 석면을 사용할 경우 안전사용온도는 500℃ 이하, 마를 사용할 경우 250℃ 이하이다.

　　ⓜ 진동이 있는 곳에 사용하면 균열이 발생하므로 사용이 불가능하다.

사. 석면 보온재(아스베스토스)

　　⊙ 천연 폼, 석면사로 주로 제조되며 판이나 통, 매트, 끈 등이 있다.

　　ⓒ 400℃ 이상에서 탈수 분해되며, 800℃ 정도에서 결정수가 이탈되어 강도와 보온성을 잃는다.

　　ⓒ 사용 중에 갈라지지 않으므로 진동을 받는 곳에 적합하다.

　　ⓔ 일반적으로 400℃ 이하의 관, 덕트, 탱크 등에 사용한다.

　　ⓜ 열전도율은 0.048~0.065kcal/m·h·℃ 정도이며, 안전사용온도는 350~550℃ 정도이다.

아. 암면(rock wool)

　　⊙ 안산암, 현무암에 석회를 섞어 용융하여 섬유 상태로 가공한다.

　　ⓒ 풍화의 염려가 없고, 섬유가 거칠고 부스러지기 쉬우며, 값이 싸다.

　　ⓒ 흡수성이 적고, 알칼리에는 강하나 강산에는 약하다.

　　ⓔ 열전도율은 0.039~0.048kcal/m·h·℃ 정도이며, 안전사용온도는 400℃ 정도이다.

　　ⓜ 400℃ 이하의 관이나 덕트, 탱크 등의 보온재로 적합하다.

자. 유리면(glass wool)

　　㉠ 용융유리를 압축공기에 의해 원심력으로 섬유형태로 제조한 것이다.

　　㉡ 흡음율이 높고, 흡습성이 크기 때문에 방수처리를 해야 하며, 방수처리가 된 것은 600℃까지 사용할 수 있다.

　　㉢ 안전사용온도는 300℃ 이하의 보냉 · 보온재로 냉장고, 일반건축의 벽체, 덕트 등에 사용한다.

　　㉣ 열전도율은 0.036~0.042kcal/m · h · ℃ 정도이다.

차. 세라믹파이버

　　㉠ 융해석영을 섬유상으로 만든 실리카 울이나 고석회질로 만든 탄산글라스로부터 섬유를 산으로 처리해서 고강도의 규산으로 만든 것이다.

　　㉡ 열전도율은 0.035~0.06kcal/m · h · ℃ 정도이며, 안전사용온도는 1,200~1,300℃ 정도이다.

카. 규산칼슘

　　㉠ 규산칼슘을 주제로 한 접착제를 사용하지 않는 보온재이다.

　　㉡ 곡면 강도가 높고 반영구적이며 압축강도가 크다.

　　㉢ 내수성과 내구성이 우수하고 시공이 편리하며, 고온의 공업용에 가장 많이 사용된다.

　　㉣ 열전도율은 0.053~0.065kcal/m · h · ℃ 정도이며, 안전사용온도는 650℃ 정도이다.

타. 펄라이트

　　㉠ 흑요석, 진주암 등에 접착제 및 석면을 배합하여 판상 등으로 성형한 것이다.

　　㉡ 열전도율은 0.05~0.065kcal/m · h · ℃ 정도이며, 안전사용온도는 650℃ 정도이다.

파. 팽창질석

　　㉠ 질석을 1,000℃ 정도로 가열하여 체적을 8~20배 정도로 팽창시켜 다공질로 만든 것이다.

　　㉡ 경량이며 단열성이 우수하여 보온재, 경량 콘크리트의 재료 등으로 사용된다.

　　㉢ 열전도율은 0.1~0.2kcal/m · h · ℃ 정도이며, 안전사용온도는 650℃ 정도이다.

18) 배관의 길이산출

① 동일부속의 길이산출

　가. 관의 실제 전단길이=전체길이-2×(부속의 중심길이-관의 삽입길이)

나. l=L-2×(A-a)에서,

l: 관의 실제길이(유효길이), L: 배관의 중심선 길이, A: 부속 중심선에서 단면까지 길이, a: 나사물림 길이, B: 45°의 수평부(높이도 같다)이다.

② 다른 부속과의 길이산출

가. l=L-[(A-a)+(B-a)]에서,

B: A와 다른 부속의 중심에서 단면까지의 길이이다.

나. 나사의 유효길이 및 삽입길이

호칭경	유효나사길이	삽입길이	최소길이
15A	15mm	13mm	11mm
20A	17mm	15mm	13mm
25A	19mm	17mm	15mm

다. 부속의 중심길이

호칭 \ 부속	90° 엘보	T	45° 엘보	유니언
15A	27	27	21	21
20A	32	32	25	25
25A	38	38	29	29

③ 대각선 관의 길이산출

가. $l = \sqrt{l_1^2 + l_2^2}$ (피타고라스의 정리)에서,

l: 빗변의 길이, l_1: 가로의 길이, l_2: 세로의 길이이다.

나. $L = \sqrt{l_3^2 + l^2} = \sqrt{l_1^2 + l_2^2 + l_3^2}$에서,

L: 직육면체의 대각선 길이, l_3: 높이의 길이이다.

④ 곡관의 길이산출

가. 90°L=1.5R+1.5R/20

나. 45°L=1/2×(1.5R+1.5R/20)

다. 180°L=1.5D+1.5D/20

라. 360°L=3D+3D/20

마. L-2πR×θ/360°에서,

L: 곡관부분의 길이, R: 곡률반경(mm), D: 지름(mm), θ: 각도이다.

> **예제**
> 호칭지름 15A의 강관을 90°의 각도로 구부리고자 할 때 요하는 곡선의 길이는?
>
> **풀이** 90°L=1.5R+1.5R/20=1.5×90+1.5×90/20=141.75mm

⑤ 노즐에 의한 LP가스 분출량 $W=0.009D \cdot \sqrt{P/d}$ 에서,

W: 가스 분출량(m^3/h), D: 노즐지름(mm), P: 노즐 직전의 가스압력(mmH_2O), d: 가스비중이다.

> **예제**
>
> 연소기구에 공급되는 노후된 노즐에서 지름 0.5mm의 구멍이 발생하였다. 이때 가스의 분출압력 300(mmH_2O)으로 2시간 동안 유출되었을 때 가스의 분출량은 몇 리터(ℓ)인가? 단, 가스의 분출압력 300(mmH_2O)에서의 가스비중은 1.5로 가정한다.
>
> **풀이** $W=0.009D \cdot \sqrt{P/d}$ 에서,
> $W=0.009 \times 0.5^2 \times (\sqrt{300/1.5}) \times 2 = 0.06 m^3 \times 1,000 = 60 \ell$

⑥ 관 내경의 결정

　가. 저압 배관의 굵기: $W=K \cdot \sqrt{D^5 \cdot H/(S \cdot L)}$ 에서,

　　W: 가스 유량(m^3/h), K: 유량계수(0.707: 폴의 정수), D: 파이프의 안지름(cm), H: 허용압력손실(mmH_2O), S: 가스비중, L: 파이프 길이(m)이다.

　　㉠ 관의 지름 결정 4요소: 가스의 종류, 가스의 소비량, 허용압력(허용압력강하)의 손실, 배관의 길이와 부속품의 수량

　　㉡ 저압 배관의 설계 요소: 배관 내의 압력손실, 가스의 소비량(최대 가스의 유량), 배관의 길이(경로) 결정, 배관의 지름 결정, 용기의 크기 및 수량결정, 감압방식의 결정 및 조정기의 선정 등

> **예제**
>
> 최대 가스 소비량 10㎥/h, 허용압력손실 15(mmH_2O), 배관의 길이 5m, 가스 비중 1.5, 폴의 정수 0.707일 때, 배관의 안지름(mm)은 얼마인가? 단, 1단 감압방법으로 한다.
>
> **풀이** $W=K \cdot \sqrt{D^5 \cdot H/(S \cdot L)}$ 에서,
> $D^5=(W^2 \cdot S \cdot L)/(K^2 \cdot H)=(10^2 \times 1.5 \times 5)/(0.707^2 \times 15)=100.03cm=1000.3mm$

　나. 중 · 고압 배관의 굵기: $W=K \cdot \sqrt{D^5 \cdot (P_1^2-P_2^2)/r \cdot L}$ 에서,

　　W: 가스 유량(m^3/h), K: 유량계수(52.31: 콕스의 정수), D: 배관의 안지름(cm), P_1: 처음 압력($kg/cm^2 \cdot$ atm), P_2: 최종 압력($kg/cm^2 \cdot$ atm), r: 가스비중, L: 배관의 길이(m)이다.

　다. 관의 마찰저항(R)=$f \cdot (l/d) \cdot (V^2/2g) \cdot r$ 에서,

　　f: 관의 마찰계수, l: 관의 길이, d: 관의 직경, V: 유속, g: 중력가속도, r: 비중량이다.

　라. 관의 마찰저항에 의한 압력손실

　　㉠ 유속이 2배이면 압력손실은 4배이다. 즉, 압력손실은 유속의 2제곱에 비례한다.

　　㉡ 길이가 2배이면 압력손실도 2배이다. 즉, 압력손실은 관의 길이에 비례한다.

© 관의 내경이 1/2배이면 압력손실은 32가 된다. 즉, 관 내경의 5제곱에 반비례한다.

② 관의 내면에 부식 등 요철부분이 있으면 압력손실이 생긴다.

⑤ 유체의 점성(점도)이 크면 압력손실이 커진다.

⑪ 가스유량$(Q: m^3/h)$=유량계수(K) $\sqrt{[압력손실(H) \times 관의 내경(D^5)]/[비중(S) \times 길이(L)]}$에서, 가스유량이 kg/h로 주어지면 체적 유량$(Q: m^3/h)$=주어진 가스유량(kg/h)/가스 밀도(kg/cm^3)이며, 압력손실$(H)=(Q/K)^2 \cdot (SL/D^5)$이다.

마. 입상배관에 의한 압력손실 $H=1.293 \cdot (r-1) \cdot h$에서,

   H: 가스의 압력손실(mmH_2O), r: 가스의 비중(프로판: 1.52, 부탄: 2), h: 입상배관의 높이(m)이다.

바. 배관의 고정

   ⊙ 배관은 건물의 벽 등에 고정부착하여 움직이지 않도록 해야 한다.

   ⊙ 배관의 지름 13mm 미만: 1m마다 고정

   ⓒ 배관의 지름 13mm 이상 33mm 미만: 2m마다 고정

   ② 배관의 지름 33mm 이상: 3m마다 고정

사. 지하에 매몰하는 도시가스 배관의 재료

   ⊙ 가스용 폴리에틸렌관

   ⊙ 압출식 폴리에틸렌 피복강관

   ⓒ 분말융착식 폴리에틸렌 피복강관 등이다.

3 가스 용기 및 탱크

1) 가스 용기

① **용기재료의 구비조건**

   가. 경량이고 충분한 강도를 가질 것

   나. 저온 및 사용온도에 견디는 연성 및 강도를 가질 것

   다. 내열성과 내식성 및 내마모성을 가질 것

   라. 가공 중 결함이 없고, 가공성과 용접성이 좋을 것

② **용기의 종류**

   가. 무계목용기(seamless cylinder, 이음매없는 용기)

ㄱ 산소, 수소, 천연가스, 질소, 액화가스, 염소 등의 맹독성 가스의 충전시 사용된다.

ㄴ 용기재료는 탄소 0.55% 이하, 인 0.04% 이하, 황 0.05% 이하의 강을 사용한다.

ㄷ 고압용기는 망간강을 사용하고, 저온가스 용기는 알루미늄합금을 사용하며, 초저온가스 용기는 오스테나이트계 스테인리스강(Cr 18%, Ni 8%인 STS)을 사용한다.

ㄹ 장점은 고압에 잘 견딜 수 있고, 내압에 의한 응력분포가 균일하다.

ㅁ 제조법의 종류
- 900~1,200℃에서 단접성형하는 만네스만(mannesman)식
- 적열상태에서 프레스로 제조하는 에르하르트(ehrhardt)식
- 강판재에 의한 딥 드로잉(deep drawing)식

나. 계목용기(welding cylinder, 용접용기)

ㄱ LPG, NH_3, C_2H_2 등 저압의 용기로 많이 사용된다.

ㄴ 용기재료는 탄소 0.33% 이하, 인 0.04% 이하, 황 0.05% 이하의 강판 3mm 정도를 사용한다.

ㄷ 저압용기는 탄소강을 주로 사용하며, NH_3 용기는 18-8스테인리스강을 사용한다.

> **하나 더**
>
> 암모니아는 탈탄작용과 질화작용을 일으키는 62% 이상의 구리합금 및 구리의 사용을 금지한다.

ㄹ 장점
- 강판 사용으로 경제적이고 두께 공차가 작다.
- 용기의 형태 및 치수를 자유롭게 선택할 수 있다.

다. 저온용기 및 초저온용기

③ **용기의 내용적**

가. 압축가스 용기의 내용적: V=M/P에서, V: 용기의 내용적(l), M: 대기압 상태에서의 가스 용적(l), P: 35℃에서 최고충전압력(kg/cm^2)이다.

나. 액화가스 용기의 내용적: G=V/C에서, G: 액화가스의 질량(kg), V: 용기의 내용적(l), C: 가스의 상수(프로판 2.35, 부탄 2.05, 암모니아 1.86)이다.

> **예제**
>
> 내용적이 47ℓ인 프로판 용기의 충전질량은 몇 kg인가? 단, 충전상수 C는 2.35이다.
>
> **풀이** 액화가스 용기 충전질량(G)=V/C=47/2.35=20kg

다. 용기의 두께

⟂ 용기동판의 최대두께와 최소두께와의 차이는 평균두께의 20% 이하로 한다.

⟂ 동판의 용기두께(t: mm)=$[PD/(2S\eta-1.2P)]+C$에서,

P: 최고충전압력(MPa), D: 동체의 내경(mm), S: 허용응력(kg/mm^2), η: 이음매의 용접효율(%), C: 부식여유(mm)이다.

라. 충전가스에 따른 부식여유

⟂ 암모니아의 내용적 1,000 l 이하일 때 부식여유는 1mm이고, 1,000 l 초과일 때 부식여유는 2mm이다.

⟂ 염소의 내용적 1,000 l 이하일 때 부식여유는 3mm이고, 1,000 l 초과일 때 부식여유는 5mm이다.

④ **용기용 밸브**

가. 용기용 밸브의 충전구 형식

⟂ A형: 가스충전구가 수나사인 것

⟂ B형: 가스충전구가 암나사인 것

⟂ C형: 가스충전구가 나사가 없는 것

나. 충전구의 나사방향

⟂ 가연성가스: 왼나사(단, 암모니아, 브롬화메탄은 오른나사)

⟂ 기타 및 가연성가스를 제외한 것: 오른나사

다. 밸브구조에 의한 종류

⟂ 종류: 패킹식, O링식, 백시트식, 다이어프램식 등 4종류이다.

⟂ 그랜드너트 개폐방향: 그랜드너트 육각모서리에 "V"자형 홈각인이 있는 것은 왼나사이고, 기타 없는 것은 오른나사이다.

⑤ **안전밸브**

가. 역할 및 작동압력: 내압시험압력(TP)의 8/10배(TP×8/10배) 이하나 사용압력의 1.2배에서 가스의 압력이 이상 상승시 작동하여 바이패스 및 다른 곳으로 배출시켜 정상압력을 유지시키는 밸브이다.

> **예제**
>
> 어떤 고압장치의 상용압력이 10kg/cm^{2}일 때, 안전밸브의 최고 작동압력은?
>
> **풀이** 안전밸브의 작동압력(P)=내압시험(TP)×8/10배에서,
> TP=상용압력×1.5배이므로, P=10×8/10배×105=12kg/cm^2

나. 종류

⟂ 스프링식

• 반영구적으로 고압장치에 가장 널리 사용된다.

- 스프링 작동에 의해 이상 고압시 가스를 외부로 분출시킨다.
  © 가용전식
  - 퓨즈 메탈이라고도 하며, 용융점은 60~70℃ 정도이다.
  - 아세틸렌 및 염소용기 등에 사용된다.
  - Pb, Sn, Sb(안티몬), Si, Cu 등의 합금으로 구성된다.
  - 고온의 영향을 받는 곳에는 사용하지 않는다.
  © 파열판식
  - 랩처 디스크라고도 하며, 구조가 간단하고 취급이 용이하다.
  - 부식성 유체, 괴상물질을 함유한 유체에 적합하다.
  - 한 번 작동하면 새로운 박판으로 교체해야 한다.
  - 밸브시트 누설이 없다.
  © 중추식: 재래식으로 추의 일정무게를 이용하는 방식으로 잘 사용하지 않는다.

다. 안전밸브 최소 분출면적 계산

$A(cm^2) = W/(230P\sqrt{M/T})$에서,

W: 시간당 가스분출량(kg/h), P: 안전밸브 작동압력(kg/cm², atm), M: 가스분출량(g), T: 분출직전의 가스절대온도(k)이다.

라. 압력용기 안전밸브 구경 산출식

$d(mm) = C\sqrt{[(D/1,000) \times (L/1,000)]}$에서,

C: 가스상수($C = 35\sqrt{1/P}$), D: 용기의 외경(mm), L: 용기의 길이(mm)이다.

⑥ **용기의 표시방법**

가. 가연성가스 및 독성가스 용기: 액화석유가스 → 회색, 수소 → 주황색, 아세틸렌 → 황색, 액화암모니아 → 백색, 액화염소 → 갈색, 그 밖의 가스 → 회색
  ㉠ 가연성가스는 "연"자, 독성가스는 "독"자를 표시해야 한다.
  ㉡ 내용적 2ℓ 미만의 용기는 제조자가 정하는 바에 의한다.
  ㉢ 액화석유가스 용기 중 부탄가스를 충전하는 용기는 부탄가스임을 표시해야 한다.
  ㉣ 선박용 액화석유가스 용기의 표시방법
    - 용기의 상단부에 폭 2cm의 백색띠를 두 줄로 표시한다.
    - 백색띠의 하단과 가스명칭 사이에 백색글씨로 가로, 세로 5cm의 크기로 "선박용"이라고 표시한다.

나. 의료용 가스용기: 산소 → 백색, 액화탄산가스 → 회색, 질소 → 흑색, 이산화탄소 → 청색, 헬륨 → 갈색, 에틸렌 → 자색, 시클로프로판 → 주황색
  ㉠ 용기의 상단부에 폭 2cm의 백색(산소는 녹색)의 띠를 두 줄로 표시해야 한다.

ⓒ 용도의 표시: 의료용은 각 글자마다 백색(산소는 녹색)으로 가로, 세로 5cm
로 띠와 가스명칭 사이에 표시해야 한다.

다. 그 밖의 가스용기: 산소 → 녹색, 액화탄산가스 → 청색, 질소 → 회색, 소방용 용
기 및 그 밖의 가스 → 소방법에 의한 도색

㉠ 일반용기의 글자 색깔: 액화석유가스 → 적색, 아세틸렌 → 흑색, 그 밖의 가
스 → 백색

ⓒ 의료용 용기의 글자 색깔: 산소 → 녹색, 그 밖의 가스 → 백색

⑦ **용기의 검사**

가. 신규검사: 화학성분검사, 인장검사, 충격, 압궤, 연신율, 굴곡, 용접부 X선검사, 파
열, 기밀, 내압시험을 한다.

㉠ 외관검사: 용기마다 용기의 외관을 육안으로 관찰하여 주름, 균열, 구김, 부식
등의 결함이 없어야 한다.

ⓒ 인장시험: 압궤시험 후 용기의 원통부로부터 길이방향으로 오려내 시편의 인
장강도, 연신율, 항복점, 단면수축률 등을 측정하며, 시험기에는 암슬러
(Amsler), 올센기(Olsen), 모스(Mohrs) 등의 형식이 있는데, 가장 대표적인 것
은 암슬러 만능재료시험기로 인장시험 외에도 굽힘시험, 압축시험, 항절시험
등을 할 수 있다.

ⓒ 충격시험: 금속재료의 충격치를 측정하는 것으로서 샤르피식과 아이조드식
이 있다.

ⓒ 압궤시험: 꼭지각 60°로서 그 끝을 반지름 13mm의 원호로 다듬질한 강제틀
을 써서 시험용기의 중앙부에서 원통축에 대하여 직각으로 천천히 눌러서 2
개의 꼭지각 끝의 거리가 일정량에 달하여도 균열이 생겨서는 안 된다.

ⓒ 내압시험: 물 또는 오일 등을 사용하며 시험압력으로 가압한 후 재료의 변화
량에 따른 유무로 재질의 내압에 의한 강도 및 경도를 측정하는 시험이다.

• 내압시험압력(TP): 일반가스 TP=FP×5/3, 아세틸렌가스 TP=FP×3, 상용압
력 TP=상용압력×1.5배이다.

하나 더

최고충전압력(FP), 최고사용압력(DP): 일반가스 FP=TP×3/5, 아세틸렌가스 FP=TP÷3배이다.

• 수조식의 특징

– 보통 소형용기에서 행한다.

– 내압시험압력까지의 각 압력에서 팽창이 정확하게 측정된다.

- 비수조식에 비해 측정결과에 대한 신뢰성이 크다.
- 용기를 수조에 넣고 수압을 가압한다.
- 수압에 의해 용기가 팽창된 전량을 전증가량이라 하고, 수압을 제거시킨 다음 측정된 변화량을 항구(영구)증가량이라 했을 때로 계산되며, 이때 항구증가율이 10% 이하여야 내압시험에 합격한 것으로 한다.
- 항구증가율(%)=(항구증가량/전증가량)×100%

예제

LPG의 내용적이 50ℓ인 용기에 20기압의 압력을 증가시켰을 때 전증가량이 50.110ℓ로 증가하였고, 이때의 압력을 상압으로 다시 낮추었을 때 항구증가량이 50.002ℓ로 되었다면, 항구증가율과 내압시험 합격 여부를 판단하시오.

풀이 항구증가율(%)=(항구증가량/전증가량)×100%에서,
항구증가량=50.002-50=0.002ℓ이고, 전증가량=50.110-50=0.110ℓ이므로, 항구증가율(%)=(0.002/0.110)×100%=1.1818%이다. 따라서 이 LPG 용기는 내압시험에서 합격으로 된다.

- 비수조식: 용기를 수조에 넣지 않고 용기 자체 내에 물을 삽입하여 가압한 다음 용기 내에 압입된 물의 양을 조사하고, 다음 식에 의해 압축된 물의 양에서 빼내어 용기의 팽창량을 조사하는 방법이다.
  전증가량(ΔV:cc)=(A-B)-[(A-B)+V]·P·Bt에서,
  A: P기압에 있어서의 압입된 모든 물의 양(cc), B: P기압에 있어서의 용기 이외에 압입된 물의 양(cc), V: 용기내용적(cc), P: 내압시험압력(atm), Bt: t℃에 있어서의 물의 압축계수이다.
ⓗ 기밀시험: 기체압에 의해 장치의 누설여부 정도를 측정하는 시험이며, 질소(N_2), 이산화탄소(CO_2), 건조공기 등의 비활성가스를 사용한다.

하나 더

기밀실험압력: 초저온, 저온용기=FP×1.1배, 아세틸렌가스=FP×1.8배, 기타 가스=최고충전압력(FP)이다.

ⓢ 파열시험: 길이가 60cm 이하, 동체의 외경이 5.7cm 이하인 무계목용기에 대해 재료에 의한 용기의 구분에 따른 압력을 가하여 파열의 여부를 알아보는 시험으로 인장시험 및 압궤시험은 파열시험을 행함으로써 생략할 수 있다.
- 탄소강으로 제조된 용기: 압력(최고충전압력에 대한 배수로 표시) 하한의 4배, 상한의 8배
- 망간강으로 제조된 용기: 압력(최고충전압력에 대한 배수로 표시) 하한의 3

배, 상한의 6배
- 크롬-몰리브덴강으로 제조된 용기: 압력(최고충전압력에 대한 배수로 표시) 하한의 2.7배, 상한의 5.4배

◎ 단열성능시험: 액화질소, 액화산소, 액화아르곤 같은 초저온용기의 단열상태를 보는 것으로서 시험시 충전량은 저온 액화가스의 용적이 내용적의 1/3 이상, 1/2 이하가 되도록 하고, 침입열량에 의한 기화가스량의 측정은 저울 또는 유량계에 의한다. 또한, 합격기준은 침입열량 계산식에 의해 내용적 1,000 l 를 초과하는 것에 있어서는 0.002kcal/$l \cdot hr \cdot ℃$ 이하, 내용적 1,000 l 이하인 경우는 0.0005kcal $l \cdot hr \cdot ℃$ 이하를 합격으로 한다.

- Q(침입열량: kcal $l \cdot hr \cdot ℃$)=W · q/(H · $\Delta t \cdot$ V)에서,
  W: 측정 중의 기화가스량(kg), q: 시험용 액화가스의 기화잠열(kcal/kg), H: 측정시간(hr), V: 용기 내용적(l), Δt: 시험용 저온 액화가스의 끓는점과 외기와의 온도차(℃)이다. 단, 시험용 저온 액화가스의 끓는점 및 기화잠열은 다음 값에 의한다.
- 액화질소: 끓는점(-196℃), 기화잠열(48kcal/kg)
- 액화산소: 끓는점(-183℃), 기화잠열(51kcal/kg)
- 액화아르곤: 끓는점(-186℃), 기화잠열(38kcal/kg)

예제

액화산소를 충전하는 내용적 2,000ℓ인 초저온용기의 단열성능시험을 할 때 최초에 800kg의 액화산소를 넣고 밸브를 모두 닫고 가스방출관의 스톱밸브를 열어 24시간 경과시켰더니 752kg이 남았을 때 외기온도는 27℃, 기화잠열은 51kcal/kg이다. 이때의 초저온용기에 침입된 열량과 단열성능시험의 합격 여부를 판단하시오.

풀이 Q(kcal/ℓ · hr · ℃)=W · q/(H · $\Delta t \cdot$ V)에서,
Q=[(800−752)×51]/[24×(183+27)×2,000]=0.0002285(kcal/ℓ · hr · ℃)이다. 그러므로 합격이다.

ㅈ 고압가압시험: 납붙임용기나 접합용기는 소형으로 내압시험이 부적합하다. 그러므로 최고충전압력의 4배 이상의 압력을 가하여 납붙임 및 접합부가 파열되지 아니하였을 때 합격으로 한다(아세틸렌 용기도 재검사시에는 고압가압시험을 실시한다).

나. 재검사
  ㄱ 외관검사: 용기의 내외면(C_2H_2용기는 외면)의 부식, 주름, 금이 없는 것을 합격으로 한다.
  ㄴ 도색 및 표시: 용기의 외부도색 및 표시를 검사한다.
  ㄷ 스커트: 스커트 부착용기의 저면간격 및 부식, 마모, 변형 등을 검사한다.

ⓔ 내압시험: 신규검사와 동일하게 한다.

　　ⓜ 질량검사: 용기의 두께감소율을 측정하는 것으로 내용적이 500 *l* 미만의 용기는 최초각인 질량의 95% 이상이 합격이며, 내압시험에서 영구 팽창률이 6% 이하인 것은 90% 이상이 합격이다.

> **하나 더**
>
> **용기 종류별 부속품의 기호**
>
> 1. AG: 아세틸렌가스를 충전하는 용기의 부속품
> 2. PG: 압축가스를 충전하는 용기의 부속품
> 3. LG: 액화석유가스 이외의 액화가스를 충전하는 용기의 부속품
> 4. LPG: 액화석유가스를 충전하는 용기의 부속품
> 5. LT: 초저온용기 및 저온용기의 부속품

　다. 비파괴검사

　　ⓐ 방사선 투과시험: 방사선 이용

　　ⓑ 초음파탐상시험: 물체에 초음파 사용

　　ⓒ 자분탐상시험: 강자성체 분말(자분) 살포 사용

　　ⓓ 침투탐상시험: 표면장력이 작은 적색 또는 형광액체 이용

　　ⓔ 음향검사: 타격 음향으로 균열유무 확인

2) 탱크

① 원통형 저장탱크

　가. 원통형 저장탱크는 경판으로 분류되며 설치방법에 따라 횡형과 입형으로 구분한다.

　나. 경판은 압력에 따라 접시형($10 \sim 15 kg/cm^2$), 반타원형($15 kg/cm^2$ 이상), 반구형(고압부), 원추형(저장탱크의 취출용 및 입형 저장탱크의 드레인용) 등이 있다.

　다. 특징

　　ⓐ 동일용량일 경우 구형탱크에 비하여 무겁다.

　　ⓑ 구형탱크에 비해 제작 및 조립이 용이하고 운반이 쉽다.

　라. 원통형 탱크의 내용적 계산

　　ⓐ 입형 저장탱크: 내용적(V)=$\pi r^2 l$에서,

　　　V: 탱크 내용적(m^3), π: 원주율(3.14), r: 탱크 반경(m), l: 원통부 길이(m)이다.

　　ⓑ 횡형 저장탱크: 내용적(V)=$\pi r^2[l+(l_1+l_2)/3]$에서,

　　　V: 탱크 내용적(m^3), π: 원주율(3.14), r: 탱크 반경(m), l: 원통부 길이(m) l_1+l_2: 양쪽 구형 경판부 길이(m)이다.

② **구형 저장탱크**

가. 구형 저장탱크는 저장하는 유체가 가스(기체)인 경우를 구형가스홀드라 하고, 액체인 경우를 구형탱크라고 한다. 그러나 구조적으로는 큰 차이가 없다.

    ㉠ 단각식 구형탱크: 저온(상온 또는 −30℃)에서 액화석유가스(LPG), 암모니아, 이산화탄소, 염소 등 액화가스를 저장하는 탱크이다.

    ㉡ 이중각식 저장탱크: 저온(−50℃ 이하)에서 액화천연가스(LNG), 액화산소, 액화질소, 액화메탄, 액화에틸렌 등 액화가스를 저장하는 탱크이다.

나. 특징

    ㉠ 형태가 아름답고, 고압저장탱크로서 건설비가 저렴하다.

    ㉡ 유지·관리 면에서 유리하고 누설을 완전 방지한다.

    ㉢ 단순한 기초 및 구조로서 공사가 대체로 용이하다.

    ㉣ 동일 용량의 가스 또는 액체를 저장할 경우 원통형에 비해 표면적이 적고 강도가 크다.

다. 구형 저장탱크의 내용적 계산: $V=(4/3)\pi r^3=(\pi/6)D^3$에서,

    V: 구형탱크의 내용적(m^3), r: 구형탱크의 반경(m), D: 구형탱크의 직경(m)이다.

③ **초저온 액화가스의 저장탱크**

가. 초저온 액화가스저장조(cold evaporator: CE)는 공업용 액화가스 즉, 액화산소, 액화질소, 액화아르곤, 수소, 액화천연가스(LNG), 헬륨 등의 액화가스를 저장 및 충전하는데 사용된다.

나. 외조와 내조의 중간부분은 외부로부터의 열침입을 방지하기 위하여 단열재를 충전시킨 특수 구조이다.

다. 진공단열법은 분말진공단열법과 다층진공단열법 등으로 구분되지만 분말진공단열법(펄라이트충전)이 대부분 사용된다.

라. 초저온장치의 저온단열법

    ㉠ 상압단열법: 단열재(분말 또는 섬유 등)를 단열공간에 충전하여 열을 차단하는 방법을 말한다.

    ㉡ 진공단열법: 단열재를 사용하지 않고 단열공간을 진공으로 처리하여 열을 차단하는 방법을 말한다.

마. 액화가스 저장능력

    ㉠ 저장능력(W: kg)=0.9dV에서,

    d: 액화가스의 비중(kg/l), V: 내용적(l)이다.

    ㉡ 액화가스용기 및 차량에 고정된 탱크의 저장능력

    저장능력(W: kg)=V_1/C에서, V_1: 내용적(l), C: 가스의 정수이다.

ⓒ 압축가스 저장탱크 및 용기의 저장능력

저장능력(Q: m³)=(10P+1)V₂에서, P: 35℃(아세틸렌은 15℃)에서의 최고충전
압력(MPa), V₂: 내용적(l)이다.

④ **탱크의 허용응력 계산**

가. 세로방향의 응력: $P \times (\pi/4) \times D^2 = \pi \times D \times t \times \sigma t$ 이므로, $\sigma t = PD/4t$이다.

여기서, P: 탱크의 내압(kg/cm²), D: 탱크의 내경(cm), t: 두께(cm), σt: 탱크의 세
로방향(축방향)의 인장응력(kg/cm²)이다.

나. 원둘레 방향의 응력: $P \cdot D \cdot L = 2\sigma t_1 \cdot L \cdot t$ 이므로, $\sigma t_1 = P \cdot D/2t$이다.

여기서, σt_1: 탱크의 원둘레 인장응력(kg/cm²), L: 탱크의 길이(cm)이다.

즉, $\sigma t_1 = 2\sigma t$가 된다. 따라서 원둘레 방향의 응력은 세로 방향의 2배가 된다.

다. 경판에 작용하는 응력: $\sigma_2 = (P \cdot R)/200t$에서, P: 내압(kg/cm²), R: 경판의 곡률반경
(mm), t: 경판의 두께(mm)이다.

라. 법령에 의한 동판의 두께: $t = [(P \cdot D)/(200S\eta - 1.2P)] + C$에서, t: 동판의 최소 두께
(mm), P: 설계압력(kg/cm²), D: 동판의 내경(mm), S: 허용응력(kg/cm²)=인장강
도의 1/4내에 해당, η: 용접이음의 효율, C: 부식 여부(mm)이다.

4 압축기 및 펌프

1) 압축기(compressor)

① 압축기의 종류

가. 체적(용적)식 압축기: 왕복동식, 회전식, 스크류식, 다이어프램식

나. 원심식(속도형) 압축기: 원심식(터보-임펠러의 출구각이 90°보다 작을 때, 레이
디얼형-임펠러의 출구각이 90°일 때, 다익형-임펠러의 출구각이 90°보다 클 때),
축류식(축방향으로 가스의 흡입과 토출이 이루어지는 방식), 혼류식(사류식; 원
심식과 축류식의 중간 형태의 압축기)

다. 작동압력에 따른 분류

㉠ 통풍기: 토출압력이 1,000mmAq 미만(0.1kg/cm² 미만)

㉡ 송풍기: 토출압력이 1,000~10,000mmAq 미만(0.1~1kg/cm² 미만)

㉢ 압축기: 토출압력이 10,000mmAq 이상(1kg/cm² 이상)

라. 기동배열에 의한 분류: 수직형, 수평형, V형(2기통 또는 4기통), W형(3기통 또는

6기통), VV형(4기통 또는 8기통), 성형(별형태) 등으로 분류한다.

　마. 외형에 의한 분류: 개방형, 밀폐형, 반밀폐형으로 분류한다.

② **압축기의 특징**

　가. 왕복동 압축기

　　㉠ 용량제어 방법: 흡입 체크밸브에 의한 방법, 바이패스 밸브에 의한 방법, 회전수 가감에 의한 방법, 클리어런스 조정에 의한 방법이 있다.

　　㉡ 용량제어의 목적: 경부하 기동으로 운전이 용이하고, 압축기를 보호할 수 있으므로 기계적으로 수명이 연장되며, 부하변동에 따른 용량제어로 경제적인 운전이 가능하다.

　　㉢ 왕복동 압축기 피스톤 압출량계산

　　　• 이론적인 피스톤 압출량(V:m^3/hr)=$(\pi/4)D^2LNr60$에서,

　　　　D: 피스톤의 직경(m), L: 행정거리(m), N: 기통수, r: 분당회전수(rpm)

　　　• 실제적 피스톤 압출량(Vf:m^3/hr)=$(\pi/4)D^2LNr60\eta$에서,

　　　　η: 체적효율

　예제

실린더 내경 200mm, 피스톤 행정 150mm, 매분 회전수 300rpm의 수평 1단 단동 압축기의 압축행정에 의한 1분간의 압축량은?

풀이 V(m^3/hr)=$(\pi/4)D^2LNr60$이므로, V=$(3.14/4)\times(0.2)^2\times0.15\times300=1.4m^3$/min

　　　• 체적효율(%)=(실제적인 피스톤 압출량/이론적인 피스톤 압출량)×100

　　　• 압축효율(%)=[이론적 가스의 압축소요동력(이론적 동력)/실제적 가스의 압축소요동력(지시동력)]×100

　　　• 기계효율(%)=(실제적 가스의 압축소요동력/축동력)×100=유효한 기계적인 일/공급받은 에너지

　　　• 압축비: 단단 압축기의 경우, 압축비=토출절대압력/흡입절대압력. 다단 압축기의 경우, 압축비=Z√토출절대압력/흡입절대압력, Z: 단수

　　　• 압축비가 클 경우 장치에 미치는 영향: 토출가스 온도상승에 의한 실린더 과열 우려, 윤활유의 열화 및 탄화의 압축기 능력저하, 소용동력과 축수하중 증대로 체적효율 감소

　　　• 다단압축의 목적: 1단 단열압축에 비하여 소요일량 절약, 힘의 평형이 양호해지며 이용효율 증가, 토출가스의 온도상승 방지

　　　• 단수 결정시 고려할 사항: 최종 토출압력과 연속운전의 여부, 취급가스량과 가스의 종류, 제작이나 동력의 경제성

　　㉣ 각 압축기의 내부윤활유

- 공기 압축기: 양질의 광유(고급디젤 엔진유)
- 산소 압축기: 물 또는 10% 이하의 묽은 글리세린수
- 염소 압축기: 진한 황산류(건조제로도 사용)
- 아세틸렌 압축기: 양질의 광유로서 황유화성이 높은 것을 사용
- 수소 압축기: 양질의 광유로서 점도가 높은 것을 사용
- 아황산가스 압축기: 화이트유나 정제된 용제 터빈유
- 염화메탄 압축기: 화이트유
- LP가스 압축기: 식물성유

ⓜ 압축기의 안전장치
- 안전두 작동압력: 정상고압+3kg/cm^2
- 안전밸브 작동압력: 정상고압+5kg/cm^2 또는 내압시험압력의 8/10배

나. 회전식 압축기

ⓙ 특징
- 압축이 연속적이므로 고진공 및 고압축비를 얻을 수 있고 효율이 좋다.
- 마찰부의 정밀도와 내마모성이 요구된다.
- 용적형 압축기로 진동 및 소음이 작다.
- 왕복동 압축기에 비해 부품수가 적고 구조가 간단하다.
- 보통 소용량에 널리 사용되며 크랭크케이스 내는 고압이다.

ⓛ 이론적인 피스톤 압축량(V)

$V=(\pi/4)(D^2-d^2)tr60$에서,

D: 실린더의 내경(m), d: 피스톤의 외경(m), t: 회전 로터의 가스압축 부분의 두께, r: 분당 회전수(rpm)

> **예제**
>
> 회전식 압축기의 실린더 내경은 300mm, 피스톤의 외경은 100mm, 피스톤 압축부의 두께가 120mm, 회전수 500rpm일 때, 피스톤 압축량은 몇 m^3/hr인가?
>
> **풀이** $V=(\pi/4)(D^2-d^2)tr60$에서,
>
> $V=(3.14/4)\times(0.3^2-0.1^2)\times0.12\times500\times60=226.08 m^3/hr$

다. 스크류 압축기

ⓙ 특징
- 두 로터(양·수)의 회전운동에 의해 압축되므로 진동이나 맥동이 없고, 연속 송출된다.
- 고속으로 중·대용량에 적합하며, 가볍고 설치면적이 작다.
- 용량조절범위가 70~100%로 용량조절이 어려우며 효율이 낮다.

- 1,500rpm의 무급유식으로 개발되었으나, 현재는 3,500rpm의 급유식이 많이 사용된다.
  - ㉡ 용량제어방법
    - 슬라이드 밸브에 의한 바이패스법
    - 전자밸브에 의한 방법
  - ㉢ 스크류(나사) 압축기의 압축량(V: m³/hr)=$kD^2(L/D)r60$에서, k: 기어의 형에 따른 계수, D: 로터의 지름(m), L: 로터의 길이(m)

라. 원심(터보)압축기
  - ㉠ 특징
    - 압축이 연속적이며 맥동이 없고 소음과 진동이 작다.
    - 무급유식이며 운전 중 서징현상에 주의할 필요가 있다.
    - 기계적 접촉부가 작으므로 마찰손실은 작으나, 토출압력변화에 의한 용량변화가 크다.
    - 대용량에 적합하며 왕복식에 비해 고속이고 소형이며 설치면적이 작다.
    - 1단으로 높은 압축비를 얻을 수 없어 고압력에 대해서는 단수가 많아지는 결점이 있고, 왕복동 압축기에 비해 효율이 낮다.

하나 더

1. **서징(surging)현상**: 압축기와 송풍기 및 펌프에서 토출측 저항이 커지면 유량이 감소하고, 어느 유량까지 감소하였을 때 강한 맥동과 진동으로 불완전한 운전이 되는 현상

2. **발생원인**
   ① 배관 중에 물탱크나 공기탱크가 있을 경우
   ② 저장탱크 뒤쪽에 수량조절 밸브가 있을 경우
   ③ 펌프 운전 시 운동·양정·토출량이 주기적으로 변화될 경우 등

3. **서징의 방지법**
   ① 배관내 경사를 완만하게 하고 기계 가까이에 토출밸브를 설치
   ② 회전수를 적당히 조절하고 가이드 베인 컨트롤에 의해 풍량을 감소
   ③ 바이패스에 의해 토출가스를 흡입측에 보내거나 방출밸브에 의해 대기로 방출

  - ㉡ 원심(터보) 압축기 용량 제어방법: 베인 컨트롤에 의한 방법, 회전수 가감법, 바이패스에 의한 방법, 흡입·댐퍼조절법, 냉각수량조절법

마. 축류 압축기
  - ㉠ 특징
    - 압축비가 작아 공기조화 설비에 사용되며 효율이 낮다.
    - 동익축류 압축기인 경우 날개깃의 각도조절로 축동력을 일정하게 할 수 있다.

ⓛ 베인의 배열: 전치 정익형(반동도 100~120%), 후치 정익형(반동도 80~100%), 전후치 정익형(반동도 40~60%)

ⓒ 반동도: 축류 압축기에서 하나의 단락에 대하여 임펠러에서의 정압상승이 전 압상승에 대하여 차지하는 비율

2) 펌프(pump)

① 펌프의 종류

가. 왕복 펌프: 피스톤 펌프, 플런저 펌프, 위싱턴 펌프, 회전 펌프[기어, 나사(스크 류), 베인(편심) 펌프] 등

나. 원심력 펌프: 벌류트, 터빈, 보어 홀, 넌클로그, 라인, 사류, 축류 펌프 등

다. 기타 특수 펌프: 웨스코(마찰 펌프), 에어 피프트, 제트 펌프 등

② 펌프의 특징

가. 왕복 펌프

ㄱ 왕복 펌프의 특징

• 송수압의 변동이 심하고 수량조절이 어렵다.

• 양수량이 적고 양정이 클 경우에 적합하다.

• 규정 이상의 왕복운동을 하면 효율이 저하(감소)된다.

ㄴ 양수량의 계산

Q=ALNE에서,

Q: 양수량(m^3/min), A: 피스톤 또는 플런저의 유효 단면적(m^2), L: 피스톤 또 는 플런저의 스트로크(m), N: 크랭크의 회전수(rpm), E: 용적효율(%)

나. 원심력 펌프

ㄱ 원심력 펌프의 특징

• 액의 맥동이 없고 진동이 적으며 고속운전에 적합하다.

• 양수량이 많고 고·저양정에 이용되며 비속도 범위는 100~600m^3/min·m·rpm 정도이다.

• 원심력에 의해 액체를 이송하므로 펌프에 충분히 액을 채워야 한다.

• 양수량의 조절이 용이하다.

ㄴ 축봉장치: 펌프축과 케이싱이 관통되는 곳에 누설을 방지하기 위하여 설치한다.

• 그랜드 패킹형: 내부의 취급액이 누설해도 무방한 경우에 사용되며, 일반적 으로 널리 사용되는 형식으로 섬유나 고무를 삽입하여 기밀을 유지한다.

• 메커니컬 시일형: 가연성 및 유독성 등의 액체를 이송하는 경우 정밀한 측 봉성을 유지하기 위하여 스프링 및 벨로즈를 이용한 시일형식이며, 연료유

나 냉매액 펌프 등에 사용된다.

ⓒ 메커니컬 실방식의 형식 및 특징

형식	분류	특징
시일형식	싱글시일형	일반적으로 사용되는 방식
	더블시일형	• 보온·보냉이 필요하고 기체를 시일할 때 • 인화성 또는 유동액이 강한 액일 때 • 누설되면 응고되는 액이고 내부가 고진공일 때
세트형식	인사이드시일형	일반적으로 사용되는 방식
	아웃사이드시일형	• 저응고점의 액일 때 • 구조재·스프링재가 액의 내식성에 문제점이 있을 때 • 점성계수가 100cp(센티포와즈)를 초과하는 액일 때 • 스타핑 박스 내가 고진공일 때
면압밸런스형식	언밸런스시일형	일반적으로 사용되며 윤활성이 좋은 액체로 약 7kg/cm^2 이하에서 사용(나쁜 액으로는 2.5kg/cm^2 이하일 때)
	밸런스시일형	• LPG액화가스와 같이 끓는점이 낮은 액체일 때 • 내압이 4~5kg/cm^2(0.4~0.5MPa) 이상일 때 • 탄화수소(하이드로카본)일 때

③ 펌프의 구비조건

가. 병렬운전에 지장이 없고 고온·고압에 견딜 수 있을 것

나. 회전식은 고속운전에 안정성이 있을 것

다. 급격한 부하변동에도 사용이 가능하고 효율이 좋을 것

라. 작동이 확실하고 조작과 보수가 용이할 것

④ 펌프 운전 중 발생 현상

가. 캐비테이션(cavitation)

ⓐ 정의: 공동현상으로 유수 중에 어느 부분의 정압이 그때 물의 온도에 해당하는 증기압 이하로 되어 물이 증발하거나 유수 중 공기가 유리하면서 작은 기포가 다수 발생하는 현상을 말한다.

ⓑ 발생원인

• 흡입 양정이 과대하게 높은 경우

• 흡입관 입구 등에서 마찰저항이 증가할 경우

• 유수 중 관내의 어느 부분의 온도가 상승될 경우

• 펌프입구에서 과속으로 인한 유량이 증대될 경우

ⓒ 영향 및 대책

• 가이드 베인이나 밸브 등의 침식 및 소음과 진동이 발생한다.

• 두 대 이상의 펌프나 양흡입 펌프를 사용한다.

• 수직축 펌프를 사용하고 회전차를 수중에 완전히 잠기게 한다.

- 펌프의 회전수를 낮추고 흡입 비교회전도를 적게 한다.

  나. 수격작용(water hammering)

    ㉠ 정의: 유수 중에 밸브의 급격한 조작이나 정전 등으로 관내에 급격한 압력변화가 일어나면서 물이 관 벽을 치는 현상을 말한다.

    ㉡ 발생원인: 유수 중 밸브의 급개 · 폐나 정전 등에 의해서 발생된다.

    ㉢ 영향: 밸브류의 파손 및 소음과 진동이 발생한다.

    ㉣ 방지법

- 관경을 크게 하고 관내의 유속을 느리게 한다.
- 급격한 유속변화를 방지하기 위해서 플라이휠을 설치한다.
- 고압발생을 방지하기 위하여 관로에 조압수조(surge tank)나 공기실을 설치한다.
- 완폐 체크밸브를 토출구에 설치하여 밸브를 적당히 제어한다.

  다. 베이퍼록(vaper rock) 현상: 회전펌프에서 회전속도가 빠를 경우 주로 발생하며, 비점이 낮은 액체를 이송할 때 펌프의 입구측에서 액체가 기화되는 현상을 말한다.

⑤ **펌프의 양정과 동력 계산**

  가. 원심 펌프의 실양정(H)=흡입 실양정(H_1)+토출 실양정(H_2)

  나. 원심 펌프의 전양정(Ht)=$H+H_3+H_4+h_o$에서,

    H_3: 흡입관계의 손실수두, H_4: 토출관계의 손실수두, h_o: 잔류속도 수두($V^2/2g$)

  다. 관내의 마찰손실 수두(Ha:m)=$\lambda \cdot (L/D) \cdot (V^2/2g)$에서,

    λ: 손실계수, L: 배관의 길이(m), D: 배관의 지름(m), V^2: 평균유속(m/sec),

    g: 중력가속도(9.8m/sec^2)

  라. 펌프의 수동력과 축동력

    ㉠ 수동력(이론적 필요 동력): PS=$rQH/(5\times60)$ 또는 kw=$rQH/(02\times60)$,

      r: 액의 비중량(kg/m^3), Q: 유량(m^3/min), H: 전양정(m)

    ㉡ 축동력(실제적 운전 동력): PS_1=PS/η 또는 kw_1=kw/η,

      η: 펌프의 효율(%)

  마. 펌프의 상사법칙

    ㉠ 펌프의 유량은 회전수에 비례하고, 펌프 임펠러 직경의 3승에 비례한다.

    ㉡ 펌프의 압력은 회전수의 2승에 비례하고, 펌프 임펠러 직경의 2승에 비례한다.

    ㉢ 펌프의 동력은 회전수의 3승에 비례하고, 펌프 임펠러 직경의 5승에 비례한다.

- $Q_2=Q_1\times(N_2/N_1)\times(D_2/D_1)$
- $H_2=H_1\times(N_2/N_1)^2\times(D_2/D_1)^2$
- $kw_2=kw_1\times(N_2/N_1)^3\times(D_2/D_1)^5$

- Q_1, H_1, kw_1: 처음의 유량, 압력, 동력
- Q_2, H_2, kw_2: 나중의 유량, 압력, 동력
- N_1, N_2: 처음과 나중의 회전수
- D_1, D_2: 처음과 나중의 직경

㉠ 1단일 때: $Ns=N\sqrt{Q}/H^{3/4}$에서,

  N: 임펠러의 회전속도, Q: 토출량, H: 양정

㉡ n단일 때: $Ns=N\sqrt{Q}/(H/n)^{3/4}$에서,

  n: 단수

예제

비교회전도 175, 회전수 3,000rpm, 양정 210m인 3단 원심펌프의 유량을 구하시오.

풀이 $Ns=N\sqrt{Q}/H^{3/4}$에서,

$Q=[175\times(210/3)^{3/4}/3,000]^2=1.99m^3/min$

㉢ 펌프의 회전수(N)=$n[1-(S/100)]=[(120f/P)\cdot\{1-(S/100)\}]$

 • n: 등기속도(rpm), f: 전원의 주파수, P: 전동기의 극수
 • S: 펌프를 운전할 때 부하 때문에 생기는 미끄럼 비율(%)

㉣ 등기속도(n)=$(120f/P)$(rpm)

㉤ 3상유도 전동기의 등기속도(rpm)

극수	2	4	6	8	10	12	14	16
주파수 (60Hz)	3,600	1,800	1,200	900	720	600	514	450

예제

전동기 직결식 원심펌프에서 모터의 극수가 6극이고, 주파수는 60cycle이다. 미끄럼 비율이 없다고 할 때와 미끄럼 비율이 20%라고 할 때 펌프의 회전수는 얼마인가?

풀이 1. n=120f/P=120×60/6=1,200rpm

2. N=$[(120f/P)\cdot\{1-(S/100)\}]$에서,

 N=$[(120\times60/6)\times\{1-(20/100)\}]=960$rpm

사. 펌프의 토출량

㉠ 왕복 펌프(Q: m^3/min)=$(\pi D^2/4)LNr$에서,

  D: 실린더 직경(m), L: 피스톤의 행정(m), N: 기통수, r: 분당 회전수(rpm)

㉡ 기어 펌프(Q: m^3/min)=$2\pi M^2 Zbr$ 또는 $Q=AbZNr\eta$에서,

  M: 모듈(module), Z: 잇수, N: 기어치수, b: 잇폭(cm), A: 단면적(cm^2), η: 효율(%)

ⓒ 베인 펌프(Q: m³/min)=2πDebr에서,

D: 케이싱의 안지름(cm), e: 편심량(cm), b: 임펠러의 폭(cm)

> **예제**
>
> LPG용 기어 펌프에서 공간 부분의 단면적 4cm², 기어의 폭이 10cm, 기어치수 16개, 회전수가 300rpm, 효율 80%일 때, 실제유량(cm³/sec)은 얼마인가?
>
> **풀이** Q=AbZNη에서,
>
> Q=(4×10×16×300×0.8)/60=2,560(cm³/sec)

5 가스 장치 재료

1) 재료의 강도

① 응력의 분류

가. 인장응력

나. 압축응력

다. 전단응력

라. 비틀림 응력

마. 응력(Pa: kg/cm²)=G(하중: kg)/A(단면적: m²)

바. 응력의 변형: 비례한도, 탄성한도, 항복점, 인장(극한)강도, 파괴점(파단응력)으로 나타난다.

② 변형률

가. 처음길이에 대해 늘거나 줄어든 길이의 비를 말한다.

나. 변형률=(늘어난 길이 또는 줄어든 길이/처음길이)×100(%)

다. 포와송의 비(Poisson's ratio): 재료는 탄성한도 이내에서는 가로 변형률과 세로 변형률의 비율이 항상 일정한 값을 1/m(포와송의 수)로 나타내는 것을 말한다. 즉, 1/m=가로 변형률/세로 변형률이다.

③ 고압밸브의 특징

가. 주조품보다 단조품을 깎아서 만든다.

나. 밸브시트는 내식성과 경도가 높은 재료를 사용하고 교체 가능한 구조이다.

다. 스핀들에 패킹을 사용하여 기밀유지를 한다.

④ 고압밸브의 종류

가. 스톱밸브

㉠ 밸브나 스핀들이 동체로 되어 있고, 슬루스밸브와 글로브밸브 및 콕 등이 있다.

㉡ 대형 30~60mm 정도의 밸브는 시트와 밸브체의 교체가 가능하다.

㉢ 소형 3~10mm 정도의 밸브는 압력계, 시료채취구 등에 많이 사용된다.

나. 감압밸브

㉠ 고압을 저압으로 감압하는데 사용된다.

㉡ 고·저압을 동시에 사용할 경우와 저압을 항상 일정하게 유지시킨다.

㉢ 미세한 가감이 가능하도록 양끝은 가늘고 길게 되어 있다.

다. 체크밸브

㉠ 유체의 역류방지를 위해서 설치한다.

㉡ 체크밸브는 고압배관 중에 사용된다.

㉢ 유체가 역류하는 것은 중대한 사고를 일으키는 원인이 됨으로 체크밸브의 작동은 신속하고 확실해야 한다.

㉣ 체크밸브는 스윙식(수직, 수평배관에 사용), 리프트형(수평배관에만 사용)이 있다.

라. 조절밸브: 온도, 압력, 액면 등의 제어에 사용되고 있다.

마. 안전밸브

㉠ 종류: 스프링식, 가용전식(용융온도 60~70℃ 정도), 파열판식, 중추식이 있다.

㉡ 안전밸브 분출면적$(A: cm^2) = W/(230P\sqrt{M/T}$에서,

W: 분출가스량(kg/hr), P: 분출압력$(kg/cm^2 \cdot atm)$, M: 가스분자량, T: 절대온도(K)

㉢ 안전밸브 작동압력

• 압축가스 및 액화가스의 안전밸브 작동압력=내압시험압력×8/10=최고충전압력×(5/3)×8/10=상용압력×1.5×8/10

• 아세틸렌가스 안전밸브 작동압력=최고충전압력×3×8/10

바. 밸브의 검사: 외관검사, 재료검사, 구조검사, 치수검사, 내압시험, 기밀시험, 작동검사, 내구시험 등이 있다.

2) 차단밸브

① 설치기준

가. 장래 확장계획이 있는 곳이나 교량 및 철도 양쪽

나. 배관에서 분기되는 곳이나 운전조작상 필요한 곳(약 1km마다)

다. 가스사용자가 소유 또는 점유한 토지에 인입한 배관으로서 공급관 호칭지름이
   50A 이상의 섹터 분할선

라. 지하실 등에서 분기하는 장소

② **플러그밸브**

　가. 용도: 중·고압용에 사용

　나. 장점: 개폐가 신속

　다. 단점: 가스관 중의 불순물에 따라 차단효과가 불량

③ **글로브밸브**

　가. 용도: 중·고압용 등 관계기구 및 장치설비용

　나. 장점: 기밀성 유지 양호, 유량조절 용이

　다. 단점: 압력손실이 큼

④ **볼밸브**

　가. 용도: 고·중·저압관용 등으로 주로 사용

　나. 장점: 내관의 안지름과 동일하여 관내 흐름이 양호, 압력손실이 적음

　다. 단점: 볼과 밸브 몸통 접촉면의 기밀성 유지가 곤란

⑤ **여과기(strainer)**

　가. 유체에 혼입된 이물질을 제거하기 위하여 장치나 밸브 등 입구 측의 배관에 설치
　　한다.

　나. 종류: Y형, U형, V형 등이 있다.

2 저온장치

1 가스액화분리장치

1) 가스액화분리장치

① **가스의 액화원리**

　가. 압축된 가스를 외부로부터 열의 침입 없이 단열팽창에 의해 냉각시키는 것이 기본적인 원리이다.

　나. 임계온도가 낮은 기체(공기, 산소, 질소, 헬륨 등)를 액화할 때에는 보통 액화하는 기체 그 자체를 냉매로 하는 가스의 액화 사이클을 사용한다.

② **가스의 액화방법**

　가. 단열팽창에 의한 방법

　　㉠ 팽창밸브에 의해서 자유 팽창시켜 온도가 강하되는 줄-톰슨 효과에 의한 방법이다.

　　㉡ 줄-톰슨 효과: 단열을 한 관의 도중에 작은 구멍을 내고, 이 관에 압력이 있는 유체(기체 또는 액체)를 흐르게 하면 유체가 관의 작은 구멍을 통과하면서 압력이 하강함과 동시에 유체의 온도가 내려간다. 이와 같이 외부에 일을 시키지 않고 단열팽창 시키는 것을 단열교축팽창에 의한 줄-톰슨 효과라고 한다.

　나. 팽창기에 의한 방법

　　㉠ 압력이 있는 기체가 외부에 대해 일을 하면서 단열적으로 팽창시켜 온도를 강하시키는 방법이다.

　　㉡ 팽창기는 왕복동형과 터빈형이 있다.

　다. 가스액화장치의 구성

　　㉠ 한냉발생장치: 냉동 및 가스액화사이클을 응용한 장치

　　㉡ 정류장치: 저온에서 원료가스를 분리하여 정제하는 장치

　　㉢ 불순물제거장치: 저온에서 동결되는 가스 중 탄산가스 및 수분을 제거하는 장치

　라. 가스 액화 사이클의 분류

　　㉠ 린데(Linde)식 공기 액화 사이클

　　㉡ 클라우데(Claude)식 공기 액화 사이클

ⓒ 캐피자(Kapitza)식 공기 액화 사이클

ⓡ 필립스(Philips)식 공기 액화 사이클

ⓜ 다원 액화 사이클(캐스케이드 액화 사이클)

ⓗ 가역 액화 사이클

2) 공기액화분리장치

① 고압식 액체 공기분리장치

가. 원료공기를 압축 및 냉각시켜 얻은 액체공기를 분리하여 정제하는 과정이다.

나. 압축기에 흡입된 공기는 원료흡수기(흡수탑)에서 예냉기(열교환기)를 거쳐 건조기와 팽창기를 통하여 하부 탑의 상부에는 비점이 낮은 액화질소(순도 99.8%), 하부에서는 비점이 높은 액화산소(순도 99.5%)를 얻게 된다.

다. 고압식 액체 공기분리장치의 구성: 원료공기의 취입구 → 압축기 → 이산화탄소 흡수탑 → 중간냉각기 → 유분리기 → 예냉기(열교환기) → 수분리기 → 건조기 → 팽창기 → 고온, 중온, 저온 열교환기 → 복식정류탑 → 저장 및 충전의 과정이다.

② 저압식 액체 공기분리장치

가. 전저압식 공기분리장치: 장치의 조작압력은 $5kg/cm^2 \cdot G$ 이하의 저압이며, 산소의 발생량 $500m^3/hr$ 이상의 대용량에 적합하다.

나. 중압식 공기분리장치: 장치의 조작압력은 $10\sim30kg/cm^2 \cdot G$ 이하의 중압이며, 산소에 비해 질소의 취급량이 많을 때와 소용량에 적합하다.

다. 저압식 액산플랜트: 장치의 조작압력은 $25kg/cm^2 \cdot G$ 정도이며, 중앙 팽창터빈을 사용한 액화회로를 조합하여 L-O₂와 L-N₂를 얻는 방식으로 Ar회수가 가능하다.

③ 공기 액화분리장치의 폭발원인

가. 공기 취입구에서 아세틸렌 혼입

나. 압축기용 윤활유의 분해에 따른 탄화수소의 생성

다. 공기 중에 있는 산화질소(NO), 과산화질소(NO_2) 등의 질화물의 혼입

라. 액체공기 중의 오존(O_3) 혼입

④ 공기 액화분리장치의 폭발방지 대책

가. 공기 취입구(흡입구)에 여과기를 설치한다.

나. 아세틸렌이 혼입되지 않는 장소에 공기 취입구를 설치한다.

다. 공기 흡입구 부분에서 카바이드를 사용하거나 아세틸렌 용접을 삼간다.

라. 압축기에는 양질의 윤활유를 사용한다.

마. 1년에 1회 정도 사염화탄소(CCl_4) 등으로 공기 액화분리장치의 내부를 세척한다.

⑤ 공기 액화분리장치의 안전관리

가. 원료공기 취입구: 풍향의 변화에 따라 액체산소 중에 불순물이 혼입되기 쉬우므로 공기 취입구를 2개로 하여 풍량 및 주위환경에 따라 교체 사용한다.

나. 압축기 및 팽창기: 왕복식 압축기 및 팽창기에 윤활유를 사용하고, 액체산소에 탄화수소가 혼입되기 쉬우므로 양질의 광유를 사용하거나 유분리기를 설치해야 한다.

다. 아세틸렌 흡착기: 정류탑의 하부탑과 상부탑 사이의 액체공기 배관에 설치하여 공기 중의 아세틸렌 기타 탄화수소를 흡착하여 제거한다.

라. 응축기: 액체산소 5 l 중에 아세틸렌 5mg 이상, 탄화수소 중의 탄소질량 500mg 이상일 때는 운전을 중지하고 액체산소를 방출해야 한다.

마. 산소배관: 배관에 이물질, 녹, 용접슬래그, 유지 등이 섞여 있을 때 밸브를 급격히 개방하면 폭발위험이 있다.

바. 장치의 세정: 열교환기, 정류탑, 저장탱크, 배관을 오래 사용하면 유지분이 축적되기 쉬우므로 1년에 1회 이상 사염화탄소로 세정해야 한다.

2 저온장치 및 재료

1) 저온장치용 금속재료

① 저온에 따른 금속재료의 변화

가. 공기 액화분리장치와 같이 저온에서 조작되는 장치의 구성 재료는 저온에서의 기계적 성질이 우수해야 한다.

나. 철강재료

　㉠ 온도의 강하에 따라 인장강도, 경도, 항복점은 증가한다.

　㉡ 온도의 강하에 따라 단면수축율, 신장, 충격치는 감소한다. 따라서 어느 온도 이하에서는 저온취성(거의 0)이 된다.

　㉢ 비철금속재료

　　•온도 강하에 따라 황동, 니켈 등은 인장강도와 경도가 증가한다.

　　•온도 강하에 따라 단면수축율, 신장은 일정하여 저온취성을 나타내지 않는다. 그러나 주석은 저온취성을 지닌다.

② 저온취성

가. 저온취성이란 탄소강이 저온이 될수록 단면수축율, 신장, 충격치 등이 감소하고,

어느 온도 이하에서는 급격히 감소하여 거의 0이 되고, 매우 취약해지는 성질을 말한다.

나. 철강 재료의 인장강도, 항복점은 저온이 될수록 커지지만, 취성도 커지게 되어 어느 온도 이하에서는 파손의 위험이 있다.

다. 저온취성을 나타내지 않는 금속재료는 일반적으로 구리, 놋쇠, 니켈 등이다.

라. 재료 중 몰리브덴은 저온취성을 적게 하고, 니켈-크롬강에서는 니켈이 많을수록, 크롬과 탄소가 적을수록 저온취성이 작아진다.

마. 천이온도(임계취성온도)란 금속재료에서 온도가 어느 정도까지 강하되면 급격히 저온취성이 증대되는 온도를 말한다.

바. 천이온도(임계취성온도)가 없는 재료: 동과 동합금, 알루미늄과 알루미늄합금, 니켈과 니켈합금, 오스테나이트 조직의 강, 납 등이다.

2) 저온장치의 단열재

① 온도에 따른 단열

가. 단열재: 초저온장치에서 액체산소까지 단열재를 사용한다.

나. 진공단열: 초저온장치 이하에서는 진공단열을 사용한다.

② 저온장치 금속재료의 사용

가. 응력이 매우 적은 부분(저온에서 초저온까지): 동 및 동합금, 니켈, 알루미늄, 모넬메탈 등

나. 응력이 발생하는 부분: 열처리한 탄소강(상온 이하), 열처리한 저합금강(-80℃), 18-8스테인리스강(극저온)

다. 납땜 및 용접재

    ㉠ 응력이 없는 부분: 연납 사용

    ㉡ 응력이 매우 적은 부분: 은납 사용

    ㉢ 응력이 발생하는 부분: 강용접 사용

③ 저온장치

가. 자연적인 냉동방법

    ㉠ 고체의 융해잠열 이용: 얼음의 융해잠열 이용

    ㉡ 고체의 승화잠열 이용: 드라이아이스 이용

    ㉢ 액체의 증발잠열 이용: 액화질소 이용

나. 기계적인 냉동방법

    ㉠ 증기압축식 냉동기의 구성 4요소: 압축기, 응축기, 팽창밸브, 증발기

    ㉡ 흡수식 냉동기의 구성요소: 흡수기, 발생기, 응축기, 팽창밸브, 증발기

3 가스설비

1 고압가스설비

1) 오토클레이브(auto clave)

① 개념

가. 액체를 가열하면 온도와 증기압이 동시에 상승한다.

나. 오토클레이브란 온도와 증기압이 동시에 상승할 때 액상을 유지하며 어떤 반응을 일으킬 때 필요한 일종의 고압반응 가마를 말한다.

다. 오토클레이브의 재질은 스테인리스강, 안전밸브는 스프링식 또는 파열판, 압력계는 부르돈관식을 사용하고, 반응온도는 수은온도계 또는 열전대온도계로 측정한다.

② 종류

가. 교반형

㉠ 종형과 횡형의 두 가지 형식이 있고, 교반기에 의해 내용물의 혼합을 균일하게 하는 방식이다.

㉡ 장점

- 기액반응으로 기체를 계속 유통시키는 실험법을 택할 수 있다.
- 교반효과는 특히 횡형교반이 우수하며, 진탕식에 비해 효과가 크다.
- 종형교반에서는 내부에 글라스 용기를 넣어 반응시킬 수 있으므로 특수 라이닝을 하지 않아도 된다.

㉢ 단점

- 교반축의 스타핑 박스에서 가스누설의 가능성이 있다.
- 교반축의 패킹에 사용한 이물질이 내부에 들어갈 가능성이 있다.
- 회전속도 증가와 압력을 높이면 누설되기 쉬우므로 압력과 회전속도에 제한이 있다.

나. 가스 교반형

㉠ 가늘고 긴 수직형 반응기로 유체가 순환됨으로서 교반이 행해지는 방식이다.

㉡ 공업적으로 큰 화학공장에 채택 및 연속실험의 실험실에 사용된다.

　　　　ⓒ 형식의 구분
　　　　　　• 오토클레이브 기상부에서 반응가스를 채취하고 액상부 최저부에 순환 송입하는 형식
　　　　　　• 원료가스를 액상부에 송입하여 배출하는 환류응축기를 통하여 방출시키는 형식

　　다. 진탕형
　　　　ⓐ 가장 일반적이며 횡형 오토클레이브 전체가 수평, 전후운동을 함으로서 내용물을 교반시키는 형식이다.
　　　　ⓑ 가스누설의 가능성 및 높은 압력에 사용할 수 있고 반응물의 오손이 없다.
　　　　ⓒ 장치전체가 진동하므로 압력계는 본체로부터 떨어져 설치해야 한다.
　　　　ⓓ 뚜껑 판에 뚫어진 구멍(가스출입 구멍, 안전밸브, 압력계 등의 연결구)에 촉매가 들어갈 우려가 있다.

　　라. 회전형
　　　　ⓐ 오토클레이브 자체가 회전하는 형식이다.
　　　　ⓑ 고체를 기체나 액체로 처리할 때나 액체에 기체를 작용시키는 때에 사용한다.
　　　　ⓒ 다른 기기에 비하여 교반효과가 좋지 않다.

2) 고압가스 반응기

① 암모니아(NH_3) 합성탑
　　가. 질소(N_2)와 수소(H_2) 1:3몰의 체적비로 반응하여 암모니아(NH_3)를 합성한다.
　　나. 체적비 화학반응식: $N_2 + 3H_3 \rightarrow 2NH_3 + 23.5kcal$
　　다. 내부용기의 재질: 18-8스테인리스강 사용
　　라. 촉매: 산화철(Fe_2O_2)에 Al_2O_3 및 K_2O를 첨가한 것이나, CaO 또는 MgO 등을 첨가하여 사용한다.
　　마. 압력에 따른 분류
　　　　ⓐ 저압합성($150kg/cm^2$ 전후): 구우데법, 켈로그법
　　　　ⓑ 중압합성($300kg/cm^2$ 전후): IG법, JCI법, 뉴데법, 뉴우파우더법, 동공시법, 신파우더법, 케미크법
　　　　ⓒ 고압합성($600\sim1,000kg/cm^2$): 클라우드법, 캬자레법

② 메탄올 합성탑
　　가. 수소(H_2)와 일산화탄소(CO) 2:1몰의 체적비로 반응하여 메탄올(CH_3OH)을 합성한다.
　　나. 체적비 화학반응식: $2H_2 + CO \rightarrow CH_3OH$

다. 메탄올(CH_3OH)의 촉매: 아연(Zn)-크롬(Cr)계 촉매, 구리아연(CuO-ZnO)계 촉매, 아연(Zn)-크롬(Cr)-구리(Cu)계 촉매

라. 합성온도: 300~350℃

마. 압력: 150~300atm에서 CO와 H_2로 직접 합성

③ **역화방지장치 및 역류방지밸브**

가. 역화방지장치의 설치위치

  ㉠ 아세틸렌용 충전용 지관

  ㉡ 아세틸렌의 고압건조기와 충전용 교체밸브 사이의 배관

  ㉢ 가연성가스를 압축하는 압축기와 오토클레이브와의 사이 배관

나. 역류방지밸브의 설치위치

  ㉠ 가연성가스를 압축하는 압축기와 충전용 주관과의 사이 배관

  ㉡ 암모니아 또는 메탄올의 합성탑 및 정제탑과 압축기 사이의 배관

  ㉢ 아세틸렌을 압축하는 압축기의 유분리기와 고압건조기 사이의 배관

2 액화석유가스설비

1) LPG(액화석유가스)의 공급방식

① **자연기화방식**

가. 용기 내의 액화석유가스가 대기 중의 열을 흡수하여 기화하는 방식이다.

나. 가스발열량과 조성변화가 크기 때문에 비교적 소량소비에 적합하다.

② **강제기화방식**

가. 액화석유가스 다량소비, 비점이 높은 부탄가스 사용, 추운 지역의 경우에 기화기를 사용하여 강제로 기화시켜 공급하는 방식이다.

나. 강제기화방식의 특징

  ㉠ 액화석유가스의 종류에 관계없이 추운 지역에서도 기화가 가능하다.

  ㉡ 기화량 조정 및 공급가스의 조성을 일정하게 유지할 수 있다.

  ㉢ 장치가 간단하여 설치장소가 작아도 된다.

다. 강제기화방식의 분류

  ㉠ 생가스 공급방식

   • 저장탱크의 기화기에서 기화된 가스를 그대로 공급하는 방식이다.

- 액화석유가스의 재액화 방지방법: 공급압력을 줄이고, 공기와 혼합시키며, 배관을 보온재로 단열 처리한다.

ⓒ 변성가스 공급방식
- 부탄을 고온의 촉매로 분해하여 메탄, 수소, 일산화탄소 등의 가스로 변성시켜 공급하는 방식이다.
- 특수제품의 가열이나 재액화방지에 사용하는 방식이다.

ⓒ 공기혼합 공급방식
- 기화기에서 기화된 부탄에 공기를 혼합하여 공급하는 방식이다.
- 발열량을 조절할 수 있고, 기화된 가스의 재액화를 방지한다.
- 공기 혼합의 목적: 발열량의 조절, 재액화의 방지, 누설될 경우 손실의 감소, 연소효율의 증대

2) 기화기

① 기화기의 구성

가. 기화부
- ㉠ 열매체를 이용한 간접 가열구조이어야 한다.
- ㉡ 온수를 열매체로 이용할 경우 동결방지조치를 해야 한다.
- ㉢ 기화부의 기화통은 상용압력의 1.5배 이상의 내압시험을 실시한다.

나. 제어부
- ㉠ 액의 유출방지장치: 액면 검출형, 온도 검출형
- ㉡ 제어장치: 과열방지장치, 온도조절장치, 안전변

다. 조압부(압력조정기)
- ㉠ 일반적으로 기화부에서 나오는 가스를 사용하는 목적에 따라 일정한 압력으로 조절하는 곳이다.
- ㉡ 압력조정기는 1~2개를 설치하지만, 전용 압력조정기를 붙이는 형식도 있다.

② 기화기의 분류

가. 작동원리에 의한 분류
- ㉠ 가온 감압방식: 액상의 액화석유가스를 기화시킨 후 가스 조정기에 의해 감압하여 공급하는 방식이다.
- ㉡ 감압 가열방식: 액화석유가스를 조정기나 팽창변을 통하여 감압하여 온도를 내린 후 미리 가열된 열교환기에 도입하여 대기 또는 온수 등으로 가열하여 기화시키는 방식이다.

나. 가열방법에 의한 분류

㉠ 대기온도 이용방식

㉡ 간접가열방식(열매체 이용방식): 온수 열매체(전기 가열, 증기 가열, 가스 가열), 기타 금속 등의 열매체

다. 증발형식에 의한 분류: 순간증발식, 유입증발식

라. 장치의 구성형식에 의한 분류: 단관식, 다관식, 사관식, 열관식

③ **기화기의 기화량 및 열량 계산**

가. 온수 순환식

㉠ 전기히터에 의한 전열식에서의 방열손실 이외에도 온수가열기와 이에 연결된 배관의 방열과 효율을 고려해야 하고, 대부분 대용량이다.

㉡ 순환 온수량(V: l/hr)=Qd/(Δtc)에서,

Q: 기화기 필요열량(kcal/hr), d: 온수의 비중(kg/l), Δt: 온수의 온도차(℃), c: 온수의 비열(kcal/kg·℃)

나. 전열 간접식

㉠ 보통 열매체로는 물을 사용하여 전기히터로 가열하는 방식이다.

㉡ 기화능력 250kg/hr까지 이 방식을 많이 사용한다.

㉢ 필요열량(Q: kcal)=rW+S(t_2-t_1)W에서,

r: 기화잠열(kcal/kg), W: 기화량(kg), S: 액의 평균비열(kcal/kg·℃), t_2: 비점(압력에 따라 다름)(℃), t_1: 액화가스의 입구온도(℃)

3) 조정기

① **조정기의 개념**

가. LPG의 최대사용압력은 15.6kg/cm²(1.56MPa)으로서 가스의 공급압력(유출압력)을 조정하여 안정된 연소를 도모하기 위하여 사용한다.

나. 가스의 공급압력을 연소기구에 적당한 압력으로 감압시킨다.

다. 가스의 공급압력을 소비량의 변화 등에 맞게 유지시키고 중단할 때는 가스를 차단한다.

② **조정기의 종류**

가. 1단(단단) 감압식 저압 조정기: LPG를 공급하는 일반 가정용의 조정기로서 가장 많이 사용되고 있다.

나. 1단(단단) 감압식 준저압 조정기

㉠ 음식점의 조리용 등에 사용되며, LPG를 생활용 이외에 공급하는 경우에 사용된다.

㉡ 장점: 장치의 구조 및 조작이 간단하다.

ⓒ 단점: 배관이 비교적 굵고, 정확한 압력조정이 불가능하다.

다. 2단 감압식 1차 조정기(중압 조정기): 레버를 사용하지 않고 격막의 움직임이 직접 밸브에 전달되는 조정기이다.

라. 2단 감압식 2차 조정기

　ⓐ 자동절체식 분리형의 2차용으로 사용되는 조정기로서, 단단 감압 조정기 대신 사용할 수는 없다.

　ⓑ 장점

　　• 입상배관에 의한 압력강화를 보정할 수 있다.

　　• 각 연소기구에 맞는 압력으로 공급이 가능하다.

　　• 배관의 직경이 작아도 되고, 공급압력이 안정하다.

　ⓒ 단점

　　• 재액화의 우려가 있다.

　　• 장치와 검사방법이 복잡하다.

　　• 조정기와 설비비가 많이 든다.

마. 자동교체식 일체형 조정기

　ⓐ 2차측 조정기가 1차측 출구에 직접 연결되어 조정기의 출구측 압력은 저압이다.

　ⓑ 자동 교체의 특징 이외에 분리형과 같은 중압공급의 이점은 없으나, 기타 이점은 분리형과 같다.

바. 자동교체식 분리형 조정기

　ⓐ 2단 감압방식이며, 중압인채로 중압배관에 가스를 보내므로 중압공급의 이점이 있다.

　ⓑ 자동교체의 기능과 1차 감압의 기능을 겸한 1차용 조정기이며, 각 말단에는 2차 조정기가 필요하다.

　ⓒ 사용측과 예비측에 1개씩 각각 설치된 것과 2개가 일체로 구성된 것이 있다.

사. 자동 교체식(일체형, 분리형) 조정기의 장점

　ⓐ 용기교환주기의 폭을 넓힐 수 있다.

　ⓑ 잔액이 거의 없어질 때까지 소비된다.

　ⓒ 전체의 용기수량이 소동교체식의 경우보다 적어도 된다.

　ⓓ 분리형인 경우 단단 감압식 조정기보다 배관의 압력손실을 크게 해도 된다.

③ **조정기 설치 시 주의사항**

　가. 조정기와 용기의 탈착작업은 공급(판매)자가 할 것

　나. 부착 후 접속부는 반드시 비눗물로 누설검사를 할 것

다. 용기 및 조정기의 설치위치는 통풍이 양호한 곳일 것

라. 용기 및 조정기의 부근에 연소하기 쉬운 물질을 두지 말 것

마. 조정기 부착 시 접속구를 청소하고, 조정기의 압력나사는 건드리지 말 것

바. 조정기의 규격 용량은 사용연소기구 총 가스 소비량의 150% 이상을 설치할 것

3 도시가스설비

1) 도시가스의 공급

① 공급방식의 분류

가. 저압: 0.1MPa(1kg/cm^2) 미만의 가스압력으로 공급

나. 중압: 0.1MPa(1kg/cm^2)~1MPa(10kg/cm^2) 미만의 가스압력으로 공급

다. 고압: 1MPa(10kg/cm^2·G) 이상의 가스압력으로 공급

② 공급방식의 특징

가. 저압공급방식

㉠ 가스공장에서 가스홀드의 압력만을 이용하여 조정기에 의해 수용가의 사용압력으로 공급하는 방식이다.

㉡ 유수식 가스홀더를 사용할 때 도관이나 가스미터에서 수분 제거를 위해 수취기가 필요하다.

㉢ 압송비용이 필요 없거나 공급계통이 간단하므로 유지관리가 쉽다.

㉣ 정전시에도 공급이 가능하므로 공급이 안정적이다.

나. 중압공급방식

㉠ 압송기에 의해 중압으로 송출하고 공급구역에서 정압기에 의해서 수용가의 사용압력으로 공급하는 방식이다.

㉡ 정전시 공급이 불가능한 경우도 있으며, 수분에 의한 장애가 적다.

㉢ 압송기나 정압기 등 시설비 증가와 유지관리가 어렵다.

다. 고압공급방식

㉠ 가스공장에서 고압압송기로 송출하고 정압기에 의해 중압으로 조정한 후 조정기에 의해서 수용가의 사용압력으로 공급하는 방식이다.

㉡ 공급구역이 넓고 대량의 가스를 원거리에 공급하는 경우에 적합하다.

㉢ 고압의 정압기 등 유지관리가 복잡하고 압송비용이 많이 든다.

ⓔ 작은 도관으로 많은 양의 가스를 공급할 수 있다.

2) 도시가스 공급시설

① 가스홀더의 기능

가. 공급설비의 일시적 지장(정전, 배관공사 등)에 대하여 공급을 확보한다.

나. 제조가스를 혼합 저장하여 조성(열량, 성분, 연소성 등)의 변동에 균일화가 가능하다.

다. 피크시에 각 지구의 공급을 가스홀더에 의해 공급하므로 배관의 수송효율을 높일 수 있다.

라. 일정한 제조가스량을 가스수요의 시간변동에 따라 안정하게 공급하고 남는 가스를 저장한다.

② 가스홀더의 종류 및 특징

가. 유수식(습식) 가스홀더

ⓐ 가스탱크를 물탱크 속에 엎어 놓은 방식으로, 많은 물을 필요로 하기 때문에 기초 공사비가 많아진다.

ⓑ 압력이 가스의 수요에 따라 변동하고 물의 동결방지가 필요하다.

ⓒ 구형 가스홀더에 비해 유효 가동량이 많다.

ⓓ 제조설비가 저압인 경우에 많이 사용된다.

나. 무수식 가스홀더

ⓐ 고정된 탱크 내부에 상·하로 왕복운동을 하는 피스톤 또는 다이어프램 등을 설치하여 내용적이 변하는 대신 가스압력을 일정하게 유지시켜 주는 방식이다.

ⓑ 피스톤식의 경우에는 벽과 피스톤 사이에 타르 등을 사용하여 누설을 방지해야 한다.

ⓒ 유수식에 비해 설치비가 절약되고, 가스를 건조 상태로 저장할 수 있으며, 대용량에 적합하다.

다. 고압식 가스홀더(써지탱크, 구형 또는 원통형)

ⓐ 가스를 압축하여 저장하는 방식으로, 표면적이 작아 부지면적과 기초 공사량이 적다.

ⓑ 건조 상태로 가스를 저장할 수 있고, 일정량의 기체를 저장하는데 이상적이고 관리가 용이하다.

ⓒ 가스홀더의 압력을 가스의 송출에 이용할 수 있어서 압송설비가 불필요하다.

ⓓ 고압식 가스홀더(구형)의 부속품

• 검사용 맨홀과 드레인 장치를 설치한다.

- 하부의 출입관에 가스차단밸브 및 신축관을 설치한다.
- 안전밸브 2개와 가스홀더 내의 가스압력 측정용 압력계를 설치한다.
- 어스 2개 이상과 가스홀더 내외에 점검사다리와 승강계단을 설치한다.

③ 압송기

가. 공급수요가 많거나 지역이 넓은 경우에 가스홀더의 압력만으로는 부족할 경우 압송기로 압력을 높여 공급하는 방식이다.

나. 종류로는 터보식, 회전 날개형, 왕복동식 등이 있다.

다. 왕복동식은 고 · 저압에 널리 사용되고, 원심식은 저압 · 대용량에 사용된다.

라. 압송기의 사용목적

　　㉠ 재승압을 필요로 할 경우 및 원거리 공급을 필요로 할 경우 등

　　㉡ 피크시 가스홀더의 압력만으로 전 수요량을 공급할 수 없는 경우

3) 부취제

① 부취제의 개념

가. LPG(액화석유가스)나 LNG(액화천연가스) 등에 향료(부취제)를 넣어 가스누설 시 조기에 감지하여 조치함으로써 중독사고 및 폭발사고를 미연에 방지할 수 있다.

나. LPG, LNG는 공기 중에 누설될 경우 1/1,000(=0.1%)의 농도에서 쉽게 냄새를 감지할 수 있어야 한다.

② 부취제의 구비조건

가. 독성이 없고 화학적으로 안정할 것

나. 보통 존재하는 냄새와 명확히 식별될 것

다. 가스관이나 가스미터에 흡착되지 않을 것

라. 도관내의 상용온도에서는 응축하지 않을 것

마. 극히 낮은 농도에서도 냄새가 확인될 수 있을 것

바. 도관을 부식시키지 않으며, 구입이 쉽고 가격이 저렴할 것

사. 물에 잘 녹지 않는 물질로서 토양에 대해서 투과성이 클 것

아. 완전히 연소하고 연소 후에 유해한 혹은 냄새를 갖는 성질을 남기지 않을 것

③ 부취제의 종류와 특성

가. 터셔리 부틸 메르캅탄(TBM, Tertiary Butyl Mercaptan의 약자)

　　㉠ 냄새: 양파 썩는 냄새

　　㉡ 토양에 대한 투과성이 우수하다.

나. 테트라 히드로 티오펜(THT, Tetra Hydro Thiophen의 약자)

㉠ 냄새: 석탄가스 냄새

㉡ 토양에 대한 투과성이 매우 우수하다.

다. 디메틸 술퍼드(DMS, Di Methyl Sulfide의 약자)

㉠ 냄새: 마늘 냄새

㉡ 토양에 대한 투과성은 보통이다.

라. 부취제의 성질

㉠ 취기의 강도: TBM 〉 THT 〉 DMS

㉡ 화학적 안정성: THT 〉 DMS 〉 TBM

㉢ 토양에 대한 투과성: DMS 〉 TBM 〉 THT

㉣ 순간적 냄새 판단 정도: THT 〉 TBM 〉 DMS

마. 부취제의 냄새 제거 방법

㉠ 활성탄에 의한 흡착

㉡ 화학적 산화처리

㉢ 연소방법

바. 부취제 농도측정 방법

㉠ 주사기법

㉡ 오더미터법

㉢ 냄새주머니법

㉣ 무취실법

④ **부취제의 주입설비**

가. 액체 주입식 부취설비: 펌프 주입방식, 적하 주입방식, 미터연결 바이패스방식이 있다.

나. 증발(기체주입)식 부취설비: 바이패스 증발식, 위크 증발식이 있다.

다. 웨버지수

㉠ 웨버지수란 가스의 연소성을 판단하는 중요한 수치로서 가스의 발열량을 비중의 제곱근으로 나눈 것을 말한다.

㉡ 웨버지수의 허용범위는 표준 웨버지수의 ±4.5% 범위 이내를 유지해야 한다.

㉢ $WI = Q/\sqrt{d}$ 에서,

WI: 웨버지수, Q: 발열량(kcal), d: 비중(공기=1)

4 가스계측기

1 온도계 및 압력계측기

1) 온도측정방법

① 계측기기의 구비조건

　가. 설비비 및 유지비가 적게 들 것

　나. 원거리 지시 및 기록이 가능할 것

　다. 구조가 간단하고 정도가 높을 것

　라. 설치장소 및 주위조건에 대한 내구성이 클 것

② 개요

　가. 측정해야 할 물체의 온도 또는 온도변화를 측온매체의 상태변화에 따른 지시로 측정하는 기구이다.

　나. 접촉식은 온도를 측정하고자 하는 물체에 온도계의 검출소자를 직접 접촉시켜 열적으로 평형을 이루었을 때 온도를 측정하는 방법이다.

　다. 비접촉식은 측정할 물체의 열복사 등을 이용하여 온도를 측정하는 방법이다.

　라. 액체, 기체, 바이메탈온도계는 열팽창을 이용하여 측정하는 온도계이다.

　마. 저항온도계는 전기저항의 온도변화를 이용하여 측정하는 온도계이다.

　바. 열전쌍온도계는 2종류의 다른 금속을 접촉시켜 전기가 흐르는 루프모양 회로를 만들어 측정하는 온도계이다.

　사. 광고온도계나 복사온도계는 빛에 따른 색온도로 측정하는 온도계이다.

③ 온도계의 종류

　가. 접촉식 온도계: 액체봉입 유리온도계(수은 유리온도계, 알코올 유리온도계, 베크만온도계), 압력식 온도계(액체팽창식, 기체압력식, 증기압식), 열전온도계(구리-콘스탄탄: C-C, 철-콘스탄탄: I-C, 크로멜-알루멜: C-A, 백금-백금로듐: P-R), 저항온도계, 바이메탈 온도계

　나. 비접촉식 온도계: 광고온도계, 복사온도계, 광전관온도계, 색온도계, 제겔콘온도계, 서머 컬러 온도계

2) 온도계의 특징

① 유리온도계

가. 유리온도계: 유리모세관 속에 수은, 알코올, 톨루엔, 펜탄 등을 넣어 온도에 따른 체적변화를 이용하여 -100~600℃의 정밀측정용으로 사용하는 온도계이다.

나. 수은 유리온도계: 측정범위는 -60~350℃ 정도이며, 유리관 속에 수은을 넣은 것으로서 높은 온도측정에 사용하고 빠른 응답성이 있다.

다. 알코올 유리온도계: 유리관 속에 알코올을 넣은 것으로서 -100~200℃까지의 저온측정이 용이하다.

라. 베크만 온도계: 150℃까지 사용가능하며, 막대온도계로서 높은 정도의 온도까지 측정하여 1/100 및 1/1,000까지도 측정할 수 있다.

② 압력식 온도계

가. 액체팽창식 온도계: 사용 봉입액으로는 수은(-30~600℃), 아닐린(400℃ 이하), 알코올(200℃ 이하) 등이 있다.

나. 기체압력식 온도계: 헬륨, 네온, 수소, 질소 등의 기체를 석영유리, 백금, 유리 등의 용기에 넣어 온도에 따른 기체의 체적변화를 이용하여 온도를 측정한다. 높은 온도에서는 기체가 금속에 침투하므로 500℃ 이하에서 사용된다.

다. 증기압식 온도계: 사용 봉입액으로는 프레온(freon), 에틸에테르(ethylether), 톨루엔(toluene), 아닐린(aniline) 등을 사용하며, 정밀도는 최소눈금의 1/2 정도로서 측정범위는 -20~200℃이다.

라. 특징

㉠ 진동이나 충격에 강하다.

㉡ 구성은 감온부, 도압부, 감압부로 되어 있다.

㉢ 연속기록, 자동제어 등이 가능하며, 연속으로 사용할 수 있다.

㉣ 고온용에는 좋지 않고 낮은 온도(-40℃ 정도) 측정에 좋다.

㉤ 금속의 피로에 의한 이상변형과 유도관이 파열될 우려가 있다.

㉥ 원격온도측정은 가능하나 외기온도에 의한 영향으로 온도지시가 느리다.

③ 열전온도계

가. 구리-콘스탄탄(C-C): 측정범위는 -200~300℃, 재질은 +구리 · -콘스탄탄, 특성은 저온측정이 용이하고 부식에 강하다.

나. 철-콘스탄탄(I-C): 측정범위는 -20~800℃, 재질은 +철 · -콘스탄탄, 특성은 환원성에 강하고, 산화성에는 약하다.

다. 크로멜-알루멜(C-A): 측정범위는 -200~1,200℃, 재질은 +크로멜 · -알로멜, 특성은 산화성 분위기에서는 열화가 빠르다.

라. 백금-백금로듐(P-R): 측정범위는 0~1,600℃, 재질은 +백금로듐·-백금, 특성은 고온에 견디나 환원성에 약하다.

마. 열전 재료의 구비조건

    ㉠ 열기전력이 커야 한다.

    ㉡ 전기저항 및 온도계수가 작아야 한다.

    ㉢ 사용시간이 길어도 변화가 없어야 한다.

    ㉣ 고온 중의 가스나 공기에 내식성이 있어야 한다.

    ㉤ 내열성 및 고온에서 기계적 강도가 있어야 한다.

바. 보상도선: 열전상과 같은 금속선을 보상도선으로 쓰며, 일반용(105℃)과 내열용(200℃)으로 종류가 구분되며 절연이 되는 제품을 쓴다.

사. 보호관의 구비조건

    ㉠ 고온에서 변형하지 않고 온도의 변화에도 영향을 받지 않을 것

    ㉡ 외부온도변화를 신속히 열전대에 전할 것

    ㉢ 열전상에 화학적 영향을 끼치지 말 것

    ㉣ 압력 및 진동에 충분히 견딜 것

    ㉤ 가스 및 용융성 금속에 강할 것

아. 냉접점: 일정한 온도(0℃로 유지)를 유지시켜 주는 것을 말한다.

④ 저항온도계

가. 백금측온저항체

    ㉠ 안정성이 뛰어나고 높은 온도에서 열화가 적다.

    ㉡ 온도계수가 적고, 측온시간 지연이 커진다.

    ㉢ 보통 측정범위는 -200~500℃로서 오차는 ±0.3℃이다.

나. 서미스터

    ㉠ 금속산화물을 압축 소결시켜 만들며, 전기저항이 온도가 높아지면 줄고 온도가 낮으면 커지는 원리이다.

    ㉡ 정밀한 측정을 할 수 있고 응답이 빠르며, 온도계수가 금속에 비하여 현저히 크다.

    ㉢ 금속산화물은 Ni, Mn, Co, Fe, Cu 등이며, 측정범위는 -100~300℃ 정도이다.

다. 니켈 측온저항체

    ㉠ 백금 측온보다 다소 낮은 온도측정에 유리하며, 온도계수가 크고 감도가 좋다.

    ㉡ 측정범위는 -50~300℃이며, 오차는 ±0.2℃ 이하이다.

라. 금속선(Cu)

    ㉠ 보호관에 넣어 사용하며 온도가 오르면 전기저항이 일정한 관계로 변화하는

원리를 이용하여 측정한다.

     ⓛ 측정범위는 0~120℃ 정도이며, 오차는 ±0.2℃ 이하이다.

  마. 측온저항체의 조건

     ㉠ 내열성이 있어야 한다.

     ㉡ 일정온도에서 일정한 저항을 가져야 한다.

     ㉢ 저항온도 계수가 크고 규칙적이어야 한다.

     ㉣ 물리, 화학적으로 안정하고 동일 특성을 갖는 재료이어야 한다.

⑤ **바이메탈 온도계**

  가. 열팽창계수가 다른 2가지 종류의 박판(황동+인바강)을 맞붙인 것이다.

  나. 온도변화에 의해 열팽창계수가 다르므로 휘어지는 현상을 이용하여 온도를 측정하며 현장지시용으로 적합하다.

  다. 특징

     ㉠ 보호관을 내압구조로 하면 150기압 압력용기 내의 온도를 측정할 수 있다.

     ㉡ 온도지시를 직독할 수 있고, 히스테리시스 오차가 발생되기 쉽다.

     ㉢ 유리온도계보다 견고하고, 수년이 경과하여도 변화가 적다.

     ㉣ 구조가 간단하고 보수가 용이하다.

⑥ **광고온도계**

  가. 고온물체에서 복사되는 특정파장의 복사에너지를 고온계 내부에 장치한 표준온도 고온체의 복사에너지와 밝기를 비교하여 온도를 측정한다.

  나. 약 700~3,000℃까지의 온도를 측정하는 비접촉식온도계이다.

  다. 특징

     ㉠ 측정위치와 각도를 시야 중앙 목적물에 맞춰야 한다.

     ㉡ 표준전구 검사를 수시로 하지 않으면 안 된다.

     ㉢ 광학계의 상처나 먼지 등에 주의가 필요하다.

     ㉣ 900℃ 이하에서는 휘도가 떨어진다.

     ㉤ 측정 정도는 ±1.0~15℃이다.

⑦ **복사온도계**

  가. 물체에서 복사되는 전 에너지를 측정하여 그 에너지를 온도로 환산하는 온도계이다.

  나. 비교적 고온을 측정하여 측정시간의 지연이 적은 온도계로서 측정온도는 30~300℃이다.

  다. 장점

     ㉠ 고온측정 및 이동물체의 온도측정에 용이하다.

ⓛ 측정시간의 지연이 적고 연속측정을 할 수 있다.

ⓒ 기록이나 제어에 적합하고 측정물체의 표면온도를 측정한다.

라. 단점

ⓐ 측정거리에 제한을 받고 오차가 발생된다.

ⓛ 먼지, 연기에 의해 정확한 측정이 곤란하다.

ⓒ 복사율에 의한 보정량이 크고 정확한 보정이 어렵다.

ⓔ 수증기나 탄산가스 유입에 주의하고, 복사발신기 자체에 의한 오차가 발생되기 쉽다.

⑧ 광전관온도계

가. 빛에 의해 금속표면에서 변하는 광전자를 방출하는 원리를 이용한 비접촉식온도계이다.

나. 측정범위는 700℃ 이상의 고온을 측정하고 응답이 빨라서 이동물체의 측정 및 자동화가 가능한 온도계이다.

⑨ 색온도계

가. 물체가 700℃ 이상으로 온도가 상승하면 자연발광하기 시작하여 온도가 고온일수록 붉은 황색을 띠고 다음 푸른색으로 점차 강하게 나타나는 원리를 이용하여 색 필터를 통해 고온체를 측정하는 온도계이다.

나. 온도와 색: 어두운색-600℃, 붉은색-800℃, 오렌지색-1,000℃, 노란색-1,200℃, 눈부신 황백색-1,500℃, 매우 눈부신 흰색-2,000℃, 푸른기가 있는 흰백색-2,500℃이다.

다. 특징

ⓐ 750℃ 정도부터 측정이 가능하며, 기록 조절용으로 사용된다.

ⓛ 광로도중의 흡수에 그다지 영향을 받지 않고 응답이 빠르다.

ⓒ 주위로부터의 빛 반사에 영향을 받는다.

ⓔ 고장이 적으나 개인오차가 있을 수 있다.

ⓜ 휴대 및 취급이 간편하다.

⑩ 제겔콘온도계

가. 점토, 규석질 및 금속산화물을 적당히 배합하여 만든 삼각추로 가열을 받아 소성온도에 달하면 연화변형이 되어 노속의 온도를 측정하는 온도계이다.

나. 내화벽돌의 시험용이며, 연화온도 600~2,000℃까지 20~50℃ 간격으로 번호가 정해진다.

⑪ 서머 컬러 온도계

가. 온도에 따라 색깔이 변하는 도료의 일종으로, 피측정물 표면에 발라서 색깔의 변

화로 온도를 측정하는 온도계이다. 즉, 코발트나 크롬 등 착염이 온도에 따라 가역적으로 색변화를 일으키는 현상을 이용한 온도계이다.

나. 특징은 물체표면의 열분포나 열의 전도속도측정이 용이하다.

3) 압력 측정방법

① 압력의 측정방법

가. 미리 알고 있는 힘과 일치시켜 압력을 측정하는 방법(액주식 압력계)

나. 압력변화에 의한 탄성변위를 이용한 방법(탄성식 압력계)

다. 물리적 현상 등을 이용한 방법(전기식 및 기타 압력계)

라. 압전저항효과(금속이나 반도체의 전기저항이 압력에 의해 변화하는 현상)를 이용한 방법(전기저항압력계)

마. 압전효과(수정 등 압전체에 변형력을 가하면 그 표면에 전하가 발생하는 현상)를 이용한 방법(압전식 압력계)

② 압력계의 검사 시기

가. 새로 설치한 가스는 사용하기 전에, 보일러는 압력이 오르기 전에 실시한다.

나. 두 개의 압력계 지시가 다를 때와 의심이 될 때 실시한다.

다. 부르동관이 높은 열을 접촉하였을 때에 실시한다.

라. 프라이밍이나 포밍이 발생할 때와 점화 전이나 교체 후에 실시한다.

4) 압력계의 종류 및 특징

① 압력계의 종류

가. 탄성식 압력계: 부르동관 압력계, 벨로스식 압력계, 다이어프램식 압력계

나. 액주식 압력계: 유(U)자관 압력계(마노미터), 단관 압력계, 경사관 압력계, 2액마노미터, 호르단형 압력계, 플로트식 압력계, 링밸런스(환상천칭고도) 압력계

다. 피스톤 압력계: 분동식, 피스톤식

라. 침종식 압력계: 단종식 압력계, 복종식 압력계

마. 기타 압력계: 진공식 압력계, 전기식 압력계, 압전식, 압전저항식, 피스톤 압력계

② 압력계의 특성

가. 부르동관 압력계: 일반적으로 가스 및 보일러에 사용한다.

나. 압력계의 최고눈금: 가스 사용 및 보일러 최고 사용압력의 1.5배 이상 3배 이하로 한다.

다. 압력계의 크기: 문자판의 지름은 100mm 이상으로 한다.

라. 압력계의 연결관

⊙ 사이폰관은 압력계를 고온 접촉으로부터 보호하기 위하여 동관은 6.5mm 이상, 강관은 안지름 12.7mm 이상으로 한다.

ⓛ 황동관 또는 동관은 증기의 온도가 210℃ 이상인 경우에는 사용해서는 안 된다.

ⓒ 내부가 80℃ 이상 되어서는 안 되며, 사이폰관 내부의 유체온도는 보통 4~65℃ 이하로 유지해야 한다.

ⓔ 압력계에 삼방콕크를 설치하는 이유는 가스의 사용 및 보일러의 가동 중 압력계를 시험하기 위해서이다.

5) 압력계의 특징

① 탄성식 압력계의 특징

가. 감압탄성소자란 압력을 감지해 변형하는 탄성체를 말한다.

나. 탄성소자에는 부르동관(단면이 편평한 관), 다이어프램식(격막식, 금속이나 비금속의 탄성 박막을 사용), 벨로스식(매끄러운 산모양의 연속 단면을 가진 관을 사용) 등이 있다.

다. 탄성재료에는 황동, 인청동, 스테인리스강, 베릴륨동 등이 사용되며, 고압용에는 특수강으로 크롬강, 크롬몰리브덴강 등이 사용된다.

라. 부르동관압력계와 다이어프램압력계(격막압력계)는 저압용부터 고압용까지 있으며, 일반 용도에서 정밀한 공업용으로 가장 많이 사용된다.

마. 벨로스압력계는 압력감도가 커서 대부분 기압 또는 저압측정에 사용된다.

바. 부르동관의 형태에 따라 C형, 덩굴형, 소용돌이형, 비틀림형 등이 있다.

② 액주식 압력계의 특징

가. 액주의 높이를 측정하는 데는 곧은자 눈금과 직접비교하는 것, 부척이 달린 눈금자, 정밀측정용으로 카시토미터를 사용하는 것도 있다.

나. 수은압력계는 그 높이와 수은의 온도를 정밀하게 측정하면 정밀도가 우수한 압력측정을 할 수 있다.

다. 액주압력계는 기압측정, 유량, 액면 등의 공업계측이나 저압용 각종 압력계의 교정을 위한 기준기로 사용된다.

라. 압력의 차이(P_2-P_1)=액체의 밀도(ρ)×중력가속도(g)×액주의 높이(H)

마. 유(U)자관식 압력계의 압력(P_2)=대기압(P_1)+비중량(r)×높이(H)에서,
rH=비중량×[(액주높이/표준대기압 수은주 높이)]×표준대기압$(1.033kg/cm^2)$

③ 피스톤 압력계의 특징

가. 공기식 피스톤압력계란 압력 전달액체로 기름 대신 공기나 질소 등의 기체를 사

용하는 것을 말한다.

나. 피스톤 압력계는 절대측정이 가능하여 압력의 정밀측정이나 다른 압력계의 교정을 위한 기준기로 사용된다.

다. 피스톤 압력계는 압력의 연속측정에는 적합하지 않다.

라. 압력(P)=(mg/Ae)×〔1-($\rho a/\rho w$)〕+대기압(atm)

- m: 분동과 피스톤 질량의 합
- g: 중력가속도
- Ae: 유효단면적
- ρa: 공기의 밀도
- ρw: 분동의 밀도
- 1-($\rho a/\rho w$): 공기의 부력 보정 값

④ **침종식 압력계의 특징**

가. 복종식 침종압력계란 2개의 종을 천칭에 나누어 걸고 각각에 압력을 가해 종에 작용하여 위로 향하는 힘의 차를 천칭의 기울기에서 측정하여 압력차를 구하는 것을 말한다.

나. 침종식 압력계는 미차압 측정에 적합하다.

⑤ **기타 압력계**

가. 환산천칭압력계는 링밸런스(ring balance)라고도 하며, 액체로는 수은, 기름, 물이 사용된다.

나. 환상천칭압력계는 약 150mmHg 이하의 미차압 측정에 사용된다.

다. 전기저항압력계는 압전저항압력계라고도 하며, 실용적으로는 전기저항의 온도계수가 작은 금속이 좋고 압력계수가 비교적 큰 망가닌 외에 금크롬합금이 사용된다.

라. 다이어프램 등의 수압판을 끼우고 수정소자에 압력을 가하여 발생된 전기량은 누설되기 쉽기 때문에 압전압력계는 정적 압력의 측정에는 적합하지 않지만 주파수응답성이 좋아서 변동압력의 측정에만 사용된다.

2 액면 및 유량계측기

1) 액면 측정

① 액면의 측정방법

가. 눈금관식은 직접법 또는 게이지글라스식이라고도 하며, 유리관의 상단과 하단을 용기에 연결시켜서 눈금이 매겨진 유리관으로 액체를 유도하여 그 액면의 위치로 측정하는 방법이다.

나. 플로트(float)식은 액면에 띄운 플로트로 위치를 검출하고 지시하여 측정하는 방법이다.

다. 방사선식은 액체에 의한 방사선 흡수를 이용하여 측정하는 방법이다.

라. 압력식은 액체의 정수압을 이용하여 측정하는 방법이다. 즉, 간접법은 탱크 밑면의 압력이 액면의 위치와 일정한 관계가 있는 것을 이용하여 액면을 측정하는 방법이다.

마. 기타 측정방법

　㉠ 액면에서의 빛이나 초음파의 반사를 이용하는 방법이 있다.

　㉡ 전기저항이나 전기용량의 변동을 이용하는 방법이 있다.

② 액면계의 구비조건

가. 구조가 간단하고 조작이 용이할 것

나. 내식성과 내구성이 있고 보수점검이 용이할 것

다. 고온 및 고압에 사용 가능하며 연속측정이 가능할 것

라. 지시기록과 원격측정이 가능하고 자동제어가 용이할 것

마. 구입 및 가격이 저렴할 것

2) 액면계의 종류 및 특성

① 액면계의 종류

가. 직접식 액면계: 직접관측(평형투시식, 평형반사식, 굴절식)과 플로트식(아람 플로트식, 디펄 세멘트식, 평형자동식 액면계)이 있다.

나. 간접식 액면계: 압력식 액면계(차압식, 기포식, 다이어프램식 액면계)와 음향 등 물리현상을 이용하는 방법이 있다.

다. 기타 액면계: 중량식 액면계, 정전용량식 액면계, 초음파식 액면계, 방사선식 액면계 등이 있다.

② **액면계의 특성**

　가. 직접식 액면계

　　　㉠ 설치(부착)방법으로는 나사접합, 플랜지 및 용접접합이 있다.

　　　㉡ 평형투시식은 유리관으로 만들어져서 내부의 액체가 쉽게 구별되는 액면계이다.

　　　㉢ 평형반사식은 접촉부에 삼각홈을 파서 프리즘의 원리에 의해 액면을 표시한 것이다.

　　　㉣ 굴절식은 2가지 색깔을 착색하여 조명광에 의해 액면이 표시되는 것이다.

　나. 플로트식 액면계

　　　㉠ 플로트의 변위와 부력을 이용한 것으로 원리와 구조가 간단하고 고온 및 고압에 사용이 가능하며 일반 공업용으로 많이 사용된다.

　　　㉡ 액면이 심하게 움직이는 곳에는 사용하기 곤란하다.

　　　㉢ 아람 플로트식은 물위에 부표를 사용하여 아람바의 기울기에 의해 회전자를 돌려서 지시하는 액면계이다.

　　　㉣ 디펄 세멘트식은 액체가 배출하면 그에 비례하여 액의 중량이 가벼워지는 원리를 이용하여 액면을 측정하는 액면계이다.

　　　㉤ 평형자동식 액면계는 액면과 플로트와의 상대위치 변화를 검출하여 공기압이나 전기신호로 바꾸어 자동액면이 측정되는 액면계이다.

　다. 압력식 액면계

　　　㉠ 액체의 압력을 이용하여 액위를 측정하는 방식으로 원리가 간단하고 비교적 점도가 낮은 유체의 액면측정에 사용된다.

　　　㉡ 차압식 액면계는 액체의 높이 압력과 측정 계기 압력 차의 액면을 구하는 압력계로 자동 액면 제어장치에 용이하나, 유체와 탱크 내의 밀도가 같지 않으면 측정이 곤란하다.

　　　㉢ 기포식 액면계는 액체 탱크 밑바닥에 파이프를 연결하여 일정량의 기포를 불어넣어 그때 불어넣는 압력과 액체의 하중압력이 같다는 원리를 이용하여 간접적으로 액면을 측정한다.

　　　㉣ 다이어프램식 액면계는 다이어프램이 들어있는 측정함을 액속에 매달아 다이어프램의 휨에 따라서 함속의 공기압의 변화로부터 액위를 측정한다.

　라. 중량식 액면계

　　　㉠ 액체의 통속에 중량을 측정하여 액면을 측정하는 것을 말한다.

　　　㉡ 중량을 산출할 때는 저울이나 로드 셀을 사용한다.

　마. 정전용량식 액면계

ㄱ 2개의 금속도체가 공간을 이루고 있을 때 이 도체 사이에는 정전용량이 존재하며, 그 크기는 두 도체 사이에 존재하는 물질에 따라 다르다는 원리를 이용한 것이다.

ㄴ 측정물의 유전율(전기선속밀도: 전기장)을 이용하여 정전용량의 변화로써 액면을 측정한다.

ㄷ 구조가 간단하고 보수가 용이하며 측정범위가 넓다.

ㄹ 유전율이 온도에 따라 변화되는 곳에는 사용할 수 없다.

ㅁ 습기가 있거나 전극에 피측정체를 부착하는 곳에는 부적당하다.

바. 기타 액면계

ㄱ 초음파식 액면계: 발신기로부터 발사된 초음파가 액면에서 반사되어 수신기까지 되돌아오는 시간을 측정하여 액면을 측정하는 계기이다.

ㄴ 탱크가 고온이나 고압 또는 저온 등으로 다른 방법에 의하여 액면을 측정할 수 없을 경우, 용광로, 종합반응탑, 석유탱크 및 분상물질 호퍼 등에 많이 사용된다.

3) 유량 측정

① 개념

가. 유량이란 단위시간에 고정된 단면을 흐르는 유체의 양을 말한다.

나. 질량유량이란 단위시간에 어떤 단면을 통과하는 유체의 질량을 말한다.

다. 유량은 유체의 부피로 나타내며, 질량유량의 측정은 질량유량계를 이용하여 직접 측정한다.

라. 유량은 유속에 관로의 단면적을 곱하여 계산한다.

② 유량의 측정방법

가. 용적식(부피식) 유량계: 관이나 유로를 통하여 단위시간에 흐르는 유체의 부피를 직접 측정하는 유량계이다.

나. 유속식(속도) 유량계: 유체의 흐름 중에 설치하여 프로펠러의 회전속도로서 유속을 재는 유량계이다. 유속과 면적을 곱하여 측정한다.

다. 차압식 유량계: 유체가 관 사이에 설치한 교축기구를 통과할 때 발생하는 압력차를 측정하는 것을 말한다.

라. 면적식 유량계: 유체의 속도에 따른 압력차를 유체가 흐르는 넓이를 근절하여 흐르는 넓이로부터 유량을 측정하는 유량계이다.

마. 전자유량계: 전자기유도현상을 이용하여 유량을 측정하는 유량계이다.

바. 소용돌이유량계: 유체진동현상을 이용하여 유량을 측정하는 유량계이다.

사. 초음파유량계: 파동의 전파시간차를 이용하여 유량을 측정하는 유량계이다.

아. 터빈유량계: 유체에 작용하는 힘을 이용하여 유량을 측정하는 유량계이다. 즉, 유체 속에 장치한 날개차(회전익)는 유체에 비례하는 각속도로 회전하는 회전수를 누계하여 유량을 측정하는 원리이다.

4) 유량계의 종류 및 특성

① 유량계의 종류

가. 용적식(부피식) 유량계: 오벌기어식, 로터리형식, 왕복 피스톤형, 원판형 유량계

나. 유속식(속도) 유량계: 피토관식, 전열식, 익차식(임펠러식) 유량계

다. 차압식 유량계: 오리피스, 플로노즐, 벤투리 미터

라. 면적식 유량계: 로터 미터식, 플로트식

마. 기타 유량계: 전자유량계, 초음파 유량계, 소용돌이유량계, 터빈유량계 등

② 유량계의 특성

가. 용적식(부피식) 유량계

㉠ 관이나 유로를 통하여 단위시간에 흐르는 유체의 부피를 직접 측정하는 유량계이다.

㉡ 오벌기어식 유량계: 기어형과 입형이 있으며, 유체를 기어의 회전에 유입시켜 그 유출되는 양으로 유량을 측정하는 것으로서 회전자의 회전수를 측정하여 통과한 부피를 알고, 회전자의 회전속도를 측정하여 단위시간당 유량을 용이하게 계측하는 유량계이다.

㉢ 로터리형식 유량계: 로터리 베인을 회전자로 하여 그 회전자의 가동판이 이에 작용하는 액체의 압력에 의하여 회전하면서 가동판 사이에 일정한 부피를 통과시켜 그 양을 측정하는 계기이다.

㉣ 왕복 피스톤형 유량계: 부식성이 없고 점도가 낮은 액체의 적은 양을 정밀하게 계량하는 데 용이하다. 피스톤이 일정한 부피의 실린더 속에 유체를 밀어내어 그 횟수를 세어 유량을 측정하는 계기이다.

㉤ 원판형 유량계: 일명 임펠러식이라고도 하며, 둥근축을 가지는 원판이 유량실 중심에 위치하여 둥근축을 중심으로 목운동을 한다. 이와 같은 운동을 되풀이하여 원판회전에 의하여 유체의 통과량을 알 수 있다.

㉥ 특징

• 맥동의 영향을 적게 받는다.

• 고점도 유체나 점도변화가 있는 유체에 적합하다.

• 정밀도(±0.2~0.5%)가 높아 상거래용으로도 사용된다.

- 고형물의 유입을 막기 위하여 입구측은 반드시 여과기를 설치한다.
- 일반적으로 구조가 복잡하고 회전자 재질은 도금, 주철, 스테인리스강 등이 사용된다.

나. 유속식(속도) 유량계

ㄱ 유체의 흐름 중에 설치하여 프로펠러의 회전속도로서 유속을 재는 유량계이다. 즉, 유속과 면적을 곱하여 측정하는 유량계이다.

ㄴ 피토관식 유량계: 유체의 속도운동에너지를 검출하여 측정하는 것으로, 기체의 유속이 5m/s 이하는 부적당하다.

ㄷ 전열식 유량계: 관에 전열선을 두고 유속에 의한 온도변화로 유량을 측정한다.

ㄹ 익차식(임펠러식) 유량계: 유체가 흐르는 관로에 익차를 설치하고 유속변화를 이용한다. 대표적인 예로 프로펠러형의 수도미터(수도용 적산계량기)가 있다.

다. 차압식 유량계

ㄱ 유체가 관 사이에 설치한 교축기구를 통과할 때 생기는 압력차를 측정하는 것이다.

ㄴ 오리피스
- 종류는 동심오리피스와 편심오리피스가 있으며, 원형의 구멍이 나 있는 이 원형을 오리피스라 한다.
- 관의 중간에 삽입하여 압력차를 보고서 유량을 정한다.
- 유량계수의 신뢰도는 크나 유체의 압력손실이 크고, 침전물의 생성이 우려되며, 내구성은 좋지 않으나 협소한 장소에 설치할 수 있다.
- 구조가 간단하고 교환이 용이하며 제작기간이 짧아 제작비가 싸다.

ㄷ 플로노즐
- 2종류의 곡률 반지름 모양의 곡면부로 이루어진 기구이다.
- 고압의 유체나 불순물이 있는 유체의 유량측정에 용이하다.
- 노즐의 가장자리는 관 밖의 노즐 앞뒤의 압력차를 측정하는 구멍이 있어 유체계측을 한다.

ㄹ 벤투리 미터
- 유입 쪽 부분과 이에 연속된 조리개 부분 그리고 유출 쪽의 흐름을 확대하는 부분 등이 있어 유량을 측정한다.
- 유량에 대한 압력차가 적어 압력손실이 매우 적고 내구성이 있는 점이 특징이나 제작이 까다롭고 값이 비싸며 쉽게 교환이 안 된다.

라. 면적식 유량계

㉠ 유체의 속도에 따른 압력차를 유체가 흐르는 넓이를 근절하여 흐르는 넓이로
    부터 유량을 측정하는 유량계이다.

㉡ 플로트식: 유체가 흐르는 단면적을 변화시키는 1차 요소를 넣어 유체의 흐르
    는 압력과 플로트(부자)에 작용하는 중력(외력)이 균형을 이루어 그 역학적
    인 관계로서 유량을 구하는 계기이다. 즉, 유량은 플로트 높이로서 구한다.

㉢ 면적식 유량계의 특징
  • 진동에 매우 약하다.
  • 수직으로 부착하지 않으면 안 된다.
  • 유량에 대해서 직선눈금이 얻어진다.
  • 액체나 기체 외에도 부식성 유체, 고점도 유체 및 슬러지의 측정에 적합하다.

마. 기타 유량계
  ㉠ 전자유량계
    • 전자유량계는 도전성 유체의 속도에 비례하여 발생하는 전압을 측정하여
      도전성 유체의 유량을 측정한다.
    • 전자유량계는 흐름을 방해하지 않으므로 유체의 에너지 손실이 없다.
    • 전자유량계는 출력신호가 유량과 비례하고, 정밀도가 높은 것 등이다.
    • 전자유량계의 단점은 전기전도성을 띠는 액체에만 사용할 수 있다는 것이다.

  ㉡ 초음파 유량계
    • 전파시간법과 위상차법(도플러방식: 유체 속의 고체입자나 기포, 기체 속의
      액적 등을 표적으로 삼아 그 이동속도를 측정하는 것)이 있다.
    • 초음파 유량계는 측정대상에 직접 접촉하지 않고 유속을 측정할 수 있다.
    • 초음파 유량계는 측정대상이 기체인 경우에는 관벽 재료와의 음향임피던스
      차이가 크므로 관벽을 투과시켜 관 바깥에서 측정하기가 어렵다.
    • 초음파 유량계의 단점은 비접촉식이라 파동의 성질을 이용하는데 있다.

  ㉢ 소용돌이 유량계
    • 유량에 비례하는 펄스주파수의 출력을 얻을 수 있으므로 누계유량을 쉽게
      구할 수 있는 특징이 있다.
    • 진동하는 것은 유체이며, 기계적 가동부분이 없어 신뢰성과 내구성이 높다.
    • 유체의 성질인 압력, 조성, 온도 등에 영향을 받지 않는 특징이 있다.
    • 소용돌이 유량계의 특징을 이용한 결과 짧은 역사에 비하여 공업계측분야
      에서 응용이 늘어나고 있다.

  ㉣ 터빈유량계
    • 날개를 가볍게 하여 회전마찰을 작게 하면 넓은 범위의 유속을 측정할 수

있는 특징이 있다.

- 공업용 터빈유량계의 회전속도는 날개차와는 비접촉으로 자기력 결합에 의해 관의 벽 밖에서 검출되고 계측되어 깨끗한 유체 측정에 적합하다.
- 터빈 유량계는 정밀도가 좋아 기상용 풍속계, 공업용 정밀유량계, 수도용 계량기 등으로 많이 사용된다.

㉤ 열선유속계
- 열의 이동량에서 유속을 구하는 것은 유체와 고체 사이의 열교환은 유속에 따라 영향을 크게 받기 때문이다.
- 열선유속계는 응답이 빨라 유속의 변화 측정에 적합하다.
- 열선유속계는 유속 자체보다 난류 측정에 적합하다.

3 가스분석기

1) 가스 분석

① 가스 분석기의 개념

가. 물질의 화학적 성질과 물리적 성질을 이용하여 가스를 분석하는 것을 말한다.

나. 흡수분석법의 가스 성분분석은 시료가스를 흡수액에 흡수시켜 흡수된 양의 차이에 의한 방법이다.

② 가스 분석기의 특징

가. 선택성에 대한 고려가 항상 필요하다.

나. 일반계기에 비해 복잡하며 설치 보수에 주의해야 한다.

다. 시료가스의 온도, 압력변화에 의한 오차가 생기기 쉽다.

라. 분석하려는 기체에 적절한 시료가스채취 장치가 필요하다.

마. 계기의 교정에는 화학분석에 의해 검정된 표준시료가스를 사용해야 한다.

2) 가스분석계의 종류 및 특징

① 가스분석계의 종류

가. 화학적 가스 분석계: 헨펠식 가스 분석법, 오르자트식 가스 분석법, 자동화식 CO_2계, 연소식 O_2측정기

나. 물리적 가스 분석계: 열전도율형 CO_2계, 밀도식 CO_2계, 적외선 가스 분석계, 자기식 O_2측정기, 세라믹 O_2측정기, 미연소 가스 측정기(H_2+CO), 가스 크로마토그래피

② **가스분석계의 특징**

가. 헴펠식 가스 분석법

㉠ 화학적 분석법으로, 각 시료가스를 규정의 흡수액에 차례로 흡수·분리시켜 흡수 전후의 체적변화량으로 각 성분의 조성을 구하는 방법이다.

㉡ 측정순서: CO_2 → CmHn → O_2 → CO → H_2 및 CH_2 등의 순서로 흡수하여 측정하고, 나머지 성분은 N_2로 간주한다.

㉢ 흡수액

- 탄산가스: KOH(수산화칼륨 용액 30%)
- 중탄화수소(CmHn): 발열황산+진한 황산액 또는 포화브롬수
- 산소(O_2): 알칼리성 피로가롤 용액
- 일산화탄소(CO): 암모니아성 염화제1구리 용액, 염산성 염화제1구리 용액

㉣ 헴펠식의 H_2, CH_4 계산식

- $H_2 = (2/3) \times (a-2b) \times (R/E) \times (100/A)\%$
- $CH_4 = b \times (R/E) \times (100/A\%)$
- $N_2 = 100 - (CO_2 + O_2 + CO + H_2 + CH_4)\%$
  - a: 폭발 전후의 용적차(mL)
  - 폭발로 생성된 CO_2의 양(mL)
  - A: 최초에 채취한 가스량(mL)
  - R: CO까지 흡수시킨 나머지 가스의 양(mL)
  - E: 폭발시키려고 사용한 시료가스의 양(mL)

나. 오르자트식 가스 분석법

㉠ 오르자트(orsat)법은 가스와 흡수액의 접촉이 양호한 구조의 피펫을 사용하여 가스의 흡수는 섞지 않고 행한다.

㉡ 측정순서: CO_2 → O_2 → CO의 순서로 측정하고, 나머지 성분은 N_2로 간주한다.

㉢ 흡수액

- 탄산가스: KOH(수산화칼륨 용액 30%)
- 중탄화수소(CmHn): 발열황산+진한 황산액 또는 포화브롬수
- 산소(O_2): 알칼리성 피로가롤 용액
- 일산화탄소(CO): 암모니아성 염화제1구리 용액, 염산성 염화제1구리 용액

　　ⓡ 흡수약제 성분배합

　　　　• CO_2의 흡수액: KOH 용액은 30%이며, KOH 1mL의 흡수 능력은 CO_2 40cc 이다.

　　　　• O_2의 흡수액: 피롤가롤 6g을 물 50g에 용해시켜 여기에 KOH 30g, 물 50g을 녹인 용액의 혼합 흡수 능력은 본액 1mL에 O_2는 8cc를 흡수한다.

　　　　• CO의 흡수액: 물 100mL에 염화암모늄 33g과 염화제 1구리 27g을 용해시켜 암모니아수를 가하며, 본액 1cc는 CO를 10cc 흡수한다.

　　ⓜ 오르자트 가스분석계의 특징

　　　　• 정밀도가 매우 좋다.

　　　　• 뷰렛, 피펫은 유리로 되어 있다.

　　　　• 구조가 간단하고 취급이 용이하며 휴대가 간편하다.

　　　　• 분석순서가 바뀌면 오차가 크다.

　　　　• 수동조작에 의해 성분을 분석한다.

　　　　• 수분은 분석할 수 없고, 건배기가스에 대한 각 성분 분석이다.

　　　　• 연속측정이 불가능하다.

　　ⓗ 오르자트 가스분석 계산식

　　　　• $CO_2 = (B/A) \times 100\%$

　　　　• $CH_4 = (C/A)100\%$,

　　　　• $CO = (D/A) \times 100\%$

　　　　　－ A: 뷰렛 내의 시료채취량　　－ B, C, D: 흡수용액에 흡수한 양

　　ⓢ 시료의 채취원칙

　　　　• 공기의 혼입을 없게 하고, 평균 시료를 채취하도록 한다.

　　　　• 가스의 성분과 채취기구와는 화학반응이 없도록 한다.

　　ⓞ 여과기의 재료

　　　　• 1차여과기: 내열성이 좋은 아란담, 카보랜덤을 사용하고, 고온의 연도에 설치한다.

　　　　• 2차여과기: 유리솜, 석면, 면 등을 사용하고, 분석기 직전에 설치한다.

다. 자동화학식 CO_2계의 특징

　　㉠ 수산화칼륨 용액에 흡수시켜 CO_2의 용적을 측정하는 계기이다.

　　㉡ 선택성이 비교적 좋으나 유리부분이 많아 파손되기 쉽다.

　　㉢ 조성가스가 여러 종류라도 높은 정도의 측정이 가능하다.

　　㉣ 점검과 소모품의 보수에 시간이 걸린다.

라. 연소식 O_2측정기의 특징

    ㉠ 일정량의 측정가스와 H_2 등의 가연성가스를 혼합하여 촉매(팔라듐) 존재 하에서 연소시켜 발생되는 발생열은 측정가스 중의 O_2농도에 비례한다는 원리를 이용하여 분석하는 계기이다.

    ㉡ 원리가 간단하고 취급이 용이하다.

    ㉢ 측정가스의 유량변동은 오차를 발생시킨다.

    ㉣ 상당히 선택성이 있으나 H_2 등의 연료가스를 준비해야 한다.

③ **물리적 가스 분석계**

가. 물리적 가스 분석계의 특징

    ㉠ 선택성이 뛰어나다.

    ㉡ 대상범위가 넓고 저농도의 분석에 적합하다.

    ㉢ 측정가스의 더스트(dust)나 습기 방지에 주의가 필요하다.

나. 열전도율형 CO_2계: CO_2는 공기에 비해 열전도율이 매우 적은 원리를 이용하여 측정하는 계기이다.

다. 밀도식 CO_2계: CO_2가 공기에 비해 밀도가 큰 원리를 이용하여 풍차를 돌려 측정하는 계기이다.

라. 적외선 가스 분석계: N_2, H_2, O_2 등 2원자 분자를 제외한 CO나 CO_2, CH_4 같은 특유한 고유파장의 적외선을 흡수하여 온도가 높아지고 압력이 증가한다. 이때 흡수하는 적외선으로 측정하는 계기이다.

마. 자기식 O_2측정기: 산소(O_2)는 다른 가스에 비해 강자성체이다. 자기장에 흡인되는 원리를 이용하여 자기장을 형성시켜 자기풍을 일으키는 전류로서 측정하는 계기이다.

바. 세라믹 O_2측정기: 지르코니아(ZrO_2)를 주원료로 한 세라믹은 온도가 상승하면 O_2, 이온만 통과하는 특수성질을 이용하여 산소를 측정하는 계기이다.

사. 미연소 가스 측정기(H_2+CO): 연소에 필요한 O_2는 외부로부터 O_2를 공급하여 백금선을 촉매로 연소시켜 측정하는 계기이다.

아. 가스 크로마토크래피

    ㉠ 활성탄 등의 흡착제를 채운 가는 관을 통과하는 가스의 이동속도의 차를 이용하여 시료가스를 분석하는 방법으로, 캐리어 가스로는 H_2, N_2, Ar 등이 사용되며, 주로 연구실용과 공업용으로 사용된다.

    ㉡ 가스 크로마토그래피의 특징

        • 전개체에 상당하는 가스를 캐리어가스라 하며, H_2, He, Ar, N_2 등이 사용된다.

        • 장치는 가스 크로마토그래피라고 부르며, 분리관(칼럼), 검출기, 기록계 등

으로 구성된다.

- 검출기에는 열전도형(TCD), 수오이온(FID), 전자포획이온화(ECD) 등이 있으며 가장 많이 쓰이는 것은 TCD이다.
- 정량, 정성분석이 가능하다.
- 적외선 가스분석계에 비해 응답속도가 느리다.
- 여러 가지 가스성분이 섞여 있는 시료가스 분석에 적당하다.
- 분리능력과 선택성이 우수하다.
- 시료가스는 수 cc로 충분하며, 1회 측정시간이 수분에서 수 십분 정도이다.

Ⅱ

가스장치 및 기기

4 가스누출검지기

1) 가스누설 검지경보기

① 개념

가. 가연성가스 및 독성가스 제조장치나 저장 또는 사용설비에서 가스의 누설을 신속히 검지하여 재해의 발생을 방지하기 위해서 설치한다.

나. 가스누설 검지경보기는 일정 공간 내의 가스 농도를 계량한다.

② 구비조건

가. 연속적으로 장기간 사용해도 안정하게 작동해야 한다.

나. 소형이며, 취급 및 조작의 불편이 없어야 한다.

다. 방폭구조이어야 하며, 가격 등이 저렴해야 한다.

③ 가스검지의 안전관리

가. 독성 가스는 허용농도(암모니아를 실내에서 사용할 때는 50ppm) 이하에서 검지할 수 있어야 한다.

나. 가연성가스는 폭발하한의 1/4 이하에서 검지할 수 있어야 한다.

다. 탱크 또는 설비와 용기 내에 사람이 들어가 작업할 때의 산소 농도는 18~20% (산소설비는 22%까지)의 범위에 들어야 한다.

라. 액화석유가스(LPG) 검지부의 설치높이는 바닥면으로부터 검지부 상단까지 30cm 이내의 범위에서 가능한 한 바닥에 가까운 위치에 있어야 한다.

2) 가스누설 검지기의 분류

① **검지경보기의 원리에 따른 분류**

　가. 접촉연소식

　　㉠ 백금선의 표면을 파라티움 화합물 등으로 활성화한 것이다.

　　㉡ 촉매: 염소(Cl_2), 황화수소(H_2S), 실리콘 등을 사용한다.

　나. 반도체식: 반도체의 전도도는 누설가스를 흡착하는 것에 의해 변화한다.

　다. 갈바니 전지식: 대부분 산소의 검지에 사용된다.

② **검지경보기의 취급에 따른 분류**

　가. 정치식: 고정하여 설치하는 것이다.

　나. 휴대식: 일반적으로 소형화시켜 휴대 가능한 것이다.

③ **샘플의 포집방식에 따른 분류**

　가. 자연확산식: 누설가스가 검지소자까지 자연스럽게 확산하여 도달하는 방식이다.

　나. 흡인식: 송풍기로 누설가스를 흡인하여 검지소자에 보내는 방식이다.

④ **기타 가스검지방법에 따른 분류**

　가. 시험지법

　　㉠ 가스농도는 독성가스 및 가연성가스 누설 장소에 시험지를 접촉시켜 변색상
태로 가스의 누설 유무를 검지하는 방법이다.

　　㉡ 시료가스에 따른 시험지의 변색상태

　　　• 암모니아(NH_3): 적색 리트머스시험지를 청색으로 변색시킨다.

　　　• 염소(Cl_2): 요오드 칼륨시험지(KI 전분지)를 청색으로 변색시킨다.

　　　• 시안화수소(HCN): 초산(질산구리)벤젠지를 청색으로 변색시킨다.

　　　• 황화수소(H_2S): 초산납시험지(연당지)를 흑색으로 변색시킨다.

　　　• 일산화탄소(CO): 염화파라듐지를 흑색으로 변색시킨다.

　　　• 아세틸렌(C_2H_2): 염화제일구리착염지를 적색으로 변색시킨다.

　　　• 포스겐($COCl_2$): 하리슨시험지를 심등색으로 변색시킨다.

　나. 검지관법

　　㉠ 안전등형: 가스농도는 푸른 불꽃(청염)의 길이로써 측정한다.

　　㉡ 열선형: 가스농도는 브리지회로의 편위전류를 이용하여 측정한다.

　　㉢ 반도체식: 가스농도는 반도체 소자에 전류를 흐르게 하고 가스를 접촉시켜
전압의 변화에 의해서 측정한다.

　　㉣ 간섭계형: 가스농도는 가스의 굴절률차를 이용하여 측정한다.

5 제어기기

1) 자동제어의 종류 및 특성

① 자동제어(automatic control)의 개요

가. 자동제어란 기계적인 방법으로 가동상태를 검출하여 신호를 보내 어느 부분을 조작함으로써 설정수치에 맞게 항상 평형을 유지하는 것을 말한다. 즉, 자동제어란 기계장치가 자동적으로 행하는 제어를 말한다.

나. 제어란 어떤 대상을 어떤 조건에 적합하도록 조작하는 것을 말한다. 즉, 제어는 통제하여 조종하는 것이다.

다. 자동제어는 보일러를 정상 가동하려면 기관본체 내부의 수위유지, 증기압력유지, 연소조절 등이 요구되며, 가동되고 있는 장치는 항상 정상적 설정수치를 벗어날 위험이 있으므로 제어장치가 필요한 것이다.

라. 제어 방법은 수동제어와 자동제어가 있다.

마. 수동제어란 사람의 두뇌, 눈, 손, 발을 이용하여 조작하는 것을 말한다.

② 자동제어의 목적

가. 장치의 운전을 안전하게 할 수 있다.

나. 인원이 감소되므로 인건비가 절약된다.

다. 효율적인 운전이 되므로 유지비가 절감된다.

라. 경제적인 열매체 및 가스를 얻을 수 있다.

③ 제어 용어의 개념

가. 시퀀스 제어(sequence control): 개회로라고도 하며, 미리 정해 놓은 순서에 따라 단계적으로 진행되는 제어를 말한다.

나. 피드백 제어(feedback control): 폐회로라고도 하며, 결과가 원인이 되어 제어단계를 진행하는 제어이다. 즉, 블록선도(장치를 구성하는 요소를 사각형으로 표시(블록)하고 블록 사이를 선으로 연결하여 신호의 전달방향을 나타내는 계통도)는 폐회로를 구성하여 출력을 입력 쪽으로 신호함으로써 목표치와 어긋나는 편차량을 가감하여 일정 상태의 출력을 유지하는 제어를 말한다.

다. 기준입력요소: 제어계를 동작시키는 기준으로써 직접 폐회로에 가해지는 입력을 말한다. 즉, 목표치(설정치)를 제어계의 신호로 전환하여 늘 비교부에 전달한다.

라. 주 피드백 신호: 검출부에서 검출된 제어량을 목표치와 비교하기 위한 신호를 말한다.

마. 외란(disturbance): 제어계의 상태를 교란하는 외적 작용 즉, 조작량 이외의 양으

로 제어계의 상태를 교란시키며, 제어대상이 아닌 외부로부터 미치는 작용을 말한다. 외란의 원인은 가스유량, 가스공급압력, 공급온도, 탱크의 주위온도 및 목표값의 변경 등이 있다.

④ **자동제어의 작동순서**

가. 검출부: 제어량(출력: 제어할 목적으로 되어 있는 양)을 해당 계측기기로 검출한다.

나, 비교부: 설정치(목표치: 제어하려고 하는 값 즉, 제어량에 대한 희망치로서 제어계에 외부로부터 주어지는 값)와 검출량을 비교하여 편차량을 신호에 의해 조절부로 보낸다.

다. 조절부: 편차량(목표치에서 제어량(검출량)을 뺀 값)을 해소하기 위해 필요한 동작신호를 만들어 조작부로 보낸다.

라. 조작부: 전달받은 동작신호를 조작량(제어량을 조정하기 위하여 제어장치가 제어대상에 주는 양)으로 전환시켜 제어(설정치가 유지되도록 제어대상(process)에 필요한 조작을 가하는 것)기기를 작동하여 편차를 없앴다.

⑤ **자동제어의 종류**

가. 제어방법에 의한 분류: 정치제어(목표값이 일정한 제어), 추치제어(목표값을 측정하면서 제어량을 목표값에 일치되도록 맞추는 방식으로 추종제어, 비율제어, 프로그램제어, 카스케이트제어, 자력제어, 타력제어 등)가 있다.

　　㉠ 추종제어(follow control, 자기조종제어): 목표치가 임의적으로 변화되는 제어

　　㉡ 비율제어(rate control): 목표치가 다른 양과 일정한 비율관계에서 변화되는 제어

　　㉢ 프로그램제어(program control): 목표치의 변화 방식이 미리 정해진 제어

　　㉣ 카스케이트제어(cascade control): 프로세스 제어계 내에 시간지연이 크거나 외란이 심한 경우 사용하는 제어

　　㉤ 자력제어: 조작부를 작용시키는데 필요한 에너지가 제어대상으로부터 검출부를 통하여 직접 주어지는 제어

　　㉥ 타력제어: 조작부를 작용시키는데 필요한 에너지가 보조 에너지원으로부터 주어지는 제어

나. 제어량의 성질에 의한 분류

　　㉠ 프로세스 제어: 시간적으로 유지 및 일정한 변화의 규격에 따르도록 제어하는 것이다.

　　㉡ 다변수 제어: 부하변동에 따라 일정하게 유지시켜야 하는 각 제어량 사이의 매우 복잡한 자동제어이다.

ⓒ 서어보 기구: 시간 지연요소를 포함하지 않는 작은 입력에 대응해서 큰 출력을 발생시키는 장치이다.

다. 제어(조정부)동작에 의한 분류

　ⓐ 연속동작: 비례동작(P동작: 입력인 편차에 대하여 조작량의 출력 변화가 일정한 비례 관계가 있는 동작), 적분동작(I동작: 제어량에 편차가 생겼을 때에 편차의 적분차를 가감하여 오프 세트가 남지 않는 동작), 미분동작(D동작: 제어 편차 변화 속도에 비례한 조작량을 내는 제어동작)이 있다.

　ⓑ 불연속동작: 2위치 동작(on-off동작: 2가지 동작 중 하나로 동작시키는 것), 다위치 동작(3위치 이상이 있어 제어량 편차의 크기에 따라 그중 하나의 위치를 취하는 것), 불연속 속도 동작(부동제어: 제어량 편차의 과소에 의하여 조작단을 일정한 속도로 정작동 또는 역작동 방향으로 움직이게 하는 동작)이 있다.

⑥ **자동제어의 특성**

가. 신호의 전달방식에 의해 공기압식, 유압식, 전기식 자동제어장치로 분류된다.

나. 공기압식 전송방법

　ⓐ 공기압력은 0.2~1kg/cm²이 사용되고, 전송거리는 100m 정도이다.

　ⓑ 전송할 때 조작지연이 발생하나, 공기압이 통일되어 있어 취급이 용이하다.

　ⓒ 공기배관의 내경은 4~8mm이며, 청정하고 건조한 공기를 사용해야 한다.

　ⓓ 배관 및 보수가 용이하고 위험성이 없으나, 희망특성을 얻기가 어렵다.

다. 유압식 전송방법

　ⓐ 유압은 0.2~1kg/cm²이 사용되고, 전송거리는 300m 정도이다.

　ⓑ 전송 지연이 적고, 조작 속도와 응답 속도가 빠르다.

　ⓒ 온도에 따른 점도의 변화에 유의해야 한다.

　ⓓ 부식의 염려가 없으나, 인화의 위험이 있다.

라. 전기식 전송방법

　ⓐ 전류는 4~20mA 또는 10~50mA의 DC를 사용한다.

　ⓑ 전송의 지연시간이 거의 없고, 전송거리는 수 km까지 가능하다.

　ⓒ 복잡한 신호에 유리하고, 배선설치가 용이하다.

　ⓓ 보수에 기술을 필요로 하나, 큰 조작력이 필요한 경우에 사용한다.

2) 제어동작의 특성

① **제어동작**

가. 연속동작: 비례동작(P동작), 적분동작(I동작), 미분동작(D동작), 복합동작(비례적

분동작; PI동작, 비례미분동작; PD동작, 비례적분미분동작: PID동작)

나. 불연속동작: 2위치동작, 다위치동작, 불연속 속도 동작(부동제어)

다. 정작동과 역작동

  ㉠ 정작동이란 제어량이 목표치보다 증가함에 따라서 조절계의 출력이 증가하는 동작으로 되는 것을 말한다.

  ㉡ 역작동이란 제어량이 목표치보다 증가함에 따라서 조절계의 출력이 감소하는 동작으로 되는 것을 말한다.

② **제어동작의 특성**

가. 정특성이란 정적인 특성으로 시간에 관계없이 입력과 출력이 안정되어 있을 때 일정한 관계를 유지하는 것을 말한다.

나. 동특성이란 동작의 특성으로 시간에 따라 입력을 변화시켰을 때 출력을 변화시키는 것을 말한다.

다. 인터록(interlock)제어: 어느 조건이 구비되지 않을 때에 기관 작동을 저지하는 것이다.

라. 원격지 제어

  ㉠ 정의: 멀리 떨어진 위치에서 자동으로 제어할 수 있는 장치이다.

  ㉡ 제어의 유형: 전기 사용량의 검침, 가스사용량의 검침, 수도 사용량의 검침, 각종 기기의 원격 조종 등이 가능하다.

Ⅲ

가스일반

1 가스의 기초

2 가스의 연소

3 가스의 성질, 제조방법 및 용도

1 가스의 기초

1 압력(pressure)

1) 정의

① 물체의 단위면적(cm^2)에 수직으로 작용하는 힘(kg)이다.

② 전압이란 물체의 전체 면적에 작용하는 힘을 말한다.

③ 단위는 kg/cm^2와 Lb/in^2(PSI)로 나타낸다.

④ 임계압력이란 임계온도(물: 374.15℃)에서 어떤 기체를 액화시키는데 필요한 최소한의 압력을 말한다.

⑤ 임계압력 이하에서는 액화되지 않으며, 수증기의 임계압력은 $225.65kg/cm^2 \cdot a$이다.

⑥ 1Lb=0.4536kg, 1.033kg=2.277Lb, $1cm^2=(1/6.4516) \cdot in^2$이다.

⑦ $1.033kg/cm^2=2.277Lb/(1/2.54)^2=2.77 \times 6.4516=14.69Lb/in^2$이다.

2) 표준대기압(STP: standard temperature and pressure)

① 표준대기압이란 0℃, 1atm을 뜻한다. 즉, 토리첼리의 진공시험에 의해서 지상에 존재하는 물체는 $1.033kg/cm^2$의 공기압력을 받고 있는데, 이것을 대기압이라 하고, 이때 온도가 0℃인 상태를 표준대기압이라 한다.

② 표준대기압(atm)=$1.033kg/cm^2$=76cmHg=1,013mbar=$14.7Lb/in^2$이다. 즉, 압력(P)=r(비중량)×h(높이)에서 수은을 예로 들면, 수은의 비중량은 $13.569g/cm^3$이다. 이때 수은주의 높이는 76cm이므로,

압력(P)=76cm×$13.569g/cm^3$=$1,033g/cm^2$=$1.033kg/cm^2 \times 980.665cm/s^2$
=$1013.25 \times 10^3 dyn/cm^2$=1013.25mbar이다.

또한, P=$13.6g/cm^3 \times 10^3 kg/g \times 76cm \times (9.8N)/1kg \times (10^5 dyn/1N) \times 1bar/(10^6 dyne/cm^2)$=1.013bar로 나타낼 수 있다.

③ 1dyne은 질량 1g에 대하여 $1cm/sec^2$의 가속도를 주는 힘의 크기이다.
즉, 1dyne=$1kg \cdot m/sec^2$이다.

④ 1N(Newton)은 질량 1kg에 대하여 $1m/sec^2$의 가속도를 주는 힘의 크기이다.

⑤ 1kgf는 1kg의 물체에 $9.8m/sec^2$의 중력가속도를 받는 힘의 크기이다. 즉, 1kgf=9.8kg

$\cdot\ m/sec^2=9.8N$이다. $1N=10^5 dyne=(1/9.8)kgf$이다.

3) 게이지압력

① 표준대기압을 0으로 기준하여 압력계로 측정한 압력을 말한다.

② 단위로는 $kg/cm^2 \cdot G$ 또는 $Lb/in^2 \cdot G$로 나타낸다.

③ 게이지압력=절대압력-대기압이다.

4) 절대압력(absolute pressure)

① 완전진공인 상태를 0으로 기준하여 그 이상의 압력을 측정한 것이다.

② 용기 내의 기체가 실제로 용기의 벽면에 가하는 압력으로, 단위는 $kg/cm^2 \cdot abs$ 또는 $Lb/in^2 \cdot abs$로 나타낸다.

③ 절대압력은 게이지압력과 대기압의 합으로 나타내거나 대기압에서 진공을 뺀 값으로 나타낸다.

④ 절대압력=대기압+게이지압력(또는 대기압-진공도)이다.

⑤ 압력=높이×밀도×중력가속도이다.

5) 진공도

① 일반 압력계를 살펴보면, $0kg/cm^2$ 이하에는 적색의 눈금이 새겨져 있는데, 이 부분은 가스의 실제압력이 대기압보다 낮은 것을 나타내고 있는 것으로 이 상태를 진공이라 한다.

② 가스압력이 전혀 없을 때를 완전진공이라 하며, 그 상태의 변화 정도를 나타낸 것을 진공도라 한다.

③ 진공도=(게이지압력/대기압)×100(%)이며, 단위는 $cmHg \cdot V$ 또는 $inHg \cdot V$로 나타낸다.

6) 압력계의 종류

① 압력계란 압력의 정도를 나타내는 계기를 말한다.

② 일반적인 부르동관튜브는 황동 재료를 사용하고, NH_3를 사용하는 곳에서는 강의 재료를 사용한다.

③ 복합압력계는 고압과 진공을 같이 잴 수 있는 압력계(진공은 적색눈금으로 표시)이다.

④ 고압압력계는 대기압 이상을 측정할 수 있는 압력계이다.

⑤ 매니폴드 압력계는 복합압력계와 고압압력계가 같이 붙어 있는 압력계이다.

2 온도(temperature)

1) 온도(temperature)의 정의

① 온도란 다양한 정의를 내릴 수 있지만, 간단하게 물질을 구성하고 있는 분자의 운동에너지의 세기 또는 차갑고 뜨거운 정도를 수치로 표시한 것을 말한다.

② 온도는 열량의 대소를 나타낼 때의 척도가 될 수 있고, 섭씨온도, 화씨온도, 절대온도로 구분된다.

2) 섭씨온도(℃)

① 섭씨온도는 표준대기압 상태에서 순수한 물의 어는점(freezing point: 빙점)을 0℃로 하고, 끓는점(boiling point: 비등점)을 100℃로 하여, 그 사이를 100등분하여 1/100의 눈금을 1℃로 정한 것이다.

② 섭씨온도(℃)=절대온도(K)-273

3) 화씨온도(℉)

① 화씨온도는 표준대기압 상태에서 순수한 물의 어는점을 32℉로 하고, 끓는점을 212℉로 하여, 그 사이를 180등분하여 1/180의 눈금을 1℉로 정한 것이다.

② ℃와 ℉의 관계식: ℃/100=(℉-32)/180에서,
℃=5/9(℉-32)=(℉-32)/1.8, ℉=(9/5)×℃+32=1.8℃+32이다.

> **예제**
> −40℃는 몇 ℉인가?
> **풀이** ℉=(9/5)×℃+32=1.8℃+32=(−40×1.8)+32=−40℉

4) 절대온도(absolute temperature)

① 열역학적 온도로 물체가 도달할 수 있는 최저온도를 기준으로 하여 물의 삼중점을 273.16K로 정한 온도이다.

② 일정한 압력하에서 기체의 온도가 1℃씩 증가함에 따라 0℃일 때 기체 부피의 1/273
씩 증감하게 된다.

③ 이론적으로 -273℃와 -460°F를 0도로 기준하여 각각K(Kelvin), °R(Rankin) 단위로
나타낸 것을 절대온도라 한다.

④ 절대온도=℃+273 또는 °F+460이다.

5) 온도의 종류

① 건구온도는 일반 봉상온도계로 측정되는 온도를 말한다.

② 습구온도는 봉상온도계의 수은주 부분에 명주나 모스린을 달아서 일단 물에 적셔
대기 중에 증발시켜 측정하는 온도를 말한다.

③ 노점온도는 대기 중의 용기온도를 내려주면 어떤 온도에서 공기 속에 함유된 수분
이 응축 결로가 시작되는 때의 온도를 말한다.

3 열량

1) 열(heat)의 정의

① 열이란 고온의 물체에서 저온의 물체로 이동하는 분자의 운동에너지로 볼 수 있다.

② 열은 고온에서 저온으로 이동하며, 온도차가 클수록 전도, 대류, 복사에 의해서 이동
하는 열량이 증가한다.

③ 열의 일당량(J: Joule)=427kg·m/kcal이다.

2) 열량

① 열은 무게가 없으므로 그 양을 직접 측정할 수 없다.

② 열이 어떤 물체에 작용하면 그 물체는 변화하게 된다.

③ 변화에 있어서 열의 많고 적음을 수치로 표시한 것이다.

④ 열량의 단위는 일반적으로 사용하는 cal, kcal와 공학에서 사용하는 BTU, CHU 등이
있다.

⑤ 열량=질량×비열×온도차

⑥ 비열은 단위질량인 물질의 온도를 단위온도차만큼 올리는데 필요한 열량을 말한다. 즉, 어떤 물질 1kg을 1℃ 높이는데 필요한 열량을 말한다. 단위는 kcal/kg · ℃로 나타낸다.

3) 15도의 cal

① 표준대기압 상태에서 순수한 물 1g을 14.5℃에서 15.5℃로 1℃ 높이는데 필요한 열량을 말한다.

② 1kcal: 표준대기압 상태에서 물 1kg을 1℃ 높이는데 필요한 열량이다.

③ 1kcal: kg/℃=Lb/°F=2.2/(1/1.8)=3.968BTU이다.

④ 1Lb=0.4536kg이다.

4) BTU(British Thermal Unit)

① 표준대기압 상태에서 최대 밀도의 물 1Lb(pound)를 60°F에서 61°F로 1°F 높이는데 필요한 열량을 말한다.

② 1BTU=Lb/°F=kg/℃=0.4536/1.8=0.252kcal이다.

③ 100,000BTU를 1섬(therm)이라고 한다.

④ 1kcal=3.968BTU, 1BTU=0.252kcal, BTU=CHU×(5/9)이다.

5) CHU(Centigrade Heat Unit)

① 표준대기압 상태에서 최대 밀도의 물 1Lb(pound)를 14.5℃에서 15.5℃로 1℃ 높이는데 필요한 열량을 말한다.

② 1CHU=1.8BTU=0.4536kcal이다.

③ 1kcal=2.205CHU, 1CHU=0.4536kcal, CHU=BTU×(9/5)이다.

6) 물체의 삼상태(고체, 액체, 기체)

① 고체에서 액체로 되는 것을 융해라 하고, 이때 열을 흡수하게 된다.

② 액체에서 고체로 되는 것을 응고라 하고, 열을 방출하게 된다.

③ 액체에서 기체로 되는 것을 기화라 하고, 열을 흡수한다.

④ 기체에서 액체로 되는 것을 액화라 하고, 열을 방출한다.

⑤ 고체에서 기체로 또는 기체에서 고체로 바로 변하는 것을 승화라 하며, 대표적으로 드라이아이스와 나프탈렌이 있다.

7) 엔탈피와 엔트로피

① 엔탈피(kcal/kg): 어떤 기준상태를 0으로 하여 특정한 물체가 갖는 단위중량당 열에너지이며, 엔탈피를 전열량 또는 함열량이라고도 한다.

② 엔트로피(kcal/kg·K): 단위중량당 물체가 가지고 있는 열량인 엔탈피(kcal/kg)의 증가량을 그때의 절대온도(K)로 나눈 값이다.

8) 일당량

① 일(work)이란 어떤 물체에 힘을 가하여 그 물체가 힘의 방향으로 움직일 경우 주어진 힘에 물체가 움직인 거리를 곱한 값을 말한다.

② 일(kg·m 또는 ft·Lb)=힘(kg)×거리(힘이 작용한 거리)이다.
힘=질량×가속도이다.

③ 일(kg·m)의 열당량=1kcal/427kg·m이다.

④ 에너지(energy)란 일을 할 수 있는 능력을 말한다. 여러 에너지 중에서 기계적인 에너지에는 위치에너지와 운동에너지가 있다.

⑤ 위치에너지((kg·m)=중량(kg)×높이(낙차: m)이다.

⑥ 운동에너지란 속도 v로 운동하는 질량 m인 물체는 정확히 $(1/2)mv^2$의 에너지를 가진다는 것을 말한다.

　가. 운동에너지((kg·m)=〔중량×운동속도^2: (m/s)^2〕/〔2×중력가속도: 9.8(m/s)^2〕

　나. 운동에너지((kg·m)=$(1/2)mv^2$

　　• m: 질량(kg)　• v: 속도(m/s)

9) 동력(power)

① 동력의 개념

　가. 동력(power)은 공률 또는 일률이라고도 한다.

　나. 동력(power)이란 일의 양을 시간으로 나눈 값으로 단위시간당 일의 양을 말한다.

② 동력의 환산

　가. 동력(kg·m/s 또는 ft·Lb/s)=일/시간=(힘×거리)/시간=힘×속도(m/s)

　나. 1PS(국제마력)=75kg·m/s×3,600s/h×1kcal/427kg·m=632kcal/h=0.735

　다. 1HP(영국마력)=76kg·m/s×3,600s/h×1kcal/427kg·m=641kcal/h=0.746

　라. 1kW=102kg·m/s×3,600s/h×1kcal/427kg·m=860kcal/h=1.36PS

4 밀도, 비중

1) 밀도(density)

① 어떤 기체의 단위체적당 질량으로 정의된다. 단위는 g/l 또는 kg/m^3로 나타낸다.

② 표준상태(0℃, 1atm)의 기체밀도=분자량$(g)/22.4\,l$ 이다.

③ 표준상태(0℃, 1atm)가 아닐 때 기체밀도=(분자량$(g)/22.4\,l$)×(기준 절대온도/변화된 절대온도)×(변화된 압력/기준압력)이다.

2) 비중

① 대기압 상태에서 어떤 물질의 밀도가 4℃에서 물의 밀도와의 비를 액체비중으로 정의한다. 즉, 액체비중=(t℃에서 어떤 액체의 무게/4℃에서 물의 무게)이다.

② 비중은 무차원수이고, 물의 비중은 1이다.

③ 표준상태(0℃, 1atm)에서 공기의 평균 분자량에 대한 기체의 분자량(질량)의 비를 기체비중이라 한다. 즉, 기체비중=(기체의 분자량/공기의 평균 분자량)이다.

3) 비중량(specific weight)

① 비중량은 어떤 기체의 단위체적당 중량으로 정의된다.

② 비중량(kg/m^3)=중량(kg)/체적(m^3)이다.

4) 비체적(specific volume)

① 비체적은 어떤 기체의 단위질량당 체적으로서 밀도의 역수이다.

② 기체의 비체적(l/g 또는 m^3/kg)=체적/분자량=22.4(l 또는 m^3)/분자량(g 또는 kg)이다.

5 가스의 기초 이론

1) 기체(gas)의 개념

① 기체란 물질의 3가지(고체, 액체, 기체) 중의 하나를 말한다.

② 기체는 일정한 모양과 부피를 유지하지 못하며, 비교적 온도가 높고 압력이 낮을 때 나타난다.

③ 기체는 언제나 확산하려는 성질이 있으며, 그 밀도는 고체와 액체에 비교했을 때 작고, 쉽게 압축할 수 있다.

④ 온도가 임계온도보다 높으면 어떠한 기체라도 압력을 아무리 높(크)게 가해도 액화되지 않는다.

⑤ 기체는 고체와 액체에 비교했을 때 열팽창율은 크고, 열전도율은 작으며, 열전도율은 압력과는 무관하고 온도 상승에 따라 증가한다.

⑥ 실제 기체는 온도가 높을수록, 비체적이 클수록, 분자량이 작을수록, 압력이 낮을수록 이상기체의 상태식에 가깝게 된다.

⑦ 불완전가스(imperfect gas)란 액체가 증발하면 증기가 되지만 증기의 일반적인 상태에서는 완전가스로 취급할 수 없는 종류의 증기를 말한다.

2) 보일(Boyle)의 법칙

① 1662년 영국 태생의 보일(Boyle)에 의해 만들어진 법칙이다.

② 온도(T)가 일정할 때 기체의 체적(V)은 압력(P)에 반비례한다.

즉, PV=C에서 $P_1V_1=P_2V_2$, $T_1=T_2$는 일정하다.

③ 나중체적(V_2)=(처음압력×처음체적)/나중압력이다.

> **예제**
> 0℃, 1atm 하에서 수소기체의 부피는 1 ℓ 가 있다. 온도를 일정하게 하고 4기압으로 가압할 때 수소가 갖는 부피는 얼마인가?
> **풀이** 나중체적=(처음압력×처음체적)/나중압력=(1×1)/4=1/4 ℓ

3) 샤를(Charles)의 법칙

① 압력이 일정할 때 체적과 절대온도는 비례한다.

즉, $P_1=P_2$, V/T=C에서, $V_1/T_1=V_2/T_2$

② 나중체적(V_2)=(처음체적×나중온도)/처음온도

③ 체적이 일정할 때 압력과 절대온도는 비례한다.

즉, $V_1=V_2$, $P/T=C$에서, $P_1/T_1=P_2/T_2$

④ 나중압력(P_2)=(처음압력×나중온도)/처음온도

> **예제**
>
> 산소가 충전된 용기가 있다. 이 용기의 온도가 15℃일 때 절대압력은 150kg/cm²이었다. 이 용기가 직사광선을 받아 27℃로 상승했다면 이때의 압력은 얼마인가?
>
> **풀이** 나중압력=(처음압력×나중온도)/처음온도
> =(150×(273+27))/(273+15)=156.25kg/cm²

4) 보일-샤를(Boyle-Charles)의 법칙

① 모든 기체의 부피(V)는 압력(P)에 반비례(보일의 법칙)하고, 절대온도(T)에 비례(샤를의 법칙)한다. 즉, $PV/T=C$에서 $P_1V_1/T_1=P_2V_2/T_2$이다.

② 나중체적(V_2)=(처음압력×처음체적×나중온도)/(처음온도×나중압력)

③ 나중압력(P_2)=(처음압력×처음체적×나중온도)/(처음온도×나중체적)

> **예제**
>
> 0℃, 1atm에서 5ℓ의 공기를 27℃의 온도와 380mmHg의 압력으로 하면 체적은 몇 ℓ인가?
>
> **풀이** 나중체적=(처음압력×처음체적×나중온도)/(처음온도×나중압력)
> =(760×5×300)/(273×380)=10.989ℓ

> **예제**
>
> 50ℓ의 용기에 0℃, 120기압의 가스가 충전되어 있다. 이것을 0℃, 20ℓ로 압축시키면 압력은 얼마인가?
>
> **풀이** 온도는 일정하다.
> 나중압력=(처음압력×처음체적×나중온도)/(처음온도×나중체적)
> =(처음압력×처음체적)/나중체적=(120×50)/20=300kg/cm²

5) 실제기체(불완전가스)

① 실제 존재하는 많은 기체는 낮은 온도와 높은 압력에서 그 분자의 크기를 무시할 수 없다.

② 실제기체는 분자간의 인력이 존재하므로 보일-샤를의 법칙이나 이상기체의 상태방정식으로 만족될 수 없는 상태의 기체이다.

③ 이상기체의 상태방정식을 실제기체의 상태방정식으로 하기 위해서는 분자 상호간의 인력과 분자 자신의 체적에 대해 보정을 해야 한다.

④ 실제기체가 이상기체에 가까운 경우는 온도가 높고 압력이 낮을수록 가까워지고, 비체적이 크고 밀도가 작을수록 가까워진다.

⑤ 실제기체의 상태방정식

   가. 반데르 발스 상태식이라고도 한다.

   나. 1moL의 실제기체일 경우: $[P+(a/V^2)](V-b)=RT$

      • a: 반데르 발스 상수   • (a/V^2): 기체 상호간의 인력

      • V: 기체의 부피(l)   • b: 기체 자신이 차지하는 부피(l/moL)

   다. n moL의 실제기체일 경우: $[P+(n^2a/V^2)](V-nb)=nRT$

> **예제**
>
> 1moL의 C_3H_8이 227℃에서 40l의 부피를 차지할 경우 이상기체 상태방정식 및 실제기체 상태방정식에 의한 압력을 구하시오. (단, a: 3.62, b: 4.28×10^{-2})
>
> **풀이** (1) 이상기체 상태방정식 $PV=nRT$에서 $P=nRT/V$ 이므로
> $P=(1 \times 0.082 \times 500)/40=1.025atm$
>
>   (2) 실제기체 상태방정식 $[P+(a/V^2)](V-b)=RT$에서 $P=(RT/(V-b))-(a/V^2)$이므로
> $P=((0.082 \times 500)/(40-(4.28 \times 10^{-2}))-(3.62/40^2)=1.024atm$

6) 혼합가스

① 돌턴의 분압법칙

   가. 기체의 압력은 온도와 체적이 일정할 때 분자수(몰수)에 비례한다. 즉, $P=K \cdot n$

   나. 서로 반응하지 않는 혼합가스의 전체압력(P)은 각 성분가스의 부분압력(P_1, $P_2 \cdots\cdots Pn$)의 합과 같다.

     즉, $P=P_1+P_2+\cdots\cdots Pn$(전압)=$P_1$분압+$P_2$분압+$\cdots\cdots Pn$분압

   다. 혼합가스 속의 각 성분기체의 압력(부분압력)은 성분기체의 몰분율에 비례한다. 부분압력은 전체압력에 몰분율의 곱으로 나타낸다.

     부분압력=전압×(특정가스의 몰수/합 가스의 전 몰수),

     $P_1=Pn_1$ 또는 $n_n n_1+n_2+\cdots\cdots+n_n$

> **예제**
>
> LPG의 전체 압력은 5atm이고, C_3H_8 80%, C_4H_{10} 20%가 들어 있을 때 프로판과 부탄의 분압은?
>
> **풀이** 분압=전압×(성분부피/전체부피)에서
>   (1) $C_3H_8=5 \times (80/100)=4atm$
>   (2) $C_4H_{10}=5 \times (20/100)=1atm$
>   • 두 기체가 만나서 화학반응을 일으킬 경우 부분압력의 법칙이 성립되지 않는다.
>   예) $NH_3+HCl \rightarrow NH_4Cl$

라. 가스 A(P_1, V_1)와 가스 B(P_2, V_2)로 혼합가스(Pt, Vt)를 만들 경우

　　Pt Vt=P_1V_1+P_2V_2

② **혼합가스의 조성**

가. 혼합가스의 혼합비율을 표시하는 방법으로는 몰(%), 체적(%), 중량(%) 등이 있다.

나. 몰분율이란 혼합가스의 전몰수에 대한 특정 기체의 몰수 비를 말한다.

다. 몰(%)=몰분율×100=〔(특정 가스의 몰수/혼합가스의 전 몰수)〕×100

라. 부피(%)=부피분율×100=〔(특정 가스의 부피/혼합가스의 전 부피)〕×100

마. 중량(%)=중량분율×100=〔(특정 가스의 중량/혼합가스의 전 중량)〕×100

> **예제**
>
> moL의 LPG가 C_3H_8 80%, C_4H_{10} 20%일 때 중량(%)을 각각 구하시오.
>
> **풀이** 전체중량=44×0.8+58×0.2=46.8g
>
> 　(1) C_3H_8=〔(35.2/46.8)〕×100=75.2%
>
> 　(2) C_4H_{10}=〔(11.6/46.8)〕×100=24.79%

③ **기체의 확산속도 법칙**

가. 일정한 온도와 압력에서 두 기체의 확산속도(그레이엄의 법칙: Va, Vb)의 비는 그들 기체의 분자량(Ma, Mb)의 제곱근에 반비례한다.

나. 기체의 확산이란 기체 분자가 다른 기체 속으로 퍼져 나가는 현상으로 일정한 온도와 압력에서 순수한 기체의 밀도(p)와 비중(γ)은 분자량(M)에 비례한다.

　　Va/Vb=$\sqrt{(Mb/Ma)}$ = $\sqrt{(p_b/p_a)}$ = $\sqrt{(Tb/Ta)}$ ・ Ta, Tb: a와 b 기체의 확산시간

다. 일정한 온도에서 기체 분자의 운동에너지는 일정하므로 밀도가 작은 기체일수록 빨리 확산된다.

> **예제**
>
> 수소와 산소의 확산속도비를 구하시오.
>
> **풀이** Vo/Vh=$\sqrt{(Mh/Mo)}$=$\sqrt{(2/32)}$=$\sqrt{(1/16)}$=1/4

④ **르 샤틀리에 법칙**

가. 폭발성 혼합가스의 폭발범위를 구하는 것이다.

나. 계산식: 100/L=(V_1/L_1)+(V_2/L_2)+……+(Vn/Ln)

　• L: 혼합가스 폭발한계치

　• V_1~Vn: 각 성분의 체적(%)

　• L_1~L_2: 각 성분 단독의 폭발한계치

> **예제**
>
> 르 샤틀리에의 법칙에 의해 C_3H_8 80%, C_4H_{10} 20%인 LPG의 폭발범위를 구하시오. (단, 폭발범위는 C_3H_8: 2~9.5%, C_4H_{10}: 1.5~8%이다.)
>
> **풀이** $100/L=(V_1/L_1)+(V_2/L_2)+\cdots\cdots+(Vn/Ln)$
>   (1) 하한계: $100/L=(80/2)+(20/1.5)=1.875$
>   (2) 상한계: $100/L=(80/9.5)+(20/8)=9.157$
>   ∴ $L=1.875~9.157\%$

Ⅲ
가스일반

6 이상기체의 성질

1) 이상기체(ideal gas, 완전가스: perfect gas)

① 이상기체(완전가스)의 개념

가. 분자간의 충돌은 완전 탄성체로 이루어지며, 분자 상호간에 작용하는 인력과 분자의 크기도 무시된다.

나. 아보가드로(Avogadro)의 법칙을 따르며 보일-샤를(Boyle-Charles)의 법칙을 만족한다.

    즉, $P_1V_1/T_1=P_2V_2/T_2=PV/T=R$(일정)   • R의 단위: $kg \cdot m/kmoL \cdot K$

다. 체적에 관계없이 내부에너지는 온도에 의해서만 결정된다.

라. 온도에 관계없이 비열비(=정압비열/정적비열 〉1)가 일정하다.

② 아보가드로(Avogadro)의 법칙

가. 표준상태(0℃, 1atm)에서 모든 기체 1kmoL은 $22.4m^3$의 체적을 가진다.

나. 모든 기체는 온도와 압력이 동일한 상태에서 단위체적에 같은 수의 분자를 갖는다.

③ 이상기체(ideal gas)

가. 이상기체의 상태를 나타내는 온도, 압력, 부피와의 관계를 나타낸다.

나. 표준상태에서 보일-샤를(Boyle-Charles)의 법칙이 적용될 때 아보가드로(Avogadro)의 법칙에 의해서 기체의 종류에 관계없이 일정하다.

④ 이상기체상수(정수) R값의 계산

가. PV=RT, PV=GRT   • G: 질량(kg)

    $R=PV/T=(1.0332 \times 10^4 \times 22.4)/273=848kg \cdot m/kmoL \cdot K$

나. 일반기체상수(R_1)

- $R_1 = R/M$ • M: 분자량   • R단위: $kg \cdot m/kg \cdot K$

예제

표준상태에서 산소(O_2)의 비체적(m^3/kg)은? 또한 공기의 R_1값은?

풀이 산소(O_2)의 분자량은 32kg이다. 비체적=32/22.4=1.4292m^3/kg

공기의 R_1=848/29=29.2$kg \cdot m/kg \cdot K$

다. 기체가 1moL인 경우 PV=RT에서 R=PV/T

$R = (1atm \times 22.4\,l)/(1gmoL \times 273K) = 0.08205\,l \cdot atm/g \cdot moL \cdot K$

$= (1.01325 \times 10^6 dyn/cm^2 \times 22.4 \times 10^3 cm^3)/(1moL \times 273K)$

$= 8.314 erg/moL \cdot K = (8.314 erg/moL \cdot K) \times (1J/10^7 erg) = 8.314 J/moL \cdot K$

- $1J(줄) = 10^7 erg(에르그) = 1N \cdot m$ • $1erg = 1dyn \cdot cm$

라. 기체가 n moL인 경우 PV=nRT에서 R=PV/nT

$R = (1.0332 \times 10^4 kg/m^2 \times 22.4m^3)/(1kmoL \times 273K) = 848 kg \cdot m/kmoL \cdot K$

$= \{(848 kg \cdot m)/(kmoL \cdot K)\} \times (1kmoL/427kg \cdot m) = 1.987 kmoL \cdot K$

- n(=G/M): 몰수   • G: 총질량(kg)   • M: 분자량(kg)

마. 압축계수(compressibility) PV=ZnRT에서 Z=PV/nRT

- 압축계수란 같은 온도와 압력에서 같은 몰수에 대한 실제기체의 부피와 이상기체법칙으로부터 구한 이상기체의 부피와의 비를 말한다.
- 압축계수는 실제기체 상태방정식을 이용하는데 이 식이 복잡하므로, 이상기체 상태방정식의 오차 값을 보정해 준 값이다.

예제

압축계수가 0.98일 때, 수소 6g이 27℃, 1ℓ의 용기 속에서 나타나는 압력(atm)은 얼마인가?

풀이 PV=ZnRT에서, P=ZnRT/V=(0.98×(6/2)×0.082×300)/1=72.32atm

2) 이상기체(완전가스)의 비열

① 비열은 저온에서는 거의 일정하고, 온도와 더불어 증가한다.

② 이상기체(완전가스)에서는 비열이 일정한 것으로 보며, 비열은 온도만의 함수이다.

③ 정압비열

가. 정압비열은 압력이 일정한 상태에서 온도에 대한 엔탈피의 변화율이다.

나. 정압비열은 압력이 일정한 상태에서 열을 가할 때의 비열이다.

다. $\Delta Q = \Delta H - AV \Delta P$에서 $\Delta P = 0$이므로, 정압비열(Cp)=$\Delta Q/\Delta T = \Delta H/\Delta T$

- ΔQ: 흡수한 열량   • ΔH: 변화된 엔탈피   • ΔT: 온도차

- $\Delta H = Cp \cdot \Delta T$이므로 적분하면 $H_2 - H_1 = Cp(T_2 - T_1)$

라. 정압열량$(Qp) = G \cdot Cp \cdot \Delta T$, 정압엔탈피$(Hp) = G \cdot Cp \cdot \Delta T$

또한 $H = U + APV$에서, $H = Cp \cdot \Delta T$, $U = Cv \cdot \Delta T$, $PV = RT$이므로

$Cp \cdot \Delta T = Cv \cdot \Delta T + AR \cdot \Delta T$에서, $Cp = Cv + AR$이므로 $AR = Cp - Cv$

- U: 내부에너지   - Cv: 정적비열   - APV: 외부에너지
- R: 기체상수   - A: 일의 열당량   - V: 비체적(m^3/kg)
- P: 압력

마. 국제단위(SI)에서는 $Cp = Cv + R$이므로, 정압비열이 정적비열보다 R만큼 더 크고, 비열비는 1보다 큰 값을 갖는다.

바. 정압비열이 크다는 것은 외부로의 일을 하는데 더 많은 열량을 사용함을 의미한다.

④ **정적비열**

가. 정적비열은 체적이 일정한 상태에서 온도에 대한 내부에너지의 변화율이다.

나. 정적비열은 체적이 일정한 상태에서 단위 질량의 온도를 1℃ 높이는데 필요한 열량이다.

다. $\Delta Q = \Delta H - AP\Delta V$에서 $\Delta V = 0$이므로, $Cv = \Delta Q / \Delta T = \Delta U / \Delta T$
- ΔU: 내부에너지 변화율

$\Delta U = Cv \cdot \Delta T$이므로 적분하면 $U_2 - U_1 = Cv(T_2 - T_1)$

라. 정적열량$(Qv) = G \cdot Cv \cdot \Delta T$ - ΔT: 온도차(℃)$= T_2 - T_1$

마. 정적비열이 크다는 것은 열량 중 대부분 내부에너지 증가에 사용되므로, 자체적으로 에너지를 많이 축적할 수 있음을 의미한다.

⑤ **비열비(k)(specific heat ratio)**

가. 비열비(k)는 정압비열을 정적비열로 나눈 값으로 항상 1보다 크다.

나. 비열비가 크다는 것은 동일한 발열량에 대해서 외부에 하는 일이 많음을 의미한다.

다. 비열비(k)는 기체의 종류에 따라 다르다.

라. $k = Cp/Cv$에서 $Cp = kCv$이고, $AR = Cp - Cv$에서 $Cp = Cv + AR$이므로 $kCv = Cv + AR$이다.
$Cv = [1/(k-1)]AR = AR/(k-1)$, $Cp = [k/(k-1)]AR = kAR/(k-1)$

마. 단원자가스의 비열비(k)$= 5/3 = 1.66$, 2원자가스의 비열비(k)$= 7/5 = 1.4$, 3원자가스의 비열비(k)$= 4/3 = 1.33$이다.

바. 공기의 상태량: $R = 29.27kg \cdot m/kg \cdot K$, $Cp = 0.24$, $Cv = 0.17$,
$k = Cp/Cv = 0.24/0.17 = 1.4$

예제

이상기체(완전가스)로 분자량(M)이 40인 2원자가스의 정적비열과 정압비열은 각각 몇 kcal/kg·℃인가?

풀이 2원자가스의 비열비(k)=7/5=1.40이므로,

(1) $C_p = kAR/(k-1) = (1.4 \times 1 \times 848)/(427 \times (1.4-1) \times 40) = 0.1738 kcal/kg \cdot ℃$

(2) $C_v = AR/(k-1) = (1 \times 848)/(427 \times (1.4-1) \times 40) = 0.1241 kcal/kg \cdot ℃$

3) 이상기체의 상태변화

① 정압변화($P_1 = P_2$): 압력이 일정한 상태에서의 변화

② 정적변화($V_1 = V_2$): 체적이 일정한 상태에서의 변화

③ 등온변화($T_1 = T_2$): 온도가 일정한 상태에서의 변화

④ 단열변화($\Delta Q = 0$): 열의 출입이 없는 상태에서의 변화

⑤ 폴리트로우프 변화(polytropic change): 내연기관이나 공기압축기와 같은 가스 사이클의 각 상태변화에서 설명되지 않는 실제가스의 변화과정을 나타낸 것을 말한다.

2 가스의 연소

1 연소현상

1) 연소(combustion)현상의 특성

① **연소(combustion)**: 연료(고체, 액체, 기체) 중에 포함되어 있는 가연물이 산소와 화합하여 빛과 열을 수반하는 급격한 산화현상으로서 발열반응을 말한다.

② **연소의 3요소**

　가. 가연물

　나. 산소공급원(공기산화제)

　다. 점화원

③ **완전연소의 3요소**

　가. 온도

　나. 시간

　다. 산소(공기)공급

④ **연소의 구비조건**

　가. 산화반응은 발열반응이어야 한다.

　나. 열에 의해 연소물과 연소생성물의 온도가 같이 상승되어야 한다.

　다. 연소할 때 발생되는 복사열의 파장과 강도가 가시범위에 달하면 빛을 발할 수 있어야 한다.

⑤ **완전연소를 위한 조건**

　가. 연료를 최대한 예열하여 공급한다.

　나. 공기는 이론공기량에 가깝게 적당량을 공급한다.

　다. 연료가 연소하는데 충분한 시간을 부여한다.

　라. 연소실내의 온도를 가능한 높게 유지한다.

　마. 연소실의 용적을 필요한 만큼 넓게 해야 한다.

⑥ **연소의 온도를 높이는 방법**

　가. 발열량이 높은 연료를 사용한다.

　나. 연료 및 공기를 예열하여 공급한다.

다. 복사 및 열의 손실을 방지한다.

라. 공기는 이론공기량에 가깝게 공급하여 완전연소를 도모한다.

2) 연소온도

① 이론연소온도(℃)

=연료의 저위발열량(kcal/kg)/[이론연소가스량(m^3/kg)×연소가스비열(kcal/m^3·℃)]

② 평균온도(℃)

=(고온-저온)/[2.3log×(고온/저온)]=(고온-저온)/[ln×(고온/저온)]

③ 탄화수소계 가스의 완전연소 반응식

가. 정의: 탄소와 수소가 성분으로 되어 있는 기체연료를 말한다.

나. 완전연소 반응식=$CmHn+(m+n/4)O_2 \rightarrow mCO_2+(n/2)H_2O$

예 $C_3H_8+(3+8/4)O_2 \rightarrow 3CO_2+(8/2)H_2O$

2 연소 특성

1) 연료(fuel)의 종류

① 연료의 정의

가. 연료(fuel)란 공기 중에서 쉽게 연소하고 연소에 의해 발생된 열을 경제적으로 이용할 수 있는 물질을 말한다.

나. 연료의 조성

㉠ 연료의 조성: 탄소(C), 수소(H), 황(S), 산소(O), 질소(N), 수분(W), 회분(A) 등이다.

㉡ 가연성분: 열을 발생하는 열원을 가진 성분으로, 탄소(C), 수소(H), 황(S)이 있다.

㉢ 연료의 주성분: 연료가 구성하고 있는 성분으로, 탄소(C), 수소(H), 산소(O) 등이 있다.

② 연료의 종류

가. 고체연료: 자연(천연)산으로 나무(목재), 무연탄, 역청탄, 갈탄 등이 있고, 가공(인공)산으로 숯(목탄), 코크스, 미분탄, 구공탄 등이 있다.

나. 액체연료: 자연산은 원유가 있고, 석유계는 가솔린(휘발유), 등유, 경유, 중유(직류중유: B-A유, 분해중유: B-B유, B-C유) 등이 있다. 타르계는 타르계 중유, 석탄 타르, 피치(pitch), 크레오소트유(creosote) 등의 액체연료가 있다.

다. 기체연료: 석유계로는 천연가스(NG)로 습성가스(유전의 지중에서 얻어지는 가스), 건성가스(주성분은 메탄가스)가 있고, 액화천연가스(LNG), 액화석유가스(LPG), 오일가스(OG)가 있으며, 석탄계로는 석탄가스(코크스가스), 발생로가스, 수성가스, 고로가스(용광로가스) 등이 있다.

③ **연료의 구비조건**

가. 풍부한 양과 발열량이 커야 하고, 구입이 용이해야 한다.

나. 운반, 저장과 취급 및 연소와 소화(부하변동에 따른 연소조절이 용이할 것), 사용 등이 용이해야 한다.

다. 유독성 가스의 발생이 적고, 회분이 적거나 없어야 한다.

라. 가격이 저렴하고 안정성이 있어야 한다.

④ **연료의 사용원칙**

가. 연료를 완전 연소시키고, 연소열을 최대한 도입한다.

나. 여열이나 잔염을 최대한 이용한다.

2) 연료의 분석 및 특징

① **연료의 분석**

가. 공업분석: 함수시료를 사용하며 단위량의 고체연료 실험에 의하여 수분, 휘발분, 회분을 정량하고 계산에 의해 고정탄소의 함량을 구한다.

• 고정탄소(%)=100−(수분+휘발분+회분)

나. 원소분석: 무수시료를 사용하며 액체 또는 고체연료의 탄소(C), 수소(H), 황(S), 산소(O), 질소(N), 회분(A) 등 6가지 성분을 분석한다.

다. 연료비(fuel ratio)

㉠ 정의: 연료비란 고정탄소와 휘발분과의 비를 말한다. 즉,

연료비=C(고정탄소: %)/V(휘발분: %)

㉡ 연료비가 클수록 좋은 연료이며, 불꽃은 단염이 된다.

라. 세탄가와 옥탄가

㉠ 세탄가는 착화성의 좋고 나쁨을 나타내는 척도(수치)이다. 세탄가가 높을수록 착화성이 좋다.

• 세탄가(%)=〔노르말세탄/(노르말세탄+알파−메틸나프타렌)〕×100

㉡ 옥탄가는 가솔린의 안티녹킹성(연료가 노킹을 일으키기 어려운 성질)을 나타

내는 하나의 척도로서 내폭성의 결과표시이다. 옥탄가가 클수록 노킹(knocking)현상이 적다. 특급 가솔린은 옥탄가가 80 이상이고, 보통 가솔린의 옥탄가는 80 이하이다.

- 옥탄가(%)=〔이소옥탄/(이소옥탄+노르말-헵탄)〕×100

마. 비중표시법

　㉠ 보우메도=〔140/비중(60°F/60°F)〕-130 → 유럽에서 사용

　㉡ A.P.I=〔141.5/비중(60°F/60°F)〕-131.5 → 미국에서 사용

바. 액체연료 비중식 발열량 계산

　㉠ Hh(고위발열량)=12,400-2,100×(연료의 비중)^2(kcal/kg)

　㉡ Hl(저위발열량)=Hh-50.45×(26-15×연료의 비중)(kcal/kg)

② **액체연료의 특징**

가. 장점

　㉠ 품질이 균일하고 발열량이 크다.

　㉡ 완전연소가 가능하고 노의 내가 고온으로 유지되며 연소효율이 높다.

　㉢ 연소조절 및 사용량 등의 계량 기록이 용이하다.

　㉣ 운반이 용이하고 회분 등의 연소 잔재물이 거의 없다.

나. 단점

　㉠ 화재나 역화 및 연소온도가 높아 국부가열의 위험이 크다.

　㉡ 버너에 따라 소음발생이 심하고 가격이 비싸다.

　㉢ 황분에 의한 저온연소의 경우 저온부식 및 대기오염이 발생된다.

③ **기체연료의 특징**

가. 장점

　㉠ 연소조절이 간단하고 점화 또는 소화가 용이하다.

　㉡ 과잉공기량이 적어도 완전연소가 가능하다.

　㉢ 연소가 안정되고 연소효율이 높다.

　㉣ 연료의 예열이 용이하고 고온을 얻을 수 있으며 대기오염이 적다.

나. 단점

　㉠ 수송과 저장 및 취급이 불편하다.

　㉡ 누설될 경우 폭발의 위험이 있다.

　㉢ 시설비가 많이 들고 공사에 기술을 요한다.

다. 액화석유가스의 연소 특성

　㉠ 연소할 때 다량의 공기가 필요하고, 발열량(24,000~32,000kcal/m^3 정도)이 크다.

ⓒ 발화온도(착화온도: 프로판 460~520℃, 부탄 430~510℃)는 높으나 인화점
은 낮다.

ⓒ 연소범위(공기 중에서 프로판 2.2~9.5%, 부탄 1.8~8.4%)가 좁다.

ⓒ 연소속도(화염속도: 프로판 4.45m/s, 부탄 3.65m/s)가 늦다.

ⓒ 액화석유가스가 불완전연소하면 일산화탄소(CO)가 발생한다.

3) 연소의 종류와 상태

① 연소의 종류

가. 표면연소: 고체표면이 공기와 접촉되는 부분에서 연소가 일어나는 것으로서 목
탄(숯), 코크스, 알루미늄박, 마그네슘 리본 등이 있다.

나. 분해연소: 연소 시 열분해가 일어나면서 가연성가스를 방출시켜 연소가 계속되
는 것으로 종이, 목재, 석탄, 중유, 타르(액체), 고체 파라핀 등이 있다.

다. 증발연소: 인화성 액체가 온도상승에 따라 액체의 표면이 가열되면서 증발을 촉
진하여 계속적으로 연소하는 것으로 석유, 경유, 가솔린(휘발유), 알코올, 에테르
등이 있다.

라. 확산연소: 가연성가스 분자와 공기 분자가 서로 확산에 의하여 급격하게 혼합되
면서 연소범위에서 계속적으로 연소하는 것으로 수소, 아세틸렌 등이 있다. 공기
와 가스를 각각 연소실로 분사하여 난류와 자연확산에 의하여 서로 혼합시켜 연
소하는 외부혼합 증발연소방식이다.

마. 자기연소(내부연소): 자기연소라고도 하며 제5류 위험물이 대표적으로 모두 유
기질화물로서 연소의 속도가 빠르고 가열, 충격, 마찰 등으로 폭발의 위험과 자
연발화의 위험성이 있다. 내부연소성 물질은 내부에 산소를 함유하므로 공기 중
의 산소를 필요로 하지 않으며 점화원만 있으면 연소하는 것으로 질산에스테르
류, 셀룰로이드류, 니트로화합물 등이 있다.

바. 혼합기 연소: 기체연료와 공기를 알맞은 비율로 혼합기에 넣어 점화하여 연소하
는 반응이다. 즉, 가스와 공기를 버너 내에서 혼합시켜 연소실로 분사하는 방식
이다.

② 가연물에 따른 연소 형태

가. 고체연소: 증발, 표면, 분해, 자기(내부)연소

나. 액체연소: 증발, 분무, 분해, 자기연소

다. 기체연소: 확산 및 혼합기 연소

③ 연소의 상태에 따른 분류

가. 가연성가스

나. 지연성가스(조연성가스)

다. 불연성가스

④ **액체의 연소와 폭발**

가. 액체 및 고체의 폭발

㉠ 혼합 위험성 물질의 폭발: 액화시안화수소, 질산암모늄과 유지의 혼합, 3-염화에틸렌 등이다.

㉡ 폭발성 화합물의 폭발: 니트로글리세린, TNT, 산화반응조에 과산화물의 축적 폭발 등이다.

㉢ 증기폭발: 작열된 용융 카바이드나 용융철 등이 물과의 접촉에 의한 폭발, 수증기 폭발 등이다.

㉣ 금속선 폭발: 알루미늄과 같은 금속 도선에 큰 전류가 흐를 때 금속의 급격한 기화에 의한 폭발 등이다.

㉤ 고체성 전이 폭발: 무정형 안티몬이 결정형 안티몬으로 전이할 때 폭발 등이다.

나. 안전 공간

㉠ 안전공간이란 액화가스 충전용기 및 탱크에서 온도상승에 따른 가스의 팽창을 고려한 공간으로 체적(%)을 말한다.

㉡ 안전 공간(%)=$(V_1/V) \times 100$

[V_1: 기체 상태의 체적(전체부피-액체부피), V: 전체체적]

> **예제**
>
> 내용적 47ℓ에 프로판이 20kg 충전되어 있을 때, 안전공간은 몇 %인가? (단, C_3H_8의 액밀도는 0.5kg/ℓ이다.)
>
> **풀이** 안전공간=$(V_1/V) \times 100$=$((47-20/0.5)/47) \times 100$=14.89%

4) 연소속도(반응속도)

① **연소속도와 폭굉**

가. 연소속도란 반응속도라고도 하며, 두 가지 이상의 물질이 혼합된 연료가 연소되어 새로운 물질(생성가스)로 변화하는 속도로 단위시간에 그 물질 농도의 변화를 양적으로 표시하는 것을 말한다. 즉, 가연물과 산소와의 반응속도이며, 층류 연소속도를 말한다.

나. 폭굉(detonation)이란 특히 격렬한 폭발을 말한다. 폭굉은 가스중의 음속보다도 화염 전파속도가 큰 경우로서 파면선단에 충격파라고 하는 압력파가 발생하여 격렬한 파괴 작용을 일으키는 현상을 말한다.

다. 폭굉유도거리란 폭발성가스의 존재 하에 최초의 완만한 연소가 격렬한 폭굉으로 발전할 때까지의 거리를 말한다.

　라. 폭굉의 개념

　　㉠ 가연성가스는 폭굉유도거리가 짧을수록 위험성이 큰 가스이다.

　　㉡ 가스의 정상 연소속도는 0.03~10m/s이다.

　　㉢ 폭속(폭굉속도)은 1,000~3,500m/s이다.

　　㉣ 폭굉시는 정상 연소시보다 압력은 2배 정도, 온도는 10~20% 정도 높아진다.

　마. 폭굉유도거리가 짧게 되는 조건

　　㉠ 정상 연소속도가 큰 혼합가스일수록 짧아진다.

　　㉡ 관경이 작거나 관속에 방해물이 있을 경우에 짧아진다.

　　㉢ 압력이 높고 연소 열량이 클 경우에 짧아진다.

　　㉣ 점화원의 에너지가 클 경우에 짧아진다.

② **연소속도를 변화시키는 인자**

　가. 온도: 반응속도는 온도에 비례한다.(10℃ 상승시 반응속도는 2배로 늘어난다.)

　나. 압력

　　㉠ 부피가 감소하는 반응 시 압력을 크게 하면 반응속도는 빨라진다.

　　㉡ 부피가 증가하는 반응 시 압력을 작게 하면 반응속도는 빨라진다.

　다. 농도: 농도가 클수록 분자간의 충돌열이 많고 반응속도는 빨라진다.

　라. 촉매: 자기 자신은 변화되지 않고 반응을 일으키는 것을 촉매라 하고, 반응속도를 빠르게 하는 물질인 정촉매와 그 반대의 부촉매가 있다.

　마. 입자: 물질의 표면적이 클수록 반응속도는 빨라진다.

③ **연소반응**

　가. 산화반응

　　㉠ 발열반응: 열을 외부로 발산하는 반응

　　㉡ 흡열반응: 열을 흡수하는 반응(질소의 경우)

　나. 환원반응

　다. 열분해

④ **연소속도에 영향을 미치는 인자**

　가. 기체의 확산 및 산소와의 혼합이 좋을 때 커진다.

　나. 반응계의 농도와 물질의 활성화 에너지가 클수록 커진다.

　다. 연소용 공기의 산소농도가 클수록 커진다.

　라. 연소시 혼합가스의 온도와 압력이 높을수록 커진다.

⑤ **연소온도에 영향을 미치는 인자**

　가. 연소반응 물질의 주위 압력

나. 연소용 공기의 온도

다. 연소용 공기의 산소농도

라. 연료의 발열량과 공기비

⑥ **연소속도와 연소온도 계산식**

가. $CP = K[H_2 + 0.6(CO + CmHn) + 0.3CH_4 / \sqrt{d}]$

- CP: 연소속도
- H_2: 가스 중의 수소 함유율(부피%)
- CO: 가스 중 일산화탄소 함유율(부피%)
- $\sqrt{d}$: 가스의 공기에 대한 비중
- CmHn: 가스 중의 메탄 이외의 탄화수소 함유율(부피%)
- CH_4: 메탄 함유율
- K: 가스 중 함유된 산소의 함유율에 따라 정하는 정수

나. $to = (\eta H l / Go\ Cs) + ts$

- to: 이론 연소온도(℃)
- η: 연소효율
- $H l$: 연료의 저위발열량(kcal/kg)
- Go: 이론 배기가스량(m^3/kg)
- Cs: 배기가스 비열(kcal/$m^3 \cdot$ ℃)
- ts: 기준온도(℃)

다. $t = [(\eta H l + As + Fs - Qe)/(G\ cpm)]$

- t: 연소가스 온도(℃)
- $H l$: 연료의 저위발열량(kcal/kg)
- η: 연소효율
- As: 공기의 현열(kcal/kg)
- Fs: 연료의 현열(kcal/kg)
- Qe: 대류, 전도 등에 의한 연손실(완전연소시 Qe=0) 혹은 방산열량(kcal/kg)
- G: 연소가스량(m^3/kg 혹은 m^3/m^3)
- cpm: 연소가스의 0℃에서 t℃까지의 평균비열(kcal/$m^3 \cdot$ ℃)

5) 화염온도(flame temperature)

① **화염온도의 개념**

가. 화염온도란 연소온도 또는 폭발온도라고도 하며, 연료가 연소할 때 형성되는 온도를 말한다.

나. 연소온도(폭발온도)란 단열상태에서 폭발이나 연소로 생성된 열량(Q)을 전 생성물의 평균비열(Cv)로 나눈 값을 말한다. 즉, 연소온도(t℃)=Q/Cv이다.

다. 화염온도는 가스(연료)와 공기와의 혼합 상태나 주위의 상황 등에 따라 또는 화염 내의 온도분포도 일정하지 않다.

라. 실험의 결과로는 방사율이 낮을수록 실제온도는 낮게 나타나고, 가스버너의 효율이 좋게 나타난다.

② **화염의 색과 온도(color and temperature of flame)**

가. 화염의 색과 온도는 오르자트(orsat) 분석기 등에 의해서 과학적으로 연도가스의 성분분석을 행하여 연소상태의 양부 판정을 한다.

나. 경험에 의해서도 화염의 색상에 의해 연소상태의 양부 판정을 개략적으로 하는 것은 가능하다.

다. 연료가 연소할 때 형성되는 실제연소온도는 이론연소온도의 0.6~0.8배 정도이다.

라. 중유의 경우 이론연소온도는 2060℃ 정도이고, 실제연소온도는 1,400~1,500℃이다.

마. 온도의 범위와 색의 관계

　㉠ 연소온도 500~600℃에서 화염의 색은 암적색(짙은 어두운 색)이고, 공기량은 현저히 과소한 정도이다.

　㉡ 연소온도 600~800℃에서 화염의 색은 적색(어두운 빨간색)이고, 공기량은 과소한 정도이다.

　㉢ 연소온도 800~1,000℃에서 화염의 색은 연분홍색이고, 공기량은 약간 과소한 정도이다.

　㉣ 연소온도 1,000~1,100℃에서 화염의 색은 오렌지색이고, 공기량은 적당한 상태이다.

　㉤ 연소온도 1,100~1,200℃에서 화염의 색은 황색이고, 공기량은 약간 과다한 정도이다.

　㉥ 연소온도 1,200~1,300℃에서 화염의 색은 빛나는 흰색이고, 공기량은 과다한 정도이다.

　㉦ 연소온도 1,300~1,500℃에서 화염의 색은 눈부신 황백색이고, 공기량은 많이 과다한 정도이다.

　㉧ 연소온도 1,500~2,000℃에서 화염의 색은 눈부신 백색이고, 공기량은 많이 과다한 정도이다.

　㉨ 연소온도 2,000~2,500℃에서 화염의 색은 푸른색이 있는 눈부신 백색이고, 공기량은 많이 과다한 정도이다.

바. 가스 연소의 경우

　　㉠ 화염의 색이 오렌지색일 때 공기량은 과소한 상태이다.

　　㉡ 화염의 색이 청색의 하늘색일 때 공기량은 적당한 상태이다.

　　㉢ 화염의 색이 하늘색일 때 공기량은 과다한 상태이다.

사. 가스연료의 최고화염온도와 이론 및 실제연소온도

　　㉠ 수소(H_2)의 최고화염온도는 2,900℃ 정도이고, 이론연소온도는 2,300℃ 정도이며, 실제연소온도는 1,300~1,700℃ 정도이다.

　　㉡ 일산화탄소(CO)의 최고화염온도는 2,800℃ 정도이고, 이론연소온도는 2,400℃ 정도이며, 실제연소온도는 1,400~1,700℃ 정도이다.

　　㉢ 프로판(C_3H_8)의 최고화염온도는 2,800℃ 정도이고, 이론연소온도는 2,200℃ 정도이며, 실제연소온도는 1,300~1,700℃ 정도이다.

　　㉣ 메탄(CH_4)의 최고화염온도는 2,700℃ 정도이고, 이론연소온도는 2,100℃ 정도이며, 실제연소온도는 1,300~1,700℃ 정도이다.

③ 인화점과 발화점(착화점)

가. 인화점(인화온도)

　　㉠ 인화점이란 가연성 액체가 공기 중에서 그 표면 가까이에 인화하는 데 충분한 농도의 증기가 발생하는 최저온도로서 불씨의 접촉(점화원)에 의해서 불이 붙는 최저온도를 말한다.

　　㉡ 인화점이 비교적 낮은 가연성 액체는 위험성이 높다.

　　㉢ 점화원이란 불포화의 유지류 등은 그 자체의 산화반응으로 반응열이 축적되어 저절로 발화하는 경우가 있으나, 가연성가스의 공기혼합물 등에서는 외부로부터 발화에 필요한 에너지가 주어지지 않으면 화염은 발생하지 않는데 반드시 폭발원인의 하나로서 존재하는 것을 말한다.

　　㉣ 점화원의 종류로는 화염, 용접 불꽃, 고열물, 충격, 마찰, 정전기, 전기 기기의 스파크, 가스의 단열압축에 의한 고온 등이 있다.

나. 발화점(착화점)

　　㉠ 발화점이란 가연성 물질이 공기와 접촉된 상태에서 서서히 가열되면 외부에서 직접 화기를 가까이 대지 않아도 일정한 온도에 이르면 발화하는 최저온도를 말한다.

　　㉡ 일반적으로 산소와의 친화력이 큰 물질일수록 발화점이 낮고 발화하기 쉬운 경향이 있다.

　　㉢ 특히 탄화수소의 경우에는 탄소수가 많을수록 발화점은 낮아진다.

　　㉣ 발화의 발생원인은 온도, 조성, 압력, 용기의 크기와 형태이다.

- 온도: 보통 인화점보다 10℃ 정도 높은 온도를 연소점이라 하며, 가연성가스와 산소의 혼합비가 완전 산화에 가까울 때와 고온 및 고압일 때 발화시간이 짧아진다.
- 조성: 조성(가스의 혼합비율)에 의하여 폭발이 일어나며, 가연성가스의 폭발범위는 공기 중에서 보다 산소 중에서 더 넓어지며, 조성 없이 조건이 형성되면 폭발할 수 있는 단독 가스로는 아세틸렌, 산화에틸렌(C_2H_4O), 오존, 히드라진 등이 있다.
- 압력: 수소와 공기의 혼합가스는 10atm 정도까지 높아질 때와 일산화탄소와 공기의 혼합가스는 압력이 높아질수록 폭발범위가 좁아진다. 그러나 일반적으로 가스의 압력이 높아질수록 착화(발화)온도는 낮아지고 폭발범위는 넓어진다.
- 용기의 크기와 형태: 용기가 작으면 온도, 조성, 압력의 조건이 갖추어져도 발화하지 않거나 발화해도 화염이 전파되지 않고 꺼져 버리는 경우로서 소염거리와 한계직경이 있다.

ⓜ 소염거리와 한계직경
- 소염거리: 두 장의 평행판의 거리를 좁혀 가며 화염이 틈 사이로 전달되지 않게 될 때의 평행판 사이의 거리이다.
- 한계직경: 파이프 속을 화염이 진행할 때 도중에서 꺼져 화염이 전파되지 않는 직경을 말한다.

ⓗ 발화점에 영향을 주는 인자
- 가연성가스와 공기의 혼합비
- 가열속도와 지속시간
- 발화가 생기는 공간의 형태와 크기
- 기벽의 재질과 촉매효과
- 점화원의 종류와 에너지 투여법

다. 착화온도가 낮아지는 원인
ⓐ 연료의 발열량이 높을수록 낮아진다.
ⓑ 압력이 높을수록 낮아진다.
ⓒ 연료의 산소 농도가 짙을수록 낮아진다.
ⓓ 연료의 분자구조가 복잡할수록 낮아진다.

6) 화염전파이론

① 화염전파속도(rate of flame propagation)

가. 개념

  ㉠ 화염전파속도란 가연 한계 내에 있는 혼합가스에 점화하면 화염면이라고 하는 얇은 연소대가 퍼져나가는데 따른 진행속도를 말한다.

  ㉡ 화염전파속도는 온도나 압력 또는 흐름의 난조 등에 의해 영향을 받는다.

  ㉢ 일산화탄소(CO)와 공기의 혼합기에 의한 화염전파속도는 약 1m/s 정도이다.

나. 화염전파시간

  ㉠ 화염전파시간이란 폭발연소시간이라고도 하며, 연료가 착화되어 폭발적으로 연소하기까지의 시간을 말한다.

  ㉡ 화염전파시간에는 실린더 내에 분사된 연료가 동시에 연소하여 온도와 압력이 상승한다.

  ㉢ 화염전파시간에는 실린더 내에서의 연료의 성질, 혼합 상태, 공기의 와류에 의해서 연소속도가 변화되고 압력상승에도 영향을 미치게 된다.

다. 안전간격

  ㉠ 안전간격이란 8l 의 구형용기 안에 폭발성혼합가스를 채우고 점화시켜 발화된 화염이 용기외부의 폭발성 혼합가스에 전달되는가의 여부를 측정하였을 때 화염을 전달시킬 수 없는 한계의 틈을 말한다.

  ㉡ 안전간격이 작은 가스일수록 위험하다.

라. 안전간격의 구분

  ㉠ 폭발 1등급: 안전간격이 0.6mm를 초과하는 가스로 일산화탄소, 에탄, 프로판, 암모니아, 아세톤, 에틸에테르, 가솔린, 벤젠 등이 있다.

  ㉡ 폭발 2등급: 안전간격이 0.4mm 이상 0.6mm 이하인 가스로 석탄가스, 에틸렌 등이 있다.

  ㉢ 폭발 3등급: 안전간격이 0.4mm 미만인 가스로 수소, 아세틸렌, 이황화탄소, 수성가스 등이 있다.

② 산화화염(불꽃)

가. 산화화염(불꽃)이란 산소과잉불꽃이라고도 하며, 표준불꽃(중성불꽃)에 산소를 증가시키거나 아세틸렌을 감소시키는 경우에 발생하는 백색불꽃이 있는 짧은 불꽃을 말한다.

나. 산화화염(불꽃)은 산소-아세틸렌 불꽃의 한 종류이다.

다. 산화화염(불꽃)은 표준불꽃에 비해서 다소 온도가 높다.

라. 산화화염(불꽃)은 단순한 가열, 가스 절단 등에는 표준불꽃보다도 효율이 좋다.

마. 산화화염(불꽃)은 가스용접에서는 황동이나 청동에 사용된다.

3 가스의 종류 및 특성

1) 수소(H_2)

① 물리적 성질

가. '색깔-무색, 냄새-무취, 맛-무미'인 가연성 기체이다.

나. 밀도가 최소이며, 가볍고, 확산속도(최대 1.8km/sec)가 빠르다.

다. 고온·고압에서 금속재료에 대하여 쉽게 투과한다.

라. 비점은 -252.8℃이고, 열에 대하여 안정하고 열 전달률이 대단히 크다.

마. 폭발범위: 산소 중에서 4~94%, 공기 중에서 4~75%이다.

② 화학적 성질

가. 산소와 600℃ 이상에서 2:1로 반응하여 폭발을 일으킨다.

　• 수소폭명기: $2H_2+O_2 \rightarrow 2H_2O+136.6kcal$

나. 염소와 상온에서 반응하여 격렬한 폭발을 일으킨다.

　• 염소폭명기: $H_2+Cl_2 \rightarrow$ 햇빛$\downarrow \rightarrow 2HCl_2O+44kcal$

다. 불소와 상온에서 반응하여 격렬한 폭발을 일으킨다.

　• $H_2+F_2 \rightarrow 2HF+128kcal$

라. 고온·고압 하에서 탄소강재와 반응하여 수소취성(탈탄작용)을 일으킨다.

　• $Fe_3C+2H_2 \rightarrow CH_4+3Fe$

　• 촉매제: Ni, Pt, 석면 등

　• 내수소성 강재(탈탄방지재료): Cr, Mo, W, Ti, V 등

마. 일반적으로 질소와 반응하여 암모니아를 제조 생성한다.

　• $3H_2+N_2 \rightarrow 2NH_3+24kcal$

바. 산소와 수소를 연소시키면 2,000℃ 이상의 고온을 얻을 수 있다.

사. 고온에서 환원성이 강하므로 금속제련 시 환원제로 쓰인다.

③ 공업적 제법

가. 물의 전기분해(수전해)법

나. 수성가스(석탄 또는 코크스의 가스화)법

다. 천연가스 분해법(메탄 분해법): 수증기 개질법, 부분산화법(파우더법)

라. 일산화탄소 전화법(수성가스 전화법): 1단계(고온전화) 반응, 2단계(저온전화) 반응

마. 석유분해법: 수증기 개질법, 부분산화법

바. 암모니아 분해법

④ 실험적 제법

　가. 이온화 경향이 큰 원소는 물과 격렬하게 반응하여 수소를 발생시킨다.

　나. 납보다 이온화 경향이 큰 금속에 묽은 산을 가하여 수소를 얻는다.

　다. 소금물을 전기분해하여 수소를 얻는다.

　라. 양쪽성원소에 산 또는 알칼리를 가하여 수소를 얻는다.

　마. 가열된 금속에 수증기를 가하여 수소를 얻는다.

⑤ 용도

　가. 용접 및 로켓 연료와 기구 부양용 가스로 쓰인다.

　나. 환원성을 이용한 텅스텐, 몰리브덴 등의 금속 제련에 쓰인다.

　다. 인조보석의 제조와 석영, 유리제조 및 가공에 쓰인다.

　라. 윤활유의 정제용, 나프타, 중유 등의 수소화 탈황과 경화유의 제조용으로 쓰인다.

　마. 암모니아 합성원료와 메탄올의 합성원료 및 기타 화학공업용의 원료로 쓰인다.

⑥ 취급상 주의사항

　가. 용기의 재질은 탄소강을 사용한다.

　나. 용기의 형태는 이음매 없는 무계목 용기를 사용한다.

　다. 안전밸브의 형식은 가용전 및 파열판을 사용한다.

　라. 염소와는 동일 차량에 적재하지 못한다.

　마. 가연성이므로 용기의 충전구 형식은 왼나사이다.

2) 아세틸렌(C_2H_2)

① 물리적 성질

　가. 순수한 아세틸렌은 에테르와 같은 향기가 있으나, 불순물을 첨가함으로 인하여 악취가 나는 무색의 기체이다.

　　• 불순물: H_2S, NH_3, SiH_4, H_2, N_2, O_2, CO_2, CH_4 등

　나. 15℃에서 물 1 l 에 1.1배 정도 녹으나 아세톤 1 l 에는 25배 정도 녹는다.

　다. 고체 아세틸렌은 안정하나, 액체 아세틸렌은 불안정하다.

　라. 녹는점(-84℃)과 끓는점(-81℃)이 비슷하여 고체 아세틸렌은 융해하지 않고 승화한다.

② 화학적 성질

　가. 흡열화합물로 충격 또는 압축하면 분해폭발의 우려가 있으므로 아세톤을 다공 물질에 침윤시켜 운반해야 한다.

　　• $C_2H_2 \rightarrow 2C + H_2 - 54.2kcal$

1. 다공성물질: 규조토, 석면, 목탄, 산화철, 탄산마그네슘, 석회, 다공성 플라스틱 등
2. 다공물질: 적당한 비율로 섞은 다공물질을 물로 반죽하여 약 200℃의 용기에서 건조, 고화시킨 것으로 C_2H_2의 분해폭발을 방지하기 위해서 용기내부에 미세한 간격으로 채워 넣는 물질을 말한다.
3. 다공도 계산식: 다공도(%)=[(V−E)/V]×100
   - V: 다공물질의 용적
   - E: 아세톤 침윤 잔용적(침윤되지 않는 아세톤의 양)
4. 다공물질의 구비조건
   - 고다공도일 것
   - 안전성이 있고 경제적일 것
   - 가스충전과 가스공급이 용이할 것
   - 화학적으로 안정하고 기계적 강도가 클 것

나. 산소와 혼합하여 점화하면 산화폭발을 일으키며, 연소 시는 3,000℃ 이상의 고열을 낸다.

다. Cu, Ag, Hg와 화합폭발(치환반응)을 하여 폭발성의 화합물인 금속아세틸라이드를 생성한다.

라. 부가(첨가)중합반응으로 500℃ 정도로 가열된 철관에 아세틸렌을 통과시키면 3분자가 중합하여 벤젠이 된다.

마. 부가중합반응으로 염화제1구리(Cu_2Cl_2)를 촉매로 2분자를 중합시키면 합성고무의 원료로 사용되는 비닐아세틸렌이 된다.

③ 제조공정 및 설비

가스발생기 → 쿨러(냉각기) → 가스청전기 → 저압건조기 → 역화방지기 → 가스압축기 → 역화방지기 → 유분리기 → 고압건조기 → 역화방지기 → 방호벽 설치 → 압력게이지 → 체크밸브 → 안전밸브 → 가스충전

④ 압축기

가. 압축기의 용량은 보통 15~60m³/hr이며, 회전수는 100rpm 전후로서 급격한 압력 상승을 막고 다단압축기인 2~3단의 저속 왕복압축기를 사용한다.

나. 온도상승으로 인한 아세틸렌의 분해폭발을 방지하기 위해서 압축기는 수중에서 작동시키며, 압축기 냉각수의 온도는 20℃ 이하로 유지해야 한다.

다. 아세틸렌 압축기의 윤활유로는 양질의 광유를 사용한다.

라. 온도에 관계없이 아세틸렌 충전 시는 25kg/cm²(2.5MPa) 이상의 압력을 가하지 말아야 한다.
   - 희석제: N_2, CH_4, C_2H_4, CO 등

⑤ 제조

　가. 카바이드로부터 제조: $CaC_2 + 2H_2O \rightarrow Ca(OH)_2 + C_2H_2$

　나. 탄화수소를 이용하는 것으로 천연가스나 석유분해가스로부터 제조

　　　㉠ $C_2H_4 \rightarrow C_2H_2 + H_2$

　　　㉡ $C_3H_8 \rightarrow creaking \rightarrow C_2H_2 + CH_4 + H_2$

⑥ 용도

　가. 3,500℃ 이상의 산소-아세틸렌 불꽃은 철의 절단이나 용접에 사용한다.

　나. 800℃ 이상으로 C_2H_2를 가열하면 탄소와 수소로 분해되면서 카본블랙이 생기는 데 인쇄용 잉크 제조 및 전지용 전극 등에 사용된다.

　다. 합성수지, 합성고무, 합성섬유 등 유기합성화학의 주요 원료로 사용한다.

⑦ 용기

　가. 용접용기이며 재질은 탄소강이다.

　나. 밸브 재질은 단조강 또는 구리합금 62% 미만의 황동(Cu+Zn), 청동(Cu+Sn) 등의 구리합금이 사용된다.

　다. 안전밸브는 가용전으로 용융온도는 105±5℃이다.

　라. 최고충전압력(FP)은 15℃에서 15.5kg/cm²(1.55MPa)이다.

　마. 내압시험압력(TP)은 46.5kg/cm²(4.65MPa) 이상(최고충전압력의 3배)이다.

　바. 기밀시험압력(AP)은 27.9kg/cm²(2.79MPa) 이상(최고충전압력의 1.8배)이다.

　사. 용기도색은 황색으로 표시하고 가스명칭은 흑색이다.

　아. F(filling), T(test), A(airtight), P(pressure)의 약자이다.

3) 산소(O_2)

① 물리적 성질

　가. 조연성이며 상온에서 무색, 무취, 무미의 기체로서 물에 약간 녹는다.

　나. 비점은 -183℃이며, 액화산소는 담청색을 나타내고 있다.

　다. 체적비로 21% 정도, 중량비로 23.2% 정도로 공기 중에 존재한다.

　라. 규소, 알루미늄, 철, 칼슘 등과 결합하여 지각의 주성분을 이루고 있다.

② 화학적 성질

　가. 화학적 반응성이 높은 원소로서 할로겐원소, 백금, 금 등의 귀금속을 제외하고는 대부분의 원소와 반응하여 산화물을 생성한다.

　나. 산소나 공기 중에서 무성방전을 시키면 오존(O_3)이 발생된다.

　　• $3O_2 \leftrightarrow 2O_3 - 117.3kcal$

　다. 산소와 유지류와의 접촉은 폭발의 위험성이 있으므로 유지류(기름, 그리스 등)

는 사염화탄소의 용제로 세척하고 충분히 건조시킨 후 사용해야 한다.

　　라. 수소와 반응하여 격렬하게 폭발한다.

　　　　• $2H_2+O_2 → ↓$ 직사광선, 열 $→ 2H_2O+136.6kcal$

③ 제조법

　　가. 실험실 제법

　　　　㉠ 염소산칼륨($KClO_3$)과 3%의 과산화수소(H_2O_3)에 이산화망간(MnO_2)을 촉매로 하여 가열하면 산소가 발생한다.

　　　　㉡ 산화수은(HgO)을 가열하여 산소를 얻는다.

　　　　　• $2HgO → ↓$ 가열 $→ 2H_2+O_2↑$

　　나. 공업적 제법

　　　　㉠ 20%의 수산화나트륨용액을 전해액으로 사용하여 물의 전기분해법에 의해서 만든다.

　　　　㉡ 공기의 액화분리: 산소와 질소제법 중 가장 경제적이며, 끓는점을 이용하여 얻는 방법이다.

④ 공기액화분리장치의 폭발원인

　　가. 공기 취입구로부터의 아세틸렌(C_2H_2)의 혼입

　　나. 공기 중에 있는 질소산화물(NO, NO_2) 등의 혼입

　　다. 액체 공기 중에 오존(O_3)의 혼입

　　라. 압축기용 윤활유의 분해에 따른 탄화수소($CmHn$)의 생성

　　마. 공기액화분리장치의 방지대책

　　　　㉠ 장치는 연1회 정도 사염화탄소(CCl_4)로 내부를 세척한다.

　　　　㉡ 장치 내에 여과기(폭발 우려의 물질제거)를 설치한다.

　　　　㉢ 압축기는 충분히 냉각시키고 양질의 광유를 사용하며, 출구에는 수·유분리기를 설치한다.

　　　　㉣ 공기 흡입구는 C_2H_2이나 카바이드가 혼입되지 않도록 한다.

⑤ 용기의 형태

　　가. 일반적으로 재질은 탄소강이며 무계목용기이다.

　　나. 용기의 안전밸브는 파열판식(박판식)을 사용하며, 도색은 일반공업용이 녹색, 의료용이 백색으로 표시된다.

　　다. 산소는 고온·고압의 상태에서 산화력이 강하므로 내산화성 재질로 크롬강이나 규소, 알루미늄합금 등을 사용한다.

⑥ 취급

　　가. 분석은 1일1회 분석하며, 분리기 내의 액화산소 5 l 중 아세틸렌은 5mg, 탄소는

500mg을 넘을 경우는 공기 액화분리기의 운전을 중지하고 액화산소를 방출해야 한다.

　나. 산소압축기의 윤활유는 물 또는 10% 이하의 묽은 글리세린수를 사용한다.

　다. 산화폭발의 위험이 있으므로 산소용기 및 기기류는 유지류, 석유류 등의 접촉을 피하고, 사염화탄소 용제로 세척한다.

　라. 품질검사 시 산소 순도는 99.5% 이상이며, 기밀시험은 N_2나 CO_2를 사용한다.

　마. 설비의 개방검사 시 산소의 농도는 18~22%로 유지해야 한다.

⑦ 용도

　가. 산소는 제강, 용접, 절단 등에 많이 쓰이지만, 산화반응, 산소호흡(의료용), 공해방지 등에도 사용된다.

　나. 로켓 추진용 및 액체산소 폭약 등에 사용된다.

4) 희가스(Rare gas)

① 일반적인 성질

　가. 상온에서 무색, 무취, 무미의 단원자이며, 주기율표의 0족의 가스이다.

　나. 다른 원소와 화합하지 않는 불활성 가스로서, 상온에서 가장 안정된 가스이다.

　다. 희가스를 방전관에 넣고 방전시키면 특유의 색을 띤 빛을 낸다.

　　• Ar: 적색, He: 황백색, Kr: 녹자색, Ne: 주황색, Rn: 청록색, Xe: 청자색을 띤다.

　라. 비점: 헬륨 -268.9℃, 네온 -245.9℃, 크립톤 -153℃, 크세논 -108℃, 라돈 -62℃이다.

② 용도

　가. 네온사인용 및 형광등의 방전관용으로 사용된다.

　나. 가스크로마토그래피 분석의 캐리어가스용 및 기구부양용으로 사용된다.

　다. 공기와의 접촉을 방지하기 위한 보호가스용이나 금속의 제련 및 열처리 등에 사용된다.

5) 질소(N_2)

① 물리적 성질

　가. 질소는 공기 중에서 체적비로 78% 정도를 차지하며, 상온에서 무색, 무취, 무미의 기체이다.

　나. 불연성가스이며 상온에서 안정한 기체로 다른 원소와 반응하지 않는다.

　다. 끓는(비)점 -195.8℃, 녹는점 -209.9℃, 임계온도 -147℃, 임계압력 33.5atm이다.

② 화학적 성질

가. 550℃의 고온과 250atm의 고압 하에서 철을 촉매로 수소와 반응하여 암모니아
를 생성한다.

나. 3,000℃의 고온에서 전기불꽃 등에 의하여 산소와 화합하여 산화질소를 생성한다.

다. 고온에서 탄화칼슘(CaC_2)과 반응하여 시안화칼슘($CaCN_2$: 석회질소)을 생성한다.

라. Mg, Ca, Li 등과 화합하여 질화마그네슘(Mg_3N_2), 질화리튬(Li_3N), 질화칼슘
(Ca_3N_2) 등의 질화물을 생성하며, 내질화성 원소는 Ni이다.

③ 제조법

가. 실험실 제법: 아질산나트륨과 염화암모늄의 혼합물을 가열하여 아질산암모늄을
만들고 다시 가열하면 N_2가 생성된다.

나. 공업적 제법: 산소의 제법과 같이 주로 액체공기를 끓는점 차이로 분류하여 얻
는다.

④ 용도

가. 석회질소와 암모니아 합성용 원료로 사용한다.

나. 설비의 기밀시험 및 가스 치환용으로 사용한다.

다. 금속공업의 산화방지용 및 필라멘트의 보호제로 전구에 사용한다.

라. 액체질소는 초저온 냉매로 끓는점(-195.8℃)이 대단히 낮아 식품의 급속 동결이
나 극저온의 냉매로 사용한다.

⑤ 용기의 형태

가. 안전밸브는 파열판식이다.

나. 용기의 형태는 무계목이고, 재질은 탄소강이다.

다. 용기의 바탕색은 의료용이 흑색이고, 공업용은 회색이다.

6) 암모니아(NH_3)

① 물리적 성질

가. 상온·상압에서 무색의 기체로서 물 1cc에 암모니아 기체 800cc로 물에 잘 녹는다.

나. 20℃, 8.46atm(0.846MPa)에서 쉽게 액화되며, 상온·상압에서 강한 자극성이 있
고, 허용농도는 25ppm으로 유독한 가연성가스이다.

다. 폭발범위는 1atm(0.1MPa) 공기 중에서 15~28%이고, 산소 중에서는 15~79%이다.

라. 비점 -33.3℃, 녹는점 -77.7℃, 임계온도 132.3℃, 임계압력 111.3atm이다.

② 화학적 성질

가. 산소 중에서 연소할 때 황색 불꽃을 내면서 질소와 물로 분해된다.

• $4NH_3 + 3O_2 \rightarrow 2N_2 + 6H_2O$

나. NH_3의 누설검사는 자극성 냄새나 물에 녹은 암모니아에 네슬러시약을 넣으면 소량누설 시 황색, 다량누설 시 자색, 붉은 리트머스 시험지는 푸른색으로 변화한다.

다. 염화수소의 검출법으로 NH_3와 HCl이 반응하여 염화암모늄의 흰 연기를 발생한다.

라. 구리(Cu), 아연(Zn), 은(Ag), 코발트(Co) 등의 금속이온과 반응하여 착화합물을 만든다.

마. 염소가 과잉일 때 폭발성의 3염화질소를 만들고, 할로겐과 반응하여 질소를 유리시킨다.

바. 철 촉매 시는 650℃에서 분해하고 상온에서 안정하나 1,000℃에서는 완전히 분해한다.

사. 암모니아의 건조제는 염기성 건조제인 소다석회(CaO+NaOH 혼합물)를 사용한다.

아. NH_3 장치의 재료는 고온·고압에서 18-8스테인리스강이나 니켈, 크롬, 몰리브덴(Mo)강을 사용한다.

자. 구리와 구리합금 및 알루미늄합금은 심한 부식성을 나타내므로 철과 철합금을 사용한다.

차. 페놀프탈렌지는 NH_3누설 시 홍색으로 변화시킨다.

③ NH_3 제법

가. 실험실 제법: 약 28%의 암모니아수를 가열하거나 염화암모늄에 강알칼리를 가하여 제조한다.

나. 공업적 제법: 하버-보시법과 석회질소법(변성 암모니아)이 있다.

다. 석회질소법: 1,000℃ 정도의 고온에서 카바이드(CaC_2: 탄화칼슘)에 질소(N_2)를 화합시켜 질소비료로 사용되는 석회질소($CaCN_2$+C)를 만들고, 여기에 과열수증기를 반응시켜 NH_3를 얻는 방법이다.

④ 용기의 형태

가. 용기의 형태는 용접용기로서 재질은 탄소강을 사용한다.

나. 안전밸브는 파열판식이나 가용전식을 사용한다.

다. 밸브는 강제를 사용하나 스핀들은 스테인리스강을 사용한다.

라. NH_3는 가연성이나 충전구 나사형식은 오른나사이다.

마. NH_3 가스명칭은 흑색으로 표시하고, 용기의 바탕색은 백색이다.

⑤ 용도

가. 요소와 질소비료 제조용으로 가장 많이 사용한다.

나. 341kcal/kg의 증발잠열을 이용하여 냉동기의 냉매로 사용한다.

다. 아민류나 나일론의 원료로 사용된다.

7) 시안화수소(HCN)

① 물리적 성질

가. 허용농도 10ppm으로 독성이 강하고, 액체는 무색, 투명하며 복숭아 냄새가 난다.

나. 액체는 끓는점이 낮아 휘발하기 쉽고, 수용액을 HCN이라 하며 물에 잘 용해되고 약산성을 나타낸다.

다. 자체의 열로 인하여 오래된 HCN은 중합폭발의 위험성이 있기 때문에 충전 후 60일을 넘지 않도록 해야 한다.

라. 1atm(0.1MPa) 공기 중에서 폭발범위는 5.6~40%로 인화성 액체이다.

마. 비점 25.7℃, 인화점 −17.8℃, 착화점(발화온도) 538℃이다.

② 화학적 성질

가. 수소에 의해서 환원되며 메틸아민(CH_3NH_2)이 된다.

나. 염화제1구리(Cu_2Cl_2), 염화암모늄(NH_4Cl)의 염산산성용액 중에서 아세틸렌과 반응하여 아크릴로니트릴(CH_2CHCN)을 생성한다.

다. 순수한 액체 HCN은 안정하나 소량의 수분이나 알칼리성 물질이 있으면 중합(발열반응)에 의해서 폭발할 우려가 있다.

라. 중합을 방지하는 안정제는 황산(H_2SO_4), 인산(H_3PO_4), 염화칼슘($CaCl_2$), 오산화인(P_2O_5), 아황산가스(SO_2), 구리(Cu)망 등을 사용한다.

③ 용도

가. 살충제로 사용한다.

나. 메타크릴수지 합성용과 아크릴계 합성섬유의 원료 및 아크릴로니트릴 등의 제조에 쓰인다.

8) 염소(Cl_2)

① 물리적 성질

가. 허용농도 1ppm의 맹독성이고, 상온에서 자극성 냄새가 나는 황록색의 기체이다.

나. 액체염소는 담황색이며, 압력 6~8atm(0.6~0.8MPa)으로 −34℃ 이하에서 쉽게 액화된다.

다. 물에 대한 용해도 4.61배로 잘 녹으며 조연성(지연성)의 가스이다.

라. 비점 −33.7℃, 분자량 71로서 공기에 대한 비중(무게)은 약 2.5배 정도이다.

② 화학적 성질

가. 수소와 금속 등과의 화합력이 강하고, 염소가 과잉일 때 폭발성의 황색 기름상태로 3염화질소(NCl_3)를 생성한다.

나. 살균·표백 등에 사용되며, 물에 용해하거나 가성소다(NaOH), 석회유[Ca(OH)$_2$: 수산화칼슘]와 반응하여 염산(HCl) 및 차아염소산염(HClO)을 생성한다.

다. 염소의 검출법

　ㄱ 암모니아에 염소를 반응시키면 염화암모늄(NH$_4$Cl)의 흰연기를 낸다.

　ㄴ 무색의 요오드화칼륨(KI) 녹말종이를 푸르게(청자색) 변화시킨다.

라. 염소의 제독제로 염소를 쉽게 흡수할 수 있는 가성소다, 석회유와 같은 알칼리용액을 사용한다.

마. 내염산성 재료로는 염화비닐, 유리, 내산도기, 티타늄(Ti)금속 등을 사용한다.

바. 염소가스 중에서 황린, 구리, 안티몬 등의 분말은 발화연소하면 염화물이 된다.

③ 용기의 형태

가. 용기의 형태는 무계목용기로서 재질은 탄소강이다.

나. 용기밸브의 재질은 황동이나, 스핀들의 재질은 18-8스테인리스강을 사용한다.

다. 안전밸브는 가용전식으로 합금의 용융온도는 65~68℃ 정도이다.

라. 용기의 바탕색은 갈색이다.

④ 용도

가. 상수도(수돗물)의 살균용과 하수도의 소독제로 사용한다.

나. 섬유의 표백분(CaClO$_2$), 포스겐(COCl$_2$)제조 및 염산(HCl)의 원료로 사용된다.

다. 펄프공업, 종이, 알루미늄공업, 금속티탄 등에 많이 사용된다.

9) 염화수소(HCl)

① 물리적 성질

가. 허용농도 5ppm으로 독성이며, 무색으로 자극성 냄새가 나는 불연성의 기체이다.

나. 검출법으로 흰(백색)연기는 습한 공기 중에서 염화수소가 연무상(안개)으로 응축된 것이다.

다. 15℃에서 물 1 l 에 염화수소 450 l 로 잘 녹아 수용액은 염산이 된다.

라. 비점 -85.1℃, 녹는점 -114.2℃, 임계온도 51.4℃, 임계압력 81.5atm이다.

② 화학적 성질

가. 수분이 존재하면 그 작용이 심하고 이온화 경향이 큰 금속과 반응하여 수소발생과 염화물로 된다.

나. 연소성은 없으나 염화수소 자체는 폭발성이다. 염산이 금속을 침해할 때 발생하는 수소가 폭발을 일으키는 경우도 있다.

다. 강산성을 표시하는 것은 물에 용해한 염산을 말한다.

라. 누설 시 암모니아에 적신 헝겊을 가까이 하면 흰연기가 발생한다.

마. 제해제로는 다량의 물이나 가성소다, 알칼리수용액 등을 사용한다.

③ 용도

가. 각종 무기염화물 및 공업약품의 제조, 강재의 녹을 제거하거나 시약으로 사용한다.

나. 향료, 염료, 의약, 농약, 조미료의 제조에 사용된다.

10) 일산화탄소(CO)

① 물리적 성질

가. 허용농도 50ppm으로 독성이 강하고, 공기보다 약간 가벼운 무색, 무미의 기체이다.

나. 산, 염기와 반응하지 않으며, 물에 잘 녹지 않아 포집은 수상치환으로 한다.

다. 가연성이고 중독사고 및 공해의 원인물질이다.

라. 비점 -192℃, 공기 중의 확산계수는 $0.185cm^2/sec$이다.

② 화학적 성질

가. 금속의 산화물을 환원시켜 단체금속을 생성하는 환원성이 강한 기체이다.

나. 철족의 금속과 고압에서 반응하여 금속카르보닐을 생성한다.

다. 상온에서 염소(Cl_2)와 반응하여 포스겐($COCl_2$)을 생성하고, 공기 중에서 잘 연소한다.

라. Cu, Ag, Al 등은 금속카르보닐 생성을 방지한다.

③ 용도

가. 메탄올(CH_3OH) 합성원료로 가장 많이 사용된다.

나. 포스겐의 제조, 부탄올 합성원료 및 수성가스의 연료로 사용된다.

11) 이산화탄소(CO_2)

① 물리적 성질

가. 공기 중에 약 0.03% 정도 포함되어 있고, 무색, 무취이며 불연성의 기체로 공기보다 무겁다.

나. 액체 탄산가스를 냉각시키면 드라이아이스(고체탄산: dry ice)가 된다.

다. CO_2는 동물의 호흡, 식물의 부패, 발효 등에 의해서 생성된다.

라. 비점 -78.5℃, 5.2atm에서 녹는점은 56.6℃이다.

② 화학적 성질

가. CO_2에 수분이 작용하면 탄산(H_2CO_3)을 생성하여 용기를 부식시킨다.

나. CO_2의 검출법으로 석회수[$(Ca(OH)_2)$]에 CO_2를 가하면 탄산칼슘($CaCO_3$)의 백색침전이 생성된다.

다. 마그네슘(Mg)과 나트륨(Na) 등은 CO_2 중에 혼입시켜도 연소한다.

라. CO_2는 유기물(목탄, 석탄) 등의 연소과정에서 생성되어 지구의 온실효과를 가져온다.

③ 용도

가. 요소[$(NH_2)_2CO$]나 소다제조에 사용된다.

나. 냉각용 드라이아이스(고체탄산)제조, 탄산수, 사이다 등의 청량음료 제조에 사용된다.

다. 액체 CO_2는 소화제로 사용된다.

12) 포스겐($COCl_2$)

① 물리적 성질

가. 허용농도 0.05ppm으로 상온에서 자극성 냄새를 갖는 맹독성의 기체이다.

나. 사염화탄소(CCl_4)에 대하여 20% 정도 용해하고, 벤젠과 에테르 등의 유기용매에는 잘 녹는다.

다. 무색의 액체이나 시판용은 담황록색을 나타낸다.

라. 비점 8.2℃, 녹는점 −128℃, 임계온도 182℃, 임계압력 56atm이다.

② 화학적 성질

가. 인화성과 폭발성은 없으나 가열하면 일산화탄소와 염소로 분해된다.

나. 수분이 존재하면 가수분해하여 이산화탄소와 염산이 되며, 염산은 금속을 부식시킨다.

다. 포스겐의 제해제는 가성소다와 소석회로서 잘 흡수시킨다.

라. 사염화탄소와 산소, 산화철, 물과 반응하여 포스겐이 발생한다.

③ 제조법 및 용도

가. 활성탄을 촉매로 하여 일산화탄소(CO)와 염소(Cl_2)를 반응시키면 포스겐이 생성된다.

나. 염료, 의약, 농약, 도료, 폴리우레탄, 접착제, 가소제 등의 제조와 원료로 사용된다.

13) 황화수소(H_2S)

① 물리적 성질

가. 허용농도 10ppm이며, 계란 썩는 냄새를 가진 무색의 유독한 기체이다.

나. 1atm(0.1MPa), 공기 중에서 폭발범위는 4.3~45.5%이고, 발화온도는 260℃이다.

다. 비점 -61.8℃, 녹는점 -82.9℃이다.

② 화학적 성질

가. 공기 중에서 연소할 때 파란불꽃을 내며, 공기가 부족한 경우는 황(S)을 유리한다.

나. H_2S가 물에 약간 녹은 수용액은 약산성을 나타내는 황화수소산이 된다.

다. H_2S 검출에 사용하는 아세트산 납종이를 흑갈색으로 변하게 한다.

라. 금속염의 수용액에 황화수소를 통과시키면 수용액의 액성에 따라 각 금속 특유의 색깔을 가지는 침전을 만들기 때문에 금속 이온의 정성분석에 쓰이기도 한다.

마. H_2S는 공기 중에서 수분 등이 존재할 때 모든 금속(금, 백금 제외)과 반응하여 황화물을 생성하며, 일반 강재를 부식시킨다.

바. H_2S의 제해제는 가성소다용액과 탄산나트륨용액이 사용된다.

③ 제조법 및 용도

가. 제조법: 황산철에 묽은 염산이나 묽은 황산을 가하여 얻는다.

나. 용도: 환원제 및 정성분석에 이용되며, 의약품과 공업약품의 원료로 사용된다.

14) 메탄(CH_4)

① 물리적 성질

가. 공기 비중이 0.554로서 공기보다 가볍고 무색, 무미, 무취의 기체이다.

나. 유기물의 부패나 분해에 따라 항상 발생하는 천연가스(LNG)의 주성분이다.

다. 비점 -161.5℃, 녹는점 -182.4℃, 액체비중은 -164℃에서 0.415이며, 20℃의 물에 대한 용해도는 33.1mL/l 이다.

② 화학적 성질

가. 메탄의 연소성으로서 착화온도는 550℃이고, 폭발범위는 공기 중에서 5~15%, 상온 0.1MPa(1atm)의 산소 중에서 5.1~61%이다. 폭굉범위는 공기 중에서 6.5~12%, 산소 중에서는 6.3~53%이다.

나. 발열량은 담청색의 불꽃을 내면서 공기 중에서 연소 및 폭발한다.

- $CH_4 + 2O_2 \rightarrow CO_2 + 2H_2O + 212.8kcal$

다. 햇빛을 촉매로 염소와 치환반응을 하여 냉매인 염화메틸(CH_3Cl), 공업용 용제인 이염화메틸렌(CH_2C_2l), 마취제로 쓰이는 클로로포름(CH_3Cl), 소화제의 사염화탄소(CCl_4), 고체로서 황색의 특이한 냄새가 나는 살균, 소독용에 사용되는 요오드포름(CH_3I)의 염화물을 생성한다.

③ 용도

가. 열분해나 불완전 연소에 의한 카본블랙(인쇄잉크)제조용으로 사용한다.

나. 메탄올(CH_3OH) 합성원료 및 가스연료로 사용된다.

다. 아세틸렌(C_2H_2)제조, 수증기 개질 등에 의한 합성원료가스의 제조용으로 사용한다.

15) 에틸렌(C_2H_4)

① 물리적 성질

가. 알코올과 에테르에는 잘 용해되나 물에는 거의 용해되지 않는다.

나. 마취성이 있고 감미로운 냄새를 갖는 무색의 기체이다.

다. 비점 -103.7℃에서 액 밀도는 0.57g/mL이다.

② 화학적 성질

가. 에틸렌은 이중결합을 하며 여러 가지 부가반응을 일으킨다.

나. 에틸렌은 가연성이며 연소성은 착화온도가 480℃ 정도이다.

다. 200℃, 100MPa(1,000atm)에서 C_2H_4을 중합시키면 합성수지의 원료인 폴리에틸렌이 생성된다.

라. 에틸렌은 가연성으로 공기와의 혼합물은 폭발성을 가진다.

  • $C_2H_4 + 3O_2 \rightarrow 2CO_2 + 2H_2O + 337.23kcal$

마. 폭발범위는 상온·상압에서 공기 중은 2.75~36%이고, 산소 중은 3~80%이다.

③ 용도

가. 아세트알데히드, 에틸알코올, 산화에틸렌, 폴리에틸렌의 원료로 사용된다.

나. 합성섬유, 합성수지, 합성고무 등의 석유화학공업 기초원료로 사용된다.

다. 보관 및 운송 중에 덜 익은 과일을 익힐 때 사용한다.

16) 산화에틸렌(C_2H_4O)

① 물리적 성질

가. 허용농도 50ppm으로 에테르 냄새를 가진 독성이고, 무색의 가스 및 액체로서 산화폭발의 우려가 있는 가연성 가스이다.

나. 물, 알코올, 에테르, 아세톤 및 대부분의 유기용매에 잘 녹는다.

다. 비점 10.5℃, 공기 중 발화점은 429℃이고, 분해폭발은 571℃이며, 폭발범위는 3~80% 정도로서 인화점은 -18℃이다.

② 화학적 성질

가. 열이나 충격 등에 의한 분해폭발을 방지하기 위해서 산화에틸렌의 저장탱크 및 충전용기는 45℃에서 그 내부가스의 압력 0.4MPa(4kg/cm²) 이상이 되도록 N_2나

CO_2를 충전한다.

나. 철, 알루미늄, 주석의 금속화합물과 산, 알칼리, 산화철, 산화알루미늄 등에 의한 중합폭발의 위험이 있다.

다. C_2H_4O는 암모니아와 반응하여 에탄올아민을 생성한다.

- $C_2H_4O + NH_3 \rightarrow HOC_2H_4NH_2$

라. 물과 반응하여 글리콜을 생성한다.

- $C_2H_4O + H_2O \rightarrow HOC_2H_4OH$

③ 제조법 및 용도

가. 제조법: 직접 산화하는 것을 접촉기상산화법이라 하며, 공기 중의 산소를 20~25atm(2~2.5MPa), 230~280℃에서 은(Ag)을 촉매로 하여 에틸렌(C_2H_4)을 산화시켜 얻는다.

나. 용도

㉠ 에틸렌글리콜, 에탄올아민 등의 제조에 사용된다.

㉡ 각종 용제나 합성섬유, 합성수지, 표면활성제 등에 사용된다.

17) 벤젠(C_6H_6)

① 물리적 성질

가. 허용농도 25ppm으로 특유의 냄새가 나는 휘발성 액체로서 가연성이고 무색의 독성이 있다.

나. 알코올, 에테르, 아세톤 등의 유기용매에는 잘 녹으나 물에는 녹지 않는다.

다. 비점 80.1℃, 폭발범위는 1.41~6.75% 정도이다.

② 화학적 성질

가. 수소는 적은 반면에 탄소수가 많아서 연소 시 그을음이 난다.

나. 포화화합물에 가까운 이중결합이므로 치환반응을 한다.

다. 2%의 벤젠을 포함하고 있는 공기를 5~10분 정도 흡입하면 사망할 위험이 있다.

라. 2,000ppm 이상에서는 급성중독을 일으킨다.

③ 제조법 및 용도

가. 제조법

㉠ C_6H_6은 나프타로부터 방향족 탄화수소류를 만들고 분류에 의해서 얻는다.

㉡ 아세틸렌 3분자를 철촉매하에서 중합시켜 얻는다.

㉢ C_6H_6은 휘발성 성분이 강한 경유 속에 존재한다.

나. 용도: 나일론, 페놀수지, 각종 유기합성 및 농약, 용제, 염료의 원료로 사용된다.

18) 프레온(Freon)

① 물리적 성질

가. 불소나 염소를 함유한 지방족 탄화수소를 말한다.

나. 무색, 무취, 무독성으로 비폭발성이며 불연성이다.

다. 누설검사는 비눗물의 기포발생 여부로 알 수 있다.

라. 증발잠열이 크고 쉽게 액화되며, 200℃ 이하에서 대부분의 금속과 반응하지 않는다.

② 화학적 성질

가. 마그네슘이나 2%의 마그네슘을 함유한 알루미늄합금, 천연고무를 침식시키므로 사용할 수 없다.

나. 화학적으로 안정하나 800℃의 고온에서는 유독가스인 포스겐을 발생한다.

다. 금속에 대한 부식성이 거의 없으며 전기 절연성이 좋다.

라. 할로겐 토치램프의 불꽃색으로 누설검사를 할 수 있다.

　　㉠ 누설이 없을 때: 청색

　　㉡ 소량 누설할 경우: 녹색

　　㉢ 다량 누설할 경우: 자색

　　㉣ 극심할 경우: 불이 꺼짐

③ 제조법 및 용도

가. 제조법

　　㉠ 아세틸렌과 불화수소(HF)가 디플루오르에탄올(CH_3CHF_2)을 합성하고 다시 염소를 가하여 얻는다.

　　㉡ 염소화탄화를 염화안티몬($SbCl_5$) 촉매의 존재로 무수불화수소와 60~120℃, 2~10atm(0.2~1MPa)으로 반응시켜 얻는다.

나. 용도

　　㉠ 냉동기의 냉매나 에어로졸의 용제로 사용된다.

　　㉡ 불소수지(테프론 등)나 우레탄 발포제의 원료로 사용된다.

19) 이황화탄소(CS_2)

① 물리적 성질

가. 허용농도 20ppm으로 유독한 액체로 인화하기 쉽다.

나. 순수한 것은 거의 무취이나 일반적으로 특유의 불쾌한 냄새가 있으며, 상온에서 무색, 투명 또는 담황색의 액체이다.

다. 비점 46.3℃, 인화점은 -30℃이고, 발화점은 100℃로서 공기 중 폭발범위는 1.25~50%이다.

라. 유해성은 주로 신경계에 장애를 일으키며, 증기를 흡입하거나 액체에 장시간 접촉하면 유해하다.

② 화학적 성질

가. 150℃ 이상의 온도에서 물과 반응하고 분해하여 CO_2와 황화수소(H_2S)를 발생하나 상온에서는 물과 반응하지 않는다.

나. 인화점과 발화점이 낮아 전구표면이나 증기 파이프 등의 접촉에 의해서 발화의 우려가 있다.

다. 고온에서 수소에 의해 환원되고 황화수소, 탄소, 메탄 등이 생기며, 180℃에서 니켈을 촉매로 반응시키면 메틸디티올[$CH_2(SH)_2$]을 생성한다.

라. 부식성은 온도의 상승과 더불어 증대하고 순수한 것은 금속재료를 부식시켜서 점차 분해하여 유황화합물을 생성한다.

마. 상온에서도 특히 빛에 의해 서서히 분해되므로 대체로 불안정하다.

③ 제조법 및 용도

가. 제조법: 이황화탄소(CS_2)는 적열한(800~900℃) 숯(코크스, 목탄 등)에 황의 증기를 작용시키면 생성된다.

나. 용도

　㉠ CS_2에 염소를 작용시켜 사염화탄소(CCl_4)를 만든다.

　㉡ CCl_4는 투명한 액체로 물보다 무거우며, 불연성이므로 소화제나 유기용제로 사용한다.

　㉢ 황, 흰인, 고무 등을 잘 녹이므로 용제로 쓰이고, 비스코스 레이온을 만들 때에 많이 사용한다.

20) 카바이드(CaC_2)

① 물리적 성질

가. 흑회색이나 자갈색의 고체로서 물, 습기, 수증기와 직접 반응한다.

나. 카바이드의 불순물: 황, 인, 질소, 규소 등

다. 불순물에 의한 유해가스: 황화수소, 인화수소, 암모니아, 규화수소 등이다.

라. 가스발생량에 따라 사용되는 카바이드는 1급이 280 l/kg 이상, 2급은 260 l/kg 이상, 3급이 230 l/kg 이상이고, 1D/M(드럼)은 225kg이다.

② 화학적 성질

가. 1,000℃의 고온에서 질소와 반응하여 석회질소($CaCN_2$)를 생성한다.

나. 물과 반응하여 유기합성공업의 기본원료인 아세틸렌가스를 발생한다.

③ 제조법 및 용도

가. 제조법

ㄱ 산화칼슘(CaO)과 탄소(C)를 전기가마에서 가열하여 만들며, 탄화칼슘을 흔히 카바이드라고 한다.

ㄴ 카바이드 1kg을 생산하는데 필요한 전력 소모량은 3~5kW 정도이다.

나. 용도: 아세틸렌(C_2H_2) 및 석회질소($CaCN_2$)를 얻는데 사용된다.

④ 취급 시 주의사항

가. 습기가 있는 곳은 피하고 저장실은 통풍이 양호하게 해야 한다.

나. 인화성이나 가연성 물질 및 화약류와 혼합하여 적재하지 말아야 한다.

다. 화기 및 주수 금지를 명시하고, 저장실은 타인의 출입을 제한해야 한다.

라. 전기설비는 방폭구조로 하고, 스위치는 옥외의 안전한 곳에 설치해야 한다.

21) 이산화황(SO_2)

① 물리적 성질

가. 허용농도 5ppm으로 자극성 냄새를 가진 무색의 유독성 기체이다.

나. 대기오염 물질이며, 압력을 가하면 쉽게 액화한다.

다. 비점 -10℃, 녹는점 -75.5℃, 임계온도 157.5℃, 임계압력은 77.8atm이다.

② 물리적 성질

가. 2,000℃에서도 거의 분해하지 않고 불연성이며, 비교적 비활성으로 안정된 가스이다.

나. 알칼리에 잘 흡수되고, 물에 잘 녹아 약산성을 나타내는 아황산가스(H_2SO_3)가 된다.

다. SO_2의 수용액은 발생기 수소를 내고 환원작용에 의해서 환원성 표백제로 사용된다.

라. SO_2의 제해제: 가성소다, 탄산나트륨, 물

③ 제조법 및 용도

가. 제조법

ㄱ 황이나 황화철을 연소시켜 얻는다.

ㄴ 배기가스를 연도에서 회수(배기가스 탈황)하는 방법으로 얻는다.

나. 용도

ㄱ 대부분 황산의 제조용이나 표백제 및 의약품 원료의 제조에 사용된다.

ㄴ 액체 SO_2는 석유정제 과정에서 등유, 경유, 나프타, 유분에서 방향족 분리에 사용된다.

22) 불소(F₂)

① 물리적 성질

가. 허용농도 0.1ppm으로 담황색을 띤 특유의 자극성을 가진 유독한 기체이다.

나. 0.02ppm의 농도에서 감지할 수 있고, 자연계의 CaF_2(형석), Na_3AlF_6(빙정석) 등으로 존재한다.

다. 미량이라도 호흡하면 기관을 자극하며, 폐의 충혈을 일으키고 피부조직을 심하게 자극한다.

라. 비점 −188.2℃, 녹는점(융점) −217.9℃ 정도이다.

② 화학적 성질

가. 원소 중 가장 강한 화학작용을 가지고 있으므로 거의 모든 원소와 화합한다.

나. 가장 강한 산화제이며, 전기음성도가 가장 큰 원소이다.

다. 냉암소에서도 수소와는 폭발적(격렬하게)으로 반응한다.

라. 고체 불소와 액체 수소는 −252℃의 저온에서도 반응한다.

   • $F_2 + H_3 \rightarrow 2HF$

마. 약한 가성소다 용액에 불소를 통하면 OF_2(불화산소)가 생기나 산소와는 직접 화합하지 않는다.

바. F_2는 유리를 용해하기 때문에 유리용기에 저장하지 못하고 폴리에틸렌병에 저장한다.

③ 제조법 및 용도

가. 제조법: 불화수소칼륨(KHF_2)을 약 250℃로 가열 용융 전기분해로 불소(F_2)를 얻는다.

나. 용도: SF_6[6불화황, UF_6(6불화우라늄)], 3불화염소, 불화탄소 등의 제조 원료로 사용된다.

23) 불화수소(HF)

① 물리적 성질

가. 허용농도 3ppm으로 맹독성 기체이며, 증기는 극히 유독하다.

나. 물에 잘 녹으며, 수용액은 불화수소산(플루오르화 수소산)에 약산성을 나타낸다.

다. 19.4℃ 이하에서 액화하고, 상온에서는 H_2F_2로, 30℃ 이상에서는 HF로 존재하는 무색의 기체이다.

② 화학적 성질

가. HF는 SiO_2(모래), Na_2SiO_3(유리)를 부식시킨다.

나. HF는 납그릇, 베클라이트제용기, 폴리에틸렌병 등에 보관해야 한다.

③ 제조법 및 용도

가. 제조법: CaF_2(형석)에 진한 황산을 가하고 가열하여 얻는다.

나. 용도: 유리에 눈금을 긋거나 무늬를 넣는데 사용된다.

24) 브롬화수소(HBr)

① 물리적 성질

가. 허용농도 10ppm으로 강한 자극성을 가진 무색의 기체이다.

나. 습공기 중에서 심하게 열을 발생하는 발열성 기체이다.

다. 물에 잘 용해되며 브롬화수소산의 강한 산성을 나타낸다.

라. 비점 -67℃, 융점 -86.8℃, 임계온도 90℃, 임계압력 84kg/cm²이다.

② 화학적 성질과 제조법 및 용도

가. 화학적 성질: HBr에 질산은용액($AgNO_3$)을 가하면 연한 황색(담황색)침전 AgBr 이 생성된다.

나. 제조법: 붉은 인(적린)에 브롬(Br)과 물(H_2O)을 넣고 가열하여 얻는다.

다. 용도: 석유공업에서 알킬화 촉매제로 사용된다.

25) 아크릴로니트릴(CH_2=CHCN)

① 물리적 성질

가. 허용농도 20ppm으로 약간의 자극성 냄새를 지닌 무색투명한 액체이다.

나. 사염화탄소, 메탄올, 벤젠, 물 등과 공비점 혼합물을 만든다.

다. 인화점은 0℃이고, 발화온도는 481℃이며, 20℃의 물에 7.3% 녹는다.

라. 비점 78.5℃, 융점 -82℃, 공기 중 폭발한계는 3~17%이다.

② 화학적 성질

가. 중합방지의 안정제로 하이드로퀴논 등을 첨가하여 위험을 방지한다.

나. 증기는 상온(0~30℃)에서 폭발성 혼합가스를 형성하는 가연성 액체이다.

다. 중합반응 시 열을 발생하고 이상 압력을 일으켜 폭발의 위험성이 높아진다.

라. 산소 등의 산화성 물질이 존재하거나 빛에 노출되면 급속히 중합반응이 이루어 진다.

③ 제조법 및 용도

가. 제조법

㉠ 프로필렌과 암모니아 및 공기를 모리브덴 산화물로 450~500℃에서

0.2~0.3MPa(2~3atm)으로 촉매 접촉 반응시켜 얻는다.

ⓛ 산화에틸렌과 HCN(사안화수소)를 알칼리 촉매 하에서 반응시킨 후 탈수하여 얻는다.

ⓒ 아세틸렌과 시안화수소를 액상으로 반응시켜 얻는다.

나. 용도

ⓐ 합성수지의 제조 원료로 사용된다.

ⓛ 아크릴섬유나 합성고무의 제조 원료로 사용된다.

26) 염화비닐($CH_2=CHCl$)

① 물리적 성질

가. 허용농도 500ppm으로 상온, 상압에서 무색의 기체이다.

나. 공기 중 폭발한계는 4~21.7%이며, 인화점은 78℃이고, 발화온도는 472℃이다.

다. 기타 용제에는 비교적 용해하나 물에는 잘 녹지 않는다.

② 화학적 성질

가. 염화비닐은 열, 빛 촉매에 의해 쉽게 중합하여 PVC(염화비닐수지)를 만든다.

나. 염화비닐이 중합할 때는 15~25kcal/moL의 발열이 있다.

다. 중합반응이 빠르게 진행되면 이상 압력으로 폭발의 위험성이 있다.

라. 쉽게 연소하는 가연성 기체이다.

③ 제조법 및 용도

가. 제조법

ⓐ 에틸렌과 Cl_2에 의해 생성하는 ethylene dichloride(EDC)를 열분해하여 염화비닐을 얻는다.

ⓛ 아세틸렌에 염화수소를 140~200℃, 상압으로 촉매는 활성탄을 담체로 하는 염화제2수은에 반응시켜 얻는다.

나. 용도: 주로 염화비닐수지(PVC)의 원료로 사용된다.

4 가스의 시험 및 분석

1) 가스의 시험(검지)

① 가스의 검지 개념
가. 누설된 가스를 검지하여 폭발, 유독가스 중독 등 재해를 방지하기 위한 것이다.

나. 가스의 검지방법: 시험지법, 검지관법, 가연성가스 검출기[간섭계형, 안전등형, 열선형(연소식, 열전소식)] 등이 있다.

② 가스검지 방법의 특징
가. 시험지법: 시험지에 누설 가스를 접촉시켜 변색의 상태로 가스를 검지하는 방식이다.

나. 검지관법: 발색시약 유리관(2~4mm 정도)에 측정가스를 흡수시켜 변색의 상태를 표준 농도표와 비교하여 가스를 검지하는 방식이다.

다. 가연성가스 검출기

　㉠ 간섭계형: 가연성가스의 굴절률 차이를 이용하여 가스누설 농도를 측정한다.

　㉡ 안전등형: 보통 탄광 내에서 메탄의 농도를 측정할 때 사용한다.

　㉢ 열선형

　　• 연소식: 열선(필라멘트)으로 검지가스를 연소시켜 생기는 전기저항의 변화가 연소온도에 비례하는 원리를 이용하여 가스누설 농도를 측정한다.

　　• 열전소식: 열선(필라멘트)에 의해 전기적으로 가열된 가스를 검지하여 측정한다.

2) 가스의 분석

① 가스분석의 개념
가. 가스를 흡수 또는 연소시키는 과정에서 체적의 변화를 측정하여 분석한다.

나. 가스분석 방법의 분류

　㉠ 흡수분석법: 헴펠(Hempel)법, 오르자트(Orsat)법, 게겔(Geckel)법

　㉡ 연소분석법: 폭발법, 완만연소법, 분별 연소법

　㉢ 화학분석법: 적정법[요드(I_2) 적정법, 중화 적정법, 킬레이트 적정법], 중량법, 흡광광도법

　㉣ 기기분석법: 가스 크로마토 그래피(흡착·분배 크로마토 그래피), 질량분석법, 적외선 분광 분석법

ⓜ 가스분석계: 열전도율식, 비중식, 적외선식, 반응열식, 자기식, 용액전도율식 등이 있다.

② **가스분석 방법의 특징**

가. 흡수분석법: 혼합가스를 흡수액에 흡수시켜 흡수 전·후의 가스용량의 차로 정량을 분석하여 흡수된 가스량을 측정한다.

나. 연소분석법: 산화제(산소, 공기)에 의하여 시료가스를 연소시켜 발생되는 체적의 감소 또는 소비량 등을 통해서 가스의 농도를 측정한다.

다. 화학분석법: 화학반응에 의해서 정량을 분석하는 방법이다.

라. 기기분석법: 일반적으로 기체시료의 분석에 많이 사용된다.

마. 가스분석계: 물질의 화학적 성질과 물리적 성질을 이용하여 가스를 분석하는데 사용된다.

5 연소계산

1) 연소현상 이론

① **정의**

가. 연료(fuel) 중에 있는 가연원소인 C, H, S이 산소(공기)와 화합해서 연소하는 반응으로 연소 전·후 생성물의 양적관계를 나타내는 것이다.

나. 연소의 구비조건

㉠ 산화반응은 발열반응이어야 한다.

㉡ 열에 의해 연소물과 연소생성물의 온도가 같이 상승되어야 한다.

㉢ 연소 시 발생되는 복사열의 파장과 강도가 가시범위에 달하면 빛을 발할 수 있어야 한다.

다. 고체, 액체 및 기체연료에 따라 다르며 이론산소량(O_0), 이론공기량(A_0), 실제공기량(A), 공기비(m), 이론건배기가스량(G_0d), 이론습배기가스량(G_0w), 실제건배기가스량(Gd), 실제습배기가스량(Gw), 탄산가스최대량(CO_2max), 연소가스성분 등을 계산할 수 있다.

② 연소계산에 필요한 원자량 및 분자량

물질명	원소기호	원자량	분자식	분자량
탄소	C	12	C	12
수소	H	1	H_2	2
황	S	32	S	32
질소	N	14	N_2	28
산소	O	16	O_2	32
물			H_2O	18
일산화탄소			CO	28
이산화탄소			CO_2	44
아황산가스			SO_2	64
공기				29

가. S.T.P 상태에서 모든 기체의 분자 1moL이 가지는 체적은 아보가드로의 법칙에 의해서 22.4 l 이다. 즉, 1moL=22.4 l → g, 1kmoL=22.4m^3 → kg, Nm^3=Sm^3=m^3

나. 공기(Air) 중의 O_2와 N_2

　ㄱ 체적(공기 1m^3 중)비: 산소 21%(0.21m^3), 질소 79%(0.79m^3)

　ㄴ 중량(공기 1kg 중)비: 산소 23.2%(0.232kg), 질소 76.8%(0.768kg)

다. 질소(N_2)량과 산소(O_2)량

　ㄱ (1-0.21)A_0: 이론공기량 중의 질소량(m^3/kg)

　ㄴ (1-0.79)A_0: 이론공기량 중의 산소량(m^3/kg)

　ㄷ (m-0.21)A_0: 이론공기량 중의 질소량(m^3/kg)과 과잉공기의 합(m^3/kg)

　ㄹ (m-1)A_0: 과잉공기량(m^3/kg)

　ㅁ (m-1)100: 과잉공기율(%)

라. 단일조성일 경우 이론건배기가스량(G_0d), 이론습배기가스량(G_0w)

　ㄱ G_0d=O_2moL수×(0.79/0.21)+CO_2moL수(m^3/m^3)

　　=(22.4/M:분자량)×(O_2moL수×(0.79/0.21)+CO_2moL수)(m^3/kg)

　　=22.4×(O_2moL수×(0.79/0.21)+CO_2moL수)(m^3/kmoL)

　ㄴ G_0w=O_2moL수×(0.79/0.21)+CO_2moL수+H_2OmoL수(m^3/m^3)

　　=(22.4/M:분자량)×(O_2moL수×(0.79/0.21)+CO_2moL수+H_2OmoL수)(m^3/kg)

　　=22.4×(O_2moL수×(0.79/0.21)+CO_2moL수+H_2OmoL수)(m^3/kmoL)

마. 탄화수소계의 완전연소 반응식

　ㄱ $CmHn$+(m+n/4)O_2 → mCO_2+(n/2)H_2O

ⓛ C_3H_8의 완전연소 반응식:

$C_3H_8+(3+8/4)O_2 \rightarrow 3CO_2+(8/2)H_2O=C_3H_8+5O_2 \rightarrow 3CO_2+4H_2O$

2) 이론 및 실제공기량, 배기가스량

① 이론산소량(O_0)

가. 정의: 순수한 산소만으로 연료가 완전연소 하는데 필요한 최소량의 산소(O_2)를 말한다. C, H, S의 산소량을 중량(kg/kg) 및 체적(m^3/kg)으로 각각 구한다.

나. 중량(kg/kg)으로 구할 때

ⓐ C의 연소시 O_0

C	+	O_2	+	N_2	→	CO_2	+	N_2	→	97,200kcal
12kg		32kg			→	44kg				
1kg		(32/12) = 2.67kg			→	3.67kg			→	8,100kcal/kg

• N_2량(kg)=23.2:76.8=32:x → ∴x=105.9310kg

ⓑ H_2의 연소시 O_0

H_2	+	(1/2)O_2	+	N_2	→	H_2O	+	N_2	→	68,000kcal(Hh)
2kg		16kg			→	18kg				57,200kcal(H ℓ)
1kg		(16/2) = 8kg			→	9kg			→	34,000kcal/kg(28,600kcal/kg)

• N_2량(kg)=23.2:76.8=16:x → ∴x=52.9655kg

ⓒ S의 연소시 O_0

S	+	O_2	+	N_2	→	SO_2	+	N_2	→	80,000kcal
32kg		32kg			→	64kg				
1kg		(32/32) = 1kg			→	2kg			→	2,500kcal/kg

• N_2량(kg)=23.2:76.8=32:x → ∴x=105.9310kg

ⓓ 중량(kg/kg)으로 구하는 이론산소량(O_0)

= 2.67C+8×(H-(O/8))+S=2.67C+8H+S-O(kg/kg)

• (H-(O/8))을 유효수소라 하며, 수소에는 산소와 결합해서 연소하는 유효 수소와 수소 내에 산소와 화합해서 존재하는 수소(O/8)를 빼서 계산하는 것이다.

다. 체적(m^3/kg)으로 구할 때

ⓐ C의 연소시 O_0

C	+	O_2	+	N_2	→	CO_2	+	N_2
12kg		22.4m^3			→	22.4m^3		
1kg		(22.4/12) = 1.87m^3			→	1.87m^3		

• N_2량(m^3)=21:79=22.4:x → ∴x=84.2666m^3

ⓛ H_2의 연소시 O_0

H_2	+	(1/2)O_2	+	N_2	→	H_2O	+	N_2
2kg		11.2m^3			→	11.2m^3		
1kg		(11.2/2) = 5.6m^3			→	5.6m^3		

• N_2량(m^3)=21:79=11.2:x → ∴x=42.1333m^3

ⓒ S의 연소시 O_0

S	+	O_2	+	N_2	→	SO_2	+	N_2
32kg		22.4m^3			→	22.4m^3		
1kg		(22.4/32) = 0.7m^3			→	0.7m^3		

• N_2량(m^3)=21:79=22.4:x → ∴x=84.2666m^3

ⓡ 체적(m^3/kg)으로 구하는 이론산소량(O_0)

=1.867C+5.6(H-(O/8))+0.7S=1.867C+5.6H+0.7(S-O)(m^3/kg)

② 이론공기량(A_0)

가. 정의: 공기로서 연료를 완전 연소시키는데 필요한 최소량의 공기를 말한다. C, H, S의 공기량을 중량(kg/kg) 및 체적(m^3/kg)으로 각각 구한다. 또한 산소량에서 구할 때는 필요한 산소량에서 공기 중에 포함되어 있는 산소량 kg 또는 m^3로서 나누어 주면 A_0을 구할 수 있고, 고체, 액체 및 기체로 구분된다. 각각의 연료에 필요한 산소량과 질소량의 합으로도 나타내는데 이것을 산소량에 따른 이론공기량이라 한다.

나. 중량(kg/kg)으로 구할 때

ⓐ C의 연소시 A_0

C	+	O_2	+	N_2	→	CO_2	+	N_2
12kg		(32kg/0.232) = 137.93kg			→	149.93kg		
1kg		137.93/12) = 11.49kg			→	12.49kg		

• 12kg+32kg+105.93kg → 44kg+105.93

• 1kg+2.67kg+8.83kg → 12.5kg

• 공기량(kg)=100:23.2=x:2.67 → ∴x=11.5086kg

ⓛ H_2의 연소시 A_0

H_2	+	(1/2)O_2	+	N_2	→	H_2O	+	N_2
2kg		16kg/0.232 = 68.97kg			→	70.97kg		
1kg		(68.97kg/2) = 34.48kg			→	35.48kg		

- $2kg+16kg+52.97kg \rightarrow 18kg+53.97kg$

- $1kg+8kg+26.48kg \rightarrow 35.48kg$

- 공기량(kg)=100:23.2=x:8 → ∴x=34.48kg

ⓒ S의 연소시 A_0

S	+	O_2	+	N_2	→	SO_2	+	N_2
32kg		32kg/0.232=137.93kg		105.93kg	→	169.93kg	+	105.93kg
1kg		(137.93kg/32) = 4.31kg			→	5.31kg		

- $32kg+32kg+105.93kg \rightarrow 64kg+105.93kg$

- $1kg+1kg+3.31kg \rightarrow 5.31kg$

- 공기량(kg)=100:23.2=x:1 → ∴x=4.31kg

ⓡ 중량(kg/kg)으로 구하는 이론공기량(A_0)

$=11.49C+34.48 \times (H-(O/8))+4.31S=(2.67C+8H+S-O) \times (1/0.232)(kg/kg)$

다. 체적(m^3/kg)으로 구할 때

㉠ C의 연소시 A_0

C	+	O_2	+	N_2	→	C_2O	+	N_2
12kg		22.4m^3/0.21 = 106.67m^3			→	22.4m^3		
1kg		(106.67m^3/12) = 8.89m^3			→	1.87m^3		

- $12kg+22.4m^3+84.2666m^3 \rightarrow 22.4m^3$

- $1kg+1.87m^3+7.02m^3 \rightarrow 8.89m^3$

- N_2량(m^3)=21:79=22.4:x → ∴x=84.2666m^3

- 공기량=100:21=x:1.867 → ∴x=8.8905m^3

㉡ H_2의 연소시 A_0

H_2	+	(1/2)O_2	+	N_2	→	H_2O	+	N_2
2kg		11.2m^3/0.21 = 53.33m^3			→	22.4m^3	+	42.1333m^3
1kg		(53.33/2) = 26.67m^3			→	11.2m^3		

- $2kg+11.2m^3+42.13 \rightarrow 22.4m^3$

- $1kg+5.6m^3+21.065 \rightarrow 26.67m^3$

- N_2량(m^3)=21:79=11.2:x → ∴x=42.1333m^3

- 공기량=100:21=x:5.6 → ∴x=26.67m^3

ⓒ S의 연소시 A_0

S	+	O_2	+	N_2	→	SO_2	+	N_2
32kg		22.4m^3/0.21 = 106.67m³			→	22.4m^3	+	84.27m³
1kg		(106.67/32) = 3.33m^3			→	0.7m^3		

- $32kg + 22.4m^3 + 84.27m^3 \rightarrow 22.4m^3$

- $1kg + 0.7m^3 + 2.63m^3 \rightarrow 3.33m^3$

- N_2량$(m^3) = 21:79 = 22.4:x \rightarrow \therefore x = 84.2666m^3$

- 공기량 $= 100:21 = x:0.7 \rightarrow \therefore x = 3.33m^3$

  ⓔ 체적(m^3/kg)으로 구하는 이론공기량(A_0)

   $= 8.89C + 26.67 \times (H-(O/8)) + 3.33S = [1.867C + 5.6H + 0.7(S-O)] \times (1/0.21)(m^3/kg)$

 라. Hl(저위발열량)에 따른 A_0은 연료의 가연성분에 의한 발열량에서의 계산식은 고체, 액체 및 기체로 구분된다.

  ㉠ 고체연료: $A_0 = 1.01 \times [(Hl+550)/1,000]$(석탄: m^3/kg)

   $A_0 = 2.242 \times [(Hh+2,300)/1,000]$

  ㉡ 액체연료: $A_0 = 12.38 \times [(Hl-1,100)/10,000]$(중유: m^3/kg)

   $A_0 = 2.96 \times [(Hh-4,600)/1,000]$

  ㉢ 기체연료: $A_0 = 11.05 \times (Hl/10,000) + 0.2$(가스: m^3/m^3)

   - $Hl = 8,100C + 28,600(H-(O/8)) + 2,500S$(kcal/kg)

 마. 기체연료의 이론산소량(O_0)과 이론공기량(A_0)

  ㉠ $O_0 = (1/2)H_2 + (1/2)CO + 2CH_4 + 3C_2H_6 + 5C_3H_8 + 6.5C_4H_{10}(m^3/m^3)$

  ㉡ $A_0 = O_0 \times (1/0.21)(m^3/m^3) = 2.38(H_2+CO) + 9.52CH_4 + 14.3C_2H_6 + 23.8C_3H_8 +$

   $30.95C_4H_{10} + \cdots\cdots + ((m+n/4)/0.21)CmHn - 4.76O_2(m^3/m^3)$

③ 실제공기량(A)

 가. 이론공기량(A_0)으로는 연료(fuel)를 완전 연소시키기는 불가능하기 때문에 연료를 완전 연소시키기 위해서는 공기량을 추가시켜야 하는데, 이와 같이 추가된 공기량과 이론공기량(A_0)과의 합을 실제공기량(A)이라 한다.

 나. 실제공기량$(A) = A_0 + (A-A_0)$, 또는 공기비$(m) \times$이론공기량(A_0)이다.

 다. 과잉공기량(A_0')은 실제공기량에서 이론공기량을 뺀 것으로, $(m-1) \times A_0$으로 나타낸다.

 라. 과잉공기율이란 과잉공기량을 %로 나타낸 것으로, $(m-1) \times 100\%$이다.

④ 이론건배기가스량(G_0d)

 가. 정의: 연료를 이론공기량으로 완전 연소시켜 굴뚝을 통해 나가는 배기가스 중에 수분을 포함하지 않은 것을 말한다.

 나. 고체 및 액체연료 1kg($1m^3$) 성분에 따른 G_0d

  ㉠ 무게(kg/kg)

   - $G_0d = 12.49C + 26.48 \times [H-(O/8)] + 5.31S + N$

   $= 12.49C + 26.48H - 3.31O + 5.31S + N$

- $G_0d=(1-0.232)\times A_0+3.76C+2S+N$

  $=G_0w-(9H+W)$

  ㉡ 부피(m^3/kg)

  - $G_0d=8.89C+21.07\times[H-(O/8)]+3.33S+0.8N$

    $=8.89C+21.07H-2.63O+3.33S+0.8N$

  - $G_0d=(1-0.21)\times A_0+1.867C+0.7S+0.8N$

    $=G_0w-(11.2H+1.244W)$

  - 1 대신 공기비(m)를 대입하면 실제 건배기가스량이 되며, 여기에 수분을 포함한 상태로 계산하면 실제 습배기가스가 된다. 즉, $26.48+9=35.48H$ 및 $21.07+11.2=32.27H$로 계산한다.

다. Hl에 따른 G_0d

  ㉠ 고체: $G_0d=[1.07\times(Hl/1,000)]+0.09(m^3/kg)$

  ㉡ 액체: $G_0d=[1.03\times(Hh/1,000)]+0.07(m^3/kg)$

  ㉢ 기체: $G_0d=[0.74\times(Hl/1,000)]+0.88(m^3/m^3)$

    $=[0.642\times(Hh/1,000)]+0.96(m^3/m^3)$

라. 기체연료의 $G_0d(m^3/m^3)$

  ㉠ $G_0d=(1-0.21)\cdot A_0+CO+CH_4+2C_2H_2+2C_2H_4+2C_2H_6+3C_3H_8+4C_4H_{10}+H_2S$

  ㉡ $G_0d=0.79\times(2.38H_2+2.38CO+9.52CH_4+11.9C2H_2+14.3C_2H_4+16.67C_2H_6$
    $+23.8C_3H_8+30.95C_4H_{10}+7.14H_2S-4.76O_2)+CO+CH_4+2C_2H_2+2C_2H_4+2C_2H_6+3C_3$
    $H_8+4C_4H_{10}+H_2S$

  ㉢ $G_0d=CO_2+N_2+1.88H_2+2.88CO+8.52CH_4+13.3C_2H_4-3.76O_2$

⑤ 이론습배기가스량(G_0w)

가. 정의: 연료를 이론공기량으로 완전 연소시켜 굴뚝을 통해 나가는 배기가스 중에 수분을 포함한 상태를 말한다. 또한 G_0d(이론건배기가스량)에 연료 연소시 생성되는 수분의 합이라고도 할 수 있다.

나. 고체 및 액체연료 1kg($1m^3$) 성분에 따른 G_0w

  ㉠ 무게(kg/kg)

  - $G_0w=12.49C+35.48\times[H-(O/8)]+5.31S+N+W+A_0\cdot Wa$

    $=12.49C+35.48H-3.31O+5.31S+N+W+A_0\cdot Wa$(공기 중 수분)

  - $G_0w=(1-0.232)\cdot A_0+3.67C+2S+N+9H+W$(연료 중의 수분)$=G_0d+9H+W$

  ㉡ 부피(m^3/kg)

  - $G_0w=8.89C+32.27\times[H-(O/8)]+3.33S+0.8N+1.244W$

    $=8.89C+32.27H-2.63O+3.33S+0.8N+1.244W$

- $G_0w = (1-0.21) \cdot A_0 + 1.867C + 0.7S + 0.8N + 11.2H + 1.244W$

  $= G_0d + 11.2H + 1.244W$

- 1 대신 공기비(m)를 대입하면 실제 습배기가스량이 된다.

다. Hl 에 따른 G_0w

ㄱ 고체: $G_0d = \{0.905 \times (Hl + 550)/1,000\} + 1.17 (m^3/kg)$

- 석탄: $G_0w = [1.17 \times (Hl/1,000)] + 0.05 = [0.905 \times (Hh/1,000)] + 1.25 m^3/kg$

- 목재: $G_0w = \{1.11 + (Hl/1,000)\} + 0.65 m^3/kg$

ㄴ 액체: $G_0w = \{15.75 \times (Hl - 1,100)/10,000\} - 2.18 m^3/kg$

ㄷ 기체: $G_0w = \{11.9 \times (Hl/1,000)\} + 0.5 m^3/m^3$

  단, 이 경우는 Hl >3,500kcal/m^3일 때만 적용된다.

- 기체: $G_0w = \{1.06 \times (Hl/1,000)\} + 0.61 m^3/kg$

- 기체: $G_0w = \{0.918 \times (Hh/1,000)\} + 0.73 m^3/kg$

라. 기체연료의 $G_0w(m^3/m^3)$

ㄱ $G_0w = (1-0.21) \cdot A_0 + H_2 + CO + 3CH_4 + 4C_2H_4 + 5C_2H_6 + 7C_3H_8 + 9C_4H_{10} + 2H_2S + W + A_0 \cdot Wa$(공기 중 수분)

ㄴ $G_0w = 0.79 \times (2.38H_2 + 2.38CO + 9.52CH_4 + 11.9C_2H_2 + 14.3C_2H_4$

  $+ 16.67C_2H_6 + 23.8C_2H_8 + 30.95C_4H_{10} + 7.14H_2S - 4.76O_2)$

  $+ H_2 + CO + 3CH_4 + 3C_2H_2 + 4C_2H_4 + 5C_2H_6 + 7C_3H_8 + 9C_4H_{10} + 2H_2S + W + A_0 \cdot Wa$

ㄷ $G_0w = CO_2 + N_2 + 2.38 \cdot (H_2 + CO) + 10.5CH_4 + 15.3C_2H_4 - 3.76O_2 + W + A_0 \cdot Wa$

⑥ **실제건배기가스량(Gd)**

가. 정의: 연료를 실제공기량으로 완전 연소시켜 굴뚝을 통해 나가는 배기가스 중에 수증기를 포함하지 않은 상태를 말한다. 이론 건배기가스(G_0d)와 과잉공기량 $((m-1) \cdot A_0)$의 합으로 나타낼 수 있고, 또한 실제 습배기가스에서 수소가 연소하면서 생성하는 수증기량과 기타 연료에 포함한 수증기 값을 빼서 구할 수 있다.

나. 고체 및 액체연료 1kg($1m^3$) 성분에 따른 Gd

ㄱ 무게(kg/kg)

- $Gd = (m - 0.232) \cdot A_0 + 3.76C + 2S + N$

  $= m \cdot A_0 - 0.232 \times \{(2.67C + 8H - O + S)/0.232\} + 3.76C + 2S + N$

  $= m \cdot A_0 + C - 8H + O + S + N$

- $Gd = Gw - (9H + W) = Gw - Wg$(연소생성 수증기량)

ㄴ 부피(m^3/kg)

- $Gd = (m - 0.21) \cdot A_0 + 1.867C + 0.7S + 0.8N$

  $= m \cdot A_0 - 0.21 \times [(1.867C + 5.6H - 0.7O + 0.7S)/0.21] + 1.867C + 0.7S + 0.8N$

$$=m \cdot A_0 - 5.6H + 0.7O + 0.8N$$

- $Gd = G_0d + (m-1) \cdot A_0$

- $Gd = Gw - (11.2H + 1.244W) = Gw - Wg$

다. 기체연료의 $Gd(m^3/m^3)$

㉠ $Gd = (m-0.21) \cdot A_0 + CO + CO_2 + N_2 + CH_4 + 2C_2H_2 + 2C_2H_4 + 2C_2H_6 + 3C_3H_8$
$+ 4C_4H_{10} + H_2S - 3.76O_2$

㉡ $Gd = m \cdot A_0 + 1 - 1.5H_2 - 0.5CO - 2C_2H_4 - \cdots\cdots\cdots = Gw - Wg$

⑦ 실제습배기가스량(Gw)

가. 정의: 연료를 실제공기량으로 완전 연소시켜 굴뚝을 통해 나가는 배기가스 중에 수증기를 포함한 상태를 말한다. 이것은 이론 습배기가스(G_0w)와 과잉공기량 $((m-1) \cdot A_0)$의 합으로 나타낼 수 있다. 또한 실제 건배기가스에서 수소가 연소하면서 생성하는 수증기량과 기타 연료에 포함한 수증기 값을 더해서 구할 수 있다.

나. 고체 및 액체연료 1kg($1m^3$) 성분에 따른 Gw

㉠ 무게(kg/kg)

- $Gw = (m-0.232) \cdot A_0 + 3.76C + 2S + N + 9H + W$
$= m \cdot A_0 - 0.232 \times \{(2.67C + 8H - O + S)/0.232\} + 3.76C + 2S + N + 9H + W$
$= (C + H + S + O + N + W) + A(실제공기량)$

- $Gw = Gd + (9H + W) = Gd + Wg$

㉡ 부피(m^3/kg)

- $Gw = (m-0.21) \cdot A_0 + 1.867C + 0.7S + 0.8N + 11.2H + 1.244W$
$= m \cdot A_0 - 0.21 \times [(1.867C + 5.6H - 0.7O + 0.7S)/0.21] + 1.867C + 0.7S + 0.8N + 11.2H + 1.244W$
$= m \cdot A_0 + 5.6H + 0.7O + 0.8N + 1.244W$

- $Gw = Gd + (11.2H + 1.244W) = Gd + Wg$

- $Gw = G_0w + (m-1) \cdot A_0{}'(이론습공기량)$

다. 기체연료의 $Gw(m^3/m^3)$

㉠ $Gw = (m-0.21) \cdot A_0 + H_2 + CO + 3CH_4 + 3C_2H_2 + 4C_2H_4 + 5C_2H_6 + 7C_3H_8$
$+ 9C_4H_{10} + 2H_2S + W + A \cdot Wa$

㉡ $Gw = m \cdot A_0 + 1 - 0.5 \cdot (H_2 + CO)$

㉢ $Gw = (m-1) \cdot A_0 + G_0w$

㉣ $Gw = Gd + Wg$

라. 연소생성 수증기량(Wg)

$Wg = H_2 + 2C_2H_4 + C_2H_2 + 2C_2H_4 + 3C_2H_6 + 4C_3H_8 + \cdots\cdots + H_2S + W + A_0{}' \cdot Wa$

⑧ 탄산가스최대량(CO_2max)

　　가. 정의: 연료를 A_0에 의해 완전 연소시키면 배기가스에는 CO는 없게 되고, CO_2는 최대로 되는데, 이것을 백분율(%)로 나타낸 것을 말한다. CO_2max로 표시하며, 이론 건배기가스량에 의해서 구한다.

　　나. 완전연소에 의한 CO_2max(%)=$21 \cdot CO_2/(21-O_2)$

　　다. 불완전연소에 의한 CO_2max(%)=$21 \cdot (CO_2+CO)/(21-O_2+0.395CO)$

　　　　=$100 \cdot (CO_2+CO)/[100-(O_2/0.21)+1.88CO]$

　　라. $1.88m^3$=$(1/2) \times (79/21)$=$21:79$=$0.5:x$

　　마. 공기비(m)와 CO_2에 의한 CO_2max=$CO_2 \cdot m$

　　바. 기체연료의 CO_2max=$21 \cdot CO_2/(21-O_2)$=$100 \cdot (CO+CO_2+C_2H_4+2C_2H_4)$

⑨ G_0d에 의한 각 성분의 백분율(%)

　　가. CO_2=CO_2+SO_2=$[(1.867C+0.7S)/G_0d] \times 100$(%)

　　　　=$[(1.867C+0.7S)/(8.89C+21.07H-2.63O+3.33S+0.8N)] \times 100$(%)

　　나. O_2=$[\{0.21 \times (m-1) \cdot A_0\}/G_0d] \times 100$(%)

　　다. N_2=$100-(CO_2+CO)$=$[(0.8N+0.79 \times m \cdot A_0)/G_0d] \times 100$(%)

　　라. H_2O=$[(11.2H+1.244W+m \cdot A_0 \cdot Wa/G_0d] \times 100$(%)

3) 공기비 및 완전연소 조건

① 공기비(m: 과잉공기계수)

　　가. 정의: 연료를 연소시키는데 필요한 실제공기량(A)을 이론공기량(A_0)으로 나눈 값을 말하며, A_0에 대한 A의 비를 뜻한다. 즉, m=(A/A_0)이다.

　　나. 완전 연소할 때 공기비(m)=$21/(21-O_2)$

　　다. 불완전 연소할 때 공기비(m)

　　　　=$(N_2/0.79)/[(N_2/0.79)-\{(O_2/0.21)-(0.5CO/0.21)\}]$

　　　　=$21N_2/[21N_2-79 \times (O_2-0.5CO)]$=$N_2/[N_2-3.76 \times (O_2-0.5CO)]$

　　　　• 0.5CO란 탄소가 부족한 공기에 의해 CO가 생성할 때 O_2의 mol이다.

　　　　　C　　　+　　(1/2)O_2　　→　　CO

　　　　　1mol　+　　0.5mol　　→　　1mol

　　라. 공기 중의 산소량에 대한 질소량의 비

　　　　㉠ 중량비=(0.768/0.232)=3.31

　　　　㉡ 체적비=(0.79/0.21)=3.76

　　　　㉢ 질소(N_2: %)=100-(CO_2%+O_2%+CO%)

　　마. CO_2max에 의한 공기비(m)=CO_2max/CO_2

바. 공기비가 클 경우

　　㉠ 통풍력이 증가하여 배기가스에 의한 열손실이 많아진다.

　　㉡ 저온부식을 촉진하는 SOx의 함유량이 배기가스에 의해 증가한다.

　　㉢ 대기오염을 유발시키는 배기가스 중의 NO_2의 발생이 많아진다.

　　㉣ 연소실 내의 연소온도가 낮아진다.

사. 공기비가 작을 경우

　　㉠ 미연소에 의한 열손실이 증가한다.

　　㉡ 미연소가스로 인한 폭발사고가 일어나기 쉽다.

　　㉢ 불완전 연소에 의한 매연발생이 심하다.

② 완전연소 조건

가. 연료를 예열 공급한다.

나. 연료와 공기가 잘 혼합되어야 한다.

다. 연소실의 온도를 높게 유지해야 한다.

라. 충분한 연소시간과 연소공간을 제공해야 한다.

4) 발열량 및 연소효율

① 발열량

가. 발열량이란 고체 및 액체연료 1kg 또는 기체연료 $1m^3$의 단위량이 완전 연소할 때에 발생된 열량을 말한다.

나. 고위발열량(Hh)이란 총발열량이라고도 하며, 열량계에 의해 측정된 발열량을 말한다.

다. 저위발열량(Hl)이란 진발열량이라고도 하며, 고위발열량에서 수증기의 응축열을 제거한 열량을 말한다.

라. 고위발열량(Hh)의 계산

　　㉠ 탄소(C)의 경우

C	+	O_2	+	N_2	→	CO_2	+	N_2	→	97,200kcal
12kg		32kg			→	44kg				
1kg		(32/12) = 2.67kg			→	3.67kg			→	8,100kcal/kg

　　　• N_2량(kg)=23.2:76.8=32:x → ∴x=105.9310kg

　　㉡ 수소(H_2)의 경우

H_2	+	(1/2)O_2	+	N_2	→	H_2O	+	N_2	→	68,000kcal(Hh)
2kg		16kg			→	18kg				57,200kcal(Hl)
1kg		(16/2) = 8kg			→	9kg	→			34,000kcal/kg(28,600kcal/kg)

- N_2량(kg)=23.2:76.8=16:x → ∴x=52.9655kg

ⓒ 황(S)의 경우

S	+	O_2	+	N_2	→	SO_2	+	N_2	→	80,000kcal
32kg		32kg			→	64kg				
1kg		(32/32) = 1kg			→	2kg			→	2,500kcal/kg

- N_2량(kg)=23.2:76.8=32:x → ∴x=105.9310kg

ⓓ 고위발열량(Hh)=8100C+34000(H-O/8)+2500S(kcal/kg)

ⓔ 유효수소(H-O/8)와 무효수소(O/8)

- 유효수소가 타서 발생한 물은 9×(H-O/8)이 된다.
- 연료 중의 산소는 그 일부분이 수소와 결합되어 연소되지 않는다.
- 무효수소의 값은 중량당 H_2/O=2/16이므로 O/8의 값이 된다.
- 연료 중의 수소와 산소가 화합하여 발생한 물은 9×(O/8)이 된다.

마. 저위발열량(Hl)의 계산

ⓐ 연소실에 공급된 열량 중 수소(H_2)는 완전연소를 한 후 물이 되고, 이때 물은 기화하여 수증기로 변화하여 배기되므로 그 응축열을 제거한 저위발열량이 전열에 도움이 되는 열량이 되는 것이다.

ⓑ 저위발열량(Hl)

=8100C+28600(H-O/8)+2500S-600×[(O9/8)+W(수분)](kcal/kg)

=8100C+28600H-4250O+2500S-600W(kcal/kg)

=Hh-600×(9H+W)(kcal/kg)

ⓒ 기화잠열 600×(9H+W)

- (9H+W)는 수소(H_2)와 물(W :H_2O)의 중량비로 2:8=1:9의 비율이다.
- 온도 0℃를 기준으로 한 수증기의 증발잠열은 10,800÷18=600(kcal/kg)이다. 체적으로는 10,800÷22.4=480(kcal/m³)이다.

② 기체연료의 발열량(kcal/m³)

가. Hh=3035CO+3050H_2+9530CH_4+14080C_2H_2+15280$_2CH_4$+24370C_3H_8+32010C_4H_{10}

나. Hl=3035CO+2570H_2+8570CH_4+13600C_2H_2+14320C_2H_4+22350C_3H_8+29610C_4H_{10}

다. 기체연료의 연소

ⓐ 수소: H_2+(1/2)O_2 → H_2O+3050

ⓑ 일산화탄소: CO+(1/2)O_2 → CO_2+3035

ⓒ 메탄: CH_4+2O_2 → CO_2+2H_2O+9350

ⓓ 아세틸렌: 2C_2H_2+5O_2 → 4CO_2+2H_2O+14080

ⓔ 에틸렌: C_2H_4+3O_2 → 2CO_2+2H_2O+15280

ⓗ 에탄: $2C_2H_6+7O_2 \rightarrow 4CO_2+6H_2O+16810$

ⓢ 프로필렌: $2C_3H_6+9O_2 \rightarrow 6CO_2+6H_2O+22540$

ⓞ 프로판: $C_3H_8+5O_2 \rightarrow 3CO_2+4H_2O+24370$

ⓩ 부틸렌: $C_4H_8+6O_2 \rightarrow 4CO_2+4H_2O+29170$

ⓒ 부탄: $2C_4H_{10}+13O_2 \rightarrow 8CO_2+10H_2O+32010$

ⓚ 벤젠증기: $2C_6H_6+15O_2 \rightarrow 12CO_2+6H_2O+34960$

③ 공업분석에 의한 발열량

　가. 석탄의 경우: $Hh=97\times[81C+(96-a\cdot W)\cdot(V+W)]$ (kcal/kg)

　나. 코크스의 경우: $Hh=8,100\cdot(V+C)=8,100\cdot(1-A-W)$ (kcal/kg)

　　• (a: 수분에 관계되는 계수, $W < 5\%$일 때는 650, $W \geq 5\%$일 때는 500)

　　• C: 고정탄소, V: 휘발분, A: 회분

　다. $Hh=8,100C+34,000\times[H-(O/8)]+2,500S$ (kcal/kg)

　라. $Hl=8,100C+28,600\times[H-(O/8)]+2,500S-600W$ (kcal/kg)

　　$=Hh-600\times(9H+W)$ (kcal/kg)

④ 중유의 비중에 의한 발열량

　가. $Hh=12,400-2,100d^2$ (kcal/kg)

　　• d: 15℃의 비중

　나. $Hl=Hh-50.45\times(25-15\cdot d)$ (kcal/kg)

⑤ 연소효율

　가. 정의: 1kg의 연료가 완전 연소하였을 때와 실제 연소하였을 때의 열량비율을 말한다.

　나. 연소효율(%)=[실제연소열(kcal/kg)/공급열(kcal/kg)]×100

　　• 공급열(kcal/kg)=[연료사용량(kg/kg)×연료의 저위발열량(kcal/kg)]

3 가스의 성질, 제조방법 및 용도

1 고압가스

1) 고압가스 적용범위

① 압축가스

　가. 상용온도 또는 35℃에서 1MPa(10kg/cm^2) 이상인 것을 말한다.

　나. 종류: 네온(Ne), 산소(O$_2$), 수소(H$_2$), 아르곤(Ar), 일산화탄소(CO), 질소(N$_2$), 헬륨(HE) 등이 있다.

② 액화가스, 아세틸렌, 그 밖의 가스

　가. 액화가스: 상용온도 또는 35℃에서 0.2MPa(2kg/cm^2) 이상인 것

　나. 아세틸렌: 상용온도 또는 15℃에서 0kg/cm^2 이상인 것

　다. 액화가스 중 HCN, C$_2$H$_4$O, CH$_3$Br: 상용온도에서 0kg/cm^2 이상인 것

2) 고압가스 분류

① 상태에 따른 분류

　가. 압축가스

　　㉠ 메탄(GH$_4$) 등과 같이 상온에서 압축하여도 액화되지 않는 가스를 그대로 압축한 가스

　　㉡ 압축가스는 일반적으로 비등점이 낮다.

　　㉢ 각 가스의 비등점(℃)

가스명	비등점	가스명	비등점	가스명	비등점	가스명	비등점
He	−269	H$_2$	−252	C$_3$H$_8$	−42.1	CH$_4$	−161.5
Air	190	F$_2$	−188	N$_2$	−196	NH$_3$	−33.3
NO	−151	CO$_2$	−78.5	O$_2$	−183	Ne	−246
부탄	−0.5	Ne	−246	Cl$_2$	−33.7	Ar	−186
COCl$_2$	8	Ar	−186	CO	−192	Kr	−153

나. 액화가스

　　㉠ NH_3, Cl_2, C_3H_8, HCN 등과 같이 상온에서 압축 시 액화하는 가스

　　㉡ 액체상태로 취급되는 가스로서 대체로 비점이 높다.

다. 용해가스

　　㉠ C_2H_2 등과 같이 용제 속에 가스를 용해시킨 가스

　　㉡ C_2H_2는 흡열화합물이다.

　　　• $2C + H_2 \rightarrow C_2H_2 - 54.2kcal$

　　㉢ C_2H_2을 압축하면 분해폭발을 일으킨다.

　　　• $C_2H_2 \rightarrow \downarrow$ 압축 $\rightarrow 2C + H_2 + 54.2kcal$

라. C_2H_2의 용제는 아세톤, 디메틸 포름아미드(DMF)가 있다.

② **성질에 따른 분류**

가. 가연성가스

　　㉠ H_2, CO, C_2H_2, C_3H_8, C_4H_{10}, CH_4 등 폭발하한이 10% 이하, 상한과 하한 차이가 20% 이상인 것으로 연소가 가능한 가스이다.

　　㉡ 가연성이면서 독성인 가스는 CH_3Br, CH_3Cl, HCN, C_2H_4O, C_6H_6, NH_3, H_2S, CO, 이황화탄소(CS_2) 등이 있다.

나. 조연성(지연성)가스

　　㉠ 자신은 연소하지 않고 다른 물질의 연소를 돕는 가스이다.

　　㉡ 종류는 O_2, O_3, N_2O, NO, F_2, Cl_2, 공기 등이다.

다. 불연성가스

　　㉠ 연소가 불가능한 가스이다.

　　㉡ 종류는 CO_2, N_2, Ne, Ar, He, SO_2 등이다.

③ **독성에 의한 분류**

가. 독성가스

　　㉠ 허용농도가 100만분의 5,000(5,000ppm) 이하인 가스이다.

　　㉡ 허용농도란 해당 가스를 흰쥐 집단에게 대기 중에서 1시간 동안 계속하여 노출시켰을 때 14일 이내에 그 흰쥐의 1/2 이상이 죽게 되는 가스의 농도를 말한다.

　　㉢ ppm: 물 1 l 중에 함유되어 있는 불순물의 양을 mg으로 나타낸 백만 분율이다.

　　㉣ 2중 배관을 해야 하는 독성가스: 포스겐($COCl_2$), 염소(Cl_2), 아황산가스(SO_2), 시안화수소(HCN), 황화수소(H_2S), 암모니아(NH_3), 산화에틸렌(C_2H_4O), 염화메틸(CH_3Cl) 등이다.

⑩ 독성가스의 허용농도

가스의 종류	허용농도(ppm)	가스의 종류	허용농도(ppm)
니켈카르보닐	0.001	시안화수소(HCN)	10
포스겐($COCl_2$)	0.05	황화수소(H_2S)	10
오존(O_3)	0.1	브롬화메틸	20
불소(F_2)	0.1	아크릴로니트릴	20
인화수소	0.3	암모니아(NH_3)	25
염소(Cl_2)	1	벤젠(C_6H_6)	25
불화수소(HF)	3	산화에틸렌	50
아황산가스(SO_2)	5	염화메틸(CH_3Cl)	100
염화수소(HCl)	5	메탄올(CH_3OH)	200

나. 비독성가스: 가스 자체에 독성이 없는 가스로, 수소(H_2), 질소(N_2) 등이 있다.

2 액화석유가스(LPG)

1) LPG의 기초 이론

① 탄화수소의 분류

가. 액화석유가스는 석유계 저급 탄화수소의 혼합물로서 프로판(C_3H_8)과 부탄(C_4H_{10})이 주성분이다.

나. 포화(파라핀계) 탄화수소: 화학적으로 안정되어 일반적으로 연료에 사용되는 것은 메탄(CH_4), 에탄(C_2H_6), 프로판, 부탄 등이 있다.

다. 불포화(올레핀계) 탄화수소: 불포화(불안정한) 결합상태이며 일반적으로 석유화학제품의 원료로 사용되는 에틸렌(C_2H_4), 프로필렌(C_3H_6), 부틸렌(C_4H_8) 등이 있다.

② 액화석유가스(liquefied petroleum gas: L.P.G)

가. 약 $10kg/cm^2$ 이하에서 액화된다.

나. 액화석유가스의 일반적인 성질

㉠ 액화석유가스는 공기보다 무겁다.

㉡ 액상의 액화석유가스는 물보다 가볍다.

㉢ 증발잠열(기화열)이 크다.

ⓔ 액상의 액화석유가스가 기화하면 체적이 커진다.

ⓜ 액화 및 기화가 용이하다.

ⓗ 누설 시 재해방지를 위해 부취제를 첨가한다.

ⓢ 패킹이나 밸브재료로 인조고무(합성고무)를 사용한다.

하나 더

1. 기화할 때 프로판은 약 250배, 부탄은 약 230배로 체적이 증가한다. 액화 C_3H_8 1kg의 몰(mol) 수는 1kg=1,000g/44g=22.7mol을 체적으로 환산하면 (22.4ℓ/mol)×22.7mol=509ℓ이다. 따라서 비체적(ℓ/g 또는 cm^3/kg)은 509ℓ×22.4ℓ/44g≒250배 정도이다.
2. 액화석유가스 밀도의 단위는 g/ℓ, kg/m^3로 나타내며, 물질의 단위체적당 중량을 말하고, 표준상태에서 액화석유가스의 주성분인 프로판(C_3H_8)의 밀도는 1.96(=44/22.4)g/ℓ, $1.96kg/m^3$이다.
3. 액화석유가스 비체적의 단위는 ℓ/g, m^3/kg로 나타내며, 물질의 단위중량당 체적을 말하고, 표준상태에서 프로판(C_3H_8)의 비체적은 약 0.5(=22.4/44)ℓ/g, $0.5m^3$/kg이다.
4. 비중: 비중이 1보다 큰 가스는 누설하면 낮은 곳에 체류하고, 액은 물에 잠긴다.
   • 가스비중=동일체적의 가스중량/동일체적의 공기중량
   • 액체비중=t℃에서의 물질의 밀도/4℃에서의 물의 밀도

다. 기체연료의 종류별 특징

ⓖ 천연가스(natural gas: N.G): 천연가스의 주성분은 메탄(CH_4)이고, 폭발한계(폭발범위의 최저농도를 하한계라 하고 가연물이 부족이며, 최고농도를 상한계라 하는데 산소나 공기량이 부족한 상태의 한계값)와 화염전파속도가 작아 압축하여 자동차연료로 사용하면 좋다.

ⓛ 액화천연가스(liquefied natural gas: L.N.G): 액화천연가스는 액화 전에 H_2S(황화수소), CO_2, 중질 탄화수소 등을 정제 제거시키며, 지하에서 산출한 메탄(CH_4)을 주성분으로 하는 천연가스(N.G)를 -162℃의 초저온까지 냉각하여 액화한 것이다.

하나 더

도시가스 원료로 사용할 때의 특징
• 액화천연가스를 기화시킨 후에는 도시가스 원료로서의 사용법 및 정제설비가 불필요하다.
• 초저온의 액체이므로 저온 저장설비와 기화장치가 필요하다.
• 냉열 이용이 가능하고, 설비재료의 선택과 취급상 주의가 필요하다.

2) 액화석유가스의 공급방식

① 자연기화방식

가. 비교적 소량 소비처에서 사용되는 가장 간단한 기화방식이다.

나. 발열량 변화와 조정변화량이 크고, 발생능력에 한계가 있다.

다. 프로판의 끓는점이 −42.1℃로 낮기 때문에 대기의 온도에서 쉽게 기화한다.

② **강제기화방식**

가. 생가스 공급방식

㉠ 부탄의 경우는 온도가 0℃ 이하가 되면 재액화되기 때문에 가스배관은 보온 조치가 필요하다.

㉡ 기화기에 의해서 기화된 그대로의 가스를 공급하는 방식으로 기화기의 능력은 소형(10kg/hr)에서부터 대형(4톤/hr) 정도까지 있다.

㉢ 기화기는 가스에 열을 공급하여 기화시키는 장치로 가스화시키는 부분이다.

나. 공기혼합가스 공급방식

㉠ 부탄을 다량으로 소비하는 경우에 적합하며, 기화기에서 기화된 부탄가스에 공기를 혼합하여 공급하는 방식이다.

㉡ 공기혼합가스의 공급목적: 재액화의 방지, 발열량 조절, 누설 시의 손실 감소, 연소효율의 증대 등이다.

다. 변성가스 공급방식

㉠ 부탄을 고온의 촉매로서 분해하여 수소, 메탄, 일산화탄소 등의 연질가스로 변성시켜 공급하는 방식이다.

㉡ 재액화의 방지와 금속의 열처리용, 도시가스용 등의 특수용도로 사용하기 위하여 변성한다.

㉢ 액화석유가스 변성에 의한 도시가스 제조법: 공기혼합방식, 직접혼합방식, 변성혼합방식 등이 있다.

3) 액화석유가스의 이송설비

① **차압에 의한 방법**

가. 탱크로리의 자체 압력에 의한 방법이다.

나. 탱크로리가 태양열이나 기타 열에 의해서 온도가 상승하고 높아진 압력에 의해서 이송하는 방법이다.

② **액송 펌프에 의한 방법**

가. 일반적으로 기어펌프나 원심펌프를 액라인에 설치하여 탱크로리 액가스를 가압하여 저장탱크로 이송시키는 방식이다.

나. 장점

㉠ 재액화가 발생하지 않는다.

ⓛ 증기의 응결에 의한 드레인 현상이 없다.

다. 단점

㉠ 충전 작업시간이 길어진다.

㉡ 잔가스 회수가 불가능하다.

㉢ 베이퍼록 현상에 의한 누설의 원인이 된다.

하나 더

베이퍼록(vaporlock) 현상

1. 개념: 끓는점이 낮은 액체를 이송할 때나 배관의 마찰손실이 크고 증기가 발생하기 쉬운 구조일 경우 펌프 입구 쪽에서 액이 기화하는 현상이다.
2. 펌프의 효율 저하에 따라서 토출량이 감소한다.
3. 발생 시 조치사항: 바이패스 밸브를 열어서 가스를 저장탱크로 보낸다.
4. 베이퍼록 발생 방지법
   • 흡입관경을 충분히 크게 하고 펌프의 설치위치를 낮춘다.
   • 배관에 단열조치를 취한다.

③ **압축기에 의한 방법**

가. 장점

㉠ 잔가스 회수가 가능하고, 펌프에 비하여 충전시간이 짧다.

㉡ 조작이 간단하고 베이퍼록 현상이 발생하지 않는다.

나. 단점

㉠ 저온에서 부탄증기가 재액화 될 우려가 있다.

㉡ 압축기의 기름이 탱크로 들어가 드레인(drain)의 원인이 된다.

3 도시가스

1) 도시가스의 특성

① **도시가스의 원료**

가. 도시가스의 원료로는 고체연료(석탄, 코크스)와 액체연료(나프타, LPG, LNG) 및 기체연료(천연가스, 정유가스) 등이 있다.

나. 저유가스란 off가스라고도 하며 메탄, 에틸렌 등의 탄화수소 및 수소 등을 개질한 것으로 석유정제와 석유화학의 부생물을 말한다.

다. 도시가스의 주성분은 메탄(CH_4)과 수소(H_2)로서 공기보다 가볍다.

라. 폭발범위(연소한계)는 성분에 따라 달라지며, 보통은 하한이 5% 내외이고, 상한은 20~30% 내외이다.

마. 연소속도는 수소를 많이 함유할수록 빨라지며, 가스의 성분, 가스의 온도 및 압력, 공기와의 혼합비 등에 따라 다르다.

② 액체연료의 종류별 특징

가. 가솔린(휘발유)

㉠ 가솔린은 주로 스파크 점화식 연료(자동차, 비행기 등)에 쓰이고, 고옥탄가가 요구되며, 도시가스의 제조원료 외에 LPG의 제조에도 쓰인다.

㉡ 가솔린의 인화점은 -20~-43℃ 정도이고, 폭발범위는 1.4~7.6이며, C_8~C_{11} 정도의 경질탄화수소로서 총발열량은 11,000~11,500kcal/kg 정도이다.

나. 나프타(naphtha)

㉠ 나프타는 가솔린의 끓는점 범위(30~200℃)에 해당하는 유분으로 조제 가솔린이라고도 한다. 원유를 상압증류하여 얻어지는 나프타를 직류 나프타라고 하며, 경질나프타(끓는점 100℃ 이하)와 중질나프타(끓는점 100~200℃)로 구분된다.

㉡ 원유의 중질유분을 열분해하거나 접촉분해 할 때 생성되는 가솔린유분을 분해나프타라고 한다.

㉢ 나프타의 가장 중요한 용도는 내연기관용 연료로 사용되는 것이며, 일반적으로 60% 정도의 메탄(CH_4)이 주성분으로 발열량은 6,500kcal/m³ 정도이다.

다. 타르계 액체연료의 종류별 특징

㉠ 타르계 중유: C/H(탄화수소비-석유계의 C/H: 6, 제연료의 C/H: 2.5)가 14 정도로 화염의 휘도가 높다. 황의 함량(0.5% 이하)이 적고, 점도 또는 인화점이 높아 고온의 예열이 필요하며, 석유계의 연료와 혼합하여 사용하면 슬러지가 발생(버너의 노즐 막힘)된다.

㉡ 석탄 타르: 석탄 타르는 제철공장의 코크스로에서 다량의 부산물로 생산되고, 고온건류로 얻어지며 비중이 1.1~1.2이다. 저온건류로 얻어지는 것은 저온타르이다.

㉢ 피치(pitch): 피치는 타르계 연료로서 융점이 100~120℃이고, 분쇄기로 미분화하여 미분탄 버너로 연소하며, 분출속도는 25m/s 이상이다.

㉣ 크레오소트유(creosote): 크레오소트유는 타르보다 사용이 편리하고, 코크스로의 부산물로서 다량 생산되나 가격이 비싸며, 인화점 83~92℃, 발열량 9,400kcal/kg 정도이다.

③ 기체연료의 종류별 특징

가. 오일가스(O,G): 석유류를 상압증류 또는 가압증류 할 때 얻어지는 가스이고, 주성분은 수소와 메탄 및 일산화탄소이며, 발열량은 3,000~10,000kcal/m³ 정도이다.

나. 석탄가스(코크스가스): 석탄가스는 노속에 석탄을 넣고 1,100℃의 고온에서 건류시켜 코크스를 제조할 때 얻어지는 가스이다. 주성분은 메탄(CH_4)과 수소(H_2)이고, 발열량은 5,000kcal/m³ 정도이며, 도시가스나 화학원료 및 공장 등에 사용된다.

다. 발생로가스: 발생로가스는 화실에 고체연료(코크스, 석탄, 목재)를 넣고 불완전연소를 시켜서 발생되는 미연소가스의 연료이다. 주성분은 일산화탄소(CO), 질소(N_2)이고, 발열량은 1,000~1,600kcal/m³ 정도이며, 특수 공업용 등에 사용된다.

라. 수성가스: 수성가스는 고온(900~1,000℃ 이상)으로 가열한 코크스에 수증기를 공급하여 얻어지는 가스이다. 주성분은 수소, 일산화탄소이고, 발열량은 2,800kcal/m³ 정도이다.

마. 고로가스(용광로가스): 고로가스는 용광로에서 사용되는 코크스가 연소할 때 배출되는 가스에서 부산물로 얻어지는 연료이다. 주성분은 일산화탄소, 이산화탄소(CO_2), 질소이고, 발열량은 900~1,000kcal/m³ 정도이며, 기타 가열용으로 사용된다.

2) 도시가스의 제조

① 도시가스제조방식

가. 열분해법: 고온(800~900℃)에서 분자량이 큰 탄화수소(원유, 중유, 타프타 등)를 열분해시켜 10,000kcal/m³ 정도의 고열량가스를 재조(가스화)하는 방법이다.

나. 접촉분해(수증기 개질)법: 반응온도(400~800℃)에서 촉매를 사용하여 탄화수소와 수증기를 반응시켜 CH_4, CO_2, CO로 변환하는 방법(수증기 개질법)으로 발열량은 3,000~6,000kcal/m³ 정도이다.

다. 수소화 분해법: 탄화수소 원료를 H_2를 사용하여 열분해나 접촉분해에 의해 CH_4을 주성분으로 하는 가스의 제조방법이다.

라. 부분연소법: 탄화수소의 분해에 필요한 열을 노내에 산소나 공기 및 수증기를 이용하여 CH_4, H_2, CO_2, CO로 변환하는 방법으로 발열량은 2,000~3,000kcal/m³ 정도이다.

마. 대체 천연가스

㉠ 각종 탄화수소 원료에서 천연가스의 물리적, 화학적 성질과 거의 같은 가스로 제조한 것이다.

ⓛ 가스화제로 H_2, O_2, H_2O 등을 이용하여 합성함으로 합성천연가스(synthetic natural gas: SNG)라고도 한다.

ⓒ 발열량은 3,000~6,000kcal/m³ 정도이다.

② **원료의 송입법에 의한 분류**

　가. 연속식: 원료의 공급과 가스발생이 연속적이다.

　나. 배치식: 원료의 일정량을 취하여 가스화하는 방식이다.

　다. 사이클링식: 연속식과 배치식의 중간적인 방식이다.

③ **가열방식에 의한 분류**

　가. 외열식: 원료가 든 용기를 외부에서 가열하는 방식이다.

　나. 축열식: 가스화반응기 내에서 연소 후 원료를 반응기 내로 송입하여 가스화의 열원으로 하는 방식이다.

　다. 부분연소식: 산소나 공기를 원료에 소량 흡입하여 일부 연소시킨 후 그 열에 의하여 원료를 가스화하는 방식이다.

　라. 자열식: 발열반응(수소화 분해반응, 산화반응)에 의해 가스를 발생시키는 방식이다.

가스기능사
기출문제

한국산업인력공단 시행
2010~2016
기출문제 및 해설
(20회분)

국가기술자격 필기시험문제

2010년 10월 3일 제5회 필기시험

자격 종목	종목코드	시험시간	수험 번호	성명
가스기능사	6335	1시간		

제1과목, 가스안전관리

01 고압가스판매자가 실시하는 용기의 안전점검 및 유지관리의 기준으로 틀린 것은?

① 용기아래부분의 부식상태를 확인할 것
② 완성검사 도래 여부를 확인할 것
③ 밸브의 그랜드너트가 고정핀으로 이탈방지를 위한 조치가 되어 있는지의 여부를 확인할 것
④ 용기캡이 씌워져 있거나 프로텍터가 부착되어 있는지의 여부를 확인할 것

> ❗ 고압가스제조자 또는 고압가스판매자가 실시하는 용기의 안전점검 및 유지관리의 기준
> 1. 용기의 내·외면을 점검하여 사용할 때에 위험한 부식, 금, 주름 등이 있는지의 여부를 확인할 것
> 2. 용기는 도색 및 표시가 되어 있는지의 여부를 확인할 것
> 3. 용기의 스커트에 찌그러짐이 있는지, 사용할 때에 위험하지 않도록 적정 간격을 유지하고 있는지의 여부를 확인할 것
> 4. 유통 중 열 영향을 받았는지의 여부를 점검할 것. 이 경우 열 영향을 받은 용기는 재검사를 받아야 한다.
> 5. 용기캡이 씌워져 있거나 프로텍터가 부착되어 있는지의 여부를 확인할 것
> 6. 재검사기간의 도래 여부를 확인할 것
> 7. 용기아래부분의 부식상태를 확인할 것
> 8. 밸브의 몸통, 충전구나사, 안전밸브의 사용에 지장을 주는 흠, 주름, 스프링의 부식 등이 있는지 확인할 것
> 9. 밸브의 그랜드너트가 고정핀 등에 의하여 이탈방지를 위한 조치가 되어 있는지의 여부를 확인할 것
> 10. 밸브의 개폐조작이 쉬운 핸들이 부착되어 있는지 여부를 확인할 것
> 11. 용기에는 충전가스의 종류에 맞는 용기부속품이 부착되어 있는지 여부를 확인할 것
> 12. 용기에 충전된 고압가스(가연성가스 및 독성가스만 해당한다)를 판매한 자는 판매에서 회수까지 그 이력을 추적 관리하여 용기방치 등으로 인한 안전관리에 저해되지 않도록 할 것

02 LP가스의 특징에 대한 설명으로 틀린 것은?

① LP가스는 공기보다 무거워 낮은 곳에 체류하기 쉽다.
② 액체상태의 LP가스는 물보다 가볍고, 증발잠열이 매우 작다.
③ 고무, 페인트, 윤활유를 용해시킬 수 있다.
④ 액체상태 LP가스를 기화하면 부피가 약 260배로 현저히 증가한다.

> ❗ 액체상태의 LP가스는 물보다 가볍고, 증발잠열(기화열)이 크다.

03 가연성가스의 제조설비 중 전기설비는 방폭성능을 가진 구조로 하여야 한다. 이에 해당되지 않는 가스는?

① 수소
② 프로판
③ 일산화탄소
④ 암모니아

> ❗ 암모니아는 가연성가스의 제조설비 중 전기설비를 방폭성능을 가진 구조로 하지 않아도 된다.

04 산소가스를 용기에 충전할 때의 주의사항에 대한 설명으로 옳은 것은?

① 충전압력은 용기내부의 산소가 30℃로 되었을 때의 상태로 규제한다.

② 용기의 제조일자를 조사하여 유효기간이 경과한 미검용기는 절대로 충전하지 않는다.

③ 미량의 기름이라면 밸브 등에 묻어 있어도 상관없다.

④ 고압밸브를 개폐시에는 신속히 조작한다.

> ❗ 산소가스를 용기에 충전할 때의 주의사항으로 용기의 제조일자를 조사하여 유효기간이 경과한 미검용기는 절대로 충전하지 않는다.

05 공기액화분리장치에서의 액화산소통 내의 액화산소 5ℓ 중 아세틸렌의 질량이 얼마를 초과할 때 폭발방지를 위하여 운전을 중지하고 액화산소를 방출시켜야 하는가?

① 0.1mg ② 5mg
③ 50mg ④ 500mg

> ❗ 공기액화분리장치(1시간의 공기압축량이 1,000m³ 이하인 것은 제외)에 설치된 액화산소통 내의 액화산소 5ℓ 중 아세틸렌의 질량이 5mg 또는 탄화수소의 탄소 질량이 500mg을 넘을 때에는 폭발방지를 위하여 그 공기액화분리기의 운전을 중지하고 액화산소를 방출시켜야 한다.

06 가연성가스를 취급하는 장소에는 누출된 가스의 폭발사고를 방지하기 위하여 전기설비를 방폭구조로 한다. 다음 중 방폭구조가 아닌 것은?

① 안전증 방폭구조 ② 내열 방폭구조
③ 압력 방폭구조 ④ 내압 방폭구조

> ❗ **전기설비의 방폭성능기준**
>
> 1. 방폭구조의 종류와 표시방법 : 내압(d), 유입(o), 압력(p), 본질안전(ia 또는 ib), 안전증(e), 특수 방폭구조(s)가 있다.
> 2. 방폭구조의 개념
>   ① 내압(耐壓) 방폭구조 : 내부에서 가연성가스의 폭발이 발생할 경우 그 용기가 폭발압력에 견디고, 접합면, 개구부 등을 통하여 외부의 가연성가스에 인화되지 아니하도록 한 구조를 말한다.
>   ② 유입(油入) 방폭구조 : 용기 내부에 기름을 주입하여 불꽃, 아크 또는 고온발생부분이 기름 속에 잠기게 함으로써 기름면 위에 존재하는 가연성가스에 인화되지 아니하도록 한 구조를 말한다.
>   ③ 압력(壓力) 방폭구조 : 용기 내부에 보호가스(신선한 공기 또는 불활성가스)를 압입하여 내부압력을 유지함으로써 가연성가스가 용기 내부로 유입되지 아니하도록 한 구조를 말한다.
>   ④ 본질안전(本質安全) 방폭구조 : 정상 시 및 사고(단선, 단락, 지락 등) 시에 발생하는 전기불꽃, 아크 또는 고온부에 의하여 가연성가스가 점화되지 아니하는 것이 점화시험, 기타 방법에 의하여 확인된 구조를 말한다.
>   ⑤ 안전증(安全增) 방폭구조 : 정상운전 중에 가연성가스의 점화원이 될 전기불꽃, 아크 또는 고온부분 등의 발생을 방지하기 위하여 기계적·전기적 구조상 또는 온도상승에 대하여 특히 안전도를 증가시킨 구조를 말한다.
>   ⑥ 특수(特殊) 방폭구조 : 가연성가스에 점화를 방지할 수 있다는 것이 시험, 기타의 방법에 의하여 확인된 구조를 말한다.

07 도시가스사용시설 중 자연배기식 반밀폐식 보일러에서 배기톱의 옥상돌출부는 지붕면으로부터 수직거리로 몇 cm 이상으로 하여야 하는가?

① 30 ② 50
③ 100 ④ 90

> ❗ 도시가스사용시설 중 자연배기식 반밀폐식 보일러에서 배기톱의 옥상돌출부는 지붕면으로부터 수직거리로 100㎝ 이상으로 하여야 한다. 또한 배기톱 상단으로부터 수평거리 1m 이내에 건축물이 있는 경우에는 그 건축물의 처마보다 1m 이상 높게 설치하여야 한다.

08 도시가스용 가스계량기와 전기개폐기와의 거리는 몇 cm 이상으로 하여야 하는가?

① 15 ② 30
③ 45 ④ 60

> **!** 배관의 이음매(용접이음매는 제외)와 전기계량기 및 전기개폐기와의 거리는 60cm 이상, 전기점멸기 및 전기접속기와의 거리는 30cm 이상, 절연전선과의 거리는 10cm 이상, 절연 조치를 하지 않은 전선 및 단열조치를 하지 않은 굴뚝(배기통을 포함)과의 거리는 15cm 이상의 거리를 유지하여야 한다.

09 용기 파열사고의 원인으로 가장 거리가 먼 것은?

① 용기의 내압력 부족
② 용기 내압의 상승
③ 용기내에서 폭발성 혼합가스에 의한 발화
④ 안전밸브의 작동

> **!** 고압가스설비에는 안전밸브를 설치하여 설비내의 압력이 상승한 때의 위험을 방지할 수 있도록 조치하여야 한다. 따라서 안전밸브의 작동은 용기의 파열사고가 발생하지 않으므로 파열사고의 원인이 될 수 없다.

10 고압가스시설의 가스누출검지경보장치 중 검지부 설치수량의 기준으로 틀린 것은?

① 건축물 내에 설치되어 있는 압축기, 펌프 및 열교환기 등 고압가스설비군의 바닥면 둘레가 22m인 시설에 검지부 2개 설치
② 에틸렌제조시설의 아세틸렌 수첨탑으로서 그 주위에 누출한 가스가 체류하기 쉬운 장소의 바닥면 둘레가 30m인 경우에 검지부 3개 설치
③ 가열로가 있는 제조설비의 주위에 가스가 체류하기 쉬운 장소의 바닥면 들레가 18m인 경우에 검지부 1개 설치
④ 염소충전용 접속구 군의 주위에 검지부 2개 설치

> **!** 가스누출 자동차단장치의 검지부 설치금지 장소
> 1. 출입구 부근 등으로서 외부의 기류가 통하는 곳
> 2. 환기구 등 공기가 들어오는 곳으로부터 1.5m 이내의 곳
> 3. 연소기의 폐가스에 접촉하기 쉬운 곳

11 액화석유가스의 사용시설 중 관경이 33mm 이상의 배관은 몇 m마다 고정·부착하는 조치를 하여야 하는가?

① 1 ② 2
③ 3 ④ 4

> **!** 배관고정의 설치간격 : 관경이 13mm 미만은 1m마다, 관경이 13mm 이상 33mm 미만은 2m마다, 관경이 33mm 이상은 3m마다 설치한다.

12 차량에 고정된 탱크 중 독성가스는 내용적을 얼마 이하로 하여야 하는가?

① 12,000 l ② 15,000 l
③ 16,000 l ④ 18,000 l

> **!** 차량에 고정된 탱크 중 독성가스(액화암모니아 제외)는 내용적을 12,000 l 이하로 하여야 하고, 가연성가스(액화석유가스 제외)는 내용적을 18,000 l 이하로 하여야 한다.

13 산소 압축기의 내부 윤활유로 사용되는 것은?

① 디젤엔진유
② 진한 황산
③ 양질의 광유
④ 물 또는 10% 묽은 글리세린수

> ❗ **압축기의 사용 윤활유**
> 1. 산소 압축기의 윤활유: 물 또는 10%의 묽은 글리세린수용액을 사용한다.
> 2. 아세틸렌 압축기, 수소 압축기, 공기 압축기: 양질의 광유를 사용한다.
> 3. 염소(Cl_2) 압축기: 진한 황산을 사용한다.
> 4. LPG(액화석유가스) 압축기: 식물성 기름을 사용한다.
> 5. 아황산가스(SO_2) 압축기: 화이트유를 사용한다.

14 상온에서 압축하면 비교적 쉽게 액화되는 가스는?

① 수소
② 질소
③ 메탄
④ 프로판

> ❗ 프로판은 상온에서 7kg/cm² 정도, 부탄은 2kg/cm² 정도 가압 및 상압(대기압) 하에서 프로탄은 −42.1℃, 부탄은 −0.5℃ 정도로 비점이 낮아 그 이하로 냉각하면 쉽게 액화된다.

15 다음 중 가장 높은 압력은?

① 8.0mH_2O
② 0.8kg/cm²
③ 9,000kg/m²
④ 500mmH_2O

> ❗ 압력 단위의 환산: 표준대기압 1atm=1.0332kg/cm²
> =14.7psi=101.325kpa=101,325bar=10.332 mH_2O에서,
> 1. 9,000(kg/m²)×[1(m²)/10,000(cm²)]×1.0332
>   =0.92(kg/cm²)이 가장 높다.
> 2. (500mmH_2O/10332mmH_2O)×1.0332=0.0499(kg/cm²)

16 고압가스 용기보관의 기준에 대한 설명으로 틀린 것은?

① 용기보관장소 주위 2m 이내에는 화기를 두지 말 것
② 가연성가스, 독성가스 및 산소의 용기는 각각 구분하여 용기보관장소에 놓을 것
③ 가연성가스를 저장하는 곳에는 방폭형 휴대용 손전등 외의 등화를 휴대하지 말 것
④ 충전용기와 잔가스용기는 서로 단단히 결속하여 넘어지지 않도록 할 것

> ❗ **고압가스 용기의 취급 또는 보관할 때의 기준**
> 1. 용기는 항상 40℃ 이하의 온도를 유지한다.
> 2. 충전용기는 통풍이 잘 되고, 직사광선을 받지 않도록 하여야 한다.
> 3. 용기 보관장소의 주위 2m 이내에는 화기, 인화성물질을 두지 아니한다.
> 4. 가연성가스, 독성가스 및 산소의 용기는 각각 구분하여 용기 보관장소에 두어야 한다.
> 5. 가연성가스를 저장하는 곳에는 방폭형 휴대용 손전등 외의 등화를 휴대하지 말아야 한다.

17 LPG를 수송할 때의 주의사항으로 틀린 것은?

① 운전 중이나 정차 중에도 허가된 장소를 제외하고는 담배를 피워서는 안 된다.
② 운전자는 운전기술 외에 LPG의 취급 및 소화기 사용 등에 관한 지식을 가져야 한다.
③ 누출됨을 알았을 때는 가까운 경찰서, 소방서까지 직접 운행하여 알린다.
④ 주차할 때는 안전한 장소에 주차하며, 운전책임자와 운전자는 동시에 차량에서 이탈하지 않는다.

> ❗ **LPG를 수송할 때의 주의사항**
> 1. 누출됨을 알았을 때는 확인하고 수리하며, 가까운 경찰서 및 소방서에 신고한다.
> 2. 고압가스 운반기준: 충전용기와 위험물 안전관리법에서 정하는 위험물과는 동일차량에 적재하여 운반하지 아니하여야 한다.

18 다음 중 용기보관 장소에 대한 설명으로 틀린 것은?

① 용기보관소 경계표지는 해당 용기보관소 또는 보관실의 출입구 등 외부로부터 보기 쉬운 곳에 게시한다.

② 수소용기보관 장소에는 겨울철 실내온도가 내려가므로 상부의 통풍구를 막아야 한다.

③ 용기보관장소에는 계량기 등 작업에 필요한 물건 외에는 두지 않는다.

④ 가연성가스와 산소의 용기는 각각 구분하여 용기보관장소에 놓는다.

> **!**
>
> 용기보관 장소에서 취급하는 용기의 안전조치사항
> 1. 고압가스 충전용기는 항상 40℃ 이하를 유지한다.
> 2. 고압가스 충전용기 밸브는 서서히 개폐하고 밸브 또는 배관을 가열할 때에는 열습포나 40℃ 이하의 더운 물을 사용한다.
> 3. 용기보관소 경계표지는 해당 용기보관소 또는 보관실의 출입구 등 외부로부터 보기 쉬운 곳에 게시한다.
> 4. 용기보관실에 충전용기를 보관하는 경우에는 넘어짐 등으로 충격 및 밸브 등의 손상을 방지하는 조치를 한다.
> 5. 용기보관장소에는 계량기 등 작업에 필요한 물건 외에는 두지 않는다.
> 6. 가연성가스와 산소의 용기는 각각 구분하여 용기보관장소에 놓는다.
> 7. 고압가스 충전용기를 사용한 후에는 밸브를 완전히 닫고 보관하여야 한다.

19 가연성가스와 산소의 혼합비가 완전 산화에 가까울수록 발화지연은 어떻게 되는가?

① 길어진다. ② 짧아진다.
③ 변함이 없다. ④ 일정치 않다.

> **!**
>
> 가연성가스와 산소의 혼합비가 완전 산화에 가까울수록 발화지연은 짧아진다.

20 액화석유가스를 충전하는 충전용 주관의 압력계는 국가표준기본법에 의한 교정을 받은 압력계로 몇 개월마다 한번 이상 그 기능을 검사하여야 하는가?

① 1개월 ② 2개월
③ 3개월 ④ 6개월

> **!**
>
> 점검기준
> 1. 충전용주관의 압력계는 매월 1회 이상, 그 밖의 압력계는 1년에 1회 이상 국가표준기본법에 따른 교정을 받은 압력계로 그 기능을 검사하여야 한다.
> 2. 액화석유가스를 충전하는 충전용 주관의 압력계는 국가표준기본법에 의한 교정을 받은 압력계로 1개월마다 한번 이상 그 기능을 검사하여야 한다.
> 3. 점검기준: 충전시설 중 액화석유가스의 안전을 위하여 필요한 시설 또는 설비에 대해서는 작동상황을 주기적(충전설비의 경우에는 1일 1회 이상)으로 점검하여야 한다.

21 다음 중 가연성이며, 독성인 가스는?

① 아세틸렌, 프로판
② 아황산가스, 포스겐
③ 수소, 이산화탄소
④ 암모니아, 산화에틸렌

> **!**
>
> 가연성이면서 독성인 가스는 암모니아, 일산화탄소, 이황화탄소, 황화수소, 시안화수소, 염화메탄, 브롬화메탄, 산화에틸렌, 벤젠 등이다.

22 국내 일반가정에 공급되는 도시가스(LNG)의 발열량은 약 몇 kcal/m³인가? (단, 도시가스 월사용예정량의 산정기준에 따른다.)

① 9,000 ② 10,000
③ 11,000 ④ 12,000

> **!**
>
> 국내 일반가정에 공급되는 도시가스(LNG)의 발열량은 약 11,000kcal/m³이다.

23 다음 중 아세틸렌, 암모니아 또는 수소와 동일 차량에 적재 운반할 수 없는 가스는?

① 염소   ② 액화석유가스

③ 질소   ④ 일산화탄소

> ❗ 가스 충전용기 운반 시 염소와 아세틸렌, 암모니아 또는 수소는 동일차량에 적재하여 운반할 수 없다.

24 저장설비나 가스설비를 수리 또는 청소할 때 가스치환작업을 생략할 수 있는 경우가 아닌 것은?

① 가스설비의 내용적이 $2m^3$ 이하일 경우

② 작업원이 설비 내부로 들어가지 않고 작업할 경우

③ 출입구의 밸브가 확실하게 폐지되어 있고 내용적 $5m^3$ 이상의 가스설비에 이르는 사이에 2개 이상의 밸브를 설치한 경우

④ 설비의 간단한 청소, 가스켓의 교환이나 이와 유사한 경미한 작업일 경우

> ❗ **가스치환작업을 생략할 수 있는 경우**
> 1. 작업원이 설비 내부로 들어가지 않고 작업할 경우
> 2. 출입구의 밸브가 확실하게 폐지되어 있고 내용적 $5m^3$ 이상의 가스설비에 이르는 사이에 2개 이상의 밸브를 설치한 경우
> 3. 설비의 간단한 청소, 가스켓의 교환이나 이와 유사한 경미한 작업일 경우

25 시안화수소의 충전시 사용되는 안정제가 아닌 것은?

① 암모니아   ② 황산

③ 염화칼슘   ④ 인산

> ❗ 시안화수소의 충전시 사용되는 안정제: 중합을 방지하기 위하여 황산(H_2SO_4), 인산(H_3PO_4), 염화칼슘($CaCl_2$), 오산화인(P_2O_5), 아황산가스(SO_2), 구리망(Cu) 등을 사용한다.

26 특정고압가스 사용시설의 시설기준 및 기술기준으로 틀린 것은?

① 저장시설의 주위에는 보기 쉽게 경계표지를 할 것

② 가스설비에는 그 설비의 안전을 확보하기 위하여 습기 등으로 인한 부식방지조치를 할 것

③ 독성가스의 감압설비와 그 가스의 반응설비 간의 배관에는 일류방지장치를 할 것

④ 고압가스의 저장량이 300kg 이상인 용기 보관실의 벽은 방호벽으로 할 것

> ❗ **특정고압가스 사용시설의 시설기준 및 기술기준**
> 1. 저장시설의 주위에는 보기 쉽게 경계표지를 한다.
> 2. 가연성가스의 사용설비에는 정전기제거설비를 설치한다.
> 3. 지하에 매설하는 배관에는 전기부식 방지조치를 한다.
> 4. 독성가스의 저장설비에는 가스가 누출될 때 이를 흡수 또는 중화할 수 있는 장치를 설치한다.
> 5. 가스설비에는 그 설비의 안전을 확보하기 위하여 습기 등으로 인한 부식방지조치를 한다.
> 6. 고압가스의 저장량이 300kg 이상인 용기 보관실의 벽은 방호벽으로 한다.
> 7. 산소를 사용할 때에는 밸브 및 사용기구에 부착된 석유류, 유지류, 그 밖의 가연성물질을 제거한 후 사용하여야 한다.

27 내용적 $1m^3$인 밀폐된 공간에 프로판을 누출시켜 폭발시험을 하려고 한다. 이론적으로 최소 몇 ℓ의 프로판을 누출시켜야 폭발이 이루어지겠는가? (단, 프로판의 폭발범위는 2.1~9.5%이다.)

① 2.1   ② 9.5

③ 21   ④ 95

> ❗ 프로판의 폭발범위는 2.1~9.5%에서 하한계는 2.1이므로, 프로판 누출 시 폭발이 일어날 수 있는 최소량(ℓ)=$1m^3 \times$ (1,000 ℓ/$1m^3$)×(2.1/100)=21이다.

28 프레온 냉매가 실수로 눈에 들어갔을 경우 눈세척에 사용되는 약품으로 가장 적당한 것은?

① 바세린　　　　② 약한 붕산 용액
③ 농피크린산 용액　④ 유동 파라핀

> ❗ 프레온 냉매가 실수로 눈에 들어갔을 경우
> 1. 광물유를 적하하여 눈을 씻어낸다.
> 2. 자극이 계속되는 경우 희붕산액, 2% 이하의 식염수 등으로 눈을 씻어낸다.
> 3. 암모니아와 프레온의 구급약품: 2% 붕산용액, 농피크린산용액, 탈지면, 유동파라핀과 점안기, 2% 이하의 살균식염수 등이다.

29 액화가스를 충전하는 탱크는 그 내부에 액면 요동을 방지하기 위하여 무엇을 설치하여야 하는가?

① 방파판　　　　② 안전밸브
③ 액면계　　　　④ 긴급차단장치

> ❗ 액화가스를 충전하는 탱크는 그 내부에 액면요동을 방지하기 위하여 방파판을 설치하여야 한다.

30 가스검지의 지시약과 그 반응색의 연결이 옳지 않은 것은?

① 산성가스 – 리트머스지: 적색
② $COCl_2$ – 하리슨씨시약: 심등색
③ CO – 염화파라듐지: 흑색
④ HCN – 질산구리벤젠지: 적색

> ❗ 가스검지의 지시약과 그 반응색
> 1. 시험지법: 가스 접촉 시 시험지에 의한 변색의 상태로 가스를 검지하는 방법이다.
> 2. 시험지 종류에 따른 검지가스
> ① 아세틸렌–염화 제1동(구리) 착염지–적갈색 반응
> ② 황화수소–연당지(초산납시험지)–회색~흑색 반응
> ③ 염소, NO_2· 할로겐가스–KI 전분지(요오드 칼륨시험지)–청색~갈색 반응
> ④ 일산화탄소–염화파라듐지–흑색 반응
> ⑤ 포스겐–하리슨시약–오렌지색(심등색) 반응
> ⑥ 시안화수소–초산벤젠지(질산구리벤젠지)–청색 반응
> ⑦ 암모니아, 산알칼리–리트머스지–적색 또는 청색 반응

31 다음 중 고압가스 충전시설 시설기준에서 풍향계를 설치하여야 하는 가스는?

① 액화석유가스　② 압축산소가스
③ 액화질소가스　④ 암모니아가스

> ❗ 고압가스 충전시설 시설기준에서 암모니아가스는 풍향계를 설치하여야 한다.

32 LP가스를 도시가스와 비교하여 사용시 장점으로 옳지 않은 것은?

① LP가스는 열용량이 크기 때문에 작은 배관경으로 공급할 수 있다.
② LP가스는 연소용 공기 또는 산소가 다량으로 필요하지 않다.
③ LP가스는 입지적 제약이 없다.
④ LP가스는 조성이 일정하다.

> ❗ LP가스를 도시가스와 비교하여 사용 시 단점: 연소장치는 LP가스에 알맞은 구조이어야 하고, 연소용 산소나 공기를 다량 필요로 한다.

33 다음 정압기 중 고차압이 될수록 특성이 좋아지는 것은?

① Reynolds식　　② axial flow식
③ Fisher식　　　④ KRF식

> ❗ 정압기의 종류 및 특징
> 1. 여러 종류 중에서 피셔식(Fisher type), 레이놀드(Reynolds)식, 엑셀 플로우(Axial-flow)식 정압기가 가장 일반적으로 사용된다.
> 2. 피셔식 정압기의 특징
> ① Loading형식이다.
> ② 정특성, 동특성이 양호하다.
> ③ 비교적 콤팩트(Compact)하다.
> ④ 사용압력은 고압 → 중압A, 중압A → 중압A 또는 중압B, 중압A → 중압B 또는 저압이다.

3. 레이놀드식 정압기의 특징
  ① Unloading형식이다.
  ② 정특성이 매우 양호하나, 안정성이 떨어진다.
  ③ 다른 형식과 비교하여 크기가 크다.
  ④ 상부에 다이어프램이 있으며 본체는 복좌밸브로 되어 있다.
  ⑤ 사용압력은 중압B → 저압, 저압 → 저압이다.
4. 엑셀 플로우식 정압기의 특징
  ① 변칙 Unloading형식이다.
  ② 정특성, 동특성이 양호하다.
  ③ 고차압이 될수록 특성이 양호하다.
  ④ 극히 콤팩트(Compact)하다.
  ⑤ 사용압력은 고압 → 중압A, 중압A → 중압B, 중압A → 중압B 또는 중압B, 중압A → 중압B 또는 저압이다.
5. KRF식: 레이놀드식 정압기와 같다.

---

34 압축기가 과열 운전되는 원인으로 가장 거리가 먼 것은?

① 압축비 증대   ② 윤활유 부족
③ 냉동부하의 감소   ④ 냉매량 부족

> **!**
> 압축기가 과열 운전되는 원인: 압축비 증대, 윤활유 부족, 냉매량 부족, 냉동부하의 증대 등이다.

---

35 다음 중 아세틸렌 및 합성용 가스의 제조에 사용되는 반응장치는?

① 축열식 반응기
② 유동층식 접촉반응기
③ 탑식 반응기
④ 내부 연소식 반응기

> **!**
> 내부 연소식 반응기는 아세틸렌 및 합성용 가스의 제조에 사용되는 반응장치이다.

---

36 백금–백금로듐 열전대 온도계의 온도 측정 범위로 옳은 것은?

① -180~350℃   ② -20~800℃
③ 0~1,600℃   ④ 300~2,000℃

> **!**
> **열전대의 측정온도**
> 1. 백금–백금·로듐형(PR): 온도범위 600~1,600℃
> 2. 크로멜–알루멜형(CA): 온도범위 300~1,200℃
> 3. 철–콘스탄탄형(IC): 온도범위 460~800℃
> 4. 동–콘스탄탄형(CC): 온도범위 130~300℃

---

37 한쪽 조건이 충족되지 않으면 다른 제어는 정지되는 자동제어 방식은?

① 피드백   ② 시퀀스
③ 인터록   ④ 프로세스

> **!**
> **자동제어 용어의 개념**
> 1. 피드백 제어: 폐회로라고도 하며, 결과가 원인이 되어 제어 단계를 진행하는 제어이다.
> 2. 시퀀스 제어: 개회로라고도 하며, 미리 정해 놓은 순서에 따라 단계적으로 진행되는 제어이다.
> 3. 인터록 제어: 어느 조건이 구비되지 않을 때에 기관 작동을 저지하는 제어이다. 즉, 한쪽 조건이 충족되지 않으면 다른 제어는 정지되는 자동제어이다.
> 4. 프로세스 제어: 시간적으로 유지 및 일정한 변화의 규격에 따르도록 하는 제어이다.

---

38 압축기에 사용하는 윤활유 선택시 주의사항으로 틀린 것은?

① 사용가스와 화학반응을 일으키지 않을 것
② 인화점이 높을 것
③ 정제도가 높고 잔류탄소의 양이 적을 것
④ 점도가 적당하고, 황유화성이 적을 것

> **!**
> 압축기에 사용하는 윤활유 선택시 주의사항: 점도가 적당하고, 황유화성이 클 것, 사용가스와 화학반응을 일으키지 않을 것, 인화점이 높을 것과 전기절연 내력이 클 것, 정제도가 높고 잔류탄소의 양이 적을 것과 열안정성이 좋을 것, 수분 및 산류 등의 불순물이 적을 것 등이다.

39 다음 중 흡수 분석법의 종류가 아닌 것은?

① 헴펠법   ② 활성알루미나겔법

③ 오르자트법   ④ 게겔법

> ❗ 흡수법: 시료가스를 각각 흡수할 수 있는 흡수제에 통과시킨 다음 흡수하기 전과 흡수한 후의 용적차이로 가스량을 계산하여 정량하는 방법이며, 헴펠법, 오르자트법, 게겔법이 있다.

40 다음 중 2차 압력계이며, 탄성을 이용하는 대표적인 압력계는?

① 브로동관식 압력계

② 수은주 압력계

③ 벨로우즈식 압력계

④ 자유피스톤식 압력계

> ❗ 압력계의 구분
> 1. 1차 압력계: 자유피스톤 압력계, 마노미터(액주계) 등 지시된 압력에서 압력을 직접 측정한다.
> 2. 2차 압력계: 부르동관식 압력계, 벨로우즈식 압력계, 다이어프램 압력계, 전기저항식 압력계, 피에조 전기 압력계 등이 있다. 부르동관식 압력계는 탄성을 이용하는 대표적인 압력계이다.

41 다음 중 초저온 저장탱크에 사용하는 재질로 적당하지 않는 것은?

① 탄소강

② 18-8스테인리스강

③ 9%Ni강

④ 동합금

> ❗ 초저온 저장탱크에 사용하는 재질: 취성 파괴를 일으키지 않는 것으로, 구리, 알루미늄, 18-8스테인리스강, 9%Ni강 등을 사용한다.

42 아세틸렌의 정성시험에 사용되는 시약은?

① 질산은   ② 구리암모니아

③ 염산   ④ 피로카롤

> ❗ 질산은은 아세틸렌의 정성시험에 사용되는 시약이다.

43 크로멜-알루멜(K형) 열전대에서 크로멜의 구성 성분은?

① Ni-Cr   ② Cu-Cr

③ Fe-Cr   ④ Mn-Cr

> ❗ 열전온도계의 종류와 특성
> 1. 백금-백금·로듐형(PR): 온도범위 0~1,600℃, 재질은 백금로듐(+) 백금(-), 특성은 고온에 사용하나 환원성이 약하다.
> 2. 크로멜-알루멜형(CA): 온도범위 -200~1,200℃, 재질은 Ni-Cr 및 크로멜(+) 알로멜(-), 특성은 산화성 분위기에서는 열화가 빠르다.
> 3. 철-콘스탄탄형(IC): 온도범위 -20~800℃, 재질은 철(+) 콘스탄탄(-), 특성은 환원성에 강하나 산화성에는 약하다.
> 4. 동-콘스탄탄형(CC): 온도범위 -200~350℃, 재질은 구리(+) 콘스탄탄(-), 특성은 저온측정이 용이하고 부식에 강하다.

44 외경이 300mm이고, 두께가 30mm인 가스용폴리에틸렌(PE)관의 사용 압력범위는?

① 0.4MPa 이하   ② 0.25MPa 이하

③ 0.2MPa 이하   ④ 0.1MPa 이하

> ❗ 외경이 300mm이고, 두께가 30mm인 가스용폴리에틸렌(PE)관의 사용 압력범위는 0.4MPa 이하이다.

45 액화가스 충전에는 액펌프와 압축기가 사용될 수 있다. 이때 압축기를 사용하는 경우의 특징이 아닌 것은?

① 충전시간이 짧다.

② 베이퍼록 등의 운전상 장애가 일어나기 쉽다.

③ 재액화 현상이 일어날 수 있다.

④ 잔가스의 회수가 가능하다.

> ❗ 압축기를 사용하는 경우의 특징: 조작이 간단하고 베이퍼록 현상이 발생하지 않는다.

46 대기압이 1.033kgf/cm²일 때, 산소용기에 달린 압력계의 읽음이 10kgf/cm²이었다. 이 때의 계기압력은 몇인가?

① 1.033 ② 8.976
③ 10 ④ 11.033

❗ 계기압력은 압력계의 읽음이다. 그러므로 10kgf/cm²이다.

47 다음 중 희(稀)가스가 아닌 것은?

① He ② Kr
③ Xe ④ O_2

❗ 희(稀)가스의 종류: 헬륨(He), 네온(Ne), 아르곤(Ar), 크립톤(Kr), 크세논(Xe), 라돈(Rn) 등이 있다.

48 수돗물의 살균과 섬유의 표백용으로 주로 사용되는 가스는?

① F_2 ② Cl_2
③ O_2 ④ CO_2

❗ Cl_2는 수돗물의 살균과 섬유의 표백용으로 주로 사용된다.

49 1기압, 150℃에서의 가스상 탄화수소의 점도가 가장 높은 것은?

① 메탄 ② 에탄
③ 프로필렌 ④ n-부탄

❗ 메탄은 1기압, 150℃에서의 가스상 탄화수소의 점도가 가장 높다.

50 다음 중 산화철이나 산화알루미늄에 의해 중합반응하는 가스는?

① 산화에틸렌 ② 시안화수소
③ 에틸렌 ④ 아세틸렌

❗ 산화에틸렌은 철, 알루미늄, 주석의 금속화합물과 산, 알칼리, 산화철, 산화알루미늄 등에 의한 중합폭발의 위험이 있다.

51 수분이 존재할 때 일반 강재를 부식시키는 가스는?

① 일산화탄소 ② 수소
③ 황화수소 ④ 질소

❗ 황화수소는 습기를 함유한 공기 중에서는 금, 백금 이외의 모든 금속과 황화물을 만들어 부식시킨다.

52 산화에틸렌에 대한 설명으로 틀린 것은?

① 산화에틸렌의 저장탱크에는 그 저장탱크 내용적의 90%를 초과하는 것을 방지하는 과충전 방지조치를 한다.
② 산화에틸렌 제조설비에는 그 설비로부터 독성가스가 누출될 경우 그 독성가스로 인한 중독을 방지하기 위하여 제독설비를 설치한다.
③ 산화에틸렌 저장탱크는 45℃에서 그 내부가스의 압력이 0.4MPa 이상이 되도록 탄산가스를 충전한다.
④ 산화에틸렌을 충전한 용기는 충전 후 24시간 정치하고 용기에 충전 연월일을 명기한 표지를 붙인다.

❗ 시안화수소를 충전한 용기는 충전 후 24시간 정치하고 용기에 누설검사 및 충전 연월일을 명기한 표지를 붙인다.

53 이산화탄소에 대한 설명으로 틀린 것은?

① 공기보다 무겁다.
② 무색, 무취의 기체이다.
③ 상온에서 액화가 가능하다.
④ 물에 녹으면 강알칼리성을 나타낸다.

> **!**
> **이산화탄소의 화학적 성질**
> 1. 이산화탄소(CO_2)에 수분이 작용하면 탄산을 생성하여
>   용기를 부식시킨다.
> 2. 반응식: $CO_2 + H_2O \rightarrow H_2CO_3$

54 다음 중 착화온도가 가장 낮은 것은?

① 메탄　　　　　② 일산화탄소
③ 프로판　　　　④ 수소

> **!**
> 각 가스의 착화온도: 메탄 550℃, 일산화탄소 480∼650℃,
> 프로판 460∼520℃, 수소 580℃ 정도이다.

55 수소가스와 등량 혼합시 폭발성이 있는 가스는?

① 질소　　　　　② 염소
③ 아세틸렌　　　④ 암모니아

> **!**
> **수소의 화학적 성질**
> 1. 염소와 상온에서 햇빛을 촉매로 1:1로 격렬한 반응을
>   한다.
> 2. 염소폭명기: $H_2 + Cl_2 \rightarrow$ 햇빛↓ $\rightarrow 2HCl + 44kcal$

56 가스의 기초법칙에 대한 설명으로 옳은 것은?

① 열역학 제1법칙: 100%효율을 가지고 있는 열기관은 존재하지 않는다.
② 그라함(Graham)의 확산법칙: 기체의 확산(유출)속도는 그 기체의 분자량(밀도)의 제곱근에 반비례한다.
③ 아마가트(Amagat)의 분압법칙: 이상기체 혼합물의 전체 압력은 각 성분 기체의 분압의 합과 같다.
④ 돌턴(Dalton)의 분용법칙: 이상기체 혼합물의 전체 부피는 각 성분의 부피의 합과 같다.

> **!**
> **가스의 기초법칙**
> 1. 그라함(Graham)의 확산법칙: 기체의 확산(유출)속도는
>   그 기체의 분자량(밀도)의 제곱근에 반비례한다.
> 2. 돌턴(Dalton)의 분압법칙
>   ① 기체의 압력은 온도와 체적이 일정할 때 분자수(몰수)
>   에 비례한다.
>   ② 서로 반응하지 않는 혼합가스의 전체압력은 각 성분
>   가스의 부분압력의 합과 같다.
>   ③ 혼합가스 속의 각 성분기체의 압력(부분압력)은 성분
>   기체의 몰분율에 비례한다.
>   ④ 부분압력은 전체압력에 몰분율의 곱으로 나타낸다.

57 가스의 연소와 관련하여 공기 중에서 점화원 없이 연소하기 시작하는 최저온도를 무엇이라 하는가?

① 인화점　　　　② 발화점
③ 끓는점　　　　④ 융해점

> **!**
> 가스의 연소와 관련하여 공기 중에서 점화원 없이 연소하
> 기 시작하는 최저온도를 발화점(착화점)이라고 한다.

58 내용적 48m³인 LPG저장탱크에 부탄 18톤을 충전한다면 저장탱크 내의 액체 부탄의 용적은 상용의 온도에서 저장탱크 내용적의 약 몇 %가 되겠는가? (단, 저장탱크의 상용 온도에 있어서의 액체 부탄의 비중은 0.55 이다.)

① 58　　　　② 68

③ 78　　　　④ 88

> ❗ 저장능력(kg) = 0.9×비중(kg/ℓ)×내용적(ℓ)에서,
> (18톤×1,000kg/톤)/0.55kg/ℓ = 32727.27ℓ 이므로,
> 백분율(%) = [2727.27ℓ/(48m³×1,000ℓ/m³)]×100 = 68.180이다.

59 다음 LNG와 SNG에 대한 설명으로 옳은 것은?

① LNG는 액화석유가스를 말한다.
② SNG는 각종 도시가스의 총칭이다.
③ 액체 상태의 나프타를 LNG라 한다.
④ SNG는 대체 천연가스 또는 합성 천연가스를 말한다.

> ❗ LNG와 SNG: LNG는 액화천연가스를 말하고, SNG는 대체 천연가스 또는 합성 천연가스를 말한다.

60 수소의 용도에 대한 설명으로 가장 거리가 먼 것은?

① 암모니아 합성가스의 원료로 이용
② 2,000℃ 이상의 고온을 얻어 인조보석, 유리제조 등에 이용
③ 산화력을 이용하여 니켈 등 금속의 산화에 사용
④ 기구나 풍선 등에 충전하여 부양용으로 사용

> ❗ 수소의 용도: 환원성을 이용한 텅스텐, 몰리브덴 등의 금속 제련에 사용된다.

정답

:: 2010년 10월 3일 기출문제

01	02	03	04	05	06	07	08	09	10
②	②	④	②	②	②	③	④	④	①
11	12	13	14	15	16	17	18	19	20
③	①	④	④	③	④	③	②	②	①
21	22	23	24	25	26	27	28	29	30
④	③	①	①	①	③	③	②	①	④
31	32	33	34	35	36	37	38	39	40
④	②	②	③	④	③	③	④	②	①
41	42	43	44	45	46	47	48	49	50
①	①	①	①	②	③	④	②	①	①
51	52	53	54	55	56	57	58	59	60
③	④	④	③	②	②	②	②	④	③

국가기술자격 필기시험문제

2011년 10월 9일 제5회 필기시험			수험 번호	성명
자격 종목	종목코드	시험시간		
가스기능사	6335	1시간		

제1과목, 가스안전관리

01 고압가스 제조설비에서 누출된 가스의 확산을 방지할 수 있는 제해조치를 하여야 하는 가스가 아닌 것은?

① 황화수소　　　② 시안화수소
③ 아황산가스　　④ 탄산가스

❗ 가연성가스, 독성가스 또는 산소의 액화가스 저장탱크 주위에는 액상의 가스가 누출된 경우에 그 유출을 방지하기 위한 조치를 하여야 한다.

02 고압가스 제조장치의 취급에 대한 설명 중 틀린 것은?

① 압력계의 밸브를 천천히 연다.
② 액화가스를 탱크에 처음 충전할 때에는 천천히 충전한다.
③ 안전밸브는 천천히 작동한다.
④ 제조장치의 압력을 상승시킬 때 천천히 상승시킨다.

❗ 안전밸브 또는 방출밸브에 설치된 스톱밸브는 그 밸브의 수리 등을 위하여 특별히 필요한 때를 제외하고는 항상 열어 놓아야 한다.

03 재충전 금지용기의 안전을 확보하기 위한 기준으로 틀린 것은?

① 용기와 용기부속품을 분리할 수 있는 구조로 한다.
② 최고충전압력이 22.5MPa 이하이고 내용적이 25L 이하로 한다.
③ 납붙임 부분은 용기 몸체 두께의 4배 이상의 길이로 한다.
④ 최고충전압력이 3.5MPa 이상인 경우에는 내용적이 5L 이하로 한다.

❗ **재충전 금지용기의 안전을 확보하기 위한 기준**
1. 용기와 용기부속품을 분리할 수 없는 구조로 한다.
2. 최고충전압력의 수치와 내용적(ℓ)의 수치를 곱한 값이 100 이하이어야 한다.
3. 최고충전압력이 22.5MPa 이하이고, 내용적이 25L 이하로 한다.
4. 최고충전압력이 3.5MPa 이상인 경우에는 내용적이 5L 이하로 한다.
5. 가연성가스 및 독성가스를 충전하는 것이 아니어야 한다.

04 다음 특정설비 중 재검사 대상에서 제외되는 것이 아닌 것은?

① 역화방지장치
② 자동차용 가스 자동주입기
③ 차량에 고정된 탱크
④ 독성가스 배관용 밸브

!

특정설비 중 재검사 대상에서 제외되는 것
1. 평저형 및 이중각 진공단열형 저온저장탱크
2. 역화방지장치
3. 독성가스배관용 밸브
4. 자동차용 가스 자동주입기
5. 냉동용 특정설비
6. 대기식 기화장치
7. 저장탱크 또는 차량에 고정된 탱크에 부착되지 않은 안전밸브 및 긴급차단밸브
8. 저장탱크 및 압력용기(초저온 저장탱크, 초저온 압력용기, 분리할 수 없는 이중관식 열교환기, 그밖에 산업통상자원부장관이 실시하는 것이 현저히 곤란하다고 인정하는 저장탱크 또는 압력용기) 중에서 정한 것
9. 특정고압가스용 실린더 캐비넷
10. 자동차용 압축천연가스 완속충전설비
11. 액화석유가스용 용기잔류가스회수장치

05 공기 중에서의 폭발범위가 가장 넓은 가스는?

① 황화수소   ② 암모니아
③ 산화에틸렌   ④ 프로판

!

공기 중 각 가스의 폭발범위: 황화수소 4.3~45.5%, 암모니아 15~28%, 산화에틸렌 3~80%, 프로판 2.1~9.5%이다. 따라서 산화에틸렌이 폭발범위가 가장 넓다.

06 다음 중 용기의 도색이 백색인 가스는? (단, 의료용 가스용기를 제외한다.)

① 액화염소   ② 질소
③ 산소   ④ 액화암모니아

!

용기의 도색: 액화염소는 갈색, 산소는 녹색, 액화암모니아는 백색, 수소는 주황색, 아세틸렌은 황색, 액화석유가스·아르곤 및 그 밖의 가스는 회색이다.

07 LPG가 충전된 납붙임 또는 접합용기는 얼마의 온도에서 가스누출시험을 할 수 있는 온수시험탱크를 갖추어야 하는가?

① 20 ~ 32℃   ② 35 ~ 45℃
③ 46 ~ 50℃   ④ 60 ~ 80℃

!

LPG가 충전된 납붙임 또는 접합용기는 46~50℃ 온도에서 가스누출시험을 할 수 있는 온수시험탱크를 갖추어야 한다.

08 포스겐의 취급 방법에 대한 설명 중 틀린 것은?

① 포스겐을 함유한 폐기액은 산성물질로 충분히 처리한 후 처분한다.
② 취급 시에는 반드시 방독마스크를 착용한다.
③ 환기시설을 갖추어 작업한다.
④ 누출 시 용기가 부식되는 원인이 되므로 약간의 누출에도 주의한다.

!

포스겐의 취급 방법: 누설된 가스 또는 포스겐을 함유한 폐기액은 흡수장치나 제해장치를 통해 가성소다나 소석회 및 탄산소다(소다회) 등 알칼리로 처리 후 방출하여야 한다.

09 독성가스용 가스누출검지경보장치의 경보농도 설정치는 얼마 이하로 정해져 있는가?

① ±5%   ② ±10%
③ ±25%   ④ ±30%

!

독성가스용 가스누출검지경보장치의 경보농도 설정치는 ±30% 이하로 정해져 있다.

10 도시가스시설 설치 시 일부공정 시공감리 대상이 아닌 것은?

① 일반도시가스사업자의 배관
② 가스도매사업자의 가스공급시설
③ 일반도시가스사업자의 배관(부속시설 포함) 이외의 가스공급시설
④ 시공감리의 대상이 되는 사용자 공급관

!

도시가스시설 설치 시 일부공정 시공감리 대상: 가스도매사업자의 가스공급시설, 일반도시가스사업자의 배관(부속시설 포함) 이외의 가스공급시설, 시공감리의 대상이 되는 사용자 공급관

11 고압가스 배관을 도로에 매설하는 경우에 대한 설명으로 틀린 것은?

① 원칙적으로 자동차 등의 하중의 영향이 적은 곳에 매설한다.
② 배관의 외면으로부터 도로의 경계까지 1m 이상의 수평거리를 유지한다.
③ 배관은 그 외면으로부터 도로 밑의 다른 시설물과 0.6m 이상의 거리를 유지한다.
④ 시가지의 도로 밑에 배관을 설치하는 경우 보호판을 배관의 정상부로부터 30cm 이상 떨어진 그 배관의 직상부에 설치한다.

!

고압가스 배관을 도로에 매설하는 경우: 배관은 그 외면으로부터 도로 밑의 다른 시설물과 0.3m 이상의 거리를 유지한다.

12 가연성가스 제조 공장에서 착화의 원인으로 가장 거리가 먼 것은?

① 정전기
② 베릴륨 합금제 공구에 의한 충격
③ 사용 촉매의 접촉 작용
④ 밸브의 급격한 조작

!

베릴륨 합금제 공구에 의한 타격으로 불꽃(스파크)이 발생하지 않는다. 그 이유는 베릴륨 합금제 공구는 특수재질로 만들어진 방폭공구이기 때문이다. 따라서 착화의 원인이 될 수 없다.

13 일산화탄소에 대한 설명으로 틀린 것은?

① 공기보다 가볍고 무색, 무취이다.
② 산화성이 매우 강한 기체이다.
③ 독성이 강하고 공기 중에서 잘 연소한다.
④ 철족의 금속과 반응하여 금속카르보닐을 생성한다.

!

일산화탄소는 환원성이 강해 금속산화물을 환원하여 단체 금속을 생성하고, 산·염기와 반응하지 않으며, 물에 잘 녹지 않아 포집은 수상치환으로 한다.

14 이상기체 1mol이 100℃, 100기압에서 0.1기압으로 등온가역적으로 팽창할 때 흡수되는 최대 열량은 약 몇 cal인가? (단, 기체상수는 1.987cal/mol·K 이다.)

① 5020   ② 5080
③ 5120   ④ 5190

!

흡수되는 최대 열량(Q: cal)=$nRT\ln(V_2/V_1)$=$nRT\ln(P_2/P_1)$에서, n: 몰수, R: 기체상수, T: 절대온도(K), ln: 자연대수(log$e$: 로그e=2.7181), V_2/V_1: 나중체적과 처음체적, P_2/P_1: 나중 압력과 처음압력이므로, Q(cal)=$1\times1.987\times(273+100)\times\ln(100/0.1)$=5119.70이다.

15 고압가스 용기 제조의 시설기준에 대한 설명 중 틀린 것은?

① 용기 동판의 최대두께와 최소두께와의 차이는 평균두께의 20% 이하로 한다.
② 초저온 용기는 오스테나이트계 스테인리스강 또는 알루미늄합금으로 제조한다.
③ 아세틸렌용기에 충전하는 다공질물은 다공도가 72% 이상 95% 미만으로 한다.
④ 용기에는 프로텍터 또는 캡을 고정식 또는 체인식으로 부착한다.

!

고압가스 용기 제조의 시설기준: 아세틸렌용기에 충전하는 다공질물은, 다공도가 72% 이상 92% 미만으로 한다.

16 도시가스 누출 시 폭발사고를 예방하기 위하여 냄새가 나는 물질인 부취제를 혼합시킨다. 이때 부취제의 공기 중 혼합비율의 용량은?

① 1/1000   ② 1/2000
③ 1/3000   ④ 1/5000

!

부취제의 공기 중 혼합비율의 용량은 1/1000이다.

17 다음 고압가스 압축작업 중 작업을 즉시 중단해야 하는 경우가 아닌 것은?

① 아세틸렌 중 산소용량이 전용량의 2% 이상의 것
② 산소 중 가연성가스(아세틸렌, 에틸렌 및 수소를 제외한다.)의 용량이 전용량의 4% 이상의 것
③ 산소 중 아세틸렌, 에틸렌 및 수소의 용량합계가 전용량의 2% 이상인 것
④ 시안화수소 중 산소용량이 전용량의 2% 이상의 것

> **!** 고압가스 압축작업 중 작업을 즉시 중단해야 하는 경우
> 1. 가연성가스(아세틸렌, 에틸렌 및 수소를 제외한다.) 중 산소용량이 전용(전체)량의 4% 이상의 것
> 2. 산소 중 가연성가스의 용량이 전체용량의 4% 이상인 것
> 3. 아세틸렌, 에틸렌 또는 수소 중의 산소용량이 전체용량의 2% 이상인 것
> 4. 산소 중의 아세틸렌, 에틸렌 및 수소의 용량합계가 전체용량의 2% 이상인 것

18 다음 중 가스의 폭발범위가 틀린 것은?

① 수소: 4~75%
② 아세틸렌: 2.5~81%
③ 메탄: 2.1~9.3%
④ 일산화탄소: 12.5~74%

> **!** 가스의 폭발범위: 메탄은 공기 중 5～15%이다.

19 액화석유가스 저장탱크의 저장능력 산정 시 저장능력은 몇 ℃에서의 액비중을 기준으로 계산하는가?

① 0   ② 15
③ 25   ④ 40

> **!** 액화석유가스 저장탱크의 저장능력 산정 시 저장능력은 40℃에서의 액비중을 기준으로 계산한다.

20 이동식 압축도시가스자동차 시설기준에서 처리설비, 이동충전 차량 및 충전 설비의 외면으로부터 화기를 취급하는 장소까지 몇 m 이상의 우회거리를 유지하여야 하는가?

① 5m   ② 8m
③ 12m   ④ 20m

> **!** 이동식 압축도시가스자동차 충전 시설기준: 가스배관기구(이동충전차량의 압축도시가스를 충전설비로 이입하기 위하여 충전시설에 설치한 배관을 말한다.)와 가스배관구 사이 또는 이동충전차량과 충전설비 사이에는 8m 이상의 거리를 유지할 것. 다만, 가스배관구와 가스배관구 사이 또는 이동충전 차량과 충전설비 사이에 방호벽을 설치할 경우에는 8m 이상의 거리를 유지하지 아니할 수 있다.

21 고압가스를 운반하는 차량의 경계표지 크기의 가로 치수는 차체 폭의 몇 % 이상으로 하여야 하는가?

① 10%   ② 20%
③ 30%   ④ 50%

> **!** 경계표지 설치: 차량에 고정된 저장탱크에는 그 차량에 적재된 가스로 인한 위해를 예방하기 위하여 일반인이 쉽게 알아볼 수 있도록 각각 붉은 글씨로 "위험 고압가스"라는 경계표지를 하여야 한다.

22 독성가스를 운반하는 차량에 반드시 갖추어야 할 용구나 물품에 해당되지 않는 것은?

① 방독면   ② 제독제
③ 고무장갑   ④ 소화장비

> **!** 보호장비 비치
> 1. 독성가스를 운반하는 차량에는 그 차량에 적재된 독성가스로 인한 위해를 예방하기 위하여 소화설비, 인명보호 장비 및 응급조치 장비를 갖출 것
> 2. 용기의 충격을 완화하기 위하여 완충판 등을 비치할 것

23 아세틸렌에 대한 설명 중 틀린 것은?

① 액체 아세틸렌은 비교적 안정하다.
② 접촉적으로 수소화하면 에틸렌, 에탄이 된다.
③ 압축하면 탄소와 수소로 자기분해한다.
④ 구리 등의 금속과 화합 시 금속아세틸라이드를 생성한다.

> ❗ 고체 아세틸렌은 안정하나, 액체 아세틸렌은 불안정하다.

24 프로판 가스의 위험도(H)는 약 얼마인가?

① 2.2　　　　② 3.5
③ 9.5　　　　④ 17.7

> ❗ 위험도는 폭발범위의 상한계에서 하한계를 뺀 다음 하한계로 나눈 값을 말한다. 폭발범위는 2.1~9.5%이므로,
> 위험도=(상한계-하한계)/하한계=(9.5-2.1)/2.1=3.52이다.

25 고압가스 일반제조시설에서 저장탱크를 지상에 설치한 경우 다음 중 방류둑을 설치하여야 하는 것은?

① 액화산소 저장능력 900톤
② 염소 저장능력 4톤
③ 암모니아 저장능력 10톤
④ 액화질소 저장능력 1000톤

> ❗ 1. 가연성가스 및 산소 저장능력 1,000톤 이상
> 2. 독성가스(암모니아, 염소) 저장능력 5톤 이상
> 3. 독성가스를 사용하는 냉동설비 수액기의 내용적 10,000 ℓ 이상

26 용기의 재검사 주기에 대한 기준으로 틀린 것은?

① 용접용기로서 신규검사 후 15년 이상 20년 미만인 용기는 2년마다 재검사
② 500L 이상 이음매 없는 용기는 5년마다 재검사
③ 저장탱크가 없는 곳에 설치한 기화기는 2년마다 재검사
④ 압력용기는 4년마다 재검사

> ❗ 용기의 재검사 주기 중 기화장치
> 1. 저장탱크와 함께 설치된 것은 검사 후 2년을 경과하여 해당 탱크의 재검사 시마다 재검사
> 2. 저장탱크가 없는 곳에 설치한 기화기는 3년마다 재검사
> 3. 기화장치가 설치되지 아니한 것은 설치되기 전(검사 후 2년이 지난 것만 해당한다.) 재검사

27 고압가스 저장탱크 2개를 지하에 인접하여 설치하는 경우 상호 간에 유지하여야 할 최소거리의 기준은?

① 0.6m 이상　　② 1m 이상
③ 1.2m 이상　　④ 1.5m 이상

> ❗ 고압가스 저장탱크 2개를 지하에 인접하여 설치하는 경우 상호 간에 1m 이상의 거리를 유지하여야 한다.

28 용기에 표시된 각인 기호 중 연결이 잘못된 것은?

① FT - 최고 충전압력
② TP - 검사일
③ V - 내용적
④ W - 질량

> ❗ 신규검사에 합격된 용기의 각인사항
> 1. 용기제조업자의 명칭 또는 약호
> 2. 충전하는 가스의 명칭
> 3. 용기의 번호
> 4. 내용적(기호: V, 단위: L)
> 5. 초저온용기 외의 용기는 밸브 및 부속품(분리할 수 있는 것에 한한다.)을 포함하지 아니한 용기의 질량(기호: W, 단위: kg)

6. 아세틸렌가스 충전용기는 질량에 다공물질, 용제 및 밸브의 질량을 합한 질량(기호: TW, 단위: kg)
7. 내압시험에 합격한 연월
8. 내압시험압력(기호: TP, 단위: MPa) (초저온용기 및 액화천연가스자동차용 용기는 제외)
9. 최고충전압력(기호: FP, 단위: MPa) (압축가스를 충전하는 용기, 초저온용기 및 액화천연가스자동차용 용기에 한정)
10. 내용적이 500L를 초과하는 용기에는 동판의 두께(기호: t, 단위: mm)
11. 충전량(g) (납붙임 또는 접합용기에 한정)

29 고압가스 운반기준에 대한 설명 중 틀린 것은?

① 밸브가 돌출한 충전용기는 고정식 프로텍터나 캡을 부착하여 밸브의 손상을 방지한다.
② 충전용기를 차에 실을 때에는 넘어지거나 부딪침 등으로 충격을 받지 않도록 주의하여 취급한다.
③ 소방기본법이 정하는 위험물과 충전용기를 동일 차량에 적재 시에는 1m 정도 이격시킨 후 운반한다.
④ 염소와 아세틸렌, 암모니아 또는 수소는 동일 차량에 적재하여 운반하지 않는다.

> ! 고압가스 운반기준: 충전용기와 위험물 안전관리법에서 정하는 위험물과는 동일차량에 적재하여 운반하지 아니하여야 한다.

30 일정 압력 20℃에서 체적 1L의 가스는 40℃에서는 약 몇 L가 되는가?

① 1.07   ② 1.21
③ 1.30   ④ 2

> ! 샤를의 법칙: 압력이 일정할 때 체적과 절대온도는 비례한다. 그러므로 나중체적=(처음체적×나중온도)/처음온도=1×(40+273)/(20+273)=1.068이다.

31 액화가스의 비중이 0.8, 배관 직경이 50mm이고 유량이 15ton/h일 때, 배관내의 평균 유속은 약 몇 m/s인가?

① 1.80   ② 2.66
③ 7.56   ④ 8.52

> ! 배관내의 평균 유속(U: m/s)=유량(Q)/단면적(A)에서, A=(3.14/4)×(지름)^{2}이다.

32 100A용 가스누출 경보차단장치의 차단시간은 얼마 이내이어야 하는가?

① 20초   ② 30초
③ 1분   ④ 3분

> ! 100A용 가스누출 경보차단장치의 차단시간은 30초 이내이어야 한다.

33 다음 열전대 중 측정온도가 가장 높은 것은?

① 백금-백금·로듐형
② 크로멜-알루멜형
③ 철-콘스탄탄형
④ 동-콘스탄탄형

> ! **열전대의 측정온도**
> 1. 백금-백금·로듐형(PR): 온도범위 600~1,600℃
> 2. 크로멜-알루멜형(CA): 온도범위 300~1,200℃
> 3. 철-콘스탄탄형(IC): 온도범위 460~800℃
> 4. 동-콘스탄탄형(CC): 온도범위 130~350℃

34 초저온 저장탱크의 측정에 많이 사용되며 차압에 의해 액면을 측정하는 액면계는?

① 햄프슨식 액면계
② 전기저항식 액면계
③ 초음파식 액면계
④ 크링카식 액면계

> ! 차압식 액면계: 햄프슨식 액면계, 벨로우즈식 액면계

35 회전식 펌프의 특징에 대한 설명으로 틀린 것은?

① 고점도액에도 사용할 수 있다.
② 토출압력이 낮다.
③ 흡입양정이 적다.
④ 소음이 크다.

> **!** 회전식 펌프의 특징: 유량이 적고 고압을 필요로 할 때 적당하며, 효율이 좋다.

36 펌프의 유량이 100m³/s, 전양정 50m, 효율이 75%일 때 회전수를 20% 증가시키면 소요 동력은 몇 배가 되는가?

① 1.44 ② 1.73
③ 2.36 ④ 3.73

> **!** **펌프의 상사법칙**
> 1. 펌프의 유량은 회전수에 비례하고, 펌프 임펠러 직경의 3승에 비례한다. 따라서
> 2. 펌프의 압력은 회전수 2승에 비례하고, 펌프 임펠러 직경의 2승에 비례한다. 따라서
> 3. 펌프의 동력은 회전수 3승에 비례하고, 펌프 임펠러 직경의 5승에 비례한다.
> 나중동력=(나중회전수/처음회전수)³×처음동력=(120/100)³=1.72

37 다음 중 실측식 가스미터가 아닌 것은?

① 루트식 ② 로터리 피스톤식
③ 습식 ④ 터빈식

> **!** 1. 실측식 가스미터: 건식(막식: 독립내기식, 그로바식, 회전식: 루트식, 로터리 피스톤식, 오발식)과 습식이 있다.
> 2. 추측식: 오리피스식, 터빈식, 선근차식이 있다.

38 가스 배관 설비에 전단 응력이 일어나는 원인으로 가장 거리가 먼 것은?

① 파이프의 구배
② 냉간가공의 응력
③ 내부압력의 응력
④ 열팽창에 의한 응력

> **!** 가스 배관 설비에 전단 응력이 일어나는 원인: 냉간가공의 응력, 내부압력의 응력, 열팽창에 의한 응력

39 부취제 중 황 화합물의 화학적 안전성을 순서대로 바르게 나열한 것은?

① 이황화물〉메르캅탄〉환상황화물
② 메르캅탄〉이황화물〉황상황화물
③ 환상황화물〉이황화물〉메르캅탄
④ 이황화물〉환상황화물〉메르캅탄

> **!** 부취제 중 황 화합물의 화학적 안전성: 환상황화물 〉 이황화물 〉 메르캅탄

40 다음 가스에 대한 가스 용기의 재질로 적절하지 않은 것은?

① LPG: 탄소강
② 산소: 크롬강
③ 염소: 탄소강
④ 아세틸렌: 구리합금강

> **!** **아세틸렌 용기**
> 1. 용접용기이며 재질은 탄소강이다.
> 2. 밸브재질은 단조강 또는 구리합금 62% 미만의 황동(Cu+Zn), 청동(Cu+Sn) 등의 구리합금이 사용된다.

41 진탕형 오토클레이브의 특징이 아닌 것은?

① 가스 누출의 가능성이 없다.
② 고압력에 사용할 수 있고 반응물의 오손이 없다
③ 뚜껑판에 뚫어진 구멍에 촉매가 끼여 들어갈 염려가 있다.
④ 교반효과가 뛰어나며 교반형에 비하여 효과가 크다.

42 가스 액화 사이클 중 비점이 점차 낮은 냉매를 사용하여 저비점의 기체를 액화하는 사이클로서 다원 액화 사이클이라고도 하는 것은?

① 클라우드식 공기액화 사이클
② 캐피자식 공기액화 사이클
③ 필립스의 공기액화 사이클
④ 캐스케이드식 공기액화 사이클

! 가스(공기)액화 사이클
1. 클라우드 액화 사이클: 압축된 공기는 열교환기에 들어가 액화기와 팽창기에서 나온 저온의 공기와 열 교환을 하여 냉각되고, 액화된 공기는 저장탱크로 보내진다.
2. 캐피자 액화 사이클: 열 교환에 축냉기를 사용하여 원료공기를 냉각시킴과 동시에 원료공기 중의 수분과 탄산가스를 제거하고, 터빈식 팽창기를 사용하며, 액화된 공기는 저장탱크로 보내진다.
3. 필립스 액화 사이클: 실린더 중에 피스톤과 보조 피스톤이 있고 양 피스톤의 작용으로 상부에 팽창기가 있는 액화 사이클이다.
4. 캐스케이드(다원) 액화 사이클: 증기압축기 냉동 사이클에서 비점이 낮은 냉매를 사용하여 저비점의 기체를 액화하는 사이클이다.

43 쉽게 고압이 얻어지고 유량조정 범위가 넓어 LPG충전소에 주로 설치되어 있는 압축기는?

① 스크류압축기　　② 스크롤압축기
③ 베인압축기　　　④ 왕복식압축기

! 왕복식압축기는 쉽게 고압이 얻어지고 유량조정 범위가 넓어 LPG충전소에 주로 설치된다.

44 면적 가변식 유량계의 특징이 아닌 것은?

① 소용량 측정이 가능하다.
② 압력손실이 크고 거의 일정하다.
③ 유효 측정범위가 넓다.
④ 직접 유량을 측정한다.

! 면적 가변식 유량계의 특징: 측정유체의 압력손실이 작고 고점도 유체 및 소용량에도 측정이 가능하며, 진동에 매우 약하고, 유량에 대해서 직선눈금이 얻어지므로 수직으로 부착하여야 하며, 액체 및 기체 외에도 부식성 유체나 슬러지의 측정에 적합하다.

45 배관용 보온재의 구비 조건으로 옳지 않은 것은?

① 장시간 사용온도에 견디며, 변질되지 않을 것
② 가공이 균일하고 비중이 적을 것
③ 시공이 용이하고 열전도율이 클 것
④ 흡습, 흡수성이 적을 것

! 배관용 보온재의 구비 조건
1. 장시간 사용온도에 견디며, 변질되지 않을 것
2. 가공이 균일하고 비중이 적을 것
3. 흡습, 흡수성이 적을 것과 불연성 및 난연성일 것
4. 열전도율(0.1kcal/m·h·℃ 이하)이 작고 보온능력이 클 것
5. 기계적 강도가 커야 하며 시공이 용이하고 가격이 저렴할 것

제3과목, 가스일반

46 이상기체 상태방정식의 R값을 옳게 나타낸 것은?

① $8.314 \ L \cdot atm/mol \cdot R$
② $0.082 \ L \cdot atm/mol \cdot K$
③ $8.314 \ m^3 \cdot atm/mol \cdot K$
④ $0.082 \ joule/mol \cdot K$

! 이상기체 상태방정식의 R값은 $0.082 \ L \cdot atm/mol \cdot K$이다.

47 다음 중 불연성가스는?

① CO_2　　　　　② C_3H_6
③ C_2H_2　　　　　④ C_2H_2

! 불연성가스는 (CO_2)이고, 프로판, 아세틸렌, 에틸렌은 가연성가스이다.

48 다음 중 가장 높은 압력을 나타내는 것은?

① 101.325 kPa ② 10.33 mH$_2$O

③ 1013 hPa ④ 30.69 psi

> ❗ 압력 단위의 환산: 표준대기압 1atm=1.0332kg/cm^2
> =14.7psi=101.325kpa=101.325bar=10.332 mH$_2$O에서,
> 1. (30.69psi/14.7psi)×1.0332=2.14(kg/cm$_2$)이 가장 높다.
> 2. (101.325kpa/101.325kpa)×1.0332=1.0332

49 1몰의 프로판을 완전 연소시키는데 필요한 산소의 몰수는?

① 3몰 ② 4몰

③ 5몰 ④ 6몰

> ❗ 완전연소 반응식: C$_3$H$_8$+5O$_2$ → 3CO$_2$+4H$_2$O이다.

50 도시가스의 제조공정이 아닌 것은?

① 열분해 공정 ② 접촉분해 공정

③ 수소화분해 공정 ④ 상압증류 공정

> ❗ 도시가스의 제조공정: 열분해 공정, 접촉분해(수증기 개질)
> 공정, 수소화분해 공정, 부분연소 공정, 대체천연가스 공정
> 이 있다.

51 표준상태 하에서 증발열이 큰 순서에서 적은 순으로 옳게 나열된 것은?

① NH$_3$ - LNG - H$_2$O - LPG

② NH$_3$ - LPG - LNG - H$_2$O

③ H$_2$O - NH$_3$ - LNG - LPG

④ H$_2$O - LNG - LPG - NH$_3$

> ❗ 표준상태 하에서 증발잠열: LNG는 메탄이 주성분으로 발
> 열량이 212.8kcal/kg이므로 증발잠열은 더 낮다. LPG는
> 프로판이 101.8kcal/kg, 부탄이 92.1kcal/kg이다. 암모니
> 아는 313.5kcal/kg, 물은 539kcal/kg이므로, 물의 증발잠
> 열이 가장 크다.

52 대기압 하의 공기로부터 순수한 산소를 분리하는데 이용되는 액체산소의 끓는점은 몇 ℃인가?

① -140 ② -183

③ -196 ④ -273

> ❗ 대기압 하의 공기로부터 순수한 산소를 분리하는데 이용되
> 는 액체산소의 끓는점은 -183℃이다.

53 다음 중 임계압력(atm)이 가장 높은 가스는?

① CO ② C$_2$H$_4$

③ HCN ④ Cl$_2$

> ❗ 임계압력(atm): CO는 35atm, C$_2$H$_4$은 50.5atm, HCN는
> 53.2atm, Cl$_2$는 76.1atm이다.

54 공기액화분리장치의 폭발원인으로 볼 수 없는 것은?

① 공기취입구로부터 O$_2$ 혼입

② 공기취입구로부터 C$_2$H$_2$ 혼입

③ 액체 공기 중에 O$_3$ 혼입

④ 공기 중에 있는 NO$_2$의 혼입

> ❗ 공기액화분리장치의 폭발원인: 공기취입구로부터 C$_2$H$_2$ 혼
> 입, 액체 공기 중에 O$_3$ 혼입, 공기 중에 있는 NO$_2$의 혼입 및
> 공기 중에 있는 NO 등의 질화물 혼입, 압축기용 윤활유의
> 분해에 따른 탄화수소의 생성이 있다.

55 일정한 압력에서 20℃인 기체의 부피가 2배 되었을 때의 온도는 몇 ℃인가?

① 293 ② 313

③ 323 ④ 486

> ❗ 샤를의 법칙: 압력이 일정할 때 체적과 절대온도는 비례한
> 다. 그러므로 나중온도(℃)=(처음온도×나중체적)/처음체적
> =[(20+273)×(1×2)]/1=586K-273=313이다.

56 다음 중 공기보다 가벼운 가스는?

① O_2　　　　　② SO_2

③ CO　　　　　④ CO_2

❗ 공기의 평균분자량은 29이고, 산소는 32, 이산화황은 64, 일산화탄소는 28, 이산화탄소는 44이므로, 일산화탄소는 공기보다 가벼운 가스이다.

57 LNG의 LPG에 대한 설명으로 옳은 것은?

① LPG는 대체 천연가스 또는 합성 천연 가스를 말한다.

② 액체 상태의 나프타를 LNG라 한다.

③ LNG는 각종 석유 가스의 총칭이다.

④ LNG는 액화 천연가스를 말한다.

❗ LPG는 액화석유가스이고, 액체 상태의 나프타는 도시가스의 원료이며, 액화천연가스(LNG)는 지하에서 발생하는 탄화수소를 주성분으로 한 가연성가스의 총칭을 말한다.

58 다음 암모니아 제법 중 중압 합성방법이 아닌 것은?

① 카자레법　　　② 뉴우데법

③ 케미크법　　　④ 뉴파우더법

❗ 암모니아 제법 중 합성방법

1. 고압 합성방법: 압력은 600~1,000kg/cm² 정도로서 클로우데법과 카자레법이 있다.
2. 중압 합성방법: 압력은 300kg/cm² 정도로서 IG법, JIC법, 뉴우데법, 케미크법, 뉴파우더법, 동공시법이 있다.
3. 저압 합성방법: 압력은 150kg/cm² 정도로서 구우데법과 켈로그법이 있다.

59 아세틸렌(C_2H_2)에 대한 설명 중 옳지 않은 것은?

① 시안화수소와 반응 시 아세트알데히드를 생성한다.

② 폭발범위(연소범위)는 약 2.5~81%이다.

③ 공기 중에서 연소하면 잘 탄다.

④ 무색이고 가연성이다.

❗ 아세틸렌(C_2H_2)은 구리, 은, 수은과 반응 시 폭발성의 화합물인 금속아세틸라이드를 생성한다.

60 천연가스의 성질에 대한 설명으로 틀린 것은?

① 주성분은 메탄이다.

② 독성이 없고 청결한 가스이다.

③ 공기보다 무거워 누출 시 바닥에 고인다.

④ 발열량은 약 9500~10500kcal/m³ 정도이다.

❗ 천연가스의 주성분은 메탄이 대부분으로 공기보다 가볍다.

정답　　　　　　　　　　　　　　　　　　　: : 2011년 10월 9일 기출문제

01	02	03	04	05	06	07	08	09	10
④	③	①	③	③	④	③	①	④	①
11	12	13	14	15	16	17	18	19	20
③	②	②	③	③	①	④	③	④	②
21	22	23	24	25	26	27	28	29	30
③	④	①	②	③	③	②	②	③	①
31	32	33	34	35	36	37	38	39	40
②	②	①	①	②	②	④	①	③	④
41	42	43	44	45	46	47	48	49	50
④	④	④	②	③	②	①	④	③	④
51	52	53	54	55	56	57	58	59	60
③	②	④	①	②	③	④	①	①	③

국가기술자격 필기시험문제

2012년 2월 12일 제1회 필기시험			수험 번호	성명
자격 종목	종목코드	시험시간		
가스기능사	6335	1시간		

제1과목, 가스안전관리

01 탱크를 지상에 설치하고자 할 때 방류둑을 설치하지 않아도 되는 저장탱크는?

① 저장능력 1000톤 이상의 질소탱크
② 저장능력 1000톤 이상의 부탄탱크
③ 저장능력 1000톤 이상의 산소탱크
④ 저장능력 5톤 이상의 염소탱크

> ❗ **방류둑의 설치**
> 1. 가연성가스 및 산소 저장능력 1000톤 이상
> 2. 독성가스(암모니아, 염소) 저장능력 5톤 이상
> 3. 독성가스를 사용하는 냉동설비 수액기의 내용적 10,000ℓ 이상

02 액화석유가스 충전소에서 저장탱크를 지하에 설치하는 경우에는 철근콘크리트로 저장탱크실을 만들고, 그 실내에 설치하여야 한다. 이때 저장탱크 주위의 빈 공간에는 무엇을 채워야 하는가?

① 물
② 마른 모래
③ 자갈
④ 콜타르

> ❗ 액화석유가스 충전소에서 저장탱크를 지하에 설치하는 경우에는 철근콘크리트로 저장탱크실을 만들고, 저장탱크 주위의 빈 공간에는 마른 모래를 채워야 한다.

03 독성가스 배관은 안전한 구조를 갖도록 하기 위해 2중관 구조로 하여야 한다. 다음 가스 중 2중관으로 하지 않아도 되는 가스는?

① 암모니아
② 염화메탄
③ 시안화수소
④ 에틸렌

> ❗ 2중관으로 하여야 하는 가스: 암모니아, 염화메탄, 염소, 포스겐, 산화에틸렌, 시안화수소, 황화수소, 아황산가스 등이다.

04 자연환기설비 설치 시 LP가스의 용기 보관실 바닥 면적이 $3m^2$이라면 통풍구의 크기는 몇 cm^2 이상으로 하도록 되어 있는가? (단, 철망 등이 부착되어 있지 않은 것으로 간주한다.)

① 500
② 700
③ 900
④ 1100

> ❗ 용기보관실 환기구의 통풍가능 면적은 $1m^2$당 $300cm^2$ 이상의 비율로 하여야 하므로 자연환기설비 설치 시 LP가스의 용기 보관실 바닥 면적이 $3m^2$이라면 통풍구의 크기는 $3 \times 300cm^2$ 이상이 되어야 한다.

05 자동차 용기 충전시설에 게시한 "화기엄금"이라 표시한 게시판의 색상은?

① 황색바탕에 흑색문자
② 백색바탕에 적색문자
③ 흑색바탕에 황색문자
④ 적색바탕에 백색문자

! 자동차 용기 충전시설에 게시한 "화기엄금"이라 표시한 게시판의 색상은 백색바탕에 적색문자이다.

06 제조소의 긴급용 벤트스택 방출구의 위치는 작업원이 항시 통행하는 장소로부터 얼마나 이격되어야 하는가?

① 5m 이상   ② 10m 이상
③ 15m 이상   ④ 30m 이상

! 제조소의 긴급용 벤트스택 방출구의 위치는 작업원이 항시 통행하는 장소로부터 10m 이상 이격되어야 하고, 긴급용이 아닌 기타의 경우에는 5m 이상 이격하여야 한다.

07 내용적이 1천 L를 초과하는 염소용기의 부식여유두께의 기준은?

① 2mm 이상   ② 3mm 이상
③ 4mm 이상   ④ 5mm 이상

! 충전용기의 부식여유 두께
1. 암모니아 충전용기로서 내용적이 1000L 이하인 것은 부식여유 두께의 수치가 1mm이고, 내용적이 1000L 초과하는 것은 2mm이다.
2. 염소 충전용기로서 내용적이 1000L 이하인 것은 부식여유 두께의 수치가 3mm이고, 내용적이 1000L 초과하는 것은 5mm이다.

08 고압가스 용접용기 제조 시 용기동판의 최대 두께와 최소 두께의 차이는 평균 두께의 몇 % 이하로 하여야 하는가?

① 10%   ② 20%
③ 30%   ④ 40%

! 고압가스 용접용기 제조 시 용기동판의 최대 두께와 최소 두께의 차이는 평균 두께의 20% 이하여야 한다.

09 일반도시가스사업자가 선임하여야 하는 안전점검원 선임의 기준이 되는 배관길이 산정 시 포함되는 배관은?

① 사용자공급관
② 내관
③ 가스사용자 소유 토지내의 본관
④ 공공 도로내의 공급관

! 일반도시가스사업 선임인원 및 자격
1. 안전관리 총괄자 1명, 안전관리 부총괄자는 사업장마다 1명
2. 안전관리 책임자는 사업장마다 1명 이상, 자격은 가스산업기사 이상의 자격을 가진 사람
3. 안전관리원
   ① 배관길이가 200km 이하인 경우에는 5명 이상
   ② 배관길이가 200km 초과 1,000km 이하인 경우에는 5명에 200km마다 1명씩 추가한 인원 이상
   ③ 배관길이가 1,000km 초과하는 경우에는 10명 이상
   ④ 자격: 가스기능사 이상의 자격을 가진 사람 또는 안전관리자 양성교육을 이수한 사람
4. 안전점검원
   ① 배관 길이 15km를 기준으로 1명
   ② 자격: 가스기능사 이상의 자격을 가진 사람, 안전관리자 양성교육을 이수한 사람 또는 안전점검원 양성교육을 이수한 사람
5. 일반도시가스사업자가 선임하여야 하는 안전점검원 선임의 기준이 되는 배관길이 산정 시 포함되는 배관은 본관 및 공공 도로내의 공급관이다.

10 가연성 가스로 인한 화재의 종류는?

① A급 화재   ② B급 화재
③ C급 화재   ④ D급 화재

! 화재의 종류: A급 화재-일반화재, B급 화재-유류 및 가스화재, C급 화재-전기화재, D급 화재-금속분화재로 구분된다.

11 고압가스(산소, 아세틸렌, 수소)의 품질검사 주기의 기준은?

① 1월 1회 이상   ② 1주 1회 이상
③ 3일 1회 이상   ④ 1일 1회 이상

! 안전관리책임자는 제조장에서 1일 1회 이상 품질검사를 실시한다.

12 도시가스 사용시설의 배관은 움직이지 아니하도록 고정부착하는 조치를 하도록 규정하고 있는데, 다음 중 배관의 호칭지름에 따른 고정간격의 기준으로 옳은 것은?

① 배관의 호칭지름 20mm인 경우 2m마다 고정

② 배관의 호칭지름 32mm인 경우 3m마다 고정

③ 배관의 호칭지름 40mm인 경우 4m마다 고정

④ 배관의 호칭지름 65mm인 경우 5m마다 고정

! 배관고정의 설치간격: 관경이 13mm 미만은 1m마다, 관경이 13mm 이상 33mm 미만은 2m마다, 관경이 33mm 이상은 3m마다 설치한다.

13 일반도시가스사업의 가스공급시설에서 중압 이하의 배관과 고압 배관을 매설하는 경우 서로 몇 m 이상의 거리를 유지하여 설치하여야 하는가?

① 1　　　　　② 2
③ 3　　　　　④ 5

! 일반 도시가스 배관 중 중압 이하의 배관과 고압배관을 매설하는 경우 서로간의 거리는 2m 이상을 유지하여야 한다.

14 고압가스 일반제조소에서 저장탱크 설치 시 물분무장치는 동시에 방사할 수 있는 최대수량을 몇 분 이상 연속하여 방사할 수 있는 수원에 접속되어 있어야 하는가?

① 30분　　　　② 45분
③ 60분　　　　④ 90분

! 고압가스 일반제조소에서 저장탱크 설치 시 물분무장치는 동시에 방사할 수 있는 최대 수량을 30분 이상 연속하여 방사할 수 있는 수원에 접속되어 있어야 한다.

15 아세틸렌을 용기에 충전할 때에는 미리 용기에 다공 물질을 고루 채운 후 침윤 및 충전을 하여야 한다. 이때 다공도는 얼마로 하여야 하는가?

① 75% 이상, 92% 미만
② 70% 이상, 95% 미만
③ 62% 이상, 75% 미만
④ 92% 이상

! 아세틸렌을 용기에 충전할 때에는 미리 용기에 다공 물질을 고루 채운 후 침윤 및 충전을 하여야 한다. 이때 다공도는 75% 이상, 92% 미만으로 하여야 한다.

16 다음 중 냄새로 누출여부를 쉽게 알 수 있는 가스는?

① 질소, 이산화탄소
② 일산화탄소, 아르곤
③ 염소, 암모니아
④ 에탄, 부탄

! 염소, 암모니아는 독성가스 냄새로 누출여부를 쉽게 알 수 있다.

17 다음 중 독성이면서 가연성인 가스는?

① SO_2　　　　② $COCl_2$
③ HCN　　　　④ C_2H_6

! 가연성이면서 독성인 가스: 암모니아(NH_3), 산화에틸렌(C_2H_4O), 브롬화메탄(CH_3Br), 염화메탄(CH_3Cl), 시안화수소(HCN), 벤젠(C_6H_6), 일산화탄소(CO), 황화수소(H_2S), 이황화탄소(CS_2), 아크릴로니트릴($CH_2=CHCN$) 등이다.

18 저장능력이 1ton인 액화염소 용기의 내용적(L)은? (단, 액화염소 정수(C)는 0.80이다.)

① 400　　　　② 600
③ 800　　　　④ 1000

! 액화가스 용기의 저장능력=(내용적/가스 정수)에서,
내용적(ℓ)=저장능력×가스정수=1,000×0.8=800

19 고압가스 운반 등의 기준으로 틀린 것은?

① 고압가스를 운반하는 때에는 재해방지를 위하여 필요한 주의사항을 기재한 서면을 운전자에게 교부하고 운전 중 휴대하게 한다.

② 차량의 고장, 교통사정 또는 운전자의 휴식 등 부득이한 경우를 제외하고는 장시간 정차하여서는 안 된다.

③ 고속도로 운행 중 점심식사를 하기 위해 운반책임자와 운전자가 동시에 차량을 이탈할 때에는 시건장치를 하여야 한다.

④ 지정한 도로, 시간, 속도에 따라 운반하여야 한다.

> ! 고압가스 운반 등의 기준으로 고속도로 운행 중 휴식 등 부득이한 경우를 제외하고는 장시간 정차하여서는 안 되며, 운반책임자와 운전자가 동시에 차량을 이탈하여서는 안 된다.

20 정압기지의 방호벽을 철근콘크리트 구조로 설치할 경우 방호벽 기초의 기준에 대한 설명 중 틀린 것은?

① 일체로 된 철근콘크리트 기초로 한다.

② 높이 350mm 이상, 되메우기 깊이는 300mm 이상으로 한다.

③ 두께 200mm 이상, 간격 3200mm 이하의 보조벽을 본체와 직각으로 설치한다.

④ 기초의 두께는 방호벽 최하부 두께의 120% 이상으로 한다.

> ! 정압기지의 방호벽을 철근콘크리트 구조로 설치할 경우 방호벽 기초의 기준으로 두께 150mm 이상, 간격 3,200mm 이하의 보조벽을 본체와 직각으로 설치한다.

21 고압가스 제조설비의 계장회로에는 제조하는 고압가스의 종류, 온도 및 압력과 제조설비의 상황에 따라 안전확보를 위한 주요 부문에 설비가 잘못 조작되거나 정상적인 제조를 할 수 없는 경우에 자동으로 원재료의 공급을 차단시키는 등 제조설비 안의 제조를 제어할 수 있는 장치를 설치하는데 이를 무엇이라 하는가?

① 인터록제어장치　② 긴급차단장치
③ 긴급이송설비　　④ 벤트스택

> ! **안전설비**
> 1. 벤트스택(vent stack)
> ① 벤트스택은 방출되는 가스의 종류, 양, 성질, 상태 및 주위 상황에 따라 안전한 높이와 위치에 설치하여야 한다.
> ② 벤트스택으로부터 방출하고자 하는 가스가 독성가스인 경우에는 중화조치를 한 후에 방출하고, 가연성가스인 경우에는 방출된 가연성가스가 지상에서 폭발한 계에 도달하지 아니하도록 하여야 한다.
> 2. 인터록기구: 가연성가스 또는 독성가스의 제조설비 또는 이들 제조설비에 계기를 장치하는 회로에는 제조하는 고압가스의 종류, 온도 및 압력과 제조설비의 상황에 따라 안전 확보를 위한 주요 부분에 설비가 잘못 조작되거나 정상적인 제조를 할 수 없을 경우에 자동으로 원재료의 공급을 차단시키는 등 제조설비 안의 제조를 제어할 수 있는 장치이다.
> 3. 긴급차단장치: 가연성가스 또는 독성가스의 고압가스설비(저장탱크 제외) 중 특수반응설비 또는 그 밖의 고압가스설비로서 그 설비에서 발생한 사고가 즉시 다른 제조설비에 파급할 우려가 있는 것에는 고압가스설비마다 설치하여야 한다.
> 4. 긴급이송설비: 가연성가스 또는 독성가스의 고압설비 중 특수반응설비와 긴급차단장치를 설치한 고압가스설비에는 그 설비에 속하는 가스의 종류, 온도 및 압력 등에 따라 이상사태가 발생하는 때에는 그 설비내의 내용물을 설비 밖으로 긴급하고도 안전하게 이송할 수 있는 설비를 설치한 것을 말한다.

22 다음 중 독성(TLV-TWA)이 가장 강한 가스는?

① 암모니아　　② 황화수소
③ 일산화탄소　④ 아황산가스

> ! 각 가스의 허용농도: 암모니아 25ppm, 황화수소 10ppm, 일산화탄소 25ppm, 아황산가스는 2ppm으로 독성(TLV-TWA)이 가장 강한 가스이다.

23 독성가스 배관을 지하에 매설할 경우 배관은 그 가스가 혼입될 우려가 있는 수도시설과 몇 m 이상의 거리를 유지하여야 하는가?

① 50m ② 100m
③ 200m ④ 300m

> ❗ 독성가스 배관을 지하에 매설할 경우 배관은 그 가스가 혼입될 우려가 있는 수도시설과 300m 이상의 거리를 유지하여야 한다.

24 다음 중 같은 성질의 가스로만 나열된 것은?

① 에탄, 에틸렌 ② 암모니아, 산소
③ 오존, 아황산가스 ④ 헬륨, 염소

> ❗ **고압가스 성질에 따른 분류**
> 1. 가연성가스: 에탄, 에필렌, 암모니아
> 2. 조연(지연)성가스: 산소, 오존, 염소
> 3. 불연성가스: 아황산가스, 헬륨

25 고압가스용기의 안전점검 기준에 해당되지 않는 것은?

① 용기의 부식, 도색 및 표시 확인
② 용기의 캡이 씌워져 있거나 프로텍터의 부착여부 확인
③ 재검사 기간의 도래 여부를 확인
④ 용기의 누출을 성냥불로 확인

> ❗ **용기의 안전점검 및 유지·관리기준**
> 1. 용기의 내·외면을 점검하여 사용할 때에 위험한 부식, 금, 주름 등이 있는 것인지의 여부를 확인할 것
> 2. 용기는 도색 및 표시가 되어 있는지의 여부를 확인할 것
> 3. 용기의 스커트에 찌그러짐이 있는지, 사용할 때에 위험하지 않도록 적정간격을 유지하고 있는지의 여부를 확인할 것
> 4. 유통 중 열영향을 받았는지의 여부를 점검할 것. 이 경우 열 영향을 받은 용기는 재검사를 받아야 한다.
> 5. 용기의 캡이 씌워져 있거나 프로텍터가 부착되어 있는지의 여부를 확인할 것
> 6. 재검사 기간의 도래 여부를 확인할 것
> 7. 용기 아랫부분의 부식 상태를 확인할 것
> 8. 밸브의 몸통, 충전구나사, 안전밸브 사용에 지장을 주는 흠, 주름, 스프링의 부식 등이 있는지의 여부를 확인할 것

> ❗ 9. 밸브의 그랜드너트가 고정핀 등에 의하여 이탈 방지를 위한 조치가 있는지 여부를 확인할 것
> 10. 밸브의 개폐조작이 쉬운 핸들이 부착되어 있는지 여부를 확인할 것
> 11. 용기에는 충전가스의 종류에 맞는 용기부속품이 부착되어 있는지 여부를 확인할 것
> 12. 용기에 충전된 고압가스(가연성가스 및 독성가스만 해당한다)를 판매한 자는 판매에서 회수까지 그 이력을 추적 관리하여 용기방치 등으로 인한 안전관리에 저해되지 않도록 할 것

26 가스 공급시설의 임시사용 기준 항목이 아닌 것은?

① 도시가스 공급이 가능한지의 여부
② 도시가스의 수급상태를 고려할 때 해당지역에 도시가스의 공급이 필요한지의 여부
③ 공급의 이익 여부
④ 가스공급시설을 사용할 때 안전을 해칠 우려가 있는지의 여부

> ❗ **가스 공급시설의 임시사용 기준 항목**
> 1. 도시가스 공급이 가능한지의 여부
> 2. 도시가스의 수급상태를 고려할 때 해당지역에 도시가스의 공급이 필요한지의 여부
> 3. 가스공급시설을 사용할 때 안전을 해칠 우려가 있는지의 여부

27 용기의 파열사고 원인으로 가장 거리가 먼 것은?

① 용기의 내압력 부족
② 용기의 내압 상승
③ 용기내에서 폭발성 혼합가스에 의한 발화
④ 안전밸브의 작동

> ❗ 고압가스설비에는 안전밸브를 설치하여 설비내의 압력이 상승한 때의 위험을 방지할 수 있도록 조치하여야 한다. 따라서 안전밸브의 작동은 용기의 파열사고가 발생하지 않으므로 파열사고의 원인이 될 수 없다.

28 도시가스 배관의 철도궤도 중심과 이격거리 기준으로 옳은 것은?

① 1m 이상   ② 2m 이상
③ 4m 이상   ④ 5m 이상

> ❗ 도시가스 배관의 외면으로부터 철도궤도 중심과 이격거리는 4m 이상, 철도부지의 경계선까지는 1m 이상의 거리를 유지하여야 한다.

29 충전용기 보관실의 온도는 항상 몇 ℃ 이하를 유지하여야 하는가?

① 40℃   ② 45℃
③ 50℃   ④ 55℃

> ❗ 충전용기 보관실의 온도는 항상 40℃ 이하를 유지하여야 한다.

30 시안화수소 가스는 위험성이 매우 높아 용기에 충전 보관할 때에는 안정제를 첨가하여야 한다. 적합한 안정제는?

① 염산   ② 이산화탄소
③ 황산   ④ 질소

> ❗ 시안화수소 가스를 용기에 충전 보관할 때의 안정제: 황산, 인산, 염화칼슘, 오산화인, 아황산가스, 구리망 등

31 가스 폭발 사고의 근본적인 원인으로 가장 거리가 먼 것은?

① 내용물의 누출 및 확산
② 화학반응열 또는 잠열의 축적
③ 누출경보장치의 미비
④ 착화원 또는 고온물의 생성

> ❗ 잠열은 온도의 변화 없이 상태의 변화에 따른 필요한 열량으로, 가스 폭발 사고의 근본적인 원인으로 가장 거리가 멀다.

32 정압기의 선정 시 유의사항으로 가장 거리가 먼 것은?

① 정압기의 내압성능 및 사용 최대차압
② 정압기의 용량
③ 정압기의 크기
④ 1차 압력과 2차 압력범위

> ❗ 정압기의 선정 시 유의사항: 정압기의 내압성능 및 사용 최대차압, 정압기의 용량, 1차 압력과 2차 압력범위 등이다.

33 가스용품제조허가를 받아야 하는 품목이 아닌 것은?

① PE배관   ② 매몰형 정압기
③ 로딩암   ④ 연료전지

> ❗ 가스용품제조허가를 받아야 하는 품목: 매몰형 정압기, 로딩암, 연료전지, 압력조정기, 가스누출자동차단장치, 정압기용 필터, 호스, 배관용 밸브, 콕, 배관이음관, 강제혼합식 가스버너, 연소기, 다기능가스안전계량기이다.

34 다음 그림은 무슨 공기 액화장치인가?

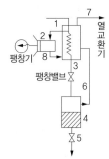

① 클라우드식 액화장치
② 린데식 액화장치
③ 캐피자식 액화장치
④ 필립스식 액화장치

> **!**
> **가스(공기)액화 사이클**
> 1. 클라우드 액화 사이클: 압축된 공기는 열교환기에 들어가 액화기와 팽창기에서 나온 저온의 공기와 열 교환을 하여 냉각되고, 액화된 공기는 저장탱크로 보내진다.
> 2. 캐피자 액화 사이클: 열 교환에 축냉기를 사용하여 원료공기를 냉각시킴과 동시에 원료공기 중의 수분과 탄산가스를 제거하고, 터빈식 팽창기를 사용하며, 액화된 공기는 저장탱크로 보내진다.
> 3. 필립스 액화 사이클: 실린더 중에 피스톤과 보조 피스톤이 있고 양 피스톤의 작용으로 상부에 팽창기가 있는 액화 사이클이다.
> 4. 캐스케이드(다원) 액화 사이클: 증기압축기 냉동 사이클에서 비점이 낮은 냉매를 사용하여 저비점의 기체를 액화하는 사이클이다.

35 2000rpm으로 회전하는 펌프를 3500rpm으로 변환하였을 경우 펌프의 유량과 양정은 각각 몇 배가 되는가?

① 유량: 2.65, 양정: 4.12
② 유량: 3.06, 양정: 1.75
③ 유량: 3.06, 양정: 5.36
④ 유량: 1.75, 양정: 3.06

> **!**
> **펌프의 상사법칙**
> 1. 펌프의 유량은 회전수에 비례하고, 펌프 임펠러 직경의 3승에 비례한다. 따라서
> 나중유량=(나중회전수／처음회전수)×처음유량
> =(3,500/2,000)×1=1.75배

2. 펌프의 압력은 회전수 2승에 비례하고, 펌프 임펠러 직경의 2승에 비례한다. 따라서
나중압력(양정)=(나중회전수／처음회전수)^2×처음압력
=(3,500/2,000)^2×1=3.06배
3. 펌프의 동력은 회전수 3승에 비례하고, 펌프 임펠러 직경의 5승에 비례한다.

36 액주식 압력계가 아닌 것은?

① U자관식   ② 경사관식
③ 벨로우즈식   ④ 단관식

> **!**
> **압력계의 종류**
> 1. 1차 압력계: 지시된 압력을 직접 측정하는 것으로, 액주계(마노미터: manometer)와 자유피스톤식 압력계 등이 있으며, 액주식 압력계에는 U자관, 단관식, 경사관식 압력계로 구분된다. 그 외 링밸런스(환상천칭고도) 압력계, 플로트식 압력계, 호르단형 압력계, 피스톤 압력계, 침종식 압력계(단종식과 복종식) 등이 있다.
> 2. 2차 압력계: 측정방법은 탄성, 물질변화, 전기적 변화를 이용한 것 등이 있고, 탄성식 압력계로는 부르동관, 다이어프램식, 벨로우즈식 압력계, 전기저항식 압력계, 피에조전기 압력계, 스트레인게이지 등이 있다.

37 가스분석 시 이산화탄소 흡수제로 주로 사용되는 것은?

① NaCl   ② KCl
③ KOH   ④ Ca(OH)^2

> **!**
> **가스분석 시 흡수제**
> 1. 탄산가스(이산화탄소): KOH(30% 수산화칼륨 용액)
> 2. 중탄화수소(CmHn): 발연황산+진한 황산액 또는 포화브롬수
> 3. 산소: 알칼리성 피롤가롤 용액
> 4. 일산화탄소: 암모니아성 염화 제1구리 용액, 염산성 염화 제1구리 용액

38 이동식부탄연소기의 용기연결방법에 따른 분류가 아닌 것은?

① 카세트식   ② 직결식
③ 분리식   ④ 일체식

> **!**
> 이동식부탄연소기의 용기연결방법: 카세트식, 직결식, 분리식 등이 있다.

39 파일럿 정압기 중 구동압력이 증가하면 개도도 증가하는 방식으로서 정특성, 동특성이 양호하고 비교적 컴팩트한 구조의 로딩형 정압기는?

① Fisher 식　　② axial flow 식
③ Reynolds 식　　④ KRF 식

> **!**
> 정압기의 종류 및 특징
> 1. 여러 종류 중에서 피셔식(Fisher type), 레이놀드(Reynolds)식, 엑셀 플로우(Axial-flow)식 정압기가 가장 일반적으로 사용된다.
> 2. 피셔식 정압기의 특징
> 　① Loading형식이다.
> 　② 정특성, 동특성이 양호하다.
> 　③ 비교적 콤팩트(Compact)하다.
> 　④ 사용압력은 고압→중압A, 중압A→중압A 또는 중압B, 중압A→중압B 또는 저압이다.
> 3. 레이놀드식 정압기의 특징
> 　① Unloading형식이다.
> 　② 정특성이 매우 양호하나, 안정성이 떨어진다.
> 　③ 다른 형식과 비교하여 크기가 크다.
> 　④ 상부에 다이어프램이 있으며 본체는 복좌밸브로 되어 있다.
> 　⑤ 사용압력은 중압B→저압, 저압→저압이다.
> 4. 엑셀 플로우식 정압기의 특징
> 　① 변칙 Unloading형식이다.
> 　② 정특성, 동특성이 양호하다.
> 　③ 고차압이 될수록 특성이 양호하다.
> 　④ 극히 콤팩트(Compact)하다.
> 　⑤ 사용압력은 고압→중압A, 중압A→중압A 또는 중압B, 중압A→중압B 또는 저압이다.
> 5. KRF식: 레이놀드식 정압기와 같다.

40 다음 가스분석법 중 흡수분석법에 해당하지 않는 것은?

① 헴펠법　　② 구우데법
③ 오르자트법　　④ 게겔법

> **!**
> 암모니아의 공업적 제법 중 저압합성법: 압력은 150kg/㎠ 정도로서 구우데법과 켈로그법이 있다.
> 가스분석법 중 흡수분석법: 헴펠법, 오르자트법, 게겔법

41 땅 속의 애노드에 강제 전압을 가하여 피방식 금속제를 캐소드로 하는 전기방식법은?

① 희생양극법　　② 외부전원법
③ 선택배류법　　④ 강제배류법

> **!**
> 외부전원법은 부식을 방지하는 방법으로 땅 속의 애노드(양극)에 강제 전압을 가하여 피방식 금속제를 캐소드(음극)로 하는 전기방식법이다.

42 화학적 부식이나 전기적 부식의 염려가 없고 0.4MPa 이하의 매몰배관으로 주로 사용하는 배관의 종류는?

① 배관용 탄소강관
② 폴리에틸렌피복강관
③ 스테인리스강관
④ 폴리에틸렌관

> **!**
> 폴리에틸렌관은 화학적 부식이나 전기적 부식의 염려가 없고 0.4MPa 이하의 매몰배관으로 주로 사용한다.

43 도시가스의 총발열량이 10400kcal/m^3, 공기에 대한 비중이 0.55일 때, 웨베지수는 얼마인가?

① 11023　　② 12023
③ 13023　　④ 14023

> **!**
> 웨베지수=총발열량/√비중=10,400/√0.55=14,023

44 가연성가스 검출기 중 탄광에서 발생하는 CH_4의 농도를 측정하는데 주로 사용되는 것은?

① 간섭계형　　② 안전등형
③ 열선형　　④ 반도체형

> **!**
> 안전등형은 가연성가스 검출기 중 탄광에서 발생하는 CH_4의 농도를 측정하는데 주로 사용된다.

45 서로 다른 두 종류의 금속을 연결하여 폐회로를 만든 후, 양접점에 온도차를 두면 금속 내에 열기전력이 발생하는 원리를 이용한 온도계는?

① 광전관식 온도계
② 바이메탈 온도계
③ 서미스터 온도계
④ 열전대 온도계

> ❗ 열전대 온도계는 서로 다른 두 종류의 금속을 연결하여 폐회로를 만든 후, 양접점에 온도차를 두면 금속 내에 열기전력(전위차)이 발생하는 원리를 이용한 온도계이다.

제3과목, 가스일반

46 다음 중 액화가 가장 어려운 가스는?

① H_2
② He
③ N_2
④ CH_4

> ❗ 각 가스의 비점: 수소 −252.8℃, 헬륨 −268.9℃, 질소 −196℃, 메탄 161.5℃ 정도로 비점이 낮을수록 액화가 어렵기 때문에 헬륨이 액화가 가장 어려운 가스이다.

47 다음 중 압력이 가장 높은 것은?

① $10lb/iN_2$
② $750mmHg$
③ $1atm$
④ $1kg/cm^2$

> ❗ 압력: $1atm=1.0332(kg/cm^2)$에서,
> $kg/cm^2=[10(lb/iN_2)/14.7(lb/iN_2)]\times1.0332=0.7(kg/cm^2)$이며,
> $kg/cm^2=(750mmHg/760mmHg)\times1.0332=1.01(kg/cm^2)$이므로,
> $1atm=1.0332(kg/cm^2)$이 가장 높다.

48 자동절체식조정기의 경우 사용 쪽 용기안의 압력이 얼마 이상일 때 표시 용량의 범위에서 예비 쪽 용기에서 가스가 공급되지 않아야 하는가?

① 0.05MPa
② 0.1MPa
③ 0.15MPa
④ 0.2MPa

> ❗ 자동절체식조정기의 경우 사용 쪽 용기안의 압력이 0.1MPa 이상일 때 표시 용량의 범위에서 예비 쪽 용기에서 가스가 공급되지 않아야 한다.

49 산소의 성질에 대한 설명 중 옳지 않은 것은?

① 자신은 폭발위험은 없으나 연소를 돕는 조연제이다.
② 액체산소는 무색, 무취이다.
③ 화학적으로 활성이 강하며, 많은 원소와 반응하여 산화물을 만든다.
④ 상자성을 가지고 있다.

> ❗ 산소의 성질: 조연성이며 상온에서 무색, 무미, 무취의 기체로서 물에 약간 녹으나, 액체산소는 담청색을 나타낸다.

50 "성능계수(ε)가 무한정한 냉동기의 제작은 불가능하다."라고 표현되는 법칙은?

① 열역학 제0법칙
② 열역학 제1법칙
③ 열역학 제2법칙
④ 열역학 제3법칙

> ❗ "성능계수(ε)가 무한정한 냉동기의 제작은 불가능하다."라고 표현되는 법칙은 열효율이 100%인 기관은 존재할 수 없다는 열역학 제2법칙이다.

51 60K를 랭킨온도로 환산하면 약 몇 °R인가?

① 109
② 117
③ 126
④ 135

> ❗ 랭킨온도(°R)=°F+460에서, °F=(9/5)℃+32이며, ℃=절대온도(K)−273=60−273=−213 따라서
> °F=(9/5)×(−213)+32=−351.4이므로,
> 랭킨온도(°R)=(−351.4)+460=108.6이다.

52 밀폐된 공간 안에서 LP가스가 연소되고 있을 때의 현상으로 틀린 것은?

① 시간이 지나감에 따라 일산화탄소가 증가된다.
② 시간이 지나감에 따라 이산화탄소가 증가된다.
③ 시간이 지나감에 따라 산소농도가 감소된다.
④ 시간이 지나감에 따라 아황산가스가 증가된다.

> **!** 밀폐된 공간 안에서 LP가스가 연소되고 있을 때의 현상은 불완전한 상태이므로 완전연소일 때 발생되는 아황산가스는 시간이 지남에 따라 감소하게 된다.

53 탄소 12g을 완전 연소시킬 경우 발생되는 이산화탄소는 약 몇 L인가? (단, 표준상태일 때를 기준으로 한다.)

① 11.2
② 12
③ 22.4
④ 32

> **!** 탄소의 완전연소 반응: $C+O_2 \rightarrow CO_2$이므로, 탄소 12g을 완전 연소시킬 경우 발생되는 이산화탄소는 22.4ℓ 이다.

54 공기 중에서 폭발하한이 가장 낮은 탄화수소는?

① CH_4
② C_4H_{10}
③ C_3H_8
④ C_2H_6

> **!** 공기 중 각 가스의 폭발하한: 메탄 5%, 부탄 1.8%, 프로판 2.1%, 에탄 3%이므로, 부탄이 가장 낮다.

55 에틸렌 제조의 원료로 사용되지 않는 것은?

① 나프타
② 에탄올
③ 프로판
④ 염화메탄

> **!** 에틸렌 제조의 원료: 공업적 제조법으로 프로판, 에탄, 나프타 등의 탄화수소를 700~900℃의 고온으로 수증기와 같이 크래킹(열분해)시켜서 얻는다.
> $C_3H_8 \rightarrow$ 크래킹 700~900℃ $\rightarrow C_2H_4+CH_4$

56 다음 중 비중이 가장 작은 가스는?

① 수소
② 질소
③ 부탄
④ 프로판

> **!** 각 가스의 비중: 공기의 평균분자량 29를 기준으로 분자량이 작을수록 비중이 작다. 따라서 각 가스의 분자량은 수소 2, 질소 28, 부탄 58, 프로판 44이다.

57 가연성가스의 정의에 대한 설명으로 맞는 것은?

① 폭발한계의 하한이 10% 이하인 것과 폭발한계의 상한과 하한의 차가 20% 이상인 것을 말한다.
② 폭발한계의 하한이 20% 이하인 것과 폭발한계의 상한과 하한의 차가 10% 이상인 것을 말한다.
③ 폭발한계의 상한이 10% 이하인 것과 폭발한계의 상한과 하한의 차가 20% 이하인 것은 말한다.
④ 폭발한계의 상한이 10% 이상인 것과 폭발한계의 상한과 하한의 차가 10% 이하인 것은 말한다.

> **!** 가연성가스 정의: 폭발한계의 하한이 10% 이하인 것과 폭발한계의 상한과 하한의 차가 20% 이상인 것을 말한다.

58 다음 중 아세틸렌의 발생방식이 아닌 것은?

① 주수식: 카바이드에 물을 넣는 방법

② 투입식: 물에 카바이드를 넣는 방법

③ 접촉식: 물과 카바이드를 소량씩 접촉 시키는 방법

④ 가열식: 카바이드를 가열하는 방법

! 아세틸렌의 발생방식: 주수식, 투입식, 접촉식이 있다.

59 암모니아 가스의 특성에 대한 설명으로 옳은 것은?

① 물에 잘 녹지 않는다.

② 무색의 기체이다.

③ 상온에서 아주 불안정하다.

④ 물에 녹으면 산성이 된다

! 암모니아 가스의 특성: 상온·상압에서 무색의 기체로서 물 1cc에 암모니아 800cc로 물에 잘 녹으며, 강한 자극성이 있고, 허용농도 25ppm으로 유독한 가연성가스이다. 또한, 상온에서 안정하나 철 촉매시 650℃에서 분해하고, 1,000℃에서는 완전히 분해한다.

60 질소에 대한 설명으로 틀린 것은?

① 질소는 다른 원소와 반응하지 않아 기기의 기밀시험용 가스로 사용된다.

② 촉매 등을 사용하여 상온(35℃)에서 수소와 반응시키면 암모니아를 생성한다.

③ 주로 액체 공기를 비점 차이로 분류하여 산소와 같이 얻는다.

④ 비점이 대단히 낮아 극저온의 냉매로 이용된다.

! 질소는 고온, 고압의 상태에서 수소와 반응시키면 암모니아를 생성한다.

정답

01	02	03	04	05	06	07	08	09	10
①	②	④	③	②	②	②	②	④	②
11	12	13	14	15	16	17	18	19	20
④	①	②	①	①	③	③	③	③	③
21	22	23	24	25	26	27	28	29	30
①	④	④	①	④	③	④	③	③	③
31	32	33	34	35	36	37	38	39	40
②	③	①	①	④	③	③	④	①	②
41	42	43	44	45	46	47	48	49	50
②	④	④	②	④	②	③	②	②	③
51	52	53	54	55	56	57	58	59	60
①	④	②	②	④	①	①	④	②	②

국가기술자격 필기시험문제

2012년 4월 8일 제2회 필기시험			수험 번호	성명
자격 종목	종목코드	시험시간		
가스기능사	6335	1시간		

제1과목. 가스안전관리

01 도시가스 사용시설 중 가스계량기의 설치기준으로 틀린 것은?

① 가스계량기는 화기(자체 화기는 제외)와 2m 이상의 우회 거리를 유지하여야 한다.

② 가스계량기(30m³/h 미만)의 설치 높이는 바닥으로부터 1.6m 이상, 2m 이내이어야 한다.

③ 가스계량기를 격납상자 내에 설치하는 경우에는 설치 높이의 제한을 받지 아니한다.

④ 가스계량기는 절연조치를 하지 아니한 전선과 30cm 이상의 거리를 유지하여야 한다.

> ❗ 가스계량기와 전기개폐기와의 최소 안전거리는 60cm 이상, 굴뚝, 전기점멸기 및 전기접속기와의 거리는 30cm 이상, 절연조치를 하지 않은 전선과의 거리는 15cm 이상이어야 한다.

02 지상에 설치하는 액화석유가스의 저장탱크 안전밸브에 가스 방출관을 설치하고자 한다. 저장탱크의 정상부가 8m일 경우 방출관의 방출구 높이는 지상에서 얼마 이상의 높이에 설치하여야 하는가?

① 5m   ② 8m

③ 10m   ④ 12m

> ❗ 가스방출관의 방출구 높이는 지상에서 5m 이상의 높이 또는 저장탱크의 정상부로부터 2m 이상의 높이 중 더 높은 위치에 설치하여야 한다. 따라서 가스방출관의 방출구 높이는 10m 이상의 높이에 설치하여야 한다.

03 다음 중 지식경제부령이 정하는 특정설비가 아닌 것은?

① 저장탱크

② 저장탱크의 안전밸브

③ 조정기

④ 기화기

> ❗ **산업통상자원부령으로 정하는 특정설비**
> 1. 안전밸브, 긴급차단장치, 역화방지장치
> 2. 기화장치
> 3. 압력용기
> 4. 자동차용 가스 자동주입기
> 5. 독성가스배관용 밸브
> 6. 냉동설비(일체형 냉동기는 제외)를 구성하는 압축기, 응축기, 증발기 또는 압력용기
> 7. 특정고압가스용 실린더캐비닛
> 8. 자동차용 압축천연가스 완속충전설비(처리능력이 시간당 18.5m³ 미만인 충전설비를 말한다.)
> 9. 액화석유가스용 용기 잔류가스회수장치
> 10. 차량에 고정된 탱크

04 지하에 매설된 도시가스 배관의 전기방식 기준으로 틀린 것은?

① 전기방식전류가 흐르는 상태에서 토양 중에 있는 배관등의 방식전위 상한값은 포화황산동 기준전극으로 -0.85V 이하일 것

② 전기방식전류가 흐르는 상태에서 자연전위와의 전위변화가 최소한 -300mV 일 것

③ 배관에 대한 전위측정은 가능한 배관 가까운 위치에서 실시할 것

④ 전기방식시설의 관대지전위 등을 2년에 1회 이상 점검할 것

> ❗ 지하에 매설된 도시가스 배관의 전기방식 기준으로 전기방식시설의 관대지전위 등을 1년에 1회 이상 점검할 것을 필요로 한다.

05 가스용 폴리에틸렌관의 굴곡허용반경은 외경의 몇 배 이상으로 하여야 하는가?

① 10 ② 20
③ 30 ④ 50

> ❗ 가스용 폴리에틸렌관(PE관)의 굴곡허용반경은 외경의 20배 이상으로 하여야 한다. 단, 굴곡반경이 외경의 20배 미만일 때에는 엘보를 사용한다.

06 압력용기의 내압부분에 대한 비파괴 시험으로 실시되는 초음파탐상시험 대상은?

① 두께가 5mm인 탄소강
② 두께가 5mm인 9% 니켈강
③ 두께가 15mm인 니켈강
④ 두께가 30mm인 저합금강

> ❗ 압력용기의 내압부분에 대한 비파괴 시험으로 실시되는 초음파탐상시험 대상은 두께가 15mm인 니켈강이다.

07 프로판 15vol%와 부탄 85vol%로 혼합된 가스의 공기 중 폭발하한 값은 약 몇 %인가? (단, 프로판의 폭발하한 값은 2.1%이고, 부탄은 1.8%이다.)

① 1.84 ② 1.88
③ 1.94 ④ 1.98

> ❗ **르샤틀리에 법칙**
> 1. 개념: 폭발성 혼합가스의 폭발범위를 구하는 것이다.
> 2. 공식: $100/L = (V_1/L_1) + (V_2/L_2) + (V_3/L_3) + \ldots (V_n/L_n)$에서,
>   L: 혼합가스 폭발한계치, $V_1 \sim V_n$: 각 성분의 체적(%),
> $L_1 \sim L_n$: 각 성분 단독의 폭발하한계이며, 각 가스 폭발하한 값=프로판 15/2.1, 부탄 85/1.8이므로, 혼합가스 폭발하한 값(L)=100/[(15/2.1)+(85/1.8)]=1.84이다.

08 특정고압가스용 실린더캐비닛 제조설비가 아닌 것은?

① 가공설비 ② 세척설비
③ 판넬설비 ④ 용접설비

> ❗ 특정고압가스용 실린더캐비닛 제조설비: 가공설비, 세척설비, 용접설비, 조립설비, 그 밖에 제조에 필요한 설비 및 기구 등이다.

09 가스 설비를 수리할 때 산소의 농도가 약 몇 % 이하가 되면 산소 결핍 현상을 초래하게 되는가?

① 8% ② 12%
③ 16% ④ 20%

> ❗ 가스 설비를 수리할 때 산소의 농도가 22% 될 때까지 치환하여야 하며, 산소 농도가 약 16% 이하가 되면 산소 결핍 현상을 초래하게 된다.

10 인체용 에어졸 제품의 용기에 기재하여야 할 사항으로 틀린 것은?

① 특정부위에 계속하여 장시간 사용하지 말 것
② 가능한 한 인체에서 10cm 이상 떨어져서 사용할 것
③ 온도가 40℃ 이상 되는 장소에 보관하지 말 것
④ 불 속에 버리지 말 것

! 인체용 에어졸 제품의 용기에 기재하여야 할 사항으로 가능한 한 인체에서 20cm 이상 떨어져서 사용할 것을 요한다.

11 도시가스의 유해성분 측정에 있어 암모니아는 도시가스 $1m^3$당 몇 g을 초과해서는 안되는가?

① 0.02   ② 0.2
③ 0.5   ④ 1.0

! 도시가스의 유해성분 측정에 있어 암모니아는 도시가스 $1m^3$당 0.2g을 초과하지 못하며, 황 전량은 0.5g, 황화수소는 0.02g을 초과하지 못한다.

12 용기 통판의 최대 두께와 최소 두께와의 차이는 평균 두께의 몇 % 이하로 하여야 하는가?

① 5%   ② 10%
③ 20%   ④ 30%

! 용기 통판의 최대 두께와 최소 두께와의 차이는 평균 두께의 20% 이하로 하여야 한다.

13 저장 능력 $300m^3$ 이상인 2개의 가스 홀더 A, B 간에 유지해야 할 거리는? (단, A와 B의 최대 지름은 각각 8m, 4m이다.)

① 1m   ② 2m
③ 3m   ④ 4m

! 가연성가스 저장탱크(저장능력이 $300m^3$ 또는 3톤 이상인 탱크만을 말한다.)와 다른 가연성가스 저장탱크 또는 산소 저장탱크 사이에는 두 저장탱크 최대지름을 더한 길이의 1/4 이상의 거리를 유지하는 등 하나의 저장탱크에서 발생한 위해요소가 다른 저장탱크로 전이되지 않도록 하여야 한다. 따라서 저장 능력 $300m^3$ 이상인 2개의 가스 홀더 A, B 간에 유지해야 할 거리는 (m)=(8+4)/4=3이다.

14 다음 중 가연성이면서 유독한 가스는?

① NH_3 ② H_2
③ CH_4 ④ N_2

! 가연성이면서 독성인 가스: 암모니아(NH_3), 산화에틸렌(C_2H_4O), 브롬화메탄(CH_3Br), 염화메탄(CH_3Cl), 시안화수소(HCN), 벤젠(C_6H_6), 일산화탄소(CO), 황화수소(H_2S), 이황화탄소(CS_2), 아크릴로니트릴($CH_2=CHCN$) 등이다.

15 부취제의 구비조건으로 적합하지 않은 것은?

① 연료가스 연소시 완전연소될 것
② 일상생활의 냄새와 확연히 구분될 것
③ 토양에 쉽게 흡수될 것
④ 물에 녹지 않을 것

! 부취제 선정 시 구비조건
1. 독성이 없고 화학적으로 안정할 것
2. 보통 존재하는 냄새와 명확히 식별될 것
3. 극히 낮은 농도에서도 냄새가 확인될 수 있을 것
4. 가스관이나 가스미터에 흡착되지 않을 것
5. 완전히 연소하고 연소 후에 유해한 혹은 냄새를 갖는 성질을 남기지 않을 것
6. 도관내의 상용온도에서는 응축하지 않을 것
7. 물에 잘 녹지 않는 물질로서 토양에 대해서 투과성이 클 것
8. 도관을 부식시키지 않으며, 구입이 쉽고 가격이 저렴할 것

16 가스보일러의 설치기준 중 자연배기식 보일러의 배기통 설치방법으로 옳지 않은 것은?

① 배기통의 굴곡수는 6개 이하로 한다.
② 배기통의 끝은 옥외로 뽑아낸다.
③ 배기통의 입상높이는 원칙적으로 10m 이하로 한다.
④ 배기통의 가로 길이는 5m 이하로 한다.

❗ 가스보일러의 설치기준 중 자연배기식 보일러의 배기통 설치방법으로 배기통의 굴곡수는 4개 이하로 한다.

17 가스누출자동차단장치 및 가스누출자동차단기의 설치기준에 대한 설명으로 틀린 것은?

① 가스공급이 불시에 자동 차단됨으로써 재해 및 손실이 클 우려가 있는 시설에는 가스누출경보차단장치를 설치하지 않을 수 있다.
② 가스누출자동차단기를 설치하여도 설치목적을 달성할 수 없는 시설에는 가스누출자동차단장치를 설치하지 않을 수 있다.
③ 월사용예정량이 1,000cm^3 미만으로서 연소기에 소화안전 장치가 부착되어 있는 경우에는 가스누출경보차단장치를 설치하지 않을 수 있다.
④ 지하에 있는 가정용 가스사용시설은 가스누출경보차단장치의 설치대상에서 제외된다.

❗ 가스누출자동차단장치 및 가스누출자동차단기의 설치기준으로 월 사용예정량이 2,000cm^3 미만으로서 연소기가 연결된 각 배관에 퓨즈콕, 상자콕 또는 이와 같은 수준 이상의 성능을 가지는 안전장치가 설치되어 있고, 각 연소기에 소화안전 장치가 부착되어 있는 경우에는 가스누출자동차단기를 설치하지 않을 수 있다

18 다음 가스 중 독성이 가장 강한 것은?

① 염소　　　　② 불소
③ 시안화수소　④ 암모니아

❗ 각 가스의 허용농도: 염소 1ppm, 불소 0.1ppm, 시안화수소 10ppm, 암모니아 25ppm이다.

19 도시가스 배관을 지하에 설치 시공 시 다른 배관이나 타시설들과의 이격거리 기준은?

① 30cm　　　②　50cm
③ 1m 이상　　④ 1.2m 이상

❗ 도시가스 배관을 지하에 설치 시공 시 배관의 외면으로부터 도로의 경계까지 수평거리 1m 이상, 도로 밑의 다른 배관이나 타시설들과의 이격거리는 0.3m(30cm) 이상으로 하여야 한다.

20 고압가스 충전용기의 적재 기준으로 틀린 것은?

① 차량의 최대적재량을 초과하여 적재하지 아니한다.
② 충전 용기를 차량에 적재하는 때에는 뉘여서 적재한다.
③ 차량의 적재함을 초과하여 적재하지 아니한다.
④ 밸브가 돌출한 충전 용기는 밸브의 손상을 방지하는 조치를 한다.

❗ 고압가스 충전용기의 적재 기준으로 충전 용기를 차량에 적재하는 때에는 세워서 적재한다.

21 방류둑에는 계단, 사다리 또는 토사를 높이 쌓아 올림 등에 의한 출입구를 둘레 몇 m마다 1개 이상을 두어야 하는가?

① 30 ② 50
③ 75 ④ 100

> ! 방류둑에는 계단, 사다리 또는 토사를 높이 쌓아 올림 등에 의한 출입구를 둘레 50m마다 1개 이상을 두어야 하며, 그 둘레가 50m 미만일 때에는 2개 이상을 분산하여 설치한다.

22 아세틸렌 가스 압축시 희석제로서 적당하지 않은 것은?

① 질소 ② 메탄
③ 일산화탄소 ④ 산소

> ! 아세틸렌가스 압축 시 희석제로 가장 많이 사용하는 것으로는 질소, 일산화탄소, 메탄, 에틸렌(C_2H_4)이고, 잘 사용하지 않는 것으로는 프로판, 수소, 이산화탄소 등이다. 온도에 관계없이 아세틸렌 충전 시 2.5MPa(25kg/cm²) 이상의 압력을 가하지 말아야 한다. 단, 2.5MPa(25kg/cm²)으로 할 때는 희석제를 첨가하여야 한다.

23 가스가 누출된 경우 제2의 누출을 방지하기 위하여 방류둑을 설치한다. 방류둑을 설치하지 않아도 되는 저장탱크는?

① 저장능력 1000톤의 액화질소탱크
② 저장능력 10톤의 액화암모니아탱크
③ 저장능력 1000톤의 액화산소탱크
④ 저장능력 5톤의 액화염소탱크

> ! **방류둑의 설치**
> 1. 가연성가스 및 산소 저장능력 1,000톤 이상
> 2. 독성가스(암모니아, 염소) 저장능력 5톤 이상
> 3. 독성가스를 사용하는 냉동설비 수액기의 내용적 10,000ℓ 이상

24 냉동기 제조시설에서 내압성능을 확인하기 위한 시험압력의 기준은?

① 설계압력 이상
② 설계압력의 1.25배 이상
③ 설계압력의 1.5배 이상
④ 설계압력의 2배 이상

> ! 고압가스설비의 내압시험압력은 설계압력의 1.5배 이상으로 실시한다.

25 충전 용기를 차량에 적재하여 운반시 차량의 앞뒤 보기 쉬운 곳에 표기하는 경계표시의 글씨 색깔 및 내용으로 적합한 것은?

① 노랑 글씨 - 위험고압가스
② 붉은 글씨 - 위험고압가스
③ 노랑 글씨 - 주의고압가스
④ 붉은 글씨 - 주의고압가스

> ! 경계표시의 글씨 색깔 및 내용으로 붉은 글씨 – "위험고압가스" 및 "독성가스"라는 경계표지와 위험을 알리는 도형 및 전화번호를 표시한다.

26 고압가스 운반, 취급에 관한 안전사항 중 염소와 동일 차량에 적재하여 운반이 가능한 가스는?

① 아세틸렌 ② 암모니아
③ 질소 ④ 수소

> ! 가스 충전용기 운반 시 염소와 아세틸렌, 암모니아 또는 수소는 동일 차량에 적재할 수 없다.

27 사고를 일으키는 장치의 이상이나 운전자 실수의 조합을 연역적으로 분석하는 정량적 위험성 평가 기법은?

① 사건수 분석(ETA)기법
② 결함수 분석(FTA)기법
③ 위험과 운전분석(HAZOP)기법
④ 이상위험도 분석(FMECA)기법

> **정량적 평가의 종류와 개념**
> 1. 원인결과 분석(Cause–Consequence Analysis)기법: 사고의 근본적인 원인을 찾아내고, 잠재되어 있는 사고의 결과와 원인과의 상호관계를 예측하고 평가하는 정량적 안전성 평가기법이다.
> 2. 사건수 분석(ETA)기법: 특정한 장치의 이상이나 기술자 및 운전자의 실수로부터 발생되어 최초의 사건으로 알려져 있는 잠재적인 사고결과를 평가하는 정량적 안전성 평가기법이다.
> 3. 결함수 분석(FTA)기법: 특정한 장치의 이상이나 기술자 및 운전자의 실수로부터 발생되어 사고를 일으키는 것을 조합하여 연역적으로 분석하는 정량적 안전성 평가기법이다.

28 가스배관의 주위를 굴착하고자 할 때에는 가스배관의 좌우 얼마 이내의 부분은 인력으로 굴착해야 하는가?

① 30cm 이내   ② 50cm 이내
③ 1m 이내   ④ 1.5m 이내

> 가스배관의 주위를 굴착하고자 할 때에는 가스배관의 좌우 1m 이내의 부분은 인력으로 굴착해야 한다.

29 천연가스의 발열량이 10.400kcal/Sm³이다. SI 단위인 MJ/Sm³으로 나타내면?

① 2.47   ② 43.68
③ 2.476   ④ 43.680

> SI 단위: 1kcal=4.2KJ이고, 1MJ=1,000KJ이므로,
> MJ/Sm³=10.400(kcal/Sm³)×4.2(KJ/kcal)×1,000(MJ/KJ)=43.680이다.

30 시안화수소 충전 시 한 용기에서 60일을 초과할 수 있는 경우는?

① 순도가 90% 이상으로서 착색이 된 경우
② 순도가 90% 이상으로서 착색되지 아니한 경우
③ 순도가 98% 이상으로서 착색이 된 경우
④ 순도가 98% 이상으로서 착색되지 아니한 경우

> 순도가 98% 이상으로서 착색되지 아니한 경우는 시안화수소 충전 시 한 용기에서 60일을 초과할 수 있다.

제2과목. 가스장치 및 기기

31 액화가스의 고압가스설비에 부착되어 있는 스프링식 안전밸브는 상용의 온도에서 그 고압가스설비 내의 액화가스의 상용의 체적이 그 고압가스설비 내의 몇 %까지 팽창하게 되는 온도에 대응하는 그 고압가스 설비 안의 압력에서 작동하는 것으로 하여야 하는가?

① 90   ② 95
③ 98   ④ 99.5

> 스프링식 안전밸브는 상용의 온도에서 그 고압가스 설비 내의 액화가스의 상용의 체적이 그 고압가스설비 내의 98%까지 팽창하게 되는 온도에 대응하는 그 고압가스 설비 안의 압력에서 작동하는 것으로 하여야 한다.

32 안정된 불꽃으로 완전연소를 할 수 있는 영공의 단위면적당 인풋(in put)을 무엇이라고 하는가?

① 염공부하   ② 연소실부하
③ 연소효율   ④ 배기 열손실

> 염공부하란 안정된 불꽃으로 완전연소를 할 수 있는 영공의 단위면적당 인풋(in put)을 말한다.

33 자동교체식 조정기 사용 시 장점으로 틀린 것은?

① 전체용기 수량이 수동식보다 적어도 된다.

② 배관의 압력손실을 크게 해도 된다.

③ 잔액이 거의 없어질 때까지 소비된다.

④ 용기 교환주기의 폭을 좁힐 수 있다.

> **!** 자동교체식 조정기 사용 시에는 용기 교환주기의 폭을 넓일 수 있는 장점이 있다.

34 저장능력 50톤인 약화산소 저장탱크 외면에서 사업소경계선까지의 최단거리가 50m일 경우 이 저장탱크에 대한 내진설계 등급은?

① 내진 특등급　　② 내진 1등급

③ 내진 2등급　　④ 내진 3등급

> **!** **내진설계 등급의 분류**
> 1. 내진 특등급: 독성가스를 수송하는 고압가스배관이다.
> 2. 내진 1등급: 가연성가스를 수송하는 고압가스배관이다.
> 3. 내진 2등급: 독성가스 및 가연성가스 이외의 가스를 수송하는 고압가스배관이다.

35 다음 중 흡수 분석법의 종류가 아닌 것은?

① 헴펠법　　　　② 활성알루미니겔법

③ 오르자트법　　④ 게겔법

> **!** 흡수 분석법의 종류: 헴펠법, 오르자트법, 게겔법 등

36 LPG 기화장치의 작동원리에 따른 구분으로 저온의 액화가스를 조정기를 통하여 감안한 후 열교환기에 공급해 강제기화시켜 공급하는 방식은?

① 해수가열 반식　　② 가온감압 방식

③ 감압가열 방식　　④ 중간 매체 방식

> **!** **LPG 기화장치의 작동원리에 따른 구분**
> 1. 감압가열 방식: 저온의 액화가스를 조정기를 통하여 감안한 후 열교환기에 공급해 강제기화시켜 공급하는 방식이다.
> 2. 가온감압 방식: 저온의 액화가스를 기화시킨 후 조정기로 감압시켜 공급하는 방식이다.

37 특정가스 제조시설에 설치한 가연성 독성가스 누출검지 경보장치에 대한 설명으로 틀린 것은?

① 누출된 가스가 체류하기 쉬운 곳에 설치한다.

② 설치수는 신속하게 감지할 수 있는 숫자로 한다.

③ 설치위치는 눈에 잘 보이는 위치로 한다.

④ 기능은 가스의 종류에 적합한 것으로 한다.

> **!** **가연성 독성가스 누출검지 경보장치의 설치**
> 1. 누출된 가스가 체류하기 쉬운 곳에 설치한다.
> 2. 설치수는 신속하게 감지할 수 있는 숫자로 한다.
> 3. 기능은 가스의 종류에 적합한 것으로 한다.

38 열전대 온도계는 열전쌍회로에서 두 접점의 발생되는 어떤 현상의 원리를 이용한 것인가?

① 열기전력　　　② 열팽창계수

③ 체적변화　　　④ 탄성계수

> **!** 열전대 온도계는 열전쌍회로에서 두 접점의 발생되는 열기전력(전위차) 현상의 원리를 이용한 것이다.

39 도시가스 제조 공정에서 사용되는 촉매의 열화와 가장 거리가 먼 것은?

① 유황화합물에 의한 열화
② 불순물의 표면 피복에 의한 열화
③ 단체와 니켈과의 반응에 의한 열화
④ 불포화탄화수소에 의한 열화

! 도시가스 제조 공정에서 사용되는 촉매의 열화
1. 유황화합물에 의한 열화
2. 불순물의 표면 피복에 의한 열화
3. 단체와 니켈과의 반응에 의한 열화

40 액화천연가스(LNG)저장탱크 중 액화천연가스의 최고 액면을 지표면과 동등 또는 그 이하가 되도록 설치하는 형태의 저장탱크는?

① 지상식 저장탱크
   (Aboveground Storage Tank)
② 지중식 저장탱크
   (Inoground Storage Tank)
③ 지하식 저장탱크
   (Underground Storage Tank)
④ 단일방호식 저장탱크
   (Single Containment)

! 지중식 저장탱크(Inoground Storage Tank)는 액화천연가스의 최고 액면을 지표면과 동등 또는 그 이하가 되도록 설치하는 형태이다.

41 모듈 3, 잇수 10개, 기어의 폭이 12mm인 기어펌프를 1200rpm으로 회전할 때 송출량은 약 얼마인가?

① 9030cm^3/s   ② 11260cm^3/s
③ 12160cm^3/s   ④ 13570cm^3/s

! 기어펌프의 송출량(cm^3/s)
=[2×3.14×(모듈)^2×잇수×잇폭×화전수]/60
=[2×3.14×(3)^2×10×1.2×1,200]/60=13,571

42 고압가스 배간재료로 사용되는 통관의 특징에 대한 설명으로 틀린 것은?

① 가공성이 좋다.
② 열전도율이 적다
③ 시공이 용이하다.
④ 내식성이 크다.

! 고압가스 배간재료로 사용되는 통관의 특징: 전성과 연성이 풍부하여 가공성 및 열전도율이 좋고, 내식성과 시공이 용이하며, 열교환기용으로 많이 사용된다.

43 공기보다 비중이 가벼운 도시가스의 공급시설로서 공급시설이 지하에 설치되는 경우의 통풍구조에 대한 설명으로 옳은 것은?

① 환기구를 2방향 이상 분산하여 설치한다.
② 배기구는 천장 면으로부터 50cm 이내에 설치한다.
③ 흡입구 및 배기구의 관경은 80cm 이상으로 한다.
④ 배기가스 방출구는 지면에서 5m 이상의 높이에 설치한다.

! 공기보다 비중이 가벼운 도시가스의 공급시설로서 공급시설이 지하에 설치되는 경우의 통풍구조
1. 환기구를 2방향 이상 분산하여 설치한다.
2. 배기구는 천장 면으로부터 30cm 이내에 설치한다.
3. 흡입구 및 배기구의 관경은 10cm(100mm) 이상으로 한다.
4. 배기가스 방출구는 지면에서 3m 이상의 높이에 설치한다.

44 원동형의 관을 흐르는 물의 중심부의 유속을 피토관으로 측정하였더니 수주의 높이가 10cm이었다. 이때 유속은 약 몇 m/s인가?

① 10   ② 14
③ 20   ④ 26

! 유속(m/s) = $\sqrt{2}$×중력가속도×높이 = $\sqrt{2}$×9.8×10=14

45 실린더 중에 피스톤과 보조 피스톤이 있고 양 피스톤의 작용으로 상부에 팽창기가 있는 액화 사이클은?

① 클라우드 액화 사이클
② 캐피자 액화 사이클
③ 필립스 액화 사이클
④ 캐스케이드 액화 사이클

> **!**
> **가스(공기)액화 사이클**
> 1. 클라우드 액화 사이클: 압축된 공기는 열교환기에 들어가 액화기와 팽창기에서 나온 저온의 공기와 열 교환을 하여 냉각되고, 액화된 공기는 저장탱크로 보내진다.
> 2. 캐피자 액화 사이클: 열 교환에 축냉기를 사용하여 원료공기를 냉각시킴과 동시에 원료공기 중의 수분과 탄산가스를 제거하고, 터빈식 팽창기를 사용하며, 액화된 공기는 저장탱크로 보내진다.
> 3. 필립스 액화 사이클: 실린더 중에 피스톤과 보조 피스톤이 있고 양 피스톤의 작용으로 상부에 팽창기가 있는 액화 사이클이다.
> 4. 캐스케이드(다원) 액화 사이클: 증기압축기 냉동 사이클에서 비점이 낮은 냉매를 사용하여 저비점의 기체를 액화하는 사이클이다.

제3과목, 가스일반

46 다음 중 메탄의 제조방법이 아닌 것은?

① 석유를 크래킹하여 제조한다.
② 천연가스를 냉각시켜 분별 증류한다.
③ 초산나트륨에 소다회를 가열하여 얻는다.
④ 니켈을 촉매로 하여 일산화탄소에 수소를 작용시킨다.

> **!**
> **메탄의 제조방법**
> 1. 천연가스를 냉각시켜 분별 증류한다.
> 2. 초산나트륨에 소다회를 가열하여 얻는다.
> 3. 니켈을 촉매로 하여 일산화탄소에 수소를 작용시킨다.

47 아세틸렌의 특징에 대한 설명으로 옳은 것은?

① 압축시 산화폭발한다.
② 고체 아세틸렌은 융해하지 않고 승화한다.
③ 금과는 폭발성 화합물을 생성한다.
④ 액체 아세틸렌은 안정하다.

> **!**
> **아세틸렌의 특징**
> 1. 압축(0.15MPa 이상) 시 불꽃이나 가열 및 마찰 등에 의해 분해폭발을 일으킨다.
> 2. 고체 아세틸렌은 융해하지 않고 승화하고 안정하며, 액체 아세틸렌은 불안정하다.
> 3. 구리, 은, 수은 등과 혼합하면 화합폭발이 일어나고, 산소와 혼합하면 산화폭발이 일어난다.

48 도시가스의 주원료인 메탄(CH_4)의 비점은 약 얼마인가?

① -50℃ ② -82℃
③ -120℃ ④ -162℃

> **!**
> 도시가스의 주원료인 메탄(CH_4)의 비점은 약 -162℃이다.

49 다음 중 휘발분이 없는 연료로서 표면연소를 하는 것은?

① 목탄, 코크스 ② 석탄, 목재
③ 휘발유, 등유 ④ 경유, 유황

> **!**
> 목탄, 코크스는 휘발분이 없는 연료로서 표면연소를 한다.

50 다음 가스 중 상온에서 가장 안전한 것은?

① 산소 ② 네온
③ 프로판 ④ 부탄

> **!**
> 네온, 아르곤, 헬륨, 크립톤, 크세논, 라돈은 상온에서 모두 무색, 무미, 무취하고, 다른 원소와 거의 화합하지 않고 주기율표 0족에 속하며, 화학적으로 비활성기체로서 상온에서 가장 안전한 가스이다.

51 다음 중 카바이드와 관련이 없는 성분은?

① 아세틸렌(C_2H_2)
② 석회석($CaCO_3$)
③ 생석회(CaO)
④ 염화칼슘($CaCl_2$)

! 카바이드(CaC_2)는 물과 반응하여 아세틸렌(C_2H_2)을 얻고, 산화칼슘(CaO)과 탄소(C)를 가열하여 탄화칼슘(CaC_2)을 얻으며, 석회석($CaCO_3$)을 1,000℃에서 가열하여 카바이드(탄화칼슘)를 얻는다.

52 설비나 장치 및 용기 등에서 취급 또는 운용되고 있는 통상의 온도를 무슨 온도라고 하는가?

① 상용온도   ② 표준온도
③ 화씨온도   ④ 캘빈온도

! 상용온도란 설비나 장치 및 용기 등에서 취급 또는 운용되고 있는 통상의 온도를 말한다.

53 다음 화합물 중 탄소의 함유율이 가장 많은 것은?

① CO_2 ② CH_4
③ C_2H_4 ④ CO

! 탄소의 함유율은 탄소의 분자량이 많을수록 많게 된다.

54 어떤 물질의 질량은 30g이고 부피는 600cm³이다. 이것의 밀도(g/cm³)는 얼마인가?

① 0.01   ② 0.05
③ 0.5   ④ 1

! 밀도(g/cm³)=질량/부피=30/600=0.05

55 브롬화메탄에 대한 설명으로 틀린 것은?

① 용기가 열에 노출되면 폭발할 수 있다.
② 알루미늄을 부식하므로 알루미늄 용기에 보관할 수 없다.
③ 가연성이며 독성가스이다.
④ 용기의 충전구 나사는 왼나사이다.

! 용기의 충전구 나사: 브롬화메탄(CH_3Br)과 암모니아(NH_3)는 오른나사이고, 브롬화메탄(CH_3Br)과 암모니아(NH_3)를 제외한 가연성가스는 왼나사이다.

56 대기압이 1.0332kgf/cm²이고, 계기압력이 10kgf/cm²일 때, 절대 압력은 약 몇 kgf/cm²인가?

① 8.9668   ② 11.0332
③ 10.332   ④ 103.32

! 절대압력(kgf/cm²)=대기압+게이지압력
=1.0332+10=11.0332

57 도시가스 정압기의 특성으로 유량이 증가됨에 따라 가스가 송출될 때 출구측 배관(밸브 등)의 마찰로 인하여 압력이 약간 저하되는 상태를 무엇이라 하는가?

① 히스테리시스(Hysteresis) 효과
② 록업(Lock-up) 효과
③ 충돌(lmpingement) 효과
④ 형상(Body-Configuration) 효과

! 히스테리시스(Hysteresis) 효과란 도시가스 정압기의 특성으로 유량이 증가됨에 따라 가스가 송출될 때 출구측 배관(밸브등)의 마찰로 인하여 압력이 약간 저하되는 상태를 말한다.

58 0℃ 물 10kg을 100℃ 수증기로 만드는데 필요한 열량은 약 몇 kcal인가?

① 5390   ② 6390

③ 7390   ④ 8390

> **!**
>
> 필요한 열량(kca)=(질량×비열×온도차)에서,
> 1. 0℃ 물 10kg을 100℃ 물로 만드는데 필요한 열량(kca)
>   =10×1×(100-0)=1,000
> 2. 100℃ 물 10kg을 100℃ 수증기로 만드는데 필요한 열량
>   =10×539=5,390(kcal)이므로,
> 3. 필요한 열량(kca)=1,000+5,390=6,390이다.

59 다음 중 압력 단위의 환산이 잘못된 것은?

① $1kg/cm^2 ≒ 14.22psi$

② $1psi ≒ 0.0703kg/cm^2$

③ $1mbar ≒ 14.7psi$

④ $1kg/cm^2 ≒ 98.07kpa$

> **!**
>
> 압력 단위의 환산
> 1atm=1.0332kg/cm²=14.7psi=101,325kpa=101,325bar
> 1. (1kg/cm²/1.0332kg/cm²)×14.7=14.2
> 2. (1psi/14.7psi)×1.0332=0.0703
> 3. (1mbar/1.01325bar)×(1bar/1,000mbar)×14.7=0.0154
> 4. [(1kg/cm²)/(1.0332kg/cm²)]×101.325kpa=98.07kpa

60 다음 중 온도의 단위가 아닌 것은?

① °F   ② °C

③ °R   ④ °T

> **!**
>
> 온도의 단위: °F(화씨온도), °C(섭씨온도), °R(랭킨온도),
> K(켈빈온도)

정답

:: 2012년 4월 8일 기출문제

01	02	03	04	05	06	07	08	09	10
④	③	③	④	②	③	①	③	③	②
11	12	13	14	15	16	17	18	19	20
②	③	③	①	③	①	③	②	①	②
21	22	23	24	25	26	27	28	29	30
②	④	①	③	②	③	②	③	②	④
31	32	33	34	35	36	37	38	39	40
③	①	④	③	②	③	③	①	④	②
41	42	43	44	45	46	47	48	49	50
④	②	①	②	③	①	②	④	①	②
51	52	53	54	55	56	57	58	59	60
④	①	③	②	④	②	①	②	③	④

국가기술자격 필기시험문제

2012년 7월 22일 제4회 필기시험			수험 번호	성명
자격 종목	종목코드	시험시간		
가스기능사	6335	1시간		

제1과목, 가스안전관리

01 안전관리자가 상주하는 사무소와 현장사무소와의 사이 또는 현장사무소 상호간 신속히 통보할 수 있도록 통신시설을 갖추어야 하는데 이에 해당되지 않는 것은?

① 구내방송설비 ② 메가폰
③ 인터폰 ④ 페이징설비

> ❗ **통신시설을 갖추어야 할 장소**
> 1. 안전관리자가 상주하는 사무소와 현장사무소와의 사이 또는 현장사무소 상호간: 구내방송설비, 인터폰, 페이징, 설비, 구내전화
> 2. 사업소 전체 내의 통신시설: 구내방송설비, 사이렌, 메가폰, 휴대용확성기, 페이징설비
> 3. 종업원 상호간 통신시설: 휴대용확성기, 메가폰, 트랜시버, 페이징설비이다.

02 1몰의 아세틸렌가스를 완전연소하기 위하여 몇 몰의 산소가 필요한가?

① 1몰 ② 1.5몰
③ 2.5몰 ④ 3몰

> ❗ **탄화수소계의 완전연소 반응식**
> 1. $CmHn+(m+n/4)O_2 \rightarrow mCO_2+(n/2)H_2O$
> 2. $C_2H_2+2.5O_2 \rightarrow 2CO_2+2H_2O$이므로, 산소 2.5몰이 필요하다.

03 고압가스의 용어에 대한 설명으로 틀린 것은?

① 액화가스란 가압, 냉각 등의 방법에 의하여 액체상태로 되어 있는 것으로서 대기압에서의 끓는점이 섭씨 40도 이하 또는 상용의 온도 이하인 것을 말한다.
② 독성가스란 공기 중에 일정량이 존재하는 경우 인체에 유해한 독성을 가진 가스로서 허용농도가 100만분의 2000 이하인 가스를 말한다.
③ 초저온저장탱크라 함은 섭씨 영하 50도 이하의 액화가스를 저장하기 위한 저장탱크로서 단열재로 씌우거나 냉동설비로 냉각하는 등의 방법으로 저장탱크 내의 가스온도가 상용의 온도를 초과하지 아니하도록 한 것을 말한다.
④ 가연성가스라 함은 공기 중에서 연소하는 가스로서 폭발한계의 하한이 10% 이하인 것과 폭발한계의 상한과 하한의 차가 20% 이상인 것을 말한다.

> ❗ 독성가스: 허용농도(해당 가스를 성숙한 흰쥐 집단에게 대기 중에서 1시간 동안 계속하여 노출시킨 경우 14일 이내에 그 흰쥐의 2분의 1 이상이 죽게 되는 가스의 농도를 말한다.)가 100만분의 5,000(5,000ppm) 이하인 것을 말한다.

04 고압가스안전관리법에서 정하고 있는 특정 고압가스에 해당되지 않는 것은?

① 아세틸렌 ② 포스핀
③ 압축모노실란 ④ 디실란

!
특정고압가스: 수소, 산소, 액화암모니아, 아세틸렌, 액화염소, 천연가스, 압축모노실란, 압축 디보레인, 액화알진, 포스핀, 세렌화수소, 게르만, 디실란 등이다.

05 다음 중 동일차량에 적재하여 운반할 수 없는 경우는?

① 산소와 질소
② 질소와 탄산가스
③ 탄산가스와 아세틸렌
④ 염소와 아세틸렌

!
가스 충전용기 운반 시 염소와 아세틸렌, 암모니아 또는 수소는 동일차량에 적재하여 운반할 수 없다.

06 천연가스 지하 매설 배관의 퍼지용으로 주로 사용되는 가스는?

① N_2 ② Cl_2
③ H_2 ④ O_2

!
질소는 기밀시험용 및 천연가스 지하 매설 배관의 퍼지용으로 주로 사용된다.

07 독성가스 제조시설 식별표지의 글씨 색상은? (단, 가스의 명칭은 제외한다.)

① 백색   ② 적색
③ 황색   ④ 흑색

!
독성가스 제조시설의 식별표지: 바탕색은 백색, 글씨는 흑색, 가스의 명칭은 적색으로 한다.

08 다음 중 폭발성이 예민하므로 마찰 타격으로 격렬히 폭발하는 물질에 해당되지 않는 것은?

① 메틸아민   ② 유화질소
③ 아세틸라이드   ④ 염화질소

!
AgN_2, Ag_2C_2, N_4S_4, HgN_2은 마찰, 타격 등으로 격렬히 폭발하는 예민한 폭발물질이다.

09 고압가스를 제조하는 경우 가스를 압축해서는 아니 되는 경우에 해당하지 않는 것은?

① 가스연가스(아세틸렌, 에틸렌 및 수소 제외) 중 산소량이 전체용량의 4% 이상인 것
② 산소 중의 가연성가스의 용량이 전체 용량의 4% 이상인 것
③ 아세틸렌, 에틸렌 또는 수소 중의 산소 용량이 전체 용량의 2% 이상인 것
④ 산소 중의 아세틸렌, 에틸렌 및 수소의 용량 합계가 전체용량의 4% 이상인 것

!
고압가스 제조 시 가스를 압축해서는 아니 되는 경우
1. 가연성가스(아세틸렌, 에틸렌 및 수소는 제외) 중 산소 용량이 전체 용량의 4% 이상인 것
2. 산소 중의 가연성가스의 용량이 전체 용량의 4% 이상인 것
3. 아세틸렌, 에틸렌 또는 수소 중의 산소용량이 전체 용량의 2% 이상인 것
4. 산소 중의 아세틸렌, 에틸렌 및 수소의 용량 합계가 전체 용량의 2% 이상인 것

10 지하에 설치하는 지역정압기에서 시설의 조작을 안전하고 확실하게 하기 위하여 필요한 조명도는 얼마를 확보하여야 하는가?

① 100룩스   ② 150룩스
③ 200룩스   ④ 250룩스

!
지하에 설치하는 지역정압기에서 시설의 조작을 안전하고 확실하게 하기 위하여 필요한 조명도는 150룩스(Lux) 이상을 확보하여야 한다.

11 공기 중에서의 폭발 하한값이 가장 낮은 가스는?

① 황화수소   ② 암모니아
③ 산화에틸렌   ④ 프로판

!
공기 중 각 가스의 폭발범위: 황화수소 4.3~45%, 암모니아 15~28%, 산화에틸렌 3~80%, 프로판 2.1~9.5% 이다.

12 가스도매사업의 가스공급시설 중 배관을 지하에 매설할 때의 기준으로 틀린 것은?

① 배관은 그 외면으로부터 수평거리로 건축물까지 1.0m 이상을 유지한다.

② 배관은 그 외면으로부터 지하의 다른 시설물과 0.3m 이상의 거리를 유지한다.

③ 배관을 산과 들에 매설할 때는 지표면으로부터 배관의 외면까지의 매설깊이를 1m 이상으로 한다.

④ 배관은 지반 동결로 손상을 받지 아니하는 깊이로 매설한다.

> ❗ 가스도매사업의 가스공급시설 중 배관을 지하에 매설할 때의 기준으로 배관은 그 외면으로부터 도로의 경계까지 수평거리 1m 이상을 유지하여야 한다.

13 아세틸렌을 용기에 충전하는 때에 사용하는 다공물질에 대한 설명으로 옳은 것은?

① 다공도가 55% 이상 75% 미만의 석회를 고루 채운다.

② 다공도가 65% 이상 82% 미만의 목탄을 고루 채운다.

③ 다공도가 75% 이상 92% 미만의 규조토를 고루 채운다.

④ 다공도가 95% 이상인 다공성 플라스틱을 고루 채운다.

> ❗ 아세틸렌을 용기에 충전하는 때에 사용하는 다공물질은 다공도가 75% 이상 92% 미만의 규조토, 석면, 목탄, 산화철, 탄산마그네슘, 석회, 다공성 플라스틱 등을 고루 채운다.

14 고압가스안전관리법에서 정하고 있는 보호시설이 아닌 것은?

① 의원　　　　　② 학원

③ 가설건축물　　④ 주택

> ❗ 1. 제1종 보호시설
> ① 학교, 유치원, 어린이집, 놀이방, 어린이놀이터, 학원, 병원(의원을 포함), 도서관, 청소년수련시설, 경로당, 시장, 공중목욕탕, 호텔, 여관, 극장, 교회 및 공회당
> ② 사람을 수용하는 건축물(가설건축물은 제외)로서 사실상 독립된 부분의 연면적이 1천m² 이상인 것
> ③ 예식장, 장례식장 및 전시장, 그 밖에 이와 유사한 시설로서 300명 이상 수용할 수 있는 건축물
> ④ 아동복지시설 또는 장애인복지시설로서 20명 이상 수용할 수 있는 건축물
> ⑤ 문화재보호법에 따라 지정문화재로 지정된 건축물
> 2. 제2종 보호시설
> ① 주택
> ② 사람을 수용하는 건축물(가설건축물은 제외)로서 사실상 독립된 부분의 연면적이 100m² 이상 1천m² 미만인 것

15 다음 가스폭발의 위험성 평가기법 중 정량적 평가 방법은?

① HAZOP(위험성운전 분석기법)

② FTA(결함수 분석기법)

③ Check List법

④ WHAT-IF(사고예상질문 분석기법)

> ❗ **정량적 평가의 종류와 개념**
> 1. 원인결과 분석(Cause-Consequence Analysis)기법: 사고의 근본적인 원인을 찾아내고, 잠재되어 있는 사고의 결과와 원인과의 상호관계를 예측하고 평가하는 정량적 안전성 평가기법이다.
> 2. 사건수 분석(ETA)기법: 특정한 장치의 이상이나 기술자 및 운전자의 실수로부터 발생되어 최초의 사건으로 알려져 있는 잠재적인 사고결과를 평가하는 정량적 안전성 평가기법이다.
> 3. 결함수 분석(FTA)기법: 특정한 장치의 이상이나 기술자 및 운전자의 실수로부터 발생되어 사고를 일으키는 것을 조합하여 연역적으로 분석하는 정량적 안전성 평가기법이다.

16 도시가스사업법령에 따른 안전관리자의 종류에 포함되지 않는 것은?

① 안전관리 총괄자
② 안전관리 책임자
③ 안전관리 부책임자
④ 안전점검원

> ! 도시가스사업법령에 따른 안전관리자의 종류: 안전관리 총괄자, 안전관리 부총괄자, 안전관리 책임자, 안전점검원

17 독성가스 배관은 2중관 구조로 하여야 한다. 이때 외층관 내경은 내층관 외경의 몇 배 이상을 표준으로 하는가?

① 1.2   ② 1.5
③ 2   ④ 2.5

> ! 독성가스 배관은 2중관 구조로 하여야 한다. 이때 외층관 내경은 내층관 외경의 1.2배 이상을 표준으로 한다.

18 액화석유가스 충전사업자의 영업소에 설치하는 용기저장소 용기보관실 면적의 기준은?

① $9m^2$ 이상   ② $12m^2$ 이상
③ $19m^2$ 이상   ④ $21m^2$ 이상

> ! **액화석유가스 판매와 액화석유가스 충전사업자**
> 1. 저상설비기준: 용기보관실은 누출된 가스가 사무실로 유입되지 않는 구조로 하고, 용기보관실의 면적은 $19m^2$ 이상으로 할 것
> 2. 부대설비기준
>   ① 용기보관실과 사무실은 동일한 부지에 구분하여 설치하되, 사무실의 면적은 $9m^2$ 이상으로 할 것
>   ② 판매업소에는 용기운반 자동차의 원활한 통행과 용기의 원활한 하역작업을 위하여 용기보관실 주위에 $11.5m^2$ 이상의 부지를 확보할 것
>   ③ 판매시설의 시설기준: 용기보관실은 누출된 가스가 유입되지 않는 구조로 하고, 용기보관실의 면적은 $12m^2$ 이상으로 할 것

19 자연발화의 열의 발생 속도에 대한 설명으로 틀린 것은?

① 초기 온도가 높은 쪽이 일어나기 쉽다.
② 표면적이 작을수록 일어나기 쉽다.
③ 발열량이 큰 쪽이 일어나기 쉽다.
④ 촉매 물질이 존재하면 반응 속도가 빨라진다.

> ! 자연발화의 열의 발생은 가연물의 표면적이 클수록 일어나기 쉽다.

20 암모니아 충전용기로서 내용적이 1000L 이하인 것은 부식여유치가 A이고, 염소 충전용기로서 내용적이 1000L 초과하는 것은 부식여유치가 B이다. A와 B항의 알맞은 부식 여유치는?

① A: 1mm, B: 2mm
② A: 1mm, B: 3mm
③ A: 2mm, B: 5mm
④ A: 1mm, B: 5mm

> ! **충전용기의 부식여유 두께**
> 1. 암모니아 충전용기로서 내용적이 1000L 이하인 것은 부식여유 두께의 수치가 1mm이고, 내용적이 1000L 초과하는 것은 2mm이다.
> 2. 염소 충전용기로서 내용적이 1000L 이하인 것은 부식여유 두께의 수치가 3mm이고, 내용적이 1000L 초과하는 것은 5mm이다.

21 다음 중 고압가스관련설비가 아닌 것은?

① 일반압축가스배관용 밸브
② 자동차용 압축천연가스 완속충전설비
③ 액화석유가스용 용기잔류가스회수장치
④ 안전밸브, 긴급차단장치, 역화방지장치

> ! **고압가스관련설비**
> 1. 자동차용 압축천연가스 완속충전설비
> 2. 액화석유가스용 용기잔류가스회수장치
> 3. 안전밸브, 긴급차단 장치, 역화방지장치
> 4. 기화장치
> 5. 압력용기
> 6. 자동차용 가스자동주입기
> 7. 독성가스배관용 밸브
> 8. 냉동설비를 구성하는 압축기, 응축기, 증발기, 압력용기
> 9. 특정고압가스용 실린더캐비넷

22 고압가스일반제조시설의 저장탱크 지하 설치기준에 대한 설명으로 틀린 것은?

① 저장탱크 주위에는 마른모래를 채운다.
② 지면으로부터 저장탱크 정상부까지의 깊이는 30cm 이상으로 한다.
③ 저장탱크를 매설한 곳의 주위에는 지상에 경계표지를 한다.
④ 저장탱크에 설치한 안전밸브는 지면에서 5m 이상 높이에 방출구가 있는 가스방출관을 설치한다.

> ! 고압가스일반제조시설의 저장탱크 지하 설치기준: 지면으로부터 저장탱크 정상부까지의 깊이는 60cm 이상으로 한다.

23 아황산가스의 제독제로 갖추어야 할 것이 아닌 것은?

① 가성소다수용액　② 소석회
③ 탄산소다수용액　④ 물

> ! 아황산가스(SO_2)의 제독제: 가성소다수용액 보유량 530kg, 탄산소다수용액 보유량 700kg, 물은 다량으로 보유하여야 한다.

24 산소 압축기의 윤활유로 사용되는 것은?

① 석유류　　　② 유지류
③ 글리세린　　④ 물

> ! **압축기의 사용 윤활유**
> 1. 산소 압축기의 윤활유: 물 또는 10%의 묽은 글리세린수용액을 사용한다.
> 2. 아세틸렌 압축기, 수소 압축기, 공기 압축기: 양질의 광유를 사용한다.
> 3. 염소(Cl_2) 압축기: 진한 황산을 사용한다.
> 4. LPG(액화석유가스) 압축기: 식물성 기름을 사용한다.
> 5. 아황산가스(SO_2) 압축기: 화이트유를 사용한다.

25 아세틸렌이 은, 수은과 반응하여 폭발성의 금속 아세틸라이드를 형성하여 폭발하는 형태는?

① 분해폭발　　　② 화합폭발
③ 산화폭발　　　④ 압력폭발

> ! 아세틸렌은 구리, 은, 수은과 반응하여 폭발성의 금속 아세틸라이드를 형성하여 화합폭발(치환반응)을 한다.
> 1. 구리아세틸라이드: $C_2H_2 + 2Cu \rightarrow Cu_2C_2 + H_2$(적갈색 침전)
> 2. 은아세틸라이드: $C_2H_2 + 2Ag \rightarrow Ag_2C_2 + H_2$(흰색 침전)
> 3. 수은아세틸라이드: $C_2H_2 + 2Hg \rightarrow Hg_2C_2 + H_2$

26 가연성가스 또는 독성가스의 제조시설에서 자동으로 원재료의 공급을 차단시키는 등 제조설비 안의 제조를 제어할 수 있는 장치를 무엇이라고 하는가?

① 인터록기구
② 벤트스택
③ 플레어스택
④ 가스누출검지경보장치

> ! **안전설비**
> 1. 벤트스택(vent stack)
> ① 벤트스택은 방출되는 가스의 종류, 양, 성질, 상태 및 주위 상황에 따라 안전한 높이와 위치에 설치하여야 한다.
> ② 벤트스택으로부터 방출하고자 하는 가스가 독성가스인 경우에는 중화조치를 한 후에 방출하고, 가연성가스인 경우에는 방출된 가연성가스가 지상에서 폭발한 계에 도달하지 아니하도록 하여야 한다.
> 2. 인터록기구: 가연성가스 또는 독성가스의 제조설비 또는 이들 제조설비에 계기를 장치하는 회로에는 제조하는 고압가스의 종류, 온도 및 압력과 제조설비의 상황에 따라 안전 확보를 위한 주요 부분에 설비가 잘못 조작되거나 정상적인 제조를 할 수 없을 경우에 자동으로 원재료의 공급을 차단시키는 등 제조설비 안의 제조를 제어할 수 있는 장치이다.
> 3. 플레어스택의 설치기준
> ① 파이롯트버너를 항상 점화하여 두는 등 플레어스택에 관련된 폭발을 방지하기 위한 안전조치가 되어 있는 것으로 한다.
> ② 긴급이송설비로 이송되는 가스를 안전하게 연소시킬 수 있는 것으로 한다.
> ③ 플레어스택에서 발생하는 복사열이 다른 제조시설에 나쁜 영향을 미치지 아니하도록 안전한 높이 및 위치에 설치한다.
> ④ 플레어스택에서 발생하는 최대열량에 장시간 견딜 수 있는 재료 및 구조로 되어 있는 것으로 한다.

27 지상에 설치하는 정압기실 방호벽의 높이와 두께 기준으로 옳은 것은?

① 높이 2m, 두께 7cm 이상의 철근콘크리트벽
② 높이 1.5m, 두께 12cm 이상의 철근콘크리트벽
③ 높이 2m, 두께 12cm 이상의 철근콘크리트벽
④ 높이 1.5m, 두께 15cm 이상의 철근콘크리트벽

> ❗ 지상에 설치하는 정압기실 방호벽은 높이 2m, 두께 12㎝ 이상의 철근콘크리트벽 또는 이와 동등 이상의 강도를 가진 벽을 기준으로 한다.

28 도시가스도매사업제조소에 설치된 비상공급시설 중 가스가 통하는 부분은 최소사용압력의 몇 배 이상의 압력으로 기밀시험이나 누출검사를 실시하여 이상이 없는 것으로 하는가?

① 1.1
② 1.2
③ 1.5
④ 2.0

> ❗ 최소사용압력의 1.1배 또는 8.4㎪ 중 높은 압력 이상의 압력으로 기밀시험이나 누출검사를 실시하여 이상이 없는 것으로 한다.

29 용기 종류별 부속품의 기호 중 압축가스를 충전하는 용기의 부속품을 나타낸 것은?

① LG
② PG
③ LT
④ AG

> ❗ 용기 신규검사에 합격된 용기 부속품 각인
> 1. LT: 초저온 용기나 저온용기의 부속품
> 2. AG: 아세틸렌가스를 충전하는 용기의 부속품
> 3. PG: 압축가스를 충전하는 용기의 부속품
> 4. LG: 액화석유가스 외의 액화가스를 충전하는 용기의 부속품
> 5. LPG: 액화석유가스를 충전하는 용기의 부속품

30 "시·도지사는 도시가스를 사용하는 자에게 퓨즈 콕 등 가스안전 장치의 설치를 (　　) 할 수 있다." 괄호 안에 알맞은 말은?

① 권고
② 강제
③ 위탁
④ 시공

> ❗ 시·도지사는 도시가스를 사용하는 자에게 퓨즈 콕 등 가스안전장치의 설치를 권고할 수 있다

제2과목, 가스장치 및 기기

31 고압식 액화산소 분리장치에서 원료공기는 압축기에서 어느 정도 압축되는가?

① 40~60atm
② 70~100atm
③ 80~120atm
④ 150~200atm

> ❗ 고압식 액체산소분리장치에서 원료공기는 압축기에서 압축된 후 압축기의 중간단에서는 15atm 정도로 탄산가스 흡수기에 들어가고, 다단압축기에 의해 150~200atm으로 압축하여 중간냉각기를 거쳐서 유분리기로 보내진다.

32 수은을 이용한 U자관 압력계에서 액주높이 (h) 600mm, 대기압(P_1)은 1kg/cm^{2}일 때, P_2는 약 몇 kg/cm^{2}인가?

① 0.22
② 0.92
③ 1.82
④ 9.16

> ❗ 압력(kg/cm^2)=(대기압+액주높이에 의한 압력)에서, 액주높이 압력(kg/cm^2)=(600/760)×1.0332=0.8160이므로, 압력(kg/cm^2)=1+0.816=1.82이다.

33 조정기를 사용하여 공급가스를 감압하는 2 단 감압방법의 장점이 아닌 것은?

① 공급압력이 안정하다.
② 중간배관이 가늘어도 된다.
③ 각 연소기구에 알맞은 압력으로 공급이 가능하다.
④ 장치가 간단하다.

> ❗ 조정기 2단 감압방법의 장점: 공급압력이 안정하고, 중간배관이 가늘어도 되며, 각 연소기구에 알맞은 압력으로 공급이 가능하다. 단점은 조정기 등의 수가 많아 장치가 복잡하다.

34 LNG의 주성분인 CH_4의 비점과 임계온도를 절대온도(K)로 바르게 나타낸 것은?

① 435K, 355K   ② 111K, 355K
③ 435K, 283K   ④ 111K, 283K

> ❗ LNG(액화천연가스)의 주성분인 CH_4의 비점은 −161.5℃, 임계온도는 −82.1℃이다. 따라서
> 비점(K)=273+(−161.5)=111.5이고,
> 임계온도(K)=273+(−82.1)=190.9이다. 즉 정답이 없는 문제이다.

35 재료의 저온하에서의 성질에 대한 설명으로 가장 거리가 먼 것은?

① 강은 암모니아 냉동기용 재료로서 적당하다.
② 탄소강은 저온도가 될수록 인장강도가 감소한다.
③ 구리는 액화분리장치용 금속재료로서 적당하다.
④ 18-8스테인리스강은 우수한 저온장치용 재료이다.

> ❗ 재료의 저온 하에서의 성질: 탄소강은 저온도가 될수록 인장강도, 경도, 탄성계수, 항복점은 증가하고, 단면수축률, 연신율, 충격치는 감소한다.

36 수소취성을 방지하는 원소로 옳지 않은 것은?

① 텅스텐(W)   ② 바나듐(V)
③ 규소(Si)   ④ 크롬(Cr)

> ❗ 수소취성을 방지하는 원소(탈탄방지재료): 텅스텐(W), 바나듐(V), 크롬(Cr), 몰리브덴(Mo), 티타늄(Ti) 등이 있다.

37 온도계의 선정방법에 대한 설명 중 틀린 것은?

① 지시 및 기록 등을 쉽게 행할 수 있을 것
② 견고하고 내구성이 있을 것
③ 취급하기가 쉽고 측정하기 간편할 것
④ 피측온체의 화학반응 등으로 온도계에 영향이 있을 것

> ❗ 온도계의 선정방법: 정확한 측정을 위해 피측온체의 화학반응 등으로 온도계에 영향이 없어야 한다.

38 펌프의 캐비테이션에 대한 설명으로 옳은 것은?

① 캐비테이션은 펌프 임펠러의 출구부근에 더 일어나기 쉽다.
② 유체 중에 그 액온의 증기압보다 압력이 낮은 부분이 생기면 캐비테이션이 발생한다.
③ 캐비테이션은 유체의 온도가 낮을수록 생기기 쉽다.
④ 이용 NPSH 〉 필요 NPSH일 때 캐비테이션이 발생한다.

> ❗ 캐비테이션(공동현상)
> 1. 개념: 유수 중에 어느 부분의 정압이 그때 물의 온도에 해당하는 증기압 이하로 되어 물이 증발하거나 유수 중 공기가 유리하면서 작은 기포가 다수 발생하는 현상이다.
> 2. 발생원인
>   ① 흡입양정이 과대하게 높을 경우
>   ① 흡입관 입구 등에서 마찰저항이 증가할 경우
>   ② 유수 중 관내의 어느 부분의 온도가 상승될 경우
>   ③ 펌프입구에서 과속으로 인한 유량이 증대될 경우

3. 영향 및 대책
① 가이드 베인이나 밸브 등의 침식 및 소음과 진동이 발생한다.
② 두 대 이상의 펌프나 양흡입 펌프를 사용한다.
③ 펌프의 회전수를 낮추고 흡입 비교회전도를 적게 한다.
④ 수직축 펌프를 사용하고 회전차를 수중에 완전히 잠기게 한다.

39 LP가스를 자동차용 연료로 사용할 때의 특징에 대한 설명 중 틀린 것은?

① 완전연소가 쉽다.
② 배기가스에 독성이 적다.
③ 기관의 부식 및 마모가 적다.
④ 시동이나 급가속이 용이하다.

! LP가스를 자동차용 연료로 사용할 때의 특징: 가솔린을 연료로 사용할 경우와 비교하면 출력이 약하고, 급가속이 불리하다.

40 원거리 지역에 대량의 가스를 공급하기 위하여 사용되는 가스 공급 방식은?

① 초저압 공급 　　② 저압 공급
③ 중압 공급 　　　④ 고압 공급

! 고압 공급은 원거리 지역에 대량의 가스를 공급하기 위하여 사용되는 가스 공급 방식이다.

41 다음은 무슨 압력계에 대한 설명인가?

주름관이 내압변화에 따라서 신축되는 것을 이용한 것으로 진공압 및 차압 측정에 주로 사용된다.

① 벨로우즈압력계
② 다이어프램압력계
③ 부르동관압력계
④ U자관식압력계

! 압력계의 개념
1. 다이어프램(격막식)압력계: 탄성이 강한 베릴륨, 구리, 인, 청동, 스테인리스강 등으로 다이어프램을 만들어서 양쪽의 압력이 다르면 판이 굽어서 변위차에 의하여 그 변위의 크기를 격막에 붙어있는 지침이 움직여서 측정하는 압력계이다.
2. 부르동관압력계: 관을 타원형식으로 둥글게 구부린 다음 그쪽 끝을 고정하고 그것에 압력을 가하면 단면은 원에 가깝게 되고 고정되지 않은 끝은 바깥으로 변형하며, 관 끝의 움직임은 탄성한계 안에서는 압력에 비례하여 변형한다. 주로 황동이나 인청구리 등의 저압용과 구리 합금이나 스테인리스강 또는 베릴륨강 등의 고압용을 많이 사용한다.
3. U자관식압력계(마노미터): 액주의 액면높이 변화에 의하여 압력의 차이를 검출하는 간단한 압력계이다.

42 공기의 액화 분리에 대한 설명 중 틀린 것은?

① 질소가 정류탑의 하부로 먼저 기화되어 나간다.
② 대량의 산소, 질소를 제조하는 공업적 제조법이다.
③ 액화의 원리는 임계온도 이하로 냉각시키고 임계압력 이상으로 압축하는 것이다.
④ 공기 액화 분리장치에서는 산소가스가 가장 먼저 액화된다.

! 공기의 액화 분리장치: 질소는 비점이 낮아 정류탑 상부에 순도 99.8%의 액화질소가 생성되고, 산소는 비점이 높아 정류탑 하부에 순도 99.5%의 액화산소가 생성된다.

43 증기 압축식 냉동기에서 실제적으로 냉동이 이루어지는 곳은?

① 증발기
② 응축기
③ 팽창기
④ 압축기

!
증기 압축식 냉동기의 구성은 압축기 → 응축기 → 팽창변 (밸브) → 증발기로 되어 있다. 증발기는 냉매의 증발잠열에 의해서 피냉각 물체를 냉각시켜 실제적으로 냉동이 이루어지는 곳이다.

44 직동식 정압기의 기본 구성요소가 아닌 것은?

① 안전밸브
② 스프링
③ 메인밸브
④ 다이어프램

!
직동식 정압기의 기본 구성요소: 스프링 또는 분동, 공기구멍, 다이어프램, 메인밸브이다.

45 가연성가스의 제조설비 내에 설치하는 전기기기에 대한 설명으로 옳은 것은?

① 1종 장소에는 원칙적으로 전기설비를 설치해서는 안 된다.
② 안전증 방폭구조는 전기기기의 불꽃이나 아크를 발생하여 착화원이 될 염려가 있는 부분을 기름 속에 넣은 것이다.
③ 2종 장소는 정상의 상태에서 폭발성 분위기가 연속하여 또는 장시간 생성되는 장소를 말한다.
④ 가연성가스가 존재할 수 있는 위험장소는 1종 장소, 2종 장소 및 0종 장소로 분류하고 위험장소에서는 방폭형 전기기기를 설치하여야 한다.

!
가연성가스의 제조설비 내에 설치하는 전기기기
1. 1종 장소: 위험이 우려되는 장소로 내압, 압력, 유입방폭 구조이다.
2. 2종 장소: 밀폐된 용기 또는 설비 및 설비 내에 밀봉된 가스가 용기 또는 설비의 사고로 인하여 파손 및 오작동이 될 때에만 위험이 있는 장소로 안전증방폭구조이다.

46 다음 중 온도가 가장 높은 것은?

① $450\,°R$
② $220\,K$
③ $2\,°F$
④ $-5\,℃$

!
섭씨온도($℃$)를 기준으로 계산하면,
$°F=450°R-460=-10°F=(5/9)\times(-10-32)=-23.3℃$이고,
$2°F=(5/9)\times(2-32)=-16.7℃$이며, $℃=220-273K=-53℃$이므로, $-5℃$가 가장 높은 온도이다.

47 다음 중 염소의 용도로 적합하지 않은 것은?

① 소독용으로 사용된다.
② 염화비닐 제조의 원료이다.
③ 표백제로 사용된다.
④ 냉매로 사용된다.

!
염소의 용도
1. 상수도(수돗물)의 살균용과 하수도의 소독제로 사용한다.
2. 섬유의 표백분($CaClO_2$), 포스겐($COCl_2$)제조 및 염산(HCl)의 원료로 사용된다.
3. 펄프공업, 종이, 알루미늄공업, 금속티탄 등에 많이 사용된다.

48 부탄(C_4H_{10}) 용기에서 액체 580g이 대기 중에 방출되었다. 표준 상태에서 부피는 몇 L가 되는가?

① 150
② 210
③ 224
④ 230

!
이상기체의 상태방정식
압력×체적=(질량/분자량)×(기체상수×절대온도)에서,
체적=[(질량/분자량)×(기체상수×절대온도)]/압력이므로,
체적(l)=[(580/58)×(0.08205×273)]/1=223.9970이다.

49 다음 중 비점이 가장 낮은 기체는?

① NH_3
② C_3H_8
③ N_2
④ H_2

!
각 가스의 비점: 암모니아 $-33.3℃$, 프로판 $-42.1℃$, 질소 $-195.8℃$, 수소 $-252℃$이다.

50 도시가스에 첨가되는 부취제 선정 시 조건으로 틀린 것은?

① 물에 잘 녹고 쉽게 액화될 것
② 토양에 대한 투과성이 좋을 것
③ 독성 및 부식성이 없을 것
④ 가스배관에 흡착되지 않을 것

> **❗ 부취제 선정 시 구비조건**
> 1. 독성이 없고 화학적으로 안정할 것
> 2. 보통 존재하는 냄새와 명확히 식별될 것
> 3. 극히 낮은 농도에서도 냄새가 확인될 수 있을 것
> 4. 가스관이나 가스미터에 흡착되지 않을 것
> 5. 완전히 연소하고 연소 후에 유해한 혹은 냄새를 갖는 성질을 남기지 않을 것
> 6. 도관내의 상용온도에서는 응축하지 않을 것
> 7. 물에 잘 녹지 않는 물질로서 토양에 대해서 투과성이 클 것
> 8. 도관을 부식시키지 않으며, 구입이 쉽고 가격이 저렴할 것

51 가연성가스 배관의 출구 등에서 공기 중으로 유출하면서 연소하는 경우는 어느 연소 형태에 해당하는가?

① 확산연소   ② 증발연소
③ 표면연소   ④ 분해연소

> **❗ 연소의 종류**
> 1. 표면연소: 고체표면과 공기와 접촉되는 부분에서 연소가 일어나는 것으로서 목탄(숯), 코크스, 알루미늄박, 마그네슘 리본 등이 있다.
> 2. 분해연소: 연소 시 열분해가 일어나면서 가연성가스를 방출시켜 연소가 계속되는 것으로 종이, 목재, 석탄, 중유, 타르(액체), 고체 파라핀 등이 있다.
> 3. 증발연소: 인화성 액체가 온도상승에 따라 액체의 표면이 가열되면서 증발을 촉진하여 계속적으로 연소하는 것으로 석유, 경유, 가솔린(휘발유), 알코올, 에테르 등이 있다.
> 4. 확산연소: 가연성가스 분자와 공기 분자가 서로 확산에 의하여 급격하게 혼합되면서 연소범위에서 계속적으로 연소하는 것으로 수소, 아세틸렌 등이 있다. 공기와 가스를 각각 연소실로 분사하여 난류와 자연확산에 의하여 서로 혼합시켜 연소하는 외부혼합 증발연소방식이다.

52 다음 중 수소가스와 반응하여 격렬히 폭발하는 원소가 아닌 것은?

① O_2 ② N_2
③ Cl_2 ④ F_2

> **❗ 수소의 화학적 성질**
> 1. 산소와 600℃ 이상에서 2:1로 반응하여 폭발을 일으킨다.
>   * 수소폭명기: $2H_2+O_2 \rightarrow 2H_2O+136.6kcal$
> 2. 염소와 상온에서 반응하여 격렬한 폭발을 일으킨다.
>   * 염소폭명기: $H_2+Cl_2 \rightarrow$ 햇빛↓ → $2HCl+44kcal$
> 3. 불소와 상온에서 반응하여 격렬한 폭발을 일으킨다.
>   * $H_2+F_2 \rightarrow 2HF+128kcal$
> 4. 고온·고압 하에서 탄소강재와 반응하여 수소취성(탈탄작용)을 일으킨다.
>   * $Fe_3C+2H_2 \rightarrow CH_2+3Fe$
>   * 촉매제: Ni, Pt, 석면 등
>   * 내수소성 강재(탈탄방지재료): Cr, Mo, W, Ti, V 등
> 5. 일반적으로 질소와 반응하여 암모니아를 제조 생성한다.
>   * $3H_2+N_2 \rightarrow 2NH_3+24kcal$
> 6. 산소와 수소를 연소시키면 2,000℃ 이상의 고온을 얻을 수 있다.
> 7. 고온에서 환원성이 강하므로 금속제련 시 환원제로 쓰인다.

53 "모든 기체 1몰의 체적(V)은 같은 온도(T), 같은 압력(P)에서 모두 일정하다."에 해당하는 법칙은?

① Dalton의 법칙   ② Henry의 법칙
③ Avogadro의 법칙   ④ Hess의 법칙

> **❗** Avogadro의 법칙: 표준상태(0℃, 1atm)에서 모든 기체 1몰(mol)이 차지하는 부피는 22.4ℓ이다.

54 액화석유가스에 관한 설명 중 틀린 것은?

① 무색투명하고 물에 잘 녹지 않는다.
② 탄소의 수가 3~4개로 이루어진 화합물이다.
③ 액체에서 기체로 될 때 체적은 150배로 증가한다.
④ 기체는 공기보다 무거우며, 천연고무를 녹인다.

> **❗** 액화석유가스는 액체에서 기체로 될 때 체적은 250배 정도로 증가한다.

55 0℃에서 온도를 상승시키면 가스의 밀도는?

① 높게 된다.　　　② 낮게 된다.

③ 변함이 없다.　　④ 일정하지 않다.

> !
> 이상기체의 상태방정식: 압력×체적=(기체상수×절대온도)에서,
> 기체상수(R)=(압력×체적)/(1g mol×절대온도)이므로,
> (1g mol×절대온도)은 반비례하므로 온도가 상승하면 가스의 밀도는 낮아지게 된다.

56 이상기체에 잘 적용될 수 있는 조건에 해당되지 않는 것은?

① 온도가 높고 압력이 낮다.

② 분자 간 인력이 작다.

③ 분자크기가 작다.

④ 비열이 작다.

> !
> 이상기체에 잘 적용될 수 있는 조건: 온도가 높고 압력이 낮을 때, 분자 간 인력이 작고(무시하고) 분자크기가 작을 때, 보일과 샤를의 법칙을 만족할 때이다.

57 60℃의 물 300kg과 20℃의 물 800kg을 혼합하면 약 몇 ℃의 물이 되겠는가?

① 28.2　　　　　　② 30.9

③ 33.1　　　　　　④ 37

> !
> 평균온도(℃)=[(처음질량×처음온도)+(나중질량×나중온도)]/(처음질량+나중질량)이므로,
> 평균온도(℃)=[(300×60)+(800×20)]/(300+800)=30.91이다.

58 착화원이 있을 때 가연성액체나 고체의 표면에 연소 하한계 농도의 가연성 혼합기가 형성되는 최저온도는?

① 인화온도　　　　② 임계온도

③ 발화온도　　　　④ 포화온도

> !
> 인화온도는 불씨의 접촉에 의해서 불이 붙을 수 있는 최저온도이고, 발화(착화)온도는 불씨의 접촉 없이 주위의 열에 의해서 불이 붙는 최저온도이다.

59 암모니아의 성질에 대한 설명으로 옳은 것은?

① 상온에서 약 8.46atm이 되면 액화한다.

② 불연성의 맹독성 가스이다.

③ 흑갈색의 기체로 물에 잘 녹는다.

④ 염화수소와 만나면 검은 연기를 발생한다.

> !
> 암모니아의 성질: 가연성의 맹독성 가스이고, 무색의 기체로 물에 잘 녹으며 염화수소와 만나면 흰 연기를 발생하고, 상온(20℃ 정도)에서 약 8.46atm이 되면 쉽게 액화한다.

60 표준상태에서 에탄 2mol, 프로판 5mol, 부탄 3mol로 구성된 LPG에서 부탄의 중량은 몇 %인가?

① 13.2　　　　　　② 24.6

③ 38.3　　　　　　④ 48.5

> !
> **돌턴의 분압법칙**
> 부분압력=전압×(특정가스의 몰수/합 가스의 전체 몰수)에서, 부분중량(%)=(부분중량/전체중량)×100이며,
> 전체중량=에탄 2×30+프로판 5×44+부탄 3×58=454kg이므로,
> 부분중량(%)=(부탄 3×58/454)×100=38.330이다.

정답

: : 2012년 7월 22일 기출문제

01	02	03	04	05	06	07	08	09	10
②	③	②	①	④	①	④	①	④	②
11	12	13	14	15	16	17	18	19	20
④	①	③	③	②	③	①	③	②	④
21	22	23	24	25	26	27	28	29	30
①	②	②	④	②	①	②	①	②	①
31	32	33	34	35	36	37	38	39	40
④	③	④	정답없음	②	③	④	②	④	④
41	42	43	44	45	46	47	48	49	50
①	①	①	①	④	④	④	③	④	①
51	52	53	54	55	56	57	58	59	60
①	②	③	③	②	④	②	①	①	③

국가기술자격 필기시험문제

2012년 10월 20일 제5회 필기시험

자격 종목	종목코드	시험시간	수험 번호	성명
가스기능사	6335	1시간		

제1과목. 가스안전관리

01 도시가스사용시설에서 배관의 용접부 중 비파괴시험을 하여야 하는 것은?

① 가스용 폴리에틸렌관
② 호칭지름 65mm인 매몰된 저압배관
③ 호칭지름 150mm인 노출된 저압배관
④ 호칭지름 65mm인 노출된 중압배관

> ❗ 도시가스사용시설에서 배관의 용접부 중 노출된 중압(중압 이상)배관은 비파괴시험을 하여야 한다.

02 고압가스 특정제조시설 중 비가연성 가스의 저장탱크는 몇 m³ 이상일 경우에 지진영향에 대한 안전한 구조로 설계하여야 하는가?

① 300
② 500
③ 1000
④ 2000

> ❗ **저장설비기준**
> 1. 저장능력 5톤(가연성가스 또는 독성가스가 아닌 경우에는 10톤) 또는 500m³(가연성가스 또는 독성가스가 아닌 경우에는 1,000m³) 이상인 저장탱크와 압력용기(반응, 분리, 정제, 증류를 위한 탑류로서 높이 5m 이상인 것만을 말한다.)에는 지진발생 시 저장탱크와 압력용기를 보호하기 위하여 내진성능(耐震性能) 확보를 위한 조치 등 필요한 조치를 하여야 한다.
> 2. 5m³ 이상의 가스를 저장하는 것에는 가스방출장치를 설치할 것을 필요로 한다.

03 다음은 어떤 안전설비에 대한 설명인가?

> 설비가 잘못 조작되거나 정상적인 제조를 할 수 없는 경우 자동으로 원재료의 공급을 차단시키는 등 고압가스 제조설비 안의 제조를 제어하는 기능을 한다.

① 안전밸브
② 긴급차단장치
③ 인터록기구
④ 벤트스택

> ❗ **안전설비**
> 1. 벤트스택(vent stack)
> ① 벤트스택은 방출되는 가스의 종류, 양, 성질, 상태 및 주위 상황에 따라 안전한 높이와 위치에 설치하여야 한다.
> ② 벤트스택으로부터 방출하고자 하는 가스가 독성가스인 경우에는 중화조치를 한 후에 방출하고, 가연성가스인 경우에는 방출된 가연성가스가 지상에서 폭발한계에 도달하지 아니하도록 하여야 한다.
> 2. 인터록기구: 가연성가스 또는 독성가스의 제조설비 또는 이들 제조설비에 계기를 장치하는 회로에는 제조하는 고압가스의 종류, 온도 및 압력과 제조설비의 상황에 따라 안전 확보를 위한 주요 부분에 설비가 잘못 조작되거나 정상적인 제조를 할 수 없을 경우에 자동으로 원재료의 공급을 차단시키는 등 제조설비 안의 제조를 제어할 수 있는 장치이다.
> 3. 긴급차단장치: 가연성가스 또는 독성가스의 고압가스설비(저장탱크 제외) 중 특수반응설비 또는 그 밖의 고압가스설비로서 그 설비에서 발생한 사고가 즉시 다른 제조설비에 파급될 우려가 있는 것에는 고압가스설비마다 설치하여야 한다.

04 0℃, 1atm에서 6L인 기체가 273℃, 1atm일 때 몇 L가 되는가?

① 4
② 8
③ 12
④ 24

> ❗ 샤를의 법칙은 압력이 일정하므로, 나중 체적(ℓ)=(나중온도/처음온도)×처음체적=[(273+273)/(0+273)]×6=12

05 다음 가스 중 폭발범위의 하한값이 가장 높은 것은?

① 암모니아   ② 수소

③ 프로판   ④ 메탄

> ❗ 각 가스의 폭발범위: 암모니아 15~28%, 수소 4~75, 프로판 2.1~9.5%, 메탄 5~15%이다.

06 일반도시가스 공급시설의 시설기준으로 틀린 것은?

① 가스공급 시설을 설치한 곳에는 누출된 가스가 머물지 아니하도록 환기설비를 설치한다.

② 공동구 안에는 환기장치를 설치하며 전기설비가 있는 공동구에는 그 전기설비를 방폭구조로 한다.

③ 저장탱크의 안전장치인 안전밸브나 파열판에는 가스방출관을 설치한다.

④ 저장탱크의 안전밸브는 다이어프램식 안전밸브로 한다.

> ❗ 일반도시가스 공급시설의 시설기준: 저장탱크의 안전밸브는 스프링식 안전밸브를 사용하고, 안전장치로 파열판을 사용한다.

07 다음 중 2중관으로 하여야 하는 고압가스가 아닌 것은?

① 수소   ② 아황산가스

③ 암모니아   ④ 황화수소

> ❗ 2중관으로 하여야 하는 고압가스: 독성가스로 아황산가스(SO_2), 암모니아(NH_3), 황화수소(H_2S), 포스겐($COCl_2$), 염소(Cl_2), 시안화수소(HCN), 산화에틸렌(C_2H_4O), 염화메탄(CH_3Cl)이다.

08 고압용기에 각인되어 있는 내용적의 기호는?

① V   ② FP

③ TP   ④ W

> ❗ **신규검사에 합격된 용기의 각인사항**
> 1. 용기제조업자의 명칭 또는 약호
> 2. 충전하는 가스의 명칭
> 3. 용기의 번호
> 4. 내용적(기호: V, 단위: L)
> 5. 초저온용기 외의 용기는 밸브 및 부속품(분리할 수 있는 것에 한함)을 포함하지 아니한 용기의 질량(기호: W, 단위: kg)
> 6. 아세틸렌가스 충전용기는 질량에 다공물질, 용제 및 밸브의 질량을 합한 질량(기호: TW, 단위: kg)
> 7. 내압시험에 합격한 연월
> 8. 내압시험압력(기호: TP, 단위: MPa) (초저온용기 및 액화천연가스자동차용 용기는 제외한다.)
> 9. 최고충전압력(기호: FP, 단위: MPa) (압축가스를 충전하는 용기, 초저온용기 및 액화천연가스자동차용 용기에 한정한다.)
> 10. 내용적이 500L를 초과하는 용기에는 동판의 두께(기호: t, 단위: mm)
> 11. 충전량(g) (납붙임 또는 접합용기에 한정한다.)

09 고압가스의 충전 용기를 차량에 적재하여 운반하는 때의 기준에 대한 설명으로 옳은 것은?

① 염소와 아세틸렌 충전 용기는 동일 차량에 적재하여 운반이 가능하다.

② 염소와 수소 충전 용기는 동일 차량에 적재하여 운반이 가능하다.

③ 독성가스가 아닌 $300m^3$의 압축 가연성 가스를 차량에 적재하여 운반하는 때에는 운반책임자를 동승시켜야 한다.

④ 독성가스가 아닌 2천 kg의 액화 조연성 가스를 차량에 적재하여 운반하는 때에는 운반책임자를 동승시켜야 한다.

> ❗ **충전용기의 차량적재 운반기준**
> 1. 염소와 아세틸렌 충전 용기는 동일 차량에 적재하여 운반하지 않아야 한다.
> 2. 염소와 수소 또는 암모니아 충전 용기는 동일 차량에 적재하여 운반하지 않아야 한다.

3. 운반책임자 동승기준
　① 압축가스로 독성가스가 아닌 $300m^3$ 이상의 가연성 가스, $600m^3$ 이상의 조연성 가스를 차량에 적재하여 운반하는 때에는 운반책임자를 동승시켜야 한다.
　② 액화가스로 독성가스가 아닌 3천 kg 이상의 가연성 가스, 6천 kg 이상의 조연성 가스를 차량에 적재하여 운반하는 때에는 운반책임자를 동승시켜야 한다.

　③ 예식장, 장례식장 및 전시장, 그 밖에 이와 유사한 시설로서 300명 이상 수용할 수 있는 건축물
　④ 아동복지시설 또는 장애인복지시설로서 20명 이상 수용할 수 있는 건축물
　⑤ 문화재보호법에 따라 지정문화재로 지정된 건축물
2. 제2종 보호시설
　① 주택
　② 사람을 수용하는 건축물(가설건축물은 제외)로서 사실상 독립된 부분의 연면적이 $100m^2$ 이상 1천m^2 미만인 것

---

10 고압가스 특정제조시설에서 배관을 해저에 설치하는 경우의 기준으로 틀린 것은?

① 배관은 해저면 밑에 매설한다.
② 배관은 원칙적으로 다른 배관과 교차하지 아니하여야 한다.
③ 배관은 원칙적으로 다른 배관과 수평거리로 20m 이상을 유지하여야 한다.
④ 배관의 입상부에는 방호시설물을 설치한다.

! 고압가스 특정제조시설에서 배관을 해저 및 해상에 설치하는 경우의 기준으로 배관은 원칙적으로 다른 배관과 수평거리로 30m 이상을 유지하여야 한다.

---

11 도시가스사업법상 제1종 보호시설이 아닌 것은?

① 아동 50명이 다니는 유치원
② 수용인원이 350명인 예식장
③ 객실 20개를 보유한 여관
④ 250세대 규모의 개별난방 아파트

! 보호시설
1. 제1종 보호시설
　① 학교, 유치원, 어린이집, 놀이방, 어린이놀이터, 학원, 병원(의원을 포함), 도서관, 청소년수련시설, 경로당, 시장, 공중목욕탕, 호텔, 여관, 극장, 교회 및 공회당
　② 사람을 수용하는 건축물(가설건축물은 제외)로서 사실상 독립된 부분의 연면적이 1천m^2 이상인 것

---

12 가스도매사업의 가스공급시설에서 배관을 지하에 매설할 경우의 기준으로 틀린 것은?

① 배관을 시가지 외의 도로 노면 밑에 매설할 경우 노면으로부터 배관 외면까지 1.2m 이상 이격할 것
② 배관의 깊이는 산과 들에서는 1m 이상으로 할 것
③ 배관을 시가지의 도로 노면 밑에 매설할 경우 노면으로부터 배관 외면까지 1.5m 이상 이격할 것
④ 배관을 철도부지에 매설할 경우 배관 외면으로부터 궤도 중심까지 5m 이상 이격할 것

! 가스도매사업의 가스공급시설에서 배관을 지하에 매설할 경우의 기준으로 배관을 철도부지에 매설할 경우 배관 외면으로부터 궤도 중심까지 4m 이상, 철도부지의 경계까지는 1m 이상의 이격거리를 유지하여야 한다.

---

13 다음 중 LNG의 주성분은?

① CH_4
② CO
③ C_2H_4
④ C_2H_2

! LNG(액화천연가스)의 주성분은 메탄(CH_4)이다.

14 방폭전기 기기의 구조별 표시방법으로 틀린 것은?

① 내압방폭구조-s
② 유입방폭구조-o
③ 압력방폭구조-p
④ 본질안전방폭구조-ia

!

전기설비의 방폭성능기준
1. 방폭구조의 종류와 표시방법: 내압(d), 유입(o), 압력 (p), 안전증(e), 본질안전(ia 또는 ib), 특수 방폭구조(s) 가 있다.
2. 내압(耐壓)방폭구조: 내부에서 가연성가스의 폭발이 발 생할 경우 그 용기가 폭발압력에 견디고, 접합면, 개구부 등을 통하여 외부의 가연성가스에 인화되지 아니하도록 한 구조를 말한다.
3. 유입(油入)방폭구조: 용기 내부에 기름을 주입하여 불꽃, 아크 또는 고온발생부분이 기름 속에 잠기게 함으로써 기름면 위에 존재하는 가연성가스에 인화되지 아니하도 록 한 구조를 말한다.
4. 압력(壓力)방폭구조: 용기 내부에 보호가스(신선한 공기 또는 불활성가스)를 압입하여 내부압력을 유지함으로써 가연성가스가 용기 내부로 유입되지 아니하도록 한 구 조를 말한다.
5. 본질안전(本質安全)방폭구조: 정상 시 및 사고(단선, 단 락, 지락 등) 시에 발생하는 전기불꽃, 아크 또는 고온부 에 의하여 가연성가스가 점화되지 아니하는 것이 점화시 험, 기타 방법에 의하여 확인된 구조를 말한다.
6. 안전증(安全增)방폭구조: 정상운전 중에 가연성가스의 점화원이 될 전기불꽃, 아크 또는 고온부분 등의 발생을 방지하기 위하여 기계적, 전기적 구조상 또는 온도상승 에 대하여, 특히 안전도를 증가시킨 구조를 말한다.
7. 특수(特殊)방폭구조: 가연성가스에 점화를 방지할 수 있 다는 것이 시험, 기타의 방법에 의하여 확인된 구조를 말 한다.

15 아세틸렌 제조설비의 기준에 대한 설명으로 틀린 것은?

① 압축기와 충전장소 사이에는 방호벽을 설치한다.
② 아세틸렌 충전용 교체밸브는 충전장소 와 격리하여 설치한다.
③ 아세틸렌 충전용 지관에는 탄소 함유 량이 0.1% 이하의 강을 사용한다.
④ 아세틸렌에 접촉하는 부분에는 동 또 는 동 함유량이 72% 이하의 것을 사용 한다.

!

아세틸렌 제조설비의 기준으로 아세틸렌에 접촉하는 부분 에는 동 또는 동 함유량이 62%를 초과하는 것을 사용여서 는 안 된다.

16 가연성가스 및 방폭 전기기기의 폭발등급 분 류 시 사용하는 최소점화전류비는 어느 가스 의 최소 점화전류를 기준으로 하는가?

① 메탄   ② 프로판
③ 수소   ④ 아세틸렌

!

가연성가스 및 방폭 전기기기의 폭발등급 분류 시 사용하 는 최소점화전류비는 메탄가스의 최소 점화전류를 기준으 로 한다.

17 고압가스 배관에 대하여 수압에 의한 내압시 험을 하려고 한다. 이때 압력은 얼마 이상으 로 하는가?

① 사용압력×1.1배
② 사용압력×2배
③ 상용압력×1.5배
④ 상용압력×2배

!

고압가스 배관에 대하여 수압에 의한 내압시험은 상용압력 ×1.5배 이상, 기체(공기 등)에 의한 내압시험은 상용압력× 1.25배 이상으로 한다.

18 다음 중 가연성이면서 독성인 가스는?

① 아세틸렌, 프로판
② 수소, 이산화탄소
③ 암모니아, 산화에틸렌
④ 아황산가스, 포스겐

!

가연성이면서 독성인 가스: 암모니아(NH_3), 산화에틸렌 (C_2H_4O), 브롬화메탄(CH_3Br), 염화메탄(CH_3CL), 시안화수소 (HCN), 벤젠(C_6H_6), 일산화탄소(CO), 황화수소(H_2S), 이황화 탄소(CS_2), 아크릴로니트릴(CH_2=CHCN) 등이다.

19 고압가스 냉동제조의 시설 및 기술기준에 대한 설명으로 틀린 것은?

① 냉동제조시설 중 냉매설비에는 자동제어장치를 설치할 것
② 가연성가스 또는 독성가스를 냉매로 사용하는 냉매설비 중 수액기에 설치하는 액면계는 환형유리관액면계를 사용할 것
③ 냉매설비에는 압력계를 설치할 것
④ 압축기 최종단에 설치한 안전장치는 1년에 1회 이상 점검을 실시할 것

⚠ 고압가스 냉동제조의 시설 및 기술기준으로 가연성가스 또는 독성가스를 냉매로 사용하는 냉매설비 중 수액기에 설치하는 액면계는 환형유리관액면계 외의 것을 사용하여야 한다.

20 허용농도가 100만분의 200 이하인 독성가스 용기운반차량은 몇 km 이상의 거리를 운행할 때 중간에 충분한 휴식을 취한 후 운행하여야 하는가?

① 100km　　② 200km
③ 300km　　④ 400km

⚠ 허용농도가 100만분의 200 이하인 독성가스 용기운반차량은 200km 이상의 거리를 운행하는 경우에는 중간에 충분한 휴식을 취한 후 운행하여야 한다.

21 도시가스사용시설에서 입상관과 화기사이에 유지하여야 하는 거리는 우회거리 몇 m 이상인가?

① 1m　　② 2m
③ 3m　　④ 5m

⚠ 도시가스사용시설에서 입상관과 화기사이에 유지하여야 하는 우회거리는 2m 이상으로 하여야 한다.

22 일반도시가스사업자는 공급권역을 구역별로 분할하고 원격조작에 의한 긴급차단장치를 설치하여 대형가스누출, 지진발생 등 비상 시 가스차단을 할 수 있도록 하고 있는데 이 구역의 설정기준은?

① 수요자 수가 20만 미만이 되도록 설정
② 수요자 수가 25만 미만이 되도록 설정
③ 배관길이가 20km 미만이 되도록 설정
④ 배관길이가 25km 미만이 되도록 설정

⚠ 일반도시가스사업자는 공급권역을 구역별로 분할하고 원격조작에 의한 긴급차단장치를 설치하여 대형가스누출, 지진발생 등 비상 시 가스차단을 할 수 있도록 하는 구역의 설정기준은 수요자 수가 20만 미만이 되도록 설정한다.

23 방류둑의 성토는 수평에 대하여 몇 도 이하의 기울기로 하여야 하는가?

① 30°　　② 45°
③ 60°　　④ 75°

⚠ 방류둑의 성토는 수평에 대하여 45° 이하의 기울기로 하여야 하고, 성토 윗부분의 폭은 0.3m(30cm) 이상으로 하여야 한다.

24 도시가스공급시설에 대하여 공사가 실시하는 정밀안전진단의 실시시기 및 기준에 의거 본관 및 공급관에 대하여 최초로 시공감리증명서를 받은 날부터 (　)년이 지난날이 속하는 해 및 그 이후 매 (　)년이 지난날이 속하는 해에 받아야 한다. (　)안에 각각 들어갈 숫자는?

① 10, 5　　② 15, 5
③ 10, 10　　④ 15, 10

⚠ 도시가스공급시설에 대하여 공사가 실시하는 정밀안전진단의 실시시기 및 기준에 의거 본관 및 공급관에 대하여 최초로 시공감리증명서를 받은 날부터 15년이 지난날이 속하는 해 및 그 이후 매 5년이 지난날이 속하는 해에 받아야 한다.

25 가스제조시설에 설치하는 방호벽의 규격으로 옳은 것은?

① 철근콘크리트 벽으로 두께 12cm 이상, 높이 2m 이상
② 철근콘크리트블록 벽으로 두께 20cm 이상, 높이 2m 이상
③ 박강판 벽으로 두께 3.2cm 이상, 높이 2m 이상
④ 후강판 벽으로 두께 10mm 이상, 높이 2.5m 이상

> ❗ 가스제조시설에 설치하는 방호벽의 규격으로 철근콘크리트 벽으로 두께 12cm 이상, 높이 2m 이상 또는 이와 동등 이상의 강도를 가진 벽이어야 한다.

26 고압가스에 대한 사고예방설비기준으로 옳지 않은 것은?

① 가연성가스의 가스설비 중 전기설비는 그 설치장소 및 그 가스의 종류에 따라 적절한 방폭성능을 가지는 것일 것
② 고압가스설비에는 그 설비안의 압력이 내압압력을 초과하는 경우 즉시 그 압력을 내압압력 이하로 되돌릴 수 있는 안전장치를 설치하는 등 필요한 조치를 할 것
③ 폭발 등의 위해가 발생할 가능성이 큰 특수반응설비에는 그 위해의 발생을 방지하기 위하여 내부반응감시 설비 및 위험사태발생 방지설비의 설치 등 필요한 조치를 할 것
④ 저장탱크 및 배관에는 그 저장탱크 및 배관이 부식되는 것을 방지하기 위하여 필요한 조치를 할 것

> ❗ 고압가스에 대한 사고예방설비기준으로 고압가스설비에는 그 설비안의 압력이 상용(허용)압력을 초과하는 경우 즉시 그 압력을 상용(허용)압력 이하로 되돌릴 수 있는 안전장치를 설치하는 등 필요한 조치를 하여야 한다.

27 다음 중 풍압대와 관계없이 설치할 수 있는 방식의 가스 보일러는?

① 자연배기식(CF) 단독배기통 방식
② 자연배기식(CF) 복합배기통 방식
③ 강제배기식(FE) 단독배기통 방식
④ 강제배기식(FE) 공동배기구 방식

> ❗ 풍압대와 관계없이 설치할 수 있는 방식의 가스 보일러는 강제배기식(FE) 단독배기통 방식이다.

28 고압가스 저장탱크 및 가스홀더의 가스방출장치는 가스 저장량이 몇 m^3 이상인 경우 설치하여야 하는가?

① $1m^3$　　　② $3m^3$
③ $5m^3$　　　④ $10m^3$

> ❗ 고압가스 저장탱크 및 가스홀더의 가스방출장치는 가스저장량이 $5m^3$ 이상인 경우 설치하여야 한다.

29 액화석유가스 저장탱크에 가스를 충전하고자 한다. 내용적이 $15m^3$인 탱크에 안전하게 충전할 수 있는 가스의 최대 용량은 몇 m^3인가?

① 12.75　　　② 13.5
③ 14.25　　　④ 14.7

> ❗ 저장탱크에 가스를 충전하려면 가스의 용량이 상용 온도에서 저장탱크 내용적의 90%(소형저장탱크의 경우는 85%)를 넘지 않도록 충전하여야 한다. 따라서 최대 충전용량 $= 15 \times 0.9 = 13.5m^3$이다.

30 고압가스특정제조시설에서 플레어스택의 설치기준으로 틀린 것은?

① 파이롯트버너를 항상 꺼두는 등 플레어스택에 관련된 폭발을 방지하기 위한 조치가 되어 있는 것으로 한다.
② 긴급이송설비로 이송되는 가스를 안전하게 연소시킬 수 있는 것으로 한다.
③ 플레어스택에서 발생하는 복사열이 다른 제조시설에 나쁜 영향을 미치지 아니하도록 안전한 높이 및 위치에 설치한다.
④ 플레어스택에서 발생하는 최대열량에 장시간 견딜 수 있는 재료 및 구조로 되어 있는 것으로 한다.

> **!** 고압가스특정제조시설에서 플레어스택의 설치기준으로 파이롯트버너를 항상 점화하여 두는 등 플레어스택에 관련된 폭발을 방지하기 위한 안전조치가 되어 있는 것으로 한다.

제2과목. 가스장치 및 기기

31 관 도중에 조리개(교축기구)를 넣어 조리개 전후의 차압을 이용하여 유량을 측정하는 계측기기는?

① 오벌식 유량계　② 오리피스 유량계
③ 막식 유량계　④ 터빈 유량계

> **!** 오리피스 유량계는 관 도중에 조리개(교축기구)를 넣어 조리개 전후의 차압을 이용하여 유량을 측정하는 계측기기이다.

32 유리 온도계의 특징에 대한 설명으로 틀린 것은?

① 일반적으로 오차가 적다.
② 취급은 용이하나 파손이 쉽다.
③ 눈금 읽기가 어렵다.
④ 일반적으로 연속 기록 자동제어를 할 수 있다.

> **!** 유리온도계
> 1. 개념: 유리모세관 속에 수은, 알코올, 톨루엔, 펜탄, 에테르 등을 넣어 온도에 따른 체적변화를 이용하여 $-100\sim600℃$의 정밀측정용으로 사용하는 온도계이다.
> 2. 특징: 일반적으로 오차가 적고, 취급은 용이하나 파손되기 쉬우며, 눈금 읽기가 어렵고 일반적으로 원격온도 측정과 연속 기록 및 자동제어를 할 수 없다.

33 C_4H_{10}의 제조시설에 설치하는 가스누출 경보기는 가스누출 농도가 얼마일 때 경보를 울려야 하는가?

① 0.45% 이상　② 0.53% 이상
③ 1.8% 이상　④ 2.1% 이상

> **!** 제조시설에 설치하는 가스누출경보기의 가스누출경보농도
> 1. 독성가스일 때 경보농도는 허용농도 이하이다.
> 2. 가연성가스일 때 경보농도는 폭발하한계의 1/4 이하이다. 따라서 부탄은 가연성가스이고, 폭발범위는 $1.8\sim8.4\%$이므로, 가스누출경보농도(%) $=1.8\times1/4 = 0.45$이다.

34 재료에 하중을 작용하여 항복점 이상의 응력을 가하면, 하중을 제거하여도 본래의 형상으로 돌아가지 않도록 하는 성질을 무엇이라고 하는가?

① 피로　② 크리프
③ 소성　④ 탄성

> **!** 재료의 기계적 성질에 대한 개념
> 1. 피로: 응력을 반복하여 작용시키면 시간이 경과하면서 재료가 파괴되는 현상을 말한다.
> 2. 크리프: 고온(350℃ 정도)에서 금속재료에 외력을 오랜 시간 걸어 놓으면 시간의 경과와 더불어 서서히 변형이 증가하는 현상을 말한다.
> 3. 소성: 재료에 하중을 작용하여 항복점 이상의 응력을 가하면, 하중을 제거하여도 본래의 형상으로 돌아가지 않도록 하는 성질을 말한다.
> 4. 탄성: 소성의 반대현상으로 외력을 제거하면 곧바로 원래의 상태로 되돌아가는(회복되는) 현상을 말한다.

35 카플러안전기구와 과류차단안전기구가 부착된 것으로서 배관과 카플러를 연결하는 구조의 콕은?

① 퓨즈콕 ② 상자콕
③ 노즐콕 ④ 커플콕

! 상자콕은 카플러안전기구와 과류차단안전기구가 부착된 것으로서 배관과 카플러를 연결하는 구조의 콕이다.

36 펌프가 운전 중에 한숨을 쉬는 것과 같은 상태가 되어 토출구 및 흡입구에서 압력계의 바늘이 흔들리며 동시에 유량이 변화하는 현상을 무엇이라고 하는가?

① 캐비테이션 ② 워터햄머링
③ 바이브레이션 ④ 서징

! 서징(surging)
1. 개념 : 서징이란 맥동현상이라고도 하며, 펌프가 운전 중에 한숨을 쉬는 것과 같은 상태가 되어 토출구 및 흡입구에서 압력계의 바늘이 흔들리며 동시에 유량이 변화하는 현상을 말한다.
2. 발생원인 : 펌프 운전 중 양정과 토출량 등이 주기적으로 변화될 경우, 저장탱크 뒤쪽에 수량조절밸브가 있을 때, 배관 중에 물탱크 및 공기탱크가 있을 때이다.
3. 방지대책 : 펌프 내의 양수량을 방출밸브 등에 의해서 서징 발생 때의 양수량 이상으로 증가시키고, 배관 내의 잔류공기를 제거하거나 관로의 단면적 및 유속 등 특성을 변화시킨다.

37 자유 피스톤식 압력계에서 추와 피스톤의 무게가 15.7kg일 때 실린더 내의 액압과 균형을 이루었다면 게이지 압력은 몇 kg/cm^{2}이 되겠는가? (단, 피스톤의 지름은 4cm이다.)

① 1.25kg/cm^2 ② 1.57kg/cm^2
③ 2.5kg/cm^2 ④ 5kg/cm^2

! 자유 피스톤식 압력계의 압력(kg/cm^2)
=[(추의 무게+피스톤의 무게)/단면적]에서,
단면적=(지름)^2×(3.14/4) = 4^2×(3.14/4) = 12.56이므로,
압력(kg/cm^2) = 15.7/12.56 = 1.25

38 다음 중 저온장치의 가스 액화 사이클이 아닌 것은?

① 린데식 사이클
② 클라우드식 사이클
③ 필립스식 사이클
④ 카자레식 사이클

! 가스 액화 사이클의 분류 : 린데(Linde)식 사이클, 클라우드(Claude)식 사이클, 필립스(Philips)식 사이클, 캐피자(Kapitza)식 사이클, 다원(캐스케이드) 액화 사이클, 가역 액화 사이클이 있다.

39 자동차에 혼합 적재가 가능한 것끼리 연결된 것은?

① 염소-아세틸렌 ② 염소-암모니아
③ 염소-산소 ④ 염소-수소

! 가스 충전용기 운반 시 염소와 아세틸렌, 암모니아 또는 수소는 동일 차량에 적재할 수 없다.

40 왕복식 압축기에서 피스톤과 크랭크샤프트를 연결하여 왕복운동을 시키는 역할을 하는 것은?

① 크랭크 ② 피스톤링
③ 커넥팅로드 ④ 톱클리어런스

! 커넥팅로드는 왕복식 압축기에서 피스톤과 크랭크샤프트를 연결하여 왕복운동을 시키는 역할을 한다.

41 실린더의 단면적 50cm², 행정 10cm, 회전수 200rpm, 체적 효율 80%인 왕복 압축기의 토출량은?

① 60L/min ② 80L/min

③ 120L/min ④ 140L/min

> ❗ 왕복 압축기의 토출량(L/min)
> = 실린더의 단면적×행정×회전수×체적효율
> = $50cm^3 × 10cm × 200 × 0.8 = 80,000cm^3/min ×$ $L/1,000cm^3 = 80L/min$

42 액화천연가스(LNG)저장탱크 중 내부탱크의 재료로 사용되지 않는 것은?

① 자기 지지형(Self Supporting) 9% 니켈강
② 알루미늄 합금
③ 멤브레인식 스테인레스강
④ 프리스트레스트 콘크리트
　 (PC, Prestressed Concrete)

> ❗ 프리스트레스트 콘크리트(PC, Prestressed Concrete): 콘크리트의 인장응력이 생기는 부분에 미리 압축의 프리스트레스를 주어 그 인장강도를 증가시키는 방법이다. 이 원리를 이용하면 보의 휨강도를 증가시킬 수 있으며, 설계하중을 받을 때 균열이 발생하지 않고 수축균열도 적다.

43 공기에 의한 전열은 어느 압력까지 내려가면 급히 압력에 비례하여 적어지는 성질을 이용하는 저온장치에 사용되는 진공단열법은?

① 고진공 단열법
② 분말 진공 단열법
③ 다층진공 단열법
④ 자연진공 단열법

> ❗ 진공단열법
> 1. 개념: 진공단열법이란 공기의 열전도율보다 낮은 값을 얻기 위해서 단열할 공간을 진공으로 처리하여 열을 차단하는 단열방법을 말한다.
> 2. 고진공 단열법: 압력(1/1,000 Torr 정도까지)이 낮아지면 압력에 비례하여 공기에 의한 전열은 급격히 저하함으로써 단열되는 원리를 이용한 단열방법이다.
> 3. 분말 진공 단열법: 단열공간 양면간에 미세한 분말(펄라이트, 규조토, Al분말 등)을 충진시키면 상압상태에서도 열전도율이 공기보다 약간 작아지며, 다시 압력을 낮추어 주고 분말의 지름을 크게 해주어서 진공단열의 효과를 얻는 원리를 이용한 단열방법이다. 이 경우 단열진공을 1/100 Torr의 진공을 유지함으로써 단열효과를 얻을 수 있다.
> 4. 다층진공 단열법: 단열 공간 양면 간에 복사방지용 실드판(알루미늄박과 글라스울)을 서로 다수 포개어 고진공(10⁻⁵ Torr의 진공) 중에 두는 단열방법이다.

44 고압식 액체산소분리장치에서 원료공기는 압축기에서 압축된 후 압축기의 중간단에서는 몇 atm 정도로 탄산가스 흡수기에 들어가는가?

① 5atm ② 7atm

③ 15atm ④ 20atm

> ❗ 고압식 액체산소분리장치에서 원료공기는 압축기에서 압축된 후 압축기의 중간단에서는 15atm 정도로 탄산가스 흡수기에 들어가고, 다단압축기에 의해 150~200atm으로 압축하여 중간냉각기를 거쳐서 유분리기로 보내진다.

45 펌프의 축봉 장치에서 아웃사이드 형식이 쓰이는 경우가 아닌 것은?

① 구조재, 스프링재가 액의 내식성에 문제가 있을 때
② 점성계수가 100cP를 초과하는 고점도 액일 때
③ 스타핑 복스 내가 고진공일 때
④ 고 응고점 액일 때

> ❗ 아웃사이드(시일) 형식의 특징: 구조재, 스프링재가 액의 내식성에 문제가 있을 때, 점성계수가 100cP(센티포와즈)를 초과하는 고점도 액일 때, 스타핑 복스 내가 고진공일 때, 저 응고점 액일 때 사용한다.

46 가스누출자동차단기의 내압시험 조건으로 맞는 것은?

① 고압부 1.8MPa 이상, 저압부 8.4~10kPa
② 고압부 1MPa 이상, 저압부 0.1MPa 이상
③ 고압부 2MPa 이상, 저압부 0.2MPa 이상
④ 고압부 3MPa 이상, 저압부 0.3MPa 이상

> ❗ 가스누출자동차단기의 내압시험 조건으로 고압부 3MPa 이상, 저압부 0.3MPa 이상으로 한다.

47 염소의 특징에 대한 설명 중 틀린 것은?

① 염소 자체는 폭발성, 인화성은 없다.
② 상온에서 자극성의 냄새가 있는 맹독성 기체이다.
③ 염소와 산소의 1:1 혼합물을 염소폭명기라고 한다.
④ 수분이 있으면 염산이 생성되어 부식성이 강해진다.

> ❗ 염소의 특징: 염소와 수소의 1:1 혼합물을 염소폭명기라고 한다. 염소폭명기: $H_2+Cl_2 \rightarrow 2HCl+44kcal$

48 다음 중 불꽃의 표준온도가 가장 높은 연소방식은?

① 분젠식   ② 적화식
③ 세미분젠식   ④ 전 1차 공기식

> ❗ **액화석유가스의 연소방법**
> 1. 분젠식은 연소속도가 빠르고 화염온도(천연가스일 때 1,800℃, 제조가스일 때 1,200℃ 정도)가 높다.
> 2. 적화식은 자동온도조절장치의 사용이 용이하고 불꽃(적황색)의 온도(900℃ 정도)가 낮다.
> 3. 세미분젠식은 분젠식과 적화식의 중간 형태의 연소방법으로 역화의 우려가 없고, 불꽃(청색)의 온도는 1,000℃ 정도이며, 고온을 필요로 하는 곳에는 적합하지 않다.

49 도시가스의 유해성분을 측정하기 위한 도시가스품질검사의 성분분석은 주로 어떤 기기를 사용하는가?

① 기체크로마토그래피
② 분자흡수분광기
③ NMR
④ ICP

> ❗ **기체(가스)크로마토그래피**
> 1. 개념: 활성탄 등의 흡착제를 채운 관을 통과하는 가스의 이동속도 차를 이용하여 시료가스를 분석하는 방법이다.
> 2. 특징: 캐리어 가스로는 수소, 질소, 헬륨, 아르곤 등이 사용되고, 검출기에는 열전도형(TCD), 수소이온(FID), 전자포획이온화(ECD) 등으로 TCD가 가장 많이 사용된다. 정량·정성분석이 가능하여 주로 연구실용과 공업용으로 사용하며, 여러 가지 가스성분(도시가스의 성분분석 등)이 섞여있는 시료가스 분석에 적당하다.

50 다음 중 독성도 없고 가연성도 없는 기체는?

① NH_3 ② C_2H_4O
③ CS_2 ④ $CHClF_2$

> ❗ $CHClF_2$(R-22: Mono chloro di fluor methane): 프레온 냉매로 독성은 사용냉매 분자 중 염소가 적고 불소수가 많을수록 적고 불연성이다.

51 다음 중 드라이아이스의 제조에 사용되는 가스는?

① 일산화탄소   ② 이산화탄소
③ 아황산가스   ④ 염화수소

> ❗ 드라이아이스(고체 이산화탄소)의 제조에 사용되는 가스는 이산화탄소이다.

52 가스의 비열비의 값은?

① 언제나 1보다 작다.
② 언제나 1보다 크다.
③ 1보다 크기도 하고 작기도 하다.
④ 0.5와 1사이의 값이다.

비열비=(정압비열/정적비열)에서, 정압비열은 정적비열보다 크기(분자의 운동에너지) 때문에 비열비는 항상 1보다 크다.

53 염화수소(HCl)의 용도가 아닌 것은?

① 강판이나 강재의 녹 제거

② 필름 제조

③ 조미료 제조

④ 향료, 염료, 의약 등의 중간물 제조

염화수소(HCl)의 용도: 강판이나 강재의 녹 제거, 조미료 제조, 향료·염료·의약 등의 중간물 제조, 공업약품 및 각종 염화무기물 제조에 사용된다.

54 국가표준기본법에서 정의하는 기본단위가 아닌 것은?

① 질량-kg　　　② 시간-s

③ 전류-A　　　④ 온도-℃

국가표준기본법에서 정의하는 기본단위: 질량-kg, 시간-s, 전류-A, 온도-K, 길이-m, 물질량-mol이다.

55 47L 고압가스 용기에 20℃의 온도로 15MPa의 게이지압력으로 충전하였다. 40℃로 온도를 높이면 게이지압력은 약 얼마가 되겠는가?

① 16.031MPa　　② 17.132MPa

③ 18.031MPa　　④ 19.031MPa

샤를의 법칙: 체적이 일정할 때 압력과 절대온도는 비례한다. 따라서 나중압력=(나중온도×처음압력)/처음온도
=(273+40)×15/(273+20)=16.02

56 10%의 소금물 500g을 증발시켜 400g으로 농축하였다면 이 용액은 몇 %의 용액인가?

① 10　　　　　② 12.5

③ 15　　　　　④ 20

용액의 농도(%)=처음 용액/나중 용액
=(10%×500)/400=12.5

57 천연가스(NG)의 특징에 대한 설명으로 틀린 것은?

① 메탄이 주성분이다.

② 공기보다 가볍다.

③ 연소에 필요한 공기량은 LPG에 비해 적다.

④ 발열량($kcal/m^3$)은 LPG에 비해 크다.

천연가스(NG)의 특징: 연소에 필요한 공기량은 LPG에 비해 적고, 메탄이 주성분으로 공기보다 가벼우며, 발열량($kcal/m^3$)은 LPG에 비해 적다.

58 다음 중 암모니아 가스의 검출방법이 아닌 것은?

① 네슬러시약을 넣어 본다.

② 초산연 시험지를 대어본다.

③ 진한 염산에 접촉시켜 본다.

④ 붉은 리트머스지를 대어본다.

암모니아 가스의 검출방법: 네슬러시약을 넣어 보면 소량 누설 시는 황색, 다량 누설 시는 자색으로 변하고, 진한 염산에 접촉시켜 보면 흰연기가 발생되며, 붉은 리트머스지를 대어 보면 청색으로 변화시킨다. 또한 페놀프탈렌지를 물에 적셔 누설 시 대면 청색으로 변하고, 냄새로 확인이 가능하다.

59 다음 중 표준상태에서 비점이 가장 높은 것은?

① 나프타　　　② 프로판
③ 에탄　　　　④ 부탄

❗ 각 가스의 비점: 나프타 200℃, 프로판 −42.1℃, 에탄 −88.6℃, 부탄 −0.5℃ 정도이다.

60 절대온도 300K는 랭킨온도(°R)로 약 몇 도인가?

① 27　　　　　② 167
③ 541　　　　④ 572

❗ 랭킨온도(°R)=°F+460이다. 절대온도=℃+273에서, ℃=절대온도−273=300−273=270이며, °F=(9/5)×℃+32=(9/5)×27+32=80.6이므로, 랭킨온도(°R)=80.6+460=540.6

정답

: : 2012년 10월 20일 기출문제

01	02	03	04	05	06	07	08	09	10
④	③	③	③	①	④	①	①	③	③
11	12	13	14	15	16	17	18	19	20
④	④	①	①	④	①	③	③	②	②
21	22	23	24	25	26	27	28	29	30
②	①	②	②	①	②	③	③	②	①
31	32	33	34	35	36	37	38	39	40
②	④	①	③	②	④	①	④	③	③
41	42	43	44	45	46	47	48	49	50
②	④	①	③	④	④	③	①	①	④
51	52	53	54	55	56	57	58	59	60
②	②	②	④	①	②	④	②	①	③

국가기술자격 필기시험문제

2013년 1월 27일 제1회 필기시험			수험 번호	성명
자격 종목	종목코드	시험시간		
가스기능사	6335	1시간		

제1과목, 가스안전관리

01 도시가스 사용시설에서 배관의 호칭지름이 25mm인 배관은 몇 m 간격으로 고정하여야 하는가?

① 1m마다
② 2m마다
③ 3m마다
④ 4m마다

> ! 배관은 움직이지 않도록 건축물에 고정 부착하는 조치를 하되, 그 호칭지름이 13mm 미만의 것에는 1m마다, 13mm 이상 33mm 미만의 것에는 2m마다, 33mm 이상의 것에는 3m마다 고정 장치를 설치할 것(배관과 고정 장치 사이에는 절연조치를 할 것). 다만, 호칭지름 100mm 이상의 것에는 적절한 방법에 따라 3m를 초과하여 설치할 수 있다.

02 다음은 도시가스사용시설의 월사용예정량을 산출하는 식이다. 이중 기호 "A"가 의미하는 것은?

$$Q = \frac{[(A \times 240) + (B \times 90)]}{11000}$$

① 월사용예정량
② 산업용으로 사용하는 연소기의 명판에 기재된 가스 소비량의 합계
③ 산업용이 아닌 연소기의 명판에 기재된 가스소비량의 합계
④ 가정용 연소기의 가스소비량 합계

> ! **가스사용시설의 월사용예정량 계산식**
> Q= [(A×240)+(B+90)]/11,000에서,
> Q: 월 사용예정량(m^3),
> A: 산업용으로 사용하는 연소기의 명판에 적힌 도시가스 소비량의 합계(kcal/h),
> B: 산업용이 아닌 연소기의 명판에 적힌 도시가스 소비량의 합계(kcal/h)를 의미한다.

03 도시가스사용시설의 가스계량기 설치기준에 대한 설명으로 옳은 것은?

① 시설 안에서 사용하는 자체 화기를 제외한 화기와 가스계량기와 유지하여야 하는 거리는 3m 이상이어야 한다.
② 시설 안에서 사용하는 자체 화기를 제외한 화기와 입상관과 유지하여야 하는 거리는 3m 이상이어야 한다.
③ 가스계량기와 단열조치를 하지 아니한 굴뚝과의 거리는 10cm 이상 유지하여야 한다.
④ 가스계량기와 전기개폐기와의 거리는 60cm 이상 유지하여야 한다.

> ! 가스계량기와 전기개폐기와의 최소 안전거리는 60㎝ 이상, 굴뚝, 전기점멸기 및 전기접속기와의 거리는 30㎝ 이상, 절연조치를 하지 않은 전선과의 거리는 15㎝ 이상이어야 한다.

04 도시가스도매사업자가 제조소에 다음 시설을 설치하고자 한다. 다음 중 내진 설계를 하지 않아도 되는 시설은?

① 저장능력이 2톤인 지상식 액화천연가스 저장탱크의 지지구조물
② 저장능력이 300m³인 천연가스 저장탱크의 지지구조물
③ 처리능력이 10m³인 압축기의 지지구조물
④ 처리능력이 15m³인 펌프의 지지구조물

> ❗ 내진설계 제외 대상
> 1. 건축법령에 따라 내진설계를 하여야 하는 것으로서 같은 법령이 정하는 바에 따라 내진설계를 한 시설
> 2. 저장능력이 3톤(압축가스의 경우에는 300㎥) 미만인 저장탱크 또는 가스홀더
> 3. 지하에 설치되는 시설의 어느 하나에 해당하는 시설은 내진설계 대상에서 제외한다.

05 액화석유가스는 공기 중의 혼합비율의 용량이 얼마인 상태에서 감지할 수 있도록 냄새가 나는 물질을 섞어 용기에 충전하여야 하는가?

① 1/10　　② 1/100
③ 1/1000　　④ 1/10000

> ❗ 부취제의 착취농도: 첨가비율의 용량이 0.1%(1/1,000)의 상태에서 냄새를 감지할 수 있어야 한다.

06 산소가스 설비의 수리를 위한 저장탱크 내의 산소를 치환할 때 산소측정기 등으로 치환결과를 수시로 측정하여 산소의 농도가 원칙적으로 몇 % 이하가 될 때까지 치환하여야 하는가?

① 18%　　② 20%
③ 22%　　④ 24%

> ❗ 산소 가스설비의 수리 및 청소를 위한 저장탱크 내의 산소를 치환할 때 산소측정기 등으로 치환결과를 측정하여 산소의 농도가 최대 22% 이하가 될 때까지 계속하여 치환작업을 하여야 한다.

07 용기 밸브 그랜드너트의 6각 모서리에 V형의 홈을 낸 것은 무엇을 표시하기 위한 것인가?

① 왼나사임을 표시
② 오른나사임을 표시
③ 암나사임을 표시
④ 수나사임을 표시

> ❗ 용기 밸브 그랜드너트의 6각 모서리에 V형의 홈을 낸 것은 왼나사임을 표시한 것이다.

08 LP 가스의 일반적인 성질에 대한 설명 중 옳은 것은?

① 공기보다 무거워 바닥에 고인다.
② 액의 체적팽창율이 적다.
③ 증발잠열이 적다.
④ 기화 및 액화가 어렵다.

> ❗ LP 가스의 일반적인 성질로서 액의 체적팽창율이 크므로, 증발잠열이 크며 기화 및 액화가 쉽다.

09 액화석유가스 또는 도시가스용으로 사용되는 가스용 염화비닐호스는 그 호스의 안전성, 편리성 및 호환성을 확보하기 위하여 안지름 치수를 규정하고 있는데 그 치수에 해당하지 않는 것은?

① 4.8mm　　② 6.3mm
③ 9.5mm　　④ 12.7mm

> ❗ 가스용 염화비닐호스의 안지름 치수: 1종은 6.3mm이고, 2종 9.5mm이며, 3종 12.7mm로서 허용차는 각각 ±0.7mm이다.

10 내용적이 300L인 용기에 액화암모니아를 저장하려고 한다. 이 저장설비의 저장능력은 얼마인가? (단, 액화암모니아의 충전정수는 1.86이다.)

① 161Kg   ② 232Kg

③ 279Kg   ④ 558Kg

> ! 액화가스의 저장능력(kg)
> = (내용적/충전상수) =3 00/1.86 = 161.3

11 다음 중 마찰, 타격 등으로 격렬히 폭발하는 예민한 폭발물질로써 가장 거리가 먼 것은?

① AgN_2 ② H_2S

③ Ag_2C_2 ④ N_4S_4

> ! AgN_2, Ag_2C_2, N_4S_4, HgN_2은 마찰, 타격 등으로 격렬히 폭발하는 예민한 폭발물질이다.

12 최근 시내버스 및 청소차량 연료로 사용되는 CNC 충전소 설계 시 고려하여야 할 사항으로 틀린 것은?

① 압축장치와 충전설비 사이에는 방화벽을 설치한다.

② 충전기에는 90kgf 미만의 힘에서 분리되는 긴급분리 장치를 설치한다.

③ 자동차 충전기(디스펜서)의 충전호스 길이는 8m 이하로 한다.

④ 펌프 주변에는 1개 이상 가스누출검지 경보장치를 설치한다.

13 가스 중 음속보다 화염전파 속도가 큰 경우 충격파가 발생하는데 이때 가스의 연소 속도로써 옳은 것은?

① 0.3~100 m/s   ② 100~300 m/s

③ 700~800 m/s   ④ 1000~3500 m/s

> ! 음속보다 화염전파 속도가 큰 경우 충격파가 발생하는데 이때 가스의 연소 속도는 1000~3500m/s 정도이다.

14 고압가스용 용접용기 동판의 최대 두께와 최소 두께와의 차이는?

① 평균두께의 5% 이하

② 평균두께의 10% 이하

③ 평균두께의 20% 이하

④ 평균두께의 25% 이하

> ! 고압가스용 용접용기 동판의 최대 두께와 최소 두께와의 차이는 평균두께의 20% 이하로 한다.

15 용기의 내용적 40L에 내압 시험 압력의 수압을 걸었더니 내용적이 40.24L로 증가하였고, 압력을 제거하여 대기압으로 하였더니 용적은 40.02L가 되었다. 이 용기의 항구 증가량과 또 이 용기의 내압시험에 대한 합격 여부는?

① 1.6%, 합격   ② 1.6%, 불합격

③ 8.3%, 합격   ④ 8.3%, 불합격

> ! 항구증가율(%)=(영구증가량/전증가량)×100에서,
> 영구증가량=압력제거 후 용적·용기의 내용적=40.02-40=0.02,
> 전증가량=증가된 내용적-용기의 내용적=40.24-40=0.24이므로, 항구증가율(%)=(0.02/0.24)×100=8.33%이다.
> 따라서 항구증가율이 10% 이하일 때 적합하기 때문에 합격이다.

16 가연성 고압가스 제조소에서 다음 중 착화원인이 될 수 없는 것은?

① 정전기

② 베릴륨 합금제 공구에 의한 타격

③ 사용 촉매의 접촉

④ 밸브의 급격한 조작

> ! 베릴륨 합금제 공구에 의한 타격으로 불꽃(스파크)이 발생하지 않는다. 이유로써 베릴륨 합금제 공구는 특수재질로 만들어진 방폭공구이기 때문이다. 따라서 착화의 원인이 될 수 없다.

17 부탄가스용 연소기의 명판에 기재할 사항이 아닌 것은?

① 연소기명
② 제조자의 형식호칭
③ 연소기 재질
④ 제조(로트)번호

> ❗ 연소기의 명판에 기재할 사항: 연소기명, 제조자의 형식호칭(모델번호), 제조(로트)번호 및 제조연월, 사용가스명 및 사용가스압력, 가스소비량, 품질보증기간 및 용도, 제조자명, 정격전압 및 소비전력 등이다.

18 LPG용 압력조정기 중 1단 감압식 저압조정기의 조정압력의 범위는?

① 2.3~3.3kpa
② 2.55~3.3kpa
③ 57~83kpa
④ 5.0~30kpa 이내에서 제조사가 설정한 기준압력의 ±20%

> ❗ 1단 감압식 저압조정기의 조정압력의 범위는 2.3~3.3kpa, 폐쇄압력은 3.5kpa, 안전장치 작동압력은 5.6~8.4kpa, 출구 내압시험압력은 3kpa, 출구 기밀시험압력은 5.5kpa이다.

19 공기 중에서 폭발 범위가 가장 넓은 가스는?

① 메탄
② 프로판
③ 에탄
④ 일산화탄소

> ❗ 가연성가스의 공기 중 폭발범위: 메탄 5~15%, 프로판 2.1~9.5%, 에탄 3~12.5%, 일산화탄소 12.5~74%이므로, 폭발범위가 가장 넓은 것은 일산화탄소이다.

20 다음 중 방류둑을 설치하여야 할 기준으로 옳지 않은 것은?

① 저장능력이 5톤 이상인 독성가스 저장탱크
② 저장능력이 300톤 이상인 가연성가스 저장탱크
③ 저장능력이 1000톤 이상인 액화석유가스 저장탱크
④ 저장능력이 1000톤 이상인 액화산소 저장탱크

> ❗ **방류둑의 설치기준**
> 1. 저장능력이 5톤 이상인 독성가스 저장탱크
> 2. 독성가스를 사용하는 냉동설비 수액기의 내용적 1만 ℓ 이상
> 3. 저장능력이 1000톤 이상인 가연성가스 저장탱크
> 4. 저장능력이 1000톤 이상인 액화석유가스 저장탱크
> 5. 저장능력이 1000톤 이상인 액화산소 저장탱크

21 다음 중 지연성 가스에 해당되지 않는 것은?

① 염소
② 불소
③ 이산화질소
④ 이황화탄소

> ❗ 이황화탄소(CS_2)는 가연성이고, 유독한 액체로 인화되기 쉽다.

22 액화석유가스를 탱크로리로부터 이·충전할 때 정전기를 제거하는 조치로 접지하는 접지접속의 규격은?

① 5.5mm² 이상
② 6.7mm² 이상
③ 9.6mm² 이상
④ 10.5mm² 이상

> ❗ 정전기를 제거하는 조치로 접지하는 접지접속의 규격은 5.5mm² 이상을 사용한다.

23 가연성가스, 독성가스 및 산소설비의 수리 시 설비 내의 가스 치환용으로 주로 사용되는 가스는?

① 질소　　　　　② 수소
③ 일산화탄소　　④ 염소

> **!** 질소는 가연성가스, 독성가스 및 산소설비의 수리 시 설비 내의 가스 치환용으로 주로 사용된다.

24 가스누출 자동차단장치의 검지부 설치금지 장소에 해당하지 않는 것은?

① 출입구 부근 등으로서 외부의 기류가 통하는 곳
② 가스가 체류하기 좋은 곳
③ 환기구 등 공기가 들어오는 곳으로부터 1.5m 이내의 곳
④ 연소기의 폐가스에 접촉하기 쉬운 곳

> **!** 가스누출 자동차단장치의 검지부 설치금지 장소
> 1. 출입구 부근 등으로서 외부의 기류가 통하는 곳
> 2. 환기구 등 공기가 들어오는 곳으로부터 1.5m 이내의 곳
> 3. 연소기의 폐가스에 접촉하기 쉬운 곳

25 도시가스계량기와 화기 사이에 유지하여야 하는 거리는?

① 2m 이상　　　② 4m 이상
③ 5m 이상　　　④ 8m 이상

> **!** 도시가스계량기와 화기 사이에 2m 이상의 우회거리를 유지하여야 한다.

26 건축물 안에 매설할 수 없는 도시가스 배관의 재료는?

① 스테인리스강관
② 동관
③ 가스용 금속플렉시블호스
④ 가스용 탄소강관

> **!** 건축물 안에 매설할 수 없는 도시가스 배관의 재료는 탄소강관이다.

27 저장탱크의 지하설치기준에 대한 설명으로 틀린 것은?

① 천정, 벽 및 바닥의 두께가 각각 30cm 이상인 방수 조치를 한 철근콘크리트로 만든 곳에 설치한다.
② 지면으로부터 저장탱크의 정상부까지의 깊이는 1m 이상으로 한다.
③ 저장탱크에 설치한 안전밸브에는 지면에서 5m 이상의 높이에 방출구가 있는 가스 방출구가 있는 가스방출관을 설치한다.
④ 저장탱크를 매설한 곳의 주위에는 지상에 경계표지를 설치한다.

> **!** 저장탱크의 지하설치기준: 지면으로부터 저장탱크의 정상부까지의 깊이는 0.6m(60cm) 이상으로 한다.

28 다음 중 천연가스(LNG)의 주성분은?

① CO　　　　　② CH_4
③ C_2H_4　　　　④ C_2H_2

> **!** 천연가스(LNG)의 주성분은 메탄(CH_4)이다.

29 독성가스 용기 운반기준에 대한 설명으로 틀린 것은?

① 차량의 최대 적재량을 초과하여 적재하지 아니한다.
② 충전용기는 자전거나 오토바이에 적재하여 운반하지 아니한다.
③ 독성가스 중 가연성가스와 조연성가스는 같은 차량의 적재함으로 운반하지 아니한다.
④ 충전용기를 차량에 적재하여 운반할 때에는 적재함에 넘어지지 않게 뉘어서 운반한다.

> ! 독성가스 용기의 운반기준: 충전용기를 차량에 적재하여 운반할 때에는 적재함에 넘어지지 않게 세워서 운반한다.

30 비등액체팽창증기폭발(BLEVE)이 일어날 가능성이 가장 낮은 곳은?

① LPG 저장탱크
② 액화가스 탱크로리
③ 천연가스 지구정압기
④ LNG 저장탱크

> ! 비등액체팽창증기폭발(BLEVE)이 일어날 가능성이 가장 낮은 곳은 천연가스 지구정압기이다.

제2과목. 가스장치 및 기기

31 주로 탄광 내에서 CH_4의 발생을 검출하는데 사용되며 청염(푸른 불꽃)의 길이로써 그 농도를 알 수 있는 가스 검지기는?

① 안전등형   ② 간섭계형
③ 열선형   ④ 흡광 광도형

> ! **가연성가스 검출기**
> 1. 안전등형은 주로 탄광 내에서 CH_4의 발생을 검출하는데 사용되며 청염(푸른 불꽃)의 길이로써 그 농도를 알 수 있는 가스 검지기이다.
> 2. 간섭계형은 가연성가스의 굴절률 차이를 이용하여 농도를 측정한다.
> 3. 열선형은 브리지회로의 편위전류에 의하여 가스농도의 지시 또는 자동적으로 경보가 가능한 방식이다.

32 다음 중 저온을 얻는 기본적인 원리는?

① 등압 팽창   ② 단열 팽창
③ 등온 팽창   ④ 등적 팽창

> ! 단열 팽창은 압력과 온도가 낮아지면서 저온을 얻는 기본적인 원리이다.

33 다음 중 용적식 유량계에 해당하는 것은?

① 오리피스 유량계
② 플로노즐 유량계
③ 벤투리관 유량계
④ 오벌 기어식 유량계

> ! **유량계의 종류**
> 1. 용적(부피)식 유량계: 오벌 기어식 유량계, 로터리형식 유량계, 왕복 피스톤형 유량계, 원판형 유량계
> 2. 유속(속도)식 유량계: 피토관식 유량계, 전열식 유량계, 익차식 유량계
> 3. 차압식 유량계: 오리피스 유량계, 플로노즐 유량계, 벤투리관 유량계
> 4. 면적식 유량계: 로터 미터식 유량계, 플로트식 유량계

34 전위측정기로 관대지전위(pipe to soil potential) 측정 시 측정방법으로 적합하지 않은 것은? (단, 기준전극은 포화황산동전극이다.)

① 측정선 말단의 부식부분을 연마 후에 측정한다.
② 전위측정기의 (+)는 T/B(EST Box), (−)는 기준전극에 연결한다.
③ 콘크리트 등으로 기준전극을 토양에 접지할 수 없을 경우에는 물에 적신 스폰지 등을 사용하여 측정한다.
④ 전위측정은 가능한 한 배관에서 먼 위치에서 측정한다.

> ! 전위측정은 가능한 한 배관에서 가까운 위치에서 측정한다.

35 다이어프램식 압력계의 특징에 대한 설명 중 틀린 것은?

① 정확성이 높다.
② 반응속도가 빠르다.
③ 온도에 따른 영향이 적다.
④ 미소압력을 측정할 때 유리하다.

> **!** 다이어프램(격막)식 압력계의 특징
> 1. 정확성이 높고, 연속용 드래프트계로 사용한다.
> 2. 부식성 유체의 측정이 가능하고 측정의 응답(반응)속도가 빠르다.
> 3. 미소(낮은)압력을 측정할 때 유리하고, 측정범위는 $1 \sim 2,000 mmH_2O$이다.
> 4. 온도의 영향을 받기 쉽다. 금속식은 $-30 \sim 120℃$, 비금속식은 $-10 \sim 90℃$까지 측정가능하다.
> 5. 재질은 금속식에는 인, 청동, 구리, 스테인리스 등 탄성체 박판이 사용되고, 비금속식에는 특수고무, 천연고무, 가죽 등을 사용한다.

36 염화메탄을 사용하는 배관에 사용하지 못하는 금속은?

① 주강   ② 강
③ 동합금   ④ 알루미늄 합금

> **!** 알루미늄 합금, 마그네슘합금 등은 염화메탄과 반응하여 부식을 발생시키기 때문에 염화메탄을 사용하는 배관에 사용하지 못한다.

37 송수량 12000L/min, 전양정 45m인 볼류트 펌프의 회전수를 1000rpm에서 1100rpm으로 변화시킨 경우 펌프의 축동력은 약 몇 PS인가? (단, 펌프의 효율은 80%)

① 165   ② 180
③ 200   ④ 250

> **!** 펌프의 축동력(PS)
> 1. 1,000rpm에서의 축동력(PS) = (전양정×송수량)/(75×60×효율) = (45×12,000)/(75×60×0.8)=150
> 2. 1,000rpm에서 1,100rpm으로 변화된 축동력(PS)
> = (나중 회전수/처음 회전수)³×처음 축동력(PS)
> = $(1,100/1,000)^3×150(PS) =199.65$

38 염화파라듐지로 검지할 수 있는 가스는?

① 아세틸렌   ② 황화수소
③ 염소   ④ 일산화탄소

> **!** 가스검지
> 1. 시험지법: 가스 접촉 시 시험지에 의한 변색의 상태로 가스를 검지하는 방법이다.
> 2. 시험지 종류에 따른 검지가스
> ① 아세틸렌-염화 제1동(구리)착염지-적갈색 반응
> ② 황화수소-연당지(초산납시험지)-회색~흑색 반응
> ③ 염소, NO_2, 할로겐가스-KI 전분지(요오드칼륨시험지)-청색~갈색 반응
> ④ 일산화탄소-염화파라듐지-흑색 반응
> ⑤ 포스겐-하리슨시약-오렌지색(심등색) 반응
> ⑥ 시안화수소-초산벤젠지(질산구리벤젠지)-청색 반응
> ⑦ 암모니아, 산, 알칼리-리트머스지-적색 또는 청색 반응

39 압축기를 이용한 LP가스 이·충전 작업에 대한 설명으로 옳은 것은?

① 충전시간이 길다.
② 잔류가스를 회수하기 어렵다.
③ 베이퍼록 현상이 일어난다.
④ 드레인 현상이 일어난다.

> **!** 압축기를 이용한 LP가스 이·충전 작업의 특징: 충전시간이 짧고, 잔류가스를 회수하기 용이하며, 베이퍼록 현상이 일어나지 않으나 드레인 현상이 일어난다.

40 펌프의 실제 송출유량을 Q, 펌프 내부에서의 누설 유량을 ΔQ, 임펠러 속을 지나는 유량을 Q+ΔQ라고 할 때, 펌프의 체적효율(ηv)을 구하는 식은?

① $\eta_V = Q/(Q + \Delta Q)$
② $\eta_V = (Q + \Delta Q)/Q$
③ $\eta_V = (Q - \Delta Q)/(Q + \Delta Q)$
④ $\eta_V = (Q + \Delta Q)/(Q - \Delta Q)$

> **!** 펌프의 체적효율$(\eta_V)=Q/(Q+\Delta Q)$

41 저온장치의 분말진공단열법에서 충진용 분말로 사용되지 않는 것은?

① 펄라이트　　② 알루미늄분말
③ 글라스울　　④ 규조토

! 펄라이트, 알루미늄분말, 규조토는 저온장치의 분말진공단열법에서 충진용 분말로 사용된다.

42 어떤 도시가스의 발열량이 15000Kcal/Sm³일 때 웨버지수는 얼마인가? (단, 가스의 비중은 0.5로 한다.)

① 12121　　② 20000
③ 21213　　④ 30000

! 웨버지수=발열량/√가스의 비중=15,000/√0.5=21,213.2

43 진탄형 오토클레브의 특징에 대한 설명으로 틀린 것은?

① 가스누출의 가능성이 적다.
② 고압력에 사용할 수 있고 반응물의 오손이 적다.
③ 장치 전체가 진동하므로 압력계는 본체로부터 떨어져 설치한다.
④ 뚜껑판에 뚫어진 구멍에 촉매가 끼어들어갈 염려가 없다.

! **진탄형 오토클레브의 특징**
1. 가스누출의 가능성이 적다.
2. 고압력에 사용할 수 있고 반응물의 오손이 적다.
3. 장치 전체가 진동하므로 압력계는 본체로부터 떨어져 설치한다.
4. 뚜껑판에 뚫어진 구멍에 촉매가 끼어들어갈 염려가 있다.

44 고압가스용기의 관리에 대한 설명으로 틀린 것은?

① 충전 용기는 항상 40℃ 이하를 유지하도록 한다.
② 충전 용기는 넘어짐 등으로 인한 충격을 방지하는 조치를 하여야 하며 사용한 후에는 밸브를 열어둔다.
③ 충전 용기 밸브는 서서히 개폐한다.
④ 충전 용기 밸브 또는 배관을 가열하는 때에는 열습포나 40℃ 이하의 더운물을 사용한다.

! 충전 용기는 넘어짐 등으로 인한 충격을 방지하는 조치를 하여야 하며, 사용한 후에는 밸브를 닫아 두어야 한다.

45 가스난방기의 명판에 기재하지 않아도 되는 것은?

① 제조자의 형식호칭(모델번호)
② 제조자명이나 그 약호
③ 품질보증기간과 용도
④ 열효율

! 연소기의 명판에 기재할 사항: 연소기명, 제조자의 형식호칭(모델번호), 제조(로트)번호 및 제조연월, 사용가스명 및 사용가스압력, 가스소비량, 품질보증기간 및 용도, 제조자명, 정격전압 및 소비전력 등이다.

제3과목. 가스일반

46 LNG의 특징에 대한 설명 중 틀린 것은?

① 냉열을 이용할 수 있다.
② 천연에서 산출한 천연가스를 약 −162℃까지 냉각하여 액화시킨 것이다.
③ LNG는 도시가스, 발전용 이외에 일반 공업용으로도 사용된다.
④ LNG로부터 기화한 가스는 부탄이 주성분이다.

! LNG(액화천연가스)로부터 기화한 가스는 메탄(CH_4)이 주성분이다.

47 완전연소 시 공기량을 가장 많이 필요로 하는 가스는?

① 아세틸렌　　② 메탄
③ 프로판　　　④ 부탄

> ! **완전연소**
> 1. 완전연소 시 공기량(체적)=이론산소량/공기 중 산소량
> 2. 반응식
> ① $C_2H_2 + 2.5O_2 \rightarrow 2CO_2 + H_2O$
> ② $CH_4 + 2O_2 \rightarrow CO_2 + 2H_2O$
> ③ $C_3H_8 + 5O_2 \rightarrow 3CO_2 + 4H_2O$
> ④ $C_4H_{10} + 6.5O_2 \rightarrow 4CO_2 + 5H_2O$에서, 부탄의 산소 몰수는 6.5몰로 가장 많기 때문에 공기량도 가장 많게 된다.

48 가정용 가스보일러에서 발생하는 가스중독 사고 원인으로 배기가스의 어떤 성분에 의하여 주로 발생하는가?

① CH_4　　　　② CO_2
③ CO　　　　④ C_3H_8

> ! 가정용 가스보일러에서 발생하는 가스중독사고는 배기가스의 CO(일산화탄소) 성분에 의하여 주로 발생한다.

49 다음 중 LP 가스의 일반적인 연소특성이 아닌 것은?

① 연소 시 다량의 공기가 필요하다.
② 발열량이 크다.
③ 연소속도가 늦다.
④ 착화온도가 낮다

> ! LP 가스의 일반적인 연소특성: 연소 시 다량의 공기가 필요하고, 발열량이 크고 연소속도가 느리며, 폭발범위가 좁고 착화온도가 높다.

50 다음 중 가장 높은 압력은?

① 1atm　　　　② 100kPa
③ $10mH_2O$　　④ 0.2MPa

> ! 압력1atm=101.3kPa=10.332mH_2O=0.1MPa

51 100°F를 섭씨온도로 환산하면 약 몇 ℃인가?

① 20.8　　　　② 27.8
③ 37.8　　　　④ 50.8

> ! $℃=(5/9)×(°F-32)=(5/9)×(100-32)=37.78$

52 에틸렌(C_2H_4)의 용도가 아닌 것은?

① 폴리에틸렌의 제조
② 산화에틸렌의 원료
③ 초산비닐의 제조
④ 메탄올 합성의 원료

> ! 메탄올 합성의 원료로는 CO(일산화탄소)가 사용된다.

53 공기 중에 10vol% 존재 시 폭발의 위험성이 없는 가스는?

① CH_3Br　　　② C_2H_6
③ C_2H_4O　　　④ H_2S

> ! 공기 중 각 가스의 폭발범위 하한계가 10% 이상이 될 경우에 폭발하지 않는다는 의미이다. 따라서 각 가스의 폭발범위 하한계는 브롬메틸 13.5%, 에탄 및 산화에틸렌 3%, 황화수소 4.3%이므로 브롬메틸(CH_3Br)은 폭발의 위험성이 없다.

54 산소의 물리적 성질에 대한 설명 중 틀린 것은?

① 물에 녹지 않으며 액화산소는 담녹색이다.
② 기체, 액체, 고체 모두 자성이 있다.
③ 무색, 무취, 무미의 기체이다.
④ 강력한 조연성가스로서 자신은 연소하지 않는다.

> ! 산소의 물리적 성질: 물에 약간 녹으며, 액화산소는 담청색이다.

55 공기 100kg 중에는 산소가 약 몇 Kg 포함되어 있는가?

① 12.3Kg ② 23.2Kg
③ 31.5Kg ④ 43.7Kg

> ❗ 공기의 조성비
> 1. 체적비: 질소 79%, 산소 21%
> 2. 중량비: 질소 76.8%, 산소 23.2%에서, 산소 1kg일 때 중량비로 0.232kg이므로 100kg×0.232=23.2kg이다.

56 다음 중 상온에서 비교적 낮은 압력으로 가장 쉽게 액화되는 가스는?

① CH_4 ② C_3H_8
③ O_2 ④ H_2

> ❗ 상온에서 비점이 높을수록 쉽게 액화된다. 따라서 각 가스의 비점은 메탄 −161.5℃, 프로판 −42.07℃, 산소 −183℃, 수소 −252.8℃이므로, 프로판이 상온에서 비교적 낮은 압력으로 가장 쉽게 액화된다.

57 다음 중 비점이 가장 낮은 것은?

① 수소 ② 헬륨
③ 산소 ④ 네온

> ❗ 각 가스의 비점: 수소 −252.8℃, 헬륨 −268.9℃, 산소 −183℃, 네온 −245.9℃이므로 헬륨의 비점이 가장 낮다.

58 물질이 용해, 응고, 증발, 응축 등과 같은 상의 변화를 일으킬 때 발생 또는 흡수하는 열을 무엇이라 하는가?

① 비열 ② 현열
③ 잠열 ④ 반응열식

> ❗ 잠열이란 온도의 변화 없이 물질이 용해, 응고, 증발, 응축 등과 같은 상태의 변화를 일으킬 때 발생 또는 흡수하는 열을 말한다.

59 0℃, 2기압 하에서 1L의 산소와 0℃, 3기압 2L의 질소를 혼합하여 2L로 하면 압력은 몇 기압이 되는가?

① 2기압 ② 4기압
③ 6기압 ④ 8기압

> ❗ 혼합기체의 압력
> =[(처음압력×처음체적)+(나중압력×나중체적)]/혼합기체의 체적=[(2×1)+(3×2)]/2=4기압

60 순수한 물 1g을 온도 14.5℃에서 15.4℃까지 높이는데 필요한 열량을 의미하는 것은?

① 1cal ② 1BTU
③ 1J ④ 1CHU

> ❗ 1cal은 순수한 물 1g을 온도 14.5℃에서 15.4℃까지 높이는데 필요한 열량을 말한다.

정답

：：2013년 1월 27일 기출문제

01	02	03	04	05	06	07	08	09	10
②	②	④	①	③	③	①	①	①	①
11	12	13	14	15	16	17	18	19	20
②	②	④	③	③	②	③	①	④	②
21	22	23	24	25	26	27	28	29	30
④	①	①	②	①	④	②	②	④	②
31	32	33	34	35	36	37	38	39	40
①	②	④	④	③	④	③	④	④	①
41	42	43	44	45	46	47	48	49	50
③	③	④	②	④	④	④	③	④	④
51	52	53	54	55	56	57	58	59	60
③	④	①	①	②	②	②	③	②	①

국가기술자격 필기시험문제

2013년 4월 14일 제2회 필기시험			수험 번호	성명
자격 종목	종목코드	시험시간		
가스기능사	6335	1시간		

제1과목. 가스안전관리

01 LPG 충전시설의 충전소에 기재한 "화기엄금"이라고 표시한 게시판의 색깔로 옳은 것은?

① 황색바탕에 흑색글씨
② 황색바탕에 적색글씨
③ 흰색바탕에 흑색글씨
④ 흰색바탕에 적색글씨

> ❗ LPG 충전시설의 충전소에 기재한 "화기엄금"이라고 표시한 게시판의 색깔은 흰색바탕에 적색글씨이다.

02 특정고압가스사용시설 중 고압가스 저장량이 몇 kg 이상인 용기보관실에 있는 벽을 방호벽으로 설치하여야 하는가?

① 100   ② 200
③ 300   ④ 500

> ❗ 특정고압가스사용시설 중 고압가스 저장량이 300kg(압축가스는 $1m^3$를 5kg으로 본다.) 이상인 용기보관실에 있는 벽을 방호벽으로 설치하여야 한다.

03 도시가스 중 음식물쓰레기, 가축 분뇨, 하수 슬러지 등 유기성폐기물로부터 생성된 기체를 정제한 가스로서 메탄이 주성분인 가스를 무엇이라 하는가?

① 천연가스   ② 나프타부생가스
③ 석유가스   ④ 바이오가스

> ❗ 바이오가스는 도시가스 중 음식물쓰레기, 가축 분뇨, 하수 슬러지 등 유기성폐기물로부터 생성된 기체를 정제한 가스로서 메탄이 주성분이다.

04 방폭전기기기의 용기 내부에서 가연성가스의 폭발이 발생할 경우 그 용기가 폭발압력에 견디고, 접합면, 개구부 등을 통해 외부의 가연성가스에 인화되지 않도록 한 방폭구조는?

① 내압(耐壓) 방폭구조
② 유입(油入) 방폭구조
③ 압력(壓力) 방폭구조
④ 본질안전 방폭구조

> ❗ **전기설비의 방폭성능기준**
> 1. 유입(油入) 방폭구조: 용기 내부에 기름을 주입하여 불꽃, 아크 또는 고온발생부분이 기름 속에 잠기게 함으로써 기름면 위에 존재하는 가연성가스에 인화되지 아니하도록 한 구조를 말한다.
> 2. 압력(壓力) 방폭구조: 용기 내부에 보호가스(신선한 공기 또는 불활성가스)를 압입하여 내부압력을 유지함으로써 가연성가스가 용기 내부로 유입되지 아니하도록 한 구조를 말한다.
> 3. 본질안전(本質安全) 방폭구조: 정상 시 및 사고(단선, 단락, 지락 등) 시에 발생하는 전기불꽃, 아크 또는 고온부에 의하여 가연성가스가 점화되지 아니하는 것이 점화시험, 기타 방법에 의하여 확인된 구조를 말한다.
> 4. 특수(特殊)방폭구조: 가연성가스에 점화를 방지할 수 있다는 것이 시험, 기타의 방법에 의하여 확인된 구조를 말한다.

05 독성가스 여부를 판정할 때 기준이 되는 "허용농도"를 바르게 설명한 것은?

① 해당가스를 성숙한 흰쥐 집단에게 대기 중에서 1시간 동안 계속하여 노출시킨 경우 7일 이내에 그 흰쥐의 1/2 이상이 죽게 되는 가스의 농도를 말한다.

② 해당가스를 성숙한 흰쥐 집단에게 대기 중에서 24시간 동안 계속하여 노출시킨 경우 7일 이내에 그 흰쥐의 1/2 이상이 죽게 되는 가스의 농도를 말한다.

③ 해당가스를 성숙한 흰쥐 집단에게 대기 중에서 1시간 동안 계속하여 노출시킨 경우 14일 이내에 그 흰쥐의 1/2 이상이 죽게 되는 가스의 농도를 말한다.

④ 해당가스를 성숙한 흰쥐 집단에게 대기 중에서 24시간 동안 계속하여 노출시킨 경우 14일 이내에 그 흰쥐의 1/2 이상이 죽게 되는 가스의 농도를 말한다.

> ❗ 독성가스 여부를 판정할 때 기준이 되는 허용농도란 해당 가스를 성숙한 흰쥐 집단에게 대기 중에서 1시간 동안 계속하여 노출시킨 경우 14일 이내에 그 흰쥐의 1/2 이상이 죽게 되는 가스의 농도를 말한다.

06 다음 보기의 독성가스 중 독성(LC_{50})이 가장 강한 것과 가장 약한 것을 바르게 나열한 것은?

① 염화수소	② 암모니아
③ 황화수소	④ 일산화탄소

① ①, ②　　　　② ①, ④
③ ③, ②　　　　④ ③, ④

> ❗ **독성가스 중 독성(LC_{50})**
> 1. 독성(LC_{50})이란 실험동물에 투입하였을 때 실험동물의 50%(반수치사)를 죽일 수 있는 물질의 농도를 말한다.
> 2. 각 가스의 독성(LC_{50}): 염화수소 3124ppm, 암모니아 7338ppm, 황화수소 444ppm, 일산화탄소 3760ppm이므로, 가장 강한 것은 황화수소이고, 가장 약한 것은 암모니아이다.

07 다음 가연성가스 중 공기 중에서의 폭발 범위가 가장 좁은 것은?

① 아세틸렌　　　　② 프로판
③ 수소　　　　　　④ 일산화탄소

> ❗ 가연성가스의 공기 중 폭발범위: 아세틸렌 2.5~81%, 프로판 2.1~9.5%, 수소 4~75%, 일산화탄소 12.5~74%이므로, 폭발범위가 가장 좁은 것은 프로판이다.

08 산소 가스설비의 수리 및 청소를 위한 저장탱크 내의 산소를 치환할 때 산소측정기 등으로 치환결과를 측정하여 산소의 농도가 최대 몇 % 이하가 될 때까지 계속하여 치환작업을 하여야 하는가?

① 18%　　　　② 20%
③ 22%　　　　④ 24%

> ❗ 산소 가스설비의 수리 및 청소를 위한 저장탱크 내의 산소를 치환할 때 산소측정기 등으로 치환결과를 측정하여 산소의 농도가 최대 22% 이하가 될 때까지 계속하여 치환작업을 하여야 한다.

09 원심식압축기를 사용하는 냉동설비는 그 압축기의 원동기 정격출력 몇 kw를 1일의 냉동능력 1톤으로 산정하는가?

① 1.0　　　　② 1.2
③ 1.5　　　　④ 2.0

> ❗ 원심식압축기를 사용하는 냉동설비는 그 압축기의 원동기 정격출력 1.2kw를 1일의 냉동능력 1톤으로 산정한다.

10 다음의 고압가스의 용량을 차량에 적재하여 운반할 때 운반책임자를 동승시키지 않아도 되는 것은?

① 아세틸렌: 400m³

② 일산화탄소: 700m³

③ 액화염소: 6500kg

④ 액화석유가스: 2000kg

!

고압가스 운반책임자의 동승기준
1. 액화가스: 가연성가스일 때 3,000kg 이상, 독성가스일 때 1,000kg 이상, 조연성가스일 때 6,000kg 이상이다.
2. 압축가스: 가연성가스일 때 300m³ 이상, 독성가스일 때 100m³ 이상, 조연성가스일 때 600m³ 이상이다.
3. 따라서 아세틸렌, 일산화탄소, 액화석유가스는 가연성가스이고, 액화염소는 조연성가스이므로, 액화석유가스는 3,000kg 이상되어야 운반책임자의 동승기준이 된다.

11 고압가스 제조시설에 설치되는 피해저감설비로 방호벽을 설치해야 하는 경우가 아닌 것은?

① 압축기와 충전장소 사이
② 압축기와 가스충전용기 보관장소 사이
③ 충전장소와 충전용 주관밸브 조작밸브 사이
④ 압축기와 저장탱크 사이

!

방호벽의 설치장소
1. 아세틸렌가스 압축기와 충전장소 사이
2. 판매소의 용기 보관실
3. 고압가스 저장설비와 사업소 안의 보호시설과의 사이
4. 압축가스를 충전하는 압축기와 그 충전장소 사이
5. 압축기와 그 가스 충전용기 보관장소 사이
6. 충전장소와 그 충전용주관밸브 조작밸브 사이
7. 충전장소와 그 가스 충전용기 보관장소 사이

12 고압가스의 제조시설에서 실시하는 가스설비의 점검 중 사용개시 전에 점검할 사항이 아닌 것은?

① 기초의 경사 및 침하
② 인터록, 자동제어장치의 기능
③ 가스설비의 전반적인 누출 유무
④ 배관 계통의 밸브 개폐 상황

!

고압가스의 제조시설에서 사용개시 전에 점검할 사항
1. 인터록, 경보 및 자동제어장치의 기능
2. 당해 가스설비의 전반적인 누출 유무
3. 배관 계통의 밸브 개폐 상황, 명판의 탈착 및 부착 상황
4. 회전기계의 윤활유 보급상황 및 회전구동 상황
5.. 긴급차단 및 긴급방출장치, 정전기방지 및 제거설비, 그 밖의 안전설비의 기능 상황

13 액화가스를 운반하는 탱크로리(차량에 고정된 탱크)의 내부에 설치하는 것으로서 탱크 내 액화가스 액면요동을 방지하기 위해 설치하는 것은?

① 폭발방지장치 ② 방파판
③ 압력방출장치 ④ 다공성 충진제

!

방파판은 탱크 내 액화가스 액면요동을 방지하기 위해 설치하는 것이다.

14 가스공급 배관 용접 후 검사하는 비파괴 검사방법이 아닌 것은?

① 방사선투과검사
② 초음파탐상검사
③ 자분탐상검사
④ 주사전자현미경검사

!

비파괴 검사방법
1. 비파괴 검사란 피검사물을 파괴하지 않고 결함의 유무를 검사하는 것을 말한다.
2. 비파괴 검사방법: 방사선투과검사, 초음파탐상검사, 자분(자기)탐상검사, 음향검사, 침투검사 등이 있다.

15 산소 저장설비에서 저장능력이 9,000m³일 경우 1종 보호시설 및 2종 보호시설과의 안전거리는?

① 8m, 5m ② 10m, 7m
③ 12m, 8m ④ 14m, 9m

!

산소저장설비의 안전거리
1. 저장능력 10,000kg 이하: 제1종보호시설은 12m, 제2종 보호시설은 8m 이상 유지하여야 한다.
2. 저장능력 10,000kg 초과 20,000kg 이하: 제1종보호시설은 14m, 제2종보호시설은 9m 이상 유지하여야 한다.
3. 저장능력 20,000kg 초과 30,000kg 이하: 제1종보호시설은 16m, 제2종보호시설은 11m 이상 유지하여야 한다.
4. 저장능력 30,000kg 초과 40,000kg 이하: 제1종보호시설은 18m, 제2종보호시설은 13m 이상 유지하여야 한다.
5. 저장능력 40,000kg 초과: 제1종보호시설은 20m, 제2종 보호시설은 14m 이상 유지하여야 한다.

16 액화석유가스의 시설기준 중 저장탱크의 설치 방법으로 틀린 것은?

① 천장, 벽 및 바닥의 두께가 각각 30cm 이상의 방수조치를 한 철근콘크리트 구조로 한다.

② 저장탱크실 상부 윗면으로부터 저장탱크 상부까지의 깊이는 60cm 이상으로 한다.

③ 저장탱크에 설치한 안전밸브에는 지면으로부터 5m 이상의 방출관을 설치한다.

④ 저장탱크 주위 빈 공간에는 세립분을 25% 이상 함유한 마른 모래를 채운다.

> ! 저장탱크 주위 빈 공간에는 세립분을 함유하지 않은 마른 모래를 채운다.

17 다음 중 고압가스의 성질에 따른 분류에 속하지 않는 것은?

① 가연성 가스 ② 액화 가스
③ 조연성 가스 ④ 불연성 가스

> ! 고압가스 분류
> 1. 상태에 따른 분류: 압축가스, 액화가스, 용해가스
> 2. 성질에 따른 분류: 가연성가스, 조연성가스, 불연성가스
> 3. 독성에 따른 분류: 독성가스, 비독성가스

18 다음 중 화학적 폭발로 볼 수 없는 것은?

① 증기폭발 ② 중합폭발
③ 분해폭발 ④ 산화폭발

> ! 폭발의 분류
> 1. 화학적 폭발: 중합폭발, 분해폭발, 산화폭발 등
> 2. 물리적 폭발: 증기폭발, 가스폭발, 분진폭발, 고체폭발, 미스트 폭발 등

19 가연성가스의 위험성에 대한 설명으로 틀린 것은?

① 누출 시 산소결핍에 의한 질식의 위험성이 있다.

② 가스의 온도 및 압력이 높을수록 위험성이 커진다.

③ 폭발한계가 넓을수록 위험하다.

④ 폭발하한이 높을수록 위험하다.

> ! 가연성가스의 위험성은 폭발하한이 낮을수록 위험하고, 폭발상한이 높을수록 위험하다.

20 시안화수소의 중합폭발을 방지할 수 있는 안정제로 옳은 것은?

① 수증기, 질소
② 수증기, 탄산가스
③ 질소, 탄산가스
④ 아황산가스, 황산

> ! 시안화수소의 중합폭발을 방지할 수 있는 안정제는 아황산가스, 황산, 염화칼슘, 동, 인산, 오산화인 등이다.

21 LPG를 수송할 때의 주의사항으로 틀린 것은?

① 운전 중이나 정차 중에도 허가된 장소를 제외하고는 담배를 피워서는 안 된다.

② 운전자는 운전기술 외에 LPG의 취급 및 소화기 사용 등에 관한 지식을 가져야 한다.

③ 주차할 때는 안전한 장소에 주차하며, 운반책임자와 운전자는 동시에 차량에서 이탈하지 않는다.

④ 누출됨을 알았을 때는 가까운 경찰서, 소방서까지 직접 운행하여 알린다.

> ! LPG를 수송할 때의 주의사항으로 누출됨을 알았을 때는 확인하고 수리하며, 가까운 경찰서 및 소방서에 신고한다.

22 염소의 성질에 대한 설명으로 틀린 것은?

① 상온, 상압에서 황록색의 기체이다.
② 수분 존재 시 철을 부식시킨다.
③ 피부에 닿으면 손상의 위험이 있다.
④ 암모니아와 반응하여 푸른 연기를 생성한다.

> ❗ 염소의 성질은 암모니아와 반응하여 흰 연기를 생성한다.

23 수소에 대한 설명 중 틀린 것은?

① 수소용기의 안전밸브는 가용전식과 파열판식을 병용한다.
② 용기밸브는 오른나사이다.
③ 수소 가스는 피로카를 시약을 사용한 오르자트법에 의한 시험법에서 순도가 98.5% 이상이어야 한다.
④ 공업용 용기의 도색을 주황색으로 하고 문자의 표시는 백색으로 한다.

> ❗ 수소는 가연성가스이므로 용기밸브는 왼나사이다.

24 다음 중 폭발성이 예민하므로 마찰 및 타격으로 격렬히 폭발하는 물질에 해당되지 않는 것은?

① 황화질소   ② 메틸아민
③ 염화질소   ④ 아세틸라이드

> ❗ 황화질소, 염화질소, 아세틸라이드, 질화수은 및 아질화은은 폭발성이 예민하므로 마찰 및 타격으로 격렬히 폭발하는 물질이다.

25 고압가스 특정제조시설 중 철도부지 밑에 매설하는 배관에 대한 설명으로 틀린 것은?

① 배관의 외면으로부터 그 철도부지의 경계까지는 1m 이상의 거리를 유지한다.
② 지표면으로부터 배관의 외면까지의 깊이를 60cm 이상 유지한다.
③ 배관은 그 외면으로부터 궤도 중심과 4m 이상 유지한다.
④ 지하철도 등을 횡단하여 매설하는 배관에는 전기방식조치를 강구한다.

> ❗ 고압가스 특정제조시설 중 철도부지 밑에 매설하는 배관은 지표면으로부터 배관의 외면까지의 깊이를 1.2m 이상 유지한다.

26 다음 중 같은 저장실에 혼합 저장이 가능한 것은?

① 수소와 염소가스
② 수소와 산소
③ 아세틸렌가스와 산소
④ 수소와 질소

> ❗ 가연성가스, 산소 및 독성가스의 용기는 각각 구분하여 용기보관실에 두며, 질소는 불연성가스이므로 수소와 혼합 저장이 가능하다.

27 용기 부속품에 각인하는 문자 중 질량을 나타내는 것은?

① TP   ② W
③ AG   ④ V

> ❗ 용기 부속품에 각인하는 문자 중 W(질량), TP(내압시험압력), AG(아세틸렌가스를 충전하는 용기의 부속품), V(내용적)을 나타낸다.

28 고압가스특정제조시설에서 지하매설 배관은 그 외면으로부터 지하의 다른 시설물과 몇 m 이상 거리를 유지하여야 하는가?

① 0.1　　　　② 0.2
③ 0.3　　　　④ 0.5

!　고압가스특정제조시설에서 지하매설 배관은 그 외면으로부터 지하의 다른 시설물과 0.3m 이상 거리를 유지하여야 한다.

29 도시가스 사용시설 중 가스계량기와 다음 설비와의 안전거리의 기준으로 옳은 것은?

① 전기계량기와는 60cm 이상
② 전기접속기와는 60cm 이상
③ 전기점멸기와는 60cm 이상
④ 절연조치를 하지 않는 전선과는 30cm 이상

!　가스계량기와 전기개폐기와의 최소 안전거리는 60cm 이상, 굴뚝, 전기점멸기 및 전기접속기와의 거리는 30cm 이상, 절연조치를 하지 않은 전선과의 거리는 15cm 이상이어야 한다.

30 고압가스 제조설비에서 누출된 가스의 확산을 방지할 수 있는 제해조치를 하여야 하는 가스가 아닌 것은?

① 이산화탄소　　　② 암모니아
③ 염소　　　　　　④ 염화메틸

!　암모니아, 염소, 염화메틸은 독성가스이므로, 고압가스 제조설비에서 누출된 가스의 확산을 방지할 수 있는 제해조치를 하여야 한다. 이산화탄소는 완전 연소한 가스이다.

31 흡수식냉동기에서 냉매로 물을 사용할 경우 흡수제로 사용하는 것은?

① 암모니아　　　　② 사염화에탄
③ 리튬브로마이드　④ 파라핀유

!　흡수식냉동기에서 냉매로 물을 사용할 경우 흡수제로 리튬브로마이드를 사용하고, 냉매로 암모니아를 사용할 경우 흡수제로 물을 사용한다.

32 다음 중 이음매 없는 용기의 특징이 아닌 것은?

① 독성 가스를 충전하는데 사용한다.
② 내압에 대한 응력 분포가 균일하다.
③ 고압에 견디기 어려운 구조이다.
④ 용접용기에 비해 값이 비싸다.

!　이음매 없는 용기의 특징은 고압에 견딜 수 있는 구조이다. 또한 강도가 크고 부식성이 적다.

33 부유 피스톤형 압력계에서 실린더 지름 5cm, 추와 피스톤의 무게가 130kg일 때, 이 압력계에 접속된 부르동관의 압력계 눈금이 7kg/cm^{2}를 나타내었다. 그 부르동관 압력계의 오차는 약 몇 %인가?

① 5.7　　　　② 6.6
③ 9.7　　　　④ 10.5

!　오차율(%)=[(측정값−실제값)/실제값]×100에서,
실제값=추와 피스톤의 무게/단면적(=지름^5×3.14/4)이며,
실제값=130/(5^2×3.14/4)=6.621kg/cm^{2}이므로,
오차율(%)=[(7−6.621)/6.621]×100=5.720다.

34 다음 고압가스 설비 중 축열식 반응기를 사용하여 제조하는 것은?

① 아크릴로라이드　② 염화비닐
③ 아세틸렌　　　　④ 에틸벤젠

> ❗ 아세틸렌은 고압가스 설비 중 축열식 반응기를 사용하여 제조한다.

35 열기전력을 이용한 온도계가 아닌 것은?

① 백금-백금·로듐 온도계
② 동-콘스탄탄 온도계
③ 철-콘스탄탄 온도계
④ 백금-콘스탄탄 온도계

> ❗ **열전온도계**
> 1. 개념: 서로 다른 2가지 금속선의 양끝을 서로 이어서 하나의 회로를 만든 다음 두 접점에 열을 가하여 열기전력을 일으켜 전위차를 이용하여 온도환산을 하는 온도계이다.
> 2. 열전온도계의 종류: 백금-백금·로듐 온도계, 동-콘스탄탄 온도계, 철-콘스탄탄 온도계, 크로멜·알로멜 온도계가 있다.

36 다음 중 유체의 흐름방향을 한 방향으로만 흐르게 하는 밸브는?

① 글로우밸브　② 체크밸브
③ 앵글밸브　　④ 게이트밸브

> ❗ 체크밸브는 역류를 방지하는 밸브로, 종류는 스윙식과 리프트식이 있으며, 유체의 흐름방향을 한 방향으로만 흐르게 하는 밸브이다. 글로우밸브는 유량조절용, 앵글밸브는 유체의 흐름을 직각방향으로 전환용, 게이트밸브는 유체의 흐름을 차단하는 용도로 사용된다.

37 다음 가스 분석 중 화학분석법에 속하지 않는 방법은?

① 가스크로마토그래피법
② 중량법
③ 분광광도법
④ 요오드적정법

> ❗ **가스 분석**
> 1. 개념: 물질의 화학적 성질과 물리적 성질을 이용하여 가스를 분석하는 것을 말한다.
> 2. 화학적 가스 분석의 종류: 중량법, 분광광도법, 요오드적정법, 헴펠식 가스 분석법, 오르자트식 가스 분석법, 자동화학식 CO_2계, 연소식 O_2계 등이 있다.
> 3. 물리적 가스 분석법: 가스크로마토그래피법, 열전도율형 CO_2계, 밀도식 CO_2계, 적외선 가스 분석계, 자기식 O_2측정기 등이 있다.

38 다음 고압장치의 금속재료 사용에 대한 설명으로 옳은 것은?

① LNG 저장탱크-고장력강
② 아세틸렌 압축기 실린더-주철
③ 암모니아 압력계 도관-동
④ 액화산소 저장탱크-탄소강

> ❗ **고압장치의 금속재료**
> 1. LNG 저장탱크 및 액화산소 저장탱크는 스테인리스강, 알루미늄 합금강, 9% 니켈강 등을 사용한다.
> 2. 암모니아 압력계 도관은 연강을 사용한다.

39 고압가스 설비의 안전장치에 관한 설명 중 옳지 않는 것은?

① 고압가스 용기에 사용되는 가용전은 열을 받으면 가용합금이 용해되어 내부의 가스를 방출한다.
② 액화가스용 안전밸브의 토출량은 저장탱크 등의 내부의 액화가스가 가열될 때의 증발량 이상이 필요하다.
③ 급격한 압력상승이 있는 경우에는 파열판은 부적당하다.
④ 펌프 및 배관에는 압력상승 방지를 위해 릴리프 밸브가 사용된다.

> ❗ 고압가스 설비의 안전장치로서 급격한 압력상승이 있는 경우에는 파열판이 적당하다.

40 다음 중 압력계 사용 시 주의사항으로 틀린 것은?

① 정기적으로 점검한다.
② 압력계의 눈금판은 조작자가 보기 쉽도록 안면을 향하게 한다.
③ 가스의 종류에 적합한 압력계를 선정한다.
④ 압력의 도입이나 배출은 서서히 행한다.

❗ 압력계 사용 시 주의사항: 정기적으로 점검하고, 가스의 종류에 적합한 압력계를 선정하며, 압력의 도입이나 배출은 서서히 행한다.

41 LPG(C_4H_{10}) 공급방식에서 공기를 3배 희석했다면 발열량은 약 몇 kcal/Sm^{3}이 되는가? (단, C_4H_{10}의 발열량은 30000kcal/Sm^{3}으로 가정한다.)

① 5000
② 7500
③ 10000
④ 11000

❗ 공기량 1일 때 발열량은 30,000에서, 공기량을 3배 더 희석했을 때 실제공기량은 1+3=4이므로,
공기량 4일 때 발열량=30,000/4=7,500이다.

42 고압가스제조소의 작업원은 얼마의 기간 이내에 1회 이상 보호구의 사용훈련을 받아 사용방법을 숙지하여야 하는가?

① 1개월
② 3개월
③ 6개월
④ 12개월

❗ 고압가스제조소의 작업원은 3개월 이내에 1회 이상 보호구의 사용훈련을 받아 사용방법을 숙지하여야 한다.

43 고점도 액체나 부유 현탁액의 유체 압력측정에 가장 적당한 압력계는?

① 벨로우즈
② 다이어프램
③ 부르동관
④ 피스톤

❗ **다이어프램**
1. 개념: 탄성이 강한 베릴륨, 구리, 인, 청동, 스테인리스강 등으로 다이어프램을 만들어서 양쪽의 압력이 다르면 판이 굽어서 변위차에 의하여 그 변위의 크기를 격막에 붙어있는 지침이 움직여서 측정하는 압력계이다.
2. 특징: 고점도 유체 및 부식성 유체의 측정이 가능하고 측정의 응답속도가 빠르다.

44 내산화성이 우수하고 양파 썩는 냄새가 나는 부취제는?

① T.H.T
② T.B.M
③ D.M.S
④ NAPHTHA

❗ **부취제의 종류와 특성**
1. 터셔리 부틸 메르캅탄(TBM)
   ① 냄새: 양파 썩는 냄새
   ② 내산화성이 우수하고, 토양에 대한 투과성이 우수하다.
2. 테트라 히드로 티오펜(THT)
   ① 냄새: 석탄가스 냄새
   ② 안정화합물이며, 토양에 대한 투과성이 매우 우수하다.
3. 디메틸 술피드(DMS)
   ① 냄새: 마늘 냄새
   ② 안정화합물이며, 토양에 대한 투과성은 보통이다.

45 계측기기의 구비조건으로 틀린 것은?

① 설치장소 및 주위조건에 대한 내구성이 클 것
② 설비비 및 유지비가 적게 들것
③ 구조가 간단하고 정도(精度)가 낮을 것
④ 원거리 지시 및 기록이 가능할 것

❗ 계측기기의 구비조건으로 구조가 간단하고, 안정성 및 정도(精度)가 높을 것을 필요로 한다.

46 다음 중 화씨온도와 가장 관계가 깊은 것은?

① 표준대기압에서 물의 어는점을 0으로 한다.

② 표준대기압에서 물의 어는점을 12로 한다.

③ 표준대기압에서 물의 끓는점을 100으로 한다.

④ 표준대기압에서 물의 끓는점을 212로 한다.

!
화씨온도는 표준대기압 상태에서 순수한 물의 어는점을 32°F로 하고, 끓는점을 212°F로 하여 그 사이를 180등분하여 1/180의 눈금을 1°F로 정한 것이다.

47 다음 중 부탄가스의 완전연소 반응식은?

① $C_3H_8 + 4O_2 \rightarrow 3CO_2 + 5H_2O$

② $C_3H_8 + 5O_2 \rightarrow 3CO_2 + 4H_2O$

③ $C_4H_{10} + 6O_2 \rightarrow 4CO_2 + 5H_2O$

④ $2C_4H_{10} + 13O_2 \rightarrow 8CO_2 + 10H_2O$

!
부탄가스의 완전연소 반응식
$C_4H_{10} + 6.5O_2 \rightarrow 4CO_2 + 5H_2O$에서,
2몰의 경우: $2C_4H_{10} + 13O_2 \rightarrow 8CO_2 + 10H_2O$이다.

48 LP 가스의 성질에 대한 설명으로 틀린 것은?

① 온도변화에 따른 액 팽창률이 크다.

② 석유류 또는 동, 식물유나 천연고무를 잘 용해시킨다.

③ 물에 잘 녹으며 알코올과 에테르에 용해된다.

④ 액체는 물보다 가볍고, 기체는 공기보다 무겁다.

!
LP 가스의 성질은 물에 잘 녹지 않으며, 알코올과 에테르에 잘 용해된다.

49 가스배관 내 잔류물질을 제거할 때 사용하는 것이 아닌 것은?

① 피그　　　　　② 거버너

③ 압력계　　　　④ 컴프레서

!
거버너(정압기)는 사용기구에 알맞은 압력을 공급하기 위한 것으로, 관의 적당한 위치에 설치하여 1차 압력에 관계없이 2차 압력을 일정압력으로 유지시킨다.

50 염소에 대한 설명 중 틀린 것은?

① 황록색을 띠며 독성이 강하다.

② 표백작용이 있다.

③ 액상은 물보다 무겁고 기상은 공기보다 가볍다.

④ 비교적 쉽게 액화된다.

!
염소의 특성으로 액상은 물보다 무겁고, 기상은 공기보다 무겁다.

51 도시가스 제조공정 중 접촉분해공정에 해당하는 것은?

① 저온수증기 개질법

② 열분해 공정

③ 부분연소 공정

④ 수소화분해 공정

!
도시가스의 제조 방식
1. 가스제조방식: 열분해 공정, 수소화분해 공정, 접촉분해 (수증기 개질) 공정, 부분연소 공정, 대체 천연가스 공정이 있다.
2. 접촉분해(수증기 개질) 공정: 사이클링식 접촉분해 공정, 고온, 중온, 저온 수증기 개질 공정이 있다.
3. 원료의 송입법에 의한 분류: 연속식, 배치식, 사이클링식
4. 가열방식에 의한 분류: 외열식, 축열식, 부분연소식, 자열식

52 −10℃인 얼음 10kg을 1기압에서 증기로 변화시킬 때 필요한 열량은 약 몇 kcal인가? (단, 얼음의 비열은 0.5kcal/kg.℃, 얼음의 용해열은 80kcal/kg, 물의 기화열은 539kcal/kg이다.)

① 5400
② 6000
③ 6240
④ 7240

! 필요한 열량=(질량×비열×온도차)에서,
1. −10℃인 10kg 얼음을 0℃의 얼음으로 만드는데 필요한 열량=10×0.5×(0−(−10))=50kcal
2. ℃인 10kg 얼음을 0℃의 물로 만드는데 필요한 열량 =10×80=800kcal
3. ℃인 10kg 물을 100℃의 물로 만드는데 필요한 열량 =10×1×(100−0)=1,000kcal
4. 100℃인 10kg 물을 100℃의 수증기로 만드는데 필요한 열량=10×539=5,390kcal이므로,
5. −10℃, 10kg 얼음을 100℃의 수증기로 만드는데 필요한 열량=1+2+3+4=50+800+1,000+5,390=7,240kcal 이다.

53 다음 중 1atm과 다른 것은?

① $9.8N/m^2$
② $101325Pa$
③ $14.7\ lb/in^2$
④ $10.332\ mH_2O$

! 압력과 힘
1. 압력 1atm=76cmHg=1,033g/cm²=14.7lb/In²= 101,325Pa
2. 힘: N(Newton: 뉴턴)은 힘의 단위이다. 뉴턴은 질량 1kg 의 물체에 작용하여 매초(1sec)당 1m의 가속도를 만드는 힘이다. 뉴턴역학이란 고전 역학이라고도 하며, 뉴턴이 그의 운동의 세 법칙(관성의 원리, 운동방정식, 작용 반작용의 원리)에 기초를 두고 만든 역학 체계를 말한다.

54 산소 가스의 품질검사에 사용되는 시약은?

① 동·암모니아 시약
② 피로카롤 시약
③ 브롬 시약
④ 하이드로 썰파이드 시약

! 산소 가스의 품질검사에 사용되는 시약은 동·암모니아 시약이다.

55 표준상태에서 산소의 밀도는 몇 g/L인가?

① 1.33
② 1.43
③ 1.53
④ 1.63

! 밀도(g/L)=질량(분자량)/부피=32/22.4=1.429

56 공기 중에 누출 시 폭발 위험이 가장 큰 가스는?

① C_3H_8
② C_4H_{10}
③ CH_4
④ C_2H_2

! 공기 중 각 가스의 폭발범위: 프로판 2.1~9.5%, 부탄 1.8~8.4%, 메탄 5~15%, 아세틸렌 2.5~81%이므로, 폭발 범위가 넓을수록 누출 시 폭발 위험이 크다.

57 표준물질에 대한 어떤 물질의 밀도 비를 무엇이라고 하는가?

① 비중
② 비중량
③ 비용
④ 비열

! 비중이란 표준물질에 대한 어떤 물질의 밀도 비를 말한다.

58 LP가스가 증발할 때 흡수하는 열을 무엇이라 하는가?

① 현열
② 비열
③ 잠열
④ 융해열

! 잠열은 온도의 변화 없이 물질의 상태변화에 따른 열량값으로 숨은열이라고도 하며, LP가스가 증발할 때 흡수하는 열을 증발잠열이라고 한다.

59 LP가스를 자동차연료로 사용할 때의 장점이 아닌 것은?

① 배기가스의 독성이 가솔린보다 적다.
② 완전연소로 발열량이 높고 청결하다.
③ 옥탄가가 높아서 녹킹현상이 있다.
④ 균일하게 연소되므로 엔진수명이 연장된다.

> **!**
> LP가스를 자동차연료로 사용할 때의 장점은 옥탄가가 높아서 녹킹현상이 없다. 옥탄가는 내폭성의 결과 표시로, 옥탄가가 클수록 녹킹(Knocking)현상이 적다. 특급가솔린은 옥탄가가 80 이상이고, 보통 가솔린의 옥탄가는 80 이하이다.
> 옥탄가=[이소옥탄/(이소옥탄+헵탄)]×100%

60 다음 중 염소의 주된 용도가 아닌 것은?

① 표백
② 살균
③ 염화비닐 합성
④ 강재의 녹 제거용

> **!**
> **염소의 용도**
> 1. 상수도(수돗물)의 살균용과 하수도의 소독제로 사용한다.
>   - $Cl_2+H_2O \rightarrow HGlO$[차아(하이포)염소산]$+HCl$
>   - $HClO \rightarrow HCl+O$(발생기 산소로 살균, 표백)
> 2. 섬유의 표백분($CaClO_2$), 포스겐($COCl_2$)제조 및 염산(HCl)의 원료로 이용된다.
>   - $Cl_2+Ca(OH)_2 \rightarrow CaOCl_2+H_2O$
>   - $H_2+Cl_2 \rightarrow 2HCl$
>   - $CO+Cl_2 \rightarrow COCl_2$
>   - 표백분: 소석회에 염소를 흡수시켜 만든 흰색(백색) 분말
> 3. 펄프공업, 종이, 알루미늄공업, 금속티탄 등에 많이 사용된다.

정답

:: 2013년 4월 14일 기출문제

01	02	03	04	05	06	07	08	09	10
④	③	④	①	③	③	②	③	②	④
11	12	13	14	15	16	17	18	19	20
④	①	②	④	③	④	②	①	④	④
21	22	23	24	25	26	27	28	29	30
④	④	②	②	②	④	②	③	①	①
31	32	33	34	35	36	37	38	39	40
③	③	①	③	④	②	①	②	③	②
41	42	43	44	45	46	47	48	49	50
②	②	②	②	③	④	④	④	②	③
51	52	53	54	55	56	57	58	59	60
①	④	①	①	②	④	①	③	③	④

국가기술자격 필기시험문제

2013년 7월 21일 제4회 필기시험			수험 번호	성명
자격 종목	종목코드	시험시간		
가스기능사	6335	1시간		

제1과목, 가스안전관리

01 신규검사에 합격된 용기의 각인사항과 그 기호의 연결이 틀린 것은?

① 내용적: V

② 최고충전압력: FP

③ 내압시험압력: TP

④ 용기의 질량: M

> **신규검사에 합격된 용기의 각인사항**
> 1. 용기제조업자의 명칭 또는 약호
> 2. 충전하는 가스의 명칭
> 3. 용기의 번호
> 4. 내용적(기호: V, 단위: L)
> 5. 초저온용기 외의 용기는 밸브 및 부속품(분리할 수 있는 것에 한한다.)을 포함하지 아니한 용기의 질량(기호: W, 단위: kg)
> 6. 아세틸렌가스 충전용기는 질량에 다공물질, 용제 및 밸브의 질량을 합한 질량(기호: TW, 단위: kg)
> 7. 내압시험에 합격한 연월
> 8. 내압시험압력(기호: TP, 단위: MPa) (초저온용기 및 액화천연가스자동차용 용기는 제외한다.)
> 9. 최고충전압력(기호: FP, 단위: MPa) (압축가스를 충전하는 용기, 초저온용기 및 액화천연가스자동차용 용기에 한정한다.)
> 10. 내용적이 500L를 초과하는 용기에는 동판의 두께(기호: t, 단위: mm)
> 11. 충전량(g) (납붙임 또는 접합용기에 한정한다.)

02 역화방지장치를 설치하지 않아도 되는 곳은?

① 가연성가스 압축기와 충전용 주관 사이의 배관

② 가연성가스 압축기와 오토클레이브 사이의 배관

③ 아세틸렌 충전용 지관

④ 아세틸렌 고압건조기와 충전용 교체밸브 사이의 배관

> **역화방지장치의 설치위치**
> 1. 가연성가스 압축기와 오토클레이브 사이의 배관
> 2. 아세틸렌 충전용 지관
> 3. 아세틸렌 고압건조기와 충전용 교체밸브 사이의 배관

03 아세틸렌 용접용기의 내압시험 압력으로 옳은 것은?

① 최고 충전압력의 1.5배

② 최고 충전압력의 1.8배

③ 최고 충전압력의 5/3배

④ 최고 충전압력의 3배

> **내압시험압력(TP)**
> 1. 아세틸렌 용접용기의 내압시험 압력=최고 충전압력(FP)×3배
> 2. 압축가스 및 저온용기를 충전하는 액화가스 용기=최고 충전압력(FP)×(5/3)배 이상 또는 상용압력의 1.5배 이상으로 한다.

04 가연성가스의 제조설비 또는 저장설비 중 전기설비 방폭구조를 하지 않아도 되는 가스는?

① 암모니아, 시안화수소

② 암모니아, 염화메탄

③ 브롬화메탄, 일산화탄소

④ 암모니아, 브롬화메탄

> 고압가스제조시설에서 가연성가스 가스설비 중 전기설비를 방폭구조로 하여야 한다. 단, 암모니아와 브롬화메탄은 제외한다.

05 고압가스특정제조시설에서 안전구역 설정 시 사용하는 안전구역안의 고압가스설비 연소열량수치(Q)의 값은 얼마 이하로 정해져 있는가?

① 6×10^8 ② 6×10^9
③ 7×10^8 ④ 7×10^9

> ❗ 고압가스특정제조시설에서 안전구역 설정 시 사용하는 안전구역안의 고압가스설비 연소열량수치(Q)의 값은 6×10^8 이하로 정해져 있다.

06 LP가스사용시설에서 호스의 길이는 연소기까지 몇 m 이내로 하여야 하는가?

① 3m   ② 5m
③ 7m   ④ 9m

> ❗ LP가스사용시설에서 호스의 길이는 연소기까지 3m 이내로 하여야 한다.

07 액상의 염소가 피부에 닿았을 경우의 조치로써 가장 적절한 것은?

① 암모니아로 씻어낸다.
② 이산화탄소로 씻어낸다.
③ 소금물로 씻어낸다.
④ 맑은 물로 씻어낸다.

> ❗ 액상의 염소가 피부에 닿았을 경우는 맑은 물로 씻어낸다. 이유는 염소는 물에 잘 용해되기 때문이다.

08 용기에 의한 고압가스 판매시설 저장실 설치 기준으로 틀린 것은?

① 고압가스의 용적이 $300m^3$을 넘는 저장설비는 보호시설과 안전거리를 유지하여야 한다.
② 용기보관실 및 사무실은 동일 부지 내에 구분하여 설치한다.
③ 사업소의 부지는 한 면이 폭 5m 이상의 도로에 접하여야 한다.
④ 가연성가스 및 독성가스를 보관하는 용기보관실의 면적은 각 고압가스별로 $10m^2$ 이상으로 한다.

> ❗ 용기에 의한 고압가스 판매시설 저장실 설치기준으로 사업소의 부지는 한 면이 폭 4m 이상의 도로에 접하여야 한다.

09 아세틸렌 용기에 다공질 물질을 고루 채운 후 아세틸렌을 충전하기 전에 침윤시키는 물질은?

① 알코올   ② 아세톤
③ 규조토   ④ 탄산마그네슘

> ❗ **아세틸렌의 화학적 성질**
> 1. 흡열화합물로 충격 또는 압축하면 분해폭발의 우려가 있으므로 아세톤을 다공물질에 침윤시켜 운반하여야 한다.
> 2. 다공성물질은 규조토, 석면, 목탄, 산화철, 탄산마그네슘, 석회, 다공성 플라스틱 등이 있다.

10 운전 중인 액화석유가스 충전설비의 작동상황에 대하여 주기적으로 점검하여야 한다. 점검 주기는?

① 1일에 1회 이상
② 1주일에 1회 이상
③ 3월에 1회 이상
④ 6월에 1회 이상

> ❗ 운전 중인 액화석유가스 충전설비의 작동상황에 대하여 1일에 1회 이상 주기적으로 점검하여야 한다.

11 수소와 다음 중 어떤 가스를 동일차량에 적재하여 운반하는 때에 그 충전용기와 밸브가 서로 마주보지 않도록 적재하여야 하는가?

① 산소　　　　② 아세틸렌
③ 브롬화메탄　④ 염소

! 수소와 산소를 동일차량에 적재하여 운반하는 때에 그 충전용기와 밸브가 서로 마주보지 않도록 적재하여야 한다.

12 LP가스가 누출될 때 감지할 수 있도록 첨가하는 냄새가 나는 물질의 측정방법이 아닌 것은?

① 유취실법
② 주사기법
③ 냄새주머니법
④ 오더(odor)미터법

! LP가스가 누출될 때 감지할 수 있도록 첨가하는 냄새가 나는 물질(부취제)의 농도측정방법: 무취실법, 주사기법, 냄새주머니법, 오더(odor)미터법이 있다.

13 독성가스 허용농도의 종류가 아닌 것은?

① 시간가중 평균농도(TLV–TWA)
② 단시간 노출허용농도(TLV–STEL)
③ 최고허용농도(TLV–C)
④ 순간 사망허용농도(TLV–D)

! **독성가스 허용농도의 종류**
1. 시간가중 평균농도(TLV–TWA): 하루에 8시간씩 일주일 40시간의 정상근무를 근로자에게 노출될 경우에도 아무런 영향을 미치지 않는 최고 평균농도의 값이다.
2. 단시간 노출허용농도(TLV–STEL): 짧은 기간에 노출될 수 있는 최고 허용농도의 수치이다.
3. 최고허용농도(TLV–C): 치사허용한계치라고도 하며, 짧은 한 순간이라도 초과하지 않아야 하는 농도이다.

14 내용적 94L인 액화프로판 용기의 저장능력은 몇 kg인가? (단, 충전상수 C는 2.35이다.)

① 20　　　　② 40
③ 60　　　　④ 80

! 액화프로판 용기의 저장능력=(내용적/충전상수)이므로, 저장능력(kg)=94/2.35=40이다.

15 가연성가스의 제조설비 중 1종 장소에서의 변압기의 방폭구조는?

① 내압방폭구조　② 안전증방폭구조
③ 유입방폭구조　④ 압력방폭구조

! **전기설비의 방폭성능기준**
1. 방폭구조의 종류와 표시방법: 내압(d), 유입(o), 압력(p), 안전증(e), 본질안전(ia 또는 ib), 특수 방폭구조(s)가 있다.
2. 내압(耐壓)방폭구조: 내부에서 가연성가스의 폭발이 발생할 경우 그 용기가 폭발압력에 견디고, 접합면, 개구부 등을 통하여 외부의 가연성가스에 인화되지 아니하도록 한 구조를 말한다.
3. 안전증(安全增)방폭구조: 정상운전 중에 가연성가스의 점화원이 될 전기불꽃, 아크 또는 고온부분 등의 발생을 방지하기 위하여 기계적·전기적 구조상 또는 온도상승에 대하여 특히 안전도를 증가시킨 구조를 말한다.
4. 유입(油入) 방폭구조: 용기 내부에 기름을 주입하여 불꽃, 아크 또는 고온발생부분이 기름 속에 잠기게 함으로써 기름면 위에 존재하는 가연성가스에 인화되지 아니하도록 한 구조를 말한다.
5. 압력(壓力) 방폭구조: 용기 내부에 보호가스(신선한 공기 또는 불활성가스)를 압입하여 내부압력을 유지함으로써 가연성가스가 용기 내부로 유입되지 아니하도록 한 구조를 말한다.

16 액화석유가스 용기를 실외저장소에 보관하는 기준으로 틀린 것은?

① 용기보관장소의 경계 안에서 용기를 보관할 것
② 용기는 눕혀서 보관할 것
③ 충전용기는 항상 40℃ 이하를 유지할 것
④ 충전용기는 눈, 비를 피할 수 있도록 할 것

! 액화석유가스 용기를 실외저장소에 보관하는 기준으로 용기는 세워서 보관하여야 한다.

17 가스계량기와 전기계량기와는 최소 몇 cm 이상의 거리를 유지하여야 하는가?

① 15cm   ② 30cm

③ 60cm   ④ 80cm

> ! 가스계량기와 전기개폐기와의 최소 안전거리는 60cm 이상, 굴뚝, 전기점멸기 및 전기접속기와의 거리는 30cm 이상, 절연조치를 하지 않은 전선과의 거리는 15cm 이상이어야 한다.

18 산소에 대한 설명 중 옳지 않은 것은?

① 고압의 산소와 유지류의 접촉은 위험하다.

② 과잉의 산소는 인체에 유해하다.

③ 내산화성 재료로서는 주로 납(Pb)이 사용된다.

④ 산소의 화학반응에서 과산화물은 위험성이 있다.

> ! 산소는 화학적 반응성이 높은 원소로서 할로겐원소, 백금, 금 등의 귀금속을 제외하고는 대부분의 원소와 반응하여 산화물을 생성한다.

19 재검사 용기에 대한 파기방법의 기준으로 틀린 것은?

① 절단 등의 방법으로 파기하여 원형으로 가공할 수 없도록 할 것

② 허가관청에 파기의 사유, 일시, 장소 및 인수시한 등에 대한 신고를 하고 파기할 것

③ 잔가스를 전부 제거한 후 절단할 것

④ 파기하는 때에는 검사원이 검사 장소에서 직접 실시할 것

> ! 재검사 용기에 대한 파기방법
> 1. 절단 등의 방법으로 파기하여 원형으로 가공할 수 없도록 할 것
> 2. 잔가스를 전부 제거한 후 절단할 것
> 3. 검사신청인에게 파기의 사유, 일시, 장소 및 인수시한 등을 통지하고 파기할 것
> 4. 파기하는 때에는 검사장소에서 검사원으로 하여금 직접 실시하게 하거나 검사원 입회하에 용기 및 특정설비의 사용자로 하여금 실시하게 할 것
> 5. 파기한 물품은 검사신청인이 인수시한(통지한 날부터 1개월 이내) 내에 인수하지 아니하는 때에는 검사기관으로 하여금 임의로 매각 처분하게 할 것

20 시내버스의 연료로 사용되고 있는 CNG의 주요 성분은?

① 메탄(CH_4)   ② 프로판(C_3H_8)

③ 부탄(C_4H_{10})   ④ 수소(H_2)

> ! 시내버스의 연료로 사용되고 있는 CNG의 주요 성분은 메탄(CH_4)이다. CNG(Compressed Natural Gas의 약자)란 주성분이 메탄이며, 도시가스를 자동차 연료로 사용하기 위하여 200기압으로 압축한 압축천연가스이다.

21 액화석유가스의 냄새측정 기준에서 사용하는 용어에 대한 설명으로 옳지 않은 것은?

① 시험가스란 냄새를 측정할 수 있도록 액화석유가스를 기화시킨 가스를 말한다.

② 시험자란 미리 선정한 정상적인 후각을 가진 사람으로서 냄새를 판정하는 자를 말한다.

③ 시료기체란 시험가스를 청정한 공기로 희석한 판정용 기체를 말한다.

④ 희석배수란 시료기체의 양을 시험가스의 양으로 나눈 값을 말한다.

> ! 시험자란 액화석유가스의 냄새 농도측정을 할 때 희석조작으로 냄새농도를 측정하는 자를 말한다.

22 가스의 폭발에 대한 설명 중 틀린 것은?

① 폭발범위가 넓은 것은 위험하다.
② 폭굉은 화염전파속도가 음속보다 크다.
③ 안전간격이 큰 것일수록 위험하다.
④ 가스의 비중이 큰 것은 낮은 곳에 체류할 위험이 있다.

> ! 가스의 폭발은 안전간격이 좁은 것일수록 위험하다.

23 독성가스의 저장탱크에는 그 가스의 용량이 탱크 내용적의 몇 %까지 채워야 하는가?

① 80%   ② 85%
③ 90%   ④ 95%

> ! 독성가스의 저장탱크에는 그 가스의 용량이 탱크 내용적의 90%까지 채워야 한다. 따라서 과충전이 되지 않도록 과충전방지장치를 설치하여야 한다.

24 고압가스특정제조시설에서 상용압력 0.2MPa 미만의 가연성가스 배관을 지상에 노출하여 설치 시 유지하여야 할 공지의 폭 기준은?

① 2m 이상   ② 5m 이상
③ 9m 이상   ④ 15m 이상

> ! **지상 배관 설치 시 공지의 폭 기준**
> 1. 사용압력이 0.2MPa 미만일 때 공지의 폭은 5m 이상
> 2. 사용압력이 0.2MPa 이상 1MPa 미만일 때 공지의 폭은 9m 이상
> 3. 사용압력이 1MPa 이상일 때 공지의 폭은 15m 이상

25 고압가스 공급자 안전 점검 시 가스누출검지기를 갖추어야 할 대상은?

① 산소   ② 가연성 가스
③ 불연성 가스   ④ 독성 가스

> ! 고압가스 공급자 안전 점검 시 가스누출검지기를 갖추어야 할 대상은 가연성 가스이다. 이유는 가스누출 시 폭발사고를 방지하기 위해서이다.

26 고압가스 설비에 설치하는 압력계의 최고눈금의 범위는?

① 상용압력의 1배 이상, 1.5배 이하
② 상용압력의 1.5배 이상, 2배 이하
③ 상용압력의 2배 이상, 3배 이하
④ 상용압력의 3배 이상, 5배 이하

> ! 고압가스 설비에 설치하는 압력계의 최고눈금의 범위는 상용압력의 1.5배 이상, 2배 이하이다.

27 고압가스특정제조시설에서 고압가스설비의 설치기준에 대한 설명으로 틀린 것은?

① 아세틸렌의 충전용교체밸브는 충전하는 장소에 직접 설치한다.
② 에어졸제조시설에는 정량을 충전할 수 있는 자동 충전기를 설치한다.
③ 공기액화분리기로 처리하는 원료공기의 흡입구는 공기가 맑은 곳에 설치한다.
④ 공기액화분리기에 설치하는 피트는 양호한 환기구조로 한다.

> ! 고압가스특정제조시설에서 고압가스설비의 설치기준으로 아세틸렌의 충전용교체밸브는 충전하는 장소에서 격리하여 설치한다.

28 도시가스사용시설에 정압기를 2013년에 설치하였다. 다음 중 이 정압기의 분해점검 만료시기로 옳은 것은?

① 2015년   ② 2016년
③ 2017년   ④ 2018년

> ! **정압기의 분해점검**
> 1. 도시가스사용시설은 설치 후 3년까지는 1회 이상, 그 이후에는 4년에 1회 이상 실시한다.
> 2. 일반도시가스사업자는 설치 후 2년에 1회 이상 실시한다.

29 액화석유가스 충전사업장에서 가스충전준비 및 충전작업에 대한 설명으로 틀린 것은?

① 자동차에 고정된 탱크는 저장탱크의 외면으로부터 3m 이상 떨어져 정지한다.
② 안전밸브에 설치된 스톱밸브는 항상 열어둔다.
③ 자동차에 고정된 탱크(내용적이 1만 리터 이상의 것에 한한다.)로부터 가스를 이입받을 때에는 자동차가 고정되도록 자동차정지목 등을 설치한다.
④ 자동차에 고정된 탱크로부터 저장탱크에 액화석유가스를 이입받을 때에는 5시간 이상 연속하여 자동차에 고정된 탱크를 저장탱크에 접속하지 아니한다.

> ❗ 액화석유가스 충전사업장에서 가스충전준비 및 충전작업은 자동차에 고정된 탱크(내용적이 5천리터 이상의 것에 한한다.)로부터 가스를 이입받을 때에는 자동차가 고정되도록 자동차정지목 등을 설치한다.

30 저장량이 10,000kg인 산소저장설비는 제1종 보호시설과의 거리가 얼마 이상이면 방호벽을 설치하지 아니할 수 있는가?

① 9m
② 10m
③ 11m
④ 12m

> ❗ **산소 저장설비의 안전거리**
> 1. 저장능력 10,000kg 이하: 제1종보호시설은 12m, 제2종보호시설은 8m 이상 유지하여야 한다.
> 2. 저장능력 10,000kg 초과 20,000kg 이하: 제1종보호시설은 14m, 제2종보호시설은 9m 이상 유지하여야 한다.
> 3. 저장능력 20,000kg 초과 30,000kg 이하: 제1종보호시설은 16m, 제2종보호시설은 11m 이상 유지하여야 한다.
> 4. 저장능력 30,000kg 초과 40,000kg 이하: 제1종보호시설은 18m, 제2종보호시설은 13m 이상 유지하여야 한다.
> 5. 저장능력 40,000kg 초과: 제1종보호시설은 20m, 제2종보호시설은 14m 이상 유지하여야 한다.

31 압력계의 측정 방법에는 탄성을 이용하는 것과 전기적 변화를 이용하는 방법 등이 있다. 다음 중 전기적 변화를 이용하는 압력계는?

① 부르동관 압력계
② 벨로우즈 압력계
③ 스트레인게이지
④ 다이어프램 압력계

> ❗ 전기적 변화를 이용하는 압력계는 스트레인게이지이다.

32 금속 재료에서 고온일 때 가스에 의한 부식으로 틀린 것은?

① 산소 및 탄산가스에 의한 산화
② 암모니아에 의한 강의 질화
③ 수소가스에 의한 탈탄작용
④ 아세틸렌에 의한 황화

> ❗ 금속 재료에서 고온일 때 황화수소(H_2S)에 의한 황화작용으로 습기가 존재할 때 철을 급격히 부식시킨다.

33 오리피스 미터로 유량을 측정할 때 갖추지 않아도 되는 조건은?

① 관로가 수평일 것
② 정상류 흐름일 것
③ 관속에 유체가 충만되어 있을 것
④ 유체의 전도 및 압축의 영향이 클 것

> ❗ 오리피스 미터로 유량을 측정할 때 유체의 압축의 영향이 적어야 한다.

34 액화석유가스용 강제용기란 액화석유가스를 충전하기 위한 내용적이 얼마 미만인 용기를 말하는가?

① 30 l ② 50 l
③ 100 l ④ 125 l

> ❗ 액화석유가스용 강제용기란 액화석유가스를 충전하기 위한 내용적이 125ℓ 미만인 용기를 말한다.

35 나사압축기에서 숫로터의 직경 150mm, 로터 길이 100mm 회전수가 350rpm이라고 할 때, 이론적 토출량은 약 몇 m³/min인가? (단, 로터 형상에 의한 계수[Cv]는 0.476이다.)

① 0.11   ② 0.21
③ 0.37   ④ 0.47

> ❗ 나사(스크루)압축기의 이론적 토출량(m³/min)
> = 형상에 의한 계수×(직경)²×로터 길이×rpm
> = 0.476×(0.15)²×0.1×350=0.37

36 고압가스설비는 그 고압가스의 취급에 적합한 기계적 성질을 가져야 한다. 충전용 지관에는 탄소 함유량이 얼마 이하의 강을 사용하여야 하는가?

① 0.1%   ② 0.33%
③ 0.5%   ④ 1%

> ❗ 충전용 지관에는 탄소 함유량이 0.1% 이하의 강을 사용하여야 한다.

37 고압식 액화산소분리 장치의 원료공기에 대한 설명 중 틀린 것은?

① 탄산가스가 제거된 후 압축기에서 압축된다.
② 압축된 원료공기는 예냉기에서 열교환하여 냉각된다.
③ 건조기에서 수분이 제거된 후에는 팽창기와 정류탑의 하부로 열교환하며 들어간다.
④ 압축기로 압축한 후 물로 냉각한 다음 축냉기에 보내진다.

> ❗ 고압식 액화산소분리 장치의 압축기에 흡입된 공기는 원료흡수기(흡수탑)에서 예냉기(열교환기)를 거쳐 건조기와 팽창기를 통하여 하부탑의 비점이 낮은 상부에는 액화질소(순도 99.8%), 하부에서는 비점이 높은 액화산소(순도 99.5%)를 얻게 된다.

38 LP가스 수송관의 이음부분에 사용할 수 있는 패킹재료로 적합한 것은?

① 종이   ② 천연고무
③ 구리   ④ 실리콘 고무

> ❗ LP가스 수송관의 이음부분에 사용할 수 있는 패킹재료로는 실리콘 고무가 적합하다. 이유로서 LP가스는 천연고무를 용해시키기 때문이다.

39 회전 펌프의 특징에 대한 설명으로 틀린 것은?

① 고압에 적당하다.
② 점성이 있는 액체에 성능이 좋다.
③ 송출량의 맥동이 거의 없다.
④ 왕복펌프와 같은 흡입·토출 밸브가 있다.

> ❗ 회전 펌프의 특징은 왕복펌프와 같은 흡입·토출 밸브가 없다.

40 공기액화분리기에서 이산화탄소 7.2kg을 제거하기 위해 필요한 건조제(NaOH)의 양은 약 몇 kg인가?

① 6 　　　　　② 9
③ 13 　　　　 ④ 15

> ❗ 공기액화분리기에서 이산화탄소 1g을 제거하기 위해 필요한 건조제(NaOH)의 양은 1.8g이므로,
> 건조제의 양=1.8×7.2=12.96kg이다.

41 염화메탄을 사용하는 배관에 사용해서는 안 되는 금속은?

① 철 　　　　　② 강
③ 동합금 　　　④ 알루미늄

> ❗ 염화메탄(CH_3Cl)은 일반적인 금속과는 반응하지 않으나 마그네슘, 알루미늄, 아연과는 반응한다.

42 저온장치에 사용하는 금속재료로 적합하지 않은 것은?

① 탄소강
② 18-8 스테인리스강
③ 알루미늄
④ 크롬-망간강

> ❗ 저온장치에 사용하는 금속재료로는 18-8 스테인리스강, 알루미늄 합금, 9% 니켈강, 크롬-망간강 등이 적합하다.

43 관내를 흐르는 유체의 압력강하에 대한 설명으로 틀린 것은?

① 가스비중에 비례한다.
② 관내경의 5승에 반비례한다.
③ 관 길이에 비례한다.
④ 압력에 비례한다.

> ❗ 유체의 압력강하(손실)
> = [(가스비중×관 길이)/(관 내경)⁵]×(가스유량/유량계수)²
> 이므로, 유체의 압력강하(손실)는 비중과 관 길이 및 가스유량에 비례하고, 관 내경의 5승과 유량계수에 반비례한다.

44 액화천연가스(LNG)저장탱크의 지붕 시공 시 지붕에 대한 좌굴강도(Buckling Strength)를 검토하는 경우 반드시 고려하여야 할 사항이 아닌 것은?

① 가스압력
② 탱크의 지붕판 및 지붕뼈대의 중량
③ 지붕부위 단열재의 중량
④ 내부탱크 재료 및 중량

45 연소기의 설치방법에 대한 설명으로 틀린 것은?

① 가스온수기나 가스보일러는 목욕탕에 설치할 수 있다.
② 배기통이 가연성 물질로 된 벽 또는 천장 등을 통과하는 때에는 금속 외의 불연성 재료로 단열조치를 한다.
③ 배기팬이 있는 밀폐형 또는 반밀폐형의 연소기를 설치한 경우 그 배기팬의 배기가스와 접촉하는 부분은 불연성재료로 한다.
④ 개방형 연소기를 설치한 실에는 환풍기 또는 환기구를 설치한다.

> ❗ 가스온수기나 가스보일러는 목욕탕에 설치할 수 없다. 이유는 환기량의 부족에 따른 불완전연소가 되어 일산화탄소가 발생하여 중독사고의 위험성이 있기 때문이다.

제3과목. 가스일반

46 '자연계에 아무런 변화도 남기지 않고 어느 열원의 열을 계속해서 일로 바꿀 수 없다. 즉 고온물체의 열을 계속해서 일로 바꾸려면 저온물체로 열을 버려야만 한다.'라고 표현되는 법칙은?

① 열역학 제0법칙 　② 열역학 제1법칙
③ 열역학 제2법칙 　④ 열역학 제3법칙

> ❗ 자연계에 아무런 변화도 남기지 않고 어느 열원의 열을 계속해서 일로 바꿀 수 없다고 표현되는 법칙은 열역학 제2법칙이다.

47 공기 중에서의 프로판의 폭발범위(하한과 상한)를 바르게 나타낸 것은?

① 1.8~8.4% ② 2.1~9.5%
③ 2.1~8.4% ④ 1.8~9.5%

> ❗ 공기 중에서의 프로판의 폭발범위(하한과 상한)는 2.1~9.5%이다.

48 다음 중 액화석유가스의 주성분이 아닌 것은?

① 부탄 ② 헵탄
③ 프로판 ④ 프로필렌

49 고압가스안전관리법령에 따라 "상용의 온도에서 압력이 1MPa 이상이 되는 압축가스로서 실제로 그 압력이 1MPa 이상이 되는 경우에는 고압가스에 해당한다." 여기에서 압력은 어떠한 압력을 말하는가?

① 대기압 ② 게이지압력
③ 절대압력 ④ 진공압력

> ❗ 고압가스안전관리법령에 따라 "상용의 온도에서 압력이 1 MPa 이상이 되는 압축가스로서 실제로 그 압력이 1MPa 이상이 되는 경우에는 고압가스에 해당한다." 여기에서 압력은 게이지 압력을 말한다.

50 비중병의 무게가 비었을 때는 0.2kg이고, 액체로 충만되어 있을 때에는 0.8kg이었다. 액체의 체적이 0.4L이라면 비중량(kg/m³)은 얼마인가?

① 120 ② 150
③ 1200 ④ 1500

> ❗ 비중량(kg/m³)=(액체의 무게/액체의 체적)에서, 액체의 무게=충전무게−공병의 무게=0.8 − 0.2 =0.6kg이므로, 비중량(kg/m³)=(0.6/0.4)=1.5kg/ℓ ×1,000 ℓ /m³ =1,500이다.

51 가스를 그대로 대기 중에 분출시켜 연소에 필요한 공기를 전부 불꽃의 주변에서 취하는 연소방식은?

① 적화식 ② 분젠식
③ 세미분젠식 ④ 전1차공기식

> ❗ 가스를 그대로 대기 중에 분출시켜 연소에 필요한 공기를 전부 불꽃의 주변에서 취하는 연소방식은 적화식이다.

52 천연가스(NG)를 공급하는 도시가스의 주요 특성이 아닌 것은?

① 공기보다 가볍다.
② 메탄이 주성분이다.
③ 발전용, 일반공업용 연료로도 널리 사용한다.
④ LPG보다 발열량이 높아 최근 사용량이 급격히 많아졌다.

> ❗ 천연가스(NG)의 주성분은 메탄이고, 액화석유가스(LPG)의 주성분은 프로판과 부탄이므로, 천연가스는 LPG보다 발열량이 낮다.

53 다음 중 엔트로피의 단위는?

① kcal/h ② kcal/kg
③ kcal/kg · m ④ kcal/kg · K

> ❗ 엔트로피는 단위중량당 물체가 가지고 있는 열량인 엔탈피의 증가량을 그때의 절대온도로 나눈 값이다. 따라서 엔트로피의 단위는 kcal/kg · K이다.

54 압력에 대한 설명으로 옳은 것은?

① 절대압력=게이지압력+대기압이다.
② 절대압력=대기압+진공압이다.
③ 대기압은 진공압보다 낮다.
④ 1atm은 1033.2kg/m²이다.

> ❗ 절대압력=대기압−진공압이고, 대기압은 진공압보다 높으며, 1atm은 10,332kg/m²이다.

55 수분이 존재할 때 일반 강재를 부식시키는 가스는?

① 황화수소   ② 수소
③ 일산화탄소   ④ 질소

> ! 금속 재료에서 고온일 때 황화수소(H_2S)에 의한 황화작용으로 습기가 존재할 때 철을 급격히 부식시킨다.

56 브로민화수소의 성질에 대한 설명으로 틀린 것은?

① 독성가스이다.
② 기체는 공기보다 가볍다.
③ 유기물 등과 격렬하게 반응한다.
④ 가열 시 폭발 위험성이 있다.

> ! 브로민(브롬)화수소(HBr)의 분자량은 80.9이므로, 기체는 공기보다 무겁다.

57 증기압이 낮고 비점이 높은 가스는 기화가 쉽게 되지 않는다. 다음 가스 중 기화가 가장 안 되는 가스는?

① CH_4 ② C_2H_4
③ C_3H_8 ④ C_4H_{10}

> ! 각 가스의 비점은 메탄 −161.5℃, 에틸렌 −103.9℃, 프로판 −42.07℃, 부탄 −0.5℃이다. 따라서 비점이 높은 부탄이 기화가 가장 안 되는 가스이다.

58 절대온도 40K를 랭킨온도로 환산하면 몇 °R 인가?

① 36   ② 54
③ 72   ④ 90

> ! 랭킨온도(°R)＝절대온도×1.8＝40×1.8＝72

59 도시가스에 사용되는 부취제 중 DMS의 냄새는?

① 석탄가스 냄새   ② 마늘 냄새
③ 양파 썩는 냄새   ④ 암모니아 냄새

> ! **부취제의 종류와 특성**
> 1. 터셔리 부틸 메르캅탄(TBM)
>   ① 냄새: 양파 썩는 냄새
>   ② 내산화성이 우수하고, 토양에 대한 투과성이 우수하다.
> 2. 테트라 히드로 티오펜(THT)
>   ① 냄새: 석탄가스 냄새
>   ② 안정화합물이며, 토양에 대한 투과성이 매우 우수하다.
> 3. 디메틸 술피드(DMS)
>   ① 냄새: 마늘 냄새
>   ② 안정화합물이며, 토양에 대한 투과성은 보통이다.

60 0℃, 1atm인 표준상태에서 공기와의 같은 부피에 대한 무게비를 무엇이라고 하는가?

① 비중   ② 비체적
③ 밀도   ④ 비열

> ! 비중이란 0℃, 1atm인 표준상태에서 공기와의 같은 부피에 대한 무게비를 말한다.

정답   : : 2013년 7월 21일 기출문제

01	02	03	04	05	06	07	08	09	10
④	①	④	④	①	①	④	③	②	①
11	12	13	14	15	16	17	18	19	20
①	①	④	②	①	②	③	③	②	①
21	22	23	24	25	26	27	28	29	30
②	③	③	②	②	②	①	②	③	④
31	32	33	34	35	36	37	38	39	40
③	④	④	④	③	①	④	④	④	③
41	42	43	44	45	46	47	48	49	50
④	①	④	④	①	③	②	②	④	④
51	52	53	54	55	56	57	58	59	60
①	④	④	①	①	②	④	③	②	①

국가기술자격 필기시험문제

2013년 10월 12일 제5회 필기시험			수험 번호	성명
자격 종목	종목코드	시험시간		
가스기능사	6335	1시간		

제1과목, 가스안전관리

01 가스가 누출되었을 때 조치로써 가장 적당한 것은?

① 용기 밸브가 열려서 누출 시 부근 화기를 멀리하고 즉시 밸브를 잠근다.

② 용기 밸브 파손으로 누출 시 전부 대피한다.

③ 용기 안전밸브 누출 시 그 부위를 열습포로 감싸 준다.

④ 가스 누출로 실내에 가스 체류 시 그냥 놔두고 밖으로 피신한다.

> ❗ 가스가 누출되었을 때 조치로써 용기 밸브가 열려서 누출 시 부근 화기를 멀리하고 즉시 밸브를 잠근다.

02 무색, 무미, 무취의 폭발범위가 넓은 가연성 가스로서 할로겐원소와 격렬하게 반응하여 폭발반응을 일으키는 가스는?

① H_2
② Cl_2
③ HCI
④ C_2H_2

> ❗ 수소는 무색, 무미, 무취의 폭발범위(공기 중 4~75%)가 넓은 가연성가스로서 할로겐원소와 격렬하게 반응하여 폭발반응을 일으킨다.

03 가스사용시설의 연소기 각각에 대하여 퓨즈콕을 설치하여야 하나, 연소기 용량이 몇 kcal/h를 초과할 때 배관용 밸브로 대용할 수 있는가?

① 12500
② 15500
③ 19400
④ 25500

> ❗ 가스용품의 종류에 있어서 연소기의 종류 중 오븐레인지
> 1. 전가스소비량: 22.6kW(19,400kcal/h) 이하[오븐 부는 5.8kW(5,000kcal/h) 이하]
> 2. 버너 1개의 소비량: 4.2kW(3,600kcal/h) 이하[오븐 부는 5.8kW(5,000kcal/h) 이하]
> 3. 사용압력(kPa): 3.3kPa 이하

04 C_2H_2 제조설비에서 제조된 C_2H_2를 충전용기에 충전 시 위험한 경우는?

① 아세틸렌이 접촉되는 설비부분에 동함량 72%의 동합금을 사용하였다.

② 충전 중의 압력을 2.5MPa 이하로 하였다.

③ 충전 후에 압력이 15℃에서 1.5MPa 이하로 될 때까지 정치하였다.

④ 충전용 지관은 탄소함유량 0.1% 이하의 강을 사용하였다.

> ❗ C_2H_2 제조설비에서 제조된 C_2H_2를 충전용기에 충전 시 아세틸렌이 접촉되는 설비부분에 동 또는 동함량 62%의 동합금을 사용하면 위험하다.

05 LP가스 저장탱크를 수리할 때 작업원이 저장탱크 속으로 들어가서는 아니 되는 탱크 내의 산소농도는?

① 16%　　　　② 19%

③ 20%　　　　④ 21%

> ! LP가스 저장탱크를 수리할 때 탱크 내의 산소농도는 18~22%를 유지하여야 하고, 탱크 내의 산소농도가 16% 이하일 때는 작업원이 저장탱크 속으로 들어가서는 아니 된다.

06 고압가스용기 등에서 실시하는 재검사 대상이 아닌 것은?

① 충전할 고압가스 종류가 변경된 경우
② 합격표시가 훼손된 경우
③ 용기밸브를 교체한 경우
④ 손상이 발생된 경우

> ! 용기 등의 검사
> 1. 용기나 특정설비의 소유자는 그 용기나 특정설비에 대하여 시장, 군수 또는 구청장의 재검사를 받아야 한다.
> 2. 용기나 특정설비의 재검사 해당 사항: 산업통상자원부령으로 정하는 기간의 경과, 손상의 발생, 합격표시의 훼손, 충전할 고압가스 종류의 변경이다.

07 다음 중 제독제로서 다량의 물을 사용하는 가스는?

① 일산화탄소　　　② 이황화탄소
③ 황화수소　　　　④ 암모니아

> ! • 다량의 물로 제독할 수 있는 가스: 산화에틸렌, 암모니아, 아황산가스, 염화메탄
> • 염소로 제독할 수 있는 가스: 탄산소다수용액
> • 포스겐으로 제독할 수 있는 가스: 소석회
> • 황화수소로 제독할 수 있는 가스: 가성소다수용액

08 고압가스 냉매설비의 기밀시험 시 압축공기를 공급할 때 공기의 온도는 몇 ℃ 이하로 할 수 있는가?

① 40℃ 이하　　　② 70℃ 이하

③ 100℃ 이하　　　④ 140℃ 이하

> ! 고압가스 냉매설비의 기밀시험 시 기밀시험압력은 설계압력 이상으로 하고, 압축공기를 공급할 때 공기의 온도는 140℃ 이하로 하여야 한다.

09 LP가스 저온 저장탱크에 반드시 설치하지 않아도 되는 장치는?

① 압력계　　　　② 진공안전밸브

③ 감압밸브　　　④ 압력경보설비

> ! LP가스 저온 저장탱크에는 압력계, 진공안전밸브, 압력경보설비, 액면계, 드레인밸브 등을 반드시 설치해야 한다.

10 가연성가스 제조설비 중 전기설비는 방폭성능을 가지는 구조이어야 한다. 다음 중 반드시 방폭성능을 가지는 구조로 하지 않아도 되는 가연성 가스는?

① 수소　　　　② 프로판

③ 아세틸렌　　④ 암모니아

> ! 가연성가스 제조설비 중 전기설비는 방폭성능을 가지는 구조이어야 한다. 암모니아와 브롬화메탄은 반드시 방폭성능을 가지는 구조로 하지 않아도 된다.

11 도시가스 품질검사 시 허용기준 중 틀린 것은?

① 전유황: $30mg/m^3$ 이하

② 암모니아: $10mg/m^3$ 이하

③ 할로겐총량: $10mg/m^3$ 이하

④ 실록산: $10mg/m^3$ 이하

> ! 도시가스 품질검사 시 암모니아는 $0.2mg/m^3$ 이하가 허용기준이다.

12 포스겐의 취급 방법에 대한 설명 중 틀린 것은?

① 환기시설을 갖추어 작업한다.
② 취급 시에는 반드시 방독마스크를 착용한다.
③ 누출 시 용기가 부식되는 원인이 되므로 약간의 누출에도 주의한다.
④ 포스겐을 함유한 폐기액은 염화수소로 충분히 처리한 후 처분한다.

> **!** 포스겐의 취급 방법으로 포스겐을 함유한 폐기액은 가성 소다수용액이나 소석회로 충분히 중화처리한 후 처분한다.

13 가스보일러의 공통 설치기준에 대한 설명으로 틀린 것은?

① 가스보일러는 전용보일러실에 설치한다.
② 가스보일러는 지하실 또는 반지하실에 설치하지 아니한다.
③ 전용보일러실에는 반드시 환기팬을 설치한다.
④ 전용보일러실에는 사람이 거주하는 곳과 통기될 수 있는 가스렌지 배기덕트를 설치하지 아니한다.

> **!** 가스보일러의 공통 설치기준으로 가스보일러는 전용보일러실에 설치하고, 가스보일러는 지하실 또는 반지하실에 설치하지 아니하며, 전용보일러실에는 사람이 거주하는 곳과 통기될 수 있는 가스렌지 배기덕트를 설치하지 아니한다.

14 수소 가스의 위험도(H)는 약 얼마인가?

① 13.5 ② 17.8
③ 19.5 ④ 21.3

> **!** 위험도(H)=[(상한 농도−하한 농도)/하한 농도]에서, 수소의 공기 중 폭발범위는 4~75%이므로, 위험도(H)=(75−4)/4=17.75

15 액화석유가스 용기충전시설의 저장탱크에 폭발방지장치를 의무적으로 설치하여야 하는 경우는?

① 상업지역에 저장능력 15톤 저장탱크를 지상에 설치하는 경우
② 녹지지역에 저장능력 20톤 저장탱크를 지상에 설치하는 경우
③ 주거지역에 저장능력 5톤 저장탱크를 지상에 설치하는 경우
④ 녹지지역에 저장능력 30톤 저장탱크를 지상에 설치하는 경우

16 다음 가스 저장시설 중 환기구를 갖추는 등의 조치를 반드시 하여야 하는 곳은?

① 산소 저장소 ② 질소 저장소
③ 헬륨 저장소 ④ 부탄 저장소

> **!** 가스 저장시설 중 가연성 가스 저장시설은 누출된 가스가 체류하지 않도록 2방향 이상 분산하여 환기구를 갖추는 등의 조치를 반드시 하여야 한다.

17 고압가스 용기를 내압 시험한 결과 전증가량은 400mL, 영구증가량이 20mL이었다. 영구증가율은 얼마인가?

① 0.2% ② 0.5
③ 5% ④ 20%

> **!** 영구증가율=(영구증가량/전 증가량)×100(%)
> = (20/400)×100 = 5%

18 염소의 일반적인 성질에 대한 설명으로 틀린 것은?

① 암모니아와 반응하여 염화암모늄을 생성한다.
② 무색의 자극적인 냄새를 가진 독성, 가연성 가스이다.
③ 수분과 작용하면 염산을 생성하여 철강을 심하게 부식시킨다.
④ 수돗물의 살균 소독제, 표백분 제조에 이용된다.

> **!** 염소의 일반적인 성질로서 황록색의 자극적인 냄새를 가진 독성, 조연성 가스이다.

19 독성가스 용기 운반차량의 경계표지를 정사각형으로 할 경우 그 면적의 기준은?

① 500cm² 이상   ② 600cm² 이상
③ 700cm² 이상   ④ 800cm² 이상

> **!** 독성가스 용기 운반차량의 경계표지를 정사각형으로 할 경우 600cm² 이상의 면적으로 하여야 한다.

20 독성가스인 염소를 운반하는 차량에 반드시 갖추어야 할 용구나 물품에 해당되지 않는 것은?

① 소화장비   ② 제독제
③ 내산장갑   ④ 누출검지기

> **!** 독성가스인 염소를 운반하는 차량에 반드시 갖추어야 할 용구나 물품은 제독제, 내산장갑, 누출검지기, 비상통신설비, 방독마스크, 보호의, 보호장갑 및 장화, 메가폰, 차바퀴 고정목, 휴대용손전등 등이다.

21 다음 중 연소기구에서 발생할 수 있는 역화(back fire)의 원인이 아닌 것은?

① 염공이 적게 되었을 때
② 가스의 압력이 너무 낮을 때
③ 콕이 충분히 열리지 않았을 때
④ 버너 위에 큰 용기를 올려서 장시간 사용할 때

> **!** 연소기구에서 발생할 수 있는 역화(back fire)의 원인으로 염공이 크게 되었을 때이다.

22 다음 중 특정고압가스에 해당되지 않는 것은?

① 이산화탄소   ② 수소
③ 산소   ④ 천연가스

> **!** 특정고압가스: 수소, 산소, 액화암모니아, 아세틸렌, 액화염소, 천연가스, 압축모노실란, 압축 디보레인, 액화알진, 포스핀, 세렌화수소, 게르만, 디실란 등

23 일반도시가스 배관의 설치기준 중 하천 등을 횡단하여 매설하는 경우로서 적합하지 않은 것은?

① 하천을 횡단하여 배관을 설치하는 경우에는 배관의 외면과 계획하상(河床, 하천의 바닥) 높이와의 거리는 원칙적으로 4.0m 이상으로 한다.
② 소하천, 수로를 횡단하여 배관을 매설하는 경우 배관의 외면과 계획하상(河床, 하천의 바닥) 높이와의 거리는 원칙적으로 2.5m 이상으로 한다.
③ 그 밖의 좁은 수로를 횡단하여 배관을 매설하는 경우 배관의 외면과 계획하상(河床, 하천의 바닥) 높이와의 거리는 원칙적으로 1.5m 이상으로 한다.
④ 하상변동, 패임, 닻내림 등의 영향을 받지 아니하는 깊이에 매설한다.

> **!** 그 밖의 좁은 수로(용수로, 개천 또는 이와 유사한 것은 제외한다.)를 횡단하여 배관을 매설하는 경우에는 배관의 외면과 계획하상(河床, 하천의 바닥) 높이와의 거리는 원칙적으로 1.2m 이상으로 한다.

24 일반 공업지역의 암모니아를 사용하는 A공장에서 저장능력 25톤의 저장탱크를 지상에 설치하고자 한다. 저장설비 외면으로부터 사업소 외의 주택까지 몇 m 이상의 안전거리를 유지하여야 하는가?

① 12m   ② 14m
③ 16m   ④ 18m

> ❗ 암모니아는 독성가스이고, 주택은 제2종 보호시설로서 저장능력 2만 초과 3만 이하는 저장설비 외면으로부터 사업소 외의 주택까지 16m 이상의 안전거리를 유지하여야 한다. 이 경우 제1종 보호시설과의 유지거리는 24m 이상의 안전거리를 유지하여야 한다.

25 다음 중 폭발범위의 상한값이 가장 낮은 가스는?

① 암모니아   ② 프로판
③ 메탄   ④ 일산화탄소

> ❗ 공기 중 각 가스의 폭발범위는 암모니아 15~28%, 프로판 2.1~9.5%, 메탄 5~15%, 일산화탄소 12.5~74%이므로, 프로판이 가장 낮다.

26 고압가스 설비의 내압 및 기밀시험에 대한 설명으로 옳은 것은?

① 내압시험은 상용압력의 1.1배 이상의 압력으로 실시한다.
② 기체로 내압시험을 하는 것은 위험하므로 어떠한 경우라도 금지된다.
③ 내압시험을 할 경우에는 기밀시험을 생략할 수 있다.
④ 기밀시험은 상용압력 이상으로 하되, 0.7MPa을 초과하는 경우 0.7MPa 이상으로 한다.

> ❗ **고압가스 설비의 내압 및 기밀시험**
> 1. 내압시험은 상용압력의 1.5배 이상의 압력으로 실시한다. 기체(공기)로 내압시험을 하는 경우 상용압력의 1.25배 이상으로 한다.
> 2. 기밀시험은 상용압력 이상으로 하되, 0.7MPa을 초과하는 경우 0.7MPa 이상으로 한다.

27 저장탱크에 의한 LPG 사용시설에서 가스계량기의 설치기준에 대한 설명으로 틀린 것은?

① 가스계량기와 화기와의 우회거리 확인은 계량기의 외면과 화기를 취급하는 설비의 외면을 실측하여 확인한다.
② 가스계량기는 화기와 3m 이상의 우회거리를 유지하는 곳에 설치한다.
③ 가스계량기의 설치높이는 1.6m 이상, 2m 이내에 설치하여 고정한다.
④ 가스계량기와 굴뚝 및 전기점멸기와의 거리는 30cm 이상의 거리를 유지한다.

> ❗ 저장탱크에 의한 LPG 사용시설에서 가스계량기는 화기와 2m 이상의 우회거리를 유지하는 곳에 설치한다.

28 차량에 고정된 탱크로서 고압가스를 운반할 때 그 내용적의 기준으로 틀린 것은?

① 수소: 18000L
② 액화 암모니아: 12000L
③ 산소: 18000L
④ 액화 염소: 12000L

> ❗ 차량에 고정된 탱크 중 독성가스(액화암모니아 제외)는 내용적을 12,000ℓ 이하로 하여야 하고, 가연성가스(액화석유가스 제외)는 내용적을 18,000ℓ 이하로 하여야 한다. 암모니아는 독성가스이나 내용적 기준에서 제외되므로 액화가스의 저장기준인 18,000ℓ 이하로 하여야 한다.

29 고압가스특정제조시설에서 안전구역 안의 고압가스설비는 그 외면으로부터 다른 안전구역 안에 있는 고압가스설비의 외면까지 몇 m 이상의 거리를 유지하여야 하는가?

① 5m   ② 10m
③ 20m   ④ 30m

> ❗ 고압가스특정제조시설에서 안전구역 안의 고압가스설비는 그 외면으로부터 다른 안전구역 안에 있는 고압가스설비의 외면까지 30m 이상의 거리를 유지하여야 한다.

30 다음 중 독성가스에 해당하지 않는 것은?

① 아황산가스   ② 암모니아

③ 일산화탄소   ④ 이산화탄소

> ! 이산화탄소는 무색, 무취이며 불연성의 기체로 비독성가스이다.

제2과목. 가스장치 및 기기

31 고압식 공기액화 분리장치의 복식정류탑 하부에서 분리되어 액체산소 저장탱크에 저장되는 액체 산소의 순도는 약 얼마인가?

① 99.6~99.8%   ② 96~98%

③ 90~92%   ④ 88~90%

> ! 고압식 공기액화 분리장치의 복식정류탑 하부에서 분리되어 액체산소 저장탱크에 저장되는 액체 산소의 순도는 99.6~99.8%, 질소의 순도는 99.8% 이상을 얻는다.

32 초저온 용기의 단열성능 검사 시 측정하는 침입열량의 단위는?

① $kcal/h \cdot l \cdot ℃$ ② $kcal/m^2 \cdot h \cdot ℃$

③ $kcal/m \cdot h \cdot ℃$ ④ $kcal/m \cdot h \cdot bar$

> ! 침입열량=(기화가스량(kg)×액화가스의 기화잠열(kcal/kg))/(측정시간(hr)×비점과 외기의 온도차(℃)×용기의 체적(ℓ))에서,
> 초저온 용기의 단열성능 검사 시 측정하는 침입열량의 단위는 $kcal/h \cdot ℓ \cdot ℃$이다.

33 저장능력 10톤 이상의 저장탱크에는 폭발방지장치를 설치한다. 이때 사용되는 폭발방지제의 재질로서 가장 적당한 것은?

① 탄소강   ② 구리

③ 스테인리스   ④ 알루미늄

34 긴급차단장치의 동력원으로 가장 부적당한 것은?

① 스프링   ② X선

③ 기압   ④ 전기

> ! 긴급차단장치의 동력원은 스프링, 기압, 전기, 액압 등이 있다.

35 다음 중 1차 압력계는?

① 부르동관 압력계

② 전기 저항식 압력계

③ U자관형 마노미터

④ 벨로우즈 압력계

> ! **압력계의 구분**
> 1. 1차 압력계: 액주식(U자관형 마노미터, 단관식, 경사관식), 자유 피스톤식 압력계가 있다.
> 2. 2차 압력계: 부르동관 압력계, 전기 저항식 압력계, 벨로우즈 압력계, 다이어프램식 압력계 등이 있다.

36 압축기의 윤활에 대한 설명으로 옳은 것은?

① 산소압축기의 윤활유로는 물을 사용한다.

② 염소압축기의 윤활유로는 양질의 광유가 사용된다.

③ 수소압축기의 윤활유로는 식물성유가 사용된다.

④ 공기압축기의 윤활유로는 식물성유가 사용된다.

> ! 각 압축기의 사용 윤활유: 산소 압축기는 물 또는 10%의 묽은 글리세린 수용액, 염소 압축기는 진한 황산, 수소 압축기와 공기 압축기는 양질의 광유를 사용한다.

37 다음 금속재료 중 저온재료로 가장 부적당한 것은?

① 탄소강   ② 니켈강
③ 스테인리스강   ④ 황동

> ! 저온재료로는 9%니켈강, 스테인리스강, 황동, 알루미늄 합금 등을 사용한다.

38 다음 유량 측정방법 중 직접법은?

① 습식가스미터   ② 벤투리미터
③ 오리피스미터   ④ 피토튜브

> ! **유량 측정방법의 구분**
> 1. 직접식 유량계: 습식가스미터, 오벌기어식, 루츠식이 있다.
> 2. 간접식 유량계: 벤투리미터, 오리피스미터, 피토튜브, 로터미터식이 있다.

39 내용적 47ℓ인 LP가스 용기의 최대 충전량은 몇 kg인가? (단, LP가스 정수는 2.35이다.)

① 20   ② 42
③ 50   ④ 110

> ! 액화가스 용기의 저장능력=내용적/가스 정수=47/2.35=20

40 다음 중 정압기의 부속설비가 아닌 것은?

① 불순물 제거장치
② 이상압력상승 방지장치
③ 검사용 맨홀
④ 압력기록장치

> ! 정압기의 부속설비는 불순물 제거장치, 이상압력상승 방지장치, 압력기록장치, 가스차단장치 등이 있다.

41 다음 [보기]의 특징을 가지는 펌프는?

> **보기**
> • 고압, 소유량에 적당하다.
> • 토출량이 일정하다.
> • 송수량의 가감이 가능하다.
> • 맥동이 일어나기 쉽다.

① 원심 펌프   ② 왕복 펌프
③ 축류 펌프   ④ 사류 펌프

> ! **펌프의 특징**
> 1. 왕복 펌프: 양수량이 적고 양정이 클 경우에 적합하고, 송수압의 변동이 심하고 수량조절이 어려우며, 규정 이상의 왕복운동을 하면 효율이 저하(감소)된다.
> 2. 원심 펌프: 액의 맥동이 없고 진동이 적으며 고속운전에 적합하고, 양수량이 많고 고·저양정에 이용되며, 원심력에 의해 액체를 이송하므로 펌프에 충분히 액을 채워야 하나 양수량의 조절이 용이하다.

42 터보식 펌프로서 비교적 저양정에 적합하며, 효율 변화가 비교적 급한 펌프는?

① 원심 펌프   ② 축류 펌프
③ 왕복 펌프   ④ 베인 펌프

> ! 축류 펌프는 임펠러에서 나온 물의 흐름이 축방향에 대해 평행으로 흡입·토출되며, 고속운전 및 저양정에 적합하다.

43 산소용기의 최고 충전압력이 15MPa일 때 이용기의 내압 시험압력은 얼마인가?

① 15MPa   ② 20MPa
③ 22.5MPa   ④ 25MPa

> ! 산소용기의 내압시험압력=최고 충전압력(15)×(5/3)=25

44 기화기에 대한 설명으로 틀린 것은?

① 기화기 사용 시 장점은 LP가스 종류에 관계없이 한냉 시에도 충분히 기화시킨다.

② 기화장치의 구성요소 중에는 기화부, 제어부, 조압부 등이 있다.

③ 감압가열 방식은 열교환기에 의해 액상의 가스를 기화시킨 후 조정기로 감압시켜 공급하는 방식이다.

④ 기화기를 증발형식에 의해 분류하면 순간 증발식과 유입 증발식이 있다.

> ! **기화기의 감압 가열방식과 가온 감압방식**
> 1. 감압 가열방식은 액화가스를 조정기로 감압시킨 후 열교환기에 도입하고, 대기 또는 온수 등으로 가열하여 기화시켜 공급하는 방식이다.
> 2. 가온 감압방식은 열교환기에 의해 액상의 가스를 기화시킨 후 조정기로 감압시켜 공급하는 방식이다.

45 펌프에서 유량을 Qm³/min, 양정을 Hm, 회전수 Nrpm이라 할 때, 1단 펌프에서 비교 회전도 ηs를 구하는 식은?

① $\eta s = \dfrac{Q^2\sqrt{N}}{H^{3/4}}$ ② $\eta s = \dfrac{N^2\sqrt{Q}}{H^{3/4}}$

③ $\eta s = \dfrac{N\sqrt{Q}}{H^{3/4}}$ ④ $\eta s = \dfrac{\sqrt{NQ}}{H^{3/4}}$

> ! **비교회전도(비속도)**
> 1. 1단일 때 비교회전도=(회전속도×√토출량)/(양정)$^{3/4}$
> 2. N단일 때 비교회전도=(회전속도×√토출량)/(양정/단수)$^{3/4}$

제3과목. 가스일반

46 액체 산소의 색깔은?

① 담황색 ② 담적색
③ 회백색 ④ 담청색

> ! 액체 산소의 색깔은 담청색이고, 산소는 조연성가스로 상온에서 무색, 무미, 무취이다.

47 LPG에 대한 설명 중 틀린 것은?

① 액체상태는 물(비중 1)보다 가볍다.

② 가화열이 커서 액체가 피부에 닿으면 동상의 우려가 있다.

③ 공기와 혼합시켜 도시가스 원료로도 사용된다.

④ 가정에서 연료용으로 사용하는 LPG는 올레핀계 탄화수소이다.

> ! **탄화수소의 분류**
> 1. 가정에서 연료용으로 사용하는 LPG는 파라핀계(포화) 탄화수소(프로판, 부탄, 메탄, 에탄 등) 등이 있다.
> 2. 올레핀계(불포화) 탄화수소는 불포화(불안정한) 결합상태이며, 일반적으로 석유화학 제품의 원료로 에틸렌, 프로필렌, 부틸렌 등이 사용되며, 알킨(CnH$_{2}$n−$_2$)에는 아세틸렌(C$_2$H$_2$)이 있다.

48 "기체의 온도를 일정하게 유지할 때 기체가 차지하는 부피는 절대 압력에 반비례한다." 라는 법칙은?

① 보일의 법칙
② 샤를의 법칙
③ 헨리의 법칙
④ 아보가드로의 법칙

> ! 보일의 법칙은 "기체의 온도를 일정하게 유지할 때 기체가 차지하는 부피는 절대 압력에 반비례한다."라는 법칙이다.

49 압력 환산 값을 서로 가장 바르게 나타낸 것은?

① 1lb/ft2≒0.142kg/cm^2

② 1kg/cm^2≒13.7lb/In^2

③ 1atm≒1033g/cm^2

④ 76cmHg≒1013dyne/cm^2

> ! 압력 1atm=76cmHg=1,033g/cm^2=14.7lb/In^2

50 절대온도 0K는 섭씨온도 약 몇 ℃인가?

① -273　　　　② 0

③ 32　　　　　④ 273

> ❗ 섭씨온도(℃)=절대온도(0K)-273=-273

51 수소와 산소 또는 공기와의 혼합기체에 점화하면 급격히 화합하여 폭발하므로 위험하다. 이 혼합기체를 무엇이라고 하는가?

① 염소 폭명기　　② 수소 폭명기

③ 산소 폭명기　　④ 공기 폭명기

> ❗ **수소의 화학적 성질**
> 1. 산소와 600℃ 이상에서 2:1로 반응하여 폭발을 일으킨다. 수소폭명기: $2H_2+O_2 \rightarrow 2H_2O+136.6kcal$
> 2. 염소와 상온에서 햇빛을 촉매로 1:1로 격렬한 반응을 한다. 염소폭명기: $H_2+Cl_2 \rightarrow$ 햇빛↓ $\rightarrow 2HCl+44kcal$
> 3. 불소와 상온에서 반응하여 격렬한 폭발을 일으킨다. 불소폭명기: $H_2+F_2 \rightarrow 2HF+128kcal$
> 4. 고온·고압하에서 탄소강재와 반응하여 수소취성(탈탄작용)을 일으킨다. $Fe_2C+2H_2 \rightarrow CH_4+3Fe$, 촉매제는 Ni, Pt, 석면 등이고, 내수소성 강재(탈탄방지재료)는 Cr, Mo, W, Ti, V 등이다.

52 기체연료의 일반적인 특징에 대한 설명으로 틀린 것은?

① 완전연소가 가능하다.

② 고온을 얻을 수 있다.

③ 화재 및 폭발의 위험성이 적다.

④ 연소조절 및 점화, 소화가 용이하다.

> ❗ 기체연료의 일반적인 특징으로 화재 및 폭발의 위험성이 크다.

53 다음 중 압력단위가 아닌 것은?

① Pa　　　　② atm

③ bar　　　　④ N

> ❗ N(Newton: 뉴턴)은 힘의 단위이다. 뉴턴은 질량 1kg의 물체에 작용하여 매초(1sec)당 1m의 가속도를 만드는 힘이다. 뉴턴역학이란 고전 역학이라고도 하며, 뉴턴이 그의 운동의 세 법칙(관성의 원리, 운동방정식, 작용 반작용의 원리)에 기초를 두고 만든 역학 체계를 말한다.

54 공기비가 클 경우 나타나는 현상이 아닌 것은?

① 통풍력이 강하여 배기가스에 의한 열손실 증대

② 불완전연소에 의한 매연발생이 심함.

③ 연소가스 중 SO_3의 양이 증대되어 저온 부식 촉진

④ 연소가스 중 NO_2의 발생이 심하여 대기오염 유발

> ❗ 공기비=(실제공기량/이론공기량)이다. 즉, 공기비란 연료를 연소시키는데 필요한 실제공기량을 이론공기량으로 나눈 값을 말한다. 따라서 공기비가 작으면 불완전연소에 의한 매연발생이 심하다.

55 표준상태에서 1몰의 아세틸렌이 완전연소될 때 필요한 산소의 몰 수는?

① 1몰　　　　② 1.5몰

③ 2몰　　　　④ 2.5몰

> ❗ 아세틸렌의 완전연소 반응식: $C_2H_2+2.5O_2 \rightarrow 2CO_2+H_2O$ 이므로, 2.5몰의 산소가 필요하다.

56 다음 [보기]에서 설명하는 가스는?

> **보기**
> • 독성이 강하다.
> • 연소시키면 잘 탄다.
> • 각종 금속에 작용한다.
> • 가압·냉각에 의해 액화가 쉽다.

① HCl　　　　② NH_3

③ CO　　　　④ C_2H_2

> ❗ 암모니아의 성질은 20℃, 8.45atm에서 쉽게 액화되며, 상온·상압에서 강한 자극성이 있고, 허용농도는 25ppm으로 유독한 가연성가스이다. 화학적 성질은 구리(Cu), 아연(Zn), 은(Ag), 코발트(Co) 등의 금속이온과 반응하여 착화합물을 만든다.

57 질소의 용도가 아닌 것은?

① 비료에 이용 ② 질산제조에 이용

③ 연료용에 이용 ④ 냉매로 이용

> **!** 질소의 용도
> 1. 석회질소와 암모니아 합성용 원료로 사용한다.
> 2. 액체질소는 초저온 냉매로 끓는점($-195.8℃$)이 대단히 (매우) 낮아 식품의 급속동결용이나 극저온의 냉매로 사용한다.
> 3. 설비의 기밀시험 및 가스 치환용으로 사용한다.
> 4. 금속공업의 산화방지용 및 필라멘트의 보호제로 전구에 사용한다.

58 27℃, 1기압 하에서 메탄가스 80g이 차지하는 부피는 약 몇 ℓ 인가?

① 112 ② 123

③ 224 ④ 246

> **!** 이상기체의 상태방정식에서,
> 압력×체적=[(질량/분자량)×기체상수×온도]이므로,
> 체적(부피)=[(질량/분자량)×기체상수×온도]/압력
> =[(80/16)×0.08205×(273+27)]/1=123.1 ℓ 이다.

59 산소 농도의 증가에 대한 설명으로 틀린 것은?

① 연소속도가 빨라진다.

② 발화온도가 올라간다.

③ 화염온도가 올라간다.

④ 폭발력이 세어진다.

> **!** 산소 농도가 증가하면 발화온도가 낮아진다.

60 다음 중 보관 시 유리를 사용할 수 없는 것은?

① HF ② C_6H_6

③ $NaHCO_3$ ④ KBr

> **!** 불화수소의 화학적 성질
> 1. 불화수소는 SiO_2(모래), Na_2SiO_3(유리)를 부식시킨다.
> $SiO_2+2H_2F_2 \rightarrow SiF_4+2H_2O$
> $Na_2SiO_3+3H_2F_2 \rightarrow 2NaF+SiF_4+3H_2O$
> 2. 불화수소는 납 그릇, 베클라이트제 용기, 폴리에틸렌병 등에 보관하여야 한다.

정답

:: 2013년 10월 12일 기출문제

01	02	03	04	05	06	07	08	09	10
①	①	③	①	①	③	④	④	③	④
11	12	13	14	15	16	17	18	19	20
②	④	③	②	①	④	③	②	②	①
21	22	23	24	25	26	27	28	29	30
①	①	③	③	②	④	②	②	④	④
31	32	33	34	35	36	37	38	39	40
①	①	④	②	③	①	①	①	①	③
41	42	43	44	45	46	47	48	49	50
②	②	④	③	③	④	④	①	③	①
51	52	53	54	55	56	57	58	59	60
②	③	④	②	④	②	③	②	②	①

국가기술자격 필기시험문제

2014년 1월 26일 제1회 필기시험			수험 번호	성명
자격 종목	종목코드	시험시간		
가스기능사	6335	1시간		

제1과목. 가스안전관리

01 액화석유가스 사용시설에서 LPG용기 집합설비의 저장능력이 얼마 이하일 때 용기, 용기밸브, 압력조정기가 직사광선, 눈 또는 빗물에 노출되지 않도록 해야 하는가?

① 50kg 이하
② 100kg 이하
③ 300kg 이하
④ 500kg 이하

> ! 액화석유가스 사용시설에서 LPG용기 집합설비의 저장능력이 100kg 이하일 때 용기, 용기밸브, 압력조정기가 직사광선, 눈 또는 빗물에 노출되지 않도록 해야 한다.

02 아세틸렌 용기를 제조하고자 하는 자가 갖추어야 하는 설비가 아닌 것은?

① 원료혼합기
② 건조로
③ 원료충전기
④ 소결로

> ! 아세틸렌 용기를 제조할 자가 갖추어야 하는 설비: 원료혼합기, 건조로, 원료충전기, 용접설비, 넥킹 가공설비, 단조설비, 성형설비, 밸브탈·부착기, 세척설비, 도장설비, 아랫부분 접합설비 등이다.

03 가스의 연소한계에 대하여 가장 바르게 나타낸 것은?

① 착화온도의 상한과 하한
② 물질이 탈 수 있는 최저온도
③ 완전연소가 될 때의 산소공급 한계
④ 연소가 가능한 가스의 공기와의 혼합 비율의 상한과 하한

> ! 가스의 연소한계: 연소가 가능한 가스의 공기와의 혼합비율의 상한(%)과 하한(%)의 차이이다. 즉, 하한은 가스량의 부족한 상태, 상한은 공기량의 부족한 상태로 연소할 수 없게 된다.

04 도로굴착공사에 의한 도시가스배관 손상 방지기준으로 틀린 것은?

① 착공 전 도면에 표시된 가스배관과 기타 저장물 매설 유무를 조사하여야 한다.
② 도로굴착자의 굴착공사로 인하여 노출된 배관 길이가 10m 이상인 경우에는 점검통로 및 조명시설을 하여야 한다.
③ 가스배관이 있을 것으로 예상되는 지점으로부터 2m 이내에서 줄파기를 할 때에는 안전관리전담자의 입회하에 시행하여야 한다.
④ 가스배관의 주위를 굴착하고자 할 때에는 가스배관의 좌우 1m 이내의 부분은 인력으로 굴착한다.

> ! 도로굴착공사에 의한 도시가스배관 손상 방지기준: 도로굴착자의 굴착공사로 인하여 노출된 배관 길이가 15m 이상인 경우에는 점검통로 및 조명시설을 하여야 한다.

05 도시가스 배관이 하천을 횡단하는 배관 주위의 흙이 사질토인 경우 방호구조물의 비중은?

① 배관 내 유체 비중 이상의 값
② 물의 비중 이상의 값
③ 토양의 비중 이상의 값
④ 공기의 비중 이상의 값

> ❗ 도시가스 배관이 하천을 횡단하는 배관 주위의 흙이 사질토인 경우 방호구조물의 비중은 물의 비중 이상의 값이 되도록 하고, 점토질일 경우에는 흙의 단위체적 중량 이상으로 한다.

06 도시가스사업자는 가스공급시설을 효율적으로 관리하기 위하여 배관, 정압기에 대하여 도시가스배관망을 전산화하여야 한다. 이때 전산관리 대상이 아닌 것은?

① 설치도면   ② 시방서
③ 시공자   ④ 배관제조자

> ❗ 도시가스배관망의 전산관리 대상: 설치도면, 시방서(호칭지름 및 재질에 관한 사항), 시공자, 시공연월일 등이다.

07 겨울철 LP가스용기 표면에 성에가 생겨 가스가 잘 나오지 않을 경우 가스를 사용하기 위한 가장 적절한 조치는?

① 연탄불로 쪼인다.
② 용기를 힘차게 흔든다.
③ 열 습포를 사용한다.
④ 90℃ 정도의 물을 용기에 붓는다.

> ❗ 겨울철 LP가스용기 표면에 성에가 생겨 가스가 잘 나오지 않을 경우 가스를 사용하기 위해서 40℃ 이하의 물 또는 열 습포를 사용한다.

08 LPG사용시설에서 가스누출경보장치 검지부 설치높이의 기준으로 옳은 것은?

① 지면에서 30cm 이내
② 지면에서 60cm 이내
③ 천장에서 30cm 이내
④ 천장에서 60cm 이내

> ❗ LPG사용시설에서 가스누출경보장치 검지부 설치높이는 지면에서 30cm 이내의 범위에서 가능한 바닥에 가까운 곳에 설치하여야 한다.

09 액화석유가스를 저장하기 위하여 지상 또는 지하에 고정설치된 탱크로서 액화석유가스의 안전관리 및 사업법에서 정한 "소형저장탱크"는 그 저장능력이 얼마인 것을 말하는가?

① 1톤 미만   ② 3톤 미만
③ 5톤 미만   ④ 10톤 미만

> ❗ 액화석유가스를 저장하기 위하여 지상 또는 지하에 고정설치된 탱크로서 액화석유가스의 안전관리 및 사업법에서 정한 "소형저장탱크"는 그 저장능력이 3톤 미만인 것을 말한다.

10 차량에 고정된 탱크로 염소를 운반할 때 탱크의 최대 내용적은?

① 12000 l ② 18000 l
③ 20000 l ④ 38000 l

> ❗ 차량에 고정된 탱크 중 독성가스(액화암모니아 제외)는 내용적을 12,000l 이하로 하여야 하고, 가연성가스(액화석유가스 제외)는 내용적을 18,000l 이하로 하여야 한다. 염소는 독성가스이다.

11 에어졸 제조설비와 인화성 물질과의 최소 우회거리는?

① 3m 이상   ② 5m 이상
③ 8m 이상   ④ 10m 이상

> ❗ 에어졸 제조설비와 인화성 물질과의 최소 우회거리는 8m 이상을 유지하여야 한다.

12 지상 배관은 안전을 확보하기 위해 그 배관의 외부에 다음의 항목들을 표기하여야 한다. 해당하지 않는 것은?

① 사용가스명　　　② 최고사용압력
③ 가스의 흐름방향　④ 공급회사명

!　도시가스 사용시설의 지상배관은 표면색상을 황색으로 도색하여야 하고, 사용가스명, 최고사용압력, 가스의 흐름방향을 표시하여야 한다.

13 굴착으로 인하여 도시가스배관이 65m가 노출되었을 경우 가스누출경보기의 설치 개수로 알맞은 것은?

① 1개　　　　　　② 2개
③ 3개　　　　　　④ 4개

!　굴착으로 인하여 20m 이상 도시가스배관이 노출되었을 경우 20m마다 가스누출경보기를 설치하고, 현장관계자가 상주하는 장소에 경보음이 전달되도록 설치하여야 한다. 따라서 가스누출경보기의 설치 개수=65/20=3.25=4개이다.

14 도시가스 제조소 저장탱크의 방류둑에 대한 설명으로 틀린 것은?

① 지하에 묻은 저장탱크내의 액화가스가 전부 유출된 경우에 그 액면이 지면보다 낮도록 된 구조는 방류둑을 설치한 것으로 본다.
② 방류둑의 용량은 저장탱크 저장능력의 90%에 상당하는 용적 이상이어야 한다.
③ 방류둑의 재료는 철근콘크리트, 금속, 흙, 철골·철근 콘크리트 또는 이들을 혼합하여야 한다.
④ 방류둑은 액밀한 것이어야 한다.

!　도시가스 제조소 저장탱크의 방류둑 용량은 저장탱크 저장능력에 상당하는 용적 이상이어야 한다.

15 냉동기란 고압가스를 사용하여 냉동하기 위한 기기로서 냉동능력 산정기준에 따라 계산된 냉동능력 몇 톤 이상인 것을 말하는가?

① 1　　　　　　② 1.2
③ 2　　　　　　④ 3

!　냉동기란 고압가스를 사용하여 냉동하기 위한 기기로서 냉동능력 산정기준에 따라 계산된 냉동능력 3톤 이상인 것을 말한다.

16 고압가스제조시설에서 가연성가스 가스설비 중 전기설비를 방폭구조로 하여야 하는 가스는?

① 암모니아
② 브롬화메탄
③ 수소
④ 공기 중에서 자기 발화하는 가스

!　수소는 고압가스제조시설에서 가연성가스 가스설비 중 전기설비를 방폭구조로 하여야 한다. 단, 암모니아와 브롬화메탄은 제외한다.

17 용기종류별 부속품의 기호 중 아세틸렌을 충전하는 용기의 부속품 기호는?

① AT　　　　　② AG
③ AA　　　　　④ AB

!　용기 신규검사에 합격된 용기 부속품 각인
1. LT: 초저온 용기나 저온용기의 부속품
2. AG: 아세틸렌가스를 충전하는 용기의 부속품
3. PG: 압축가스를 충전하는 용기의 부속품
4. LG: 액화석유가스 외의 액화가스를 충전하는 용기의 부속품
5. LPG: 액화석유가스를 충전하는 용기의 부속품

18 도시가스 배관을 노출하여 설치하고자 할 때 배관 손상방지를 위한 방호조치 기준으로 옳은 것은?

① 방호철판 두께는 최소 10mm 이상으로 한다.

② 방호철판의 크기는 1m 이상으로 한다.

③ 철근 콘크리트재 방호 구조물은 두께가 15cm 이상이어야 한다.

④ 철근 콘크리트재 방호 구조물은 높이가 1.5m 이상이어야 한다.

> ❗ 도시가스 배관을 노출하여 설치하고자 할 때 배관 손상방지를 위한 방호조치 기준으로 방호철판 두께는 최소 4mm 이상으로 하고, 방호철판의 크기는 1m 이상으로 하며, 철근 콘크리트재 방호 구조물은 높이가 1m 이상, 두께가 10cm 이상이어야 한다.

19 다음 중 누출 시 다량의 물로 제독할 수 있는 가스는?

① 산화에틸렌   ② 염소
③ 일산화탄소   ④ 황화수소

> ❗ • 다량의 물로 제독할 수 있는 가스: 산화에틸렌, 암모니아, 아황산가스, 염화메탄
> • 염소로 제독할 수 있는 가스: 탄산소다수용액
> • 포스겐으로 제독할 수 있는 가스: 소석회
> • 황화수소로 제독할 수 있는 가스: 가성소다수용액

20 시안화수소의 충전 시 사용되는 안정제가 아닌 것은?

① 암모니아   ② 황산
③ 염화칼슘   ④ 인산

> ❗ 시안화수소의 충전 시 사용되는 안정제로 황산, 염화칼슘, 인산, 아황산가스, 오산화인 등을 사용하여 시안화수소의 중합을 방지한다.

21 가스계량기와 전기개폐기와의 최소 안전거리는?

① 15cm   ② 30cm
③ 60cm   ④ 80cm

> ❗ 가스계량기와 전기개폐기와의 최소 안전거리는 60cm 이상, 굴뚝·전기점멸기 및 전기접속기와의 거리는 30cm 이상, 절연조치를 하지 않은 전선과의 거리는 15cm 이상이어야 한다.

22 다음 중 공동주택 등에 도시가스를 공급하기 위한 것으로서 압력조정기의 설치가 가능한 경우는?

① 가스압력이 중압으로서 전체세대수가 100세대인 경우

② 가스압력이 중압으로서 전체세대수가 150세대인 경우

③ 가스압력이 저압으로서 전체세대수가 250세대인 경우

④ 가스압력이 저압으로서 전체세대수가 300세대인 경우

> ❗ 공동주택 등에 도시가스를 공급하기 위한 것으로서 가스압력이 중압 이상으로서 전체세대수가 150세대 미만인 경우에 압력조정기의 설치가 가능하고, 가스압력이 저압으로서 전체세대수가 250세대 미만인 경우에 압력조정기의 설치가 가능하다.

23 다음 중 동일차량에 적재하여 운반할 수 없는 가스는?

① 산소와 질소
② 염소와 아세틸렌
③ 질소와 탄산가스
④ 탄산가스와 아세틸렌

> ❗ 가스 충전용기 운반 시 염소와 아세틸렌, 암모니아 또는 수소는 동일 차량에 적재할 수 없다.

24 고압가스 배관의 설치기준 중 하천과 병행하여 매설하는 경우에 대한 설명으로 틀린 것은?

① 배관은 견고하고 내구력을 갖는 방호 구조물 안에 설치한다.

② 배관의 외면으로부터 2.5m 이상의 매설심도를 유지한다.

③ 하상(河床, 하천의 바닥)을 포함한 하천구역에 하천과 병행하여 설치한다.

④ 배관손상으로 인한 가스누출 등 위급한 상황이 발생한 때에 그 배관에 유입되는 가스를 신속히 차단할 수 있는 장치를 설치한다.

!　고압가스 배관의 설치기준 중 하천과 병행하여 매설하는 경우에 하상(河床, 하천의 바닥)이 아닌 곳에 설치한다.

25 가스사용시설에서 원칙적으로 PE배관을 노출배관으로 사용할 수 있는 경우는?

① 지상배관과 연결하기 위하여 금속관을 사용하여 보호조치를 한 경우로서 지면에서 20cm 이하로 노출하여 시공하는 경우

② 지상배관과 연결하기 위하여 금속관을 사용하여 보호조치를 한 경우로서 지면에서 30cm 이하로 노출하여 시공하는 경우

③ 지상배관과 연결하기 위하여 금속관을 사용하여 보호조치를 한 경우로서 지면에서 50cm 이하로 노출하여 시공하는 경우

④ 지상배관과 연결하기 위하여 금속관을 사용하여 보호조치를 한 경우로서 지면에서 1m 이하로 노출하여 시공하는 경우

!　가스사용시설에서 원칙적으로 지상배관과 연결하기 위하여 금속관을 사용하여 보호조치를 한 경우로서 지면에서 30㎝ 이하로 노출하여 시공하는 경우에 PE(가스용 폴리에틸렌)배관을 노출배관으로 사용할 수 있다.

26 가연물의 종류에 따른 화재의 구분이 잘못된 것은?

① A급: 일반화재
② B급: 유류화재
③ C급: 전기화재
④ D급: 식용유화재

!　가연물의 종류에 따른 화재의 구분으로 D급: 금속분(알루미늄 분말 등) 화재이다.

27 정전기에 대한 설명 중 틀린 것은?

① 습도가 낮을수록 정전기를 축적하기 쉽다.

② 화학섬유로 된 의류는 흡수성이 높으므로 정전기가 대전하기 쉽다.

③ 액상의 LP가스는 전기 절연성이 높으므로 유동 시에는 대전하기 쉽다.

④ 재료 선택 시 접촉 전위차를 적게 하여 정전기 발생을 줄인다.

!　화학섬유로 된 의류는 흡수성이 적으므로 정전기가 대전하기 쉽다.

28 비중이 공기보다 커서 바닥에 체류하는 가스로만 나열된 것은?

① 염소, 암모니아, 아세틸렌
② 프로판, 수소, 아세틸렌
③ 프로판, 염소, 포스겐
④ 염소, 포스겐, 암모니아

!　각 가스의 공기에 대한 비중은 염소가 71, 암모니아는 17, 아세틸렌은 26, 프로판은 44, 수소는 2, 포스겐은 99이다. 따라서 공기의 평균분자량 29보다 큰 가스는 누설되면 바닥에 체류하게 된다.

29 아세틸렌을 용기에 충전 시 미리 용기에 다공물질을 채우는데, 이때 다공도의 기준은?

① 75% 이상, 92% 미만
② 80% 이상, 95% 미만
③ 95% 이상
④ 98% 이상

> ❗ 아세틸렌을 용기에 충전 시 미리 용기에 다공물질을 채우는데, 이때 다공도의 기준은 75% 이상, 92% 미만이다.

30 다음 중 폭발방지대책으로서 가장 거리가 먼 것은?

① 방폭성능 전기설비 설치
② 정전기 제거를 위한 접지
③ 압력계 설치
④ 폭발하한 이내로 불활성가스에 의한 희석

> ❗ 폭발방지대책으로 방폭성능 전기설비 설치, 정전기 제거를 위한 접지, 폭발하한 이내로 불활성가스에 의한 희석, 그 밖에 가연물을 취급하는 곳에서는 마찰이나 충격 등에 의한 점화원의 발생을 방지하여야 한다.

제2과목, 가스장치 및 기기

31 재료에 인장과 압축하중을 오랜 시간 반복적으로 작용시키면 그 응력이 인장강도보다 작은 경우에도 파괴되는 현상은?

① 인성파괴   ② 피로파괴
③ 취성파괴   ④ 크리프파괴

> ❗ 피로파괴란 재료에 인장과 압축하중을 오랜 시간 반복적으로 작용시키면 그 응력이 인장강도보다 작은 경우에도 파괴되는 현상을 말한다.

32 아세틸렌용기에 주로 사용되는 안전밸브의 종류는?

① 스프링식   ② 파열판식
③ 가용전식   ④ 압전식

> ❗ 아세틸렌용기에 주로 사용되는 안전밸브의 종류는 가용전식이고, 스프링식은 액화석유가스의 용기에 사용되며, 파열판식은 압축가스의 용기에 주로 사용된다.

33 다량의 메탄을 액화시키려면 어떤 액화사이클을 사용해야 하는가?

① 캐스케이드 사이클
② 필립스 사이클
③ 캐피자 사이클
④ 클라우드 사이클

> ❗ 다량의 메탄을 액화시키려면 캐스케이드(다원 액화) 사이클(비점이 낮은 가스를 액화하는 사이클)을 사용해야 한다.

34 저온 액체 저장설비에서 열의 침입요인으로 가장 거리가 먼 것은?

① 외면으로부터의 열복사
② 단열재를 직접 통한 열대류
③ 연결 파이프를 통한 열전도
④ 밸브 등에 의한 열전도

> ❗ 저온 액체 저장설비에서 열의 침입요인: 외면으로부터의 열복사, 단열재를 충전한 공간에 남은 가스분자의 열전도, 연결된 배관을 통한 열전도, 밸브 등에 의한 열전도, 지지요크에서의 열전도 등이다.

35 LP가스 이송설비 중 압축기의 부속장치로서 토출측과 흡입측을 전환시키며 액송과 가스회수를 한 동작으로 할 수 있는 것은?

① 액트랩　　　　　② 액가스분리기
③ 전자밸브　　　　④ 사방밸브

> ! 사방밸브는 LP가스 이송설비 중 압축기의 부속장치로서 토출측과 흡입측을 전환시키며 액송과 가스회수를 한 동작으로 할 수 있다.

36 다음 중 고압배관용 탄소강 강관의 KS규격 기호는?

① SPPS　　　　　② SPPH
③ STS　　　　　　④ SPHT

> ! SPPH(고압배관용 탄소강 강관), SPPS(압력배관용 탄소강 강관), STS×TP(배관용 스테인리스 강관), SPHT(고온배관용 탄소강 강관)의 KS규격 기호이다.

37 저온장치용 재료 선정에 있어서 가장 중요하게 고려해야 하는 사항은?

① 고온 취성에 의한 충격치의 증가
② 저온 취성에 의한 충격치의 감소
③ 고온 취성에 의한 충격치의 감소
④ 저온 취성에 의한 충격치의 증가

> ! 저온장치용 재료 선정에 있어서 저온 취성에 의한 충격치의 감소를 가장 중요하게 고려해야 한다.

38 다음 가연성 가스검출기 중 가연성가스의 굴절률 차이를 이용하여 농도를 측정하는 것은?

① 간섭계형　　　　② 안전등형
③ 검지관형　　　　④ 열선형

> ! 가연성 가스검출기
> 1. 간섭계형은 가연성 가스검출기 중 가연성가스의 굴절률 차이를 이용하여 농도를 측정한다.
> 2. 안전등형은 푸른 불꽃(청염)의 길이로써 대부분 탄강 내의 메탄가스농도를 측정하고, 열선형은 브리지회로의 편위전류를 이용하며, 반도체식은 반도체의 소자에 의한 전압의 변화를 이용하여 가스의 농도를 측정한다.

39 다음 곡률 반지름(r)이 50mm일 때, 90°구부림 곡선 길이는 얼마인가?

① 48.75mm　　　　② 58.75mm
③ 68.75mm　　　　④ 78.75mm

> ! 곡간의 길이산출
> 1. 곡률 반지름(r) 90°구부림 할 때의 길이
> =1.5R+(1.5R/20)에서, R은 곡률반경(mm)이다.
> 2. 곡률 반지름(r)이 50mm일 때, 90°구부림 곡선 길이
> =1.5×50+(1.5×50/20)=78.75mm이다.
> 3. 곡률 반지름(r) 45°구부림 할 때의 길이
> =(1/2)×[1.5R+(1.5R/20)]
> 4. 곡률 반지름(r) 180°구부림 할 때의 길이
> =1.5D+(1.5D/20)에서, D는 지름(mm)이다.
> 5. 곡률 반지름(r) 360°구부림 할 때의 길이
> =3D+(3D/20)에서, D는 지름(mm)이다.
> 6. 곡간 부분의 길이=2×3.14×R×(각도°/360°)

40 다음 펌프 중 시동하기 전에 프라이밍이 필요한 펌프는?

① 기어펌프　　　　② 원심펌프
③ 축류펌프　　　　④ 왕복펌프

> ! 원심펌프는 시동하기 전에 반드시 케이싱 안에 물을 채워(프라이밍)야 한다.

41 강관의 녹을 방지하기 위해 페인트를 칠하기 전에 먼저 사용되는 도료는?

① 알루미늄 도료　　② 산화철 도료
③ 합성수지 도료　　④ 광명단 도료

> ! 광명단 도료는 강관의 녹을 방지하기 위해 페인트를 칠하기 전에 먼저 사용되는 도료이다.

42 "압축된 가스를 단열 팽창시키면 온도가 강하한다."는 것은 무슨 효과라고 하는가?

① 단열효과　　　　② 줄-톰슨효과
③ 정류효과　　　　④ 팽윤효과

> ！ 줄-톰슨효과란 "압축된 가스를 단열 팽창시키면 온도가 강하한다."는 것을 말한다.

43 다음 중 저온 장치 재료로서 가장 우수한 것은?

① 13% 크롬강　　　② 탄소강
③ 9% 니켈강　　　　④ 주철

> ！ 저온장치의 재료: 9% 니켈강, 18-8스테인리스강, 알루미늄합금강을 주로 사용한다.

44 펌프의 회전수를 1000rpm에서 1200rpm으로 변화시키면 동력은 약 몇 배가 되는가?

① 1.3　　　　　② 1.5
③ 1.7　　　　　④ 2.0

> ！ 펌프의 상상법칙에서 동력=회전수의 세제곱에 비례한다. 따라서 동력=(나중 회전수/처음 회전수)³ = (1,200/1,000)³ = 1.73배이다.

45 다음 중 왕복동 압축기의 특징이 아닌 것은?

① 압축하면 맥동이 생기기 쉽다.
② 기체의 비중에 관계없이 고압이 얻어진다.
③ 용량 조절의 폭이 넓다.
④ 비용적식 압축기이다.

> ！ 왕복동 압축기의 특징: 압축하면 맥동이 생기기 쉽고, 기체의 비중에 관계없이 고압이 얻어지며, 용적식 압축기로 용량 조절의 폭이 넓다.

46 다음 각 가스의 성질에 대한 설명으로 옳은 것은?

① 질소는 안정한 가스로서 불활성가스라고도 하고, 고온에서도 금속과 화합하지 않는다.
② 염소는 반응성이 강한 가스로 강재에 대하여 상온에서도 무수(無水) 상태로 현저한 부식성을 갖는다.
③ 산소는 액체 공기를 분류하여 제조하는 반응성이 강한 가스로 그 자신이 잘 연소한다.
④ 암모니아는 동을 부식하고 고온고압에서는 강재를 침식한다.

> ！ **각 가스의 성질**
> 1. 질소는 안정한 가스로서 불활성가스라고도 하고, 고온·고압에서 마그네슘, 칼슘 등의 금속과 화합하여 반응한다.
> 2. 염소는 반응성이 강한 가스로 강재에 대하여 상온에서도 수분이 존재할 때 현저한 부식성을 갖는다.
> 3. 산소는 액체 공기를 분류하여 제조하는 반응성이 강한 가스로 연소를 도와주는 조연성 가스이다.
> 4. 암모니아는 동을 부식하고 고온고압에서는 강재를 침식한다.

47 어떤 액의 비중을 측정하였더니 2.5이었다. 이 액의 액주 6m의 압력은 몇 kg/cm²인가?

① 15kg/cm²　　　② 1.5kg/cm²
③ 0.15kg/cm²　　④ 0.015kg/cm²

> ！ 압력(kg/cm²)=비중×높이=$2.5 \times 1,000kg/m^3 \times 6m$
> =$15,000kg/m^2 \times m^2/10,000cm^2 = 1.5(kg/cm^2)$

48 100℃를 화씨온도로 단위 환산하면 몇 °F인가?

① 212　　　　　② 234
③ 248　　　　　④ 273

> ！ $°F=(9/5) \times °C+32=(9/5) \times 100+32=212°F$

49 밀도의 단위로 옳은 것은?

① g/s^2 ② L/g
③ g/cm^3 ④ lb/in^2

> ! 밀도=(질량/부피)에서, 단위는 g/cm^3이다.

50 수돗물의 살균과 섬유의 표백용으로 주로 사용되는 가스는?

① F_2 ② Cl_2
③ O_2 ④ CO_2

> ! 염소(Cl_2)는 수돗물의 살균과 섬유의 표백용으로 주로 사용된다.

51 다음 중 1atm에 해당하지 않는 것은?

① 760mmHg   ② 14.7psi
③ 29.92inHg   ④ $1013kg/m^2$

> ! 압력 1atm=760mmHg=14.7psi=29.92inHg=$1,033kg/m^2$

52 다음 중 액화석유가스의 일반적인 특성이 아닌 것은?

① 기화 및 액화가 용이하다.
② 공기보다 무겁다.
③ 액상의 액화석유가스는 물보다 무겁다.
④ 증발잠열이 크다.

> ! 액화석유가스의 일반적인 특성: 기화 및 액화가 용이하고, 물에 잘 녹지 않고 증발잠열이 크며, 공기보다 무거우며 액상의 액화석유가스는 물보다 가볍다.

53 다음 가스 1몰을 완전연소시키고자 할 때 공기가 가장 적게 필요한 것은?

① 수소   ② 메탄
③ 아세틸렌   ④ 에탄

> ! 완전연소 반응식에서 수소는 0.5몰의 산소를 필요로 하므로 공기량(=산소몰수/공기 중 산소량)이 가장 적게 필요하다. 완전연소 반응식: $H_2 + 1/2 O_2 \rightarrow H_2O$

54 다음 중 열(熱)에 대한 설명이 틀린 것은?

① 비열이 큰 물질은 열용량이 크다.
② 1cal는 약 4.2J이다.
③ 열은 고온에서 저온으로 흐른다.
④ 비열은 물보다 공기가 크다.

> ! 비열은 어떤 물질 1kg을 1℃ 높이는데 필요한 열량(kcal)으로, 비열의 단위는 kcal/kg·℃이며, 물의 비열은 1이고 공기의 비열은 0.24 정도로 물보다 공기가 작다.

55 다음 중 무색, 무취의 가스가 아닌 것은?

① O_2 ② N_2
③ CO_2 ④ O_3

> ! 오존은 특이한 냄새가 있어서 공기 중에서도 쉽게 냄새를 감지할 수 있다.

56 수소의 성질에 대한 설명 중 틀린 것은?

① 무색, 무미, 무취의 가연성 기체이다.
② 밀도가 아주 작아 확산속도가 빠르다.
③ 열전도율이 작다.
④ 높은 온도일 때에는 강재, 기타 금속재료라도 쉽게 투과한다.

> ! 수소의 성질로서 무색, 무미, 무취의 가연성 기체이고, 열전도율이 크고 밀도가 아주 작아 확산속도가 빠르며, 높은 온도일 때에는 강재, 기타 금속재료라도 쉽게 투과한다. 또한 산소, 염소, 불소 등과 반응하여 폭발을 일으키기도 한다.

57 액화천연가스(LNG)의 폭발성 및 인화성에 대한 설명으로 틀린 것은?

① 다른 지방족 탄화수소에 비해 연소속도가 느리다.
② 다른 지방족 탄화수소에 비해 최소발화에너지가 낮다.
③ 다른 지방족 탄화수소에 비해 폭발하한 농도가 높다.
④ 전기저항이 작으며 유동 등에 의한 정전기 발생은 다른 가연성 탄화수소류보다 크다.

> ❗ 액화천연가스(LNG)의 폭발성 및 인화성으로 다른 지방족 탄화수소에 비해 최소발화에너지가 크고 발화점이 높다.

58 불완전연소 현상의 원인으로 옳지 않은 것은?

① 가스압력에 비하여 공급 공기량이 부족할 때
② 환기가 불충분한 공간에 연소기가 설치되었을 때
③ 공기와의 접촉혼합이 불충분할 때
④ 불꽃의 온도가 증대되었을 때

> ❗ 불완전연소 현상의 원인으로 불꽃의 온도가 낮거나 연료의 온도가 낮을 때이다.

59 무색의 복숭아 냄새가 나는 독성가스는?

① Cl_2
② HCN
③ NH_3
④ PH_3

> ❗ HCN(시안화수소)는 무색·투명하고, 복숭아 냄새가 나는 맹독성가스이다.

60 다음 가스 중 기체밀도가 가장 작은 것은?

① 프로판
② 메탄
③ 부탄
④ 아세틸렌

> ❗ 기체밀도는 분자량이 작은 것이 가장 작다. 따라서 각 가스의 분자량은 프로판 44, 메탄 16, 부탄 58, 아세틸렌 26 이다.

정답

: : 2014년 1월 26일 기출문제

01	02	03	04	05	06	07	08	09	10
②	④	④	②	②	④	③	①	②	①
11	12	13	14	15	16	17	18	19	20
③	④	④	②	④	③	②	②	①	①
21	22	23	24	25	26	27	28	29	30
③	①	②	③	②	④	②	③	①	③
31	32	33	34	35	36	37	38	39	40
②	③	①	②	④	②	②	①	④	②
41	42	43	44	45	46	47	48	49	50
④	②	③	③	④	④	②	①	③	②
51	52	53	54	55	56	57	58	59	60
④	③	①	④	④	③	④	④	②	②

국가기술자격 필기시험문제

2014년 4월 6일 제2회 필기시험			수험 번호	성명
자격 종목	종목코드	시험시간		
가스기능사	6335	1시간		

제1과목, 가스안전관리

01 고압가스 특정제조 시설에서 긴급이송설비에 의하여 이송되는 가스를 안전하게 연소시킬 수 있는 장치는?

① 프레어스택　② 벤트스택
③ 인터록기구　④ 긴급차단장치

> ❗ 프레어스택이란 고압가스 특정제조 시설에서 긴급이송설비에 의하여 이송되는 가스를 안전하게 연소시켜 대기로 방출하는 장치를 말한다.

02 어떤 도시가스의 웨버지수를 측정하였더니 36.52MJ/m³이었다. 품질검사기준에 의한 합격 여부는?

① 웨버지수 허용기준보다 높으므로 합격이다.
② 웨버지수 허용기준보다 낮으므로 합격이다.
③ 웨버지수 허용기준보다 높으므로 불합격이다.
④ 웨버지수 허용기준보다 낮으므로 불합격이다.

> ❗ 웨버지수의 도기가스 품질검사기준은 0℃, 101.3kpa에서 52.75~57.77MJ/m³이므로, 웨버지수 허용기준보다 낮으므로 불합격이다.

03 아세틸렌의 성질에 대한 설명으로 틀린 것은?

① 색이 없고 불순물이 있을 경우 악취가 난다.
② 융점과 비점이 비슷하여 고체 아세틸렌은 융해하지 않고 승화한다.
③ 발열화합물이므로 대기에 개방하면 분해폭발할 우려가 있다.
④ 액체 아세틸렌보다 고체 아세틸렌이 안정하다.

> ❗ 아세틸렌의 성질은 흡열화합물이므로 1.5기압 이상으로 압축하면 불꽃, 가열, 마찰 등에 의해서 분해폭발을 일으킨다.

04 교량에 도시가스 배관을 설치하는 경우 보호조치 등 설계·시공에 대한 설명으로 옳은 것은?

① 교량첨가 배관은 강관을 사용하며, 기계적 접합을 원칙으로 한다.
② 제3자의 출입이 용이한 교량설치 배관의 경우 보행방지철조망 또는 방호철조망을 설치한다.
③ 지진발생 시 등 비상 시 긴급차단을 목적으로 첨가배관의 길이가 200m 이상인 경우 교량 양단의 가까운 곳에 밸브를 설치토록 한다.
④ 교량첨가 배관에 가해지는 여러 하중에 대한 합성응력이 배관의 허용응력을 초과하도록 설계한다.

교량에 도시가스 배관을 설치하는 경우 보호조치 등 설계·시공은 교량첨가 배관은 강관을 사용하며, 용접접합을 원칙으로 한다. 제3자의 출입이 용이한 교량설치 배관의 경우 보행방지철조망 또는 방호철조망을 설치한다. 지진 발생 시 등 비상 시 긴급차단을 목적으로 첨가배관의 길이가 500m 이상인 경우 교량 양단의 가까운 곳에 밸브를 설치토록 한다. 교량첨가 배관에 가해지는 여러 하중에 대한 합성응력이 배관의 허용응력을 초과하지 않도록 설계한다.

05 가스 폭발을 일으키는 영향 요소로 가장 거리가 먼 것은?

① 온도   ② 매개체

③ 조성   ④ 압력

가스 폭발을 일으키는 영향 요소는 온도, 조성, 압력이다.

06 프로판을 사용하고 있던 버너에 부탄을 사용하려고 한다. 프로판의 경우보다 약 몇 배의 공기가 필요한가?

① 1.2배   ② 1.3배

③ 1.5배   ④ 2.0배

프로판(C_3H_8)과 부탄(C_4H_{10})의 공기량
1. 프로판(C_3H_8)의 공기량=(이론산소량/공기 중의 산소량)에서, 완전연소 반응식은 $C_3H_8+5O \rightarrow 3CO_2+4H_2O$이므로, 공기량=5/0.21=23.81$m^3$이다.
2. 부탄(C_4H_{10})의 공기량=(이론산소량/공기 중의 산소량)에서, 완전연소 반응식은 $C_4H_{10}+6.5O \rightarrow 4CO_2+5H_2O$이므로, 공기량=6.5/0.21=30.95$m^3$이다.
3. 따라서 프로판을 사용하고 있던 버너에 부탄을 사용하면 공기량=30.95/23.81=1.3배가 더 필요하다.

07 차량에 고정된 충전탱크는 그 온도를 항상 몇 ℃ 이하로 유지하여야 하는가?

① 20   ② 30

③ 40   ④ 50

차량에 고정된 충전탱크는 그 온도를 항상 40℃ 이하로 유지하여야 한다.

08 아세틸렌의 취급방법에 대한 설명으로 가장 부적절한 것은?

① 저장소는 화기엄금을 명기한다.

② 가스 출구 동결 시 60℃ 이하의 온수로 녹인다.

③ 산소용기와 같이 저장하지 않는다.

④ 저장소는 통풍이 양호한 구조이어야 한다.

아세틸렌의 취급방법: 가스 출구 동결 시 40℃ 이하의 온수 또는 열습포로 녹인다.

09 용기의 안전점검 기준에 대한 설명으로 틀린 것은?

① 용기의 도색 및 표시 여부를 확인

② 용기의 내·외면을 점검

③ 재검사 기간의 도래 여부를 확인

④ 열 영향을 받은 용기는 재검사와 상관이 없이 새 용기로 교환

용기의 안전점검 기준으로 열 영향을 받은 용기는 재검사를 받아야 한다.

10 독성가스 사용시설에서 처리설비의 저장능력이 45,000kg인 경우 제2종 보호시설까지 안전거리는 얼마 이상 유지하여야 하는가?

① 14m   ② 16m

③ 18m   ④ 20m

독성가스 및 가연성가스 저장설비의 안전거리
1. 독성가스 사용시설에서 처리설비의 저장능력이 40,000kg(40톤)을 초과하는 경우 제2종 보호시설까지 안전거리는 20m 이상 유지하여야 한다.
2. 독성가스 사용시설에서 처리설비의 저장능력이 40,000kg(40톤)을 초과하는 경우 제1종 보호시설까지 안전거리는 30m 이상 유지하여야 한다.

11 300kg의 액화프레온12(R-12)가스를 내용적 50L 용기에 충전할 때 필요한 용기의 개수는? (단, 가스정수 C는 0.86이다.)

① 5개　　　　　　② 6개
③ 7개　　　　　　④ 8개

> ! 액화가스 용기의 저장능력=(가스의 내용적/가스의 정수)에서, 1개당 저장능력=50/0.86=58.14kg이므로, 필요한 용기의 수량=300/58.14=5.16=6개이다.

12 상용의 온도에서 사용압력이 1.2MPa인 고압가스 설비에 사용되는 배관의 재료로서 부적합한 것은?

① KS D 3562(압력배관용 탄소 강관)
② KS D 3570(고온배관용 탄소 강관)
③ KS D 3507(배관용 탄소 강관)
④ KS D 3576(배관용 스테인리스 강관)

> ! KS D 3507(배관용 탄소 강관)은 상용의 온도에서 사용압력이 1.2MPa인 고압가스 설비에 사용되는 배관의 재료로서 부적합하다.

13 도시가스 사용시설의 지상배관은 표면색상을 무슨 색으로 도색하여야 하는가?

① 황색　　　　　　② 적색
③ 회색　　　　　　④ 백색

> ! 도시가스 사용시설의 지상배관은 표면색상을 황색으로 도색하여야 하고, 사용가스명, 최고사용압력, 가스의 흐름방향을 표시하여야 한다.

14 LPG 저장탱크 지하 설치 시 저장탱크실 상부 윗면으로부터 저장탱크 상부까지의 깊이는 얼마 이상으로 하여야 하는가?

① 0.6m　　　　　　② 0.8m
③ 1m　　　　　　④ 1.2m

> ! LPG 저장탱크 지하 설치 시 저장탱크실 상부 윗면으로부터 저장탱크 상부까지의 깊이는 0.6m(60㎝) 이상으로 하여야 한다.

15 고압가스용 이음매 없는 용기의 재검사 시 내압시험 합격 판정의 기준이 되는 영구증가율은?

① 0.1% 이하　　　　② 3% 이하
③ 5% 이하　　　　④ 10% 이하

> ! 고압가스용 이음매 없는 용기의 재검사 시 내압시험 합격 판정의 기준이 되는 영구(항구)증가율은 10% 이하이다.

16 초저온용기나 저온용기의 부속품에 표시하는 기호는?

① AG　　　　　　② PG
③ LG　　　　　　④ LT

> ! 용기 신규검사에 합격된 용기 부속품 각인
> 1. LT: 초저온 용기나 저온용기의 부속품
> 2. AG: 아세틸렌가스를 충전하는 용기의 부속품
> 3. PG: 압축가스를 충전하는 용기의 부속품
> 4. LG: 액화석유가스 외의 액화가스를 충전하는 용기의 부속품

17 액화석유가스 충전시설 중 충전설비는 그 외면으로부터 사업소 경계까지 몇 m 이상의 거리를 유지하여야 하는가?

① 5　　　　　　② 10
③ 15　　　　　　④ 24

> ! 액화석유가스 충전시설 중 충전설비는 그 외면으로부터 사업소 경계까지 24m 이상의 거리를 유지하여야 한다.

18 다음 중 가연성이면서 독성가스인 것은?

① NH_3　　　　　② H_2
③ CH_4　　　　　④ N_2

> ! 가연성이면서 독성가스인 것은 암모니아, 일산화탄소, 이황화탄소, 황화수소, 시안화수소, 염화메탄, 브롬화메탄, 산화에틸렌, 벤젠 등이다.

19 가스의 연소에 대한 설명으로 틀린 것은?

① 인화점은 낮을수록 위험하다.
② 발화점은 낮을수록 위험하다.
③ 탄화수소에서 착화점은 탄소수가 많은 분자일수록 낮아진다.
④ 최소점화에너지는 가스의 표면장력에 의해 주로 결정된다.

! 가스연소의 최소점화에너지는 가스의 온도, 압력, 농도 등에 의해 주로 결정된다.

20 에어졸 시험방법에서 불꽃길이 시험을 위해 채취한 시료의 온도 조건은?

① 24℃ 이상, 26℃ 이하
② 26℃ 이상, 30℃ 미만
③ 46℃ 이상, 50℃ 미만
④ 60℃ 이상, 66℃ 미만

! 에어졸 시험방법에서 불꽃길이 시험을 위해 채취한 시료의 온도 조건은 24℃ 이상, 26℃ 이하이다.

21 도시가스로 천연가스를 사용하는 경우 가스 누출경보기의 검지부 설치위치로 가장 적합한 것은?

① 바닥에서 15cm 이내
② 바닥에서 30cm 이내
③ 천장에서 15cm 이내
④ 천장에서 30cm 이내

! 도시가스로 천연가스를 사용하는 경우 가스누출경보기의 검지부 설치위치는 천장에서 30cm 이내이다.

22 다음 각 독성가스 누출 시 사용하는 제독제로서 적합하지 않은 것은?

① 염소: 탄산소다수용액
② 포스겐: 소석회
③ 산화에틸렌: 소석회
④ 황화수소: 가성소다수용액

! 독성가스 누출 시 사용하는 제독제로서 산화에틸렌, 암모니아, 염화메탄은 물이 적합하다.

23 저장탱크에 의한 액화석유가스 사용시설에서 가스계량기는 화기와 몇 m 이상의 우회거리를 유지하여야 하는가?

① 2m   ② 3m
③ 5m   ④ 8m

! 저장탱크에 의한 액화석유가스 사용시설에서 가스계량기는 화기와 2m 이상의 우회거리를 유지해야 한다.

24 가연성 물질을 공기로 연소시키는 경우 공기 중의 산소농도를 높게 하면 연소속도와 발화온도는 어떻게 변하는가?

① 연소속도는 빠르게 되고, 발화온도는 높아진다.
② 연소속도는 빠르게 되고, 발화온도는 낮아진다.
③ 연소속도는 느리게 되고, 발화온도는 높아진다.
④ 연소속도는 느리게 되고, 발화온도는 낮아진다.

! 가연성 물질을 공기로 연소시키는 경우 공기 중의 산소농도를 높게 하면 연소속도는 빠르게 되고, 발화온도는 낮아진다.

25 다음 중 독성(LC_{50})이 강한 가스는?

① 염소 ② 시안화수소

③ 산화에틸렌 ④ 불소

! 독성(LC_{50})의 표시
1. 독성(LC_{50}): 실험동물에 투여했을 때 실험동물 50%를 죽일 수 있는 물질의 농도이다.
2. 물질의 농도가 작은 가스일수록 독성이 매우 강하다.
3. 염소: 293ppm, 시안화수소: 140ppm, 산화에틸렌: 2900ppm, 불소: 185ppm

26 가스사고가 발생하면 산업통상자원부령에서 정하는 바에 따라 관계기관에 가스사고를 통보해야 한다. 다음 중 사고 통보내용이 아닌 것은?

① 통보자의 소속, 직위, 성명 및 연락처
② 사고원인자 인적사항
③ 사고발생 일시 및 장소
④ 시설현황 및 피해현황(인명 및 재산)

! 사고의 통보 내용에 포함되어야 하는 사항
1. 통보자의 소속, 직위, 성명 및 연락처
2. 사고발생 일시 및 장소
3. 사고내용(가스종류, 양 및 확산거리 등을 포함한다.)
4. 시설현황(시설의 종류, 위치 등을 포함한다.)
5. 인명 및 재산의 피해현황

26 가스의 경우 폭굉(Detonation)의 연소속도는 약 몇 m/s 정도인가?

① 0.03~10 ② 10~50

③ 100~600 ④ 1000~3000

! 가스의 경우 폭굉(Detonation)의 연소속도는 약 1,000~3,000m/s 정도이다.

28 다음 가스 중 위험도(H)가 가장 큰 것은?

① 프로판 ② 일산화탄소

③ 아세틸렌 ④ 암모니아

! 위험도(H)=(폭발 상한계-폭발 하한계)/폭발 하한계에서, 폭발범위는 프로판이 2.1~9.5%, 일산화탄소가 12.5~74%, 아세틸렌이 2.5~81%, 암모니아가 15~28%이며, 폭발범위=폭발 상한계-폭발 하한계의 범위가 넓을수록 위험도가 크다.

29 의료용 가스용기의 도색구분이 틀린 것은?

① 산소-백색
② 액화탄산가스-회색
③ 질소-흑색
④ 에틸렌-갈색

! 의료용 가스용기의 도색구분: 에틸렌-자색, 헬륨-갈색, 아산화질소-청색, 싸이크로플로판-주황색, 그 밖의 가스-회색으로 표시한다.

30 고압가스 저장실 등에 설치하는 경계책과 관련된 기준으로 틀린 것은?

① 저장설비, 처리설비 등을 설치한 장소의 주위에는 높이 1.5m 이상의 철책 또는 철망 등의 경계표지를 설치하여야 한다.
② 건축물 내에 설치하였거나 차량의 통행 등 조업시행이 현저히 곤란하여 위해 요인이 가중될 우려가 있는 경우에는 경계책 설치를 생략할 수 있다.
③ 경계책 주위에는 외부사람이 무단출입을 금하는 내용의 경계표지를 보기 쉬운 장소에 부착하여야 한다.
④ 경계책 안에는 불가피한 사유발생 등 어떠한 경우라도 화기, 발화 또는 인화하기 쉬운 물질을 휴대하고 들어가서는 아니 된다.

! 고압가스 저장실 등에 설치하는 경계책과 관련된 기준으로 경계책 안에 해당설비의 수리나 불가피한 사유발생 등의 경우에 한하여 안전관리책임자의 감독 하에 화기, 발화 또는 인화하기 쉬운 물질을 휴대 조치할 수 있다.

31 가스 액화 분리장치에서 냉동사이클과 액화
사이클을 응용한 장치는?

① 한냉발생장치　② 정유분출장치
③ 정유흡수장치　④ 불순물제거장치

!　가스 액화 분리장치에서 냉동사이클과 액화사이클을 응용
한 장치는 한냉발생장치이다.

32 양정 90m, 유량이 90m³/h인 송수 펌프의
소요동력은 약 몇 kW인가? (단, 펌프의 효
율은 60%이다.)

① 30.6　　② 36.8
③ 50.2　　④ 56.8

!　펌프의 소요동력(kW)
=(물의 비중량×양정×유량)/(102×3,600sec/hr×펌프의
효율)
=(1,000kg/m³×90×90)/(102×3,600sec/hr×0.6)=36.76

33 도시가스공급시설에서 사용되는 안전제어장
치와 관계가 없는 것은?

① 중화장치
② 압력안전장치
③ 가스누출검지경보장치
④ 긴급차단장치

!　중화장치는 도시가스공급시설에서 사용되는 안전제어장치
와 관계가 없다.

34 재료가 일정 온도 이상에서 응력이 작용할
때 시간이 경과함에 따라 변형이 증대되고
때로는 파괴되는 현상을 무엇이라 하는가?

① 피로　　② 크리프
③ 에로숀　④ 탈탄

!　크리프(Creef)란 재료가 일정 온도(350℃) 이상에서 응력
이 작용할 때 시간이 경과함에 따라 변형이 증대되고 때로
는 파괴되는 현상을 말한다.

35 저압가스 수송배관의 유량공식에 대한 설명
으로 틀린 것은?

① 배관길이에 반비례한다.
② 가스비중에 비례한다.
③ 허용압력손실에 비례한다.
④ 관경에 의해 결정되는 계수에 비례한다.

!　저압가스 수송배관의 유량(Q)
=유량계수(0.707) √허용압력손실×(관의 내경)⁵/(가스의
비중×배관의 길이)이므로,
유량계수와 허용압력손실 및 관의 내경에 비례하고, 가스의
비중과 배관의 길이에 반비례한다.

36 구조에 따라 외치식, 내치식, 편심로터리식
등이 있으며 베이퍼록 현상이 일어나기 쉬운
펌프는?

① 제트펌프　② 기포펌프
③ 왕복펌프　④ 기어펌프

!　기어펌프는 구조에 따라 외치식, 내치식, 편심로터리식 등
이 있으며 베이퍼록 현상이 일어나기 쉬운 펌프이다.

37 탄소강 중에서 저온취성을 일으키는 원소로
옳은 것은?

① P　　② S
③ Mo　④ Cu

!　탄소강 중에서 인(P)은 저온취성을 일으키는 원소이다.

38 유량을 측정하는데 사용하는 계측기기가 아
닌 것은?

① 피토관　② 오리피스
③ 벨로우즈　④ 벤투리

!　벨로우즈는 신축작용을 이용하여 주로 저압의 압력을 측정
한다.

39 가스의 연소방식이 아닌 것은?

① 적화식　　② 세미분젠식
③ 분젠식　　④ 원지식

> ！ 가스의 연소방식으로 적화식, 세미분젠식, 분젠식, 전1차공기식이 있다.

40 다음 중 터보(Turbo)형 펌프가 아닌 것은?

① 원심 펌프　　② 사류 펌프
③ 축류 펌프　　④ 플런저 펌프

> ！ 플런저 펌프는 왕복동식 펌프이다.

41 LP가스 공급 방식 중 강제기화방식의 특징에 대한 설명 중 틀린 것은?

① 기화량 가감이 용이하다.
② 공급가스의 조성이 일정하다.
③ 계량기를 설치하지 않아도 된다.
④ 한랭시에도 충분히 기화시킬 수 있다.

> ！ 강제기화방식의 특징: 기화량 가감이 용이하고, 공급가스의 조성이 일정하며, 한랭시에도 충분히 기화시킬 수 있다.

42 LPG나 액화가스와 같이 비점이 낮고 내압이 0.4~0.5MPa 이상인 액체에 주로 사용되는 펌프의 메카니컬 시일의 형식은?

① 더블 시일형
② 인사이드 시일형
③ 아웃사이드 시일형
④ 밸런스 시일형

> ！ **메카니컬 시일의 종류**
> 1. 밸런스 시일은 내압이 0.4~0.5MPa 이상이고, LPG나 액화가스와 같이 낮은 비점의 액체일 때 사용되는 터보식 펌프의 메카니컬 시일 형식이다.
> 2. 더블 시일은 내부가 고진공 및 인화성과 독성이 강한 액일 때 사용하고, 아웃사이드 시일은 낮은 응고점의 액 및 스타핑박스 안이 고진공일 때 사용하며, 언밸런스 시일은 일반적으로 사용되고 있다.

43 기화기의 성능에 대한 설명으로 틀린 것은?

① 온수가열방식은 그 온수의 온도가 90℃ 이하일 것
② 증기가열방식은 그 증기의 온도가 120℃ 이하일 것
③ 압력계는 그 최고눈금이 상용압력의 1.5~2배일 것
④ 기화통 안의 가스액이 토출배관으로 흐르지 않도록 적합한 자동제어장치를 설치할 것

> ！ 기화기의 성능으로 온수가열방식은 그 온수의 온도가 80℃ 이하일 것을 요한다.

44 가스크롬마토그래피의 구성 요소가 아닌 것은?

① 광원　　② 컬럼
③ 검출기　　④ 기록계

> ！ 가스크롬마토그래피의 구성: 시료주입부 → 컬럼 → 검출기 → 기록계로 구성되어 있다.

45 고압장치의 재료로서 가장 적합하게 연결된 것은?

① 액화염소용기-화이트메탈
② 압축기의 베어링-13% 크롬강
③ LNG 탱크-9% 니켈강
④ 고온고압의 수소반응탑-탄소강

> ！ **고압장치의 재료**
> 액화염소용기-탄소강/ 압축기의 베어링-고탄소 크롬강/ LNG 탱크-9% 니켈강, 18-8스테인리스강, 알루미늄합금/ 고온고압의 수소반응탑-스테인리스강, 크롬강이 적합하다.

46 섭씨온도(℃)의 눈금과 일치하는 화씨온도 (℉)는?

① 0 　　　　② -10

③ -30 　　　④ -40

> ! ℃=5/9(℉-32)이므로, 섭씨온도(℃)의 눈금과 일치하는 화씨온도(℉)는 -40이다.

47 연소기 연소상태 시험에 사용되는 도시가스 중 역화하기 쉬운 가스는?

① 13A-1 　　② 13A-2

③ 13A-3 　　④ 13A-R

> ! 수소의 농도는 연소속도에 영향을 미치는 중요한 인자로서 역화한계는 23%이며, 13A-2(메탄 55%, 수소 30%, 프로판과 에탄 각각 15%)는 역화하기 쉬운 가스이다.

48 가스분석 시 이산화탄소의 흡수제로 사용되는 것은?

① KOH 　　　② H_2SO_4

③ NH_4Cl 　④ $CaCl_2$

> ! **가스분석 시 흡수제**
> 1. 가스분석 시 이산화탄소의 흡수제: 30%KOH수용액
> 2. 가스분석 시 일산화탄소의 흡수제: 암모니아성 염화제일구리용액
> 3. 가스분석 시 산소의 흡수제: 알카리성 피로카롤용액

49 기체의 성질을 나타내는 보일의 법칙(Boyles law)에서 일정한 값으로 가정한 인자는?

① 압력 　　　② 온도

③ 부피 　　　④ 비중

> ! 기체의 성질을 나타내는 보일의 법칙(Boyles law)에서 일정한 값으로 가정한 인자는 온도이다.

50 산소(O_2)에 대한 설명 중 틀린 것은?

① 무색·무취의 기체이며, 물에는 약간 녹는다.

② 가연성가스이나 그 자신은 연소하지 않는다.

③ 용기의 도색은 일반 공업용이 녹색, 의료용이 백색이다.

④ 저장용기는 무계목 용기를 사용한다.

> ! 산소(O_2)는 조연성가스이며, 그 자신은 연소하지 않는다.

51 다음 중 폭발범위가 가장 넓은 가스는?

① 암모니아 　② 메탄

③ 황화수소 　④ 일산화탄소

> ! 각 가스의 공기 중 폭발범위: 암모니아 15~28%, 메탄 5.3~14%, 황화수소 4.3~45%, 일산화탄소 12.5~74%이다. 따라서 폭발범위가 가장 넓은 가스는 일산화탄소이다.

52 다음 중 암모니아 건조제로 사용되는 것은?

① 진한 황산 　② 할로겐 화합물

③ 소다석회 　④ 황산동 수용액

> ! 암모니아 건조제로 사용되는 것은 소다석회이다.

53 공기보다 무거워서 누출 시 낮은 곳에 체류하며, 기화 및 액화가 용이하고, 발열량이 크며, 증발잠열이 크기 때문에 냉매로도 이용되는 성질을 갖는 것은?

① O_2 ② CO
③ LPG ④ C_2H_4

> !
> LPG는 프로판과 부탄이 주성분으로 공기보다 무겁고, 증발잠열이 크기 때문에 냉매로도 이용된다.

54 "열은 스스로 저온의 물체에서 고온의 물체로 이동하는 것은 불가능하다."와 같은 관계 있는 법칙은?

① 에너지 보존의 법칙
② 열역학 제2법칙
③ 평형 이동의 법칙
④ 보일-샤를의 법칙

> !
> 열역학 제2법칙: "열은 스스로 저온의 물체에서 고온의 물체로 이동하는 것은 불가능하다."

55 다음 압력 중 가장 높은 압력은?

① $1.5kg/cm^2$ ② $10mH_2O$
③ 745mmHg ④ 0.6atm

> !
> 표준대기압: $1atm=1,033kg/cm^2=10.33mH_2O=760mmHg$

56 다음 중 게이지압력을 옳게 표시한 것은?

① 게이지압력=절대압력-대기압
② 게이지압력=대기압-절대압력
③ 게이지압력=대기압 + 절대압력
④ 게이지압력=절대압력 + 진공압력

> !
> 게이지압력=절대압력-대기압, 절대압력=대기압-진공압력

57 나프타(Naphtha)의 가스화 효율이 좋으려면?

① 올레핀계 탄화수소 함량이 많을수록 좋다.
② 파라핀계 탄화수소 함량이 많을수록 좋다.
③ 나프텐계 탄화수소 함량이 많을수록 좋다.
④ 방향족계 탄화수소 함량이 많을수록 좋다.

> !
> 나프타(Naphtha)의 가스화 효율은 파라핀계 탄화수소 함량이 많을수록 좋다.

58 10L 용기에 들어있는 산소의 압력이 10MPa이었다. 이 기체를 20L 용기에 옮겨놓으면 압력은 몇 MPa로 변하는가?

① 2 ② 5
③ 10 ④ 20

> !
> 온도가 일정하다고 보면, 보일의 법칙에서,
> 처음압력×처음체적=(나중압력×나중체적)이므로,
> 나중압력=(10×10)/20=5MPa로 변화된다.

59 순수한 물 1kg을 1℃ 높이는데 필요한 열량을 무엇이라 하는가?

① 1kcal ② 1B.T.U
③ 1C.H.U ④ 1KJ

> ⚠️ **일과 열량**
> 1. 1kcal란 순수한 물 1kg을 1℃ 높이는데 필요한 열량을 말한다.
> 2. 1KJ란 어떤 물체에 힘을 가하여 1m를 이동시켰을 때의 일이다.

60 같은 조건일 때 액화시키기 가장 쉬운 가스는?

① 수소 ② 암모니아
③ 아세틸렌 ④ 네온

> ⚠️ 각 가스의 비점은 수소 −252℃, 암모니아 −33.4℃, 아세틸렌 −84℃, 네온 −245.9℃이며, 비점이 높을수록 액화하기가 쉬우므로 같은 조건일 때 액화시키기 가장 쉬운 가스는 암모니아이다.

∷ 2014년 4월 6일 기출문제

정답

01	02	03	04	05	06	07	08	09	10
①	④	③	②	②	②	③	②	④	④
11	12	13	14	15	16	17	18	19	20
②	③	①	①	④	④	④	①	④	①
21	22	23	24	25	26	27	28	29	30
④	③	①	②	②	②	④	③	④	④
31	32	33	34	35	36	37	38	39	40
①	②	①	②	②	④	①	③	④	④
41	42	43	44	45	46	47	48	49	50
③	④	①	①	③	④	②	①	②	②
51	52	53	54	55	56	57	58	59	60
④	③	③	②	①	①	②	②	①	②

국가기술자격 필기시험문제

2014년 7월 20일 제4회 필기시험			수험 번호	성명
자격 종목	종목코드	시험시간		
가스기능사	6335	1시간		

제1과목. 가스안전관리

01 건축물 내 도시가스 매설배관으로 부적합한 것은?

① 동관
② 강관
③ 스테인리스강
④ 가스용 금속플렉시블호스

> ❗ 건축물 내 도시가스 매설배관으로 강관은 부식이 잘 되기 때문에 사용할 수 없다.

02 시안화수소를 충전한 용기는 충전 후 몇 시간 정치한 뒤 가스의 누출검사를 해야 하는가?

① 6 　　　　② 12
③ 18 　　　　④ 24

> ❗ 시안화수소를 충전한 용기는 충전 후 24시간 정치한 뒤 가스의 누출검사를 해야 한다.

03 도시가스공급시설의 공사계획 승인 및 신고 대상에 대한 설명으로 틀린 것은?

① 제조소 안에서 액화가스용저장탱크의 위치변경 공사는 공사계획 신고대상이다.
② 밸브기지의 위치변경 공사는 공사계획 신고대상이다.
③ 호칭지름이 50mm 이하인 저압의 공급관을 설치하는 공사는 공사계획 신고대상에서 제외한다.
④ 저압인 사용자공급관 50m를 변경하는 공사는 공사계획 신고대상이다.

> ❗ 도시가스공급시설의 공사계획 승인 및 신고대상으로 밸브기지의 위치변경 공사는 공사계획 승인대상이 아니다.

04 고압가스용 냉동기에 설치하는 안전장치의 구조에 대한 설명으로 틀린 것은?

① 고압차단장치는 그 설정압력이 눈으로 판별할 수 있는 것으로 한다.
② 고압차단장치는 원칙적으로 자동복귀 방식으로 한다.
③ 안전밸브는 작동압력을 설정한 후 봉인될 수 있는 구조로 한다.
④ 안전밸브 각부의 가스통과 면적은 안전밸브의 구경면적 이상으로 한다.

> ❗ 고압가스용 냉동기에 설치하는 안전장치의 구조로 고압차단장치는 원칙적으로 수동복귀방식으로 한다.

05 염소(Cl_2)의 재해 방지용으로서 흡수제 및 재해제가 아닌 것은?

① 가성소다 수용액 ② 소석회
③ 탄산소다 수용액 ④ 물

> 염소(Cl_2)의 재해 방지용으로서 흡수제 및 재해제는 가성소다 수용액, 소석회, 탄산소다 수용액이다. 물은 암모니아, 염화메탄, 산화에틸렌의 흡수제이다.

06 일반도시가스사업 가스공급시설의 입상관 밸브는 분리가 가능한 것으로서 바닥으로부터 몇 m 범위에 설치하여야 하는가?

① 0.5~1.0m ② 1.2~1.5m
③ 1.6~2.0m ④ 2.5~3.0m

> 일반도시가스사업 가스공급시설의 입상관 밸브는 분리가 가능한 것으로서 바닥으로부터 1.6~2m 범위에 설치하여야 한다.

07 연소에 대한 일반적인 설명 중 옳지 않은 것은?

① 인화점이 낮을수록 위험성이 크다.
② 인화점보다 착화점의 온도가 낮다.
③ 발열량이 높을수록 착화온도는 낮아진다.
④ 가스의 온도가 높아지면 연소범위는 넓어진다.

> 연소는 가연물, 산소, 점화원이 있어야 한다. 착화점은 점화원 없이 불이 붙는 최저온도로서 점화원의 접촉에 의한 인화점보다 연소온도가 낮을 수가 없다. 따라서 인화점보다 착화점의 온도가 높다.

08 독성가스 저장시설의 제독 조치로써 옳지 않은 것은?

① 흡수, 중화조치
② 흡착 제거조치
③ 이송설비로 대기 중에 배출
④ 연소조치

> 독성가스 저장시설의 제독 조치로써 이송설비를 이용하여 제조설비로 안전하게 반송하는 조치를 취하여야 한다.

09 다음 굴착공사 중 굴착공사를 하기 전에 도시가스사업자와 협의를 하여야 하는 것은?

① 굴착공사 예정지역 범위에 묻혀 있는 도시가스배관의 길이가 110m인 굴착공사
② 굴착공사 예정지역 범위에 묻혀 있는 송유관의 길이가 200m인 굴착공사
③ 해당 굴착공사로 인하여 압력이 3.2kPa인 도시가스배관의 길이가 30m 노출될 것으로 예상되는 굴착공사
④ 해당 굴착공사로 인하여 압력이 0.8MPa인 도시가스배관의 길이가 8m 노출될 것으로 예상되는 굴착공사

> **굴착공사를 하기 전에 도시가스사업자와 협의할 사항**
> 1. 굴착공사 예정지역 범위에 묻혀 있는 도시가스배관의 길이가 100m 이상인 굴착공사는 협의서를 작성하여야 한다.
> 2. 해당 굴착공사로 인하여 압력이 중압(0.1MPa 이상 1MPa 미만) 이상인 도시가스배관의 길이가 10m 노출될 것으로 예상되는 굴착공사는 협의서를 작성하여야 한다.

10 고압가스 제조설비에 설치하는 가스누출경보 및 자동차단장치에 대한 설명으로 틀린 것은?

① 계기실 내부에도 1개 이상 설치한다.
② 잡가스에는 경보하지 아니하는 것으로 한다.
③ 누출을 검지하여 그 농도를 지시함과 동시에 경보를 울리는 방식으로 한다.
④ 가연성 가스의 제조설비에 격막 갈바니 전지방식의 것을 설치한다.

> **가스누출경보 및 자동차단장치**
> 1. 산소의 제조설비에 격막 갈바니 전지방식의 것을 설치한다.
> 2. 가연성 가스의 제조설비에 반도체방식 또는 접촉연소방식의 것을 설치한다.
> 3. 독성 가스의 제조설비에 반도체방식의 것을 설치한다.

11 다음은 어떤 안전에 대한 설명인가?

> 설비가 잘못 조작되거나 정상적인 제조를 할 수 없는 경우 자동으로 원재료의 공급을 차단시키는 등 고압가스 제조설비 안의 제조를 제어하는 기능을 한다.

① 긴급이송설비　　② 인터록기구
③ 안전밸브　　　　④ 벤트스택

> **!**
> 인터록기구란 설비가 잘못 조작되거나 정상적인 제조를 할 수 없는 경우 자동으로 원재료의 공급을 차단시켜 고압가스 제조설비 안의 제조를 제어하는 기능을 하는 장치를 말한다.

12 일반도시가스사업자의 가스공급시설 중 정압기의 분해 점검 주기의 기준은?

① 1년에 1회 이상
② 2년에 1회 이상
③ 3년에 1회 이상
④ 5년에 1회 이상

> **!**
> **정압기의 분해 점검 주기의 기준**
> 1. 작동상황 점검은 1주일에 1회 이상하여야 한다.
> 2. 분해점검은 정압기 설치 후 2년에 1회 이상하여야 한다.

13 공기 중 폭발범위에 따른 위험도가 가장 큰 가스는?

① 암모니아　　　　② 황화수소
③ 석탄가스　　　　④ 이황화탄소

> **!**
> 공기 중 각 가스의 폭발범위: 암모니아 15~28%, 황화수소 4.3~45%, 석탄가스 5.3~31%, 이황화탄소 1.2~44%이다. 따라서 폭발범위(낮은 수치의 하한가와 높은 수치의 상한가의 차이)가 넓을수록 즉, 차이의 값이 큰 것일수록 위험도가 가장 큰 가스이다.

14 공기 중에서 폭발하한치가 가장 낮은 것은?

① 시안화수소　　　② 암모니아
③ 에틸렌　　　　　④ 부탄

> **!**
> 공기 중 각 가스의 폭발범위: 시안화수소 6~41%, 암모니아 15~28%, 에틸렌 2.7~36%, 부탄 1.8~8.4%이다.

15 폭발등급은 안전간격에 따라 구분한다. 폭발등급 Ⅰ급이 아닌 것은?

① 일산화탄소　　　② 메탄
③ 암모니아　　　　④ 수소

> **!**
> **안전간격에 따른 폭발등급**
> 1. 폭발등급 Ⅰ급: 일산화탄소, 메탄, 암모니아, 프로판, 휘발유, 벤젠 등
> 2. 폭발등급 Ⅱ급: 에틸렌, 석탄가스, 에틸렌옥사이드 등
> 3. 폭발등급 Ⅲ급: 수소, 아세틸렌, 유화탄소 등

16 아세틸렌은 폭발 형태에 따라 크게 3가지로 분류된다. 이에 해당되지 않는 폭발은?

① 화합폭발　　　　② 중합폭발
③ 산화폭발　　　　④ 분해폭발

> **!**
> **아세틸렌의 폭발 형태**
> 1. 화합폭발: 아세틸렌에 구리, 은, 수은 등의 접촉으로 발생한다.
> 2. 산화폭발: 아세틸렌이 산소와 혼합하여 점화될 때 발생한다.
> 3. 분해폭발: 아세틸렌을 0.15MPa 이상으로 압축할 때 불꽃이나 가열 및 마찰 등에 의해서 발생한다.
> 4. 중합폭발: 중합열(발열반응)에 의해서 일어나는 시안화수소의 폭발이 있다.

17 고압가스안전관리법의 적용을 받는 가스는?

① 철도차량의 에어콘디셔너 안의 고압가스
② 냉동능력 3톤 미만인 냉동설비 안의 고압가스
③ 용접용 아세틸렌가스
④ 액화브롬화메탄 제조설비 외에 있는 액화브롬화메탄

> ! 고압가스안전관리법의 적용을 받는 가스는 용접용 아세틸
> 렌가스이고, 나머지 지문은 고압가스안전관리법의 적용을
> 받지 않는(제외 되는) 고압가스이다.

18 액화석유가스 사용시설을 변경하여 도시가스를 사용하기 위해서 실시하여야 하는 안전조치 중 잘못 설명한 것은?

① 일반도시가스사업자는 도시가스를 공급한 이후에 연소기 변경 사실을 확인하여야 한다.

② 액화석유가스의 배관 양단에 막음조치를 하고 호스는 철거하여 설치하려는 도시가스 배관과 구분되도록 한다.

③ 용기 및 부대설비가 액화석유가스 공급자의 소유인 경우에는 도시가스공급 예정일까지 용기 등을 철거해 줄 것을 공급자에게 요청해야 한다.

④ 도시가스로 연료를 전환하기 전에 액화석유가스 안전공급계약을 해지하고 용기 등의 철거와 안전조치를 확인하여야 한다.

> ! 안전조치: 일반도시가스사업자는 도시가스를 공급하기 전에 연소기 변경 사실을 확인하여야 한다.

19 고압가스설비에 장치하는 압력계의 눈금은?

① 상용압력의 2.5배 이상, 3배 이하
② 상용압력의 2배 이상, 2.5배 이하
③ 상용압력의 1.5배 이상, 2배 이하
④ 상용압력의 1배 이상, 1.5배 이하

> ! 고압가스설비에 장치하는 압력계의 눈금은 상용압력의 1.5배 이상, 2배 이하의 것을 설치하여야 한다.

20 LP가스 충전설비의 작동 상황 점검주기로 옳은 것은?

① 1일 1회 이상
② 1주일 1회 이상
③ 1월 1회 이상
④ 1년 1회 이상

> ! LP가스 충전설비의 작동 상황 점검주기로 1일 1회 이상 주기적으로 점검하여야 한다.

21 다음 중 가연성이면서 유독한 가스는?

① NH_3
② H_2
③ CH_4
④ N_2

> ! 가연성이면서 유독한 가스는 암모니아이고, 수소와 메탄은 가연성가스이며, 질소는 불연성가스이다.

22 시안화수소(HCN)의 위험성에 대한 설명으로 틀린 것은?

① 인화온도가 아주 낮다.
② 오래된 시안화수소는 자체 폭발할 수 있다.
③ 용기에 충전한 후 60일을 초과하지 않아야 한다.
④ 호흡 시 흡입하면 위험하나 피부에 묻으면 아무 이상이 없다.

> ! 시안화수소(HCN)의 위험성: 호흡 시 흡입(고농도)하면 사망의 위험성이 있고, 피부에 묻으면 흡수되면서 치명상을 입는다.

23 도시가스 배관의 지하매설 시 사용하는 침상재료(Bedding)는 배관 하단에서 배관 상단 몇 cm까지 포설하는가?

① 10
② 20
③ 30
④ 40

> ! 도시가스 배관의 지하매설 시 사용하는 모래 또는 침상재료(Bedding)는 배관 하단에서 배관 상단 30cm까지 포설하여야 한다.

24 다음은 이동식 압축도시가스 자동차충전시설을 점검한 내용이다. 이 중 기준에 부적합한 경우는?

① 이동충전차량과 가스배관구를 연결하는 호스의 길이가 6m이었다.
② 가스배관구 주위에는 가스배관구를 보호하기 위하여 높이 40cm, 두께 13cm인 철근콘크리트 구조물이 설치되어 있었다.
③ 이동충전차량과 충전설비 사이 거리는 8m이었고, 이동충전차량과 충전설비 사이에 강판제 방호벽이 설치되어 있었다.
④ 충전설비 근처 및 충전설비에서 6m 이상 떨어진 장소에 수동 긴급차단장치가 각각 설치되어 있었으며 눈에 잘 띄었다.

> **!** 이동식 압축도시가스 자동차충전시설의 점검기준: 이동충전차량과 가스배관구를 연결하는 호스의 길이는 5m 이내로 하여야 한다.

25 고정식 압축도시가스자동차 충전의 저장설비, 처리설비, 압축가스설비, 외부에 설치하는 경계책의 설치기준으로 틀린 것은?

① 긴급차단장치를 설치할 경우는 설치하지 아니할 수 있다.
② 방호벽(철근콘크리트로 만든 것)을 설치할 경우는 설치하지 아니할 수 있다.
③ 처리설비 및 압축가스설비가 밀폐형 구조물 안에 설치된 경우는 설치하지 아니할 수 있다.
④ 저장설비 및 처리설비가 액확산방지시설 내에 설치된 경우는 설치하지 아니할 수 있다.

> **!** 고정식 압축도시가스자동차 충전의 저장설비, 처리설비, 압축가스설비, 외부에 설치하는 경계책의 설치기준으로, 압축가스 설비 주위에 방호벽(철근콘크리트로 만든 것)을 설치할 경우는 설치하지 아니할 수 있다.

26 다음 ( )안의 Ⓐ와 Ⓑ에 들어갈 명칭은?

> 아세틸렌을 용기에 충전하는 때에는 미리 용기에 다공물질을 고루 채워 다공도가 75% 이상, 92% 미만이 되도록 한 후 (Ⓐ) 또는 (Ⓑ)를 고루 침윤시키고 충전하여야 한다.

① Ⓐ 아세톤 Ⓑ 알코올
② Ⓐ 아세톤 Ⓑ 물(H_2O)
③ Ⓐ 아세톤 Ⓑ 디메틸포름아미드
④ Ⓐ 알코올 Ⓑ 물(H_2O)

> **!** 아세틸렌을 용기에 충전하는 때에는 미리 용기에 다공물질을 고루 채워 다공도가 75% 이상, 92% 미만이 되도록 한 후 아세톤 또는 디메틸포름아미드를 고루 침윤시키고 충전하여야 한다.

27 고압가스 용기의 파열사고 원인으로서 가장 거리가 먼 것은?

① 압축산소를 충전한 용기를 차량에 눕혀서 운반하였을 때
② 용기의 내압이 이상 상승하였을 때
③ 용기 재질의 불량으로 인하여 인장강도가 떨어질 때
④ 균열되었을 때

> **!** 고압가스 용기의 파열사고 원인
> 1. 용기의 내압이 이상 상승하였을 때
> 2. 용기 재질의 불량으로 인하여 인장강도가 떨어질 때
> 2. 용접부의 결합 등으로 균열되었을 때
> 4. 용기의 안전밸브가 불량할 때 등이다.

28 도시가스사용시설 중 자연배기식 반밀폐식 보일러에서 배기톱의 옥상돌출부는 지붕면으로부터 수직거리로 몇 cm 이상으로 하여야 하는가?

① 30　　　　② 50
③ 90　　　　④ 100

! 도시가스사용시설 중 자연배기식 반밀폐식 보일러에서 배기통의 옥상돌출부는 지붕면으로부터 수직거리로 100㎝ 이상으로 하여야 한다. 또한 배기통 상단으로부터 수평거리 1m 이내에 건축물이 있는 경우에는 그 건축물의 처마보다 1m 이상 높게 설치하여야 한다.

29 자동차용 압축천연가스 완속충전설비에서 실린더 내경이 100mm, 실린더의 행정이 200mm, 회전수가 100rpm일 때, 처리능력 (m³/h)은 얼마인가?

① 9.42   ② 8.21
③ 7.05   ④ 6.15

! 처리능력(피스톤압출량: m³/h)
= (3.14/4)×(실린더 내경)²×실린더 행정×회전수×60(분/시간)
= (3.14/4)×(0.1)²×0.2×100×60(min/hr) = 9.425(m³/hr)

30 공정과 설비의 고장형태 및 영향, 고장형태별 위험도 순위 등을 결정하는 안전성평가기법은?

① 예비위험분석(PHA)
② 위험과 운전분석(HAZOP)
③ 결함수분석(FTA)
④ 이상 위험도 분석(FMECA)

! 공정과 설비의 고장형태 및 영향, 고장형태별 위험도 순위 등을 결정하는 안전성평가기법은 이상 위험도 분석(FMECA)이다.

제2과목, 가스장치 및 기기

31 다음 중 왕복식 펌프에 해당하는 것은?

① 기어펌프   ② 베인펌프
③ 터빈펌프   ④ 플런저펌프

! **펌프의 종류**
1. 왕복식 펌프: 플런저펌프, 피스톤펌프, 다이어프램펌프
2. 회전식 펌프: 기어펌프, 베인펌프
3. 원심식 펌프: 터빈펌프, 벌류트펌프 등이 있다.

32 LP가스 공급방식 중 자연기화 방식의 특징에 대한 설명으로 틀린 것은?

① 기화능력이 좋아 대량 소비 시에 적당하다.
② 가스 조성의 변화량이 크다.
③ 설비장소가 크게 된다.
④ 발열량의 변화량이 크다.

! 자연기화 방식의 특징: 기화능력에 한계가 있기 때문에 소량 소비 시에 적당하다.

33 LPG를 탱크로리에서 저장탱크로 이송 시 작업을 중단해야 되는 경우가 아닌 것은?

① 과충전이 된 경우
② 충전기에서 자동차에 충전하고 있을 때
③ 작업 중 주위에 화재 발생 시
④ 누출이 생길 경우

! 충전기에서 자동차에 충전하고 있을 때는 LPG를 탱크로리에서 저장탱크로 이송 시 작업을 중단해야 되는 경우에 해당되지 않는다.

34 저온액화가스 탱크에서 발생할 수 있는 열의 침입현상으로 가장 거리가 먼 것은?

① 연결된 배관을 통한 열전도
② 단열재를 충전한 공간에 남은 가스분자의 열전도
③ 내면으로부터의 열전도
④ 외면의 열복사

! 1. 저온 액체 저장설비에서 열의 침입요인: 외면으로부터의 열복사, 단열재를 충전한 공간에 남은 가스분자의 열전도, 연결된 배관을 통한 열전도, 밸브 등에 의한 열전도, 지지요크에서의 열전도 등이다.
2. 내면으로부터의 열전도는 저온액화가스 탱크에서 발생할 수 있는 열의 침입현상으로 볼 수 없다.

35 내압이 0.4~0.5MPa 이상이고, LPG나 액화가스와 같이 낮은 비점의 액체일 때 사용되는 터보식 펌프의 메카니컬 시일 형식은?

① 더블 시일
② 아웃사이드 시일
③ 밸런스 시일
④ 언밸런스 시일

> **메카니컬 시일의 종류**
> 1. 밸런스 시일은 내압이 0.4~0.5MPa 이상이고, LPG나 액화가스와 같이 낮은 비점의 액체일 때 사용하는 터보식 펌프의 메카니컬 시일 형식이다.
> 2. 더블 시일은 내부가 고진공 및 인화성과 독성이 강한 액일 때 사용하고, 아웃사이드 시일은 낮은 응고점의 액 및 스타핑박스 안이 고진공일 때 사용하며, 언밸런스 시일은 일반적으로 사용되고 있다.

> **정압기의 종류**
> 1. 레이놀드 정압기
>   ① Unloading형이다.
>   ② 본체는 복좌밸브로 되어 있어 상부에 다이어프램을 가진다.
>   ③ 정특성은 아주 좋으나, 안정성은 떨어진다.
>   ④ 다른 형식에 비하여 크기가 크다.
> 2. 피셔식 정압기
>   ① loading형이다.
>   ② 콤팩트(Compact)하다.
>   ③ 정특성과 동특성이 양호하디.
> 3. 엑셀 플로우식 정압기
>   ① 변칙 Unloading형이다.
>   ② 극히 콤팩트(Compact)하다.
>   ③ 정특성과 동특성이 양호하디.
>   ④ 특성은 고차압이 될수록 양호해진다.

36 3단 토출압력이 2MPa·g이고, 압축비가 2인 4단공기압축기에서 1단 흡입 압력은 약 몇 MPa·g인가?

① 0.16MPa·g
② 0.26MPa·g
③ 0.36MPa·g
④ 0.46MPa·g

> 다단압축의 압축비=단수 $\sqrt{\text{토출압력/흡입압력}}$=(토출압력/흡입압력)$^{1/\text{단수}}$에서, 흡입압력=토출압력/(압축비)^{3}이고, 토출압력=2+0.1=2.10이므로, 흡입압력=2.1/(2)^3=0.26−0.1=0.160이다.

37 다음 [보기]에서 설명하는 정압기의 종류는?

보기

> • unloading형이다.
> • 본체는 복좌밸브로 되어 있어 상부에 다이어프램을 가진다.
> • 정특성은 아주 좋으나, 안정성은 떨어진다.
> • 다른 형식에 비하여 크기가 크다.

① 레이놀드 정압기
② 엠코 정압기
③ 피셔식 정압기
④ 엑셀 플로우식 정압기

38 대형 저장탱크 내를 가는 스테인리스관으로 상하로 움직여 관내에서 분출하는 가스상태와 액체상태의 경계면을 찾아 액면을 측정하는 액면계로 옳은 것은?

① 슬립튜브식 액면계
② 유리관식 액면계
③ 클링커식 액면계
④ 플로트식 액면계

> 슬립튜브식 액면계는 대형 저장탱크 내를 가는 스테인리스관으로 상하로 움직여 관내에서 분출하는 가스상태와 액체상태의 경계면을 찾아 액면을 측정하는 액면계이다.

39 다음 배관재료 중 사용온도 350℃ 이하, 압력이 10MPa 이상의 고압관에 사용되는 것은?

① SPP
② SPPH
③ SPPW
④ SPPG

> SPPH(고압배관용 탄소강관)은 사용온도 350℃ 이하, 압력이 10MPa 이상의 고압관에 사용된다.

40 반복하중에 의해 재료의 저항력이 저하하는 현상을 무엇이라고 하는가?

① 교축　　　　　② 크리프
③ 피로　　　　　④ 응력

> ! 피로란 반복하중에 의해 재료의 저항력이 저하하는 현상을 말한다.

41 펌프의 실제 송출유량을 Q, 펌프 내부에서의 누설유량을 0.6Q, 임펠러 속을 지나는 유량을 1.6Q라 할 때 펌프의 체적효율(ηV)은?

① 3.75%　　　　② 40%
③ 60%　　　　　④ 62.5%

> ! 펌프의 체적효율(ηV)=(송출유량/송입유량)×100(%)에서, 송입유량=누설유량+지나는 유량=1+0.6=1.6이므로, 체적효율=(1/1.6)×100(%)=62.5%이다.

42 도시가스의 측정 사항에 있어서 반드시 측정 하지 않아도 되는 것은?

① 농도 측정　　　② 연소성 측정
③ 압력 측정　　　④ 열량 측정

> ! 도시가스의 측정 사항: 연소성 측정, 압력 측정, 열량 측정, 유해성분 측정을 하여야 한다.

43 가연성가스를 냉매로 사용하는 냉동제조시설의 수액기에는 액면계를 설치한다. 다음 중 수액기의 액면계로 사용할 수 없는 것은?

① 환형유리관 액면계
② 차압식 액면계
③ 초음파식 액면계
④ 방사선식 액면계

> ! 가연성가스를 냉매로 사용하는 냉동제조시설의 수액기에는 환형유리관 액면계를 사용할 수 없고, 환형유리관 액면계 외의 것을 사용한다.

44 가연성가스 검출기 중 탄광에서 발생하는 CH_4의 농도를 측정하는데 주로 사용되는 것은?

① 간섭계형　　　② 안전등형
③ 열선형　　　　④ 반도체형

> ! 가연성가스 검출기 중 안전등형은 탄광에서 발생하는 CH_4의 농도를 측정하는데 주로 사용된다. 간섭계형은 가스의 굴절률의 차이를 이용하고, 열선형은 브리지회로의 전류를 이용한다.

45 LP가스 자동차충전소에서 사용하는 디스펜서(Dispenser)에 대하여 옳게 설명한 것은?

① LP가스 충전소에서 용기에 일정량의 LP가스를 충전하는 충전기기이다.
② LP가스 충전소에서 용기에 충전하는 가스용적을 계량하는 기기이다.
③ 압축기를 이용하여 탱크로리에서 저장 탱크로 LP가스를 이송하는 장치이다.
④ 펌프를 이용하여 LP가스를 저장탱크로 이송할 때 사용하는 안전장치이다.

> ! 디스펜서(Dispenser)란 LP가스 충전소에서 용기에 일정량의 LP가스를 충전하는 충전기기를 말한다.

제3과목. 가스일반

46 일산화탄소의 성질에 대한 설명 중 틀린 것은?

① 산화성이 강한 가스이다.
② 공기보다 약간 가벼우므로 수상치환으로 포집한다.
③ 개미산에 진한 황산을 작용시켜 만든다.
④ 혈액 속의 헤모글로빈과 반응하여 산소의 운반력을 저하시킨다.

> ! 일산화탄소는 환원성이 강한 가스로 금속산화물을 환원시킨다.

47 수은주 760mmHg 압력은 수주로 얼마가 되는가?

① 9.33 mH$_2$O　　② 10.33 mH$_2$O

③ 11.33 mH$_2$O　　④ 12.33 mH$_2$O

> ❗ 수은주 760mmHg 압력은 수주로 10.33 mH$_2$O이다.

48 고압가스 종류별 발생 현상 또는 작용으로 틀린 것은?

① 수소 – 탈탄작용

② 아세틸렌 – 아세틸라이드 생성

③ 염소 – 부식

④ 암모니아 – 카르보닐 생성

> ❗ 고압가스 종류별 발생 현상 또는 작용으로 암모니아는 질화작용과 수소취화작용을 발생시킨다.

49 100J 일의 양을 cal 단위로 나타내면 약 얼마인가?

① 24　　　　② 40

③ 240　　　④ 400

> ❗ 일량과 열량의 관계에서 1J=1cal/4.186이므로,
> $100J = \dfrac{100cal}{4.186} = 23.9cal$

50 정압비열(Cp)과 정적비열(Cv)의 관계를 나타내는 비열비(k)를 옳게 나타낸 것은?

① k=Cp/Cv　　② k=Cv/Cp

③ k〈1　　　　④ k=Cv-Cp

> ❗ 정압비열(Cp)과 정적비열(Cv)의 관계에서 비열비(k)는 항상 1보다 크다. 그러므로 비열비(k)=Cp/Cv이다.

51 고압가스의 성질에 따른 분류가 아닌 것은?

① 가연성 가스　　② 액화 가스

③ 조연성 가스　　④ 불연성 가스

> ❗ 고압가스의 분류
> 1. 고압가스의 성질에 따른 분류: 가연성 가스, 조연성 가스, 불연성 가스
> 2. 상태에 따른 분류: 압축가스, 액화가스, 용해가스
> 3. 고압가스의 독성에 따른 분류: 독성가스, 비독성가스

52 다음 중 확산 속도가 가장 빠른 것은?

① O$_2$　　　　② N$_2$

③ CH$_4$　　　④ CO$_2$

> ❗ 확산속도는 분자량이 작을수록 가벼우므로 빠르다.

53 다음 각 온도의 단위환산 관계로서 틀린 것은?

① 0℃=273K　　② 32°F=492°R

③ 0K=-273℃　　④ 0K=460°R

> ❗ 온도의 단위환산: 0K=°R/1.8에서, °R=0K×1.8=0

54 수소의 공업적 용도가 아닌 것은?

① 수증기의 합성　　② 경화유의 제조

③ 메탄올의 합성　　④ 암모니아 합성

> ❗ 수소의 공업적 용도: 경화유의 제조, 메탄올의 합성, 암모니아 원료 및 로켓 연료, 금속제련시 환원제로 사용된다.

55 압력이 일정할 때 기체의 절대온도와 체적은 어떤 관계가 있는가?

① 절대온도와 체적은 비례한다.

② 절대온도와 체적은 반비례한다.

③ 절대온도는 체적의 제곱에 비례한다.

④ 절대온도는 체적의 제곱에 반비례한다.

> ❗ 압력이 일정할 때 기체의 절대온도와 체적은 비례한다.

56 다음 중 수소(H_2)의 제조법이 아닌 것은?

① 공기액화 분리법

② 석유 분해법

③ 천연가스 분해법

④ 일산화탄소 전화법

! 수소(H_2)의 제조법: 석유 분해법, 천연가스 분해법, 일산화탄소 전화법, 수전해법, 수성가스법이 있다.

57 프로판의 완전연소 반응식으로 옳은 것은?

① $C_3H_8 + 4O_2 \rightarrow 3CO_2 + 2H_2O$

② $C_3H_8 + 5O_2 \rightarrow 3CO_2 + 4H_2O$

③ $C_3H_8 + 2O_2 \rightarrow 3CO + H_2O$

④ $C_3H_8 + O_2 \rightarrow CO_2 + H_2O$

! 프로판의 완전연소 반응식: $C_3H_8 + 5O_2 \rightarrow 3CO_2 + 4H_2O$

58 도시가스 제조방식 중 촉매를 사용하여 사용 온도 400~800℃에서 탄화수소와 수증기를 반응시켜 수소, 메탄, 일산화탄소, 탄산가스 등의 저급 탄화수소로 변환시키는 프로세스는?

① 열분해 프로세스

② 접촉분해 프로세스

③ 부분연소 프로세스

④ 수소화분해 프로세스

! 도시가스 제조방식
1. 도시가스 제조방식 중 촉매를 사용하여 사용온도 400~800℃에서 탄화수소와 수증기를 반응시켜 수소, 메탄, 일산화탄소, 탄산가스 등의 저급 탄화수소로 변환시키는 프로세스는 접촉분해공정이다.
2. 열분해 프로세스는 분자량이 큰 원료를 분해하는 공정이고, 부분연소 프로세스는 고온·고압에서 탄화수소를 원료로 사용하는 공정이며, 수소화분해 프로세스는 니켈 등의 촉매를 사용하는 공정이다.

59 표준상태에서 분자량이 44인 기체의 밀도는?

① 1.96g/L   ② 1.96kg/L

③ 1.55g/L   ④ 1.55kg/L

! 밀도=분자량/표준상태의 체적=44/22.4≒1.96g/L

60 다음 중 저장소의 바닥부 환기에 가장 중점을 두어야 하는 가스는?

① 메탄   ② 에틸렌

③ 아세틸렌   ④ 부탄

! 부탄은 분자량이 58이므로 공기보다 무겁다. 따라서 저장소의 바닥부 환기에 가장 중점을 두어야 하는 가스이다.

정답 : : 2014년 7월 20일 기출문제

01	02	03	04	05	06	07	08	09	10
②	④	②	②	④	③	②	③	①	④
11	12	13	14	15	16	17	18	19	20
②	②	④	④	④	②	③	①	③	①
21	22	23	24	25	26	27	28	29	30
①	④	③	①	①	③	①	④	①	④
31	32	33	34	35	36	37	38	39	40
④	①	②	③	③	①	①	①	④	③
41	42	43	44	45	46	47	48	49	50
④	①	①	②	①	①	②	④	①	①
51	52	53	54	55	56	57	58	59	60
②	③	④	①	①	①	②	②	①	④

2014년 10월 11일 제5회 필기시험			수험 번호	성명
자격 종목	종목코드	시험시간		
가스기능사	6335	1시간		

제1과목. 가스안전관리

01 일반도시가스사업 정압기실에 설치되는 기계환기설비 중 배기구의 관경은 얼마 이상으로 하여야 하는가?

① 10cm   ② 20cm
③ 30cm   ④ 50cm

> ❗ 일반도시가스사업 정압기실에 설치되는 기계환기설비 중 배기구의 관경은 10cm 이상으로 하여야 한다.

02 액화염소가스 1375kg을 용량 50L인 용기에 충전하려면 몇 개의 용기가 필요한가? (단, 액화염소가스의 정수[C]는 0.8이다.)

① 20   ② 22
③ 35   ④ 37

> ❗ 액화가스 용기의 저장능력(W)=내용적(V)/가스정수(C)에서, 용기 1개당 저장능력=50/0.8=62.5kg이므로, 용기의 수량=1,375kg/62.5=22개이다.

03 차량에 고정된 산소용기 운반 차량에는 일반인이 쉽게 식별할 수 있도록 표시하여야 한다. 운반차량에 표시하여야 하는 것은?

① 위험고압가스, 회사명
② 위험고압가스, 전화번호
③ 화기엄금, 회사명
④ 화기엄금, 전화번호

> ❗ 운반차량에는 "위험고압가스"의 경계표시와 전화번호를 표시하여야 한다.

04 고압가스 품질검사에 대한 설명으로 틀린 것은?

① 품질검사 대상 가스는 산소, 아세틸렌, 수소이다.
② 품질검사는 안전관리책임자가 실시한다.
③ 산소는 동·암모니아 시약을 사용한 오르잣드법에 의한 시험결과 순도가 99.5% 이상이어야 한다.
④ 수소는 하이드로썰파이드 시약을 사용한 오르잣드법에 의한 시험결과 순도가 99.0% 이상이어야 한다.

> ❗ 고압가스 품질검사: 수소는 피로카롤 또는 하이드로썰파이드 시약을 사용한 오르잣드법에 의한 시험결과 순도가 98.5% 이상이어야 한다.

05 압력조정기 출구에서 연소기 입구까지의 호스는 얼마 이상의 압력으로 기밀시험을 실시하는가?

① 2.3kPa   ② 3.3kPa
③ 5.63kPa   ④ 8.4kPa

> ❗ 압력조정기 출구에서 연소기 입구까지의 호스는 최고사용압력의 1.1배 또는 8.4kPa 중 높은 압력 이상으로 기밀시험을 실시한다.

06 도시가스 중압 배관을 매몰할 경우 다음 중 적당한 색상은?

① 회색　　　　　② 청색
③ 녹색　　　　　④ 적색

> ❗ **식별표시방법**
> 1. 매설배관의 표면색상은 최고사용압력이 저압인 경우에는 황색, 중압인 경우 적색으로 도색한다.
> 2. 지상배관의 표면색상은 황색으로 도색한다.
> 3. 지상에 설치하는 배관 외부에는 사용가스명, 최고사용압력 및 가스의 흐름방향을 표시한다.

07 도시가스 공급시설을 제어하기 위한 기기를 설치한 계기실의 구조에 대한 설명으로 틀린 것은?

① 계기실의 구조는 내화구조로 한다.
② 내장재는 불연성 재료로 한다.
③ 창문은 망입(網入)유리 및 안전유리 등으로 한다.
④ 출입구는 1곳 이상에 설치하고 출입문은 방폭문으로 한다.

> ❗ 계기실의 구조: 출입구는 2곳 이상에 설치하고 출입문은 방화문으로 한다.

08 LPG 저장탱크에 설치하는 압력계는 상용압력 몇 배 범위의 최고눈금이 있는 것을 사용하여야 하는가?

① 1~1.5배　　　② 1.5~2배
③ 2~2.5배　　　④ 2.5~3배

> ❗ LPG 저장탱크에 설치하는 압력계는 상용압력 1.5~2배 범위의 최고눈금이 있는 것을 사용하여야 한다.

09 고압가스 저장능력 산정기준에서 액화가스의 저장탱크 저장능력을 구하는 식은? (단, Q, W는 저장능력, P는 최고충전압력, V는 내용적, C는 가스종류에 따른 정수, d는 가스의 비중이다.)

① W=0.9dV　　　② Q=10PV
③ W=V/C　　　　④ Q=(10P+1)V

> ❗
> 1. 액화가스의 저장탱크 저장능력W(kg)=0.9dV이다.
> 2. 액화가스의 용기 저장능력W(kg)=V/C이다.
> 3. 압축가스의 저장탱크 및 용기 저장능력Q(m^3)=(10P+1)V이다.

10 가연성가스를 취급하는 장소에서 공구의 재질로 사용하였을 경우 불꽃이 발생할 가능성이 가장 큰 것은?

① 고무　　　　　② 가죽
③ 알루미늄합금　④ 나무

> ❗
> 1. 방폭공구의 재질: 고무, 가죽, 나무, 베릴륨합금 등으로 만들어 폭발의 재해를 방지한다.
> 2. 방폭공구란 마찰이나 충격 등에 의해서 불꽃이 발생하지 않도록 특수재질로 만든 공구를 말한다.

11 액화가스를 충전하는 탱크는 그 내부에 액면요동을 방지하기 위하여 무엇을 설치하여야 하는가?

① 방파판　　　　② 안전밸브
③ 액면계　　　　④ 긴급차단장치

> ❗ 액화가스를 충전하는 탱크는 그 내부에 액면요동을 방지하기 위하여 방파판을 설치하여야 한다.

12 고압가스 충전용 밸브를 가열할 때의 방법으로 가장 적당한 것은?

① 60℃ 이상의 더운물을 사용한다.
② 열습포를 사용한다.
③ 가스버너를 사용한다.
④ 복사열을 사용한다.

> ! 고압가스 충전용 밸브를 가열할 때의 방법으로 40℃ 이하의 더운물을 사용하거나 열습포를 사용한다.

13 과압안전장치 형식에서 용전의 용융온도로서 옳은 것은? (단, 저압부에 사용하는 것은 제외한다.)

① 40℃ 이하
② 60℃ 이하
③ 75℃ 이하
④ 105℃ 이하

> ! 과압안전장치 형식에서 용전의 용융온도는 75℃ 이하이다.

14 특정고압가스사용시설에서 독성가스 감압설비와 그 가스의 반응설비 간의 배관에 반드시 설치하여야 하는 설비는?

① 안전밸브
② 역화방지장치
③ 중화장치
④ 역류방지장치

> ! 역류방지장치의 설치: 독성가스 감압설비와 그 가스의 반응설비 간의 배관, 아세틸렌을 압축하는 압축기의 유분리기와 고압건조기 사이의 배관, 가연성가스를 압축하는 압축기와 충전용 주관과의 사이 배관, 암모니아 또는 메탄올의 합성탑 및 정제탑과 압축기 사이의 배관에 설치한다.

15 도시가스도매사업자가 제조소 내에 저장능력이 20만 톤인 지상식 액화천연가스 저장탱크를 설치하고자 한다. 이때 처리능력이 30만 m³인 압축기와 얼마 이상의 거리를 유지하여야 하는가?

① 10m
② 24m
③ 30m
④ 50m

> ! 처리능력이 30만m³인 압축기와 30m 이상의 거리를 유지하여야 한다.

16 가스사용시설인 가스보일러의 급·배기방식에 따른 구분으로 틀린 것은?

① 반밀폐형 자연배기식(CF)
② 반밀폐형 강제배기식(FE)
③ 밀폐형 자연배기식(RF)
④ 밀폐형 강제급·배기식(FF)

> ! 가스사용시설인 가스보일러의 급·배기방식에 따른 구분으로 밀폐형 자연급·배기식(BF)이다.

17 다음 중 2중관으로 하여야 하는 가스가 아닌 것은?

① 일산화탄소
② 암모니아
③ 염화메탄
④ 염소

> ! 2중관으로 하여야 하는 가스: 암모니아, 염화메탄, 염소, 포스겐, 산화에틸렌, 시안화수소, 황화수소, 아황산가스 등이다.

18 용기의 재검사 주기에 대한 기준으로 맞는 것은?

① 압력용기는 1년마다 재검사
② 저장탱크가 없는 곳에 설치한 기화기는 2년마다 재검사
③ 500L 이상 이음매 없는 용기는 5년마다 재검사
④ 용접용기로서 신규검사 후 15년 이상 20년 미만인 용기는 3년마다 재검사

> ! 용기의 재검사 주기: 압력용기는 4년마다 재검사, 저장탱크가 없는 곳에 설치한 기화기는 3년마다 재검사, 용접용기로서 신규검사 후 15년 이상 20년 미만인 용기는 2년마다 재검사를 한다.

19 도시가스 공급시설의 안전조작에 필요한 조명등의 조도는 몇 럭스 이상이어야 하는가?

① 100 　　　　　② 150
③ 200 　　　　　④ 300

> ! 도시가스 공급시설의 안전조작에 필요한 조명등의 조도는 150럭스 이상이어야 한다.

20 암모니아 취급 시 피부에 닿았을 때 조치사항으로 가장 적당한 것은?

① 열습포로 감싸준다.
② 아연화 연고를 바른다.
③ 산으로 중화시키고 붕대로 감는다.
④ 다량의 물로 세척 후 붕산수를 바른다.

> ! 암모니아 취급 시 피부에 닿았을 때 조치사항으로 다량의 물로 세척 후 붕산수를 바르고, 눈에 들어갔을 때는 물로 세척 후 2%의 붕산액이나 유동파라핀을 점안한다.

21 차량에 고정된 탱크 중 독성가스는 내용적을 얼마 이하로 하여야 하는가?

① 12000L 　　　　② 15000L
③ 16000L 　　　　④ 18000L

> ! 차량에 고정된 탱크 중 독성가스(액화암모니아 제외)는 내용적을 12,000ℓ 이하로 하여야 하고, 가연성가스(액화석유가스 제외)는 내용적을 18,000ℓ 이하로 하여야 한다.

22 가연성 가스용 가스누출경보 및 자동차단장치의 경보농도설정치의 기준은?

① ±5% 이하 　　　② ±10% 이하
③ ±15% 이하 　　④ ±25% 이하

> ! 가연성 가스용 가스누출경보 및 자동차단장치의 경보농도 설정치의 기준은 정밀도 ±25% 이하이다. 독성가스의 경우는 정밀도 ±30% 이하이다.

23 저장탱크 방류둑 용량은 저장능력에 상당하는 용적 이상의 용적이어야 한다. 다만, 액화산소 저장탱크의 경우에는 저장능력 상당용적의 몇 % 이상으로 할 수 있는가?

① 40 　　　　　② 60
③ 80 　　　　　④ 90

> ! 액화산소 저장탱크의 경우에는 저장능력 상당용적의 60% 이상으로 할 수 있다.

24 도시가스사업법에서 정한 특정가스사용시설에 해당하지 않는 것은?

① 제1종 보호시설 내 월사용예정량 1,000m³ 이상인 가스사용시설
② 제2종 보소시설 내 월사용예정량 2,000m³ 이상인 가스사용시설
③ 월사용예정량 2,000m³ 이하인 가스사용시설 중 많은 사람이 이용하는 시설로 시·도지사가 지정하는 시설
④ 전기사업법, 에너지이용합리화법에 의한 가스사용 시설

> ! 전기사업법, 에너지이용합리화법에 의한 가스사용 시설은 도시가스사업법에서 정한 특정가스사용시설에 해당하지 않는다.

25 LPG 충전·집단공급 저장시설의 공기에 의한 내압시험 시 상용압력의 일정 압력 이상으로 승압한 후 단계적으로 승압시킬 때, 상용압력의 몇 %씩 증가시켜 내압시험 압력에 달하였을 때 이상이 없어야 하는가?

① 5% 　　　　　② 10%
③ 15% 　　　　　④ 20%

> ! 상용압력의 10%씩 증가시켜 내압시험 압력에 달하였을 때 이상이 없어야 한다.

26 도시가스 배관을 지상에 설치 시 검사 및 보수를 위하여 지면으로부터 몇 cm 이상의 거리를 유지하여야 하는가?

① 10cm ② 15cm
③ 20cm ④ 30cm

> ❗ 도시가스 배관을 지상에 설치 시 검사 및 보수를 위하여 지면으로부터 30cm 이상의 거리를 유지하여야 한다.

27 다음 각 가스의 정의에 대한 설명으로 틀린 것은?

① 압축가스란 일정한 압력에 의하여 압축되어 있는 가스를 말한다.
② 액화가스란 가압, 냉각 등의 방법에 의하여 액체상태로 되어 있는 것으로서 대기압에서의 끓는점이 40℃ 이하 또는 상용온도 이하인 것을 말한다.
③ 독성가스란 인체에 유해한 독성을 가진 가스로서 허용농도가 100만분의 3000 이하인 것을 말한다.
④ 가연성가스란 공기 중에서 연소하는 가스로서 폭발한계의 하한이 10% 이하인 것과 폭발한계의 상한과 하한의 차가 20% 이상인 것을 말한다.

> ❗ 독성가스란 인체에 유해한 독성을 가진 가스로서 허용농도가 100만분의 5,000(5,000ppm) 이하인 것을 말한다.

28 용기 신규검사에 합격된 용기 부속품 각인에서 초저온 용기나 저온용기의 부속품에 해당하는 기호는?

① LT ② PT
③ MT ④ UT

> ❗ 용기 신규검사에 합격된 용기 부속품 각인
> 1. LT: 초저온 용기나 저온용기의 부속품
> 2. AG: 아세틸렌가스를 충전하는 용기의 부속품
> 3. PG: 압축가스를 충전하는 용기의 부속품
> 4. LG: 액화석유가스 외의 액화가스를 충전하는 용기의 부속품
> 5. LPG: 액화석유가스를 충전하는 용기의 부속품

29 압축, 액화 등의 방법으로 처리할 수 있는 가스의 용적이 1일 100m³ 이상인 사업소에는 표준이 되는 압력계를 몇 개 이상 비치하여야 하는가?

① 1개 ② 2개
③ 3개 ④ 4개

> ❗ 압축, 액화 등의 방법으로 처리할 수 있는 가스의 용적이 1일 100m³ 이상인 사업소에는 표준이 되는 압력계를 2개 이상 비치하여야 한다.

30 가연성가스 및 독성가스의 충전용기보관실에 대한 안전거리 규정으로 옳은 것은?

① 충전용기 보관실 1m 이내에 발화성물질을 두지 말 것
② 충전용기 보관실 2m 이내에 인화성물질을 두지 말 것
③ 충전용기 보관실 3m 이내에 발화성물질을 두지 말 것
④ 충전용기 보관실 8m 이내에 인화성물질을 두지 말 것

> ❗ 가연성가스 및 독성가스의 충전용기보관실에 대한 안전거리 규정으로 충전용기 보관실 2m 이내에 인화성물질을 두지 말아야 한다.

31 배관 속을 흐르는 액체의 속도를 급격히 변화시키면 물이 관벽을 치는 현상이 일어나는데 이런 현상을 무엇이라 하는가?

① 캐비테이션 현상
② 워터햄머링 현상
③ 서징현상
④ 맥동현상

> ! 배관 속을 흐르는 액체의 속도를 급격히 변화시키면 물이 관벽을 치는 현상이 일어나는데 이런 현상을 워터햄머링 현상이라 한다.

32 증기 압축식 냉동기에서 냉매가 순환되는 경로로 옳은 것은?

① 압축기 → 증발기 → 응축기 → 팽창밸브
② 증발기 → 응축기 → 압축기 → 팽창밸브
③ 증발기 → 팽창밸브 → 응축기 → 압축기
④ 압축기 → 응축기 → 팽창밸브 → 증발기

> ! 증기 압축식 냉동기에서 냉매가 순환되는 경로: 압축기 → 응축기 → 팽창밸브 → 증발기이다.

33 오리피스 미터의 특징에 대한 설명으로 옳은 것은?

① 압력손실이 매우 작다.
② 침전물이 관벽에 부착되지 않는다.
③ 내구성이 좋다.
④ 제작이 간단하고 교환이 쉽다.

> ! 오리피스 미터의 특징: 압력손실이 매우 크고, 침전물이 관벽에 부착되며, 내구성은 좋지 않으나 제작이 간단하고 교환이 쉽다.

34 도시가스의 품질검사 시 가장 많이 사용되는 검사방법은?

① 원자흡광광도법
② 가스크로마토그래피법
③ 자외선, 적외선 흡수분광법
④ ICP법

> ! 도시가스의 품질검사 시 가장 많이 사용되는 검사방법은 가스크로마토그래피법이다.

35 고압가스안전관리법령에 따라 고압가스 판매시설에서 갖추어야 할 계측설비가 바르게 짝지어진 것은?

① 압력계, 계량기
② 온도계, 계량기
③ 압력계, 온도계
④ 온도계, 가스분석계

> ! 고압가스안전관리법령에 따라 고압가스 판매시설에서 갖추어야 할 계측설비는 압력계, 계량기를 갖추어야 한다.

36 연소기의 설치방법으로 틀린 것은?

① 환기가 잘되지 않은 곳에는 가스온수기를 설치하지 아니한다.
② 밀폐형 연소기는 급기구 및 배기통을 설치하여야 한다.
③ 배기통의 재료는 불연성 재료로 한다.
④ 개방형 연소기가 설치된 실내에는 환풍기를 설치한다.

> ! 연소기의 설치방법: 밀폐형 연소기는 급기구 및 배기통과 벽과의 사이에 배기가스가 실내로 들어올 수 없도록 밀폐하여야 한다.

37 도시가스 정압기에 사용되는 정압기용 필터의 제조기술 기준으로 옳은 것은?

① 내가스 성능시험의 질량변화율은 5~8%이다.

② 입·출구 연결부는 플랜지식으로 한다.

③ 기밀시험은 최고사용압력 1.25배 이상의 수압으로 실시한다.

④ 내압시험은 최고사용압력 2배의 공기압으로 실시한다.

> ! 도시가스 정압기용 필터의 제조기술 기준
> 1. 입·출구 연결부는 플랜지식으로 한다.
> 2. 필터 엘리먼트는 0.05MPa 미만의 차압에서 찌그러들지 않아야 한다.
> 3. 차압계는 필터의 허용차압 초과여부를 알 수 있는 것을 사용하여야 한다.
> 4. 필터는 이물질을 제거할 수 있도록 드레인밸브를 설치하여야 한다.
> 5. 필터 용기의 표면은 매끈하고 사용상 지장이 있는 부식, 균열, 주름 등이 없어야 한다.

38 압력조정기의 종류에 따른 조정압력이 틀린 것은?

① 1단 감압식 저압조정기: 2.3~3.3kPa

② 1단 감압식 준저압조정기: 5~30kPa 이내에서 제조자가 설정한 기준압력의 ±20%

③ 2단 감압식 2차용 저압조정기: 2.3~3.3kPa

④ 자동절체식 일체형 저압조정기: 2.3~3.3kPa

> ! 압력조정기의 종류에 따른 조정압력: 자동절체식 일체형 저압조정기는 2.55~3.3kPa 정도이다.

39 용기의 내용적이 105L인 액화암모니아 용기에 충전할 수 있는 가스의 충전량은 약 몇 kg인가? (단, 액화암모니아의 가스정수 C 값은 1.86이다.)

① 20.5   ② 45.5
③ 56.5   ④ 117.5

> ! 액화암모니아 용기에 충전할 수 있는 가스의 충전량(W)=내용적(V)/가스정수(C)=105/1.86=56.45kg

40 가스미터의 설치장소로서 가장 부적당한 곳은?

① 통풍이 양호한 곳

② 전기공작물 주변의 직사광선이 비치는 곳

③ 가능한 한 배관의 길이가 짧고 꺾이지 않는 곳

④ 화기와 습기에서 멀리 떨어져 있고 청결하며 진동이 없는 곳

> ! 가스미터의 설치장소로서 전기공작물 주변의 직사광선이나 빗물이 떨어지는 곳을 피하여 설치하여야 한다.

41 구조가 간단하고 고압, 고온 밀폐탱크의 압력까지 측정이 가능하여 가장 널리 사용되는 액면계는?

① 크린카식 액면계

② 벨로우즈식 액면계

③ 차압식 액면계

④ 부자식 액면계

> ! • 부자식 액면계: 구조가 간단하고 고압, 고온 밀폐탱크의 압력까지 측정이 가능하여 가장 널리 사용되는 액면계이다.
> • 크린카식 액면계: 유자관식 액면계로 액화석유가스 탱크에 사용된다.
> • 벨로우즈식 액면계: 극저온 액체의 액면측정에 사용된다.
> • 차압식 액면계: 극저온 저장탱크의 액면측정에 사용된다.

42 도시가스시설 중 입상관에 대한 설명으로 틀린 것은?

① 입상관이 화기가 있을 가능성이 있는 주위를 통과하여 불연 재료로 차단조치를 하였다.
② 입상관의 밸브는 분리 가능한 것으로서 바닥으로부터 1.7m의 높이에 설치하였다.
③ 입상관의 밸브를 어린 아이들이 장난을 못하도록 3m의 높이에 설치하였다.
④ 입상관의 밸브 높이가 1m이어서 보호상자 안에 설치하였다.

> ! 도시가스시설 중 입상관에 대한 설명으로 입상관의 밸브는 1.6m 이상 2m 이내의 높이에 설치한다.

43 사용 압력이 2MPa, 관의 인장강도가 20kg/mm^{2}일 때의 스케줄 번호(Sch No)는? (단, 안전율은 4로 한다.)

① 10
② 20
③ 40
④ 80

> ! 스케줄 번호(Sch No)=10×[사용압력(P)/허용응력]에서,
> 허용응력=인장강도/안전율=20/4=5이므로,
> 스케줄 번호(Sch No)=10×(20kg/cm^2/5)=40이다.

44 액주식 압력계에 사용되는 액체의 구비조건으로 틀린 것은?

① 화학적으로 안정되어야 한다.
② 모세관 현상이 없어야 한다.
③ 점도와 팽창계수가 작아야 한다.
④ 온도변화에 의한 밀도변화가 커야 한다.

> ! 액주식 압력계에 사용되는 액체의 구비조건으로 온도변화에 의한 밀도변화가 적어야 한다.

45 부취제 주입용기를 가스압으로 밸런스 시켜 중력에 의해서 부취제를 가스 흐름 중에 주입하는 방식은?

① 적하 주입방식
② 펌프 주입방식
③ 위크증발식 주입방식
④ 미터연결 바이패스 주입방식

> ! 부취제 주입용기를 가스압으로 밸런스 시켜 중력에 의해서 부취제를 가스 흐름 중에 주입하는 방식은 적하 주입방식이다.

제3과목. 가스일반

46 절대영도로 표시한 것 중 가장 거리가 먼 것은?

① -273.15℃
② 0K
③ 0R
④ 0°F

> ! 절대영도: -273.15℃=0K=0R=-460°F이다.

47 압력단위를 나타낸 것은?

① kg/cm^2
② KL/m^2
③ kcal/mm^2
④ kV/km

> ! 압력단위를 나타낸 것은 kg/cm^{2}이다.

48 '효율이 100%인 열기관은 제작이 불가능하다.'라고 표현되는 법칙은?

① 열역학 제0법칙
② 열역학 제1법칙
③ 열역학 제2법칙
④ 열역학 제3법칙

> ! '효율이 100%인 열기관은 제작이 불가능하다.'라고 표현되는 법칙은 열역학 제2법칙이다.

49 일산화탄소 전화법에 의해 얻고자 하는 가스는?

① 암모니아 ② 일산화탄소
③ 수소 ④ 수성가스

> ❗ 일산화탄소 전화법: $CO + H_2O \rightarrow CO_2 + H_2$

50 공급가스인 천연가스 비중이 0.6이라 할 때 45m 높이의 아파트 옥상까지 압력손실은 약 몇 mmH_2O인가?

① 18.0 ② 23.3
③ 34.9 ④ 27.0

> ❗ 입상관의 압력손실(H)=1.293×[1−비중(r)×입상높이(h)
> =1.293×(1−0.6)×45=23.274mmH_2O

51 염소(Cl_2)에 대한 설명으로 틀린 것은?

① 황록색의 기체로 조연성이 있다.
② 강한 자극성의 취기가 있는 독성기체이다.
③ 수소와 염소의 등량 혼합기체를 염소폭명기라 한다.
④ 건조 상태의 상온에서 강재에 대하여 부식성을 갖는다.

> ❗ 염소(Cl_2)에 대한 설명으로 수분이 존재하는 상태의 상온에서 강재에 대하여 부식성을 갖는다.

52 A의 분자량은 B의 분자량의 2배이다. A와 B의 확산 속도의 비는?

① $\sqrt{2}:1$ ② 4:1
③ 1:4 ④ $1:\sqrt{2}$

> ❗ A와 B의 확산 속도의 비
> =확산속도B/확산속도A=($\sqrt{밀도A}$/분자량B)=($\sqrt{밀도A}$/밀도B)=($\sqrt{2B}$/1B)=$\sqrt{2}$/1=$1:\sqrt{2}$

53 순수한 물의 증발 잠열은?

① 539kcal/kg ② 79.68kcal/kg
③ 539cal/kg ④ 79.68cal/kg

> ❗ 순수한 물의 증발 잠열은 539kcal/kg이다. 0℃ 물의 응고 잠열은 80kcal/kg 정도이다.

54 주기율표의 0족에 속하는 불활성 가스의 성질이 아닌 것은?

① 상온에서 기체이며, 단원자 분자이다.
② 다른 원소와 잘 화합한다.
③ 상온에서 무색, 무미, 무취의 기체이다.
④ 방전관에 넣어 방전시키면 특유의 색을 낸다.

> ❗ 주기율표의 0족에 속하는 불활성 가스의 성질로 다른 원소와 화합하지 않는 불활성가스이다.

55 게이지압력 1520mmHg는 절대압력으로 몇 기압인가?

① 0.33atm ② 3atm
③ 30atm ④ 33atm

> ❗ 절대압력=게이지압력+표준대기압=[(1,520+760)/760]×1
> =3kg/cm³=3atm

56 부탄(C_4H_{10}) 가스의 비중은?

① 0.55 ② 0.9
③ 1.5 ④ 2

> ❗ 부탄(C_4H_{10})가스의 비중
> =분자량/공기평균분자량=58/29=2

57 도시가스는 무색, 무취이기 때문에 누출 시 중독 및 사고를 미연에 방지하기 위하여 부취제를 첨가하는데 그 첨가비율의 용량이 얼마의 상태에서 냄새를 감지할 수 있어야 하는가?

① 0.1% ② 0.01%
③ 0.2% ④ 0.02%

> ❗ 부취제의 착취농도: 첨가비율의 용량이 0.1%(1/1,000)의 상태에서 냄새를 감지할 수 있어야 한다.

58 LPG 1L가 기화해서 약 250L의 가스가 된다면 10kg의 액화 LPG가 기화하면 가스 체적은 얼마나 되는가? (단, 액화 LPG의 비중은 0.5이다.)

① 1.25m³ ② 5.0m³
③ 10.0m³ ④ 25m³

> ❗ 액화석유가스의 체적=무게/비중=10/0.5=20ℓ 이므로, 기화되는 체적=20×250=5,000ℓ=5m³

59 시안화수소 충전에 대한 설명 중 틀린 것은?

① 용기에 충전하는 시안화수소는 순도가 98% 이상이어야 한다.
② 시안화수소를 충전한 용기는 충전 후 24시간 이상 정치한다.
③ 시안화수소는 충전 후 30일이 경과되기 전에 다른 용기에 옮겨 충전하여야 한다.
④ 시안화수소 충전용기는 1일 1회 이상 질산구리 벤젠 등의 시험지로 가스누출 검사를 한다.

> ❗ 시안화수소 충전에 대한 설명으로 시안화수소는 충전 후 60일이 경과되기 전에 다른 용기에 옮겨 충전하여야 한다.

60 다음 중 절대압력을 정하는데 기준이 되는 것은?

① 게이지압력 ② 국소 대기압
③ 완전진공 ④ 표준 대기압

> ❗ 절대압력을 정하는데 기준은 완전진공(0kg/cm²)이다.

정답

: : 2014년 10월 11일 기출문제

01	02	03	04	05	06	07	08	09	10
①	②	②	④	④	④	④	②	①	③
11	12	13	14	15	16	17	18	19	20
①	②	③	④	③	③	①	③	②	④
21	22	23	24	25	26	27	28	29	30
①	④	②	④	②	④	②	①	②	②
31	32	33	34	35	36	37	38	39	40
②	④	④	②	①	②	②	④	③	②
41	42	43	44	45	46	47	48	49	50
④	③	③	④	①	④	①	③	③	②
51	52	53	54	55	56	57	58	59	60
④	④	①	②	②	④	①	②	③	③

국가기술자격 필기시험문제

2015년 1월 25일 제1회 필기시험			수험 번호	성명
자격 종목	종목코드	시험시간		
가스기능사	6335	1시간		

제1과목, 가스안전관리

01 도시가스의 매설 배관에 설치하는 보호판은 누출가스가 지면으로 확산되도록 구멍을 뚫는데 그 간격의 기준으로 옳은 것은?

① 1m 이하 간격　　② 2m 이하 간격
③ 3m 이하 간격　　④ 5m 이하 간격

> ❗ 도시가스의 매설 배관에 설치하는 보호판(직경 30mm 이상, 50mm 이하)은 누출가스가 지면으로 확산되도록 구멍을 뚫는데 그 간격의 기준은 3m 이하 간격으로 뚫는다.

02 처리능력이 1일 35,000m³인 산소 처리설비로 전용공업지역이 아닌 지역일 경우 처리설비 외면과 사업소 밖에 있는 병원과는 몇 m 이상 안전거리를 유지하여야 하는가?

① 16m　　② 17m
③ 18m　　④ 20m

> ❗ 처리능력이 1일 35,000m³인 산소 처리설비로 전용공업지역이 아닌 지역일 경우 처리설비 외면과 사업소 밖에 있는 병원과는 18m 이상 안전거리를 유지하여야 한다.

03 도시가스사업자는 굴착공사정보지원센터로부터 굴착계획의 통보내용을 통지받은 때에는 얼마 이내에 매설된 배관이 있는지를 확인하고 그 결과를 굴착공사정보지원센터에 통지하여야 하는가?

① 24시간　　② 36시간
③ 48시간　　④ 60시간

> ❗ 도시가스사업자는 굴착공사정보지원센터로부터 굴착계획의 통보내용을 통지받은 때에는 24시간 이내에 매설된 배관이 있는지를 확인하고 그 결과를 굴착공사정보지원센터에 통지하여야 한다.

04 공기 중에서 폭발범위가 가장 좁은 것은?

① 메탄　　② 프로판
③ 수소　　④ 아세틸렌

> ❗ 공기 중 폭발범위: 메탄은 5~15%, 프로판은 2.1~9.6%, 수소는 4~75%, 아세틸렌은 2.5~81% 정도이다.

05 용기에 의한 액화석유가스 저장소에서 실외 저장소 주위의 경계 울타리와 용기보관장소 사이에는 얼마 이상의 거리를 유지하여야 하는가?

① 2m　　② 8m
③ 15m　　④ 20m

> ❗ 실외저장소 주위의 경계 울타리와 용기보관장소 사이에는 20m 이상의 거리를 유지하여야 한다.

06 다음 중 고압가스 특정제조 허가의 대상이 아닌 것은?

① 석유정제시설에서 고압가스를 제조하는 것으로서 그 저장능력이 100톤 이상인 것

② 석유화학공업시설에서 고압가스를 제조하는 것으로서 그 처리능력이 1만세제곱미터 이상인 것

③ 철강공업시설에서 고압가스를 제조하는 것으로서 그 처리능력이 1만세제곱미터 이상인 것

④ 비료제조시설에서 고압가스를 제조하는 것으로서 그 저장능력이 100톤 이상인 것

> ! 고압가스 특정제조 허가의 대상은 철강공업시설에서 고압가스를 제조하는 것으로서 그 처리능력이 100만세제곱미터 이상인 것이다.

07 가연성가스의 제조설비 중 전기설비를 방폭성능을 가지는 구조로 갖추지 아니하여도 되는 가스는?

① 암모니아   ② 염화메탄
③ 아크릴알데히드   ④ 산화에틸렌

> ! 가연성가스의 제조설비 중 암모니아, 브롬화메탄은 전기설비를 방폭성능을 가지는 구조로 갖추지 아니하여도 된다.

08 가스도매사업 제조소의 배관장치에 설치하는 경보장치가 울려야 하는 시기의 기준으로 잘못된 것은?

① 배관 안의 압력이 상용압력의 1.05배를 초과한 때

② 배관 안의 압력이 정상운전 때의 압력보다 15% 이상 강하한 경우 이를 검지한 때

③ 긴급차단밸브의 조작회로가 고장난 때 또는 긴급차단밸브가 폐쇄된 때

④ 상용압력이 5MPa 이상인 경우에는 상용압력에 0.5MPa를 더한 압력을 초과한 때

> ! 가스도매사업 제조소의 배관장치에 설치하는 경보장치가 울려야 하는 시기의 기준은 상용압력이 4MPa 이상인 경우에는 상용압력에 0.2MPa를 더한 압력을 초과한 때이다.

09 다음 중 상온에서 가스를 압축, 액화상태로 용기에 충전시키기가 가장 어려운 가스는?

① C_3H_8 ② CH_4
③ Cl_2 ④ CO_2

> ! 메탄은 압축가스이고, 프로판, 염소, 이산화탄소는 액화가스이다.

10 일반도시가스사업의 가스공급시설기준에서 배관을 지상에 설치할 경우 가스 배관의 표면 색상은?

① 흑색   ② 청색
③ 적색   ④ 황색

> ! 일반도시가스사업의 가스공급시설기준에서 배관을 지상에 설치할 경우 및 매설배관은 최고사용압력이 저압인 경우 가스 배관의 표면 색상은 황색이다. 매설배관은 최고사용압력이 중압인 경우 가스 배관의 표면 색상은 적색이다.

11 가스도매사업의 가스공급시설 중 배관을 지하에 매설할 때의 기준으로 틀린 것은?

① 배관은 그 외면으로부터 수평거리로 건축물까지 1.0m 이상을 유지한다.

② 배관은 그 외면으로부터 지하의 다른 시설물과 0.3m 이상의 거리를 유지한다.

③ 배관을 산과 들에 매설할 때는 지표면으로부터 배관의 외면까지의 매설깊이를 1m 이상으로 한다.

④ 배관은 지반 동결로 손상을 받지 아니하는 깊이로 매설한다.

> ! 가스도매사업의 가스공급시설 중 배관을 지하에 매설할 때의 기준으로 배관은 그 외면으로부터 수평거리로 건축물까지 1.5m 이상을 유지한다.

12 운반 책임자를 동승시키지 않고 운반하는 액화석유가스용 차량에서 고정된 탱크에 설치하여야 하는 장치는?

① 살수장치
② 누설방지장치
③ 폭발방지장치
④ 누설경보장치

> ! 운반 책임자를 동승시키지 않고 운반하는 액화석유가스용 차량에서 고정된 탱크에 설치하여야 하는 장치는 폭발방지장치(탱크의 외벽이 화염으로 인하여 국부적으로 가열될 경우에 탱크 벽면의 열을 흡수 및 분리시킬 수 있는 장치)를 설치하여야 한다.

13 수소의 특징에 대한 설명으로 옳은 것은?

① 조연성기체이다.
② 폭발범위가 넓다.
③ 가스의 비중이 커서 확산이 느리다.
④ 저온에서 탄소와 수소취성을 일으킨다.

> ! 수소의 특징: 가연성기체, 밀도가 작기 때문에 확산속도가 빠르고, 고온·고압에서 수소취성을 일으킨다.

14 다음 중 제1종 보호시설이 아닌 것은?

① 가설건축물이 아닌 사람을 수용하는 건축물로서 사실상 독립된 부분의 연면적이 1500m^2인 건축물
② 문화재보호법에 의하여 지정문화재로 지정된 건축물
③ 수용 능력이 100인(人) 이상인 공연장
④ 어린이집 및 어린이놀이시설

> ! 제1종 보호시설은 수용 능력이 300인(人) 이상인 공연장 등이다.

15 가연성가스와 동일차량에 적재하여 운반할 경우 충전용기의 밸브가 서로 마주보지 않도록 적재해야 할 가스는?

① 수소
② 산소
③ 질소
④ 아르곤

> ! 가연성가스와 산소를 동일차량에 적재하여 운반할 경우 충전용기의 밸브가 서로 마주보지 않도록 적재하여야 한다.

16 천연가스의 발열량이 10400kcal/Sm^3이다. SI 단위인 MJ/Sm^3으로 나타내면?

① 2.47
② 43.68
③ 2476
④ 43680

> ! 단위 환산: 1kcal=4.2KJ, 1KJ=1,000J, 1MJ=1,000KJ 이므로, 10,400kcal/m^3×4.2KJ/1kcal=43,680KJ/m^3= 43.68MJ/m^3이다.

17 다음 중 연소의 3요소가 아닌 것은?

① 가연물
② 산소공급원
③ 점화원
④ 인화점

> ! 인화점은 불씨의 접촉에 의해 불이 붙는 최저온도이다.

18 다음 중 허가대상 가스용품이 아닌 것은?

① 용접절단기용으로 사용되는 LPG 압력조정기
② 가스용 폴리에틸렌 플러그형 밸브
③ 가스소비량이 132.6kW인 연료전지
④ 도시가스정압기에 내장된 필터

> ! 허가대상 가스용품 중 도시가스정압기에 내장된 필터는 제외한다.(액화석유가스의 안전관리 및 사업법 시행규칙 별표 7의 4. 가스용품의 종류에 따른 허가대상 가스용품 참조)

19 가연성가스 충전용기 보관실의 벽 재료의 기준은?

① 불연재료
② 난연재료
③ 가벼운 재료
④ 불연 또는 난연재료

> ! 가연성가스 충전용기 보관실의 벽 재료의 기준은 불연재료로 하고, 지붕은 가벼운 불연재료 또는 난연재료를 사용한다.

20 고압가스안전관리법상 독성가스는 공기 중에 일정량 이상 존재하는 경우 인체에 유해한 독성을 가진 가스로서 허용농도(해당가스를 성숙한 흰쥐 집단에게 대기 중에서 1시간 동안 계속하여 노출시킨 경우 14일 이내에 그 흰쥐의 2분의 1 이상이 죽게 되는 가스의 농도를 말한다.)가 얼마인 것을 말하는가?

① 100만분의 2000 이하
② 100만분의 3000 이하
③ 100만분의 4000 이하
④ 100만분의 5000 이하

> ! 독성가스의 허용농도는 100만분의 5000(5,000ppm) 이하이다.

21 고압가스 저장의 시설에서 가연성가스 시설에 설치하는 유동방지 시설의 기준은?

① 높이 2m 이상의 내화성 벽으로 한다.
② 높이 1.5m 이상의 내화성 벽으로 한다.
③ 높이 2m 이상의 불연성 벽으로 한다.
④ 높이 1.5m 이상의 불연성 벽으로 한다.

> ! 고압가스 저장의 시설에서 가연성가스 시설에 설치하는 유동방지 시설의 기준은 높이 2m 이상의 내화성 벽으로 한다.

22 고압가스 용기 재료의 구비조건이 아닌 것은?

① 내식성, 내마모성을 가질 것
② 무겁고 충분한 강도를 가질 것
③ 용접성이 좋고 가공 중 결함이 생기지 않을 것
④ 저온 및 사용온도에 견디는 연성과 점성강도를 가질 것

> ! 고압가스 용기 재료의 구비조건으로 가볍고 충분한 강도를 가질 것을 요한다.

23 LPG충전소에는 시설의 안전확보 상 "충전 중 엔진 정지"를 주위의 보기 쉬운 곳에 설치해야 한다. 이 표지판의 바탕색과 문자색은?

① 흑색바탕에 백색글씨
② 흑색바탕에 황색글씨
③ 백색바탕에 흑색글씨
④ 황색바탕에 흑색글씨

> ! "충전 중 엔진 정지" 표지판의 바탕색과 문자색은 황색바탕에 흑색글씨로 표시하고, 규격은 30×80cm 이상, 충전기 부근 운전자가 보기 쉬운 곳에 게시한다.

24 도시가스 배관의 지름이 15mm인 배관에 대한 고정장치의 설치간격은 몇 m 이내마다 설치하여야 하는가?

① 1   ② 2
③ 3   ④ 4

> ! 배관고정의 설치간격: 관경이 13mm 미만은 1m마다, 관경이 13mm 이상 33mm 미만은 2m마다, 관경이 33mm 이상은 3m마다 설치한다.

25 가스 운반 시 차량 비치 항목이 아닌 것은?

① 가스 표시 색상
② 가스 특성(온도와 압력과의 관계, 비중, 색깔, 냄새)
③ 인체에 대한 독성 유무
④ 화재, 폭발의 위험성 유무

> ! 가스 운반 시 차량 비치 항목: 가스의 명칭, 가스 특성(온도와 압력과의 관계, 비중, 색깔, 냄새), 인체에 대한 독성 유무, 화재, 폭발의 위험성 유무이다.

26 고압가스판매자가 실시하는 용기의 안전점검 및 유지관리의 기준으로 틀린 것은?

① 용기아래부분의 부식상태를 확인할 것
② 완성검사 도래 여부를 확인할 것
③ 밸브의 그랜드너트가 고정핀으로 이탈방지를 위한 조치가 되어 있는지의 여부를 확인할 것
④ 용기캡이 씌워져 있거나 프로텍터가 부착되어 있는지의 여부를 확인할 것

> ! 고압가스판매자가 실시하는 용기의 안전점검 및 유지관리의 기준으로 재검사기간의 도래 여부를 확인할 것을 요한다.

27 독성가스인 암모니아의 저장탱크에는 그 가스의 용량이 그 저장탱크 내용적의 몇 %를 초과하지 않아야 하는가?

① 80%   ② 85%
③ 90%   ④ 95%

> ! 독성가스인 암모니아의 저장탱크에는 그 가스의 용량이 그 저장탱크 내용적의 90%를 초과하지 않도록 과충전방지장치를 설치하여야 한다.

28 액화 암모니아 10kg을 기화시키면 표준상태에서 약 몇 m³의 기체로 되는가?

① 4   ② 5
③ 13   ④ 26

> ! 이상기체 상태방정식: 압력×체적=질량×기체상수×절대온도에서,
> 기체상수=848/가스분자량(17)=49.8820이므로,
> 체적=(10×49,882×273)/압력(10,332kg/m²)=13.18m³
> 이다.

29 용기에 의한 고압가스 판매시설의 충전용기 보관실 기준으로 옳지 않은 것은?

① 가연성가스 충전용기 보관실은 불연성 재료나 난연성의 재료를 사용한 가벼운 지붕을 설치한다.
② 공기보다 무거운 가연성가스의 용기보관실에는 가스누출검지경보장치를 설치한다.
③ 충전용기 보관실은 가연성가스가 새어나오지 못하도록 밀폐구조로 한다.
④ 용기보관실의 주변에는 화기 또는 인화성 물질이나 발화성물질을 두지 않는다.

> ! 용기에 의한 고압가스 판매시설의 충전용기보관실 기준으로 충전용기 보관실은 가연성가스의 누출가스가 체류하지 않도록 환기설비 및 강제환기시설을 설치해야 한다.

30 도시가스배관의 용어에 대한 설명으로 틀린 것은?

① 배관이란 본관, 공급관, 내관 또는 그 밖의 관을 말한다.
② 본관이란 도시가스제조사업소의 부지 경계에서 정압기까지 이르는 배관을 말한다.
③ 사용자 공급관이란 공급관 중 정압기에서 가스사용자가 구분하여 소유하는 건축물의 외벽에 설치된 계량기까지 이르는 배관을 말한다.
④ 내관이란 가스사용자가 소유하거나 점유하고 있는 토지의 경계에서 연소기까지 이르는 배관을 말한다.

> !
> 도시가스배관 용어의 정의: 사용자 공급관이란 공급관 중 가스사용자가 소유하거나 점유하고 있는 토지의 경계에서 가스사용자가 구분하여 소유하거나 점유하는 건축물의 외벽에 설치된 계량기까지 이르는 배관을 말한다.

제2과목, 가스장치 및 기기

31 측정압력이 0.01~10kg/cm^2 정도이고, 오차가 ±1~2% 정도이며 유체내의 먼지 등의 영향이 적으나, 압력 변동에 적응하기 어렵고 주위 온도 도차에 의한 충분한 주의를 요하는 압력계는?

① 전기저항 압력계
② 벨로우즈(Bellows) 압력계
③ 부르동(bourdon)관 압력계
④ 피스톤 압력계

> !
> 압력계의 특징: 전기저항 압력계는 금속의 전기저항 변화 이용, 부르동(bourdon)관 압력계는 탄성식 압력계로 곡률 반경의 변화로 압력 측정, 피스톤 압력계는 연구실용으로 사용된다.

32 1단 감압식 저압조정기의 조정압력(출구압력)은?

① 2.3~3.3kPa
② 5~30kPa
③ 32~83kPa
④ 57~83kPa

> !
> 1단 감압식 저압조정기의 성능에서 조정기 최대 폐쇄압력은 3.5kPa 이하, 입구압력은 하한 0.07MPa~상한 1.56MPa, 출구조정압력은 하한 2.3MPa~상한 3.3MPa이다.

33 초저온 저장탱크에 주로 사용되며, 차압에 의하여 측정하는 액면계는?

① 시창식
② 햄프슨식
③ 부자식
④ 회전 튜브식

> !
> 초저온 저장탱크에 주로 사용되며, 차압에 의하여 측정하는 액면계는 햄프슨(차압)식이다.

34 분말진공단열법에서 충진용 분말로 사용되지 않는 것은?

① 탄화규소
② 펄라이트
③ 규조토
④ 알루미늄 분말

> !
> 분말진공단열법에서 충진용 분말로 펄라이트, 규조토, 알루미늄 분말을 사용한다.

35 압축기에서 다단 압축을 하는 목적으로 틀린 것은?

① 소요 일량의 감소
② 이용 효율의 증대
③ 힘의 평형 향상
④ 토출온도 상승

> !
> 압축기에서 다단 압축을 하는 목적은 토출온도 상승을 방지하기 위해서이다.

36 1000L의 액산 탱크에 액산을 넣어 방출밸브를 개방하여 12시간 방치하였더니 탱크 내의 액산이 4.8㎏ 방출되었다면 1시간당 탱크에 침입하는 열량은 약 몇 kcal인가? (단, 액산의 증발잠열은 60kcal/kg이다.)

① 12
② 24
③ 70
④ 150

> !
> 침입열량(Q) = [방출량(G)×증발잠열(r)]/방출시간(hr)
> = (4.8kg×60kcal/kg)/12=24kcal/hr

37 도시가스용 압력조정기에 대한 설명으로 옳은 것은?

① 유량성능은 제조자가 제시한 설정압력의 ±10% 이내로 한다.
② 합격표시는 바깥지름이 5mm의 "k"자 각인을 한다.
③ 입구 측 연결배관 관경은 50A 이상의 배관에 연결되어 사용되는 조정기이다.
④ 최대 표시유량 300Nm^3/h 이상인 사용처에 사용되는 조정기이다.

> ! 도시가스용 압력조정기의 기술기준: 유량성능은 제조자가 제시한 설정압력의 ±20% 이내로 하고, 입구 측 연결배관 관경은 50A 이하의 배관에 연결되어 사용되는 조정기이며, 최대 표시유량 300Nm^3/h 이하인 사용처에 사용되는 조정기이다.

38 오리피스 유량계는 어떤 형식의 유량계인가?

① 차압식   ② 면적식
③ 용적식   ④ 터빈식

> ! 차압식: 오리피스 유량계, 벤튜리 미터, 플로노즐이 있다.

39 질소를 취급하는 금속재료에서 내질화성을 증대시키는 원소는?

① Ni   ② Al
③ Cr   ④ Ti

> ! 질소를 취급하는 금속재료에서 내질화성을 증대시키는 원소는 Ni(니켈)이고, 나머지 알루미늄, 크롬, 티타늄(Ti) 및 몰리브덴(Mo)은 질소와 친화력이 크기 때문에 질화가 되기 쉽다.

40 다음 각 가스에 의한 부식현상 중 틀린 것은?

① 암모니아에 의한 강의 질화
② 황화수소에 의한 철의 부식
③ 일산화탄소에 의한 금속의 카르보닐화
④ 수소원자에 의한 강의 탈수소화

> ! 가스에 의한 부식현상으로 수소원자에 의한 강의 탈탄작용과 산소에 의한 강의 산화작용 등이 있다.

41 다음 중 아세틸렌과 치환반응을 하지 않는 것은?

① Cu   ② Ag
③ Hg   ④ Ar

> ! 아세틸렌과 Ar(아르곤)은 치환반응을 하지 않는다. 나머지 구리, 은, 수은 등은 폭발성의 금속 아세틸라이드를 생성한다.

42 비점이 점차 낮은 냉매를 사용하여 저비점의 기체를 액화하는 사이클은?

① 클라우드 액화사이클
② 필립스 액화사이클
③ 캐스케이드 액화사이클
④ 캐피자 액화사이클

> ! 비점이 점차 낮은 냉매를 사용하여 저비점의 기체를 액화하는 사이클은 캐스케이드 액화사이클이다. 클라우드 액화사이클은 응축기에 의한 재액화를 증발시키는 냉동사이클이고, 필립스 액화사이클은 수소나 헬륨을 냉매로 사용하며, 캐피자 액화사이클은 축냉기를 사용한다.

43 유체가 5m/s의 속도로 흐를 때 이 유체의 속도수두는 약 몇 m인가? (단, 중력가속도는 9.8m/s^{2}이다.)

① 0.98 　　　　② 1.28
③ 12.2 　　　　④ 14.1

> ❗ 속도수두(H)=(유속)^2/(2×중력가속도)에서,
> 중력가속도는 9.8m/sec^{2}이므로,
> H=(5)^2/(2×9.8m/sec^2)=1.276m이다.

44 빙점 이하의 낮은 온도에서 사용되며 LPG탱크, 저온에도 인성이 감소되지 않는 화학공업 배관 등에 주로 사용되는 관의 종류는?

① SPLT 　　　　② SPHT
③ SPPH 　　　　④ SPPS

> ❗ 빙점 이하의 낮은 온도에서 사용되며 LPG탱크, 저온에도 인성이 감소되지 않는 화학공업 배관 등에 주로 사용되는 관의 종류는 SPLT(저온배관용 탄소강관)이다. SPHT(고온 배관용 탄소강관)은 고온(350~450℃)에 사용, SPPH(고압배관용 탄소강관)은 10MPa 이상 350℃ 이하에 사용, SPPS(압력배관용 탄소강관)은 1~10MPa 이하 350℃ 이하에 사용된다.

45 고압가스용 이음매 없는 용기에서 내력비란?

① 내력과 압궤강도의 비를 말한다.
② 내력과 파열강도의 비를 말한다.
③ 내력과 압축강도의 비를 말한다.
④ 내력과 인장강도의 비를 말한다.

> ❗ 고압가스용 이음매 없는 용기에서 내력비란 내력과 인장강도의 비를 말한다.

46 섭씨온도로 측정할 때 상승된 온도가 5℃이었다. 이때 화씨온도로 측정하면 상승온도는 몇 도인가?

① 7.5 　　　　② 8.3
③ 9.0 　　　　④ 41

> ❗ 화씨온도(℉)=(9/5)×5℃=9℉

47 어떤 물질의 고유의 양으로 측정하는 장소에 따라 변함이 없는 물리량은?

① 질량 　　　　② 중량
③ 부피 　　　　④ 밀도

> ❗ 어떤 물질의 고유의 양으로, 측정하는 장소에 따라 변함이 없는 물리량은 질량이다.

48 하버-보시법으로 암모니아 44g을 제조하려면 표준상태에서 수소는 약 몇 L가 필요한가?

① 22 　　　　② 44
③ 87 　　　　④ 100

> ❗ 하버-보시법(합성법)의 반응식: $3H_2+N_2 \rightarrow 2NH_3$에서, 암모니아(2×17)일 때 수소(3×22.4ℓ)가 생성되므로, 암모니아 44g일 때=(3×22.4ℓ)×44/34=86.96ℓ의 수소가 필요하다.

49 기체연료의 연소 특성으로 틀린 것은?

① 소형의 버너도 매연이 적고, 완전연소가 가능하다.
② 하나의 연료 공급원으로부터 다수의 연소로와 버너에 쉽게 공급된다.
③ 미세한 연소 조정이 어렵다.
④ 연소율의 가변범위가 넓다.

> ❗ 기체연료의 연소 특성으로 미세한 연소 조정이 용이하다.

50 비중이 13.6인 수은은 76cm의 높이를 갖는다. 비중이 0.5인 알코올로 환산하면 그 수주는 몇 m인가?

① 20.67   ② 15.2
③ 13.6   ④ 5

> ! 압력=(비중×높이)에서, 수주(높이)=(압력/비중)이므로,
> 수주(높이)
> =(13.6×1,000kg/m³×0.76m)/(0.5×1,000)=20.672m

51 SNG에 대한 설명으로 가장 적당한 것은?

① 액화석유가스
② 액화천연가스
③ 정유가스
④ 대체천연가스

> ! 가스에 대한 설명: SNG(대체천연가스), 액화석유가스(LPG), 액화천연가스(LNG), 정유가스(off gas)

52 액체는 무색투명하고, 특유의 복숭아 향을 가진 맹독성 가스는?

① 일산화탄소   ② 포스겐
③ 시안화수소   ④ 메탄

> ! 액체는 무색투명하고, 특유의 복숭아 향을 가진 맹독성 가스는 시안화수소이다.

53 단위 체적당 물체의 질량은 무엇을 나타내는 것인가?

① 중량   ② 비열
③ 비체적   ④ 밀도

> ! 단위 체적당 물체의 질량은 밀도를 나타내는 것이다.

54 다음 중 지연성 가스로만 구성되어 있는 것은?

① 일산화탄소, 수소
② 질소, 아르곤
③ 산소, 이산화질소
④ 석탄가스, 수성가스

> ! 지연(조연)성 가스로만 구성되어 있는 것은 산소, 이산화질소 등이 있다. 일산화탄소, 수소, 석탄가스, 수성가스는 가연성가스이고, 질소는 불연성가스이며, 아르곤은 불활성기체이다.

55 메탄가스의 특성에 대한 설명으로 틀린 것은?

① 메탄은 프로판에 비해 연소에 필요한 산소량이 많다.
② 폭발하한농도가 프로판보다 높다.
③ 무색, 무취이다.
④ 폭발상한농도가 부탄보다 높다.

> ! 메탄은 프로판에 비해 연소에 필요한 산소량이 적다. 화학반응식에 의해서 메탄은 2몰, 프로판은 5몰의 산소량이 필요하다.

56 암모니아의 성질에 대한 설명으로 옳지 않은 것은?

① 가스일 때 공기보다 무겁다.
② 물에 잘 녹는다.
③ 구리에 대하여 부식성이 강하다.
④ 자극성 냄새가 있다.

> ! 암모니아의 성질에 대한 설명으로 가스일 때 공기보다 가볍다. 공기의 평균분자량은 29이고, 암모니아는 분자량이 17이기 때문이다.

57 수소에 대한 설명으로 틀린 것은?

① 상온에서 자극성을 가지는 가연성 기체이다.

② 폭발범위는 공기 중에서 약 4~75%이다.

③ 염소와 반응하여 폭명기를 형성한다.

④ 고온·고압에서 강재 중 탄소와 반응하여 수소취성을 일으킨다.

❗ 수소는 상온에서 무색, 무취, 무미의 가연성 기체이다.

58 다음 중 표준상태에서 가스상 탄화수소의 점도가 가장 높은 가스는?

① 에탄

② 메탄

③ 부탄

④ 프로판

❗ 표준상태에서 가스상 탄화수소의 점도가 가장 높은 가스는 메탄이다.

59 도시가스의 원료인 메탄가스를 완전 연소시켰다. 이때 어떤 가스가 주로 발생되는가?

① 부탄

② 암모니아

③ 콜타르

④ 이산화탄소

❗ 메탄의 완전연소 반응식: $CH_4 + 2O_2 \rightarrow CO_2 + 2H_2O$

60 표준대기압 하에서 물 1kg의 온도를 1℃ 올리는데 필요한 열량은 얼마인가?

① 0kcal

② 1kcal

③ 80kcal

④ 539kcal/kg·℃

❗ 표준대기압 하에서 물 1kg의 온도를 1℃ 올리는데 필요한 열량은 1kcal이다.

정답

: : 2015년 1월 25일 기출문제

01	02	03	04	05	06	07	08	09	10
③	③	①	②	④	③	①	④	②	④
11	12	13	14	15	16	17	18	19	20
①	③	②	③	②	②	④	④	①	④
21	22	23	24	25	26	27	28	29	30
①	②	④	②	①	②	③	③	③	③
31	32	33	34	35	36	37	38	39	40
②	①	②	①	④	②	②	①	①	④
41	42	43	44	45	46	47	48	49	50
④	③	②	①	④	③	①	③	③	①
51	52	53	54	55	56	57	58	59	60
④	③	④	③	①	①	①	②	④	②

2015년 4월 4일 제2회 필기시험			수험 번호	성명
자격 종목	종목코드	시험시간		
가스기능사	6335	1시간		

제1과목. 가스안전관리

01 액화석유가스의 안전관리 및 사업법에서 정한 용어에 대한 설명으로 틀린 것은?

① 저장설비란 액화석유가스를 저장하기 위한 설비로서 각종 저장탱크 및 용기를 말한다.

② 저장탱크란 액화석유가스를 저장하기 위하여 지상 또는 지하에 고정 설치된 탱크로서 그 저장능력이 3톤 이상인 탱크를 말한다.

③ 용기집합설비란 2개 이상의 용기를 집합하여 액화석유가스를 저장하기 위한 설비를 말한다.

④ 충전용기란 액화석유가스 충전 질량의 90% 이상이 충전되어 있는 상태의 용기를 말한다.

> ! 충전용기: 고압가스의 충전 질량 또는 충전 압력의 1/2 이상이 충전되어 있는 상태의 용기를 말한다.

02 방호벽을 설치하지 않아도 되는 곳은?

① 아세틸렌가스 압축기와 충전장소 사이
② 판매소의 용기 보관실
③ 고압가스 저장설비와 사업소 안의 보호시설과의 사이
④ 아세틸렌가스 발생장치와 당해 가스충전용기 보관장소 사이

> ! 방호벽의 설치장소
> 1. 아세틸렌가스 압축기와 충전장소 사이
> 2. 판매소의 용기 보관실
> 3. 고압가스 저장설비와 사업소 안의 보호시설과의 사이
> 4. 압축가스를 충전하는 압축기와 그 충전장소 사이
> 5. 압축기와 그 가스 충전용기 보관장소 사이
> 6. 충전장소와 그 충전용기주관밸브 조작밸브 사이
> 7. 충전장소와 그 가스 충전용기 보관장소 사이

03 공기와 혼합된 가스가 압력이 높아지면 폭발 범위가 좁아지는 가스는?

① 메탄　　　　　② 프로판
③ 일산화탄소　　④ 아세틸렌

> ! 공기와 혼합된 가스가 압력이 높아지면 폭발범위가 좁아지는 가스는 일산화탄소이다.

04 천연가스 지하 매설 배관의 퍼지용으로 주로 사용되는 가스는?

① N_2　　　　　② Cl_2
③ H_2　　　　　④ O_2

> ! 천연가스 지하 매설 배관의 퍼지용 및 기밀시험용으로 주로 사용되는 가스는 N_2(질소)이다.

05 산소압축기의 내부 윤활유제로 주로 사용되는 것은?

① 석유　　　　　② 물
③ 유지　　　　　④ 황산

! 산소압축기의 내부 윤활유제로 주로 사용되는 것은 물 또는 묽은 글리세린 수용액이다.

06 지하에 매설된 도시가스 배관의 전기방식 기준으로 틀린 것은?

① 전기방식전류가 흐르는 상태에서 토양 중에 있는 배관 등의 방식전위 상한값은 포화황산동 기준전극으로 -0.85V 이하일 것

② 전기방식전류가 흐르는 상태에서 자연전위와의 전위변화가 최소한 -300mV 이하일 것

③ 배관에 대한 전위측정은 가능한 배관 가까운 위치에서 실시할 것

④ 전기방식시설의 관대지전위 등을 2년에 1회 이상 점검할 것

! 지하에 매설된 도시가스 배관의 전기방식 기준으로 전기방식시설의 관대지전위 등을 1년에 1회 이상 점검할 것

07 충전용기 등을 적재한 차량의 운반 개시 전 용기 적재상태의 점검내용이 아닌 것은?

① 차량의 적재중량 확인
② 용기 고정상태 확인
③ 용기 보호캡의 부착유무 확인
④ 운반계획서 확인

! 1. 충전용기 등을 적재한 차량의 운반 개사 전용기 적재상태의 점검내용: 차량의 적재중량 확인, 용기 고정상태 확인, 용기 보호캡의 부착유무 확인, 용기 및 밸브 등에서의 가스누출 확인이다.
2. 휴대품 등 점검사항: 운반계획서 확인, 비상연락망 카드 확인 등이다.

08 도시가스 사용시설에서 안전을 확보하기 위하여 최고사용 압력의 1.1배 또는 얼마의 압력 중 높은 압력으로 실시하는 기밀시험에 이상이 없어야 하는가?

① 5.4kPa   ② 6.4kPa
③ 7.4kPa   ④ 8.4kPa

! 도시가스 사용시설에서 안전을 확보하기 위하여 최고사용압력의 1.1배 또는 8.4kPa의 압력 중 높은 압력으로 실시하는 기밀시험에 이상이 없어야 한다.

09 다음 각 폭발의 종류와 그 관계로서 맞지 않은 것은?

① 화학 폭발: 화약의 폭발
② 압력 폭발: 보일러의 폭발
③ 촉매 폭발: C_2H_2의 폭발
④ 중합 폭발: HCN의 폭발

! 1. 촉매폭발: 직사광선에 의해 수소, 염소 등의 폭발이다.
2. 분해폭발: 분해열에 의해 C_2H_2, C_2H_4O(산화에틸렌), N_2H_4(히드라진) 등의 폭발이다.

10 일반도시가스사업의 설치하는 가스공급시설 중 정압기의 설치에 대한 설명으로 틀린 것은?

① 건축물 내부에 설치된 도시가스사업자의 정압기로서 가스누출경보기와 연동하여 작동하는 기계환기설비를 설치하고 1일 1회 이상 안전점검을 실시하는 경우에는 건축물의 내부에 설치할 수 있다.

② 정압기에 설치되는 가스방출관의 방출구는 주위에 불 등이 없는 안전한 위치로서 지면으로부터 3m 이상의 높이에 설치하여야 하며, 전기시설물과의 접촉 등으로 사고의 우려가 있는 장소에서는 5m 이상의 높이로 설치한다.

③ 정압기에 설치하는 가스차단장치는 정압기의 입구 및 출구에 설치한다.

④ 정압기는 2년에 1회 이상 분해점검을 실시하고 필터는 가스공급 개시 후 1월 이내 및 가스공급개시 후 매년 1회 이상 분해점검을 실시한다.

! 정압기에 설치되는 가스방출관의 방출구는 주위에 불 등이 없는 안전한 위치로서 지면으로부터 5m 이상의 높이에 설치하여야 하며, 전기시설물과의 접촉 등으로 사고의 우려가 있는 장소에서는 3m 이상의 높이로 설치한다.

11 아세틸렌(C_2H_2)에 대한 설명으로 틀린 것은?

① 폭발범위는 수소보다 넓다.

② 공기보다 무겁고 황색의 가스이다.

③ 공기와 혼합되지 않아도 폭발하는 수 가 있다.

④ 구리, 은, 수은 및 그 합금과 폭발성 화 합물을 만든다.

> ❗ 아세틸렌(C_2H_2)은 공기보다 가볍고 무색의 가스이다.

12 고압가스 충전용기는 항상 몇 ℃ 이하의 온 도를 유지하여야 하는가?

① 10℃   ② 30℃

③ 40℃   ④ 50℃

> ❗ 고압가스 충전용기는 항상 40℃ 이하의 온도를 유지하여야 한다.

13 용기에 의한 고압가스 운반기준으로 틀린 것 은?

① 3000kg의 액화 조연성가스를 차량에 적재하여 운반할 때에는 운반책임자가 동승하여야 한다.

② 허용농도가 500ppm인 액화 독성가스 1000kg을 차량에 적재하여 운반할 때 에는 운반책임자가 동승하여야 한다.

③ 충전용기와 위험물 안전관리법에서 정 하는 위험물과는 동일 차량에 적재하 여 운반할 수 없다.

④ 300m³의 압축 가연성가스를 차량에 적재하여 운반할 때에는 운전자가 운 반책임자의 자격을 가진 경우에는 자 격이 없는 사람을 동승시킬 수 있다.

> ❗ 용기에 의한 고압가스 운반기준
> 1. 6,000kg의 액화 조연성가스를 차량에 적재하여 운반할 때에는 운반책임자가 동승하여야 한다.
> 2. 3000kg의 액화 가연성가스를 차량에 적재하여 운반할 때에는 운반책임자가 동승하여야 한다.
> 3. 600m³의 압축 조연성가스를 차량에 적재하여 운반할 때 에는 운반책임자가 동승하여야 한다.
> 4. 300m³의 압축 가연성가스를 차량에 적재하여 운반할 때 에는 운반책임자가 동승하여야 한다.

14 공기 중으로 누출 시 냄새로 쉽게 알 수 있 는 가스로만 나열된 것은?

① Cl_2, NH_3 ② CO, Ar

③ C_2H_2, CO   ④ O_2, Cl_2

> ❗ 공기 중으로 누출 시 냄새로 쉽게 알 수 있는 가스는 염소, 암모니아이다. 일산화탄소, 아르곤, 산소는 무취의 가스이 고, 아세틸렌은 에테르 향이 나는 가스이다.

15 신규검사 후 20년이 경과한 용접용기(액화 석유가스용 용기는 제외한다.)의 재검사 주 기는?

① 3년마다   ② 2년마다

③ 1년마다   ④ 6개월마다

> ❗ 용접용기의 재검사 주기
> 1. 500ℓ 미만: 15년 미만은 3년마다, 15년 이상 20년 미 만은 2년마다, 20년 이상은 1년마다 한다.
> 2. 500ℓ 이상: 15년 미만은 5년마다, 15년 이상 20년 미 만은 2년마다, 20년 이상은 1년마다 한다.

16 액화석유가스 저장탱크 벽면의 국부적인 온 도상승에 따른 저장탱크의 파열을 방지하기 위하여 저장탱크 내벽에 설치하는 폭발방지 장치의 재료로 맞는 것은?

① 다공성 철판

② 다공성 알루미늄판

③ 다공성 아연판

④ 오스테나이트계 스테인리스판

> ⚠ 액화석유가스 저장탱크 벽면의 국부적인 온도상승에 따른 저장탱크의 파열을 방지하기 위하여 저장탱크 내벽에 설치하는 폭발방지장치의 재료로 다공성 알루미늄판을 사용한다.

17 최대지름이 6m인 가연성가스 저장탱크 2개가 서로 유지하여야 할 최소 거리는?

① 0.6m ② 1m
③ 2m ④ 3m

> ⚠ 최소거리: 두 저장탱크의 최대지름을 합산한 길이의 1/4의 길이가 1m 이상인 경우에는 그 거리를 유지한다. 그러므로 최소거리=(6m+6m)×1/4=3m이다.

18 다음 중 연소의 형태가 아닌 것은?

① 분해연소 ② 확산연소
③ 증발연소 ④ 물리연소

> ⚠ 물리연소는 연소의 형태가 아니다.

19 고압가스 일반제조시설 중 에어졸의 제조기준에 대한 설명으로 틀린 것은?

① 에어졸의 분사제는 독성가스를 사용하지 아니한다.
② 35℃에서 그 용기의 내압이 0.8MPa 이하로 한다.
③ 에어졸 제조설비는 화기 또는 인화성 물질과 5m 이상의 우회거리를 유지한다.
④ 내용적이 30m³ 이상인 용기는 에어졸의 제조에 재사용하지 아니한다.

> ⚠ 고압가스 일반제조시설 중 에어졸의 제조기준: 에어졸 제조설비는 화기 또는 인화성 물질과 8m 이상의 우회거리를 유지한다.

20 가스누출검지경보장치의 설치에 대한 설명으로 틀린 것은?

① 통풍이 잘 되는 곳에 설치한다.
② 가스의 누출을 신속하게 검지하고 경보하기에 충분한 개수 이상 설치한다.
③ 장치의 기능은 가스의 종류에 적절한 것으로 한다.
④ 가스가 체류할 우려가 있는 장소에 적절하게 설치한다.

> ⚠ 가스누출검지경보장치의 설치 제외 장소: 통풍이 잘 되는 장소, 공기가 들어오는 환기구 등으로부터 1.5m 이내의 장소, 연소기의 폐가스와 접촉되기 쉬운 장소 등이다

21 가스용기의 취급 및 주의사항에 대한 설명으로 틀린 것은?

① 충전 시 용기는 용기 재검사 기간이 지나지 않았는지 확인한다.
② LPG용기나 밸브를 가열할 때는 뜨거운 물(40℃ 이상)을 사용한다.
③ 충전한 후에는 용기밸브의 누출 여부를 확인한다.
④ 용기 내에 잔류물이 있을 때에는 잔류물을 제거하고 충전한다.

> ⚠ LPG용기나 밸브를 가열할 때는 열습포나 물(40℃ 이하)을 사용한다.

22 용기 신규검사에 합격된 용기 부속품기호 중 압축가스를 충전하는 용기 부속품의 기호는?

① AG ② PG
③ LG ④ LT

> ⚠ 용기 부속품의 기호는 AG(아세틸렌가스를 충전하는 용기의 부속품), LG(액화석유가스 외의 액화가스를 충전하는 용기의 부속품), LT(초저온용기 및 저온용기의 부속품)를 의미한다.

23 일반 액화석유가스 압력조정기에 표시하는 사항이 아닌 것은?

① 제조자명이나 그 약호
② 제조번호나 로트번호
③ 입구압력(기호: P, 단위: MPa)
④ 검사 연월일

> ! 일반 액화석유가스 압력조정기에 표시하는 사항: 제조자명이나 그 약호, 제조번호나 로트번호, 입구압력(기호: P, 단위: MPa), 조정압력(기호: R, 단위: MPa 또는 kPa), 용량(기호: Q, 단위: kg/hr), 품명, 품질보증기간, 가스흐름방향, 제조국, 제조연월 등이다.

24 산화에틸렌 취급 시 주로 사용되는 제독제는?

① 가성소다 수용액 ② 나산소다 수용액
③ 소석회 수용액   ④ 물

> ! 산화에틸렌 취급 시 주로 사용되는 제독제는 물이다.

25 고압가스 설비에 설치하는 압력계의 최고눈금에 대한 측정범위의 기준으로 옳은 것은?

① 상용압력의 1.0배 이상, 1.2배 이하
② 상용압력의 1.5배 이상, 1.5배 이하
③ 상용압력의 1.5배 이상, 2.0배 이하
④ 상용압력의 2.0배 이상, 3.0배 이하

> ! 고압가스 설비에 설치하는 압력계의 최고눈금에 대한 측정범위의 기준은 상용압력의 1.5배 이상, 2.0배 이하이다.

26 0종 장소에는 원칙적으로 어떤 방폭구조의 것으로 하여야 하는가?

① 내압방폭구조
② 본질안전방폭구조
③ 특수방폭구조
④ 안전증방폭구조

> ! 0종 장소에는 원칙적으로 본질안전방폭구조의 것으로 하여야 한다.

27 도시가스 사용시설에서 PE배관은 온도가 몇℃ 이상이 되는 장소에 설치하지 아니하는가?

① 25℃   ② 30℃
③ 40℃   ④ 60℃

> ! 도시가스 사용시설에서 PE배관은 온도가 40℃ 이상이 되는 장소에 설치하지 아니한다.

28 충전용 주관의 압력계는 정기적으로 표준압력계로 그 기능을 검사하여야 한다. 다음 중 검사의 기준으로 옳은 것은?

① 매월 1회 이상
② 3개월에 1회 이상
③ 6개월에 1회 이상
④ 1년에 1회 이상

> ! 충전용 주관의 압력계는 정기적으로 표준압력계로 매월 1회 이상 그 기능을 검사하여야 한다.

29 방류둑의 내측 및 그 외면으로부터 몇 m 이내에 그 저장 탱크의 부속설비 외의 것을 설치하지 못하도록 되어 있는가?

① 3m   ② 5m
③ 8m   ④ 10m

> ! 방류둑의 내측 및 그 외면으로부터 10m 이내에 그 저장 탱크의 부속설비 외의 것을 설치하지 못하도록 되어 있다.

30 가스의 성질에 대하여 옳은 것으로만 나열된 것은?

> ㉮ 일산화탄소는 가연성이다.
> ㉯ 산소는 조연성이다.
> ㉰ 질소는 가연성도 조연성도 아니다.
> ㉱ 아르곤은 공기 중에 함유되어 있는 가스로서 가연성이다.

① ㉮, ㉯, ㉱ ② ㉮, ㉯, ㉰
③ ㉯, ㉰, ㉱ ④ ㉮, ㉰, ㉱

> ! 아르곤은 공기 중에 함유되어 있는 가스로서 불활성가스이다.

제2과목. 가스장치 및 기기

31 부취체를 외기로 분출하거나 부취설비로부터 부취제가 흘러나오는 경우 냄새를 감소시키는 방법으로 가장 거리가 먼 것은?

① 연소법
② 수동조절
③ 화학적 산화처리
④ 활성탄에 의한 흡착

> ! 부취제의 냄새를 감소시키는 방법으로 수동조절은 가장 거리가 멀다.

32 고압가스 매설배관에 실시하는 전기방식 중 외부 전원법의 장점이 아닌 것은?

① 과방식의 염려가 없다.
② 전압, 전류의 조정이 용이하다.
③ 전식에 대해서도 방식이 가능하다.
④ 전극의 소모가 적어서 관리가 용이하다.

> ! 고압가스 매설배관에 실시하는 전기방식 중 외부 전원법은 높은 사용전압으로 인하여 과방식의 우려가 있다.

33 압력배관용 탄소강관의 사용압력 범위로 가장 적당한 것은?

① 1~2MPa ② 1~10MPa
③ 10~20MPa ④ 10~50MPa

> ! 압력배관용 탄소강관의 사용압력 범위로 1~10MPa가 가장 적당하다.

34 정압기(Governor)의 기능을 모두 옳게 나열한 것은?

① 감압기능
② 정압기능
③ 감압기능, 정압기능
④ 감압기능, 정압기능, 폐쇄기능

> ! 정압기(Governor)의 기능: 감압기능(사용처의 압력으로 유지), 정압기능(2차측 압력을 허용압력으로 유지), 폐쇄기능(압력상승 방지)

35 고압식 액화분리 장치의 작동 개요에 대한 설명이 아닌 것은?

① 원료 공기는 여과기를 통하여 압축기로 흡입하여 약 $150 \sim 200 kg/cm^2$으로 압축시킨다.
② 압축기를 빠져나온 원료 공기는 열교환기에서 약간 냉각되고 건조기에서 수분이 제거된다.
③ 압축 공기는 수세정탑을 거쳐 축냉기로 송입되어 원료공기와 불순 질소류가 서로 교환된다.
④ 액체 공기는 상부 정류탑에서 약 0.5atm 정도의 압력으로 정류된다.

> ! 고압식 액화분리 장치의 작동 개요: 압축 공기는 수세정탑을 거쳐 축냉기로 송입되어 원료공기 중 수분과 탄산가스가 응결되어 분리 제거된다.

36 정압기의 분해점검 및 고장에 대비하여 예비정압기를 설치하여야 한다. 다음 중 예비정압기를 설치하지 않아도 되는 경우는?

① 캐비닛형 구조의 정압기실에 설치된 경우
② 바이패스관이 설치되어 있는 경우
③ 단독사용자에게 가스를 공급하는 경우
④ 공동사용자에게 가스를 공급하는 경우

!　단독사용자에게 가스를 공급하는 경우에는 예비정압기를 설치하지 않아도 되는 경우이다.

37 부유 피스톤형 압력계에서 실린더 지름 0.02m, 추와 피스톤의 무게가 20000g일 때 이 압력계에 접속된 부르동관의 압력계 눈금이 7kg/cm^{2}를 나타내었다. 이 부르동관 압력계의 오차는 약 몇 %인가?

① 5　　　　　② 10
③ 15　　　　　④ 20

!　부르동관 압력계의 오차(%)
= [(지시(측정)압력−비교(실제)압력)/비교(실제)압력]×100
에서, 비교(실제)압력(kg/cm^2)
= 무게/단면적=20kg/[(3.14/4)×(2cm)^2]=6.37이므로,
오차(%)=[(7−6.37)/6.37]×100=9.9%이다.

38 저비점(低沸點) 액체용 펌프 사용상의 주의사항으로 틀린 것은?

① 밸브와 펌프사이에 기화가스를 방출할 수 있는 안전밸브를 설치한다.
② 펌프의 흡입, 토출관에는 신축 죠인트를 장치한다.
③ 펌프는 가급적 저장용기(貯槽)로부터 멀리 설치한다.
④ 운전개시 전에는 펌프를 청정(淸淨)하여 건조한 다음 펌프를 충분히 예냉(豫冷)한다.

!　저비점(低沸點) 액체용 펌프 사용상의 주의사항: 펌프는 가급적 저장용기(貯槽)로부터 가깝게 설치한다.

39 금속재료의 저온에서의 성질에 대한 설명으로 가장 거리가 먼 것은?

① 강은 암모니아 냉동기용 재료로서 적당하다.
② 탄소강은 저온도가 될수록 인장강도가 감소한다.
③ 구리는 액화분리장치용 금속재료로서 적당하다.
④ 18-8 스테인리스강은 우수한 저온장치용 재료이다.

!　금속재료의 저온에서의 성질: 탄소강은 저온도가 될수록 인장강도, 경도, 탄성계수, 항복점이 증가하고, 단면수축률, 연신율, 충격값은 감소하여 취성이 커진다.

40 상용압력 15MPa, 배관내경 15mm, 재료의 인장강도 480N/mm^2, 관내면 부식여유 1mm, 안전율 4, 외경과 내경의 비가 1.2 미만인 경우 배관의 두께는?

① 2mm　　　　② 3mm
③ 4mm　　　　④ 5mm

!　외경과 내경의 비가 1.2 미만인 경우 배관의 두께(mm)
=[(압력×내경)/{2×(인장강도/안전율)−압력}]+부식여유
=[(15×15)/{2×(480/4)−15}]+1=2mm

41 수소불꽃을 이용하여 탄화수소의 누출을 검지할 수 있는 가스누출검출기는?

① FID　　　　　② OMD
③ 접촉연소식　　④ 반도체식

!　수소불꽃을 이용하여 탄화수소의 누출을 검지할 수 있는 가스누출검출기는 FID(수소 이온화검출기)이다.

42 압축기에 사용하는 윤활유 선택 시 주의사항으로 틀린 것은?

① 인화점이 높을 것
② 잔류탄소의 양이 적을 것
③ 점도가 적당하고 항유화성이 적을 것
④ 사용가스와 화학반응을 일으키지 않을 것

! 압축기에 사용하는 윤활유 선택 시 주의사항: 점도가 적당하고 항유화성이 클 것을 요한다.

43 공기에 의한 전열은 어느 압력까지 내려가면 급히 압력에 비례하여 적어지는 성질을 이용하는 저온장치에 사용되는 진공단열법은?

① 고진공 단열법
② 분말 진공 단열법
③ 다층진공 단열법
④ 자연진공 단열법

! 공기에 의한 전열은 어느 압력까지 내려가면 급히 압력에 비례하여 적어지는 성질을 이용하는 저온장치에는 고진공 단열법이 사용된다.

44 1단 감압식 저압조정기의 성능에서 조정기 최대 폐쇄압력은?

① 2.5kPa 이하   ② 3.5kPa 이하
③ 4.5kPa 이하   ④ 5.5kPa 이하

! 1단 감압식 저압조정기의 성능에서 조정기 최대 폐쇄압력은 3.5kPa 이하, 입구압력은 하한 0.07MPa~상한 1.56MPa, 출구조정압력은 하한 2.3kPa~상한 3.3kPa이다.

45 백금-백금로듐 열전대 온도계의 온도 측정 범위로 옳은 것은?

① -180~350℃   ② -20~800℃
③ 0~1700℃   ④ 300~2000℃

! 백금-백금로듐 열전대 온도계의 온도 측정 범위는 0~1700℃ 정도이다.

46 비열에 대한 설명 중 틀린 것은?

① 단위는 kcal/kg·℃이다.
② 비열비는 항상 1보다 크다.
③ 정적비열은 정압비열보다 크다.
④ 물의 비열은 얼음의 비열보다 크다.

! 비열은 정압비열이 정적비열보다 크다.

47 다음 화합물 중 탄소의 함유율이 가장 많은 것은?

① CO_2 ② CH_4
③ C_2H_4 ④ CO

! 주어진 화합물 중 탄소의 함유율이 가장 많은 것은 에틸렌(C_2H_4)이다.

48 수소(H_2)에 대한 설명으로 옳은 것은?

① 3중 수소는 방사능을 갖는다.
② 밀도가 크다.
③ 금속재료를 취하시키지 않는다.
④ 열전달율이 아주 작다.

! 수소(H_2): 밀도가 작고 가벼우며, 고온 고압에서 수소취성을 일으키고, 열전도율이 크고 열에 안정하다.

49 샤를의 법칙에서 기체의 압력이 일정할 때 모든 기체의 부피는 온도가 1℃ 상승함에 따라 0℃ 때의 부피보다 어떻게 되는가?

① 22.4배씩 증가한다.
② 22.4배씩 감소한다.
③ 1/273씩 증가한다.
④ 1/273씩 감소한다.

! 샤를의 법칙에서 기체의 압력이 일정할 때 모든 기체의 부피는 온도가 1℃ 상승함에 따라 0℃ 때의 부피보다 1/273씩 증가한다.

50 다음 중 가장 높은 온도는?

① -35℃ ② -45°F

③ 213K ④ 450°R

! 섭씨온도(℃)로 모두 환산한다.
℃=(5/9)×(-45-32)=-41.1℃, ℃=213-273=-60℃,
℃= 450°R/1.8=250K-273=-23℃

51 현열에 대한 가장 적절한 설명은?

① 물질이 상태변화 없이 온도가 변할 때 필요한 열이다.

② 물질이 온도변화 없이 상태가 변할 때 필요한 열이다.

③ 물질이 상태, 온도 모두 변할 때 필요한 열이다.

④ 물질이 온도변화 없이 압력이 변할 때 필요한 열이다.

! 현열은 물질이 상태변화 없이 온도가 변할 때 필요한 열이다.

52 일산화탄소와 염소가 반응하였을 때 주로 생성되는 것은?

① 포스겐 ② 카르보닐

③ 포스핀 ④ 사염화탄소

! 일산화탄소와 염소가 반응하였을 때 포스겐이 생성된다.

53 다음 보기에서 압력이 높은 순서대로 나열된 것은?

| ㉠ 100atm ㉡ 2kg/mm² ㉢ 15m수은주 |

① ㉠ 〉 ㉡ 〉 ㉢ ② ㉡ 〉 ㉢ 〉 ㉠

③ ㉢ 〉 ㉡ 〉 ㉠ ④ ㉡ 〉 ㉠ 〉 ㉢

! 같은 압력(kg/㎠)단위로 환산한다.
1. 100atm×1.0332kg/cm²=103.32kg/cm²
2. 2(kg/mm²)×10(mm/1cm)×10(mm/1cm)=200kg/cm²
3. (15mHg×1.0332)/0.76=20.39kg/cm²

54 산소에 대한 설명으로 옳은 것은?

① 안전밸브는 파열판식을 주로 사용한다.

② 용기는 탄소강으로 된 용접용기이다.

③ 의료용 용기는 녹색으로 도색한다.

④ 압축기 내부 윤활유는 양질의 광유를 사용한다.

! 산소에 대한 설명: 이음매 없는 용기사용, 의료용 용기는 백색, 공업용 용기는 녹색으로 표시, 압축기 내부 윤활유는 물 또는 묽은 글리세린 수용액을 사용한다.

55 다음 가스 중 가장 무거운 것은?

① 메탄 ② 프로판

③ 암모니아 ④ 헬륨

! 주어진 가스 중 분자량이 많을수록 무거운 가스이다. 메탄분자량은 16, 프로판분자량은 44, 암모니아는 17, 헬륨은 40이다.

56 대기압 하에서 0℃ 기체의 부피가 500mL이었다. 이 기체의 부피가 2배 될 때의 온도는 몇 ℃인가? (단, 압력은 일정하다.)

① -100 ② 32

③ 273 ④ 500

! 샤를의 법칙: (처음체적/처음온도=나중체적/나중온도)에서, 나중온도=(나중체적×처음온도)/처음체적이므로, 나중온도=(1,000×273)/500=546K-273=273℃이다.

57 다음에 설명하는 열역학 법칙은?

> 어떤 물체의 외부에서 일정량의 열을 가하면 물체는 이 열량의 일부분을 소비하여 외부에 대하여 일을 하고 남은 부분은 전부 내부에너지로 내부에 저장되고, 그 사이에 소비된 열은 발생되는 일과 같다.

① 열역학 제0법칙　② 열역학 제1법칙
③ 열역학 제2법칙　④ 열역학 제3법칙

❗ 열역학 제1법칙: 에너지 보존의 법칙이다.

58 다음 중 불연성 가스는?

① CO_2　　② C_3H_6
③ C_2H_2　　④ C_2H_4

❗ 이산화탄소는 불연성가스이고, 나머지는 가연성가스이다.

59 에틸렌(C_2H_4)이 수소와 반응할 때 일으키는 반응은?

① 환원반응　　② 분해반응
③ 제거반응　　④ 첨가반응

❗ 에틸렌(C_2H_4)이 수소와 반응할 때 일으키는 반응은 첨가반응(두 개의 화합물이 화합하여 하나의 화합물이 되는 반응)이다. 반응식: 에틸렌($CH_2=CH_2$)+H_2 → CH_3-CH_3(에탄)

60 황화수소의 주된 용도는?

① 도료　　② 냉매
③ 형광 물질 원료　④ 합성고무

❗ 황화수소의 주된 용도는 형광 물질 원료로 사용된다.

정답

: : 2015년 4월 4일 기출문제

01	02	03	04	05	06	07	08	09	10
④	④	③	①	②	④	④	④	③	②
11	12	13	14	15	16	17	18	19	20
②	③	①	①	③	②	④	④	③	①
21	22	23	24	25	26	27	28	29	30
②	②	④	④	③	②	③	①	④	②
31	32	33	34	35	36	37	38	39	40
②	①	②	④	③	③	②	③	②	①
41	42	43	44	45	46	47	48	49	50
①	③	①	②	③	③	③	①	③	④
51	52	53	54	55	56	57	58	59	60
①	①	④	①	②	③	②	①	④	③

제1과목. 가스안전관리

01 압축 또는 액화 그 밖의 방법으로 처리할 수 있는 가스의 용적이 1일 100m³ 이상인 사업소는 압력계를 몇 개 이상 비치하도록 되어 있는가?

① 1   ② 2
③ 3   ④ 4

> ! 압축 또는 액화 그 밖의 방법으로 처리할 수 있는 가스의 용적이 1일 100m³ 이상인 사업소는 압력계를 2개 이상 비치하도록 되어 있다.

02 고압가스의 충전용기는 항상 몇 ℃ 이하의 온도를 유지하여야 하는가?

① 15   ② 20
③ 30   ④ 40

> ! 고압가스의 충전용기는 항상 40℃ 이하의 온도를 유지하여야 한다.

03 암모니아 200kg을 내용적 50L 용기에 충전할 경우 필요한 용기의 개수는? (단, 충전 정수를 1.86으로 한다.)

① 4개   ② 6개
③ 8개   ④ 12개

> ! 용기 1개당 저장능력=50ℓ/1.86=26.88kg이므로, 필요한 용기의 수량=200kg/26.88kg=7.44=8개이다.

04 가스도매사업자 가스공급시설의 시설기준 및 기술기준에 의한 배관의 해저 설치의 기준에 대한 설명으로 틀린 것은?

① 배관은 원칙적으로 다른 배관과 교차하지 아니한다.
② 두 개 이상의 배관을 동시에 설치하는 경우에는 배관이 서로 접촉하지 아니하도록 필요한 조치를 한다.
③ 배관이 부양하거나 이동할 우려가 있는 경우에는 이를 방지하기 위한 조치를 한다.
④ 배관은 원칙적으로 다른 배관과 20m 이상의 수평거리를 유지한다.

> ! 배관은 원칙적으로 다른 배관과 30m 이상의 수평거리를 유지한다.

05 도시가스 제조시설의 플레어스택 기준에 적합하지 않은 것은?

① 스택에서 방출된 가스가 지상에서 폭발한계에 도달하지 아니하도록 할 것
② 연소능력은 긴급이송설비로 이송되는 가스를 안전하게 연소시킬 수 있을 것
③ 스택에서 발생하는 최대열량에 장시간 견딜 수 있는 재료 및 구조로 되어 있을 것
④ 폭발을 방지하기 위한 조치가 되어 있을 것

!

플레어스택
1. 플레어스택이란 가연성가스 설비에서 이상상태가 발생한 경우에 긴급이송장치에서 이송되는 가스를 연소시켜 대기로 안전하게 방출하는 장치를 말한다.
2. 플레어스택에서 발생하는 복사열이 다른 제조 시설에 나쁜 영향을 미치지 아니하도록 안전한 높이 및 위치에 설치한다.
3. 플레어스택에서 발생하는 최대열량에 장시간 견딜 수 있는 재료 및 구조로 되어 있는 것으로 한다.
4. 파이롯트버너를 항상 점화하여 두는 등 플레어스택에 관련된 폭발을 방지하기 위한 조치가 되어 있는 것으로 한다.

06 초저온 용기에 대한 정의로 옳은 것은?

① 임계온도가 50℃ 이하인 액화가스를 충전하기 위한 용기
② 강관과 동판으로 제조된 용기
③ −50℃ 이하인 액화가스를 충전하기 위한 용기로서 용기내의 가스온도가 상용의 온도를 초과하지 않도록 한 용기
④ 단열재로 피복하여 용기내의 가스온도가 상용의 온도를 초과하도록 조치된 용기

!

초저온용기: −50℃ 이하인 액화가스를 충전하기 위한 용기로서 용기내의 가스온도가 상용의 온도를 초과하지 않도록 한 용기를 말한다.

07 독성가스의 제독제로 물을 사용하는 가스는?

① 염소　　　　② 포스겐
③ 황화수소　　④ 산화에틸렌

!

독성가스의 제독제로 물을 사용하는 가스는 산화에틸렌, 암모니아, 염화메탄 등이다.

08 특정설비 중 압력용기의 재검사 주기는?

① 3년마다　　② 4년마다
③ 5년마다　　④ 10년마다

!

특정설비 중 압력용기의 재검사 주기는 4년마다 실시한다.

09 아세틸렌 제조설비의 방호벽 설치기준으로 틀린 것은?

① 압축기와 충전용주관밸브 조작밸브 사이
② 압축기와 가스충전용기 보관장소 사이
③ 충전장소와 가스충전용기 보관장소 사이
④ 충전장소와 충전용주관밸브 조작밸브 사이

!

방호벽의 설치장소
1. 압축기와 충전장소 사이
2. 압축가스 충전장소와 그 가스충전용기 보관장소 사이
3. 압축기와 그 가스 충전용기 보관장소 사이
4. 충전장소와 그 충전용주관밸브 조작밸브 사이

10 용기 파열사고의 원인으로 가장 거리가 먼 것은?

① 용기의 내압력 부족
② 용기내 규정압력의 초과
③ 용기내에서 폭발성 혼합가스에 의한 발화
④ 안전밸브의 작동

!

안전밸브의 작동은 내부압력을 방출하여 용기의 파열사고를 방지한다.

11 액화산소 저장탱크 저장능력이 $1000m^3$일 때 방류둑의 용량은 얼마 이상으로 설치하여야 하는가?

① $400m^3$　　　② $500m^3$
③ $600m^3$　　　④ $1000m^3$

!

방류둑의 용량은 액화산소 저장탱크 저장능력의 60% 이상으로 설치하여야 한다.

12 당해 설비 내의 압력이 상용압력을 초과할 경우 즉시 상용압력 이하로 되돌릴 수 있는 안전장치의 종류에 해당하지 않는 것은?

① 안전밸브　　　　② 감압밸브
③ 바이패스밸브　　④ 파열판

> ❗ 감압밸브는 고압을 저압으로 감압하여 항상 일정한 압력을 유지한다.

13 일반도시가스 배관을 지하에 매설하는 경우에는 표지판을 설치해야 하는데 몇 m 간격으로 1개 이상을 설치해야 하는가?

① 100m　　　　② 200m
③ 500m　　　　④ 1000m

> ❗ 일반도시가스 배관을 지하에 매설하는 경우에는 표지판을 200m마다 1개 이상을 설치하여야 한다.

14 도시가스 보일러 중 전용 보일러실에 반드시 설치하여야 하는 것은?

① 밀폐식 보일러
② 옥외에 설치하는 가스보일러
③ 반밀폐형 자연 배기식 보일러
④ 전용급기통을 부착시키는 구조로 검사에 합격한 강제배기식 보일러

> ❗ 도시가스 보일러 중 전용 보일러실에 반드시 반밀폐형 자연 배기식 보일러를 설치하여야 한다.

15 산소압축기의 내부 윤활제로 적당한 것은?

① 광유　　　　② 유지류
③ 물　　　　　④ 황산

> ❗ 산소압축기의 내부 윤활제로는 물 또는 10% 묽은 글리세린 수용액이 적당하다.

16 고압가스 용기 제조의 시설기준에 대한 설명으로 옳은 것은?

① 용접용기 동판의 최대두께와 최소두께와의 차이는 평균 두께의 5% 이하로 한다.
② 초저온 용기는 고압배관용 탄소강관으로 제조한다.
③ 아세틸렌용기에 충전하는 다공질물은 다공도가 72% 이상 95% 미만으로 한다.
④ 용접용기에는 그 용기의 부속품을 보호하기 위하여 프로텍터 또는 캡을 고정식 또는 체인식으로 부착한다.

> ❗ **고압가스 용기 제조의 시설기준**
> 1. 용접용기 동판의 최대두께와 최소두께와의 차이는 평균 두께의 10% 이하로 한다.
> 2. 초저온 용기는 고압배관용 18-8스테인리스강으로 제조한다.
> 3. 아세틸렌용기에 충전하는 다공질물은 다공도가 75% 이상 92% 미만으로 한다.

17 도시가스 배관 이음부와 전기점멸기, 전기접속기와는 몇 cm 이상의 거리를 유지해야 하는가?

① 10cm　　　　② 30cm
③ 15cm　　　　④ 40cm

> ❗ 배관의 이음매(용접이음매는 제외한다.)와 전기계량기 및 전기개폐기와의 거리는 60cm 이상, 전기점멸기 및 전기접속기와의 거리는 30cm 이상, 절연전선과의 거리는 10cm 이상, 절연조치를 하지 않은 전선 및 단열조치를 하지 않은 굴뚝(배기통을 포함한다.)과의 거리는 15cm 이상의 거리를 유지하여야 한다.

18 용기종류별 부속품의 기호 표시로서 틀린 것은?

① AG: 아세틸렌가스를 충전하는 용기의 부속품
② PG: 압축가스를 충전하는 용기의 부속품
③ LG: 액화석유가스를 충전하는 용기의 부속품
④ LT: 초저온 용기 및 저온 용기의 부속품

> ❗ LG: 액화석유가스 외의 액화가스를 충전하는 용기의 부속품

19 독성가스 제독작업에 필요한 보호구의 보관에 대한 설명으로 틀린 것은?

① 독성가스가 누출할 우려가 있는 장소에 가까우면서 관리하기 쉬운 장소에 보관한다.
② 긴급 시 독성가스에 접하고 반출할 수 있는 장소에 보관한다.
③ 정화통 등의 소모품은 정기적 또는 사용 후에 점검하여 교환 및 보충한다.
④ 항상 청결하고 그 기능이 양호한 장소에 보관한다.

> ❗ 독성가스 제독작업에 필요한 보호구의 보관은 긴급시 독성가스에 접하지 않고 반출할 수 있는 장소에 보관한다.

20 일반 공업용 용기의 도색의 기준으로 틀린 것은?

① 액화염소-갈색
② 액화암모니아-백색
③ 아세틸렌-황색
④ 수소-회색

> ❗ 일반 공업용 용기의 도색의 기준으로 수소-주황색이다.

21 액화석유가스의 안전관리 및 사업법에 규정된 용어의 정의에 대한 설명으로 틀린 것은?

① 저장설비라 함은 액화석유가스를 저장하기 위한 설비로서 저장탱크, 마운드형 저장탱크, 소형저장탱크 및 용기를 말한다.
② 자동차에 고정된 탱크라 함은 액화석유가스의 수송, 운반을 위하여 자동차에 고정 설치된 탱크를 말한다.
③ 소형저장탱크라 함은 액화석유가스를 저장하기 위하여 지상 또는 지하에 고정 설치된 탱크로서 그 저장능력이 3톤 미만인 탱크를 말한다.
④ 가스설비라 함은 저장설비 외의 설비로서 액화석유가스가 통하는 설비(배관을 포함한다)와 그 부속설비를 말한다.

> ❗ 가스설비라 함은 저장설비 외의 설비로서 액화석유가스가 통하는 설비(배관을 제외한다)와 그 부속설비를 말한다.

22 1%에 해당하는 ppm의 값은?

① 10^2ppm ② 10^3ppm
③ 10^4ppm ④ 10^5ppm

> ❗ ppm의 값(농도)=%농도×10,000=1×10,000=10^4ppm

23 가스배관의 시공 신뢰성을 높이는 일환으로 실시하는 비파괴검사 방법 중 내부선원법, 이중벽 이중상법 등을 이용하는 방법은?

① 초음파탐상시험 ② 자분탐상시험
③ 방사선투과시험 ④ 침투탐상방법

> ❗ 비파괴검사 방법 중 내부선원법, 이중벽 이중상법 등을 이용하는 방법은 방사선투과시험이다.

24 차량에 고정된 저장탱크로 염소를 운반할 때 용기의 내용적(L)은 얼마 이하가 되어야 하는가?

① 10000　　② 12000
③ 15000　　④ 18000

> ! 1. 차량에 고정된 저장탱크로 염소를 운반할 때 용기의 내용적은 독성가스(액화암모니아 제외)는 12,000ℓ 이하가 되어야 한다.
> 2. 가연성가스(액화석유가스 제외)나 산소탱크의 내용적은 18,000ℓ 이하가 되어야 한다.

25 일산화탄소와 공기의 혼합가스는 압력이 높아지면 폭발범위는 어떻게 되는가?

① 변함없다.　　② 좁아진다.
③ 넓어진다.　　④ 일정치 않다.

> ! 일산화탄소와 공기의 혼합가스는 압력이 높아지면 폭발범위는 좁아진다.

26 도시가스 배관을 폭 8m 이상의 도로에서 지하에 매설 시 지표면으로부터 배관의 외면까지의 매설깊이의 기준은?

① 0.6m 이상　　② 1.0m 이상
③ 1.2m 이상　　④ 1.5m 이상

> ! 도시가스 배관을 폭 8m 이상의 도로에서 지하에 매설 시 지표면으로부터 배관의 외면까지의 매설깊이는 1.2m 이상으로 하고, 폭 4m 이상 8m 미만인 도로에서는 1m 이상으로 한다.

27 도시가스시설의 설치공사 또는 변경공사를 하는 때에 이루어지는 주요공정 시공감리 대상은?

① 도시가스사업자 외의 가스공급시설 설치자의 배관 설치공사
② 가스도매사업자의 가스공급시설 설치공사
③ 일반도시가스사업자의 정압기 설치공사
④ 일반도시가스사업자의 제조소 설치공사

> ! 도시가스시설의 설치공사 또는 변경공사를 하는 때에 이루어지는 주요공정 시공감리 대상은 도시가스사업자 외의 가스공급시설 설치자의 배관 설치공사이다.

28 고압가스 공급자의 안전점검 항목이 아닌 것은?

① 충전용기의 설치위치
② 충전용기의 운반방법 및 상태
③ 충전용기와 화기와의 거리
④ 독성가스의 경우 합수장치, 제해장치 및 보호구 등에 대한 적합여부

> ! 고압가스 공급자의 안전점검 항목: 충전용기의 설치위치, 충전용기와 화기와의 거리, 독성가스의 경우 합수장치, 제해장치 및 보호구 등에 대한 적합여부, 충전용기 및 배관의 설치상태, 역화방지장치의 설치여부 등이다.

29 액화석유가스 판매업소의 우전용기 보관실에 강제통풍장치 설치 시 통풍능력의 기준은?

① 바닥면적 $1m^2$당 $0.5m^3$/분 이상
② 바닥면적 $1m^2$당 $1.0m^3$/분 이상
③ 바닥면적 $1m^2$당 $1.5m^3$/분 이상
④ 바닥면적 $1m^2$당 $2.0m^3$/분 이상

> ! 액화석유가스 판매업소의 우전용기 보관실에 강제통풍장치 설치 시 통풍능력의 기준은 바닥면적 $1m^2$당 $0.5m^3$/분 이상으로 하여야 한다.

30 다음 중 동일차량에 적재하여 운반할 수 없는 경우는?

① 산소와 질소
② 질소와 탄산가스
③ 탄산가스와 아세틸렌
④ 염소와 아세틸렌

> ❗ 동일차량에 적재하여 운반할 수 없는 경우는 염소와 아세틸렌, 암모니아 또는 수소이다.

제2과목. 가스장치 및 기기

31 액화가스의 이송 펌프에서 발생하는 캐비테이션현상을 방지하기 위한 대책으로서 틀린 것은?

① 흡입 배관을 크게 한다.
② 펌프의 회전수를 크게 한다.
③ 펌프의 설치위치를 낮게 한다.
④ 펌프의 흡입구 부근을 냉각한다.

> ❗ 액화가스의 이송 펌프에서 발생하는 캐비테이션현상을 방지하기 위한 대책으로 펌프의 회전수를 작게 한다.

32 다음 중 대표적인 차압식 유량계는?

① 오리피스 미터 ② 로터 미터
③ 마노 미터 ④ 습식 가스미터

> ❗ 대표적인 차압식 유량계는 오리피스 미터이고, 그 외 벤튜리 미터. 플로노즐 등이 있다.

33 공기액화분리기 내의 CO_2를 제거하기 위해 NaOH 수용액을 사용한다. 1.0kg의 CO_2를 제거하기 위해서는 약 몇 kg의 NaOH를 가해야 하는가?

① 0.9 ② 1.8
③ 3.0 ④ 3.8

> ❗ 화학반응식: $2NaOH + CO_2 \rightarrow Na_2CO_3 + H_2O$에서,
> Na분자량: 23, O분자량: 16, H분자량: 1, C분자량: 12이므로, 1.0kg의 CO_2를 제거하기 위한 가성소다(NaOH) =가성소다(NaOH) 80[=2×(23+16+1)]일 때 CO_2는 44이므로 1.0kg일 때=80/44=1.82kg이 필요하다.

34 왕복동 압축기 용량 조정 방법 중 단계적으로 조절하는 방법에 해당되는 것은?

① 회전수를 변경하는 방법
② 흡입 주밸브를 폐쇄하는 방법
③ 타임드 밸브 제어에 의한 방법
④ 클리어런스 밸브에 의해 용적 효율을 낮추는 방법

> ❗ 왕복동 압축기 용량 조정 방법 중 연속적으로 조절하는 방법: 회전수를 변경하는 방법, 흡입 주밸브를 폐쇄하는 방법, 타임드 밸브 제어에 의한 방법, 바이패스밸브에 의한 방법이 있다.

35 LP가스에 공기를 희석시키는 목적이 아닌 것은?

① 발열량조절
② 연소효율 증대
③ 누설 시 손실감소
④ 재액화 촉진

> ❗ LP가스에 공기를 희석시키는 목적: 발열량조절. 연소효율 증대, 누설 시 손실감소, 재액화를 방지하는데 있다.

36 다음 중 정압기의 부속설비가 아닌 것은?

① 불순물 제거장치

② 이상압력상승 방지장치

③ 검사용 맨홀

④ 압력기록장치

> ! 정압기의 부속설비: 불순물 제거장치, 이상압력상승 방지장치, 압력기록장치, 가스누출검지통보장치, 가스차단장치, 출입문 개폐통보장치 등이 있다.

37 금속재료 중 저온 재료로 적당하지 않은 것은?

① 탄소강

② 황동

③ 9% 니켈강

④ 18-8 스테인리스강

> ! 탄소강은 저압 용접용기의 재료로, 저온 재료로 적당하지 않다.

38 다음 중 터보압축기에서 주로 발생할 수 있는 현상은?

① 수격작용(water hammer)

② 베이퍼 록(vapor lock)

③ 서징(surging)

④ 캐비테이션(cavitation)

> ! 터보압축기에서 주로 발생할 수 있는 현상은 서징(surging) 현상이다.

39 파이프 커터로 강관을 절단하면 거스러미(burr)가 생긴다. 이것을 제거하는 공구는?

① 파이프 벤더

② 파이프 렌치

③ 파이프바이스

④ 파이프리이머

> ! 파이프 커터로 강관을 절단하여 생기는 거스러미(burr)를 제거하는 공구는 파이프리이머이고, 파이프 벤더는 구부리는 공구, 파이프 렌치는 조이거나 분해하는 공구, 파이프바이스는 고정하는 공구이다.

40 고속회전하는 임펠러의 원심력에 의해 속도에너지를 압력에너지로 바꾸어 압축하는 형식으로서 유량이 크고 설치면적이 적게 차지하는 압축기의 종류는?

① 왕복식

② 터보식

③ 회전식

④ 흡수식

> ! 고속회전하는 임펠러의 원심력에 의해 속도에너지를 압력에너지로 바꾸어 압축하는 형식으로서 유량이 크고 설치면적이 적게 차지하는 압축기는 터보(turbo: 원심)식이다.

41 가스홀더의 압력을 이용하여 가스를 공급하며 가스제조공장과 공급지역이 가깝거나 공급면적이 좁을 때 적당한 가스공급 방법은?

① 저압공급방식

② 중앙공급방식

③ 고압공급방식

④ 초 고압공급방식

> ! 가스홀더의 압력을 이용하여 가스를 공급하며 가스제조공장과 공급지역이 가깝거나 공급면적이 좁을 때 적당한 가스공급 방법은 저압(0.1MPa 미만의 압력)공급방식이다.

42 가스종류에 따른 용기의 재질로서 부적합한 것은?

① LPG: 탄소강

② 암모니아: 동

③ 수소: 크롬강

④ 초 고압공급방식

> ! 암모니아는 동 및 동합금을 부식시키므로 탄소강을 사용해야 한다.

43 오르자트법으로 시료가스를 분석할 때의 성분분석 순서로서 옳은 것은?

① $CO_2 \rightarrow O_2 \rightarrow CO$

② $CO \rightarrow CO_2 \rightarrow O_2$

③ $O_2 \rightarrow CO \rightarrow CO_2$

④ $O_2 \rightarrow CO_2 \rightarrow CO$

! 오르자트법의 성분분석 순서: $CO_2 \rightarrow O_2 \rightarrow CO$이다.

44 수소염 이온화식(FID) 가스 검출기에 대한 설명으로 틀린 것은?

① 감도가 우수하다.

② CO_2와 NO_2는 검출할 수 없다.

③ 연소하는 동안 시료가 파괴된다.

④ 무기화합물의 가스검지에 적합하다.

! 수소염 이온화식(FID) 가스 검출기는 무기화합물의 가스검지에 부적합하다.

45 다음 [보기]와 관련 있는 분석방법은?

보기

• 쌍극자모멘트의 알짜변화
• 진동 짝지음
• Nernst 백열등
• Fourier 변환분광계

① 질량분석법

② 흡광광도법

③ 적외선 분광분석법

④ 킬레이트 적정법

! 적외선 분광분석법: 쌍극모멘트의 알짜변화 및 진동의 짝지음에 의하여 Nernst 백열등, Fourier 변환분광계 등 적외선을 흡수하여 가스를 분석한다.

46 표준상태에서 1000L의 체적을 갖는 가스상태의 부탄은 약 몇 kg인가?

① 2.6   ② 3.1

③ 5.0   ④ 6.1

! 이상기체의 상태방정식: 압력×체적=(질량/분자량)×RT, R: 기체상수(0.08205)이고, T: 절대온도(273K)이므로, 질량=(압력×체적×분자량)/RT=(1×1,000×58)/0.08205×273=2589.3g=2.5893kg이며, 58: 부탄(C_4H_{10})의 분자량이다.

47 다음 중 일반 기체상수(R)의 단위는?

① $kg \cdot m/kmol \cdot K$ ② $kg \cdot m/kcal \cdot K$

③ $kg \cdot m/m^3 \cdot K$ ④ $kcal/kg \cdot ℃$

! 일반 기체상수(R)의 단위는 $kg \cdot m/kmol \cdot K$이다.

48 열역학 제1법칙에 대한 설명이 아닌 것은?

① 에너지 보존의 법칙이라고 한다.

② 열은 항상 고온에서 저온으로 흐른다.

③ 열과 일은 일정한 관계로 상호 교환된다.

④ 제1종 영구기관이 영구적으로 일하는 것은 불가능하다는 것을 알려준다.

! 열역학 제2법칙: 열은 항상 고온에서 저온으로 흐른다.

49 표준상태의 가스 $1m^3$를 완전연소시키기 위하여 필요한 최소한의 공기를 이론공기량이라고 한다. 다음 중 이론공기량으로 적합한 것은? (단, 공기 중에 산소는 21% 존재한다.)

① 메탄: 9.5배   ② 메탄: 12.5배

③ 프로판: 15배   ④ 프로판: 30배

! 이론공기량=(이론산소량/공기 중의 산소)에서, 메탄의 완전연소 반응식: $CH_4 + 2O_2 \rightarrow CO_2 + 2H_2O$이므로, 이론공기량=(1×2×22.4)/0.21=9.5배이다.

50 다음 중 액화가 가장 어려운 가스는?

① H_2
② He
③ N_2
④ CH_4

> ! 각 가스의 비점: 수소(-252.8℃), 헬륨(-268.9℃), 질소(-195.8℃), 메탄(-162℃) 정도로서, 액화는 비점이 낮을수록 어렵다.

51 다음 중 아세틸렌의 발생방식이 아닌 것은?

① 주수식: 카바이드에 물을 넣는 방법
② 투입식: 물에 카바이드를 넣는 방법
③ 접촉식: 물과 카바이드를 소량씩 접촉시키는 방법
④ 가열식: 카바이드를 가열하는 방법

> ! 아세틸렌의 발생방식
> 1. 주수식: 카바이드에 물을 넣는 방법
> 2. 투입식: 물에 카바이드를 넣는 방법(대량생산에 적합)
> 3. 접촉(침지)식: 물과 카바이드를 소량씩 접촉시키는 방법

52 이상기체의 등온과정에서 압력이 증가하면 엔탈피(H)는?

① 증가한다.
② 감소한다.
③ 일정하다.
④ 증가하다가 감소한다.

> ! 이상기체의 등온과정에서 압력이 증가하면 엔탈피(H)는 일정하다. 엔탈피는 등온과정의 온도만의 함수이기 때문이다.

53 1kW의 열량을 환산한 것으로 옳은 것은?

① 536kcal/h
② 632kcal/h
③ 720kcal/h
④ 860kcal/h

> ! 1kW의 열량=102kg·m/sec×3,600sec/hr×1kcal/427kg·m=860kcal/hr

54 섭씨온도와 화씨온도가 같은 경우는?

① -40℃
② 32°F
③ 273℃
④ 45°F

> ! ℃=°F라고 할 때 ℃=5/9(°F-32)에서, °F대신에 ℃를 대입하면, ℃=5/9(℃-32)의 등식이므로, 9/9℃=5/9℃-(5/9)×32를 이항하여 정리하면 4/9℃=-(5/9)×32이고, 이를 다시 정리하면 ℃=-(5/9)×32×(9/4)=-40=-40°F이다.

55 다음 중 1기압(1atm)과 같지 않은 것은?

① 760mmHg
② 0.9807bar
③ 10.332mH_2O
④ 101.3kPa

> ! 표준대기압(atm)=1.0332kg/m²=10.332mH_2O=76cmHg=1.0132mbar=101.3kPa=14.7Lb/in²

56 어떤 기구가 1atm, 30℃에서 10000L의 헬륨으로 채워져 있다. 이 기구가 압력이 0.6atm이고 온도가 -20℃인 고도까지 올라갔을 때 부피는 약 몇 L가 되는가?

① 10000
② 12000
③ 14000
④ 16000

> ! 보일-샤를(Boyle-Charles)의 법칙
> 1. 모든 기체의 부피(V)는 압력(P)에 반비례(보일의 법칙)하고, 절대온도(T)에 비례(샤를의 법칙)한다.
>   즉, PV/T = C에서 $P_1V_1/T_1=P_2V_2/T_2$
> 2. 나중체적(V_2) = (처음압력×처음체적×나중온도)/(처음온도×나중압력)
> 3. V_2 = (1×10,000ℓ×253)/(303×0.6)

57 다음 중 절대온도 단위는?

① K   ② °R

③ °F   ④ °C

> ! 절대온도 단위는 K이다.

58 이상 기체를 정적하에서 가열하면 압력과 온도의 변화는?

① 압력증가, 온도일정

② 압력일정, 온도증가

③ 압력증가, 온도상승

④ 압력일정, 온도상승

> ! 이상 기체를 정적하에서 가열하면 압력증가와 온도상승의 변화가 일어난다.

59 산소의 물리적인 성질에 대한 설명으로 틀린 것은?

① 산소는 약 -183℃에서 액화한다.

② 액체산소는 청색으로 비중이 약 1.13이다.

③ 무색, 무취의 기체이며 물에는 약간 녹는다.

④ 강력한 조연성 가스이므로 자신이 연소한다.

> ! 산소의 물리적인 성질: 강력한 조연성 가스이므로 자신이 연소하지 않는다.

60 도시가스의 주원료인 메탄(CH_4)의 비점은 약 얼마인가?

① -50℃   ② -82℃

③ -120℃   ④ -162℃

> ! 도시가스의 주원료인 메탄(CH_4)의 비점은 약 -162℃이다.

정답

: : 2015년 7월 19일 기출문제

01	02	03	04	05	06	07	08	09	10
②	④	③	④	①	③	④	②	①	④
11	12	13	14	15	16	17	18	19	20
③	②	②	③	③	④	②	③	②	④
21	22	23	24	25	26	27	28	29	30
④	③	③	②	②	③	①	②	①	④
31	32	33	34	35	36	37	38	39	40
②	①	②	④	④	③	①	③	④	②
41	42	43	44	45	46	47	48	49	50
①	②	①	④	③	①	①	②	①	②
51	52	53	54	55	56	57	58	59	60
④	③	④	①	②	③	①	③	④	④

2015년 10월 10일 제5회 필기시험			수험 번호	성명
자격 종목	종목코드	시험시간		
가스기능사	6335	1시간		

제1과목. 가스안전관리

01 다음 중 사용신고를 하여야 하는 특정고압가스에 해당하지 않는 것은?

① 게르만 ② 삼불화질소
③ 사불화규소 ④ 오불화붕소

> ❗ 특정고압가스: 압축모노실란, 압축디보레인, 액화알진, 포스핀, 세렌화수소, 게르만, 디실란, 오불화비소, 오불화인, 삼불화인, 삼불화질소, 삼불화붕소, 사불화유황, 사불화규소 그 밖에 반도체의 제조 등 산업통상자원부장관이 인정하는 특수한 용도에 사용되는 고압가스를 말한다.

02 LP가스 저장탱크 지하에 설치하는 기준에 대한 설명으로 틀린 것은?

① 저장탱크실 상부 윗면으로부터 저장탱크 상부까지의 깊이는 1m 이상으로 한다.
② 저장탱크 주위 빈 공간에는 세립분을 함유하지 않은 것으로서 손으로 만졌을 때 물이 손에서 흘러내리지 않는 상태의 모래를 채운다.
③ 저장탱크를 2개 이상 인접하여 설치하는 경우에는 상호 간에 1m 이상의 거리를 유지한다.
④ 저장탱크실은 천장, 벽 및 바닥의 두께가 30cm 이상의 방수조치를 한 철근콘크리트구조로 한다.

> ❗ 지면으로부터 저장탱크 상부까지의 깊이는 60cm 이상으로 한다.

03 용기의 설계단계 검사 항목이 아닌 것은?

① 단열성능
② 내압성능
③ 작동성능
④ 용접부의 기계적 성능

> ❗ 설계단계 검사는 용기가 안전하게 설계되었는지를 명확하게 판정할 수 있도록 기술기준과 ㉠ 재료의 기계적, 화학적 성능 ㉡ 용접부의 기계적 성능 ㉢ 단열성능 ㉣ 내압성능 ㉤ 기밀성능 ㉥ 그 밖에 용기의 안전 확보에 필요한 성능 중 필요한 항목에 대하여 적절한 방법으로 실시할 것을 요한다.

04 고압가스용 저장탱크 및 압력용기 제조시설에 대하여 실시하는 내압검사에서 압력용기 등의 재질이 주철인 경우 내압시험압력의 기준은?

① 설계압력의 1.2배의 압력
② 설계압력의 1.5배의 압력
③ 설계압력의 2배의 압력
④ 설계압력의 3배의 압력

> ❗ 내압검사에서 압력용기 등의 재질이 주철인 경우 내압시험압력의 기준은 설계압력의 2배의 압력으로 한다.

05 초저온 용기의 단열성능 시험에 있어 침입 열량 산식은 다음과 같이 구해진다. 여기서 "q"가 의미하는 것은?

$$Q = \frac{W \cdot q}{H \cdot \Delta t \cdot V}$$

① 침입열량
② 측정시간
③ 기화된 가스량
④ 시험용 가스의 기화잠열

> [!] Q: 침입열량(kcal/H·Δt·V), W: 기화된 가스량(kcal/kg), q: 시험용 가스의 기화잠열, H: 측정시간, Δt: 대기와의 온도차(℃), V: 초저온용기의 내용적(ℓ)

06 인체용 에어졸 제품의 용기에 기재하여야 할 사항으로 틀린 것은?

① 불속에 버리지 말 것
② 가능한 한 인체에서 10cm 이상 떨어져서 사용할 것
③ 온도가 40℃ 이상 되는 장소에 보관하지 말 것
④ 특정부위에 계속하여 장시간 사용하지 말 것

> [!] 가능한 한 인체에서 20cm 이상 떨어져서 사용할 것

07 비등액체팽창증기폭발(BLEVE)이 일어날 가능성이 가장 낮은 곳은?

① LPG 저장탱크
② LNG 저장탱크
③ 액화가스 탱크로리
④ 천연가스 지구정압기

> [!] 비등액체팽창증기폭발(BLEVE: 블레비)이란 액화가스 저장탱크 주변에서 화재가 발생할 경우 액화가스가 가열되어 비등하면서 부피의 팽창으로 폭발이 일어나는 현상을 말한다. 비등액체팽창증기폭발(BLEVE)이 일어날 가능성이 가장 낮은 곳은 천연가스 지구정압기이다.

08 자연발화의 열의 발생 속도에 대한 설명으로 틀린 것은?

① 발열량이 큰 쪽이 일어나기 쉽다.
② 표면적이 적을수록 일어나기 쉽다.
③ 초기 온도가 높은 쪽이 일어나기 쉽다.
④ 촉매 물질이 존재하면 반응 속도가 빨라진다.

> [!] 자연발화의 열의 발생 속도는 표면적이 클수록 일어나기 쉽다.

09 다음 가스의 용기보관실 중 그 가스가 누출된 때에 체류하지 않도록 통풍구를 갖추고, 통풍이 잘 되지 않는 곳에는 강제환기시설을 설치하여야 하는 곳은?

① 질소 저장소 ② 탄산가스 저장소
③ 헬륨 저장소 ④ 부탄 저장소

> [!] 부탄은 가연성가스로 용기보관실에는 그 가스가 누출된 때에 체류하지 않도록 통풍구를 갖추고, 통풍이 잘 되지 않는 곳에는 강제환기시설을 설치하여야 한다.

10 발열량이 9500kcal/m³이고 가스비중이 0.65인(공기1) 가스의 웨버지수는 약 얼마인가?

① 6175 ② 9500
③ 11780 ④ 14615

> [!] 웨버지수(WI)=HI/$\sqrt{d}$ 에서, HI: 발열량(kcal/m³), d: 가스비중이므로, WI=9,500/$\sqrt{0.65}$=11,783

11 도시가스 배관의 매설심도를 확보할 수 없거나 타 시설물과 이격거리를 유지하지 못하는 경우 등에는 보호판을 설치한다. 압력이 중압 배관일 경우 보호판의 두께 기준은?

① 3mm ② 4mm
③ 5mm ④ 6mm

> **!** 압력이 중압 배관일 경우 보호판의 두께 기준은 4mm이고, 압력이 고압 배관일 경우 보호판의 두께 기준은 6mm이다.

12 고압가스안전관리법의 적용을 받는 고압가스의 종류 및 범위로서 틀린 것은?

① 상용의 온도에서 압력이 1MPa 이상이 되는 압축가스
② 섭씨 35도의 온도에서 압력이 0Pa을 초과하는 아세틸렌가스
③ 상용의 온도에서 압력이 0.2MPa 이상이 되는 액화가스
④ 섭씨 35도의 온도에서 압력이 0Pa을 초과하는 액화가스 중 액화시안화수소

> **!** 섭씨 15도의 온도에서 압력이 0Pa을 초과하는 아세틸렌가스는 고압가스안전관리법의 적용을 받는다.

13 고압가스 제조허가의 종류가 아닌 것은?

① 고압가스 특수제조
② 고압가스 일반제조
③ 고압가스 충전
④ 냉동제조

14 암모니아 충전용기로서 내용적이 1000L 이하인 것은 부식여유 두께의 수치가 (A)mm이고, 염소 충전용기로서 내용적이 1000L 초과하는 것은 부식여유 두께의 수치가 (B)mm이다. A와 B에 알맞은 부식 여유치는?

① A: 1, B: 3 ② A: 2, B: 3
③ A: 1, B: 5 ④ A: 2, B: 5

> **!** 충전용기의 부식여유 두께
> 1. 암모니아 충전용기로서 내용적이 1000L 이하인 것은 부식여유 두께의 수치가 1mm이고, 내용적이 1000L 초과하는 것은 부식여유 두께가 2mm이다.
> 2. 염소 충전용기로서 내용적이 1000L 이하인 것은 부식여유 두께의 수치가 3mm이고, 내용적이 1000L 초과하는 것은 부식여유 두께가 5mm이다.

15 LPG 자동차에 고정된 용기충전시설에서 저장탱크의 물분무장치는 최대수량을 몇 분 이상 연속해서 방사할 수 있는 수원에 접속되어 있도록 하여야 하는가?

① 20분 ② 30분
③ 40분 ④ 60분

> **!** 저장탱크의 물분무장치는 최대수량을 30분 이상 연속해서 방사할 수 있는 수원에 접속되어 있도록 하여야 한다.

16 산화에틸렌 충전용기에는 질소 또는 탄산가스를 충전하는데 그 내부가스 압력의 기준으로 옳은 것은?

① 상온에서 0.2MPa 이상
② 35℃에서 0.2MPa 이상
③ 40℃에서 0.4MPa 이상
④ 45℃에서 0.4MPa 이상

> **!** 산화에틸렌 충전용기에는 질소 또는 탄산가스를 충전하는데 그 내부가스 압력의 기준은 45℃에서 0.4MPa 이상이 되도록 충전한다.

17 다음 중 보일러 중독사고의 주원인이 되는 가스는?

① 이산화탄소 ② 일산화탄소
③ 질소 ④ 염소

> **!** 보일러 중독사고의 주원인이 되는 가스는 일산화탄소이다.

18 플레어스택에 대한 설명으로 틀린 것은?

① 플레어스택에서 발생하는 복사열이 다른 제조 시설에 나쁜 영향을 미치지 아니하도록 안전한 높이 및 위치에 설치한다.

② 플레어스택에서 발생하는 최대열량에 장시간 견딜 수 있는 재료 및 구조로 되어 있는 것으로 한다.

③ 파이롯트버너를 항상 점화하여 두는 등 플레어스택에 관련된 폭발을 방지하기 위한 조치가 되어 있는 것으로 한다.

④ 특수반응설비 또는 이와 유사한 고압가스설비에는 그 특수반응설비 또는 고압가스설비마다 설치한다.

> ! 플레어스택이란 가연성가스 설비에서 이상상태가 발생한 경우에 긴급이송장치에서 이송되는 가스를 연소시켜 대기로 안전하게 방출하는 장치를 말한다.

19 도시가스사용시설에서 도시가스 배관의 표시등에 대한 기준으로 틀린 것은?

① 지하에 매설하는 배관은 그 외부에 사용가스명, 최고사용압력, 가스의 흐름방향을 표시한다.

② 지상배관은 부식방지 도장 후 황색으로 도색한다.

③ 지하매설배관은 최고사용압력이 저압인 배관은 황색으로 한다.

④ 지하매설배관은 최고사용압력이 중압이상인 배관은 적색으로 한다.

> ! 도시가스 배관의 표시등에 대한 기준으로 그 외부에 사용가스명, 최고사용압력, 가스의 흐름방향을 표시한다. 다만, 지하에 매설하는 배관의 경우에는 흐름방향을 표시하지 아니할 수 있다.

20 특정고압가스 사용시설에서 용기의 안전조치 방법으로 틀린 것은?

① 고압가스의 충전용기는 항상 40℃ 이하를 유지하도록 한다.

② 고압가스의 충전용기 밸브는 서서히 개폐한다.

③ 고압가스의 충전용기 밸브 또는 배관을 가열할 때에는 열습포는 40℃ 이하의 더운 물을 사용한다.

④ 고압가스의 충전용기를 사용한 후에는 밸브를 열어 둔다.

> ! 고압가스의 충전용기를 사용한 후에는 밸브를 항상 닫아 두어야 한다.

21 일반도시가스의 배관을 철도부지 밑에 매설할 경우 배관의 외면과 지표면과의 거리는 몇 m 이상으로 하여야 하는가?

① 1.0m ② 1.2m

③ 1.3m ④ 1.5m

> ! 배관을 철도부지에 매설하는 경우에는 배관의 외면으로부터 궤도 중심까지 4m 이상, 그 철도부지 경계까지는 1m 이상의 거리를 유지하고, 지표면으로부터 배관의 외면까지의 깊이 1.2m 이상으로 하여야 한다.

22 가스도매사업시설에서 배관 지하매설의 설치기준으로 옳은 것은?

① 산과 들 이외의 지역에서 배관의 매설 깊이는 1.5m 이상

② 산과 들에서의 배관의 매설깊이는 1m 이상

③ 배관은 그 외면으로부터 수평거리로 건축물까지 1.2m 이상 거리 유지

④ 배관은 그 외면으로부터 지하의 다른 시설물과 1.2m 이상 거리 유지

> ! 배관을 지하에 매설하는 경우에는 지표면으로부터 배관의 외면까지의 매설 깊이는 산이나 들에서는 1m 이상, 그 밖의 지역에서는 1.2m 이상이다. 다만, 방호구조물 안에 설치하는 경우에는 그러하지 아니하다.

23 인화온도가 약 −30℃이고 발화온도가 매우 낮아 전구표면이나 증기파이프 등의 열에 의해 발화할 수 있는 가스는?

① CS_2　　　　② C_2H_2
③ C_2H_4　　　　④ C_2H_8

> ❗ 인화점은 −30℃이고, 발화점은 100℃로서 공기 중 폭발범위는 1.25~50%이다.

24 액화가스를 충전하는 차량에 고정된 탱크는 그 내부에 액면요동을 방지하기 위하여 액면요동방지조치를 하여야 한다. 다음 중 액면요동방지조치로 올바른 것은?

① 방파판　　　　② 액면계
③ 온도계　　　　④ 스톱밸브

> ❗ 액화가스를 충전하는 차량에 고정된 탱크는 그 내부에 액면요동을 방지하기 위하여 방파판을 설치한다.

25 가연성가스의 지상저장 탱크의 경우 외부에 바르는 도료의 색깔은 무엇인가?

① 청색　　　　② 녹색
③ 은·백색　　　　④ 검정색

> ❗ 가연성가스의 지상저장 탱크의 경우 외부에 바르는 도료의 색깔은 은·백색이다.

26 아르곤(Ar)가스 충전용기의 도색은 어떤 색상으로 하여야 하는가?

① 백색　　　　② 녹색
③ 갈색　　　　④ 회색

> ❗ 아르곤(Ar)가스 충전용기의 도색은 회색으로 한다.

27 지하에 매몰하는 도시가스 배관의 재료로 사용할 수 없는 것은?

① 가스용 폴리에틸렌관
② 압력 배관용 탄소강관
③ 압출식 폴리에틸렌 피복강관
④ 분말융착식 폴리에틸렌 피복강관

> ❗ 지하에 매몰하는 도시가스 배관의 재료는 가스용 폴리에틸렌관, 압출식 폴리에틸렌 피복강관, 분말융착식 폴리에틸렌 피복강관이다.

28 아세틸렌 용기에 대한 다공물질 충전검사 적합판정기준은?

① 다공물질은 용기 벽을 따라서 용기안지름인 1/200 또는 1mm를 초과하는 틈이 없는 것으로 한다.
② 다공물질은 용기 벽을 따라서 용기안지름인 1/200 또는 3mm를 초과하는 틈이 없는 것으로 한다.
③ 다공물질은 용기 벽을 따라서 용기안지름인 1/100 또는 5mm를 초과하는 틈이 없는 것으로 한다.
④ 다공물질은 용기 벽을 따라서 용기안지름인 1/100 또는 10mm를 초과하는 틈이 없는 것으로 한다.

> ❗ 아세틸렌 용기에 대한 다공물질 충전검사 적합판정기준은 다공물질은 용기 벽을 따라서 용기안지름인 1/200 또는 3mm를 초과하는 틈이 없는 것으로 한다.

29 액화석유가스가 공기 중에 얼마의 비율로 혼합되었을 때 그 사실을 알 수 있도록 냄새가 나는 물질을 섞어 용기에 충전하여야 하는가?

① 1/1,000　　　　② 1/10,000
③ 1/100,000　　　　④ 1/1,000,000

> ❗ 부취제의 착취농도는 공기 중에 1/1,000의 비율로 혼합되었을 때 그 사실을 쉽게 알 수 있도록 한다.

30 가스누출자동차차단장치의 구성요소에 해당하지 않는 것은?

① 지시부   ② 검지부
③ 차단부   ④ 제어부

> **!** 가스누출자동차차단장치의 구성요소: 검지부, 제어부, 차단부로 구성된다.

제2과목, 가스장치 및 기기

31 도시가스사용시설의 정압기실에 설치된 가스누출경보기의 점검주기는?

① 1일 1회 이상   ② 1주일 1회 이상
③ 2주일 1회 이상   ④ 1개월 1회 이상

> **!** 도시가스사용시설의 정압기실에 설치된 가스누출경보기의 점검주기는 1주일 1회 이상으로 한다.

32 고압가스 제조설비에서 정전기의 발생 또는 대전 방지에 대한 설명으로 옳은 것은?

① 가연성가스 제조설비의 탑류, 벤트스택 등은 단독으로 접지한다.
② 제조장치 등에 본딩용 접속선은 단면적이 $5.5mm^2$ 미만의 단선을 사용한다.
③ 대전 방지를 위하여 기계 및 장치에 절연 재료를 사용한다.
④ 접지 저항치 총합이 100Ω 이하의 경우에는 정전기 제거 조치가 필요하다.

> **!** **고압가스 제조설비에서 정전기의 발생 또는 대전 방지법**
> 1. 제조장치 등에 본딩용 접속선은 단면적이 $5.5mm^2$ 이상의 선을 사용한다.
> 2. 접지 저항치 총합이 100Ω 이하의 경우에는 정전기 제거조치가 불필요하다.
> 3. 제조설비의 탑류, 벤트스택, 저장탱크, 열교환기 등은 단독으로 접지한다.

33 이동식부탄연소기의 용기 연결방법에 따른 분류가 아닌 것은?

① 용기이탈식   ② 분리식
③ 카세트식   ④ 직결식

> **!** 이동식부탄연소기의 용기 연결방법: 분리식, 직결식, 카세트식(용기를 수평으로 장착)

34 액화산소, LNG 등에 일반적으로 사용될 수 있는 재질이 아닌 것은?

① Al 및 Al합금
② Cu 및 Cu합금
③ 고장력 주철강
④ 18-8 스테인리스강

> **!** 액화산소, LNG 등에 일반적으로 사용될 수 있는 재질: Al 및 Al합금, Cu 및 Cu합금, 18-8 스테인리스강, 9% Ni강

35 저압식(Linde-Frankl식) 공기액화 분리장치의 정류탑 하부의 압력은 어느 정도인가?

① 1기압   ② 5기압
③ 10기압   ④ 20기압

> **!** 저압식(Linde-Frankl식) 공기액화 분리장치의 정류탑 하부의 압력은 5기압 정도이다.

36 LP가스 저압배관 공사를 완료하여 기밀시험을 하기 위해 공기압을 $1000mmH_2O$로 하였다. 이때 관지름 25mm, 길이 30mm로 할 경우 배관의 전체 부피는 약 몇 L인가?

① 5.7L   ② 12.7L
③ 14.7L   ④ 23.7L

> **!** 배관의 전체부피(V: ℓ)$=(\pi/4)D^2L$
> $=(3.14/4)\times(2.5cm)^2\times3,000cm=14726cm^3=14.726\,\ell$

37 저온, 고압의 액화석유가스 저장 탱크가 있다. 이 탱크를 퍼지하여 수리 점검 작업할 때에 대한 설명으로 옳지 않은 것은?

① 공기로 재치환하여 산소 농도가 최소 18%인지 확인한다.
② 질소가스로 충분히 퍼지하여 가연성가스의 농도가 폭발하한계의 1/4 이하가 될 때까지 치환을 계속한다.
③ 단시간에 고온으로 가열하면 탱크가 손상될 우려가 있으므로 국부가열이 되지 않게 한다.
④ 가스는 공기보다 가벼우므로 상부 맨홀을 열어 자연적으로 퍼지가 되도록 한다.

❗ 설비의 내부가 대기압이 될 때까지 다른 저장탱크 등에 회수한 다음 잔류가스를 안전하게 서서히 방출한다.

38 연소에 필요한 공기를 전부 2차 공기로 취하며 불꽃의 길이가 길고, 온도가 가장 낮은 연소방식은?

① 분젠식　　　② 세미분젠식
③ 적화식　　　④ 전1차 공기식

❗ 연소에 필요한 공기를 전부 2차 공기로 취하며 불꽃의 길이가 길고, 온도가 가장 낮은 연소방식은 적화식이다.

39 액주식 압력계에 대한 설명으로 틀린 것은?

① 경사관식은 정도가 좋다.
② 단관식은 차압계로도 사용된다.
③ 링 밸런스식은 저압가스의 압력측정에 적당하다.
④ U자관은 메니스커스의 영향을 받지 않는다.

❗ U자관은 메니스커스(액체의 표면장력과 U자관의 접촉저항에 의하여 오목 또는 볼록하게 되는 현상)의 영향을 받는다.

40 압축천연가스자동차 충전소에 설치하는 압축가스설비의 설계압력이 25MPa인 경우 이 설비에 설치하는 압력계의 지시눈금은?

① 최소 25.0MPa까지 지시할 수 있는 것
② 최소 27.5MPa까지 지시할 수 있는 것
③ 최소 37.5MPa까지 지시할 수 있는 것
④ 최소 50.0MPa까지 지시할 수 있는 것

❗ 압력계의 지시눈금은 상용압력의 1.5배 이상, 2배 이하의 것을 사용한다.

41 저온장치에서 열의 침입 원인으로 가장 거리가 먼 것은?

① 내면으로부터의 열전도
② 연결 배관 등에 의한 열전도
③ 지지 요크 등에 의한 열전도
④ 단열재를 넣은 공간에 남은 가스의 분자 열전도

❗ 저온장치에서 열의 침입 원인으로 외면으로부터의 열복사가 있다.

42 저장탱크 내부의 압력이 외부의 압력보다 낮아져 그 탱크가 파괴되는 것을 방지하기 위한 설비와 관계없는 것은?

① 압력계　　　② 진공안전밸브
③ 압력경보설비　　④ 벤트스택

❗ 벤트스택(vent stack)
1. 벤트스택이란 제조소나 공급소에서 이상상태가 발생할 경우 그 확대를 방지하기 위하여 설비 밖으로 긴급하고 안전하게 방출하는 설비를 말한다.
2. 벤트스택은 방출되는 가스의 종류, 양, 성질, 상태 및 주위 상황에 따라 안전한 높이와 위치에 설치하여야 한다.
3. 벤트스택으로부터 방출하고자 하는 가스가 독성가스인 경우에는 중화조치를 한 후에 방출하고, 가연성가스인 경우에는 방출된 가연성가스가 지상에서 폭발한계에 도달하지 않도록 하여야 한다.

43 공기액화분리장치에는 다음 중 어떤 가스 때문에 가연성 물질을 단열재로 사용할 수 없는가?

① 질소   ② 수소
③ 산소   ④ 아르곤

❗ 공기액화분리장치에는 산소 때문에 가연성 물질을 단열재로 사용할 수 없다.

44 도시가스 공급 시설이 아닌 것은?

① 압축기   ② 홀더
③ 정압기   ④ 용기

❗ 도시가스 공급 시설은 압축기, 가스홀더, 정압기 등이다.

45 암모니아 용기의 재료로 주로 사용되는 것은?

① 동   ② 알루미늄합금
③ 동합금   ④ 탄소강

❗ 암모니아 용기의 재료로 주로 사용되는 것은 탄소강이다. 이유는 암모니아는 동, 동합금 및 알루미늄합금 등을 부식시킬 수 있기 때문이다.

제3과목, 가스일반

46 표준상태에서 부탄가스의 비중은 약 얼마인가? (단, 부탄의 분자량은 58이다.)

① 1.6   ② 1.8
③ 2.0   ④ 2.2

❗ 표준상태에서 부탄가스의 비중
=부탄의 분자량/공기의 평균분자량=58/29=2

47 메탄(CH_4)의 공기 중 폭발범위 값에 가장 가까운 것은?

① 5%~15.4%   ② 3.2%~12.5%
③ 2.4%~9.5%   ④ 1.9%~8.4%

❗ 메탄의 연소성으로서 착화온도는 550℃이고, 폭발범위는 공기 중에서 5~15%이며, 상온 0.1MPa(1atm)의 산소 중에서는 5.1~61%이다. 폭굉범위는 공기 중에서 6.5~12%, 산소 중에서 6.3~53%이다.

48 다음 중 가장 낮은 압력은?

① 1atm   ② 1kg/cm^2
③ 10.33mH$_2$O   ④ 1MPa

❗ 압력의 계산: 1atm=10.33mH$_2$O=1.0332kg/cm^3, 1MPa=10.332kg/cm^2

49 부탄가스의 주된 용도가 아닌 것은?

① 산화에틸렌 제조
② 자동차 연료
③ 라이터 연료
④ 에어졸 제조

❗ 부탄가스의 주된 용도는 자동차 연료, 라이터 연료, 에어졸 제조, 아세틸렌 제조, 액화석유가스의 주성분으로 금속의 절단 및 화학공업용 원료로 많이 사용된다.

50 포스겐의 화학식은?

① $COCl_2$
② $COCl_3$
③ PH_2
④ PH_3

! 포스겐의 화학식: $COCl_2$

51 다음 중 헨리의 법칙에 잘 적용되지 않는 가스는?

① 암모니아
② 수소
③ 산소
④ 이산화탄소

! 헨리의 법칙(기체의 용해도에 관한 법칙)에 잘 적용되지 않는 가스는 물에 잘 녹는 암모니아 가스이다.

52 착화원이 있을 때 가연성액체나 고체의 표면에 연소하한계 농도의 가연성 혼합기가 형성되는 최저온도는?

① 인화온도
② 임계온도
③ 발화온도
④ 포화온도

! 착화원이 있을 때 가연성액체나 고체의 표면에 연소하한계 농도의 가연성 혼합기가 형성되는 최저온도는 인화온도(인화점)이다.

53 부양기구의 수소 대체용으로 사용되는 가스는?

① 아르곤
② 헬륨
③ 질소
④ 공기

! 부양기구의 수소 대체용 및 가스크로마토그래미의 캐리어 가스 등으로 사용되는 가스는 헬륨이다.

54 시안화수소를 충전한 용기는 충전 후 얼마를 정치해야 하는가?

① 4시간
② 8시간
③ 16시간
④ 24시간

! 시안화수소를 충전한 용기는 충전 후 24시간 정치해야 한다.

55 아세틸렌(C_2H_2)에 대한 설명 중 틀린 것은?

① 공기보다 무거워 낮은 곳에 체류한다.
② 카바이트(CaC_2)에 물을 넣어 제조한다.
③ 공기 중 폭발범위는 약 2.5~81%이다.
④ 흡열화합물이므로 압축하면 폭발을 일으킬 수 있다.

! 아세틸렌(C_2H_2)은 공기보다 가볍다.

56 황화수소에 대한 설명으로 틀린 것은?

① 무색이다.
② 유독하다.
③ 냄새가 없다.
④ 인화성이 아주 강하다.

! 황화수소(H_2S)는 계란 썩는 냄새를 가진 무색의 유독한 기체이다.

57 표준상태에서 산소의 밀도(g/L)는?

① 0.7 ② 1.43

③ 2.72 ④ 2.88

> **!** 이상기체의 상태방정식에 의해서
> 밀도=압력/(기체상수×절대온도)에서,
> 기체상수=848/32=26.5이므로,
> 밀도=압력10,332(kg/m²)/[(26.5kg·m/kg·K)×273K]=
> 1.43kg/m³=1.43g/ℓ

58 다음 가스 중 비중이 가장 적은 것은?

① CO ② C_3H_8

③ Cl_2 ④ NH_3

> **!** 가스의 비중=가스의 분자량/공기의 분자량(29)이므로, 암
> 모니아가 분자량이 17로서 비중이 가장 적다.

59 이상기체의 정압비열(Cp)과 정적비열(Cv)에 대한 설명 중 틀린 것은? (단, k는 비열비이고, R은 이상기체 상수이다.)

① 정적비열과 R의 합은 정압비열이다.

② 비열비(k)는 Cp/Cv로 표현된다.

③ 정적비열은 R/(k-1)로 표현된다.

④ 정압비열은 (k-1)/k로 표현된다.

> **!** 정압비열은 [K/(k−1)]R로 표현된다.

60 LNG의 주성분은?

① 메탄 ② 에탄

③ 프로판 ④ 부탄

> **!** LNG(액화천연가스)의 주성분은 메탄이다.

정답 ∷ 2015년 10월 10일 기출문제

01	02	03	04	05	06	07	08	09	10
④	①	③	③	④	②	④	②	④	③
11	12	13	14	15	16	17	18	19	20
②	②	①	③	②	④	②	④	①	④
21	22	23	24	25	26	27	28	29	30
②	②	①	①	③	④	②	②	①	①
31	32	33	34	35	36	37	38	39	40
②	①	①	③	②	③	④	③	④	③
41	42	43	44	45	46	47	48	49	50
①	④	③	④	④	③	①	②	①	①
51	52	53	54	55	56	57	58	59	60
①	①	②	④	①	③	②	④	④	①

국가기술자격 필기시험문제

2016년 1월 24일 제1회 필기시험			수험 번호	성명
자격 종목	종목코드	시험시간		
가스기능사	6335	1시간		

제1과목, 가스안전관리

01 도시가스배관에 설치하는 희생양극법에 의한 전위 측정용 터미널은 몇 m 이내의 간격으로 하여야 하는가?

① 200m   ② 300m
③ 500m   ④ 600m

> ! 도시가스배관에 설치하는 희생양극법에 의한 전위 측정용 터미널은 300m 이내의 간격으로 설치하여야 한다.

02 저장탱크에 의한 액화석유가스 저장소에서 지상에 노출된 배관을 차량 등으로부터 보호하기 위하여 설치하는 방호철판의 두께는 얼마 이상으로 하여야 하는가?

① 2mm   ② 3mm
③ 4mm   ④ 5mm

> ! 저장탱크에 의한 액화석유가스 저장소에서 지상에 노출된 배관을 차량 등으로부터 보호하기 위하여 설치하는 방호철판의 두께는 4mm 이상, 길이는 1m 이상으로 한다.

03 특정고압가스 사용시설에서 취급하는 용기의 안전조치사항으로 틀린 것은?

① 고압가스 충전용기는 항상 40℃ 이하를 유지한다.
② 고압가스 충전용기 밸브는 서서히 개폐하고 밸브 또는 배관을 가열하는 때에는 열습포나 40℃ 이하의 더운 물을 사용한다.
③ 고압가스 충전용기를 사용한 후에는 폭발을 방지하기 위하여 밸브를 열어둔다.
④ 용기보관실에 충전용기를 보관하는 경우에는 넘어짐 등으로 충격 및 밸브 등의 손상을 방지하는 조치를 한다.

> ! 고압가스 충전용기를 사용한 후에는 밸브를 완전히 닫고 보관하여야 한다.

04 액화석유가스 자동차에 고정된 용기충전시설에 설치하는 긴급차단장치에 접속하는 배관에 대하여 어떠한 조치를 하도록 되어 있는가?

① 워터햄머가 발생하지 않도록 조치
② 긴급차단에 따른 정전기 등이 발생하지 않도록 하는 조치
③ 체크 밸브를 설치하여 과량 공급이 되지 않도록 조치
④ 바이패스 배관을 설치하여 차단성능을 향상시키는 조치

> ! 긴급차단장치 또는 역류방지밸브에 접속하는 배관에 대하여 워터햄머가 발생하지 않도록 조치하여야 한다.

05 도시가스 배관 굴착작업 시 배관의 보호를 위하여 배관 주위 얼마 이내에는 인력으로 굴착하여야 하는가?

① 0.3m   ② 0.6m
③ 1m   ④ 1.5m

> ! 도시가스 배관 굴착작업 시 배관의 보호를 위하여 배관 주위 1m 이내에는 인력으로 굴착하여야 한다.

06 자연환기설비 설치 시 LP가스의 용기 보관실 바닥 면적이 3m²이라면 통풍구의 크기는 몇 cm² 이상으로 하도록 되어 있는가? (단, 철망 등이 부착되어 있지 않은 것으로 간주한다.)

① 500   ② 700
③ 900   ④ 1100

> ! 용기보관실 환기구의 통풍가능 면적은 1m²당 300cm² 이상의 비율로 하여야 하므로 자연환기설비 설치 시 LP가스의 용기 보관실 바닥 면적이 3m²이라면 통풍구의 크기는 3×300cm² 이상이 되어야 한다.

07 고속도로 휴게소에서 액화석유가스 저장능력이 얼마를 초과하는 경우에 소형저장탱크를 설치하여야 하는가?

① 300kg   ② 500kg
③ 1000kg   ④ 3000kg

> ! 고속도로의 휴게소 중 액화석유가스 저장능력이 500kg을 초과하는 고속도로의 휴게소에는 소형저장탱크를 설치하여야 한다.

08 특정고압가스 사용시설의 시설기준 및 기술기준으로 틀린 것은?

① 가연성가스의 사용설비에는 정전기제거설비를 설치한다.
② 지하에 매설하는 배관에는 전기부식방지조치를 한다.
③ 독성가스의 저장설비에는 가스가 누출된 때 이를 흡수 또는 중화할 수 있는 장치를 설치한다.
④ 산소를 사용하는 밸브에는 밸브가 잘 동작할 수 있도록 석유류 및 유지류를 주유하여 사용한다.

> ! 산소를 사용할 때에는 밸브 및 사용기구에 부착된 석유류, 유지류, 그 밖의 가연성물질을 제거한 후 사용하여야 한다.

09 고압가스 용기를 취급 또는 보관할 때의 기준으로 옳은 것은?

① 충전용기와 잔가스용기는 각각 구분하여 용기보관장소에 놓는다.
② 용기는 항상 60℃ 이하의 온도를 유지한다.
③ 충전용기는 통풍이 잘 되고 직사광선을 받을 수 있는 따스한 곳에 둔다.
④ 용기 보관장소의 주위 5m 이내에는 화기, 인화성물질을 두지 아니한다.

> ! **고압가스 용기의 취급 또는 보관할 때의 기준**
> 1. 용기는 항상 40℃ 이하의 온도를 유지한다.
> 2. 충전용기는 통풍이 잘 되고, 직사광선을 받지 않도록 하여야 한다.
> 3. 용기 보관장소의 주위 2m 이내에는 화기, 인화성물질을 두지 아니한다.
> 4. 가연성가스, 독성가스 및 산소의 용기는 각각 구분하여 용기 보관장소에 두어야 한다.

10 허용농도가 100만분의 200 이하인 독성가스 용기 중 내용적이 얼마 미만인 충전용기를 운반하는 차량의 적재함에 대하여 밀폐된 구조로 하여야 하는가?

① 500L ② 1000L
③ 2000L ④ 3000L

> ❗ 허용농도가 100만분의 200 이하인 독성가스 용기 중 내용적이 1,000ℓ 미만인 충전용기를 운반하는 차량의 적재함에 대하여 밀폐된 구조로 하여야 한다.

11 상용압력이 10MPa인 고압설비의 안전밸브 작동압력은 얼마인가?

① 10MPa ② 12MPa
③ 15MPa ④ 20MPa

> ❗ 안전밸브 작동압력=내압시험압력×8/10에서,
> 내압시험압력=상용압력×1.5배이므로,
> 안전밸브 작동압력=10×1.5×8/10=12MPa

12 방폭전기 기기구조별 표시방법 중 "e"의 표시는?

① 안전증방폭구조 ② 내압방폭구조
③ 유입방폭구조 ④ 압력방폭구조

> ❗ **방폭전기 기기구조별 표시방법**
> 1. 내압방폭구조: d
> 2. 유입방폭구조: o
> 3. 압력방폭구조: p
> 4. 본질안전방폭구조: ia 또는 ib
> 5. 특수방폭구조: s

13 다음 중 가연성이면서 독성가스는?

① $CHClF_2$ ② HCl
③ C_2H_2 ④ HCN

> ❗ HCl(여화수소): 독성가스
> C_2H_2(아세틸렌): 가연성가스
> HCN(시안화수소): 가연성이면서 독성가스

14 고압가스안전관리법의 적용범위에서 제외되는 고압가스가 아닌 것은?

① 섭씨 35℃의 온도에서 게이지압력이 4.9MPa 이하인 유니트형 공기압축장치 안의 압축공기
② 섭씨 15℃의 온도에서 압력이 0Pa을 초과하는 아세틸렌가스
③ 내연기관의 시동, 타이어의 공기 충전, 리벳팅, 착암 또는 토목공사에 사용되는 압축장치 안의 고압가스
④ 냉동능력이 3톤 미만인 냉동설비 안의 고압가스

> ❗ 섭씨 15℃의 온도에서 압력이 0Pa을 초과하는 아세틸렌가스는 고압가스안전관리법의 적용범위에서 제외되는 고압가스가 아니다.

15 액화석유가스 집단공급 시설에서 가스설비의 상용압력이 1MPa일 때 이 설비의 내압시험 압력은 몇 MPa으로 하는가?

① 1 ② 1.25
③ 1.5 ④ 2.0

> ❗ 내압시험압력은 상용압력의 1.5배이므로,
> 내압시험압력=1×1.5=1.5MPa

16 독성가스 충전용기를 차량에 적재할 때의 기준에 대한 설명으로 틀린 것은?

① 운반차량에 세워서 운반한다.
② 차량의 적재함을 초과하여 적재하지 아니한다.
③ 차량의 최대적재량을 초과하여 적재하지 아니한다.
④ 충전용기는 2단 이상으로 겹쳐 쌓아 용기가 서로 이격되지 않도록 한다.

> **!** 충전용기는 1단으로 쌓는다. 다만, 용기보관실의 안전유지를 위하여 액화석유가스 내용적 30ℓ 미만의 용기는 2단으로 쌓을 수 있다.

17 액화석유가스 사용시설의 연소기 설치방법으로 옳지 않은 것은?

① 밀폐형 연소기는 급기구, 배기통과 벽과의 사이에 배기가스가 실내로 들어올 수 없게 한다.
② 반밀폐형 연소기는 급기구와 배기통을 설치한다.
③ 개방형 연소기를 설치한 실에는 환풍기 또는 환기구를 설치한다.
④ 배기통이 가연성 물질로 된 벽을 통과시에는 금속 등 불연성 재료로 단열조치를 한다.

> **!** 배기통이 가연성 물질로 된 벽을 통과 시에는 금속 외의 불연성 재료로 단열조치를 한다.

18 고압가스 특정제조시설에서 선임하여야 하는 안전관리원의 선임인원 기준은?

① 1명 이상
② 2명 이상
③ 3명 이상
④ 5명 이상

> **!** **고압가스 특정제조시설의 선임기준**
> 1. 안전관리총괄자 1명
> 2. 안전관리부총괄자 1명
> 3. 안전관리책임자 1명(가스산업기사)
> 4. 안전관리원 2명(가스기능사 또는 일반시설안전관리자 양성교육을 이수한 자)

19 LPG충전자가 실시하는 용기의 안전점검기준에서 내용적 얼마 이하의 용기에 대하여 "실내보관 금지" 표시여부를 확인하여야 하는가?

① 15L
② 20L
③ 30L
④ 50L

> **!** LPG충전자가 실시하는 용기의 안전점검기준에서 내용적 15ℓ 이하의 용기에 대하여 "실내보관 금지" 표시여부를 확인하여야 한다.

20 아세틸렌가스 또는 압력이 9.8MPa 이상인 압축가스를 용기에 충전하는 경우 방호벽을 설치하지 않아도 되는 곳은?

① 압축기와 충전장소 사이
② 압축가스 충전장소와 그 가스충전용기 보관장소 사이
③ 압축기와 그 가스 충전용기 보관장소 사이
④ 압축가스를 운반하는 차량과 충전용기 사이

> **!** **방호벽의 설치장소**
> 1. 압축기와 충전장소 사이
> 2. 압축가스 충전장소와 그 가스충전용기 보관장소 사이
> 3. 압축기와 그 가스 충전용기 보관장소 사이
> 4. 충전장소와 그 충전용주관밸브 조작밸브 사이

21 차량에 고정된 고압가스 탱크를 운행할 경우에 휴대하여야 할 서류가 아닌 것은?

① 차량등록증
② 탱크 테이블(용량 환산표)
③ 고압가스 이동계획서
④ 탱크 제조시방서

> **!** 차량에 고정된 고압가스 탱크를 운행할 경우에 휴대하여야 할 서류: 차량등록증, 탱크 테이블(용량 환산표), 고압가스 이동계획서, 운전면허증, 고압가스 관련 자격증, 차량 운행일지 등이다.

22 고압가스 제조설비에서 기밀시험용으로 사용할 수 없는 것은?

① 산소 　　　　② 질소
③ 공기 　　　　④ 탄산가스

> ! 고압가스 제조설비에서 기밀시험용으로 사용할 수 없는 것은 조연성 가스인 산소이다.

23 고압가스의 용어에 대한 설명으로 틀린 것은?

① 액화가스란 가압, 냉각 등의 방법에 의하여 액체상태로 되어 있는 것으로서 대기압에서의 끓는점이 섭씨 40도 이하 또는 사용의 온도 이하인 것을 말한다.
② 독성가스란 공기 중에 일정량이 존재하는 경우 인체에 유해한 독성을 가진 가스로서 허용농도가 100만분의 2000 이하인 가스를 말한다.
③ 초저온저장탱크라 함은 섭씨 영하 50도 이하의 액화가스를 저장하기 위한 저장탱크로서 단열재로 씌우거나 냉동설비로 냉각하는 등의 방법으로 저장탱크 내의 가스 온도가 상용의 온도를 초과하지 아니하도록 한 것을 말한다.
④ 가연성가스라 함은 공기 중에서 연소하는 가스로서 폭발한계의 하한이 10% 이하인 것과 폭발한계의 상한과 하한의 차가 20% 이상인 것을 말한다.

> ! 독성가스: 허용농도(해당 가스를 성숙한 흰쥐 집단에게 대기 중에서 1시간 동안 계속하여 노출시킨 경우 14일 이내에 그 흰쥐의 2분의 1 이상이 죽게 되는 가스의 농도를 말한다.)가 100만분의 5,000(5,000ppm) 이하인 것을 말한다.

24 도시가스에 대한 설명 중 틀린 것은?

① 국내에서 공급하는 대부분의 도시가스는 메탄올을 주성분으로 하는 천연가스이다.
② 도시가스는 주로 배관을 통하여 수요자에게 공급된다.
③ 도시가스의 원료로 LPG를 사용할 수 있다.
④ 도시가스는 공기와 혼합만 되면 폭발한다.

> ! 가연성가스인 도시가스는 공기와 혼합하고, 점화원이 있어야 폭발한다.

25 액화석유가스의 용기보관소 시설기준으로 틀린 것은?

① 용기보관실은 사무실과 구분하여 동일부지에 설치한다.
② 저장 설비는 용기 집합식으로 한다.
③ 용기보관실은 불연재료를 사용한다.
④ 용기보관실 창의 유리는 망입유리 또는 안전유리로 한다.

> ! 저장 설비는 용기 집합식으로 하지 않는다.

26 일반도시가스 공급시설에 설치하는 정압기의 분해점검 주기는?

① 1년에 1회 이상
② 2년에 1회 이상
③ 3년에 1회 이상
④ 1주일에 1회 이상

> ! 정압기는 설치 후 2년에 1회 이상 분해점검을 실시한다. 다만, 예비용도로만 사용되는 정압기로서 월 1회 이상 작동점검을 실시하는 정압기는 설치 후 3년에 1회 이상 분해점검을 실시할 수 있다.

27 액화석유가스 자동차에 고정된 용기충전시설에 게시한 "화기엄금"이라 표시한 게시판의 색상은?

① 황색바탕에 흑색글씨
② 흑색바탕에 황색글씨
③ 백색바탕에 적색글씨
④ 적색바탕에 백색글씨

> ! "화기엄금"이라 표시한 게시판의 색상은 백색바탕에 적색글씨로 표시한다.

28 가스제조시설에 설치하는 방호벽의 규격으로 옳은 것은?

① 박강판 벽으로 두께 3.2cm 이상, 높이 3m 이상
② 후강판 벽으로 두께 10mm 이상, 높이 3m 이상
③ 철근 콘크리트 벽으로 두께 12cm 이상, 높이 2m 이상
④ 철근콘크리트블록 벽으로 두께 20cm 이상, 높이 2m 이상

> ! 방호벽: 높이 2m 이상, 두께 12㎝ 이상의 철근콘크리트 또는 이와 동등 이상의 강도를 가지는 구조의 벽을 말한다.

29 도시가스 배관에는 도시가스를 사용하는 배관임을 명확하게 식별할 수 있도록 표시를 한다. 다음 중 그 표시방법에 대한 설명으로 옳은 것은?

① 지상에 설치하는 배관 외부에는 사용가스명, 최고사용 압력 및 가스의 흐름방향을 표시한다.
② 매설배관의 표면색상은 최고사용압력이 저압인 경우에는 녹색으로 도색한다.
③ 매설배관의 표면색상은 최고사용압력이 중압인 경우에는 황색으로 도색한다.
④ 지상배관의 표면색상은 백색으로 도색한다. 다만, 흑색으로 2중 띠를 표시한 경우 백색으로 하지 않아도 된다.

> ! **식별표시방법**
> 1. 매설배관의 표면색상은 최고사용압력이 저압인 경우에는 황색으로 도색한다.
> 2. 매설배관의 표면색상은 최고사용압력이 중압인 경우에는 적색으로 도색한다.
> 3. 지상배관의 표면색상은 황색으로 도색한다.

30 다음 가스 중 독성(LC_{50})이 가장 강한 것은?

① 암모니아
② 디메틸아민
③ 브롬화메탄
④ 아크릴로니트릴

> ! **독성(LC_{50})의 표시**
> 1. 독성(LC_{50}): 실험동물에 투여했을 때 실험동물 50%를 죽일 수 있는 물질의 농도이다.
> 2. 물질의 농도가 작은 가스일수록 독성은 매우 강하다.
> 3. 암모니아: 7,338ppm, 디메틸아민: 5,290ppm, 브롬화메탄: 850ppm, 아크릴로니트릴: 666ppm

제2과목, 가스장치 및 기기

31 암모니아를 사용하는 고온, 고압가스 장치의 재료로 가장 적당한 것은?

① 동
② PVC 코팅강
③ 알루미늄 합금
④ 18-8 스테인리스강

> ! 암모니아는 동 또는 동합금을 부식시킨다. 따라서 암모니아를 사용하는 고온, 고압가스 장치의 재료로 18-8 스테인리스강을 사용한다.

32 다단 왕복동 압축기의 중간단의 토출온도가 상승하는 주된 원인이 아닌 것은?

① 압축비 감소
② 토출 밸브 불량에 의한 역류
③ 흡입밸브 불량에 의한 고온가스 흡입
④ 전단쿨러 불량에 의한 고온가스의 흡입

> ⚠ 중간단의 토출온도가 상승하는 주된 원인
> 1. 압축비가 증가할 경우
> 2. 토출 밸브 불량에 의한 역류 발생
> 3. 흡입밸브 불량에 의한 고온가스를 흡입한 경우
> 4. 전단쿨러 불량에 의한 고온가스를 흡입한 경우

33 오스트나이트계 스테인리스강에 대한 설명으로 틀린 것은?

① Fe-Cr-Ni 합금이다.
② 내식성이 우수하다.
③ 강한 자성을 갖는다.
④ 18-8 스테인리스강이 대표적이다.

> ⚠ 오스트나이트계 스테인리스강은 비자성을 갖는다.

34 LP가스 사용 시의 주의사항으로 틀린 것은?

① 용기밸브, 콕 등은 신속하게 열 것
② 연소기구 주위에 가연물을 두지 말 것
③ 가스누출 유무를 냄새 등으로 확인할 것
④ 고무호스의 노화, 갈라짐 등은 항상 점검할 것

> ⚠ 고압가스인 LP가스 사용 시의 주의사항으로 용기밸브, 콕 등은 안전하게 천천히 열어야 한다.

35 오리피스 유량계의 특징에 대한 설명으로 옳은 것은?

① 내구성이 좋다.
② 저압, 저유량에 적당하다.
③ 유체의 압력손실이 크다.
④ 협소한 장소에는 설치가 어렵다.

> ⚠ 오리피스 유량계의 특징
> 1. 유량계수의 신뢰도는 크나 유체의 압력손실이 크고, 침전물의 생성이 우려되며, 내구성은 좋지 않으나 협소한 장소에 설치할 수 있다.
> 2. 구조가 간단하고, 교환이 용이하며, 제작기간이 짧아 제작비가 싸다.

36 원심펌프의 양정과 회전속도의 관계는? (단, N_1: 처음 회전수, N_2: 변화된 회전수)

① (N_2/N_1) ② $(N_2/N_1)^2$
③ $(N_2/N_1)^3$ ④ $(N_2/N_1)^5$

> ⚠ 펌프의 상사법칙
> 1. 펌프의 유량은 회전수에 비례하고, 펌프 임펠러 직경의 3승에 비례한다.
> 2. 펌프의 압력은 회전수의 2승에 비례하고, 펌프 임펠러 직경의 2승에 비례한다.
> 3. 펌프의 동력은 회전수의 3승에 비례하고, 펌프 임펠러 직경의 5승에 비례한다.

37 가스보일러의 본체에 표시된 가스소비량이 100,000kcal/h이고, 버너에 표시된 가스소비량이 120,000kcal/h일 때 도시가스 소비량 산정은 얼마를 기준으로 하는가?

① 100,000kcal/h   ② 105,000kcal/h
③ 110,000kcal/h   ④ 120,000kcal/h

> ⚠ 가스보일러의 본체에 표시된 가스소비량과 버너에 표시된 가스소비량이 다를 때 도시가스 소비량 산정은 가스보일러의 본체에 표시된 가스소비량이 100,000kcal/h이다.

38 다음 중 다공도를 측정할 때 사용되는 식은? (단, V: 다공물질의 용적, E: 아세톤 침윤잔용적이다.)

① 다공도=V/(V-E)
② 다공도=(V-E)×(100/V)
③ 다공도=(V+E)×V
④ 다공도=(V+E)×(V/100)

> ! 다공도=(V-E)×(100/V)

39 공기액화 분리장치의 부산물로 얻어지는 아르곤가스는 불활성가스이다. 아르곤가스의 원자가는?

① 0   ② 1
③ 3   ④ 8

> ! 아르곤가스(Ar)는 다른 원소와는 거의 화합하지 않고 주기율표 0족에 속하며, 상온에서 무색, 무취, 무미의 기체이다.

40 공기액화 분리장치의 내부를 세척하고자 할 때 세정액으로 가장 적당한 것은?

① 염산(HCl)
② 가성소다($NaOH$)
③ 사염화탄소(CCl_4)
④ 탄산나트륨(Na_2CO_3)

> ! 공기액화 분리장치의 폭발방지 대책으로 1년에 1회 정도 사염화탄소(CCl_4) 등으로 공기액화 분리장치의 내부를 세척한다.

41 조정압력이 2.8kPa인 액화석유가스 압력조정기의 안전장치 작동표준압력은?

① 5.0kPa   ② 6.0kPa
③ 7.0kPa   ④ 8.0kPa

> ! 조정압력이 3.3kPa 이하일 때 액화석유가스 압력조정기의 안전장치 작동표준압력은 7.0kPa, 작동개시압력은 5.6~8.4kPa, 작동정지압력은 5.04~8.4kPa 정도이다.

42 수은을 이용한 U자관 압력계에서 액주높이 (h) 600mm, 대기압(P_1)은 1kg/cm^{2}일 때 P_2는 약 몇 kg/cm^{2}인가?

① 0.22   ② 0.92
③ 1.82   ④ 9.16

> ! 유(U)자관식 압력계의 압력(P_2)=대기압(P_1)+비중량(r)×높이(H)에서,
> rH=비중량×[(액주높이/표준대기압 수은주 높이)]×표준대기압(1.033kg/cm^2)=1×(600/760)×1.033=0.816kg/cm^{2}이다.
> 그러므로 P_2=1kg/cm^2+0.816kg/cm^2=1.816kg/cm^2

43 로터미터는 어떤 형식의 유량계인가?

① 차압식   ② 터빈식
③ 회전식   ④ 면적식

> ! **유량계의 종류**
> 1. 용적식(부피식) 유량계: 오벌기어식, 로터리형식, 왕복피스톤형, 원판형 유량계
> 2. 유속식(속도) 유량계: 피토관식, 전열식, 익차식(임펠러식) 유량계
> 3. 차압식 유량계: 오리피스, 플로노즐, 벤투리 미터
> 4. 면적식 유량계: 로터 미터식, 플로트식
> 5. 기타 유량계: 전자 유량계, 초음파 유량계, 소용돌이 유량계, 터빈유량계 등

44 가스 유량 2.03kg/h, 관의 내경 1.61cm, 길이 20m의 직관에서의 압력손실은 약 몇 mm수주인가? (단, 온도 15℃에서 비중 1.58, 밀도 2.04kg/m³, 유량계수 0.436이다.)

① 11.4   ② 14.0

③ 15.2   ④ 17.5

> **!** 가스유량(Q: m³/h)=유량계수(K) $\sqrt{}$ 압력손실(H)×관의 내경(D⁵)]/[비중(S)×길이(L)]에서,
> 가스유량이 kg/h로 주어지면 체적 유량(Q: m³/h)
> =주어진 가스유량(kg/h)/가스밀도(kg/m³)이며,
> 압력손실(H)=(Q/K)² · (SL/D⁵)이다. 여기서,
> 가스유량 2.03kg/h을 체적유량으로 환산하면
> Q=(2.03kg/h)/(밀도 2.04kg/m³)=0.995m³/h이므로,
> 압력손실(H)=(Q/K)² · (SL/D⁵)
> =(0.995/0.436)² · (1.58×20/1.61⁵)=15.2mmH₂O

45 LP가스의 자동 교체식 조정기 설치 시의 장점에 대한 설명 중 틀린 것은?

① 도관의 압력손실을 적게 해야 한다.

② 용기 숫자가 수동식보다 적어도 된다.

③ 용기 교환 주기의 폭을 넓힐 수 있다.

④ 잔액이 거의 없어질 때까지 소비가 가능하다.

> **!** 분리형의 경우 단단감압식 조정기보다 배관의 압력손실을 크게 해도 된다.

제3과목, 가스일반

46 다음 중 1MPa과 같은 것은?

① 10N/cm²   ② 100N/cm²

③ 1000N/cm²   ④ 10000N/cm²

> **!** 압력단위 파스칼(Pa)은 N/m²이고, MPa는 10⁶N/m²이며,
> 주어진 문제의 단위 N/m²로 환산하면
> 1MPa=(10⁶N/m²)×(1m/100cm)²=100N/cm²이다.

47 대기압 하에서 다음 각 물질별 온도를 바르게 나타낸 것은?

① 물의 동결점: -273K

② 질소 비등점: -183℃

③ 물의 동결점: 32℉

④ 산소 비등점: -196℃

> **!** 물의 동결점: 0℃, 273K, 32℉
> 질소 비등점: -196℃
> 산소 비등점: -183℃

48 진공도 200mmHg는 절대압력으로 약 몇 kg/cm² · abs인가?

① 0.76   ② 0.80

③ 0.94   ④ 1.03

> **!** 절대압력=대기압+게이지압력(또는 대기압-진공도)에서
> 진공도=(게이지압력/대기압)×100(%)이므로,
> 절대압력=1.033kg/cm² · abs-(200/760)×1.033kg/cm² · abs=0.7613

49 랭킨온도가 420R일 경우 섭씨온도로 환산한 값으로 옳은 것은?

① -30℃   ② -40℃

③ -50℃   ④ -60℃

> **!** ℉=°R-460=-400에서, ℃=5/9(-40℉-32)=-40

50 임계온도에 대한 설명으로 옳은 것은?

① 기체를 액화할 수 있는 절대온도
② 기체를 액화할 수 있는 평균온도
③ 기체를 액화할 수 있는 최저의 온도
④ 기체를 액화할 수 있는 최고의 온도

> ❗ 임계온도란 기체를 액화할 수 있는 최고의 온도를 말한다.

51 LNG의 특징에 대한 설명 중 틀린 것은?

① 냉열을 이용할 수 있다.
② 천연에서 산출한 천연가스를 약 -162℃까지 냉각하여 액화시킨 것이다.
③ LNG는 도시가스, 발전용 이외에 일반 공업용으로도 사용된다.
④ LNG로부터 기화한 가스는 부탄이 주성분이다.

> ❗ LNG(액화천연가스)로부터 기화한 가스는 메탄(CH_4)이 주성분이다.

52 포화온도에 대하여 가장 잘 나타낸 것은?

① 액체가 증발하기 시작할 때의 온도
② 액체가 증발현상 없이 기체로 변하기 시작할 때의 온도
③ 액체가 증발하여 어떤 용기 안이 증기로 꽉 차 있을 때의 온도
④ 액체의 증기가 공존할 때 그 압력에 상당한 일정한 값의 온도

> ❗ 포화온도란 액체의 증기가 공존할 때 그 압력에 상당한 일정한 값의 온도를 말한다.

53 도시가스의 제조공정이 아닌 것은?

① 열분해 공정   ② 접촉분해 공정
③ 수소화분해 공정   ④ 상압증류 공정

> ❗ 도시가스의 제조공정: 열분해 공정(법), 접촉분해 공정, 수소화 분해 공정, 부분연소 공정, 대체 천연가스 공정이 있다.

54 다음 각 가스의 특성에 대한 설명으로 틀린 것은?

① 수소는 고온, 고압에서 탄소강과 반응하여 수소취성을 일으킨다.
② 산소는 공기액화 분리장치를 통해 제조하며, 질소와 분리 시 비등점 차이를 이용한다.
③ 일산화탄소는 담황색의 무취기체로 허용농도는 TLVTWA 기준으로 50ppm이다.
④ 암모니아는 붉은 리트머스를 푸르게 변화시키는 성질을 이용하여 검출할 수 있다.

> ❗ 일산화탄소는 무색, 무취기체로 허용농도는 TLVTWA 기준으로 25ppm이다.

55 다음 중 압력단위로 사용하지 않는 것은?

① kg/cm^2 ② Pa
③ mmHg   ④ kg/m^3

> ❗ kg/m^3는 부피분의 질량으로 밀도의 단위이다.

56 다음 중 엔트로피의 단위는?

① kcal/h ② kcal/kg
③ kcal/kg·m ④ kcal/kg·K

> **!**
>
> **엔탈피와 엔트로피**
> 1. 엔탈피(kcal/kg): 어떤 기준상태를 0으로 하여 특정한 물체가 갖는 단위중량당 열에너지이며, 엔탈피를 전열량 또는 함열량이라고도 한다.
> 2. 엔트로피(kcal/kg·K): 단위중량당 물체가 가지고 있는 열량인 엔탈피(kcal/kg)의 증가량을 그 때의 절대온도(K)로 나눈 값이다.

57 다음 중 압축가스에 속하는 것은?

① 산소 ② 염소
③ 탄산가스 ④ 암모니아

> **!**
>
> 염소–액화가스, 탄산가스–불연성가스, 암모니아–가연성이면서 독성가스이다.

58 불꽃의 적황색으로 연소하는 현상을 의미하는 것은?

① 리프트 ② 옐로우팁
③ 캐비테이션 ④ 워터해머

> **!**
>
> 옐로우팁이란 불꽃의 적황색으로 연소하는 현상을 말한다.

59 20℃의 물 50kg을 90℃로 올리기 위해 LPG를 사용하였다면, 이때 필요한 LPG의 양은 몇 kg인가? (단, LPG발열량은 10000kcal/kg이고, 열효율은 50%이다.)

① 0.5 ② 0.6
③ 0.7 ④ 0.8

> **!**
>
> 열효율=[열량(=GCΔt)/공급열량(GfHl)]×100%에서,
> Gf(연료사용량)=[{50×1×(90−20)}/(50×10,000)]×100=0.7kg

60 암모니아에 대한 설명 중 틀린 것은?

① 물에 잘 용해된다.
② 무색, 무취의 가스이다.
③ 비료의 제조에 이용된다.
④ 암모니아가 분해하면 질소와 수소가 된다.

> **!**
>
> NH_3의 누설검사는 자극성 냄새나 물에 녹은 암모니아에 네슬러시약을 넣으면 소량 누설 시 황색, 다량 누설 시 자색, 붉은 리트머스 시험지는 푸른색으로 변화한다.

정답 ::2016년 1월 24일 기출문제

01	02	03	04	05	06	07	08	09	10
②	③	③	①	③	③	②	④	①	②
11	12	13	14	15	16	17	18	19	20
②	①	④	②	③	④	④	②	①	④
21	22	23	24	25	26	27	28	29	30
④	①	②	④	②	②	③	③	①	④
31	32	33	34	35	36	37	38	39	40
④	①	③	①	③	②	①	②	①	③
41	42	43	44	45	46	47	48	49	50
③	③	④	③	①	②	③	①	②	④
51	52	53	54	55	56	57	58	59	60
④	④	④	③	④	④	①	②	③	②

국가기술자격 필기시험문제

2016년 4월 2일 제2회 필기시험

자격 종목	종목코드	시험시간	수험 번호	성명
가스기능사	6335	1시간		

제1과목. 가스안전관리

01 다음 중 전기설비 방폭구조의 종류가 아닌 것은?

① 접지 방폭구조
② 유입 방폭구조
③ 압력 방폭구조
④ 안전증 방폭구조

> ❗ 방폭구조의 종류와 표시방법: 내압(d), 유입(o), 압력(p), 안전증(e), 본질안전(ia 또는 ib), 특수 방폭구조(s)가 있다.

02 다음 중 특정고압가스에 해당되지 않는 것은?

① 이산화탄소
② 수소
③ 산소
④ 천연가스

> ❗ 특정고압가스: 수소, 산소, 액화암모니아, 아세틸렌, 액화염소, 천연가스, 압축모노실란, 압축 디보레인, 액화알진, 포스핀, 세렌화수소, 게르만, 디실란 등

03 내부용적이 25000L인 액화산소 저장탱크의 저장능력은 얼마인가? (단, 비중은 1.140이다.)

① 21930kg
② 24780kg
③ 25650kg
④ 28500kg

> ❗ 액화산소 저장탱크의 저장능력
> $(W)=0.9dV=0.9\times1.14\times25,000=25,650kg$

04 배관의 설치방법으로 산소 또는 천연메탄을 수송하기 위한 배관과 이에 접속하는 압축기와의 사이에 반드시 설치하여야 하는 것은?

① 방파판
② 솔레노이드
③ 수취기
④ 안전밸브

> ❗ 산소 또는 천연메탄을 수송하기 위한 배관과 이에 접속하는 압축기와의 사이에는 반드시 수취기를 설치하여야 한다.

05 공정에 존재하는 위험요소와 비록 위험하지는 않더라도 공정의 효율을 떨어뜨릴 수 있는 운전상의 문제를 파악하기 위한 안전성 평가기법은?

① 안전성 검토(Safety Review)기법
② 예비위험성 평가(Preliminary Hazard Analysis)기법
③ 사고예상 질문(What If Analysis)기법
④ 위험성 운전분석(HAZOP)기법

> ❗ 위험성 운전분석(HAZOP)기법: 공정에 존재하는 위험요소와 비록 위험하지는 않더라도 공정의 효율을 떨어뜨릴 수 있는 운전상의 문제를 파악하기 위한 안전성 평가기법이다.

06 다음 특정설비 재검사 대상인 것은?

① 역화방지장치
② 차량에 고정된 탱크
③ 독성가스 배관용 밸브
④ 자동차용가스 자동주입기

> **!** 재검사대상에서 제외하는 특정설비
> 1. 평저형 및 이중각 진공단열형 저온저장탱크
> 2. 역화방지장치
> 3. 독성가스배관용 밸브
> 4. 자동차용가스 자동주입기
> 5. 냉동용특정설비
> 6. 대기식 기화장치
> 7. 저장탱크 또는 차량에 고정된 탱크에 부착되지 않은 안전밸브 및 긴급차단장치
> 8. 저장탱크 및 압력용기 중 초저온 저장탱크, 초저온 압력용기, 분리할 수 없는 이중관식 열교환기, 그 밖에 산업통상자원부장관이 재검사를 실시하는 것이 현저히 곤란하다고 인정하는 저장탱크 또는 압력용기
> 9. 특정고압가스용 실린더 캐비닛
> 10. 자동차용 압축천연가스 완속충전설비
> 11. 액화석유가스용 용기잔류가스회수장치

07 독성가스외의 고압가스 충전 용기를 차량에 적재하여 운반할 때 부착하는 경계표지에 대한 내용으로 옳은 것은?

① 적색글씨로 "위험 고압가스"라고 표시
② 황색글씨로 "위험 고압가스"라고 표시
③ 적색글씨로 "주의 고압가스"라고 표시
④ 황색글씨로 "주의 고압가스"라고 표시

> **!** 경계표지 설치
> 1. 독성가스를 운반하는 차량에는 그 차량에 적재된 독성가스로 인한 위해를 예방하기 위하여 일반인이 쉽게 알아볼 수 있도록 그 차량 앞뒤의 보기 쉬운 곳에 각각 붉은 글씨로 "위험 고압가스" 및 "독성가스"라는 경계표시와 위험을 알리는 도형 및 상호와 사업자의 전화번호를 표시할 것
> 2. 독성가스를 운반하는 차량에는 운반기준 위반행위를 신고할 수 있도록 등록관청의 전화번호 등이 표시된 안내문을 부착할 것

08 LP 가스설비를 수리할 때 내부의 LP가스를 질소 또는 물로 치환하고, 치환에 사용된 가스나 액체를 공기로 재치환해야 하는데, 이때 공기에 의한 재치환 결과가 산소농도 측정기로 측정하여 산소농도가 얼마의 범위 내에 있을 때까지 공기로 재치환해야 하는가?

① 4~6%   ② 7~11%
③ 12~16%   ④ 18~22%

> **!** 공기로 재치환해야 하는 산소농도: 18~22%

09 고압가스특정제조시설 중 도로 밑에 매설하는 배관의 기준에 대한 설명으로 틀린 것은?

① 시가지의 도로 밑에 배관을 설치하는 경우에는 보호판을 배관의 정상부로부터 30cm 이상 떨어진 그 배관의 직상부에 설치한다.
② 배관은 그 외면으로부터 도로의 경계와 수평거리로 1m 이상을 유지한다.
③ 배관은 원칙적으로 자동차 등의 하중의 영향이 적은 곳에 매설한다.
④ 배관은 그 외면으로부터 도로 밑의 다른 시설물과 60cm 이상의 거리를 유지한다.

> **!** 배관은 그 외면으로부터 도로 밑의 다른 시설물과 30cm 이상의 거리를 유지한다.

10 공기보다 비중이 가벼운 도시가스의 공급시설로서 공급시설이 지하에 설치된 경우의 통풍구조의 기준으로 틀린 것은?

① 통풍구조는 환기구를 2방향 이상 분산하여 설치한다.
② 배기구는 천장면으로부터 30cm 이내에 설치한다.
③ 흡입구 및 배기구의 관경은 500mm 이상으로 하되, 통풍이 양호하도록 한다.
④ 배기가스 방출구는 지면에서 3m 이상의 높이에 설치하되, 화기가 없는 안전한 장소에 설치한다.

> ❗ 흡입구 및 배기구의 관경은 100mm 이상으로 한다.

11 다음 중 폭발한계의 범위가 가장 좁은 것은?

① 프로판   ② 암모니아
③ 수소   ④ 아세틸렌

> ❗ 가연성가스의 공기(체적%) 중 폭발범위
> • 프로판: 2.1~9.5%
> • 암모니아: 15~28%
> • 수소: 4~75%
> • 아세틸렌: 2.5~81%

12 도시가스 사용시설에서 정한 액화가스란 상용의 온도 또는 섭씨 35도의 온도에서 압력이 얼마 이상이 되는 것을 말하는가?

① 0.1MPa   ② 0.2MPa
③ 0.5MPa   ④ 1MPa

> ❗ 액화가스란 상용의 온도에서 압력이 0.2메가파스칼 이상이 되는 액화가스로서 실제로 그 압력이 0.2메가파스칼 이상이 되는 것 또는 압력이 0.2메가파스칼이 되는 경우의 온도가 35℃ 이하인 액화가스이다.

13 염소가스 저장탱크의 과충전 방지장치는 가스 충전량이 저장탱크 내용적의 몇 %를 초과할 때 가스충전이 되지 않도록 동작하는가?

① 60%   ② 80%
③ 90%   ④ 95%

> ❗ 과충전 방지장치: 저장탱크에 가스를 충전하려면 정전기를 제거한 후 저장탱크 내용적의 90%(소형저장탱크의 경우는 85%)를 넘지 않도록 충전한다.

14 도시가스사고의 사고 유형이 아닌 것은?

① 시설부식   ② 시설 부적합
③ 보호포 설치   ④ 연결부 이완

> ❗ 1. 보호포란 도시가스의 매설배관을 보호하기 위하여 설치하는 것을 말한다.
> 2. 보호포의 바탕색은 저압배관일 때 황색, 중압배관 이상일 때 적색으로 표시하며, 가스명칭, 사용압력, 공급자명을 표시한다.

15 가연성가스 저온저장탱크 내부의 압력이 외부의 압력보다 낮아져 저장탱크가 파괴되는 것을 방지하기 위한 조치로서 갖추어야 할 설비가 아닌 것은?

① 압력계   ② 압력 경보설비
③ 정전기 제거설비   ④ 진공 안전밸브

> ❗ 가연성가스 저온저장탱크 내부의 압력이 외부의 압력보다 낮아져 저장탱크가 파괴되는 것을 방지하기 위한 조치로서 압력계, 압력 경보설비 및 그 밖에 진공 안전밸브, 균압관, 압력과 연동하는 긴급차단장치를 설치한 냉동제어설비나 송액설비 중 어느 하나 이상의 설비를 하여야 한다.

16 일반 도시가스 배관 중 중압 이하의 배관과 고압배관을 매설하는 경우 서로간의 거리를 몇 m 이상을 유지하여야 하는가?

① 1   ② 2
③ 3   ④ 5

> ❗ 일반 도시가스 배관 중 중압 이하의 배관과 고압배관을 매설하는 경우 서로간의 거리는 2m 이상을 유지하여야 한다.

17 초저온 용기의 단열 성능시험용 저온액화가스가 아닌 것은?

① 액화아르곤　　② 액화산소
③ 액화공기　　　④ 액화질소

> ! 초저온 용기의 단열 성능시험용 저온액화가스는 액화아르곤, 액화산소, 액화질소 등이다.

18 고압가스 판매소의 시설기준에 대한 설명으로 틀린 것은?

① 충전용기의 보관실은 불연재료를 사용한다.
② 가연성가스, 산소 및 독성가스의 저장실은 각각 구분하여 설치한다.
③ 용기보관실 및 사무실은 부지를 구분하여 설치한다.
④ 산소, 독성가스 또는 가연성가스를 보관하는 용기보관실의 면적은 각 고압가스별로 10m² 이상으로 한다.

> ! 고압가스 판매소의 저장설비기준: 용기보관실 및 사무실은 한 부지 안에 구분하여 설치해야 한다.

19 운전 중인 액화석유가스 충전설비의 작동상황에 대하여 주기적으로 점검하여야 한다. 점검주기는? (단, 철망 등이 부착되어 있지 않은 것으로 간주한다.)

① 1일에 1회 이상
② 1주일에 1회 이상
③ 3월에 1회 이상
④ 6월에 1회 이상

> ! 점검기준: 충전시설 중 액화석유가스의 안전을 위하여 필요한 시설 또는 설비에 대해서는 작동상황을 주기적(충전설비의 경우에는 1일 1회 이상)으로 점검하여야 한다.

20 재검사 용기 및 특정설비의 파기방법으로 틀린 것은?

① 잔가스를 전부 제거한 후 절단한다.
② 절단 등의 방법으로 파기하여 원형으로 가공할 수 없도록 한다.
③ 파기 시에는 검사장소에서 검사원 입회하에 사용자가 실시할 수 있다.
④ 파기 물품은 검사 신청인이 인수시한 내에 인수하지 아니한 때도 검사인이 임의로 매각처분하면 안 된다.

> ! 재검사 용기 및 특정설비의 파기방법: 파기 물품은 검사 신청인이 인수시한(통지한 날로부터 1개월 이내) 내에 인수하지 아니한 때에는 검사기관으로 하여금 임의로 매각처분하게 할 수 있다.

21 도시가스배관이 굴착으로 20m 이상이 노출되어 누출가스가 체류하기 쉬운 장소일 때, 가스누출경보기는 몇 m마다 설치해야 하는가?

① 5　　　　② 10
③ 20　　　④ 30

> ! 굴착으로 인하여 20m 이상 노출된 배관에 대하여는 20m마다 누출된 도시가스가 체류하기 쉬운 장소에 가스누출경보기를 설치한다.

22 시안화수소의 중합폭발을 방지하기 위하여 주로 사용할 수 있는 안정제는?

① 탄산가스　　② 황산
③ 질소　　　　④ 일산화탄소

> ! 시안화수소의 중합폭발을 방지하기 위하여 주로 사용하는 안정제는 아황산가스 또는 황산 등이다.

23 고압가스 용접용기 동체의 내경은 약 몇 mm인가?

- 동체두께: 2mm
- 최고충전압력: 2.5MPa
- 인장강도: 480N/mm^2
- 부식여유: 0
- 용접효율: 1

① 190mm ② 290mm
③ 660mm ④ 760mm

! 1. 동체의 두께(t)=[PD/(2Sη−1.2P)]+C(mm)에서,
   P: 최고충전압력(MPa)
   D: 동체의 내경(mm)
   S: 허용응력
   η: 이음매의 용접효율
   C: 부식여유(mm)
2. D=[(2Sη−1.2P)(t−C)]/P에서, S=인장강도×1/4이므로,
   D=[(2×120×1−1.2×2.5)(2−0)]/2.5=189.6mm

24 고압가스관련법에서 사용되는 용어의 정의에 대한 설명 중 틀린 것은?

① 가연성가스라 함은 공기 중에서 연소하는 가스로서 폭발한계의 하한이 10% 이하인 것과 폭발한계의 상한과 하한의 차가 20% 이상인 것을 말한다.

② 독성가스라 함은 인체에 유해한 독성을 가진 가스로서 허용농도가 100만분의 100 이하인 것을 말한다.

③ 액화가스라 함은 가압, 냉각 등의 방법에 의하여 액체 상태로 되어 있는 것으로서 대기압에서의 비점이 섭씨 40도 이하 또는 상용의 온도 이하인 것을 말한다.

④ 초저온저장탱크라 함은 섭씨 영하 50도 이하의 저장탱크로서 단열재로 피복하거나 냉동설비로 냉각하는 등의 방법으로 저장탱크 내의 가스온도가 상용의 온도를 초과하지 아니하도록 한 것을 말한다.

! 독성가스란 허용농도(해당 가스를 성숙한 흰쥐 집단에게 대기 중에서 1시간 동안 계속하여 노출시킨 경우 14일 이내에 그 흰쥐의 2분의 1 이상이 죽게 되는 가스의 농도를 말한다.)가 100만분의 5,000(5000ppm) 이하인 것을 말한다.

25 다음 고압가스 압축작업 중 작업을 즉시 중단해야 하는 경우인 것은?

① 산소 중의 아세틸렌, 에틸렌 및 수소의 용량합계가 전체 용량의 2% 이상인 것

② 아세틸렌 중의 산소용량이 전체 용량의 1% 이하의 것

③ 산소 중의 가연성가스(아세틸렌, 에틸렌 및 수소를 제외한다.)의 용량이 전체 용량의 2% 이하의 것

④ 시안화수소 중의 산소용량이 전체 용량의 2% 이상의 것

! 고압가스 압축작업 중 작업을 즉시 중단해야 하는 경우
1. 아세틸렌 중의 산소용량이 전체 용량의 2% 이상인 경우
2. 산소 중의 가연성가스(아세틸렌, 에틸렌 및 수소를 제외한다.)의 용량이 전체 용량의 4% 이상인 경우
3. 시안화수소 중의 산소용량이 전체 용량의 4% 이상인 경우
4. 산소 중의 아세틸렌, 에틸렌 및 수소의 용량합계가 전체 용량의 2% 이상인 경우

26 다음 중 가스사고를 분류하는 일반적인 방법이 아닌 것은?

① 원인에 따른 분류
② 사용처에 따른 분류
③ 사고형태에 따른 분류
④ 사용자의 연령에 따른 분류

! 사용자의 연령에 따른 분류는 가스 사고를 분류하는 일반적인 방법이 아니다.

27 고압가스 저장시설에 설치하는 방류둑에는 계단, 사다리 또는 토사를 높이 쌓아올림 등에 의한 출입구를 둘레 몇 m마다 1개 이상을 두어야 하는가?

① 30 ② 50
③ 75 ④ 100

> ❗ 방류둑에는 출입구를 둘레 50m마다 1개 이상을 설치하되, 그 둘레가 50m 미만일 경우에는 2개 이상을 분산하여 설치할 수 있다.

28 LPG용기 및 저장탱크에 주로 사용되는 안전밸브의 형식은?

① 가용전식 ② 파열판식
③ 중추식 ④ 스프링식

> ❗ LPG용기 및 저장탱크에 주로 사용되는 안전밸브는 스프링식이다.

29 가스 충전용기 운반 시 동일 차량에 적재할 수 없는 것은?

① 염소와 아세틸렌
② 질소와 아세틸렌
③ 프로판과 아세틸렌
④ 염소와 산소

> ❗ 가스 충전용기 운반 시 염소와 아세틸렌, 암모니아 또는 수소는 동일 차량에 적재할 수 없다.

30 다음 (   )안에 들어갈 수 있는 경우로 옳지 않은 것은?

> 액화천연가스의 저장설비와 처리설비는 그 외면으로부터 사업소 경계까지 일정규모 이상의 안전거리를 유지하여야 한다. 이때 사업소 경계가 (   )의 경우에는 이들의 반대편 끝을 경계로 보고 있다.

① 산 ② 호수
③ 하천 ④ 바다

> ❗ 사업소의 경계가 바다, 호수, 하천, 도로 등과 접한 경우에는 그 반대편 끝을 경계로 본다.

제2과목. 가스장치 및 기기

31 비중이 0.5인 LPG를 제조하는 공장에서 1일 10만L를 생산하여 24시간 정치 후 모두 산업현장으로 보낸다. 이 회사에서 생산하는 LPG를 저장하려면 저장용량이 5톤인 저장탱크 몇 개를 설치해야 하는가?

① 2 ② 5
③ 7 ④ 10

> ❗ 액화가스의 저장탱크: $W=0.9dV_2$에서, 저장탱크에는 90%만 충전하여야 한다. 따라서 저장탱크의 설치 수=(0.9×0.5×100,000)/(5,000×0.9)=10

32 고압용기나 탱크 및 라인(line) 등의 퍼지(perge)용으로 주로 쓰이는 기체는?

① 산소 ② 수소
③ 산화질소 ④ 질소

> ❗ 고압용기나 탱크 및 라인(line) 등의 퍼지(perge)용 또는 기밀시험용으로 주로 쓰이는 기체는 질소이다.

33 고압가스제조소의 작업원은 얼마의 기간 이내에 1회 이상 보호구의 사용훈련을 받아 사용방법을 숙지하여야 하는가?

① 1개월   ② 3개월
③ 6개월   ④ 12개월

> **!** 고압가스제조소의 작업원은 3개월 이내에 1회 이상 보호구의 사용훈련을 받아 사용방법을 숙지하여야 한다.

34 LPG기화장치의 작동원리에 따른 구분으로 저온의 액화가스를 조정기를 통하여 감압한 후 열교환기에 공급해 강제 기화시켜 공급하는 방식은?

① 해수가열 방식   ② 가온감압 방식
③ 감압가열 방식   ④ 중간 매체 방식

> **!**
> 1. 저온의 액화가스를 조정기를 통하여 감압한 후 열교환기에 공급해 강제 기화시켜 공급하는 것은 감압가열 방식이다.
> 2. 가온감압 방식은 액화가스를 열교환기에 공급하여 기화시킨 후 조정기로 감압시켜 공급하는 방식이다.

35 도시가스사업법령에서는 도시가스를 압력에 따라 고압, 중압 및 저압으로 구분하고 있다. 중압의 범위로 옳은 것은? (단, 액화가스가 기화되고 다른 물질과 혼합되지 않은 경우로 가정한다.)

① 0.1MPa 이상, 1MPa 미만
② 0.2MPa 이상, 1MPa 미만
③ 0.1MPa 이상, 0.2MPa 미만
④ 0.01MPa 이상, 0.2MPa 미만

> **!** 중압: 1cm²당 1kg(0.1MPa) 이상 10kg(1MPa) 미만의 압력을 말한다. 다만, 액화석유가스가 기화되고 다른 물질과 혼합되지 아니한 경우에는 1cm²당 0.1kg(0.01MPa) 이상 2kg(0.2MPa) 미만의 압력을 말한다.

36 가연성가스 누출검지 경보장치의 경보농도는 얼마인가?

① 폭발 하한계 이하
② LC50 기준농도 이하
③ 폭발 하한계 1/4 이하
④ TLV-TWA 기준농도 이하

> **!** **누출검지 경보장치의 경보농도**
> 1. 가연성가스는 폭발 하한계 1/4 이하이다.
> 2. 독성가스는 허용농도 이하이다.
> 3. 암모니아는 50ppm이다.

37 내용적 47L인 LP가스 용기의 최대 충전량은 몇 kg인가? (단, LP가스 정수는 2.35이다.)

① 20   ② 42
③ 50   ④ 220

> **!** 액화가스의 용기 및 차량에 고정된 탱크: $W=V_2/C$에서, $W=47/2.35=20kg$

38 부식성 유체나 고점도 유체 및 소량의 유체 측정에 가장 적합한 유량계는?

① 차압식 유량계
② 면적식 유량계
③ 용적식 유량계
④ 유속식 유량계

> **!** **면적식 유량계의 특징**
> 1. 진동에 매우 약하다.
> 2. 수직으로 부착하지 않으면 안 된다.
> 3. 유량에 대해서 직선눈금이 얻어진다.
> 4. 액체나 기체 외에도 부식성 유체, 고점도 유체 및 슬러지의 측정에 적합하다.

39 LP가스 이송설비 중 압축기에 의한 이송방식에 대한 설명으로 틀린 것은?

① 베이퍼록 현상이 없다.
② 잔가스 회수가 용이하다.
③ 펌프에 비해 이송시간이 짧다.
④ 저온에서 부탄가스가 재액화되지 않는다.

> **압축기에 의한 방식의 특징**
> 1. 베이퍼록 현상이 없다.
> 2. 잔가스 회수가 용이하다.
> 3. 펌프에 비해 이송시간이 짧다.
> 4. 저온에서 부탄가스가 재액화될 우려가 있고, 드레인 현상이 있다.

40 공기, 질소, 산소 및 헬륨 등과 같이 임계온도가 낮은 기체를 액화하는 액화사이클의 종류가 아닌 것은?

① 구데 공기액화사이클
② 린데 공기액화사이클
③ 필립스 공기액화사이클
④ 캐스케이드 공기액화사이클

> **가스 액화사이클의 분류**
> 1. 린데(Linde)식 공기액화사이클
> 2. 클라우데(Claude)식 공기액화사이클
> 3. 캐피자(Kapitza)식 공기액화사이클
> 4. 필립스(Philips)식 공기액화사이클
> 5. 다원 액화사이클(캐스케이드 액화사이클)
> 6. 가역 액화사이클

41 다기능 가스안전계량기에 대한 설명으로 틀린 것은?

① 사용자가 쉽게 조작할 수 있는 테스트 차단 기능이 있는 것으로 한다.
② 통상의 사용 상태에서 빗물, 먼저 등이 침입할 수 없는 구조로 한다.
③ 차단밸브가 작동한 후에는 복원조작을 하지 아니하는 한 열리지 않는 구조로 한다.
④ 복원을 위한 버튼이나 레버 등은 조작을 쉽게 실시할 수 있는 위치에 있는 것으로 한다.

> 다기능 가스안전계량기: 사용자가 쉽게 조작할 수 없는 테스트차단 기능이 있는 것으로 한다.

42 계측기기의 구비조건으로 틀린 것은?

① 설비비 및 유지비가 적게 들 것
② 원거리 지시 및 기록이 가능할 것
③ 구조가 간단하고 정도가 낮을 것
④ 설치장소 및 주위조건에 대한 내구성이 클 것

> **계측기기의 구비조건**
> 1. 설비비 및 유지비가 적게 들 것
> 2. 원거리 지시 및 기록이 가능할 것
> 3. 구조가 간단하고 정도가 높을 것
> 4. 설치장소 및 주위조건에 대한 내구성이 클 것

43 압축기에서 두압이란?

① 흡입 압력이다.
② 증발기 내의 압력이다.
③ 피스톤 상부의 압력이다.
④ 크랭크 케이스 내의 압력이다.

> 압축기의 두압이란 피스톤 상부의 압력을 말한다.

44 반밀폐식 보일러의 급·배기설비에 대한 설명으로 틀린 것은?

① 배기통의 끝은 옥외로 뽑아낸다.
② 배기통의 굴곡수는 5개 이하로 한다.
③ 배기통의 가로 길이는 5m 이하로서 될 수 있는 한 짧게 한다.
④ 배기통의 입상높이는 원칙적으로 10m 이하로 한다.

> 반밀폐식 보일러 배기통의 굴곡수는 4개 이하로 한다.

45 흡입압력이 대기압과 같으며 최종압력이 $15kgf/cm^2 \cdot g$인 4단 공기압축기의 압축비는 약 얼마인가? (단, 대기압은 $1kgf/cm^2$로 한다.)

① 2 　　　　　② 4
③ 8 　　　　　④ 16

> **!**
> **압축비**
> 1. 단단압축기의 경우: 압축비=토출절대압력/흡입절대압력
> 2. 다단압축기의 경우: 압축비=$Z\sqrt{\text{토출절대압력/흡입절대압력}}$, Z: 단수에서, 압축비=$\sqrt[4]{(15+1)/1}=(16/1)^{1/4}$=2

제3과목, 가스일반

46 순수한 것은 안정하나 소량의 수분이나 알칼리성 물질을 함유하면 중합이 촉진되고 독성이 매우 강한 가스는?

① 염소 　　　　　② 포스겐
③ 황화수소 　　　　④ 시안화수소

> **!**
> 순수한 것은 안정하나 소량의 수분이나 알칼리성 물질을 함유하면 중합이 촉진(중합폭발)되고 독성이 매우 강한 가스는 시안화수소이다.

47 다음 중 비점이 가장 높은 가스는?

① 수소 　　　　　② 산소
③ 아세틸렌 　　　　④ 프로판

> **!**
> 각 가스의 비점: 수소 −252℃, 산소 −183℃, 아세틸렌 −84℃, 프로판 −42.1℃이다.

48 단위질량인 물질의 온도를 단위온도차 만큼 올리는데 필요한 열량을 무엇이라고 하는가?

① 일률 　　　　　② 비열
③ 비중 　　　　　④ 엔트로피

> **!**
> 비열은 단위질량인 물질의 온도를 단위온도차 만큼 올리는데 필요한 열량을 말한다. 즉, 어떤 물질 $1kg$을 $1℃$ 높이는데 필요한 열량을 말한다. 단위는 $kcal/kg \cdot ℃$로 나타낸다.

49 LNG의 성질에 대한 설명 중 틀린 것은?

① LNG가 액화되면 체적이 약 1/600로 줄어든다.
② 무독, 무공해의 청정가스로 발열량이 약 $9500kcal/m^3$ 정도이다.
③ 메탄올 주성분으로 하며 에탄, 프로판 등이 포함되어 있다.
④ LNG는 기체 상태에서는 공기보다 가벼우나 액체 상태에서는 물보다 무겁다.

> **!**
> LNG의 주성분은 메탄(CH_4)이므로 기체 상태에서는 공기보다 가볍고, 액체 상태에서도 물보다 가볍다.

50 압력에 대한 설명 중 틀린 것은?

① 게이지압력은 절대압력에 대기압을 더한 압력이다.
② 압력이란 단위 면적당 작용하는 힘의 세기를 말한다.
③ $1.0332kg/cm^2$의 대기압을 표준대기압이라고 한다.
④ 대기압은 수은주를 76cm 만큼의 높이로 밀어 올릴 수 있는 힘이다.

> **!**
> **게이지압력**
> 1. 표준대기압을 0으로 기준하여 압력계로 측정한 압력을 말한다.
> 2. 단위로는 $kg/cm^2 \cdot G$ 또는 $Lb/in^2 \cdot G$로 나타낸다.
> 3. 게이지압력=절대압력-대기압이다.

51 프로판을 완전연소시켰을 때 주로 생성되는 물질은?

① CO_2, H_2 ② CO_2, H_2O

③ C_2H_4, H_2O ④ C_4H_{10}, CO

> **!**
> 탄화수소계의 완전연소 반응식
> 1. $CmHn+(m+n/4)O_2 \rightarrow mCO_2+(n/2)H_2O$
> 2. C_3H_8의 완전연소 반응식
> $C_3H_8+(3+8/4)O_2 \rightarrow 3CO_2+(8/2)H_2O$
> $= C_3H_8+5O_2 \rightarrow 3CO_2+4H_2O$

52 요소비료 제조 시 주로 사용되는 가스는?

① 염화수소   ② 질소

③ 일산화탄소   ④ 암모니아

> **!**
> NH_3의 용도
> 1. 요소와 질소비료 제조용으로 가장 많이 사용한다.
> 2. 341kcal/kg의 증발잠열을 이용하여 냉동기의 냉매로 사용한다.
> 3. 아민류나 나일론의 원료로 사용된다.

53 수분이 존재할 때 일반 강재를 부식시키는 가스는?

① 황화수소   ② 수소

③ 일산화탄소   ④ 질소

> **!**
> H_2S는 공기 중에서 수분 등이 존재할 때 모든 금속(금, 백금 제외)과 반응하여 황화물을 생성하며, 일반 강재를 부식시킨다.

54 폭발위험에 대한 설명 중 틀린 것은?

① 폭발범위의 하한값이 낮을수록 폭발위험은 커진다.

② 폭발범위의 상한값과 하한값의 차가 작을수록 폭발위험은 커진다.

③ 프로판보다 부탄의 폭발범위 하한값이 낮다.

④ 프로판보다 부탄의 폭발범위 상한값이 낮다.

> **!**
> 폭발범위의 상한값과 하한값의 차가 클수록 폭발위험은 커진다.

55 액체가 기체로 변하기 위해 필요한 열은?

① 융해열   ② 응축열

③ 승화열   ④ 기화열

> **!**
> 물체의 삼상태(고체, 액체, 기체)
> 1. 고체에서 액체로 되는 것을 융해라 하고, 이때 열을 흡수하게 된다.
> 2. 액체에서 고체로 되는 것을 응고라 하고, 열을 방출하게 된다.
> 3. 액체에서 기체로 되는 것을 기화라 하고, 열을 흡수하며, 기체에서 액체로 되는 것을 액화라 하고, 열의 방출이 있게 된다.
> 4. 고체에서 기체로 또는 기체에서 고체로 바로 변하는 것을 승화라 하며, 대표적으로 드라이아이스와 나프탈렌이 있다.

56 부탄 $1Nm^3$을 완전연소시키는데 필요한 이론 공기량은 약 몇 Nm^3인가? (단, 공기 중의 산소농도는 21v%이다.)

① 5   ② 6.5

③ 23.8   ④ 31

> **!**
> 부탄(C_4H_{10})의 완전연소 반응식
> $C_4H_{10}+6.5O_2 \rightarrow 4CO_2+5H_2O$에서,
> Ao(이론공기량)=Oo(이론산소량)/공기 중 산소(O_2)
> $=6.5/0.21=30.95Nm^3$

57 온도 410°F을 절대온도로 나타내면?

① 273K   ② 483K

③ 512K   ④ 612K

> ❗ °C와 °F의 관계식: $°C/100 = (°F-32)/180$에서,
> $°C = 5/9(°F-32) = (°F-32)/1.8$,
> $°F = (9/5) × °C + 32 = 1.8°C + 32$이다.
> $°C = (5/9)(°F-32) = 5/9(41-32) = 210°C$
> 따라서 절대온도 = $°C + 273 = 483K$

58 도시가스에 사용되는 부취제 중 DMS의 냄새는?

① 석탄가스 냄새   ② 마늘 냄새

③ 양파 썩는 냄새   ④ 암모니아 냄새

> ❗ 부취제의 종류와 특성
> 1. 터셔리 부틸 메르캅탄(TBM)
>   ① 냄새: 양파 썩는 냄새
>   ② 토양에 대한 투과성이 우수하다.
> 2. 테트라 히드로 티오펜(THT)
>   ① 냄새: 석탄가스 냄새
>   ② 토양에 대한 투과성이 매우 우수하다.
> 3. 디메틸 술피드(DMS)
>   ① 냄새: 마늘 냄새
>   ② 토양에 대한 투과성은 보통이다.

59 다음에서 설명하는 기체와 관련된 법칙은?

> 기체의 종류에 관계없이 모든 기체 1몰은 표준상태(0°C, 1기압)에서 22.4L의 부피를 차지한다.

① 보일의 법칙

② 헨리의 법칙

③ 아보가드로의 법칙

④ 아르키메데스의 법칙

> ❗ 아보가드로의 법칙: 기체의 종류에 관계없이 모든 기체 1몰은 표준상태(0°C, 1atm)에서 22.4ℓ의 부피를 차지한다.

60 내용적 47L인 용기에 C_3H_8 15kg이 충전되어 있을 때, 용기 내 안전공간은 약 몇 %인가? (단, C_3H_8의 액 밀도는 0.5kg/L이다.)

① 20   ② 25.2

③ 36.1   ④ 40.1

> ❗ 밀도는 어떤 기체의 단위체적당 질량으로 정의된다.
> 0.5 = 15/체적에서, 체적 = 15/0.5 = 30ℓ이므로,
> 안전 공간 = [(내용적−체적)/내용적]×100(%)
> = [(47−30)/47]×100(%) = 36.17%

정답   : : 2016년 4월 2일 기출문제

01	02	03	04	05	06	07	08	09	10
①	①	③	③	④	②	①	④	④	③
11	12	13	14	15	16	17	18	19	20
①	②	③	③	③	②	③	③	①	④
21	22	23	24	25	26	27	28	29	30
③	②	①	②	①	④	②	④	①	①
31	32	33	34	35	36	37	38	39	40
④	④	②	③	④	③	①	②	④	①
41	42	43	44	45	46	47	48	49	50
①	③	③	②	①	④	④	②	④	①
51	52	53	54	55	56	57	58	59	60
②	④	①	②	④	④	②	③	③	③

MEMO

MEMO

MEMO